AF325471

L'ORIGINE DES ESPÈCES

« Nous pouvons au moins aller aussi loin par rapport au monde matériel, pour apercevoir que les faits ne se produisent pas par une intervention isolée du pouvoir divin, se manifestant dans chaque cas particulier, mais bien par l'action de lois générales. »

WHEWEL, Bridgewater Treatise.

« Le seul sens précis du mot « *naturel* » est la qualité d'être *établi, fixé* ou *coordonné;* donc tout ce qui est naturel exige et suppose quelque agence intelligente qui, l'ayant établi, l'exerce continuellement ou à des intervalles déterminés, tandis que surnaturel ou miraculeux est tout ce qui tend à agir à la fois ou d'un seul coup. »

BUTLER, *Analogy of Revealed Religion.*

« Pour conclure, ne laissez pas croire ou soutenir, par une idée trop prononcée de la faiblesse humaine ou une modération mal placée, que l'homme puisse aller trop loin, ou être trop bien instruit dans l'étude de la parole de Dieu, ou dans celle du livre des œuvres de Dieu ; divinité ou philosophie ; mais tâchez plutôt de l'exciter sans ménagement à un progrès soutenu et indéfini. »

BACON, *Advancement of Learning.*

L'ORIGINE

DES ESPÈCES

AU MOYEN DE LA SÉLECTION NATURELLE

OU

LA LUTTE POUR L'EXISTENCE DANS LA NATURE

PAR

CHARLES DARWIN, M.A., F.R.S., ETC.

TRADUIT

SUR L'INVITATION ET AVEC L'AUTORISATION DE L'AUTEUR

SUR LES CINQUIÈME ET SIXIÈME ÉDITIONS ANGLAISES

Augmentées

D'UN NOUVEAU CHAPITRE ET DE NOMBREUSES NOTES ET ADDITIONS

DE L'AUTEUR

Par J.-J. MOULINIÉ

Membre de l'Institut génevois

—>o&o<—

PARIS

C. REINWALD ET Cⁱᵉ, LIBRAIRES-ÉDITEURS

15, RUE DES SAINTS-PÈRES, 15

—

1873

TABLE

CHAPITRE PREMIER.

VARIATION SOUS L'INFLUENCE DE LA DOMESTICATION.

CHAPITRE II.

VARIATION DANS LA NATURE.

CHAPITRE III.

DE LA LUTTE POUR L'EXISTENCE.

CHAPITRE IV.

SÉLECTION NATURELLE, OU SURVIVANCE DU PLUS APTE.

CHAPITRE V.

LOIS DE LA VARIATION.

CHAPITRE VI.

DIFFICULTÉS DE LA THÉORIE.

CHAPITRE VII.

INSTINCT.

CHAPITRE VIII.

HYBRIDITÉ.

CHAPITRE IX.

IMPERFECTION DES ARCHIVES GÉOLOGIQUES.

CHAPITRE X.

SUCCESSION GÉOLOGIQUE DES ÊTRES ORGANISÉS.

CHAPITRE XI.

DISTRIBUTION GÉOGRAPHIQUE.

CHAPITRE XII.

DISTRIBUTION GÉOGRAPHIQUE (SUITE).

A Mr. le Colonel Moulinié.

Cher Monsieur,

Permettez-moi de préciser les circonstances sous lesquelles je vous ai demandé la faveur de traduire en français la cinquième édition de mon Origin of Species.

Lorsque Mlle Clémence Royer publiait la seconde édition de sa traduction, j'ai revu les épreuves et je lui ai donné toutes les corrections et additions qu'il était alors en mon pouvoir de lui fournir. Par cette raison je n'ai jamais douté que je ne serais informé si à n'importe qu'elle époque on devrait procéder à une nouvelle édition. Mais depuis quelque temps on a publié une troisième édition (française), et cette édition est incomplète puisqu'elle ne contient qu'une petite partie des additions par lesquelles la quatrième édition anglaise était augmentée de la valeur de cinquante-quatre pages. Une cinquième édition anglaise, entièrement revue, a été publiée, au printemps

To Mr. the Colonel Moulinié.

My dear Sir,

Permit me to state the circumstances under which I have requested you to do me the favour to translate the fifth edition of my Origin of Species *into French.*

When Mademoiselle Clémence Royer published the second French edition, I looked over the proof-sheets and gave her all the corrections and additions which it was then in my power to contribute. Therefore I never doubted she would have informed me if at any time a new French edition was required. But a third edition appeared some time ago, and this is imperfect as it contains very few of the additions by which the fourth English edition was increased to the extent of fifty four pages. A fifth thoroughly revised English edition was published in the spring of 1869, and now a sixth edition has appeared, by which you will be able to correct de 1869, et actuellement une sixième édition (anglaise) a paru, au moyen de laquelle vous pourrez corriger la seconde moitié de votre traduction.

L'édition française actuellement en vente étant incomplète par aucune faute de ma part, je me sens entièrement dans mon droit d'autoriser votre présente traduction, car je dois naturellement désirer que mon ouvrage soit répandu, en France, dans un état aussi parfait qu'il m'est possible de le produire. Pour empêcher que mes motifs, pour l'autorisation de votre nouvelle édition, ne puissent être méconnus, permettez-moi de déclarer que j'ai décliné recevoir la rémunération que votre éditeur a bien voulu m'offrir pour le droit de traduction. Je ne suis pas davantage lié d'honneur envers l'éditeur de la traduction de Mlle Royer par une rémunération quelconque qui pût m'empêcher de vous prêter tout l'appui en mon pouvoir.

Veuillez croire, cher Monsieur, à la haute considération

de votre dévoué

CHARLES DARWIN.

Down, Beckenham, Kent,
le 25 Septembre 1872.

the latter half of your translation.

As the current French edition is imperfect, owing to no fault on my part, I feel fully justified in authorizing your present translation; and I naturally desire that my work should circulate in France in as perfect a condition as I can make it. In order that my motives in supporting your new edition may not be misunderstood, permit me to add that I have declined to receive the remuneration which was kindly offered to me by your publisher for the right of translation. Nor am I bound in honour, by having received any remuneration from the publisher of Mlle Royer's translation, to refrain from giving you all the support in my power.

Pray believe me, my dear Sir, with high consideration

Your's very faithfully

CHARLES DARWIN.

Down. Beckenham. Kent,
September 25^d^ 1872.

ESQUISSE HISTORIQUE

PROGRÈS DE L'IDÉE DE L'ORIGINE DES ESPÈCES

AVANT LA PUBLICATION DE LA PREMIÈRE ÉDITION ANGLAISE
DU PRÉSENT OUVRAGE.

Jusqu'à ces derniers temps la grande majorité des naturalistes croyait que les espèces étaient des produits immuables, créées séparément. De nombreux auteurs ont soutenu cette opinion avec habileté. Quelques-uns, d'un autre côté, ont admis que les espèces éprouvent des modifications et que les formes actuelles et vivantes descendent de formes préexistantes par une véritable génération. Passant sur les allusions qu'on rencontre dans les auteurs de l'antiquité [1], le premier qui, à l'époque moderne, ait traité ce sujet dans un esprit scientifique fut Buffon. Mais, comme ses opinions ont beaucoup varié à différentes époques, et qu'il n'aborde ni les causes, ni les moyens de la transformation de l'espèce, je n'ai pas à entrer ici dans plus de détails sur son compte.

Lamarck, ce savant justement célèbre, était le premier qui éveilla par ses conclusions une attention sérieuse à ce sujet. Ses opinions furent publiées pour la première fois en 1801; il les développa considérablement, en 1809, dans sa *Philosophie zoologique*, et ultérieurement, en 1815, dans l'introduction à son *Histoire naturelle des Animaux sans vertèbres*. Il soutint dans ces ouvrages la doctrine que toutes les espèces,

---

1. Aristote, dans ses *Physicæ Auscultationes* (lib. II, cap. VIII, § 2), après avoir remarqué que la pluie ne tombe pas pour faire croître le blé, pas plus qu'elle ne tombe pour le gâter lorsque le fermier le bat à l'extérieur, applique le même argument à l'organisation et ajoute (M. Clair Grece m'a le premier signalé ce passage) : « Q'est-ce qui empêche les différentes parties (du corps) d'avoir dans la nature ces rapports purement accidentels? Les dents, par exemple, croissent par nécessité; les antérieures tranchantes sont adaptées à la division; les molaires plates servent à mastiquer les aliments ; pourtant elles n'ont pas été faites dans ce but, mais sont le resultat d'un accident. Il en est de même pour les autres parties qui paraisssent adaptées à un but. Partout donc, toutes choses réunies (c'est-à-dire l'ensemble des parties d'un tout) se sont constituées comme si elles avaient été faites pour quelque chose; celles façonnees d'une manière appropriée par une spontanéité interne se seront conservées, tandis que dans le cas contraire elles auront péri et périssent encore. » Nous apercevons dans ce qui précède une ébauche des principes de la sélection naturelle; mais les observations sur la formation des dents indiquent combien peu Aristote l'avait comprise

l'homme compris, descendent d'autres espèces. Il fut le premier à attirer l'attention sur la probabilité que tout changement dans le monde organique, à l'égal du monde inorganique, est le résultat d'une loi, et non d'une intervention miraculeuse. La difficulté de distinguer entre les espèces et les variétés, la gradation si parfaite des formes dans certains groupes, et l'analogie des produits domestiques, paraissent avoir conduit Lamarck à ses conclusions sur les changements graduels des espèces. Il attribua quelque influence concernant les voies de modification à l'action directe des conditions physiques de la vie, quelque chose au croisement des formes déjà existantes, et beaucoup à l'usage et au défaut d'usage, c'est-à-dire aux effets de l'habitude. C'est à cette dernière action qu'il paraît rattacher toutes ces admirables adaptations de la nature, — telles que l'aptitude de brouter les branches d'arbres que procure à la Girafe la longueur de son cou. Il admet également une loi de développement progressif ; et comme toutes les formes vivantes tendent ainsi au perfectionnement, il explique l'existence persistante de productions simples, par leur génération spontanée actuelle [1].

Geoffroy-Saint-Hilaire, ainsi que le raconte sa *Vie*, écrite par son fils, avait déjà, en 1795, soupçonné que ce que nous appelons espèces étaient des déviations variées d'un même type. Ce ne fut qu'en 1828 qu'il publia sa conviction que les mêmes formes ne se sont pas perpétuées depuis l'origine de toutes choses ; il paraît avoir cru que la principale cause des changements étaient les conditions de la vie, ou le *monde ambiant*. Prudent à tirer des conclusions, il ne croyait pas que les espèces existantes fussent en voie de modification ; et comme l'ajoute son fils : « C'est donc un problème à réserver entièrement à l'avenir, supposé même que l'avenir doive avoir prise sur lui. »

1. C'est dans l'excellente histoire d'Isidore Geoffroy Saint-Hilaire (*Hist. nat. générale*, 1859, t. II, p. 405), que j'ai pris la date de la première publication de Lamarck ; cet ouvrage contient aussi un résumé des conclusions de Buffon sur le même sujet. Il est curieux de comparer combien le Dr Érasme Darwin, mon grand-père, dans sa *Zoonomia* (t. I, p. 500-510) publiée en 1794, a devancé Lamarck dans ses idées et ses erreurs. D'après Isidore Geoffroy, Gœthe partageait complétement les mêmes idées, comme le montre l'introduction d'un ouvrage écrit en 1794 et 1795, mais publié beaucoup plus tard. Il a remarqué (*Gœthe als Naturforscher*, par le Dr Karl Meding, p. 34) que la future question à traiter par les naturalistes sera, par exemple, comment le bétail a-t-il acquis ses cornes, et non à quoi servent-elles ? Il y a là un cas assez singulier de l'apparition à peu près simultanée d'opinions semblables, car il se trouve que Gœthe, en Allemagne, le Dr Darwin, en Angleterre, Geoffroy Saint-Hilaire, en France, arrivent, dans les années 1794-95, à la même conclusion sur l'origine des espèces.

Le docteur W. C. Wells lut à la Société de Londres, en 1813, une notice sur une « femme blanche, dont une portion de la peau ressemblait à celle d'un nègre », notice qui ne fut publiée qu'en 1818 avec ses fameux « *Two Essays upon Dew and Single Vision.* » Il reconnaît distinctement dans ce travail le principe de la sélection naturelle, et c'est la première fois qu'elle ait été indiquée ; mais il ne l'applique qu'aux races humaines, et à certains caractères seulement. Après avoir remarqué que les nègres et mulâtres échappent à certaines maladies tropicales, il constate premièrement que tous les animaux tendent à varier à quelque degré, et secondement que les agriculteurs améliorent leurs animaux domestiques par la sélection. A cela il ajoute que ce qui dans ce dernier cas est effectué par « l'art » paraît l'être également, mais plus lentement, par la nature, pour la production des variétés humaines adaptées aux régions qu'elles habitent ; ainsi, parmi les variétés accidentelles qui ont pu surgir chez les habitants d'abord peu nombreux et disséminés dans les parties centrales de l'Afrique, quelques-unes étaient sans doute plus aptes que les autres à supporter les maladies de la contrée. Cette race aura tendu par conséquent à se multiplier, pendant que les autres diminuaient, non-seulement faute de pouvoir résister aux maladies, mais aussi par leur impuissance à lutter contre leurs vigoureux voisins. Il considère, d'après ce qui a été déjà dit, que la peau de cette race énergique aura été de couleur foncée. Mais la même tendance à former des variétés persistant toujours, il surgira avec le cours des temps des races de plus en plus foncées, et celle qui présentera le caractère le plus adapté au climat deviendra la prépondérante sinon la seule dans le lieu particulier où elle a pris naissance. L'auteur étend ensuite ces mêmes idées aux habitants blancs des climats plus froids. Je dois à M. Rowley, des États-Unis, d'avoir, par M. Brace, attiré mon attention sur le passage des travaux du docteur Wells que je viens de citer.

Le Rév. W. Herbert, doyen de Manchester, a dit dans le quatrième volume des *Horticultural Transactions*, 1822, et dans son ouvrage sur les *Amaryllidacées* (1837, 19, 339), que « les expériences d'horticulture ont établi, sans réfutation possible, que les espèces botaniques ne sont qu'une classe supérieure et plus permanente de variétés ». Il étend la même opinion aux animaux, et croit que des espèces uniques de chaque genre ont été créées à un état primitivement très-plastique, et que ces types ont produit ultérieurement, principalement par entre-croisement et aussi par variation, toutes nos espèces existantes.

Le professeur Grant, en terminant son travail bien connu sur la Spongille (*Edinburgh Philos. Journal*, 1826, t. XIV, p. 283), déclare clairement qu'il croit à la descendance d'une espèce de l'autre, s'améliorant dans le cours des modifications qu'elles subissent. Il a reproduit cette même idée dans sa 55ᵉ conférence, publiée, en 1834, dans le *Lancet*.

M. Patrick Matthew a publié, en 1831, un traité intitulé *Naval Timber and Arboriculture*, dans lequel il émet exactement la même opinion que celle que M. Wallace et moi avons exposée dans le *Linnean Journal*, et que je développe dans le présent ouvrage. Malheureusement les idées de M. Matthew avaient été énoncées très-brièvement et par passages disséminés dans un appendice à un ouvrage traitant un sujet tout différent, et restèrent ainsi inaperçues jusqu'à ce que M. Matthew lui-même attira l'attention sur elles dans le *Gardener's Chronicle* (avril 7, 1860). Les différences entre nos manières de voir n'ont pas grande importance. Il paraît regarder le monde comme ayant été presque dépeuplé à des périodes successives, puis repourvu de nouveau; et admet, à titre d'alternative, que de nouvelles formes peuvent être engendrées « sans la présence d'aucun moule ou germe d'agrégations précédentes ». Je crois ne pas bien comprendre quelques passages, mais il me semble qu'il accorde beaucoup d'influence à l'action directe des conditions vitales. Il a toutefois saisi clairement toute la puissance du principe de la sélection naturelle.

Dans sa *Description physique des îles Canaries* (1836, p. 147), le célèbre géologue et naturaliste von Buch exprime nettement son idée que les variétés se changent peu à peu en espèces permanentes, qui ne sont plus capables de s'entre-croiser.

Dans la *Nouvelle Flore de l'Amérique du Nord* (1836, p. 6), Rafinesque a publié ce qui suit : — « Toutes les espèces ont pu être autrefois des variétés, et beaucoup de variétés deviennent graduellement des espèces en acquérant des caractères constants et particuliers »; il ajoute (p. 18), « les types primitifs ou ancêtres du genre, exceptés. »

Dans le *Boston Journal of nat. Hist. U. S.* (1843-44, t. IV, p. 468), le professeur Haldeman a exposé avec talent les arguments pour et contre l'hypothèse du développement et de la modification de l'espèce et paraît pencher du côté du changement.

Les *Vestiges of Creation* ont paru en 1844. Dans la dixième édition, fort améliorée (1853), l'auteur anonyme dit (p. 155) : — « La proposition à laquelle après de nombreuses considérations on peut s'arrêter est celle-ci, que les diverses séries d'êtres animés, depuis les plus simples et les plus anciens jusqu'aux plus élevés et plus récents, sont les résultats, par la providence divine, *premièrement*, d'une impulsion communiquée aux formes vivantes, qui les fait avancer par génération, en temps définis, par des degrés d'organisation culminant dans les Dicotylédonées et les Vertébrés supérieurs. Ces degrés sont peu nombreux et généralement marqués par des intervalles dans leur caractère organique, ce qui rend l'appréciation des affinités si difficile; *secondement*, d'une autre impulsion en rapport avec les forces vitales, tendant, dans la série des générations, à approprier, en les modifiant, des conformations organiques aux circonstances extérieures, comme la nourriture, la localité et les influences météoriques; ce sont les *adaptations* du théologien naturel. » L'auteur paraît croire que l'organisation progresse par sauts brusques, mais que les effets produits par les conditions de vie sont graduels. Il soutient par des raisons générales avec assez de force que les espèces ne sont pas des productions immuables. Mais je ne vois pas comment les deux « impulsions » supposées peuvent expliquer scientifiquement les nombreuses et belles coadaptations que nous contemplons dans la nature, et comment nous pouvons ainsi nous rendre compte de la marche qu'a dû suivre, par exemple, le Pic pour s'adapter à ses habitudes particulières. Le style brillant et énergique de ce livre, quoique présentant dans les premières éditions peu de connaissances exactes et une grande absence de prudence scientifique, lui assura aussitôt un grand succès; et à mon avis il a rendu service en appelant l'attention sur le sujet, combattant les préjugés, et préparant le terrain pour des études analogues.

Le vétéran de la géologie, M. J. d'Omalius d'Halloy, a publié, en 1846 (*Bull. Acad. Roy. Bruxelles*, XIII, p. 581), un travail excellent, bien que court, dans lequel il émet l'opinion qu'il est plus probable que les espèces nouvelles aient été le produit de descendance avec modification que celui d'une création séparée; l'auteur avait déja exprimé cette idée en 1831.

Dans son ouvrage « *Nature of Limbs* », p. 86, le professeur Owen écrivait en 1849 : — « L'idée archétypale s'est manifestée sur notre planète dans la chair sous des modifications diverses, longtemps avant l'existence des espèces animales qui en sont actuellement l'expression. Mais jusqu'à présent nous ignorons entièrement à quelles lois naturelles ou causes secondaires la succession régulière et la progression de ces phénomènes organiques ont pu être soumises. » Dans son discours à l'Association britannique, en 1858, il parle de « l'axiome de la puissance créatrice continuelle, ou du devenir préordonné des choses vivantes. » Plus loin (p. xc), à propos de la distribution géographique, il ajoute : « Ces phénomènes ébranlent notre confiance dans la conclusion que l'Aptéryx de la Nouvelle-Zélande et le Grouse rouge de l'Angleterre aient été des créations distinctes faites dans et pour ces îles. Il faut d'ailleurs se rappeler que le zoologiste qualifie de création un procédé dont il ne connaît quoi que ce soit. » Il amplifie cette idée en ajoutant que lorsque de tels cas, celui du Grouse rouge, « sont cités comme preuves d'une création distincte dans et pour ces îles, le zoologiste veut dire seulement qu'il ne sait pas comment le Grouse rouge est arrivé, et, de plus, arrivé d'une manière exclusive dans les îles de la Grande-Bretagne, et que cette manière d'exprimer son ignorance implique en même temps la croyance à une grande Cause Créatrice primitive, à laquelle l'oiseau aussi bien que les îles doivent leur origine ». Si nous interprétons les sentences prononcées dans ce discours, les unes par les autres, il semble que, en 1858, le célèbre naturaliste n'était plus si convaincu du mode de première apparition de l'Aptéryx et du Grouse rouge dans leurs contrées respectives, et ne savait plus ni Comment ni Pourquoi!

Ce discours a été prononcé après la lecture du travail de M. Wallace et de moi-même sur l'Origine des Espèces à la *Société Linnéenne*. Lors de la publication de la première édition du présent ouvrage, je fus, comme beaucoup d'autres avec moi, complétement trompé par des expressions telles que « l'action continue de la puissance créatrice », à tel point que je compris le professeur Owen avec d'autres paléonto-

logistes parmi les partisans convaincus de l'immutabilité de
l'espèce ; mais il paraît que c'était de ma part une grave erreur
(*Anatomy of Vertebrates*, III, p. 796). Dans les précédentes
éditions de mon ouvrage je conclus, et je maintiens encore
ma conclusion, que, suivant un passage commençant (vol. I,
p. 35) par les mots : « Sans doute la forme-type, etc. », le professeur Owen admettait la sélection naturelle comme pouvant
avoir contribué en quelque chose à la formation de nouvelles
espèces ; mais ceci paraît être, d'après un passage (l. c., III,
p. 798), inexact et non démontré. Je donnai aussi quelques
extraits d'une correspondance entre le professeur et l'éditeur de
London Review qui paraissaient prouver à ce dernier, comme
à moi-même, que le professeur Owen prétendait avoir émis
avant moi la théorie de la sélection naturelle. J'ai exprimé ma
surprise et ma satisfaction de cette nouvelle ; mais autant
qu'il est possible de comprendre certains passages récemment
publiés (*Anat. of Vertebrates*, III, p. 798), je suis encore en
tout ou en partie retombé dans l'erreur. Mais je me rassure en
voyant d'autres que moi trouver aussi difficiles à comprendre et
à concilier entre eux les travaux de controverse du professeur
Owen. Quant à ce qui concerne la simple énonciation du principe de la sélection naturelle, il est tout à fait indifférent que
le professeur Owen m'ait devancé ou non, car tous deux,
comme le montre cette esquisse historique, avons depuis
longtemps eu le Dr. Wells et M. Matthew pour prédécesseurs.

M. Isidore Geoffroy-Saint-Hilaire, dans ses conférences de
1850 (résumées dans *Revue et Mag. de Zoologie*, janv. 1851),
donne brièvement ses raisons pour croire que « les caractères
spécifiques sont fixés pour chaque espèce, tant qu'elle se per-
pétue au milieu des mêmes circonstances ; ils se modifient si
les circonstances ambiantes viennent à changer ». « En résumé,
l'*observation* des animaux sauvages démontre déjà la variabilité *limitée* des espèces. Les *expériences* sur les animaux
sauvages devenus domestiques, et sur les animaux domestiques redevenus sauvages, le démontrent plus clairement
encore. Ces mêmes expériences prouvent, de plus, que les
différences produites peuvent être de *valeur générique*. »
Dans son *Hist. nat. générale* (II, p. 430, 1859), il développe
des conclusions analogues.

D'après une publication récente par voie de circulaire, il

paraît que, en 1851 (*Dublin Medical Press*, p. 322), le docteur Freke a émis la doctrine de la dérivation d'une seule forme primordiale, de tous les êtres organisés. Les bases et le traitement du sujet diffèrent totalement des miens, et comme le docteur Freke a publié, en 1861, son essai sur l'*Origine des Espèces par l'affinité organique*, il serait superflu, de ma part, d'entreprendre la tentative difficile de donner un aperçu quelconque de ses idées.

M. Herbert Spencer, dans un Essai (publié d'abord dans le *Leader*, mars 1852, et reproduit dans ses *Essays* en 1858), a fait, avec une puissance et une habileté remarquables, la comparaison entre la théorie de la Création et celle du développement des êtres organiques. Il tire ses preuves de l'analogie des productions domestiques, des changements que subissent les embryons de beaucoup d'espèces, de la difficulté de distinguer les espèces et les variétés, et du principe de gradation générale ; il conclut que les espèces ont éprouvé des modifications qu'il attribue au changement des conditions. L'auteur (1855) a aussi traité de la Psychologie sur le principe nécessaire de l'acquisition par dégradation de toute aptitude et faculté mentale.

M. Naudin, botaniste distingué, dans un travail remarquable sur l'Origine des Espèces (*Revue Horticole*, p. 102, republié en partie dans *Nouv. Archives du Muséum*, I, 171), a affirmé en 1852 sa croyance que les espèces se formaient d'une manière analogue à celle des variétés cultivées, ce qu'il attribue à l'action de sélection exercée par l'homme. Mais il n'explique pas comment agit la sélection dans la nature. Il admet, comme le doyen Herbert, qu'à leur apparition les espèces étaient plus plastiques qu'aujourd'hui. Il appuie sur ce qu'il appelle le principe de finalité, « puissance mystérieuse, indéterminée, fatalité pour les uns, pour les autres volonté providentielle, dont l'action incessante sur les êtres vivants détermine, à toutes les époques de l'existence du monde, la forme, le volume et la durée de chacun d'eux, en raison de sa destinée dans l'ordre de choses dont il fait partie. C'est cette puissance qui harmonise chaque membre à l'ensemble en l'appropriant à la fonction qu'il doit remplir dans l'organisme général de la nature, fonction qui est pour lui sa raison d'être [1] ».

---

1. Il paraît résulter de citations faites dans l'*Untersuchungen über die Entwickelungs-Gesetze*, de Bronn, que Unger, botaniste et paléontologiste distingué, a publié en 1852 ses idées sur le

Un géologue célèbre, le comte Keyserling, a, en 1853 (*Bull. de la Soc. géol.*, 2ᵉ sér., X, 357), suggéré que de même que de nouvelles maladies causées par quelque miasme ont apparu et se sont répandues dans le monde, de même des germes d'espèces existantes ont pu à certaines périodes avoir été chimiquement affectées par des molécules ambiantes de nature particulière, et avoir ainsi donné naissance à de nouvelles formes.

La même année, en 1853, le docteur Schaaffhausen publia un excellent article (*Verhandl. des naturhist. Vereins der Preuss. Rheinlande, etc.*) dans lequel il explique le développement progressif des formes organiques sur la terre. Il croit que beaucoup d'espèces ont persisté fort longtemps, quelques-unes seulement s'étant modifiées, et explique leurs différences actuelles par la destruction des formes intermédiaires. « Ainsi, plantes et animaux vivants ne sont pas séparés des espèces éteintes par de nouvelles créations, mais doivent être regardés comme leurs descendants par reproduction continue. »

M. Lecoq, botaniste français fort connu, dans ses *Etudes sur la Géographie botanique*, I, p. 250, écrit en 1854 : — « On voit que nos recherches sur la fixité ou la variation de l'espèce nous conduisent directement aux idées émises par deux hommes justement célèbres, Geoffroy-Saint-Hilaire et Gœthe. » Quelques autres passages éparpillés dans l'ouvrage de M. Lecoq rendent douteuse l'étendue qu'il accorde à ses opinions sur les modifications des espèces.

Dans ses *Essays on the Unity of Worlds*, 1855, le Rév. Baden Powell a traité magistralement la philosophie de la Création. On ne peut pas mieux démontrer, d'une manière plus frappante, comment l'apparition d'une espèce nouvelle « est un phénomène régulier et non casuel », ou, selon l'expression de sir John Herschel, « un procédé naturel par opposition à un procédé miraculeux ».

---

développement et les modifications que subissent les espèces. D'Alton a exprimé la même opinion en 1821, dans l'ouvrage sur les Fossiles auquel il a collaboré avec Pander. Oken, dans son ouvrage mystique, *Natur-Philosophie*, a soutenu des opinions analogues. Il paraît résulter de renseignements contenus dans l'ouvrage *Sur l'Espèce*, de Godron, que Bory Saint-Vincent, Burdach, Poiret et Fries ont tous admis la continuité de la production d'espèces nouvelles. — Je dois ajouter que des trente-quatre auteurs nommés dans cette Esquisse historique, qui admettent la modification des espèces, et rejettent les actes de création séparés, il y en a vingt-sept qui ont travaillé et écrit sur des branches spéciales d'histoire naturelle et de géologie.

Le troisième volume du *Journal of the Linnean Society*, juillet 1858, contient quelques travaux de M. Wallace et de moi, dans lesquels, comme nous le constatons dans l'introduction du présent volume, M. Wallace énonce avec beaucoup de clarté et de puissance la théorie de la sélection naturelle.

Von Baer, si respecté de tous les zoologistes, exprima, en 1859 (voir prof. Rud. Wagner, *Zoologisch-anthropologische Untersuchungen*, p. 51, 1861), sa conviction fondée surtout sur les lois de distribution géographique, que des formes actuellement distinctes au plus haut degré sont les descendants d'un type-parent unique.

Le professeur Huxley, en juin 1859, dans une conférence devant l'Institution royale sur « les Types persistants de la vie animale », a fait les remarques suivantes sur ce sujet : « Il est difficile de comprendre la signification des faits de cette nature, si nous croyons que chaque espèce d'animaux, ou de plantes, ou chaque grand type d'organisation, ait été formé et placé sur la terre, à de longs intervalles, par un acte distinct de puissance créatrice; et il faut bien se rappeler qu'une supposition pareille est aussi peu appuyée sur la tradition ou la révélation, qu'elle est fortement opposée à l'analogie générale de la nature. Si, d'autre part, nous regardons les *Types persistants* au point de vue de l'hypothèse que les espèces à toute époque sont le résultat de la modification graduelle d'espèces préexistantes (hypothèse qui, bien que non prouvée, et tristement compromise par quelques-uns de ses adhérents, est encore la seule à laquelle la physiologie prête un appui favorable), l'existence de ces types persistants semblerait démontrer que l'étendue de modification que les êtres vivants ont dû subir pendant les temps géologiques n'a été que faible relativement à la série totale des changements par lesquels ils ont passé. »

Le docteur Hooker a, en 1859, publié son *Introduction to the Australian Flora*; première partie de son immense ouvrage, dans lequel il admet la vérité de la descendance et des modifications des espèces, et où il appuie cette doctrine par un grand nombre d'observations originales.

La première édition anglaise du présent ouvrage a été publiée le 24 novembre 1859, et la seconde le 7 janvier 1860.

DE L'ORIGINE
DES ESPÈCES

INTRODUCTION

Me trouvant, en qualité de naturaliste, à bord du vaisseau de Sa Majesté *le Beagle*, divers faits ayant trait à la distribution des êtres organisés vivant dans l'Amérique du Sud, et aux relations géologiques existant entre les habitants actuels et passés de ce continent, m'ont particulièrement frappé. Ces faits, ainsi que nous le verrons dans les derniers chapitres de ce volume, m'ont paru jeter quelque lumière sur l'origine de l'espèce, — ce mystère des mystères, comme le désigne un de nos plus grands philosophes. Revenu de mon voyage, en 1837, il me parut qu'en accumulant avec patience et en méditant sur les faits de toute nature qui se rattachent à la question, quelques pas vers sa solution pourraient être faits. Après cinq années de recherches, que je résumai en quelques courtes notes, je les développai, en 1844, sous la forme d'une esquisse des conclusions qui me parurent alors probables, et, depuis cette époque jusqu'à ce jour, j'ai constamment poursuivi le même objet. J'espère qu'on voudra bien excuser ces détails personnels, que je signale comme preuve que les déterminations auxquelles j'ai été conduit n'ont pas été prises à la légère. Mon œuvre est actuellement presque terminée ; mais quelques années m'étant encore nécessaires pour l'achever, vu mon état

précaire de santé, j'ai été sollicité d'en publier le présent résumé, ce que je fais d'autant plus volontiers que M. Wallace,
qui étudie dans ce moment l'histoire naturelle de l'archipel
Malais, est arrivé, au sujet de l'origine des espèces, presque
exactement aux mêmes conclusions que moi. Un mémoire sur
cette question, qu'il m'adressa en 1858, pour être remis, par
sir Charles Lyell, à la Société Linnéenne, a été publié dans le
troisième volume du journal de cette Société. Sir Ch. Lyell et
le docteur Hooker, qui étaient l'un et l'autre instruits de mes
travaux, — ce dernier ayant lu mon esquisse de 1844, — me
firent l'honneur de me conseiller de publier, en même temps
que l'excellent mémoire de M. Wallace, quelques extraits de
mes manuscrits.

Le résumé, tel que je le donne ici, sera nécessairement imparfait. Ne pouvant y placer toutes les références, mentionner
toutes les autorités sur lesquelles s'appuient mes diverses
assertions, j'ose espérer du lecteur quelque confiance dans mon
exactitude. Bien que très-circonspect dans le choix de mes
autorités, et ne m'étant appuyé que sur les plus dignes de foi,
il est possible cependant que quelques erreurs aient pu se glisser dans mon ouvrage. Je ne peux donc ici joindre aux conclusions générales auxquelles j'ai été conduit, que quelques faits à
leur appui, qui, je l'espère, suffiront dans la plupart des cas.
Mieux que personne, je sens la nécessité de publier par la suite,
et en détail, tous les faits sur lesquels sont basées mes conclusions, et j'espère pouvoir accomplir cette tâche dans un ouvrage futur. Je sais, en effet, qu'il n'est presque pas un seul
des points discutés dans ce volume contre lequel on ne puisse
invoquer des faits entraînant, en apparence, à des conclusions
précisément contraires à celles auxquelles j'ai été moi-même
conduit. Ce n'est que par une exposition et une discussion complètes des faits et arguments touchant les diverses faces de
chaque question, qu'on peut arriver à un résultat juste ; or un
tel travail serait impossible ici.

Je regrette vivement aussi que les limites de cet ouvrage
ne me permettent pas de reconnaître l'assistance généreuse
que j'ai rencontrée chez un très-grand nombre de naturalistes,
dont plusieurs me sont même personnellement inconnus. Je ne
puis toutefois laisser passer cette occasion de reconnaître tout

ce que je dois à l'inépuisable obligeance du docteur Hooker, qui, dans ces quinze dernières années, m'a constamment aidé sous tous les rapports, par ses vastes connaissances et son excellent jugement.

A considérer l'origine des espèces, on conçoit parfaitement qu'un naturaliste, réfléchissant sur les affinités mutuelles des êtres organisés, sur leurs rapports embryologiques, sur leur distribution géographique, leur succession géologique, et autres faits analogues, arrive à la conclusion que les espèces n'aient pas été créées indépendantes, mais descendent, comme les variétés, d'autres espèces. Une pareille conclusion, même bien fondée, ne serait toutefois pas satisfaisante, tant qu'on n'aurait pas démontré comment les innombrables espèces qui peuplent la terre ont été modifiées, de manière à acquérir cette perfection de conformation et de coadaptation, qui provoque à juste titre notre admiration. Les naturalistes invoquent constamment les conditions extérieures, telles que le climat, la nourriture, etc., comme la seule cause possible de variation. Ainsi que nous le verrons plus loin, dans certaines limites, cela peut être vrai; mais il serait déraisonnable d'attribuer aux seules conditions extérieures la conformation du pic, par exemple, dont les pattes, la queue, le bec et la langue sont si admirablement conformés pour lui permettre de capturer les insectes cachés sous l'écorce des arbres. Dans le cas du gui, qui emprunte sa nourriture à certains arbres, dont les graines doivent être transportées par certains oiseaux, dont les fleurs, à sexes séparés, exigent absolument le concours de certains insectes pour assurer leur fécondation, en transportant le pollen d'une fleur à l'autre, il est également absurde de vouloir expliquer, par les seuls effets des conditions extérieures, de l'habitude, ou par la volition de la plante elle-même, la conformation de ce parasite et ses relations avec divers autres êtres organisés distincts.

Il est donc de la plus haute importance d'arriver à un aperçu net des moyens de modification et de coadaptation. Dès l'origine de mes observations, il me parut probable que c'était dans l'étude attentive des animaux domestiques et des plantes cultivées que j'aurais les meilleures chances de rencontrer les éléments de la solution de cet obscur problème. Je ne m'étais pas trompé, car dans celui-ci, comme dans tous les

autres cas embarrassants, j'ai toujours trouvé que, si imparfaites que soient nos connaissances en ce qui concerne la variation sous l'influence de la domestication, c'est encore elle
qui fournit les éléments les plus certains. Aussi je ne saurais
trop insister sur l'importance et la valeur de ce genre d'études,
généralement trop négligées par les naturalistes.

C'est pour ces raisons que je consacrerai à la variation
sous l'influence de la domestication, le premier chapitre de ce
résumé. Nous y apprendrons combien sont considérables les
effets de l'hérédité des modifications, et, ce qui n'est pas moins
important, la puissance d'action que l'homme peut exercer en
accumulant par sélection une suite de légères variations successives. Je passerai ensuite à la variabilité des espèces à l'état
de nature, point sur lequel je serai malheureusement obligé
d'être trop bref, ne pouvant donner, à l'appui de mes conclusions sur ce sujet, le long catalogue des faits qui seraient nécessaires pour le traiter d'une manière complète. Nous serons
toutefois mis à même de discuter quelles sont les circonstances
les plus favorables à la variation. Le chapitre suivant sera
consacré à l'étude de la lutte pour l'existence, à laquelle sont
soumis tous les êtres organisés dans l'univers, qui est la conséquence nécessaire et inévitable de la forte raison géométrique
qui régit leur accroissement, et constitue l'application aux
règnes animal et végétal de la doctrine de Malthus. Les individus qui naissent dans chaque espèce, étant beaucoup plus
nombreux que ceux qui peuvent survivre, il en résulte une lutte
incessante pour l'existence entre tous les concurrents, lutte
en suite de laquelle tout individu qui, sous l'action complexe
et souvent variable des conditions extérieures, aura varié d'une
manière si légère que ce soit, mais avantageuse pour lui, aura
plus de chances de survivre à ses concurrents et de se trouver
ainsi naturellement conservé ou *sélecté*. Cette variété ainsi
épargnée tendra, en vertu du principe énergique de l'hérédité,
à transmettre à ses descendants sa forme modifiée et nouvelle.

Ce point fondamental de la sélection naturelle sera développé dans le quatrième chapitre. Nous y verrons comment la
sélection naturelle détermine presque inévitablement l'extinction des formes moins perfectionnées, et amène ce que j'ai
appelé la divergence des caractères. Je discuterai dans le cha-

pitre suivant les lois complexes et peu connues de la variation. Les quatre chapitres qui viendront ensuite contiendront les difficultés les plus sérieuses et les plus saillantes qui paraissent s'élever contre la théorie ; premièrement, celle des transitions, ou comment un être ou un organe simples ont pu se transformer et se perfectionner de façon à devenir des êtres d'un développement supérieur, ou des organes d'une conformation élevée ; secondement, celle de l'instinct, ou des facultés mentales des animaux ; troisièmement, l'hybridité, ou l'infécondité des espèces et la fertilité des variétés lorsqu'on les entre-croise ; et quatrièmement, l'imperfection des documents géologiques. J'envisagerai ensuite la succession géologique des êtres organisés dans le temps ; leur distribution géographique dans l'espace formera le sujet des onzième et douzième chapitres ; et leur classification ou leurs affinités mutuelles, tant à l'état parfait qu'embryonnaire, sera traitée dans le treizième. Enfin, le dernier chapitre comprendra une rapide récapitulation de l'ensemble de l'ouvrage, suivie de quelques remarques finales.

Si l'on réfléchit à la profonde ignorance dans laquelle nous nous trouvons, quant aux relations mutuelles des êtres innombrables qui nous entourent, on ne doit pas être surpris de ce qu'il y ait encore tant de points inexpliqués en ce qui concerne l'origine des espèces. Qui peut dire pourquoi telle espèce est très-nombreuse et répandue sur une grande surface, tandis que telle autre espèce, qui en est très-voisine, reste rare et limitée à un espace restreint? Ces rapports sont cependant d'une grande importance, car ils déterminent la prospérité actuelle, et, à mon avis, la réussite future et la modification de chaque habitant du globe.

Nous connaissons encore bien moins les relations mutuelles de ces innombrables habitants de la terre qui l'ont occupée pendant les périodes géologiques passées. Malgré l'obscurité qui règne et régnera longtemps encore sur ces points, je ne mets point en doute, après une étude réfléchie et une appréciation froide et impartiale, que l'opinion admise par la plupart des naturalistes, et que j'ai moi-même autrefois partagée, — à savoir que chaque espèce a été l'objet d'une création indépendante, — ne soit erronée. Je suis intimement convaincu que les espèces ne sont point immuables, et que celles qui appartiennent à ce qu'on appelle un même genre, sont les descendants en ligne continue de quelque autre espèce généralement éteinte, de même que les variétés reconnues d'une espèce donnée, sont les descendants de cette espèce. Je suis, de plus, convaincu que la sélection naturelle a été le moyen de modification le plus important, quoique non exclusivement le seul.

CHAPITRE PREMIER.

Causes de la variabilité. — Effets de l'habitude. — Variations corrélatives. — Hérédité. — Caractères des variétés domestiques. — Difficulté de distinguer les variétés et les espèces. — Provenances de variétés domestiques d'une ou plusieurs espèces. — Origine et différences des pigeons domestiques. — Pratique ancienne des principes de la sélection, leurs effets. — Sélection méthodique et inconsciente. — Origine inconnue de nos productions domestiques. — Circonstances favorables à l'exercice de la sélection par l'homme.

Causes de la variabilité.

Un des premiers points qui nous frappent, lorsque nous comparons entre eux les individus appartenant à une même variété ou sous-variété de nos animaux ou plantes de domestication ancienne, est qu'ils diffèrent généralement les uns des autres plus que ne le font les individus d'une espèce ou d'une variété naturelles. Si nous songeons à l'immense quantité de plantes et d'animaux qui ont été successivement soumis à la culture et à la domestication, qui ont varié de tous temps sous l'influence des climats et des traitements les plus différents, nous sommes conduits à en conclure que cette grande variabilité tient à ce que nos productions domestiques ont été élevées dans des conditions de vie moins uniformes, et quelque peu différentes de celles auxquelles l'espèce parente a dû être exposée dans l'état de nature. Il y a aussi, à ce que je crois, quelque vraisemblance dans l'opinion avancée par André Knight, que cette variabilité peut être, en partie, liée à un excès de nourriture. Il paraît clair que les êtres organisés doivent être soumis à de nouvelles conditions pendant plusieurs générations successives, pour présenter une étendue appréciable de variation, et que, lorsque l'organisation a une fois commencé à varier, elle continue à le faire pendant plusieurs générations. On ne cite aucun cas d'organisme variable ayant cessé de varier sous l'action de la culture. Nos plantes les plus anciennes, telles que le froment, fournissent encore de nouvelles variétés ; nos animaux dont la domestication remonte aux époques les plus reculées, sont encore susceptibles de modification et d'amélioration rapides.

Autant que je puis en juger, après m'être longtemps occupé de ce sujet, les conditions de la vie paraissent agir de deux manières : la première, en affectant directement soit l'ensemble, soit certaines parties seulement de l'organisation ; la seconde indirectement, en affectant le système reproducteur. En ce qui concerne l'action directe, nous devons noter que, dans chaque cas, — ainsi que l'a récemment montré le professeur Weismann, et comme je l'ai signalé dans mon ouvrage[1] sur la *Variation sous l'influence de la domestication,* — deux facteurs sont en présence, à savoir : la nature de l'organisme et la nature des conditions. Le premier de ces facteurs paraît être le plus important ; car nous voyons quelquefois des variations presque semblables surgir sous l'influence de conditions qui, autant que nous en pouvons juger, sont fort différentes, et, inversement, des conditions presque uniformes provoquer des variations dissemblables. Les effets sur la descendance peuvent être définis ou indéfinis. On peut les considérer comme définis, lorsque tous ou la plupart des produits d'individus, soumis pendant plusieurs générations à certaines conditions, sont modifiés de la même manière. Il est fort difficile d'arriver à quelque conclusion quant à l'étendue des changements ainsi opérés d'une manière définie. Il y a cependant quelques modifications légères au sujet desquelles il ne peut presque pas y avoir de doutes : — ainsi l'influence de l'abondance de nourriture sur la taille ; de sa nature sur la couleur ; celle du climat sur l'épaisseur de la peau et le genre de pelage, etc. Chacune des innombrables variations que nous présentent le plumage de nos oiseaux de basse-cour, a dû être le résultat de quelque cause efficace ; et il est fort probable qu'une même cause, agissant uniformément et pendant une longue suite de générations sur un grand nombre d'individus, les modifierait tous de la même manière. Des faits tels que ces excroissances extra-

---

1. *De la Variation des Animaux et des Plantes sous l'action de la domestication,* par Ch. Darwin, 1868.

ordinaires et compliquées qui sont la conséquence du dépôt d'une goutte microscopique de poison fournie par un gallinsecte, nous montrent quelles singulières modifications peuvent, chez les plantes, résulter d'un changement chimique dans la nature de la séve.

Un changement dans les conditions a pour résultat beaucoup plus fréquent une variabilité indéfinie, et c'est probablement cette dernière qui a joué le rôle prépondérant dans la formation de nos races domestiques. Cette variabilité indéfinie se manifeste par ces innombrables particularités légères qui distinguent entre eux les individus d'une même espèce, et dont l'hérédité soit de l'un ou de l'autre parent, soit d'un ancêtre plus reculé, ne peut rendre compte. On voit occasionnellement apparaître des différences très-marquées entre les produits d'une même portée, ou dans les plantes levées de graines provenant d'une même capsule. A de longs intervalles, on voit surgir sur des millions d'individus élevés dans le même pays, et nourris de la même manière, des déviations de structure assez prononcées pour mériter la qualification de monstruosités; mais on ne peut tracer aucune ligne distincte de démarcation entre des monstruosités ou des variations plus légères. On peut considérer toutes ces modifications de conformation, qu'elles soient insignifiantes ou fortement accusées, qui apparaissent parmi un grand nombre d'individus vivant ensemble, comme les effets indéfinis des conditions de la vie sur chaque organisme particulier, à peu près comme un frisson affectera d'une manière indéterminée différentes personnes, suivant leur état corporel ou leur constitution, en provoquant des rhumes, des rhumatismes, ou un état inflammatoire d'organes divers.

En ce qui concerne ce que j'appelle l'action indirecte du changement de conditions, c'est-à-dire l'influence qu'elles exercent sur le système reproducteur, nous pouvons admettre que la variabilité est ainsi déterminée, en partie par la sensibilité toute particulière de ce système pour toute modification dans les conditions, et en partie par la similitude, constatée par Kœlreuter et d'autres, entre la variabilité qui résulte du croisement entre espèces distinctes, et celle qui se remarque chez tous les animaux et plantes qu'on élève dans des conditions nouvelles ou artificielles. Un grand nombre de faits témoignent de l'excessive susceptibilité du système reproducteur pour tout changement, même insignifiant, dans les conditions ambiantes. Rien de plus aisé que d'apprivoiser un animal, mais rien de plus difficile que de l'amener à reproduire en captivité, même dans les cas où l'union des deux sexes s'opère facilement. Combien d'animaux qui ne reproduisent pas, même gardés presque à l'état de liberté dans leur pays natal! On attribue généralement, à tort, ce fait à une viciation d'instincts. Un grand nombre de plantes qui, cultivées, déploient la plus grande vigueur, ne grainent que rarement ou point. Dans quelques cas, on a pu découvrir qu'un changement insignifiant, tel qu'un peu plus ou moins d'eau à quelque période particulière de sa croissance, peut déterminer ou non la production de la graine chez une plante. Je ne puis donner ici les détails que j'ai recueillis et publiés ailleurs sur cet intéressant sujet; mais pour montrer combien sont singulières les lois qui règlent la reproduction des animaux en captivité, je signalerai le fait que les animaux carnivores, même des tropiques, reproduisent assez facilement dans nos pays, — les plantigrades, qui ne font que rarement des petits, exceptés; — tandis que les oiseaux carnassiers, sauf les plus rares exceptions, ne pondent jamais d'œufs fertiles. Un grand nombre de plantes exotiques ne donnent qu'un pollen sans valeur, comme celui des hybrides les plus stériles. Lorsque nous voyons donc, d'une part, que les animaux domestiques et les plantes cultivées, bien que souvent faibles et maladifs, se reproduisent avec la plus grande facilité; et, d'autre part, que des individus élevés tout jeunes, bien apprivoisés, parfaitement vigoureux (comme on en connaît de nombreux exemples), ont le système reproducteur assez fortement affecté par des causes imperceptibles, pour être hors d'état de fonctionner, nous ne devons pas nous étonner que ce système, lorsqu'il fonctionne en captivité, le fasse d'une manière irrégulière, et donne des produits un peu différents des parents. J'ajouterai que, de même que quelques organismes reproduisent librement dans les conditions les moins naturelles (ainsi qu'on peut le remarquer pour les lapins et les furets enfermés dans les clapiers), ce qui prouve que leur système reproducteur n'en est pas affecté; de même quelques animaux et plantes résistent à la domestication et à la culture, et ne varient que légèrement, peut-être à peine plus qu'à l'état de nature.

Quelques naturalistes ont avancé que toutes les variations sont liées à l'acte de la reproduction sexuelle; mais cette idée est certainement erronée. J'ai, dans un autre ouvrage, dressé une liste de « plantes folles, » comme les appellent les jardiniers, c'est-à-dire des plantes chez lesquelles on voit surgir tout à coup un bouton présentant quelque caractère nouveau, et parfois tout différent des autres bourgeons de la même plante. Ces variations de bourgeons peuvent se propager par greffes, rejetons, etc., et même quelquefois par graine. Elles se présentent rarement à l'état de nature, mais sont fréquentes chez les plantes soumises à la culture. Comme un seul bourgeon, sur les milliers produits chaque année sur un même arbre soumis à des conditions uniformes, a pu ainsi acquérir un caractère nouveau; que, d'autre part, des bourgeons appartenant à des arbres distincts, croissant dans des conditions diverses, ont quelquefois produit à peu près la même variété; — par exemple, des bourgeons de pêcher ayant produit des pêches lisses (nectarines), et des bourgeons de rosier commun ayant donné des roses mousseuses, — nous voyons clairement que la nature des conditions est subordonnée à celle de l'organisme, quant à la détermination de la forme particulière de variation. Elle n'a pas plus d'importance que n'en a, pour déterminer le genre de flamme que peut produire une matière combustible quelconque, la nature de l'étincelle qui a servi à l'allumer.

Effets de l'habitude; Variété corrélative; Hérédité.

Les habitudes sont héréditaires et ont une influence marquée sur l'époque, par exemple, de la floraison des plantes transportées d'un climat dans un autre. Leurs effets sont encore plus accusés chez les animaux. Ainsi je trouve que, chez le canard domestique, comparés au poids total du squelette, les os de l'aile sont plus légers, et ceux de la jambe plus pesants que les parties correspondantes du canard sauvage; changement qu'on peut incontestablement attribuer au fait, que le

canard domestique vole beaucoup moins et marche davantage
que ses parents sauvages. Un autre exemple des effets de
l'usage est fourni par le développement considérable et héréditaire des mamelles des vaches et des chèvres, dans les pays
où on a l'habitude de les traire, comparé à l'état de ces mêmes
organes dans d'autres pays. On ne saurait nommer un seul
animal domestique qui ne présente, dans quelque pays, les
oreilles pendantes; et l'opinion qui attribue cette chute du
pavillon à l'atrophie des muscles de l'oreille, l'animal hors de
l'état sauvage étant à l'abri du danger, est la plus probable.

La variation paraît être régie par de nombreuses lois, dont
plusieurs peuvent être vaguement entrevues, et que nous aurons
plus loin à discuter brièvement. Je me bornerai à mentionner
ici ce qu'on désigne sous le nom de variation corrélative.
Des changements importants dans l'embryon ou la larve
doivent probablement en entraîner dans l'animal adulte. Dans
les cas de monstruosités, les corrélations entre les parties
distinctes sont fort curieuses; Isidore-Geoffroy Saint-Hilaire
en cite des cas nombreux dans son grand ouvrage sur ce sujet.
Les éleveurs admettent que les membres allongés vont presque
toujours avec une tête longue. Certains cas de corrélation sont
presque capricieux, ainsi les chats blancs à yeux bleus sont
généralement sourds. On connaît plusieurs exemples de corrélation entre certaines particularités constitutionnelles et la
couleur, tant chez les plantes que chez les animaux. Heusinger
signale des cas de moutons et de porcs blancs sur lesquels
certaines plantes exerçaient une action nuisible, qui était nulle
sur les individus de coloration foncée. Le professeur Wyman
m'a récemment communiqué un bon exemple de ce fait. Des
fermiers de la Floride, auxquels on demandait pourquoi ils
n'avaient que des porcs noirs, ont expliqué que ces animaux
mangeant la racine du *Lachnanthes*, qui colore leurs os en rose,
et détermine la chute des sabots sur toutes les variétés qui ne
sont pas noires; ils n'élevaient dans chaque portée que les individus de cette couleur, comme ayant seuls la chance de vivre.
Les chiens nus ont des dents imparfaites; les animaux à poils
longs ou grossiers ont ordinairement des cornes longues ou
nombreuses; les pigeons à pattes emplumées ont les doigts
externes réunis par une membrane; les pigeons à bec court

ont de petites pattes ; celles-ci sont grandes chez les pigeons
à gros bec. Il en résulte que l'homme, en continuant toujours
à choisir et à augmenter ainsi une particularité, modifiera en
même temps et sans le vouloir, d'autres parties de la conformation liées à celle qu'il recherche, par les lois mystérieuses
de la corrélation.

Les résultats des lois diverses, inconnues ou imparfaitement comprises, qui régissent la variation, sont infiniment complexes et diversifiés. Il vaut la peine d'étudier les différents traités relatifs à quelques-unes de nos plantes anciennement cultivées, telles que la jacinthe, la pomme de terre, le
dahlia, etc. ; on est réellement étonné de constater les innombrables points de structure et de constitution par lesquels les
variétés et sous-variétés diffèrent légèrement les unes des
autres. L'organisation entière semble être devenue plastique,
et tend toujours à s'écarter à quelque degré de celle du type
parent.

Toute variation non héréditaire est sans intérêt pour nous ;
mais le nombre et la diversité des déviations héréditaires de
structure, tant insignifiantes que présentant une importance
physiologique considérable, sont infinis. L'ouvrage en deux
gros volumes, publié par M. Prosper Lucas, est le meilleur et
le plus complet qui existe sur ce sujet. Aucun éleveur ne met
en doute l'énergie de la puissance héréditaire ; sa croyance
fondamentale est que le semblable produit son semblable, et
seuls quelques théoriciens ont pu mettre ce principe en doute.
Lorsqu'une déviation de conformation apparaît souvent, et
qu'elle se remarque chez le père et l'enfant, nous ne pouvons pas
affirmer qu'elle ne soit pas le résultat d'une même cause ayant
agi sur les deux ; mais quand nous voyons, parmi des individus
très-nombreux, exposés en apparence aux mêmes conditions,
en suite d'une combinaison extraordinaire de circonstances,
apparaître une déviation rare chez le parent, et qu'on la retrouve chez l'enfant, la probabilité nous contraint presque à
attribuer sa réapparition à l'hérédité. Chacun connaît les cas
d'albinisme, de peau épineuse, de peau velue, etc., ayant
apparu chez plusieurs membres d'une même famille. Si des
déviations bizarres et peu fréquentes sont réellement héréditaires, il doit en être de même de celles qui sont moins sin-

gulières et plus communes. Nous croyons que l'opinion la plus correcte qu'on puisse exprimer à ce sujet, est que l'hérédité de tout caractère quelconque doit être considérée comme la règle, et le défaut d'hérédité comme l'exception.

Les lois qui régissent l'hérédité sont inconnues pour la plupart. Personne ne peut dire pourquoi une même particularité existant sur divers individus d'une même espèce, ou sur différentes espèces, est quelquefois héréditaire et quelquefois pas; pourquoi l'enfant fait souvent, par certains caractères, retour à l'un de ses grands parents, ou même à quelque ancêtre plus reculé; pourquoi une particularité se transmet parfois d'un sexe à tous les deux, ou à l'un d'eux seulement, le plus souvent, quoique pas exclusivement, au sexe semblable. Un fait important pour nous est celui de la transmission fréquente, soit exclusivement ou tout au moins à un degré plus marqué, aux individus du même sexe, de certaines particularités caractéristiques des mâles dans nos races domestiques. Une règle plus importante est celle que, à quelque époque de la vie qu'apparaisse une particularité, elle tend à se manifester chez les descendants à l'âge correspondant, ou quelquefois un peu plus tôt. Dans beaucoup de cas, il ne peut en être autrement; car, en effet, les particularités héréditaires que présentent, par exemple, les cornes du gros bétail, ne peuvent se manifester chez leurs descendants qu'à l'âge adulte. Les particularités que présentent les vers à soie n'apparaissent aussi qu'à la phase correspondante de l'évolution du ver. Mais, les maladies héréditaires et quelques autres faits me portent à croire que la règle est susceptible d'une plus grande extension, et que, lorsqu'il n'y a aucune raison apparente pour qu'une particularité se développe à un âge déterminé, elle tend cependant à se manifester chez le descendant, à la même période où elle a d'abord paru chez le parent. Cette règle me paraît avoir une haute importance pour expliquer les lois de l'embryologie. Ces remarques ne s'appliquent qu'à la première *apparition* de la particularité, et non à sa cause primaire, qui peut avoir agi sur l'ovule ou sur l'élément mâle, de la même manière que, dans la descendance d'une vache courtes-cornes et d'un taureau longues-cornes, l'allongement de la corne, bien que ne se manifestant que tard, est évidemment dû à l'influence de l'élément mâle.

Puisque nous avons parlé du retour, je dois signaler ici une assertion souvent répétée par les naturalistes, — à savoir que nos variétés domestiques rendues à la liberté font graduellement, mais invariablement, retour aux caractères de leurs souches primitives; assertion sur laquelle on s'est basé pour prétendre qu'on ne pouvait conclure de l'examen des races domestiques, aux espèces naturelles. J'ai vainement cherché à trouver les faits précis sur lesquels on a pu appuyer cette assertion si fréquemment mise en avant, et dont il serait fort difficile d'établir la vérité. En effet, la plupart des variétés domestiques les plus fortement prononcées ne sauraient vivre à l'état sauvage ; dans le plus grand nombre des cas d'ailleurs, ignorant complétement ce qu'était la souche primitive, nous ne pourrions nullement affirmer que le retour vers son type ait été plus ou moins complet. Pour éviter les effets de l'entrecroisement, il faudrait encore ne rendre à l'état sauvage dans son nouvel habitat qu'une seule variété. Cependant, comme il est certain que nos variétés peuvent, occasionnellement, faire retour au type de leurs ancêtres par quelques caractères, j'estime qu'il n'est pas improbable que, si nous cultivions dans un sol pauvre, et pendant plusieurs générations, nos différentes races de choux, par exemple, elles ne finissent par revenir, plus ou moins complétement, au type sauvage primitif. Il faudrait toutefois remarquer qu'une partie de l'effet produit serait à attribuer à l'action définie de la pauvreté du sol même. Les résultats d'une pareille expérience, fussent-ils favorables au retour complet vers le type, n'auraient d'ailleurs que peu d'importance au point de vue de notre argumentation, puisque les conditions d'existence auraient, par l'expérience même, été totalement changées. Si on pouvait établir que nos variétés domestiques présentent une tendance prononcée vers le retour, — c'est-à-dire à perdre leurs caractères acquis, pendant qu'étant soumises aux mêmes conditions et élevées en grand nombre, de manière à ce que le libre entrecroisement pût effacer en les mélangeant les petites déviations de conformation, — je reconnais qu'alors nous ne pourrions pas conclure des variétés domestiques aux espèces. Mais cette manière de voir ne trouve pas une preuve en sa faveur; car, affirmer que nous ne pouvons pas continuer à produire nos chevaux de trait et de course, notre bétail à longues et courtes cornes, nos volailles de diverses races, nos légumes, pendant une série illimitée de générations, serait contraire à ce que nous enseigne l'expérience de tous les jours.

Caractères des Variétés domestiques ; difficulté de distinguer les Variétés des Espèces ; provenance des Variétés domestiques d'une ou plusieurs Espèces.

Si nous examinons les variétés héréditaires ou races de nos animaux et plantes domestiques, et que nous les comparions à des espèces très-voisines, nous voyons, ainsi que nous en avons déjà fait la remarque, moins d'uniformité de caractères dans la race domestique que dans l'espèce. Les races domestiques présentent souvent un caractère quelque peu monstrueux ; j'entends par là que, quoique différant les unes des autres et des espèces voisines du même genre par quelques caractères légers, elles diffèrent souvent à un haut degré sur quelque point spécial, soit qu'on les compare entre elles, soit surtout à l'espèce à l'état de nature dont elles se rapprochent le plus. A cela près (et sauf la fécondité parfaite des variétés croisées entre elles, point que nous aurons à discuter plus tard), les races domestiques, provenant d'une même espèce, diffèrent entre elles, au degré près, de la même manière que le font les espèces voisines d'un même genre naturel. Cela est si vrai, que nous voyons des juges très-compétents considérer les races domestiques de plusieurs animaux et plantes comme descendant d'espèces primitives distinctes, tandis que d'autres, non moins compétents, les regardent comme de simples variétés. De pareilles incertitudes ne se présenteraient pas s'il existait la moindre distinction marquée entre une race domestique et une espèce. On a aussi souvent affirmé que les races domestiques ne diffèrent pas entre elles par des caractères de valeur générique. On peut montrer que cette assertion n'est pas exacte ; mais l'appréciation de la valeur des caractères génériques étant purement empirique, il règne sur ce point la plus grande divergence entre les naturalistes. Nous verrons, en expliquant l'origine du genre dans la nature, que nous ne devons nullement nous attendre à trouver souvent dans nos races domestiques des différences d'ordre générique.

Le fait que nous ignorons si les diverses races d'une même espèce descendent d'une ou de plusieurs espèces parentes, est encore une cause d'incertitude, lorsque nous cherchons à apprécier l'étendue des différences qui existent entre nos races domestiques provenant d'une même espèce. Ce serait pourtant un point intéressant à élucider. Si par exemple, on pouvait établir que le lévrier, le limier, le terrier, l'épagneul, le bouledogue, qui tous reproduisent exactement leur type, fussent tous les descendants d'une unique espèce, nous trouverions dans des faits de cette nature, un argument d'un grand poids contre l'immutabilité des nombreuses espèces naturelles voisines qui habitent les différentes parties du globe, — comme les renards, par exemple. Je ne pense pas que toutes les différences que nous constatons entre les différentes races de chiens aient été le résultat de la domestication, et j'estime qu'une petite partie doit être attribuée à ce qu'elles descendent d'espèces distinctes. Pour les cas de races fortement accusées appartenant à quelques autres espèces domestiques, il y a de fortes présomptions, et même des preuves, qu'elles proviennent toutes d'une souche sauvage unique.

On a souvent prétendu que l'homme avait choisi, pour les soumettre à la domestication, les animaux et les plantes présentant une tendance inhérente exceptionnelle à la variation, et la faculté de supporter les climats les plus différents. Je ne conteste pas que ces aptitudes n'aient ajouté beaucoup à la valeur de la plupart de nos produits domestiques ; mais comment un sauvage apprivoisant un animal aurait-il pu savoir d'avance qu'il varierait dans les générations à venir et qu'il supporterait d'autres climats ! Est-ce que la faible variabilité de l'âne et de l'oie, la susceptibilité du renne pour la chaleur, ou du chameau pour le froid, ont empêché leur domestication ? Je ne mets point en doute que, si on enlevait à l'état de nature un nombre d'autres plantes et d'animaux, égal à celui de nos produits domestiques, pris dans les diverses classes et dans divers pays, et qu'on les fît reproduire à l'état domestique pendant un nombre suffisant de générations, ils ne finissent par varier aussi fortement qu'ont pu le faire les espèces dont nos productions domestiques actuelles sont descendues en variant.

En ce qui regarde la plupart de nos plantes et animaux les plus anciennement domestiqués, il est à peu près impossible d'arriver à aucune conclusion précise quant au fait de leur descendance d'une ou de plusieurs espèces sauvages. L'argument principal de ceux qui admettent l'origine multiple de nos animaux domestiques, repose sur ce fait que, dès les temps les plus anciens, nous trouvons déjà, d'après les monuments égyptiens, les habitations lacustres de la Suisse, une très-grande diversité dans les races, dont quelques-unes ressemblent beaucoup, ou sont même identiques à nos races actuelles. Mais ceci ne fait que reculer l'histoire de la civilisation, et prouve seulement que les animaux ont été domestiqués à une période beaucoup plus ancienne qu'on ne l'a cru jusqu'à présent. Les habitants lacustres de la Suisse cultivaient plusieurs sortes de froments et d'orges, le pois, le pavot pour l'huile, et le lin; ils possédaient plusieurs animaux domestiques et étaient en relations commerciales avec d'autres nations. Tout cela, ainsi que Heer le fait remarquer, prouve que déjà, à cette époque, les populations avaient atteint un degré avancé de civilisation, qui implique une période antérieure et très-prolongée d'une culture moins avancée, pendant laquelle les animaux domestiques élevés dans diverses régions, par diverses tribus, ont pu varier et donner naissance à des races distinctes. La découverte d'instruments de silex dans les formations superficielles d'un grand nombre de parties du globe, oblige les géologues à admettre que l'homme barbare remonte à une époque prodigieusement reculée; et nous savons qu'actuellement il n'y a pas de population humaine, si barbare qu'elle soit, qui n'ait au moins domestiqué le chien.

L'origine de la plupart de nos animaux domestiques restera probablement toujours incertaine. Mais je dois dire que, après avoir laborieusement recueilli tous les faits connus relativement aux chiens domestiques du monde entier, j'ai été conduit à conclure que plusieurs espèces de Canides ont dû être apprivoisées, et que leur sang, entremêlé dans quelques cas, doit couler dans les veines de nos races domestiques. Je n'ai pu arriver à aucune conclusion précise en ce qui regarde les moutons et les chèvres. D'après les données que m'a transmises M. Blyth, sur les habitudes, la voix, la constitution, et la conformation du bétail indien à bosse, il est à peu près certain qu'il doit descendre d'une souche primitive différente de celle qui a produit notre bétail européen. Quelques auteurs compétents admettent même que ce dernier provient de deux ou trois souches sauvages, qu'elles méritent ou non d'être considérées comme espèces ou comme races. Cette conclusion, ainsi que la distinction spécifique entre le bétail à bosse et le bétail ordinaire, peut être considérée comme justifiée par les admirables et récentes recherches du professeur Rütimeyer. Contrairement à l'opinion de plusieurs auteurs, et pour des raisons que je ne pourrais détailler ici, j'hésite à croire que toutes les races de chevaux proviennent d'une seule espèce. Quant aux races gallines, que j'ai presque toutes observées, élevées et croisées, et dont j'ai étudié les squelettes, elles me paraissent presque certainement être les descendantes de l'espèce sauvage de l'Inde, le *Gallus bankiva*. M. Blyth et d'autres auteurs qui ont étudié cet oiseau dans l'Inde, sont également arrivés à la même conclusion. Les lapins et les canards, dont quelques races diffèrent beaucoup entre elles, sortent tous très-évidemment des espèces sauvages correspondantes.

Quelques auteurs ont poussé à l'extrême absurde la doctrine de la descendance de nos races domestiques de plusieurs souches primitives. Ils admettent que toute race qui se reproduit exactement, quelque insignifiants que puissent être ses caractères distinctifs, a eu son prototype sauvage. A ce compte, il aurait dû exister en Europe au moins une vingtaine d'espèces de bétail sauvage, autant de moutons et plusieurs chèvres, dont plusieurs dans la Grande-Bretagne seule. Un auteur estime qu'il existait autrefois, dans ce dernier pays, onze espèces de moutons qui lui étaient propres. Si nous considérons que l'Angleterre a actuellement à peine un seul mammifère spécial, que la France n'en a que fort peu de distincts de ceux de l'Allemagne, et l'inverse, qu'il en est de même pour la Hongrie, l'Espagne, etc.; tandis que, dans chacun de ces pays, on remarque plusieurs races de bétail, de moutons, etc., il faut bien admettre qu'un grand nombre de races domestiques ont pris naissance en Europe; car d'où pourraient-elles provenir, ces différents pays n'ayant pas possédé un nombre d'espèces particulières assez considérable pour fournir autant de souches distinctes? Il en est de même dans l'Inde. Même pour le cas des chiens domestiques du monde entier, pour lesquels j'admets plusieurs souches sauvages, il n'est pas douteux que la variation héréditaire n'ait joué un grand rôle dans la formation de leurs races si nombreuses ; car qui pourrait croire que des types ressemblant au lévrier italien, au limier, au boule-dogue, au bichon ou à l'épagneul Blenheim, etc., — si différents des Canides sauvages, — aient jamais pu exister librement à l'état de nature? On a souvent négligemment affirmé que toutes nos races de chiens étaient le résultat du croisement d'un petit nombre d'espèces primitives ; mais le croisement ne donne que des formes intermédiaires aux parents à divers degrés ; et, pour expliquer ainsi nos diverses races domestiques, nous devrions admettre l'existence antérieure, à l'état sauvage, des formes les plus extrêmes, telles que le lévrier italien, le limier, le boule-dogue, etc. Du reste, la possibilité de former des races distinctes par croisement a été considérablement exagérée. On a de nombreux exemples qu'on peut, par des croisements occasionnels, modifier une race donnée, en y joignant l'emploi d'une sélection attentive des individus présentant le caractère recherché, mais il est extrêmement difficile d'obtenir une race à peu près intermédiaire entre deux races ou espèces bien différentes. Sir J. Sebright, qui avait entrepris des expériences suivies dans ce but, n'a pu y parvenir. La descendance du premier croisement entre deux races pures est passablement et quelquefois trèsuniforme, et tout paraît marcher convenablement, ainsi que je l'ai constaté chez le pigeon. Mais, lorsqu'on croise entre eux, pendant plusieurs générations, ces métis, on n'obtient pas deux produits semblables, et l'on se rend compte de la difficulté de l'opération. Il est certain qu'on ne parviendrait à obtenir une race intermédiaire entre deux races bien distinctes, qu'à la suite de soins constants et d'une sélection longtemps continuée ; et je n'ai pas encore pu trouver un exemple d'une race permanente ayant été formée par ce procédé.

Races du Pigeon domestique; leurs différences et leur origine.

Convaincu qu'il est toujours préférable d'étudier à fond un groupe spécial, je me suis, après réflexion, attaché au pigeon domestique. J'ai élevé toutes les races que j'ai pu me procurer; j'ai reçu des peaux de ces oiseaux de toutes les parties du globe, particulièrement des honorables W. Elliot, de l'Inde, et C. Murray, de Perse. On a publié dans plusieurs langues un grand nombre d'ouvrages sur les pigeons, dont plusieurs ont une haute importance à cause de leur ancienneté. Je me suis associé avec quelques éleveurs célèbres et me suis fait introduire dans deux *Clubs* de pigeons de Londres. La diversité des races est réellement surprenante. Que l'on compare le Messager anglais avec le Culbutant courte-face, on est frappé de l'immense différence de leurs becs, entraînant des différences correspondantes dans leur crâne. Le Messager, surtout le mâle, est remarquable par le développement excessif de la peau caronculeuse de sa tête, accompagné de paupières très-allongées, de narines largement fendues et d'une énorme ouverture de la bouche. Le Culbutant courte-face a un bec ressemblant à celui du pinson; et le Culbutant ordinaire a la singulière habitude héréditaire de s'envoler en bandes serrées à une grande hauteur, où il fait ensuite en l'air une culbute complète. Le Runt est un gros oiseau dont le bec est long et massif, les pattes grandes; quelques sous-races ont le cou long: d'autres les ailes très-allongées, ainsi que la queue, d'autres ont cette dernière remarquablement courte. Le Barbe est voisin du Messager, mais son bec, au lieu d'être long, est court et très-large. Le Grosse-Gorge a le corps, les ailes et les pattes allongés; son énorme jabot, qu'il gonfle fièrement, lui donne un aspect bizarre et comique. Le Turbit a le bec court et conique, une rangée de plumes renversées sur la poitrine et l'habitude de dilater légèrement la partie supérieure de son œsophage. Le Jacobin, dont les plumes de la partie postérieure du cou sont renversées en forme de capuchon, a les pennes alaires et caudales très-allongées relativement à sa taille. Le Tambour et le Rieur, ainsi que le font pressentir leurs noms, ont un roucoulement fort différent des autres races. Le Pigeon-Paon a de

trente à quarante pennes caudales, au lieu de douze ou quatorze,
— chiffre normal chez tous les membres de la grande famille
des Pigeons, — ces pennes restent étalées et sont redressées
au point que, dans les bons oiseaux, la tête et la queue se touchent. La glande huileuse est complétement avortée. Nous pourrions encore indiquer quelques autres races moins distinctes.

Dans le squelette des diverses races, le développement des
os de la face diffère énormément par la longueur, la largeur
et la courbure. La forme, ainsi que les dimensions de la mâchoire inférieure, varient d'une manière fort remarquable. Les
vertèbres sacrées et caudales varient de nombre ; il en est de
même pour les côtes, leur largeur relative et la présence d'apophyses. La forme et la grandeur des ouvertures du sternum,
le degré de divergence et les dimensions des branches de la
fourchette, sont également fort variables. La largeur proportionnelle de l'ouverture de la bouche, la longueur proportionnelle des paupières, de l'orifice des narines, de la langue (qui
n'est pas toujours en proportion avec les dimensions du bec),
la grosseur du jabot et de la partie supérieure de l'œsophage,
le développement ou l'atrophie de la glande huileuse, le nombre
des rémiges et des pennes caudales, les longueurs relatives des
ailes et de la queue, comparées soit entre elles, soit au corps ;
les proportions relatives des jambes et des pieds, le nombre
des scutelles sur les doigts, le développement de la membrane
interdigitale, sont tous des points de structure variables.
L'époque à laquelle les jeunes acquièrent leur plumage parfait,
ainsi que la nature du duvet dont les pigeonneaux sont revê-
tus à leur éclosion, varient ; il en est de même de la forme et
de la grosseur des œufs. Le genre de vol et, dans certaines
races, la voix et les dispositions diffèrent d'une manière frappante. Enfin, dans quelques races, les mâles et les femelles
ont fini par différer à quelque degré les uns des autres.

En somme, on pourrait aisément choisir une vingtaine de
pigeons qui, présentés à un ornithologiste comme étant des
oiseaux sauvages, seraient certainement regardés par lui comme
autant d'espèces bien définies. De plus, je ne crois pas qu'aucun ornithologiste plaçât le Messager anglais, le Culbutant
courte-face, le Runt, le Barbe, le Grosse-Gorge et le Paon,
dans le même genre ; d'autant moins que, dans chacune de ces

races, on pourrait lui montrer plusieurs sous-races fixes, qu'il considérerait comme des espèces. Quelque grandes que soient les différences qui se remarquent entre les diverses races de pigeons, je suis bien convaincu, avec la plupart des naturalistes, que toutes proviennent du Biset (*Columba livia*), en comprenant sous ce terme plusieurs races géographiques ou sous-espèces, qui ne diffèrent entre elles que par des points insignifiants. Plusieurs des raisons qui m'ont conduit à cette conclusion étant à quelque degré applicables à d'autres cas, je les signale brièvement ici. Si les diverses races ne sont pas des variétés et qu'elles ne proviennent pas du Biset, il faut qu'elles descendent de sept ou huit souches au moins, car on ne pourrait produire les races domestiques actuelles par le croisement d'un nombre moindre. Comment, par exemple, produire un Grosse-Gorge en croisant deux races, à moins que l'une des races ascendantes ne possédât son énorme jabot caractéristique? Les souches primitives supposées doivent toutes avoir été des habitants des rochers, comme le Biset, n'ayant pas l'habitude de percher ou de nicher sur les arbres. Mais à côté du Biset, *C. livia*, et ses variétés géographiques, on ne connaît que deux ou trois autres espèces de pigeons de rocher qui ne présentent aucun des caractères des races domestiques. Les souches primitives doivent donc, ou bien exister encore dans les pays où elles ont été domestiquées d'abord, et être restées inconnues aux naturalistes, ce qui paraît bien improbable, vu leur taille, leurs habitudes et leurs caractères remarquables ; — ou bien, elles se sont éteintes à l'état sauvage. Mais des oiseaux nichant au bord des précipices, bons voiliers, sont difficiles à exterminer; et le Biset commun, qui a les mêmes habitudes que les races domestiques, n'a pas été exterminé même dans les petites îles de la Grande-Bretagne, ni sur les rives de la Méditerranée. Admettre donc l'extermination d'un aussi grand nombre d'espèces ayant les mêmes habitudes que le Biset, serait faire une supposition hardie. Les races domestiquées que nous avons signalées plus haut, ayant d'ailleurs été transportées dans tous les pays du globe, quelques-unes ont dû être ramenées dans leur pays d'origine, mais aucune d'elles n'est redevenue sauvage, bien que le pigeon de colombier, qui n'est autre que le Biset sous une forme très-peu modifiée, soit redevenu sauvage dans plusieurs endroits. Encore, l'expérience nous montre combien il est difficile d'arriver à faire reproduire librement à l'état domestique un animal sauvage; et cependant, dans l'hypothèse de l'origine multiple du pigeon, il faudrait admettre que l'homme à demi civilisé, avait anciennement assez complétement domestiqué sept ou huit espèces, pour qu'elles fussent devenues tout à fait fécondes en captivité. Il est un argument qui, applicable à plusieurs autres cas, est d'un grand poids; c'est celui que les races mentionnées plus haut, bien que ressemblant en général au Biset sauvage par la constitution, les habitudes, la voix, la coloration et la plupart des points de leur conformation, sont d'ailleurs, par quelques autres d'entre eux, au plus haut degré anormales. C'est en vain que nous chercherions dans toute la grande famille des Colombides un bec comme celui du Messager anglais, Culbutant courte-face, ou Barbe; des plumes renversées comme celles du Jacobin; un jabot comme celui du Grosse-Gorge; ou des pennes caudales comme celles du Pigeon-Paon. Il faudrait donc alors admettre que, non-seulement l'homme à demi civilisé a réussi à domestiquer complétement plusieurs espèces, mais que, avec intention ou par hasard, il est tombé sur des espèces particulièrement anormales et qui toutes seraient restées inconnues ou se seraient éteintes. La coïncidence d'autant d'éventualités étranges est au plus haut degré improbable.

Il est quelques faits, relatifs à la coloration des pigeons, qui méritent d'être pris en considération. Le Biset est d'un bleu ardoisé, avec les reins blancs; — la sous-espèce indienne, la *C. intermedia*, de Strickland, a cette partie bleuâtre; — la queue porte une barre foncée terminale; ses plumes externes sont bordées de blanc à leur base; les ailes présentant deux barres noires. Quelques races à demi domestiques, ainsi que d'autres qui sont tout à fait sauvages, ont, outre les deux barres noires, les ailes diaprées de cette couleur. Ces diverses marques ne se rencontrent jamais réunies sur aucune autre espèce de la famille. Or, dans toutes les races domestiques, sur les individus bien réussis, on rencontre parfois réunies et bien développées, toutes les marques qui viennent d'être indiquées, jusqu'au rebord blanc des pennes caudales externes. De plus, lorsqu'on croise des oiseaux appartenant à des races distinctes, n'offrant ni la couleur bleue, ni aucune des marques dont nous venons de parler, les produits de ces croisements présentent souvent ces caractères spéciaux. Parmi plusieurs cas que j'ai observés, je citerai le suivant : j'ai croisé quelques Pigeons-Paons blancs avec quelques Barbes noirs, — les variétés bleues du Barbe sont si rares que je n'en connais pas un seul cas en Angleterre, — et les produits de ce métissage furent noirs, bruns et tachetés. J'ai croisé un Barbe avec un pigeon Heurté, qui est blanc avec la queue rouge et une tache de même couleur sur le front, et se reproduit exactement; les métis de ce croisement furent obscurs et tachetés. Je croisai alors un des métis Barbe-Paon avec un métis Barbe-Heurté, et obtins parmi les produits de ce croisement, un oiseau d'une couleur d'un bleu magnifique, avec les reins blancs, la double barre noire sur les ailes et les plumes caudales barrées et bordées de blanc, en un mot un Biset complet. D'après les principes bien connus du retour aux caractères des ancêtres, ces faits sont très-intelligibles, si toutes les races domestiques descendent du Biset. Si nous contestons ce fait, nous sommes obligés de faire une des deux suppositions qui suivent, toutes deux improbables au plus haut degré. Premièrement, ou toutes les diverses souches primitives supposées ont eu la couleur et les marques du Biset, — bien que cela ne soit le cas d'aucune autre espèce de pigeon, — de sorte que, dans chaque race distincte, il y aurait une tendance à faire retour précisément aux mêmes marques et couleurs. Secondement, ou chaque race, même la plus pure. aurait, dans l'intervalle de douze à vingt générations, subi un croisement avec le Biset : je dis une vingtaine de générations au plus, parce qu'on ne connaît aucun cas de descendants d'un croisement ayant fait retour à l'ancêtre de sang étranger, éloigné d'eux par un nombre de générations plus considérable. Chez une race qui n'a été croisée qu'une fois, la tendance à faire retour à un caractère dû à ce croisement, tendra naturellement à diminuer, chaque génération successive contenant toujours une proportion moindre du sang étranger ; mais, lorsqu'il n'y a eu aucun croisement, et qu'il y a chez une race une tendance à faire retour à un caractère perdu dans quelque génération précédente, cette tendance paraît au contraire pouvoir se transmettre et se conserver intégralement, au travers d'un nombre indéfini de générations. Ces deux cas de retour, qui sont fort distincts, ont été souvent confondus par ceux qui ont écrit sur l'hérédité.

Enfin, les métis produits par le croisement de toutes les races domestiques du pigeon sont entièrement féconds, ainsi que j'ai pu le constater d'après des observations que j'ai tout exprès entreprises sur les races les plus distinctes. Il est difficile, sinon impossible, de citer un cas de fécondité complète de descendants hybrides de deux animaux *nettement distincts*. Quelques auteurs admettent qu'une domestication longtemps continue, élimine cette forte tendance à la stérilité, et, bien qu'aucune expérience directe ne vienne appuyer cette hypothèse, on doit reconnaître que, appliquée surtout aux espèces voisines entre elles, l'histoire du chien et de quelques autres animaux domestiques la rendent très-probable. Mais il me semble qu'il serait extrêmement téméraire d'étendre l'hypothèse jusqu'à supposer que des espèces, primitivement aussi distinctes que le sont actuellement nos pigeons Messagers, Culbutants, Grosses-Gorges et Paons, aient pu fournir une progéniture parfaitement fertile *inter se*.

En résumé, il est tout à fait improbable que l'homme soit autrefois arrivé à faire reproduire librement à l'état domestique, sept ou huit espèces supposées de pigeons, qui seraient totalement inconnues à l'état sauvage, et qui ne redeviennent nulle part marronnes; — ces espèces, bien que très-semblables au Biset sous presque tous les rapports, présentant, sous d'autres, des caractères très-anormaux lorsqu'on les compare aux autres Colombides; — la réapparition occasionnelle de la couleur bleue et des diverses marques dans toutes les races, autant quand elles restent pures que quand on les croise; — la fécondité complète de tous les métis ; — toutes ces raisons prises ensemble nous permettent de conclure, avec beaucoup de certitude, à la descendance de toutes nos races domestiques de pigeons de la *Columba livia* et de ses sous-espèces géographiques.

J'ajouterai, à l'appui de cette opinion, premièrement, que le Biset (*C. livia*) s'est montré, tant en Europe que dans l'Inde, d'une domestication facile; et que, par ses habitudes et un grand nombre de points de sa conformation, il ressemble entièrement aux races domestiques. Secondement, que, bien qu'un Messager anglais ou un Culbutant courte-face diffèrent immensément du Biset par certains caractères, on peut, en comparant les diverses sous-races de ces variétés, surtout celles provenant de pays éloignés, établir dans ces deux cas et dans quelques autres, quoique pas dans tous, une série presque complète reliant les deux extrêmes de conformation. Troisièmement, les caractères qui distinguent essentiellement chaque race, ainsi les caroncules et la longueur du bec dans le Messager, la brièveté de celui du Culbutant, le nombre des pennes caudales du Paon, sont extrêmement variables dans chacune, fait dont nous trouverons l'explication lorsque nous en viendrons à traiter de la sélection. Quatrièmement, les pigeons ayant été élevés, avec les soins les plus minutieux, par plusieurs peuples, ont été ainsi domestiqués depuis des milliers d'années dans plusieurs parties du globe. Le document le plus ancien à leur sujet appartient à la cinquième dynastie égyptienne, et remonte à 3000 ans avant notre ère, ainsi que me l'a indiqué le professeur Lepsius; et M. Birch m'apprend qu'on trouve le pigeon mentionné dans un menu de repas datant de la dynastie précédente. Pline nous dit que les Romains donnaient un prix énorme du pigeon, et en étaient venus à tenir compte de leur généalogie et de leur race. Dans l'Inde, Akber Khan, en 1600, faisait grand cas des pigeons, et la Cour n'en emportait avec elle jamais moins de 20,000. Les monarques d'Iran et de Touran lui envoyaient des oiseaux fort rares, et l'historien courtisan ajoute que, « en croisant les races, ce qui n'avait jamais été fait auparavant, Sa Majesté les avaient améliorées d'une manière étonnante. » Vers la même époque, les Hollandais se montrèrent aussi ardents pour les pigeons que l'avaient été les anciens Romains. L'importance capitale de ces considérations, au point de vue de l'explication des énormes et profondes variations qu'a éprouvées le pigeon, sera évidente lorsque nous traiterons de la sélection. Nous verrons aussi alors pourquoi plusieurs races ont si souvent offert des caractères en quelque sorte monstrueux. Une circonstance des plus favorables pour la production de races distinctes, se trouve dans le fait que le mâle et la femelle s'appariant pour la vie, on peut ainsi élever plusieurs races différentes dans la même volière.

J'ai discuté avec quelques détails, bien qu'encore insuffisants, l'origine de nos pigeons domestiques, parce que, lorsque
je commençai à les élever et à en observer les différentes
sortes, sachant combien elles se reproduisaient exactement,
j'étais tout aussi peu disposé à admettre qu'elles fussent toutes
descendantes d'un parent commun que le serait tout naturaliste à accepter la même conclusion pour les nombreuses espèces de pinsons ou tout autre groupe naturel. Une circonstance m'a surtout frappé : la plupart des éleveurs d'animaux
domestiques, ainsi que les cultivateurs avec lesquels je me
suis entretenu, ou dont j'ai lu les ouvrages, sont tous fermement convaincus que les diverses races dont ils se sont occupés, descendaient d'autant d'espèces primitivement distinctes.
Demandez, ainsi que je l'ai fait, à un célèbre éleveur de bétail
d'Hereford, si ses animaux ne pourraient pas être les descendants des Longues-Cornes, ou tous deux d'une souche parente
commune, il se moquera de vous. Je n'ai jamais rencontré un
éleveur de pigeons, de volaille, de canards ou de lapins, qui
ne fût intimement persuadé que chaque race principale devait
se rattacher à une espèce distincte. Van Mons, dans son traité
sur les poires et pommes, montre combien il croit peu que les
différentes sortes aient jamais pu provenir de la graine d'un
même arbre. Je pourrais en donner une infinité d'autres
exemples. L'explication en est simple; fortement impression-
nés par leur étude prolongée des différences qui existent entre
les diverses races, et qui les frappent particulièrement, et
bien que sachant que chaque race peut varier légèrement,
puisque c'est par la sélection de ces différences faibles qu'ils
gagnent leurs prix aux concours, les éleveurs ignorent les
arguments généraux, et ne veulent pas faire mentalement la
somme totale des légères différences qui se sont accumulées
pendant un grand nombre de générations successives. Aussi,
les naturalistes, — qui, bien moins familiers que l'éleveur avec
les lois de l'hérédité, et pas mieux que lui, ne peuvent connaître les échelons intermédiaires qui ont constitué les longues
lignes de descendance, admettent cependant l'origine commune d'une même souche d'un grand nombre de nos races
domestiques, — ne doivent-ils pas trouver là une leçon de
prudence, lorsqu'ils tournent en dérision l'idée que les espèces

naturelles aient pu être aussi les descendants en ligne continue d'autres espèces?

Pratique ancienne des principes de la sélection et de leurs effets.

Envisageons maintenant rapidement la marche de la formation des races domestiques, qu'elles proviennent d'une espèce unique ou de plusieurs espèces voisines. On doit attribuer une partie des effets produits à l'action directe et définie des conditions extérieures de la vie, et un peu à l'habitude; mais il serait téméraire de vouloir expliquer par ces seules influences, les différences qu'on remarque entre le cheval de gros trait et le cheval de course, un limier et un lévrier, ou entre un pigeon Messager et un Culbutant. Un des traits les plus remarquables de nos animaux domestiques est leur adaptation, non à leur avantage propre, mais à l'utilité que peut en tirer l'homme, ou même à sa fantaisie. Certaines variations utiles à l'homme ont probablement pu surgir subitement ou par degrés; plusieurs botanistes admettent, par exemple, que le chardon à foulon, pourvu de crochets avec lesquels aucune disposition mécanique ne peut rivaliser, n'est qu'une variété du Dipsacus sauvage; or un changement de cette nature peut parfaitement s'être manifesté tout à coup dans un semis. Il en a été probablement de même pour le basset à jambes torses, car on sait que le mouton Ancon a aussi surgi d'une manière subite. Mais lorsque nous comparons le cheval de gros trait et le cheval de course, le dromadaire et le chameau, les diverses races de moutons appropriées tantôt aux terres cultivées, tantôt aux pâturages alpestres, les unes portant une laine bonne pour un usage, les autres pour un usage différent; lorsque nous envisageons les races nombreuses de chiens, toutes utiles à l'homme sous des points de vue différents; lorsque nous voyons le coq de combat, si opiniâtre dans la bataille, à côté d'autres races si peu belliqueuses; les poules qui pondent constamment des œufs, sans jamais vouloir les couver, avec les petites et élégantes Bantams; lorsque enfin nous comparons cette légion de races, de plantes agricoles, culinaires et horticoles, qui, dans différentes saisons et sous tant de rapports divers, sont pour l'homme des objets d'utilité et d'agrément, je crois qu'il faut voir dans tous ces faits quelque chose de plus qu'une simple variabilité. Nous ne pouvons supposer que toutes ces races se soient tout à coup présentées avec leur utilité et leur perfection actuelles ; et en fait, pour un grand nombre 'entre elles, nous savons positivement qu'il n'en a point été ainsi. La clef de leur appropriation se trouve dans l'accumulation de la sélection par l'homme. La nature fournit les variations successives, l'homme les additionne peu à peu dans les directions qui lui conviennent et qui peuvent lui être utiles, et c'est dans ce sens qu'on peut dire que l'homme a fait pour lui les races utiles.

La puissance de la sélection n'est nullement hypothétique. Il est manifeste que plusieurs de nos éleveurs célèbres ont, dans l'espace d'une vie, largement modifié les races de gros bétail et de moutons. Pour bien juger des résultats auxquels ils sont parvenus, il faut lire les nombreux ouvrages qui traitent du sujet et examiner les animaux. Les éleveurs parlent de l'organisation de l'animal comme de quelque chose de plastique, qu'ils peuvent modeler presque à leur fantaisie. Je pourrais, si la place me le permettait, citer sur ce point de nombreux passages tirés des auteurs les plus compétents. Youatt, qui était excellent appréciateur des animaux et en même temps un des hommes connaissant le mieux les ouvrages d'agriculture, parle de la sélection « comme mettant l'agriculteur en état, non-seulement de modifier son troupeau, mais même de le changer entièrement. C'est la baguette du magicien au moyen de laquelle il peut évoquer et appeler à la vie quelque forme et quelque moule qu'il désire. » Lord Somerville dit, à propos de ce que les éleveurs ont fait du mouton : « Il semble qu'ils aient esquissé d'avance une forme parfaite en soi, et qu'ensuite ils lui aient donné l'existence. » En Saxe, l'importance de la sélection dans l'élevage du mérinos a été si bien reconnue, qu'on en a fait l'objet d'une profession. Les moutons placés sur une table sont examinés et étudiés, comme un connaisseur étudie un tableau, à trois reprises différentes séparées par quelques mois d'intervalle ; à chacune de ces inspections, le mouton est marqué et classé, et l'on ne choisit définitivement pour la reproduction que les plus excellents.

Les prix considérables qu'on donne actuellement pour les

animaux appartenant à une bonne série généalogique, sont la preuve de ce que les éleveurs anglais sont parvenus à obtenir ; et on en a exporté dans toutes les parties du globe. Les améliorations ne sont, d'une manière générale, nullement dues au croisement de races différentes, car les meilleurs éleveurs s'élèvent fortement contre ce mode de procéder, qu'ils n'emploient quelquefois qu'entre sous-races très-voisines. Encore, dès qu'un croisement de ce genre a été opéré, une sélection des plus rigoureuses devient encore plus indispensable que dans les cas ordinaires. Si la sélection consistait uniquement à séparer et détacher quelque variété bien distincte et à la faire reproduire, son application serait assez simple et évidente par elle-même, mais sa grande importance consiste surtout dans la puissance des effets qui résultent de l'accumulation dans une direction unique, pendant une suite de générations, de différences assez faibles pour échapper complétement à un œil inexpérimenté, — différences que, en ce qui me concerne, j'ai vainement cherché à apprécier. Pas un homme sur mille n'a la justesse de coup d'œil et la sûreté de jugement nécessaires pour faire un habile éleveur. Que, doué de ces qualités et après avoir étudié son sujet pendant des années, il y voue toute son existence avec une persévérance indomptable, il réussira à produire d'immenses améliorations, mais le défaut d'une seule de ces qualités peut déterminer l'insuccès. Il est difficile de s'imaginer quelle aptitude naturelle et que d'années de pratique sont nécessaires pour faire seulement un bon éleveur de pigeons.

Les horticulteurs se guident d'après les mêmes principes, mais ici les variations sont fréquemment plus brusques. Personne n'admettra que nos productions les plus précieuses soient le résultat d'une unique variation de la souche originelle. Certains cas sur lesquels nous possédons des documents exacts, nous montrent qu'il n'en est point ainsi : on peut citer comme un exemple de peu d'importance l'augmentation toujours croissante de la grosseur de la groseille commune. Si nous comparons certaines fleurs produites par les fleuristes de nos jours avec les dessins remontant seulement à vingt ou trente ans en arrière, on est frappé des améliorations qui y ont été apportées depuis lors. Lorsqu'une race végétale est suffisamment bien fixée, les horticulteurs ne se donnent plus la peine de trier toujours les meilleurs plantes, mais visitent leurs plates-bandes pour en enlever les plantons qui dévient du type exact. C'est aussi le mode de sélection qu'on suit pour les animaux, car personne n'est assez négligent pour permettre à ses plus mauvais individus de reproduire.

On peut, chez les plantes, observer encore autrement les effets accumulés de la sélection; — c'est en comparant dans un parterre la diversité des fleurs dans les différentes variétés d'une même espèce; la diversité des feuilles, des gousses, des tubercules, ou en général de la partie recherchée dans les plantes potagères, comparée aux fleurs des mêmes variétés; et dans le verger, la diversité des fruits d'arbres de la même espèce, comparée aux feuilles et aux fruits de ces mêmes variétés. Remarquez combien diffèrent les feuilles du chou, tandis que les fleurs sont parfaitement semblables; combien les fleurs de la pensée sont dissemblables et les feuilles analogues; comme les fruits du groseiller varient par la grosseur, la couleur, la forme, le degré de leur villosité, pendant que les fleurs ne diffèrent que très-légèrement entre elles. Ce n'est pas que les variétés qui diffèrent fortement sur un point ne diffèrent pas du tout sur tous les autres, car, je puis l'affirmer d'après de longues et attentives observations, cela n'arrive presque jamais, ou même jamais. La loi de la variation corrélative, dont il ne faut pas méconnaître l'importance, entraîne toujours quelques différences; mais, en règle générale, il n'y a pas à douter qu'une sélection soutenue de petites variations portant sur les feuilles, les fleurs et les fruits, ne produise des races différant entre elles, principalement par les caractères sur lesquels la sélection a surtout porté.

A l'objection que la pratique méthodique de la sélection est récente et ne remonte guère à plus de trois quarts de siècle, on doit opposer le fait qu'elle a, dans ces dernières années, pris un développement considérable et a été l'objet d'un grand nombre d'ouvrages; aussi ses résultats ont-ils été proportionnels, et sont devenus prompts et importants. Malgré cela, le principe de la sélection n'est point une découverte moderne, et l'on pourrait aisément montrer que son importance a été constatée et reconnue dès une haute antiquité. A

des époques reculées et barbares de l'histoire d'Angleterre,
des animaux de choix ont été importés, et des lois sévères édic-
tées contre leur exportation ; d'autres lois, ordonnant la destruction de chevaux au-dessous d'une taille déterminée, ont
aussi été promulguées ; et ce fait peut se comparer au travail
de triage que font les horticulteurs, lorsqu'ils éliminent, parmi
les produits de leurs semis, toutes les plantes qui tendent à
dévier de leur type. Je trouve les principes de la sélection nettement formulés dans une ancienne Encyclopédie chinoise ;
quelques auteurs romains classiques en ont aussi indiqué quelques règles précises. Certains passages de la Genèse montrent
clairement que, à cette époque reculée, on se préoccupait de
la couleur des animaux domestiques. Encore actuellement, les
sauvages croisent quelquefois leurs chiens avec des espèces
canines sauvages, pour améliorer la race ; et des passages de
Pline attestent qu'ils faisaient de même autrefois. Les sauvages
de l'Afrique méridionale appareillent leurs attelages de bétail
d'après la couleur ; les Esquimaux en agissent de même pour
leurs attelages de chiens. Livingstone remarque que, même
les nègres de l'intérieur de l'Afrique, qui n'ont pas été en rapport avec les Européens, apprécient hautement les bonnes races
domestiques. Bien que quelques-uns de ces faits ne témoignent
pas d'une sélection directe, ils montrent cependant que déjà,
dans les anciens temps, on donnait des soins à la reproduction
des animaux domestiques, et que les sauvages inférieurs en
font actuellement autant. Il serait étrange, d'ailleurs, que
l'évidence de l'hérédité des bonnes et des mauvaises qualités
n'eût pas de bonne heure attiré l'attention de l'homme.

Sélection inconsciente.

Actuellement, les bons éleveurs, ayant un but déterminé en
vue, cherchent, par une sélection méthodique, à former une
nouvelle lignée ou sous-race supérieure à celles qui existent
autour d'eux. Mais il est une autre sorte de sélection très-importante au point de vue qui nous occupe, qu'on peut appeler
la sélection inconsciente, et qui est le résultat des efforts de
chacun pour posséder et faire reproduire les meilleurs indi-

vidus. Ainsi, celui qui veut avoir des chiens d'arrêt cherche à se procurer autant que possible de bons individus, et ensuite fait reproduire les meilleurs, sans désirer ni songer à modifier la race d'une manière permanente. Cette marche, toutefois, continuée pendant des siècles, finit par modifier et améliorer toute race, de la même manière que Bakewell, Collins, etc., ont, par ce procédé, appliqué plus méthodiquement, considérablement modifié, même de leur vivant, les formes et les qualités de leur bétail. Des changements lents et insensibles de ce genre ne pourraient être appréciés que par la comparaison de mesures précises et de bons dessins faits autrefois. On peut cependant parfois trouver des éléments d'appréciation des progrès réalisés, en comparant les derniers produits avèc les individus peu ou point modifiés, qu'on peut rencontrer dans des régions moins avancées, et où la même race a été moins améliorée. Il y a quelque raison de croire que l'épagneul King-Charles a été assez fortement modifié, d'une manière inconsciente, depuis l'époque où régnait le roi dont il porte le nom. Quelques autorités compétentes sont convaincues que le Setter actuel dérive de l'Épagneul et s'en est lentement et graduellement distingué par modification. On sait que le Pointer anglais a été considérablement changé depuis le siècle dernier, résultat dû principalement aux croisements opérés avec le Fox-Hound, et ce qui est intéressant dans le cas particulier est que cette modification s'est faite d'une manière inconsciente et très-graduelle, mais si complète, que, bien que l'ancien Pointer anglais fût d'origine espagnole, la race d'aujourd'hui ne ressemble plus du tout, à ce que m'apprend M. Borrow, à aucun des chiens qu'on trouve actuellement en Espagne.

Le même procédé de sélection, joint à des soins particuliers d'entraînement, a transformé le cheval de course et l'a amené à dépasser en vitesse et en taille la souche parente arabe; aussi, dans le règlement des courses Goodwood, ces derniers sont-ils toujours favorisés par un allégement de poids. Lord Spencer et d'autres ont montré que, comparés à l'ancien bétail anglais, les races actuelles ont considérablement augmenté en poids et acquis une précocité infiniment plus grande. On peut encore retracer les phases par lesquelles les différentes

races de pigeons ont successivement passé et en sont venues
à différer si prodigieusement de la souche primitive, le Biset,
en Angleterre, dans l'Inde et la Perse, en comparant les formes
actuelles avec les descriptions qu'en donnent les anciens ouvrages sur les Messagers et les Culbutants.

Youatt nous fournit un excellent exemple des effets d'une
sélection suivie, qu'on peut considérer comme l'ayant été d'une
manière inconsciente, en ce sens que les éleveurs n'ont jamais
soupçonné ni même désiré les résultats qui en ont été la conséquence, — à savoir, la création de deux branches distinctes
d'une même race. Les deux troupeaux de moutons Leicester,
appartenant l'un à M. Buckley, l'autre à M. Burgess, et provenant tous deux de la même souche créée par Bakewell, ont été
conservés intégralement purs depuis plus de cinquante ans.
On n'a pas le moindre doute sur le fait qu'aucun de ces deux
éleveurs se soit jamais écarté du sang pur du troupeau de
Bakewell, et cependant, les différences entre les moutons des
deux propriétaires sont actuellement telles, qu'ils paraissent
appartenir à des variétés distinctes.

Même chez les peuples assez barbares, pour ne pas songer
à s'occuper de l'hérédité des caractères chez les descendants
de leurs animaux domestiques, il peut arriver qu'un animal
qui leur est particulièrement utile soit plus précieusement
conservé pendant une disette, ou autre accident auquel les
sauvages sont exposés, et par conséquent laisse plus de descendance que les individus d'ordre inférieur. Il y aura, dans
un pareil cas, une sorte de sélection inconsciente en jeu. Nous
pouvons juger de la valeur qu'ont les chiens pour les sauvages
de la Terre-de-Feu, par le fait que, en temps de famine, ils
sacrifient leurs vieilles femmes pour les manger, comme ayant
moins de valeur que leurs chiens.

Les mêmes procédés d'amélioration ont un résultat analogue chez les plantes, par la conservation occasionnelle
des meilleurs individus, qu'ils soient ou non assez diversifiés
pour être regardés d'emblée comme des variétés distinctes, et
qu'ils soient ou non le produit mixte d'un croisement entre
deux ou plusieurs espèces ou races. C'est ce qu'on reconnaît
clairement en comparant ou à leurs souches parentes, ou même
seulement à leurs variétés plus anciennes, la taille et la beauté

croissantes des nouvelles variétés actuelles des pensées, roses, pélargoniums, dahlias et autres plantes. Personne ne s'attendra à obtenir une pensée ou un dahlia de premier ordre de la graine d'une plante sauvage, ni une belle poire fondante et de premier choix d'un sauvageon, bien que cela puisse arriver si cette plante, bien que croissant en liberté, provenait d'une graine échappée du verger. D'après la description qu'en donne Pline, la poire, bien que cultivée à l'époque classique, paraît n'avoir été qu'un fruit d'une qualité très-inférieure. Bien des ouvrages d'horticulture s'étonnent de l'habileté que les jardiniers ont dû déployer pour tirer de si pauvres matériaux des produits aussi merveilleux; mais le procédé est bien simple, et, en ce qui concerne le résultat final, a été appliqué d'une manière à peu près inconsciente. Il a consisté à cultiver toujours la meilleure variété connue, à en semer les graines, à choisir les variétés encore meilleures qui pouvaient se présenter, puis à élever et faire reproduire celles-ci, et ainsi de suite. Mais il est certain que les jardiniers de l'époque classique, en cultivant les meilleurs poiriers qu'ils pouvaient alors se procurer, n'ont jamais songé aux fruits splendides que nous mangeons aujourd'hui, et que nous devons cependant, dans une certaine mesure, au fait qu'ils ont naturellement choisi et conservé les meilleures variétés qui se sont trouvées à leur disposition. C'est à ces énormes changements, ainsi accumulés lentement et d'une manière inconsciente chez nos plantes cultivées, que se trouve la raison du fait bien connu que, dans un grand nombre de cas, nous ne pouvons reconnaître et, par conséquent, ignorons encore qu'elles ont pu être les souches primitives des végétaux qui sont le plus anciennement cultivés dans nos parterres et nos potagers. S'il a fallu des centaines et des milliers d'années pour améliorer nos plantes, et les amener à leur point de perfection actuel, on comprend que ni l'Australie, ni le Cap de Bonne-Espérance, ni la plupart des régions habitées seulement par des hommes non civilisés, ne nous aient fourni presque aucune plante digne de culture. Ce n'est pas que ces pays, si riches d'ailleurs en espèces, ne renferment point des plantes de nature à devenir les souches primitives de plantes utiles; mais les plantes indigènes, n'ayant pas été améliorées par une sélection soutenue, et amenées à un état de perfection comparable à celui qu'ont atteint les végétaux dans les pays civilisés, leur restent inférieures. Quant aux animaux domestiques chez les sauvages, il ne faut pas oublier qu'ils ont presque toujours, au moins pendant quelques saisons, à chercher eux-mêmes leur nourriture. Dans deux pays présentant des conditions différentes, les individus d'une même espèce, doués de légères différences de constitution ou de conformation, réussiront souvent mieux dans une contrée que dans une autre et pourront ainsi, sous l'influence d'une « sélection naturelle, » devenir le point de départ de deux sous-races, ainsi que nous l'expliquerons plus loin. C'est peut-être là une des raisons du fait vrai, remarqué par quelques auteurs, que les variétés qu'on observe chez les animaux domestiqués par les sauvages, ont plus le caractère d'espèces que celles des pays civilisés. Le rôle prépondérant de la sélection exercée par l'homme, explique avec la plus grande évidence pourquoi toutes nos races domestiques sont, dans leur conformation et leurs habitudes, si complétement adaptées aux besoins ou aux fantaisies de l'homme. Nous devons, je crois, y trouver en outre la raison du cachet souvent anormal qu'elles présentent, ainsi que des différences fréquemment très-grandes que l'on remarque dans leurs caractères externes, tandis qu'elles sont relativement faibles dans les organes internes. L'homme ne peut guère, ou du moins fort difficilement, appliquer la sélection à d'autres déviations de conformation qu'à celles qui sont extérieures, et en fait il ne s'inquiète que très-rarement de ce qui est interne. Il ne peut jamais l'exercer que sur des variations que lui donne la nature à un plus ou moins faible degré. Personne ne songera à faire un Pigeon-Paon avant d'avoir vu un pigeon présentant un développement un peu extraordinaire de la queue; ni un Grosse-Gorge avant d'avoir remarqué une dilation exceptionnelle du jabot chez un de ces oiseaux; et son attention sera d'autant mieux excitée que le caractère particulier qui surgit sera plus anormal ou plus bizarre. Mais j'estime que, dans la plupart des cas, l'expression d'essayer de faire un Pigeon-Paon est incorrecte. L'éleveur qui a le premier fait reproduire un pigeon ayant la queue un peu développée n'a jamais supposé que ses descendants deviendraient, à la suite d'une sélection moitié méthodique, moitié inconsciente, mais longuement prolongée , ce qu'ils sont maintenant. L'oiseau souche de tous les Pigeons-Paons n'avait peut-être que quatorze pennes caudales, comme le Pigeon-Paon actuel de Java, ou comme quelques individus d'autres races, chez lesquels on en compte jusqu'à dix-sept. Le premier Grosse-Gorge ne gonflait peut-être pas plus son jabot que ne le fait actuellement le Turbit quand il dilate la partie supérieure de son œsophage, — habitude à laquelle les éleveurs ne font point attention, parce que ce n'est pas un des points recherchés dans cette race.

Il n'est pas nécessaire, pour attirer l'attention de l'amateur, qu'une déviation de conformation soit bien prononcée; il saisit les différences les plus minimes, car il est dans la nature humaine de priser toute nouveauté en sa possession, si insignifiante qu'elle soit. Il ne faut pas non plus juger de la valeur des différences qui ont pu être recherchées autrefois, d'après celles qu'on leur attribue actuellement que les diverses races sont bien établies mais chez lesquelles, lorsque aujourd'hui des différences analogues se présentent, elles sont aussitôt rejetées comme des tares et des déviations au type de perfection admis. L'oie commune n'a pas fourni de variétés bien accusées; on a cependant exposé, dans nos derniers concours de volailles comme distinctes, la race de Toulouse et la race commune, qui ne diffèrent que par la couleur, de tous les caractères le plus fugace.

Ces différents faits expliquent pourquoi, ainsi qu'on l'a quelquefois remarqué, nous ne savons rien de l'origine, ou de l'histoire de nos races domestiques. En fait, on peut à peine dire qu'une race, comme le dialecte d'une langue, ait une origine distincte. Un éleveur conserve et fait reproduire un individu présentant quelque légère déviation de conformation ou apparie avec plus de soin ses meilleurs animaux; il améliore ainsi ses produits, qui ensuite se répandent peu à peu dans son voisinage immédiat. Jusque-là, peu connus et appréciés, ne portant pas encore de nom spécial, on ne fera aucune attention à leur histoire. Continuant à s'améliorer graduellement, sous l'action lente du même procédé, ils se répandront davantage, commenceront à être reconnus et estimés comme quelque chose de distinct et finiront par être baptisés d'un nom de localité.

Dans les pays à demi civilisés, où la libre communication est

restreinte, l'extension d'une nouvelle sous-race ne peut être
que fort lente. Les points importants de la nouvelle branche
étant appréciés, et leur valeur reconnue, le principe de la
sélection inconsciente aura pour effet d'accuser davantage les
traits caractéristiques de la race, quels qu'ils puissent être, —
peut-être plus à une époque qu'à une autre, suivant que la
nouvelle sous-race sera ou non à la mode; et plus dans un
pays que dans l'autre, selon l'état de civilisation de ses habitants. Mais il n'y aurait pas la moindre chance qu'aucun document retraçant la marche de variations aussi lentes et aussi
insensibles fût conservé.

Circonstances favorables à la sélection par l'homme.

Je dois maintenant dire quelques mots des circonstances
qui peuvent favoriser ou contrarier l'exercice de la sélection
mise en jeu par l'homme. Une grande variabilité est évidemment une circonstance favorable, comme fournissant des matériaux abondants à la sélection; de simples différences individuelles suffisent même pour permettre, lorsqu'on leur donne
les soins nécessaires, une accumulation de modifications
suffisantes dans toute direction voulue. Mais les variations notoirement utiles ou agréables à l'homme, n'apparaissant qu'occasionnellement, la chance d'en voir surgir sera d'autant plus
grande, que le nombre des individus produits sera plus considérable; et la circonstance d'un élevage sur une grande échelle
deviendra une condition importante de réussite. C'est ce qui a
fait dire à Marshall, au sujet des moutons de certaines parties
du Yorkshire, « qu'appartenant pour la plupart à des gens
pauvres, et étant, par conséquent, toujours en petits troupeaux,
ils ne pourraient jamais être améliorés. » D'autre part, les
pépiniéristes sont généralement beaucoup plus heureux que
les amateurs, dans la production de variétés nouvelles et précieuses, parce qu'ils élèvent à la fois les mêmes plantes en
grandes quantités. Pour pouvoir entretenir dans un pays un
grand nombre d'individus d'une espèce donnée, il faut que l'espèce se trouve dans des conditions d'existence favorables, qui lui
permettent de se reproduire librement. Si les individus d'une

espèce sont rares, tous seront généralement appelés à reproduire, quelles que soient leurs qualités, ce qui en fait empêchera la sélection. Mais le point le plus important de tous est
que l'animal ou la plante soient assez utiles à l'homme, ou assez
hautement prisés par lui, pour qu'il apporte l'attention la plus
rigoureuse à la moindre déviation dans les qualités ou la conformation de chaque individu. Rien de fait sans ces précautions. J'ai entendu faire sérieusement la remarque qu'il était
fort heureux que la fraise ait précisément commencé à varier
à l'époque où les jardiniers ont porté leur attention sur cette
plante. Il n'est pas douteux que la fraise n'ait toujours varié
depuis qu'on la cultive, seulement ses variations légères étaient
négligées. Mais aussitôt que les jardiniers se mirent à choisir
les plantes portant un fruit un peu plus gros, meilleur et plus
précoce, à en semer les graines, à trier ensuite encore les
meilleurs plants, et ainsi de suite, les conséquences de ce
procédé, aidé de quelques croisements avec d'autres espèces,
furent l'apparition des nombreuses et admirables variétés de
ce fruit qui ont été produites depuis trente ou quarante ans.

Toute circonstance de nature à mettre obstacle au croisement entre animaux à sexes séparés constituera un important
élément de succès pour la formation de nouvelles races, — au
moins dans un pays qui renferme déjà d'autres races. Les
clôtures jouent un rôle sous ce rapport. Les sauvages nomades
ou les habitants de plaines ouvertes possèdent rarement plus
d'une race de la même espèce. Le pigeon s'appariant pour la
vie, cet oiseau peut être facilement amélioré et se reproduit
fidèlement, bien que plusieurs races puissent être mêlées
dans une même volière ; cette circonstance, éminemment com-
mode pour l'éleveur de pigeons, a considérablement favorisé
la formation de nouvelles races chez cet oiseau. Les pigeons
d'ailleurs se propageant rapidement et en grand nombre, on a
plus de choix et on sacrifie d'autant plus volontiers les individus inférieurs, qu'ils servent de nourriture. D'un autre côté,
le chat, qu'en raison de ses mœurs nocturnes et vagabondes,
on ne peut pas apparier facilement, quoique très-recherché
par les femmes et les enfants, ne nous présente presque
jamais de races distinctes ; celles que nous voyons quelquefois
étant presque toujours importées de quelque autre pays. Bien

qu'on doive croire que quelques animaux domestiques varient moins que d'autres, il faut attribuer, en grande partie, la rareté ou l'absence de races distinctes chez le chat, l'âne, le paon, l'oie, etc., à ce que la sélection ne leur a pas été appliquée ; aux chats, à cause de la difficulté de les apparier ; aux ânes, parce qu'ils ne se trouvent qu'entre les mains de gens pauvres, qui n'apportent aucun soin à leur reproduction, — cet animal a été récemment, dans quelques parties de l'Espagne et des États-Unis, étonnamment modifié et amélioré par une sélection attentive ; — au paon, parce qu'on ne l'élève pas en grandes quantités, et que sa reproduction n'est pas facile : à l'oie, parce que cet oiseau n'est utile que comme nourriture et à cause de ses plumes, et plus particulièrement parce qu'on n'a trouvé aucun attrait à en multiplier les races ; l'organisation de l'oie paraît d'ailleurs être singulièrement inflexible.

Quelques auteurs ont affirmé que la limite de la variation dont sont susceptibles nos animaux domestiques est promptement atteinte et ne peut plus être dépassée. Il serait téméraire d'affirmer que cette limite ait jamais été atteinte dans aucun cas ; car presque tous nos animaux et plantes ont été très-diversement et très-fortement améliorés, et cela tout récemment, ce qui implique variation. Il serait non moins téméraire d'affirmer que des caractères actuellement développés à leur limite extrême ne puissent pas, après être restés fixes pendant quelques siècles, varier encore sous l'action de nouvelles conditions d'existence. Il est vrai, qu'ainsi que M. Wallace le fait remarquer avec raison, une limite sera finalement atteinte : car il y a, par exemple, une limite à la vitesse d'un animal terrestre, qui est déterminée par le frottement à vaincre, le poids du corps à porter, la puissance de contraction des fibres musculaires. Mais ce qui nous importe le plus, c'est que les variétés domestiques diffèrent les unes des autres par presque tous les caractères sur lesquels l'homme a porté son attention et a appliqué la sélection, plus que ne le font entre elles les espèces distinctes d'un même genre. Isidore Geoffroy Saint-Hilaire l'a montré pour la taille, et il en est probablement de même pour la couleur et la longueur du poil. Quant à la vitesse, qui dépend de conformations physiques diverses,

Éclipse était beaucoup plus rapide, et le cheval de camion est
incomparablement plus fort qu'aucune espèce équine. De même
dans les plantes, les graines des diverses variétés de fèves ou
de maïs diffèrent bien plus entre elles par la grosseur que
ne le font les graines des espèces les plus distinctes des genres
appartenant à ces deux familles. La même remarque est applicable aux fruits des diverses variétés de pruniers, aux melons
et à une infinité d'autres cas analogues.

Pour résumer ce qui est relatif à l'origine des races domestiques, tant animales que végétales, les changements dans les
conditions extérieures ont une grande importance comme
causes de variabilité, soit directement, en agissant sur l'organisation même de l'individu, soit indirectement, en affectant le
système reproducteur. Il n'est pas probable qu'en toute circonstance, la variabilité soit absolument inhérente, ni la conséquence nécessaire de ces changements. La puissance plus ou
moins forte de l'hérédité et celle de la tendance au retour peuvent
influencer la durée de la nature des variations. D'autres lois
inconnues régissent aussi la variabilité : la corrélation, entre
autres, exerçant une action importante. Nous ne pouvons
savoir la part à attribuer à l'action définie des conditions extérieures, bien qu'elle existe incontestablement; les effets de
l'usage et du défaut d'usage doivent aussi entrer en ligne de
compte; toutes ces influences compliquent donc considérablement le résultat final. Il est encore probable que, dans plusieurs cas, l'entrecroisement avec des espèces primitives
distinctes a dû jouer un rôle important dans l'origine et la
formation de nos races domestiques. La coexistence, dans
une localité de plusieurs races, doit avoir certainement largement contribué, par leur croisement occasionnel aidé par la
sélection, à la naissance de nouvelles sous-races; cependant
on a beaucoup exagéré, tant pour les animaux que pour les
plantes qui se propagent par graines, l'importance du croisement.

Pour les plantes qui peuvent temporairement être propagées par boutures, greffes, etc., l'importance du croisement
est immense ; car elle permet à l'horticulteur de négliger
l'extrême variabilité des hybrides et des métis, et la fréquente
stérilité des premiers; du reste, les plantes ainsi propagées,

autrement que par graine, n'ont que peu d'intérêt pour nous, leur durée n'étant que temporaire. Mais, au-dessus de toutes ces causes de changement, la puissance prédominante et de beaucoup la plus efficace, est l'action accumulative de la sélection, qu'elle soit exercée méthodiquement et promptement, ou lentement et d'une manière inconsciente.

CHAPITRE II

VARIATION DANS LA NATURE.

Variabilité. — Différences individuelles. — Espèces douteuses. — Grandes variations des espèces les plus communes et les plus répandues. — Plus grande fréquence des variations, dans tous pays, chez les espèces appartenant aux grands genres, que chez celles faisant partie des genres moins considérables. — Analogie qu'offrent les espèces des grands genres avec les variétés, en ce qu'elles sont inégalement, mais fort voisines les unes des autres, et limitées dans leur distribution.

De la Variabilité.

Avant d'appliquer aux êtres organisés vivant à l'état de nature les principes posés par le premier chapitre, nous devons brièvement examiner si ces êtres sont sujets à la variation. Pour traiter convenablement ce point, il faudrait pouvoir donner un long et aride catalogue de faits que, ne pouvant placer ici, je réserve pour un autre ouvrage. Je m'abstiendrai aussi de discuter les diverses définitions qui ont été données du terme espèce, et dont aucune n'est encore parvenue à satisfaire tous les naturalistes, bien que chacun sache vaguement ce qu'il entend par cette expression. Généralement le terme espèce comprend l'élément inconnu d'un acte distinct de création. L'expression de variété n'est pas d'une définition moins difficile, mais elle implique presque universellement l'idée d'une communauté d'origine, qui ne peut être d'ailleurs que fort rarement démontrée. Il y a encore les monstruosités, qui ne sont que des degrés de la variété. On désigne par monstruosités les déviations considérables de structure, qui sont généralement inutiles et même nuisibles à l'espèce. Quelques auteurs emploient le terme « variation » dans un sens technique et comme impliquant une modification due directement aux conditions physiques de la vie, et, dans ce sens, les variations ne sont pas supposées être héréditaires : mais, qui peut dire que le rapetissement des mollusques des eaux saumâtres de la Baltique, ou celui des plantes des sommets des Alpes, ou l'épaisseur de la fourrure d'un animal arctique, ne soient pas héréditaires pendant quelques générations au moins? Je crois que, dans ce cas cependant, on qualifierait encore ces formes du nom de « variétés. »

On peut mettre en doute que les déviations de structure, aussi subites et aussi prononcées que celles que nous observons dans nos productions domestiques, les plantes surtout, puissent se propager d'une manière permanente à l'état de nature. Toutes les parties de chaque être organisé sont si admirablement en rapport avec les conditions complexes de sa vie, qu'il paraît aussi improbable qu'elles aient pu être subitement produites dans toute leur perfection, qu'une machine compliquée ait pu être d'emblée inventée par l'homme dans son état le plus parfait. On voit souvent surgir, chez les animaux domestiques, des monstruosités qui ressemblent à des conformations normales chez des animaux extrêmement différents. Ainsi, on connaît des cas de porcs nés avec une espèce de trompe analogue à celle du tapir ou de l'éléphant. Or, si une espèce sauvage quelconque du jeune porc possédait naturellement une trompe, on pourrait admettre de même la possibilité de son apparition subite comme une monstruosité; mais jusqu'à présent je ne suis pas parvenu à rencontrer des cas de monstruosités ressemblant à des conformations normales, existant dans des formes voisines, cas qui seuls pourraient avoir quelque portée sur la question. Mais, si des formes monstrueuses de ce genre apparaissent parfois dans la nature, et sont susceptibles de se propager (ce qui n'est pas toujours le cas), comme elles ne peuvent être que rares et isolées, leur conservation ne saurait dépendre que d'un concours de circonstances favorables très-exceptionnel. Elles seraient d'ailleurs presque inévitablement absorbées et perdues dès la première ou la seconde génération, par leur croisement avec la forme normale. J'aurai, dans un chapitre suivant, à revenir sur ce point de la conservation et de la perpétuation des variations occasionelles.

Différences individuelles.

Les nombreuses et légères différences qui surgissent fréquemment chez les descendants de mêmes parents, ou auxquelles on peut supposer une telle origine, s'observant fréquemment chez les individus de même espèce habitant une localité déterminée, peuvent être qualifiées de différences individuelles. Personne n'admet que les individus d'une même espèce soient tous fondus dans le même moule, et ces différences individuelles ont pour nous une haute importance; car, ainsi que chacun le sait, elles sont toutes héréditaires, et fournissent des matériaux sur lesquels la sélection naturelle peut exercer son influence en les accumulant, exactement comme l'homme accumule chez ses productions domestistes, dans quelque direction donnée que ce soit, les différences individuelles qu'il peut avoir intérêt à développer. Ces différences portent en général sur des points de l'organisation que les naturalistes considèrent comme de peu d'importance; mais je pourrais montrer, par un long catalogue de faits, que bien des points qui, tant au point de vue physiologique qu'à celui de la classification, méritent d'être regardés comme importants, varient quelquefois chez les individus de même espèce. Je suis convaincu que le naturaliste le plus expérimenté serait étonné du nombre de cas de variabilité, portant même sur des points essentiels de conformation que j'ai pu recueillir depuis un certain temps. Il faut se rappeler que les naturalistes systématiques aiment peu à constater la variabilité dans les caractères importants, et qu'il y en a peu qui se donnent la tâche d'examiner laborieusement les organes intérieurs et essentiels, et de les comparer dans un grand nombre d'exemplaires de la même espèce. On ne se serait jamais attendu à ce que l'embranchement du nerf principal, près du grand ganglion central d'un insecte, pût varier dans la même espèce, et on aurait pu croire que des changements de cet ordre ne pussent s'effectuer que par degrés et lentement: or Sir J. Lubbock a constaté chez le *Coccus* une variabilité de ces nerfs principaux, comparable au mode d'embranchement si irrégulier d'un tronc d'arbre. Ce naturaliste philosophe vient encore de montrer récemment que chez les larves de certains insectes les muscles sont loin d'être uniformes. Beaucoup d'auteurs tournent dans un cercle vicieux, lorsqu'ils affirment que les organes importants ne varient jamais ; car, en effet (ainsi que quelques naturalistes l'ont loyalement reconnu), ils placent pratiquement au rang d'organes importants ceux qui ne varient pas, et, par conséquent, à ce point de vue, on ne pourra jamais trouver un cas de variation d'un organe important, tandis qu'à tout autre point de vue, on peut en donner de nombreux exemples.

Un point fort embarassant, qui se rattache aux différences individuelles, est relatif à ces genres qu'on a appelés « protéens » ou « polymorphes », dont les espèces présentent un degré démesuré de variation, et au sujet desquelles à peine trouve-t-on deux naturalistes d'accord, quant à leur valeur comme espèces ou variétés. Nous pouvons citer, parmi les plantes, les genres *Rubus, Rosa* et *Hieracium* ; parmi les animaux, plusieurs genres d'insectes ; plusieurs genres de mollusques Brachiopodes : et le Combattant (*Machetes pugnax*) parmi les oiseaux. Dans la plupart des genres polymorphes, quelques-unes des espèces ont des caractères fixes et définis. Les genres qui sont polymorphes dans un pays, paraissent l'être, à peu d'exceptions près, dans d'autres régions ; et aussi, à en juger par les Brachiopodes, l'avoir été pendant les périodes anciennes. Ces faits sont très-embarrassants, en ce qu'ils tendent à montrer que ce genre de variabilité est indépendant des conditions extérieures. Je serais porté à croire que, dans quelques-uns au moins de ces genres polymorphes, il y a des variations qui, n'étant ni utiles ni nuisibles à l'espèce et n'ayant par conséquent pas donné prise à la sélection naturelle, n'ont pas été fixées et rendues définitives par elle, comme nous l'expliquerons plus tard.

On remarque souvent, chez des individus de même espèce, de notables différences de conformation, comme dans les deux sexes de nombreux animaux, dans les deux ou trois castes de femelles stériles ou ouvrières, parmi les insectes, et dans les états imparfaits ou larvaires d'un grand nombre d'animaux inférieurs. Il y a cependant d'autres cas, comme ceux de dimorphisme et de trimorphisme, qui pourraient être facilement.

et l'ont été d'ailleurs, confondus avec la variabilité, mais qui en sont fort distincts. Je fais allusion à deux ou trois formes différentes, sous lesquelles se présentent habituellement certains animaux de l'un ou de l'autre sexe, et quelques plantes hermaphrodites. Ainsi, M. Wallace vient d'attirer récemment l'attention sur ce sujet, en signalant que les femelles de certaines espèces de papillons de l'archipel Malai apparaissent sous deux ou même trois formes tout à fait distinctes, que ne relie entre elles aucune variété intermédiaire. L'état ailé et fréquemment aptère d'un grand nombre d'Hémiptères doit probablement rentrer dans les cas de dimorphisme, et non de simple variabilité. Fritz Müller a aussi récemment décrit quelques cas analogues, mais encore plus extraordinaires, relatifs aux mâles de certains crustacés du Brésil ; ainsi, le mâle d'une espèce de *Tanais* se présente régulièrement sous deux formes fort différentes, que ne relie aucun chaînon intermédiaire. L'une d'elles est pourvue de pinces beaucoup plus fortes et d'une tout autre conformation, destinées à saisir la femelle ; la seconde, comme compensation, a des antennes beaucoup plus richement pourvues de poils, destinées à l'odoration, qui lui assurent plus de chances de rencontrer la femelle. Les mâles d'un autre crustacé du genre *Orchestia* se rencontrent encore sous deux formes distinctes, chez lesquelles les pinces diffèrent par leur conformation, beaucoup plus que ne le font ces mêmes organes entre la plupart des espèces du même genre. J'ai eu occasion récemment de montrer que, dans des plantes d'ordres très-différents, les espèces offrent deux ou même trois formes qui se distinguent brusquement les unes des autres par plusieurs points essentiels, tels que la grosseur et la couleur des grains de leur pollen. Quoique toutes hermaphrodites, ces formes diffèrent par leur énergie reproductrice, de sorte que, pour que leur fertilité soit complète, et même dans quelques cas pour qu'elles soient seulement fertiles, elles doivent réciproquement se féconder entre elles. Quoique les formes du petit nombre d'animaux et de plantes dimorphes et trimorphes étudiées jusqu'à présent ne soient pas reliées par des chaînons intermédiaires, il est probable qu'il est des cas où il en existe ; car M. Wallace a observé un papillon qui, dans la même île, présentait une nombreuse série de variétés, reliant entre elles deux formes extrêmes, lesquelles offraient une grande ressemblance avec les deux formes d'une espèce voisine dimorphe, habitant un autre point de l'archipel malais. Ainsi encore, chez les fourmis, les différentes castes d'ouvrières sont généralement tout à fait distinctes; mais, ainsi que nous le verrons plus tard, il y a des cas où les castes se trouvent reliées entre elles par des variétés graduées. Il semble, au premier abord, très-remarquable qu'une même femelle de papillon puisse produire en même temps trois formes femelles très-distinctes et une mâle; qu'un crustacé mâle puisse engendrer deux formes mâles et une femelle, toutes très-différentes les unes des autres; et qu'une plante hermaphrodite puisse donner naissance, d'une même capsule de graine, à trois formes hermaphrodites distinctes, portant trois sortes différentes de femelles et trois, ou même six sortes de mâles. Cependant, ces cas ne sont que l'exagération du fait universel que toute femelle produit des mâles et des femelles qui, dans un certain nombre de cas, diffèrent prodigieusement les uns des autres.

Espèces douteuses.

Les formes qui, tout en présentant à un degré prononcé le caractère d'espèces, sont assez semblables ou assez étroitement reliées par des intermédiaires à d'autres formes, pour que les naturalistes répugnent à les considérer comme des espèces distinctes, sont, sous plusieurs rapports, les plus importantes pour nous. Nous avons toute raison de croire qu'un grand nombre de ces formes douteuses et voisines les unes des autres, ont, d'une manière permanente, conservé leurs caractères dans leur pays aussi longtemps, à ce que nous le sachions, que les bonnes et vraies espèces. En pratique, lorsqu'un naturaliste peut rattacher, par d'autres offrant des caractères intermédiaires, deux formes entre elles, il considère l'une comme variété de l'autre, prenant la plus abondante ou quelquefois la première connue et décrite, comme l'espèce, et la seconde, comme la variété. Mais il se présente souvent des cas fort difficiles que je n'énumérerai pas ici, lorsqu'il s'agit de décider laquelle de deux formes, même lorsqu'elles sont reliées par des formes intermédiaires, doit être regardée comme la variété de l'autre; encore la nature, ordinairement supposée hybride des formes intermédiaires, ne suffit-elle pas pour trancher la difficulté. Dans un grand nombre de cas, quoi qu'il en soit, on regarde une forme comme une variété de l'autre, non qu'on connaisse réellement tous les chaînons intermédiaires, mais parce que l'analogie conduit l'observateur à supposer ou qu'ils existent quelque part, ou qu'ils ont autrefois existé, ce qui ouvre encore à deux battants la porte au doute et aux conjectures.

Le meilleur guide à suivre, dans la détermination de la forme à classer comme espèce ou variété, est donc l'opinion d'une majorité de naturalistes ayant de l'expérience et du jugement; car il est peu de variétés bien prononcées et bien connues qui n'aient pas été regardées comme des espèces au moins par quelques juges compétents.

On ne saurait contester que des variétés douteuses de cette nature sont loin d'être rares. Comparons les flores de la Grande-Bretagne, de la France, des États-Unis, relevées par divers botanistes; quel nombre prodigieux de formes s'y trouvent décrites par un botaniste comme bonnes espèces, et comme de simples variétés par un autre. M. H. C. Watson, auquel j'ai dû dans toutes circonstances une aide dont je lui suis profondément reconnaissant, m'a signalé 182 plantes anglaises qui sont généralement considérées comme des variétés, et que quelques botanistes ont toutes regardées comme des espèces; encore dans cette liste a-t-il laissé de côté quelques variétés insignifiantes, — que plusieurs botanistes ont néanmoins qualifiées d'espèces, — ainsi que divers genres polymorphes. Sous des genres comprenant les formes les plus polymorphes, M. Babington donne 251 espèces et M. Bentham 112 seulement, — soit une différence de 139 formes douteuses. Parmi les animaux qui s'unissent pour chaque portée, et qui sont errants, on trouve rarement dans un même pays des formes douteuses comptées comme espèces par un zoologiste, et comme variétés par un autre; mais cela est fréquent pour des régions séparées. Combien d'oiseaux et d'insectes du nord de l'Amérique et de l'Europe, ne différant que fort peu les uns des autres, ont été comptés par un naturaliste éminent comme des espèces incontestables, et par un autre comme variétés, ou, ainsi qu'on les a appelées, des races géographiques.

Dans plusieurs travaux estimables sur les divers animaux, et spécialement les lépidoptères habitant les îles de l'archipel malais, M. Wallace montre qu'on peut les grouper sous quatre chefs, qu'il désigne ainsi : les formes variables, les formes locales, les races géographiques ou sous-espèces, et les vraies espèces représentatives. Les premières, ou formes variables, varient beaucoup dans les limites d'une même île. Les formes locales sont assez constantes et distinctes dans chaque île séparée; mais si l'on réunit celles des diverses îles pour les comparer entre elles, leurs différences sont si faibles et si graduées qu'il est impossible de les définir par une description, bien que les formes extrêmes soient suffisamment distinctes. Les races géographiques ou sous-espèces sont des formes locales complétement fixes et isolées; mais, comme elles ne diffèrent pas les unes des autres par des caractères importants et fortement accusés, l'opinion individuelle peut seule apprécier lesquelles doivent être regardées comme espèces ou variétés. Enfin les espèces caractéristiques ou représentatives occupent, dans l'économie naturelle de chaque île, la même place que les formes locales et les sous-espèces; mais elles se distinguent les unes des autres par une somme de différences plus grandes que celles qu'on remarque dans les formes des groupes précédents, et sont presque universellement regardées par les naturalistes comme des espèces. Toutefois, il n'est pas possible de fournir un critérium sûr, qui permette de reconnaître les formes des quatre catégories précitées. Lorsque, il y a bien des années, je comparais les oiseaux des îles très-voisines entre elles qui composent l'archipel des Galapagos avec ceux du continent américain, je fus frappé du vague et de l'arbitraire qui existe dans la distinction entre les espèces et les variétés. Dans les petites îles du groupe de Madère, on trouve beaucoup d'insectes que, dans son bel ouvrage, M. Wollaston donne comme des variétés, mais que beaucoup d'entomologistes regarderaient certainement comme étant des espèces distinctes. L'Irlande possède quelques animaux considérés généralement comme des variétés et dont quelques zoologistes ont fait des espèces. Plusieurs ornithologistes compétents estiment que notre

Grouse rouge anglais (*Lagopus scoticus*) n'est qu'une variété fortement prononcée d'une espèce norwégienne, mais la plupart en font une espèce incontestable particulière à l'Angleterre.

Un grand éloignement des habitats de deux formes douteuses conduit les naturalistes à les considérer comme des espèces distinctes; mais quelle est la distance, peut-on demander, qui pour cela sera nécessaire? Si celle qui sépare l'Europe de l'Amérique est grande; celle qui existe entre l'Europe et les Açores, Madère ou les Canaries, ou entre les diverses îles de ces archipels, sera-t-elle suffisante?

Un entomologiste distingué des États-Unis, M. B.-D. Walsh, a récemment décrit ce qu'il appelle des variétés et des espèces phytophagiques. La plupart des insectes qui se nourrissent de végétaux vivent sur une espèce ou sur un groupe de plantes; il en est qui mangent indifféremment de plusieurs sortes, mais ne varient pas pour cela. Dans plusieurs cas cependant, M. Walsh a observé chez certains insectes vivant sur des plantes distinctes quelques différences légères, mais constantes, soit dans la couleur et la taille, soit dans la nature de leurs sécrétions, soit dans l'état larvaire ou parfait, soit dans tous deux. Dans quelques cas, les mâles seuls, dans d'autres, les individus des deux sexes, se sont montrés ainsi affectés à un faible degré. Que ces différences soient un peu plus prononcées, et que les deux sexes et les divers âges les présentent, ces formes sont aussitôt considérées comme des espèces, sans qu'aucun observateur puisse déterminer pour les autres quand il peut le faire pour lui-même, lesquelles de ces formes phytophages doivent être regardées comme espèces, lesquelles comme variétés. M. Walsh considère comme variétés les formes qu'on peut supposer devoir librement s'entrecroiser, et comme espèces, celles qui paraissent avoir perdu cette aptitude. Ces différences étant la conséquence de ce que les insectes ont été longtemps nourris sur des plantes distinctes, on ne peut nullement s'attendre à retrouver les chaînons intermédiaires qui relient les diverses formes actuelles; et le naturaliste est ainsi privé du seul guide qui lui permette de savoir s'il doit compter comme espèces ou variétés ces formes douteuses. Le même cas se présente nécessairement pour les organismes voisins, qui habitent des îles ou des continents séparés. Lorsque, d'autre part, un animal ou une plante s'étendent sur un même continent, ou se trouvent dans plusieurs îles d'un même archipel, en présentant différentes formes dans les divers points qu'ils occupent, il y a probabilité de découvrir des formes intermédiaires qui, reliant entre eux les états extrêmes, font descendre ceux-ci au rang de simples variétés.

Un petit nombre de naturalistes soutiennent que les animaux ne présentent jamais de variétés, et par conséquent attribuent aux moindres différences une valeur spécifique ; lorsqu'il se rencontre dans deux pays éloignés ou dans deux formations géologiques, une même forme identique, ils admettent que deux espèces distinctes sont cachées sous la même enveloppe. Le terme espèce n'est plus, ainsi, qu'une abstraction inutile, impliquant et affirmant un acte séparé de la création. Un grand nombre de formes, que des juges compétents regardent comme des variétés, ressemblent, il est vrai, par leurs caractères, tellement à des espèces, que d'autres, non moins compétents, les ont comptées comme telles. Mais discuter le nom qu'il convient de leur donner, avant d'être arrivé à une définition qui soit généralement acceptée de l'espèce et de la variété, c'est vainement et inutilement s'agiter dans le vide.

Un grand nombre de cas de variétés bien accusées, ou d'espèces douteuses, méritent l'attention : car divers arguments empruntés à la distribution géographique, aux variations analogiques, à l'hybridité, etc., ont été invoqués pour arriver à déterminer leur valeur, mais que, faute de place, je ne pourrais discuter ici. En général, des recherches attentives permettront presque toujours de mettre d'accord les naturalistes sur la valeur des formes douteuses. Il faut remarquer que les formes dont l'appréciation est incertaine, se trouvent en plus grand nombre dans les pays les mieux connus. J'ai été frappé du fait, que c'est surtout chez les plantes et animaux qui, à l'état de nature, sont utiles à l'homme, ou, pour un motif quelconque, attirent particulièrement son attention, qu'on constate le plus de variétés, variétés que beaucoup d'auteurs considèrent comme des espèces. Dans le chêne commun, qui a été beaucoup étudié, un auteur allemand a érigé en espèces plus d'une douzaine de formes presque universellement considérées comme des variétés, et on pourrait trouver parmi les hautes autorités botaniques les opinions opposées, que les chênes sessiles et pédonculés sont bien des espèces distinctes, et de simples variétés. Je dois mentionner ici un travail fort remarquable, publié par A. de Candolle, sur les chênes du monde entier. Pourvu des plus amples matériaux nécessaires à la distinction des espèces, personne ne pouvait les utiliser avec plus de fruit et de sagacité. L'auteur, après avoir donné le détail des nombreux points de conformation qui varient dans les espèces, apprécie ensuite en chiffres la fréquence relative des variations. Il signale une douzaine de caractères qui peuvent varier jusque sur la même branche, soit suivant l'âge et le développement, soit quelquefois sans cause appréciable. De tels caractères, qui ne peuvent donc avoir une valeur spécifique, sont cependant, ainsi que le remarque Asa Gray dans ses commentaires sur ce travail, ceux qui entrent généralement dans les définitions spécifiques. De Candolle élève au rang d'espèces les formes différant par des caractères qui ne varient jamais sur le même arbre, et qu'on ne trouve jamais reliées par des états intermédiaires. Après cette discussion des résultats de tant de laborieuses recherches, il fait expressément la remarque que ceux qui prétendent que la plupart de ces espèces sont nettement distinctes, et que les formes douteuses ne constituent qu'une faible minorité, sont dans l'erreur. Ceci pouvait sembler vrai, aussi longtemps que les genres étaient imparfaitement connus et que leurs espèces, basées sur un petit nombre d'échantillons, n'étaient que provisoires. Mais à mesure que nous les connaissons mieux, des formes intermédiaires affluent, et les doutes sur les limites spécifiques augmentent avec elles. Il ajoute que c'est l'espèce la mieux connue qui présente le plus grand nombre de variétés spontanées et de sous-variétés. Ainsi le *Quercus robur* a vingt-huit variétés, toutes, à l'exception de six, se groupant autour de trois sous-espèces, qui sont les *Q. pedunculata*, *sessiliflora* et *pubescens*. Les formes qui relient ces trois sous-espèces sont comparativement rares, et ainsi que le remarque Asa Gray, si ces formes intermédiaires, déjà peu communes, venaient à s'éteindre complétement, les trois sous-espèces se trouveraient entre elles dans le même rapport que le sont les quatre ou cinq espèces provisoirement admises qui se rattachent de près au

Q. robur typique. Finalement, de Candolle admet que sur les 300 espèces, qui, dans son Prodrome, seront énumérées comme appartenant à la famille des chênes, les deux tiers au moins sont provisoires, en ce qu'elles ne satisfont pas d'une manière rigoureuse à la définition véritable de l'espèce, telle qu'elle a été donnée plus haut. Il faut ajouter que de Candolle ne croit plus que les espèces soient des créations immuables, mais reconnaît que la théorie de dérivation et de succession des formes est la plus naturelle, et celle qui s'accorde le mieux avec les faits connus de la paléontologie, la botanique géographique, la zoologie, l'anatomie et la classification; mais, ajoute-t-il, la preuve directe manque encore.

Lorsqu'un jeune naturaliste aborde l'étude d'un groupe d'organismes nouveaux pour lui, il est d'abord très-embarrassé pour déterminer la nature des différences qu'il observe, et savoir celles qu'il doit regarder comme spécifiques, ou simplement comme impliquant une variété; car il ne sait rien de la nature et de l'étendue de la variation dont le groupe qu'il étudie est susceptible, fait qui montre au moins combien la variation est générale. Toutefois, s'il se restreint à une classe dans un seul pays, il saura bientôt apprécier la plupart des formes douteuses; et fortement impressionné, comme l'éleveur de pigeons et de volailles dont nous avons déjà parlé, des différences dans les formes qu'il a constamment sous les yeux, il aura une tendance à multiplier les espèces, n'ayant pas, pour corriger ses premières impressions, une connaissance suffisante et assez générale des variations analogues qui se manifestent dans d'autres groupes et dans d'autres pays. Les difficultés croîtront à mesure qu'étendant le cercle de ses observations, il rencontrera un plus grand nombre de formes voisines, bien qu'à la longue il finisse par apprécier assez bien ce qu'il convient d'appeler espèce ou variété. Ceci ne sera toutefois possible qu'autant qu'il admettra passablement de variations, qui lui seront contestées par d'autres naturalistes. Mais les difficultés surgiront en foule et seront des plus complexes, lorsque, étudiant des formes voisines provenant de régions actuellement séparées, il ne pourra s'appuyer que sur l'analogie, en l'absence complète de tous chaînons intermédiaires reliant ses formes douteuses.

Aucune ligne de démarcation n'a encore pu être tracée entre les espèces et les sous-espèces, — soit les formes qui, selon certains naturalistes, approchent de près, sans atteindre tout à fait au rang d'espèces ; — ni entre les sous-espèces et les variétés bien accusées ; ni même entre les variétés légères et les différences individuelles. Toutes ces différences se fondent insensiblement les unes dans les autres, et la notion de série apporte avec elle l'idée d'un passage réel.

Aussi, bien qu'elles n'aient que peu d'intérêt pour le naturaliste systématiste, j'attache une haute importance aux différences individuelles, comme étant le premier rudiment, et une ébauche de ces variétés légères que les ouvrages sur l'histoire naturelle dédaignent d'enregistrer. Je considère les variétés d'un degré plus prononcé et permanentes comme un acheminement vers les variétés encore plus prononcées et permanentes, qui elles-mêmes conduisent à la sous-espèce et à l'espèce. Les passages d'un de ces états de différence à un autre peuvent, dans certains cas, être le simple résultat de l'action prolongée de diverses actions physiques ; mais le plus souvent, comme nous l'expliquerons plus tard, c'est à l'action graduelle et accumulatrice de la sélection naturelle sur la vari bilité flottante, qu'ils doivent être attribués. On peut donc considérer une variété bien prononcée comme une espèce naissante. Le lecteur jugera, d'après la portée de l'ensemble des faits et des considérations que cet ouvrage a pour but d'exposer, si cette manière de voir peut se justifier.

Il n'est pas nécessaire de supposer que toutes les variétés ou espèces naissantes, arrivent nécessairement au rang d'espèces. Elles peuvent ou s'éteindre, ou, pendant de longues périodes, subsister comme variétés, ainsi que l'a montré M. Wollaston à propos de variétés de certains mollusques terrestres fossiles dans l'île de Madère, et M. Gaston de Saporta chez les plantes. Si une variété se propage et prospère de manière à excéder de beaucoup en nombre l'espèce parente, c'est à elle qu'on appliquera la qualification d'espèce, et inversement celle de variété à l'espèce. Elle peut encore supplanter et exterminer l'espèce parente ; ou toutes deux peuvent co-exister à côté l'une de l'autre, et être regardées comme deux espèces indépendantes. Je reviendrai sur ce sujet.

On voit d'après ces remarques que je considère le terme
espèce comme appliqué arbitrairement, par pure commodité,
à un ensemble d'individus se ressemblant de près; et qu'il ne
diffère pas essentiellement du terme variété, qui est donné à
des formes moins distinctes et sujettes à une plus grande fluc-
tuation. Comparé à de simples différences individuelles, le
terme de variété est aussi appliqué pour des raisons de pure
convenance, et tout aussi arbitrairement.

*Variations plus considérables des espèces les plus communes
et les plus répandues.*

Guidé par des considérations théoriques, j'ai pensé qu'en
dressant des tableaux de toutes les variétés signalées dans de
bonnes flores, j'y pourrais trouver quelques résultats intéressants sur la nature et les relations des espèces qui sont le plus
variables. La tâche paraissait simple d'abord; mais M. H.-C.
Watson, dont l'aide et les conseils m'ont été d'un grand
secours, me montra que la tentative était hérissée de difficultés, ce que me confirma aussi par la suite le docteur Hooker.
Je réserve pour un autre ouvrage la discussion de ces difficultés, ainsi que les tableaux mêmes des nombres proportionnels des espèces variables. Le Dr Hooker, après avoir attentivement lu mes observations à ce sujet, et examiné les tableaux,
estime cependant que les faits qui vont suivre sont clairement
établis. Toutefois, obligé de traiter ici ce sujet fort brièvement,
il paraîtra un peu embarrassant, d'autant plus que je serai
obligé de faire souvent allusion à quelques questions, comme
la lutte pour l'existence, la divergence des caractères, etc.,
qui seront traitées et discutées plus tard.

Alphonse de Candolle et d'autres auteurs ont montré que
les plantes qui jouissent d'une distribution très-étendue,
offrent généralement des variétés; fait auquel on pouvait s'attendre, parce qu'elles se trouvent ainsi exposées à des conditions extérieures diverses, et en même temps à rencontrer, et
à se trouver en lutte avec un plus grand nombre d'êtres organisés différents, circonstance qui, comme nous le verrons, a
une haute importance. Mes tableaux prouvent en outre que,

dans un pays limité, les espèces les plus communes, — c'est-
à-dire dont les individus sont les plus abondants, — et celles
qui offrent la distribution la plus générale dans une même
contrée (circonstance qui n'est pas identique à une distribution géographique considérable), sont aussi les espèces qui ont
fourni le plus de variétés suffisamment prononcées pour
qu'on les ait signalées dans les ouvrages botaniques. Ce sont
donc les espèces les plus florissantes, ou comme je les appel-
lerai, les espèces dominantes, — soit celles qui sont le plus
répandues dans leur contrée, et les plus nombreuses comme
individus, qui produisent le plus souvent les variétés les plus
distinctes, ou les espèces naissantes. Ce résultat était à prévoir : car pour devenir permanentes à quelque degré, les
variétés ont à soutenir, contre la concurrence des autres habitants du pays, une lutte énergique. Or, ce sont précisément
les espèces déjà dominantes qui auront le plus de chance de
transmettre à leurs descendants, même un peu modifiées, les
qualités avantageuses qui jusque-là leur ont assuré la prédo-
minance sur les autres formes, appartenant au même genre ou
au même groupe, ayant des habitudes à peu près semblables
aux leurs, et avec lesquelles elles se trouvent plus particulièrement en concurrence. En ce qui concerne l'abondance, soit le
nombre des individus d'une espèce donnée, la comparaison
ne doit porter que sur les membres du même groupe. Une
plante sera dite dominante, si elle est plus nombreuse comme
individus et plus répandue que les autres plantes du même
pays qui ne vivent pas dans des conditions trop différentes;
par conséquent elle n'en sera pas moins dominante, bien que
quelques Conferves habitant les eaux ou quelques Cryptogames parasites puissent être encore bien plus abondants et
bien plus universellement répandus qu'elle; de même que
telle Conferve ou champignon parasite sera la forme dominante, si elle excède sous les deux rapports précités les autres
formes de sa classe.

*Variation plus fréquente des espèces appartenant aux grands genres
que de celles appartenant aux petits.*

Si on partage en deux portions égales les plantes d'une
flore locale, et qu'on place d'un côté les grands genres (c'est-
à-dire ceux qui comprennent les espèces nombreuses), et
les petits genres de l'autre, on remarquera que les espèces
les plus communes et les plus répandues, soit les espèces
dominantes, se trouvent en plus forte proportion du côté des
grands genres. Ceci était encore à prévoir ; car le seul fait
qu'un grand nombre d'espèces d'un même genre habitent une
contrée quelconque, indique qu'il y a dans les conditions
organiques ou inorganiques de cette contrée quelque chose de
favorable au genre ; par conséquent, on doit s'attendre à rencontrer, dans les genres à espèces nombreuses, un plus grand
nombre d'espèces dominantes. Mais tant de causes tendent à
amoindrir ce résultat et à le rendre obscur, que j'ai été surpris de trouver même une faible majorité du côté des grands
genres. Pour citer deux causes d'obscurité, les plantes aquatiques d'eau douce et salée ont généralement une distribution
très-vaste, mais qui dépend surtout de la nature des stations
qu'elles habitent, et n'est aucunement en rapport avec la
grandeur du genre auquel les espèces appartiennent. Les
plantes très-inférieures offrent aussi généralement une dissémination beaucoup plus considérable que celles plus élevées
dans l'échelle, sans qu'il y ait encore ici aucune relation avec
l'étendue du genre. Nous discuterons, dans le chapitre sur la
distribution géographique, la cause de la grande dissémination des plantes d'organisation inférieure.

Mes idées sur les espèces, considérées comme n'étant que
des variétés bien accusées et définies, me conduisirent à pressentir que, dans tous pays, les espèces des grands genres devaient présenter plus fréquemment des variétés que celles
des genres plus petits ; car, il était à supposer que là où un
nombre considérable d'espèces voisines (de même genre) ont
pu surgir, d'autres variétés ou espèces naissantes devaient
probablement être en voie de formation. Là où existent de
nombreux grands arbres, nous pouvons nous attendre à

trouver de jeunes plants. Là où la variation a pu former de nombreuses espèces d'un même genre, c'est que les circonstances ont été favorables à son action ; il est donc à présumer qu'elles continuent encore à l'être. Au contraire, si nous considérons chaque espèce comme le résultat d'un acte de création spéciale, il n'y a pas de raison apparente pour qu'il y ait plus de variétés dans les groupes riches en espèces, que dans ceux qui n'en présentent qu'un petit nombre.

Pour vérifier le bien fondé de ma prévision, j'ai disposé en deux groupes à peu près égaux les plantes de douze pays, et les insectes coléoptères de deux régions ; en réunissant dans l'un les espèces des grands genres, celles des petits genres dans l'autre. Le résultat de cette comparaison m'a montré que la plus forte proportion d'espèces présentant des variétés se trouvait toujours du côté des grands genres. De plus, lorsqu'elles varient, ce sont aussi les espèces des grands genres qui présentent une moyenne de variétés beaucoup plus forte que les espèces des petits genres. Un autre groupement des mêmes documents donne des résultats semblables : ainsi, lorsqu'on sort des tableaux tous les genres peu considérables qui ne contiennent que une à quatre espèces. La signification de ces faits montre clairement que les espèces ne sont que des variétés prononcées et permanentes ; car là où un grand nombre d'espèces d'un même genre se sont formées, et où, si j'ose m'exprimer ainsi, la fabrication des espèces a été abondante, il est naturel que nous trouvions cette fabrication encore en activité, d'autant plus que nous avons tout lieu de croire que la formation de nouvelles espèces doit être excessivement lente. Cela est certainement le cas, si nous envisageons les variétés comme des espèces naissantes : car mes tableaux font ressortir avec évidence, comme règle générale, que partout où de nombreuses espèces d'un même genre ont apparu, c'est parmi les espèces de ce genre que se trouve la plus forte moyenne de variétés, soit d'espèces naissantes. Cela ne veut pas dire que tous les grands genres soient seuls en voie de variation et d'augmentation du nombre de leurs espèces, ni qu'aucun des petits genres ne varie ni ne s'accroisse plus actuellement, ce qui serait fatal à ma théorie. La géologie nous apprend en effet que, dans le cours des temps, les petits genres se sont souvent considérablement accrus, tandis que des grands genres, après avoir atteint un maximum, ont décliné, et fini par disparaître ; mais nous voulons seulement montrer, et c'est certainement ce qui a lieu, que c'est encore là où de nombreuses espèces d'un genre ont pris naissance, qu'il tend à s'en former encore la plus forte moyenne.

Analogie qu'offrent les espèces des grands genres avec les variétés, en ce qu'elles sont inégalement, mais fort voisines entre elles, et limitées dans leur distribution.

Il existe, entre les espèces des grands genres et leurs variétés enregistrées, d'autres relations qui méritent d'être remarquées. Nous avons vu qu'il n'y a aucun *critérium* infaillible qui permette de distinguer entre l'espèce et la variété fortement accusée ; et que, dans le cas où on ne rencontre pas de chaînons intermédiaires entre deux formes douteuses, les naturalistes sont obligés d'en décider d'après l'étendue des différences qui les séparent, et de juger par analogie, si leur importance suffit pour élever l'une d'elles ou toutes deux au rang d'espèces. Cette étendue dans les différences est donc un des critères les plus essentiels pour les déterminations de cette nature. Or Fries a remarqué chez les plantes, et Westwood chez les insectes, que la somme des différences qui se remarquent entre les espèces appartenant aux grands genres est souvent extrêmement faible. J'ai cherché à apprécier ce fait numériquement par des moyennes, et autant que le comporte l'imperfection de mes recherches, leurs résultats l'ont confirmé ; plusieurs observateurs sagaces et expérimentés que j'ai consultés sur le même point, ont, après réflexion, reconnu qu'il était exact. Il suit de là que, sous ce rapport, les espèces des grands genres ressemblent plus à des variétés que les espèces des genres plus petits ; ou, en d'autres termes, on peut dire que dans les grands genres, chez lesquels un nombre plus considérable de variétés ou d'espèces naissantes est en voie de formation, plusieurs des espèces déjà faites ressemblent encore, jusqu'à un certain point, à des variétés, en ce qu'elles présentent entre elles une somme de différences moindre qu'elle ne l'est ordinairement.

En outre les espèces des grands genres offrent entre elles les mêmes rapports que ceux qu'on constate entre les variétés d'une même espèce. Aucun naturaliste ne prétendra que toutes les espèces d'un genre soient également distinctes les unes des autres ; aussi sont-elles généralement susceptibles d'être partagées en sous-genres, sections et subdivisions inférieures. Fries a remarqué avec raison qu'elles sont généralement groupées comme autant de satellites autour de certaines autres espèces. Et les variétés sont-elles autre chose que des formes, inégalement voisines entre elles, qui se groupent autour d'autres formes, — c'est-à-dire autour de leurs espèces parentes? Il y a indubitablement entre les espèces et les variétés un point très-important de dissemblance, en ce que la somme des différences qui existent entre les variétés, comparées entre elles ou à leur espèce parente, est moindre que celle qu'on constate entre les espèces d'un même genre. Nous verrons plus tard, à l'occasion de la discussion sur la divergence des caractères, comment on peut expliquer le fait, et comment les différences moins importantes qui distinguent les variétés, tendent à s'accroître et à atteindre graduellement le niveau des différences plus grandes qui caractérisent les espèces.

Encore un point digne d'attention. Les variétés ont en général une distribution fort restreinte; c'est presque une banalité que cette assertion, car si une variété se trouvait être plus répandue que son espèce parente supposée, on renverserait les qualifications. Mais il y a des raisons pour croire que les espèces qui sont très-voisines entre elles, et à ce titre ressemblent aux variétés, offrent aussi souvent une distribution limitée. M. H. C. Watson m'a désigné, dans le Catalogue de plantes de Londres (4e édition), soixante-trois plantes qui y sont indiquées comme espèces, mais qu'il regarde comme douteuses, à cause de leur analogie étroite avec d'autres espèces. Ces soixante-trois espèces supposées ne se rencontrent en moyenne que sur les 6.9 des provinces dans lesquelles M. Watson a partagé la Grande-Bretagne. Dans ce même Catalogue, cinquante-trois variétés reconnues sont données comme s'étendant sur 7.7 provinces; pendant que les espèces auxquelles se rattachent ces variétés s'étendent sur 14.3. Les variétés acceptées ont donc en moyenne à peu près la même extension restreinte que les espèces regardées par M. Watson comme douteuses, mais que les botanistes anglais considèrent presque universellement comme de vraies espèces.

Résumé.

Les variétés ne peuvent donc, en définitive, être distinguées des espèces que, premièrement, par la découverte des formes intermédiaires qui les relient entre elles; et secondement, par une certaine somme, peu définie, de différences qui existent entre les unes et les autres. En effet, si deux formes diffèrent peu, on les considère généralement comme des variétés, bien qu'on ne puisse pas directement les rattacher entre elles; mais on ne saurait définir nettement quelle est la somme de différences qu'on estime nécessaire pour attribuer à deux formes données le rang d'espèces. Dans les genres présentant, dans un pays quelconque, un nombre d'espèces supérieur à la moyenne, les espèces présentent aussi une moyenne de variétés plus considérable. Dans les grands genres les espèces sont souvent, quoiqu'à un degré inégal, très-voisines les unes des autres, et forment volontiers de petits groupes autour de certaines autres espèces. Les espèces très-voisines ont ordinairement une distribution restreinte. Sous tous ces différents rapports, les espèces faisant partie de grands genres offrent une grande analogie avec les variétés, analogies qui sont très-faciles à comprendre, si les espèces ont autrefois existé à l'état de variétés et leur doivent leur origine, mais qui restent inexplicables si les espèces sont des créations indépendantes.

Nous avons aussi vu que, dans chaque genre de chaque classe, ce sont les espèces les plus florissantes ou dominantes de chaque genre qui présentent la plus forte moyenne de variétés, lesquelles, ainsi que nous le verrons plus loin, tendent à se convertir en espèces nouvelles et distinctes. Les genres déjà grands tendent ainsi toujours plus à s'accroître, et dans toute la nature les formes vivantes qui sont actuellement dominantes, tendent à le devenir toujours davantage, parce qu'elles laissent un plus grand nombre de descendants modifiés et dominants. Mais, par une marche graduelle dont nous aurons à nous occuper, les grands genres tendent aussi à se fractionner en genres plus petits. C'est ainsi que, dans tout l'univers, les formes vivantes se trouvent divisées en groupes subordonnés les uns aux autres.

CHAPITRE III.

DE LA LUTTE POUR L'EXISTENCE.

Son action sur la sélection naturelle. — Sens étendu du terme. — Raison géométrique de croissance. — Augmentation rapide des animaux et plantes naturalisés. — Arrêts à l'augmentation. — Concurrence universelle. — Effets du climat. — Protection résultant du nombre des individus. — Rapports complexes à l'état de nature entre tous les animaux et plantes. — Rigueur de la lutte pour l'existence entre les individus et les variétés d'une même espèce; souvent aussi entre espèces d'un même genre. — Rapports d'organismes à organismes, les plus importants de tous.

Avant d'entrer dans le sujet de ce chapitre, quelques remarques préliminaires sur l'action que la lutte pour l'existence exerce sur la sélection naturelle, sont indispensables. Nous avons vu, dans le chapitre précédent, que, chez les êtres organisés à l'état de nature, il y a une certaine variabilité individuelle qui, à ce qu'il me semble, n'a jamais été contestée. Il nous est indifférent qu'une foule de formes douteuses soient appelées espèces, sous-espèces ou variétés, ou quel doit être le rang à attribuer aux deux ou trois cents formes douteuses de plantes de la Grande-Bretagne, si l'on admet l'existence de variétés fortement accusées. Mais, même l'existence de quelques-unes de ces dernières et de la variabilité individuelle, quoique nécessaires pour le fond, ne suffit pas pour nous faire comprendre comment l'espèce surgit dans la nature. Comment ont pu s'accomplir toutes ces adaptations si parfaites des diverses parties de l'organisation les unes aux autres, et aux conditions extérieures, ainsi que celles des êtres organisés entre eux. Ces admirables co-adaptations se montrent nettement chez le pic et le gui, et ne sont guère moins frappantes chez l'humble parasite qui se cramponne aux poils d'un mammifère ou aux plumes d'un oiseau; dans la structure du coléoptère qui plonge sous l'eau; dans la graine emplumée que la plus légère brise entraîne. Bref, nous remarquons partout, dans le monde organisé, les adaptations les plus merveilleuses.

Comment, demandera-t-on encore, les variétés ou espèces naissantes, comme je les appelle, finissent-elles par se convertir en espèces distinctes qui, dans la plupart des cas, diffèrent évidemment plus entre elles que ne le font les variétés d'une même espèce? Comment surgissent ces groupes d'espèces qui constituent ce que nous nommons des genres distincts, et qui diffèrent entre eux plus que ne le font les espèces du même genre? Tous ces résultats, comme nous le verrons plus amplement dans le prochain chapitre, sont la conséquence de la lutte pour l'existence. C'est grâce à cette lutte que les variations, si minimes qu'elles soient d'ailleurs, et quelle qu'en soit la cause déterminante, tendent à assurer la conservation des individus qui les présentent, et les transmettent à leurs descendants, pour peu qu'elles soient à quelque degré utiles et avantageuses à ces membres de l'espèce, dans leurs rapports si complexes avec les autres êtres organisés, et les conditions physiques dans lesquelles ils se trouvent. Leur descendance aura ainsi plus de chances de réussite; car, sur la quantité d'individus d'une espèce quelconque qui naissent périodiquement, il n'en est qu'un petit nombre qui puissent survivre.

J'ai donné à ce principe, en vertu duquel toute variation avantageuse tend à être conservée, le nom de *sélection naturelle*, pour indiquer ses rapports avec la sélection appliquée par l'homme. Cependant l'expression souvent employée par M. Herbert Spencer, « la survivance du plus apte, » est peut-être plus juste et parfois également convenable. Nous avons vu que, par l'emploi de la sélection, l'homme arrive à produire des résultats considérables, et peut, par une accumulation suivie de variations minimes, mais qui lui sont utiles et que la nature met à sa disposition, adapter les êtres organisés à ses besoins. Mais la sélection naturelle, ainsi que nous le verrons plus loin, est une puissance qui est constamment prête à agir et dont les effets sont aussi incommensurablement supérieurs aux faibles efforts de l'homme, que les œuvres de la nature le sont à ceux de l'art.

Discutons maintenant un peu plus en détail la lutte pour l'existence, sujet que, dans un ouvrage futur, je traiterai avec tous les développements qu'il mérite. De Candolle et Lyell ont philosophiquement et surabondamment montré que tous les êtres organisés sont soumis à une rude et sévère concurrence. En ce qui concerne les végétaux, personne n'a traité ce sujet, grâce à ses grandes connaissances en horticulture, avec plus de talent et d'esprit que W. Herbert, doyen de Manchester. Rien n'est plus facile que d'admettre en paroles la réalité de l'universelle lutte pour l'existence, mais rien de plus difficile, — c'est du moins ce que j'ai éprouvé, — de l'avoir toujours présente à l'esprit. Cependant sans cela, toute l'économie de la nature, tous les faits portant sur la distribution, la rareté, l'abondance, l'extinction et la variation, restent obscurs ou incompréhensibles. Nous contemplons la nature brillante de joie, nous voyons souvent surabondance de nourriture; mais nous ne voyons pas, ou nous oublions, que les oiseaux qui chantent autour de nous vivent, pour la plupart, d'insectes ou de graines, et sont ainsi constamment occupés à détruire la vie; ou nous oublions combien de ces chanteurs des bois, de leurs œufs et de leurs petits sont détruits par les animaux carnassiers, et nous ne songeons pas toujours que, si la nourriture est aujourd'hui surabondante, il n'en est pas de même à toutes les époques de l'année.

Je dois prévenir que j'emploie l'expression de « lutte pour l'existence » dans le sens métaphorique le plus large, comprenant soit les relations de dépendance qui existent entre un être et un autre, soit, ce qui est plus important, non-seulement la vie de l'individu, mais aussi la réussite de sa descendance. Deux animaux carnassiers, dans une période de disette, sont réellement en lutte réciproque pour qui se procurera la nourriture qui le fera vivre. Mais une plante située sur les bords d'un désert lutte pour la vie contre la sécheresse, bien qu'il fût plus exact de dire que son existence dépend de l'humidité. Une plante produisant annuellement un millier de graines, dont une seule en moyenne atteint sa maturité, peut mieux être dite en lutte avec celles du même et autres genres, qui occupent déjà le terrain. Le gui dépend du pommier et de quelques autres arbres, mais ce n'est qu'en forçant le sens de l'expression, qu'on peut le dire en lutte avec ces arbres; car si ces parasites sont trop nombreux à la fois sur un même arbre. celui-ci s'épuisera et périra. On peut mieux considérer comme luttant pour l'existence plusieurs jeunes plantes de gui, croissant près les unes des autres sur une même branche. Le gui étant disséminé par les oiseaux, son existence dépend de ces derniers; on peut donc dire par métaphore qu'il lutte avec d'autres plantes portant des fruits, de manière que les oiseaux tentés de manger ses graines, les disséminent de préférence à celles d'autres plantes. Ce sont ces diverses idées, qui d'ailleurs sont connexes, que je comprends pour plus de commodité sous l'expression générale de lutte pour l'existence.

Raison géométrique de l'accroissement.

La lutte pour l'existence est la conséquence inévitable du taux élevé suivant lequel tous les êtres organisés tendent à s'accroître. Chaque être, produisant dans le cours de sa vie plusieurs œufs ou graines, doit, à une certaine période de son existence, être soumis à la destruction, car autrement, vu la raison géométrique suivant laquelle a lieu sa multiplication, il finirait par pulluler et atteindre promptement à des chiffres, auxquels aucun pays ne pourrait suffire. Puisqu'il se produit donc plus d'individus qu'il n'en peut survivre, il faut que, dans tous les cas, il y ait lutte, soit entre individus d'une même espèce, soit entre individus d'espèces distinctes, soit enfin avec les conditions extérieures. C'est la doctrine de Malthus appliquée aux règnes animal et végétal, agissant avec toute sa puissance, et dont les effets ne sont mitigés ni par un accroissement artificiel de nourriture, ni par des entraves restrictives apportées à la reproduction. Aussi, bien que quelques espèces soient actuellement en voie d'augmentation plus ou moins rapide quant à leur nombre, toutes ne peuvent pas en faire autant, car le globe ne suffirait pas pour les contenir.

La règle de l'accroissement de tout être organisé, suivant

un taux assez rapide pour que, sans l'intervention de causes de destruction, la terre fût promptement occupée par la descendance d'une seule paire, ne souffre aucune exception. Même l'homme, dont la reproduction est lente, peut doubler en vingt-cinq ans, et à ce taux, au bout de quelque mille ans, il ne resterait littéralement pas la place nécessaire pour sa progéniture. Linné a calculé que si une plante annuelle développait seulement deux graines, — et il n'y en a pas d'aussi peu productives que cela, — que chacun des individus produits en fît autant, et ainsi de suite, il y aurait, au bout de vingt ans, un million d'individus. L'éléphant[1] étant de tous les animaux connus celui qui se reproduit le plus lentement, j'ai cherché à évaluer son taux minimum probable d'accroissement. En admettant qu'il commence à procréer à l'âge de trente ans et vive jusqu'à cent, en produisant dans cet intervalle six petits, au bout d'une période de 740 à 750 ans, il y aurait, vivants et descendants de la première paire, près de dix-neuf millions d'éléphants.

Mais nous possédons sur ce sujet mieux que des données théoriques ; ce sont les cas nombreux connus de l'augmentation si prodigieusement rapide que présentent différents animaux à l'état de nature, lorsque les circonstances leur ont été favorables pendant quelques saisons consécutives. Les exemples que nous fournissent plusieurs de nos animaux domestiques, redevenus sauvages dans diverses parties du globe, sont sous ce rapport tout particulièrement démonstratifs ; car, par exemple, le taux d'accroissement des races chevaline et bovine, dont la reproduction est assez lente, dans l'Amérique et plus récemment en Australie, s'il ne reposait sur des documents tout à fait authentiques, serait presque incroyable. Il en est de même pour les plantes ; on connaît des cas de végétaux qui, introduits depuis moins de dix ans, se sont répandus et sont devenus communs dans des îles tout entières. Plusieurs plantes, telles que le cardon et un haut chardon actuellement abondant dans les vastes plaines de la Plata, où ils couvrent, presque à l'exclusion de toutes autres plantes, des lieues car-

---

1. Le calcul de la multiplication de l'éléphant donné dans la présente traduction, est une modification communiquée par l'auteur, de celui qui se trouve dans la dernière édition anglaise publiée en mai 1869. (*Trad.*)

rées de surface, ont été apportées d'Europe; il est aussi des plantes qui actuellement s'étendent dans l'Inde du cap Comorin à l'Himalaya, et qui, à ce que m'apprend le docteur Falconer, ont été importées de l'Amérique depuis sa découverte. Dans tous ces cas et d'autres qu'on pourrait citer, il n'y a rien qui doive faire supposer que la fécondité de ces animaux et plantes ait aucunement augmenté, subitement ou temporairement. L'explication la plus simple est que les conditions d'existence s'étant trouvées favorables, une destruction moindre des adultes et des jeunes en a été la conséquence, et que les jeunes surtout ont, pour la plupart, pu se reproduire. Dans tous les cas, c'est à la raison géométrique de l'accroissement, dont les résultats sont toujours surprenants, qu'il faut attribuer l'augmentation extraordinairement rapide et la grande diffusion des formes naturalisées dans leur nouveau milieu.

Dans l'état de nature, presque chaque plante donne de la graine, et il est peu d'animaux qui ne s'apparient pas toutes les années. Nous pouvons donc affirmer avec confiance que toutes les plantes et tous les animaux, tendant à s'accroître suivant une raison géométrique telle que chaque forme ne tarderait pas à remplir rapidement toute station où elle pourrait prospérer, — il faut que cette tendance à l'augmentation soit tenue en échec par une destruction correspondante à une certaine période de la vie. Or, familiarisés comme nous le sommes avec nos grands animaux domestiques, que nous ne voyons pas être les objets d'une destruction apparente, nous oublions qu'on les abat annuellement par milliers pour la boucherie, et que, à l'état de nature, il faut que d'une façon quelconque, un nombre à peu près équivalent soit aussi supprimé.

La seule différence entre les organismes qui produisent annuellement des œufs ou des graines par centaines ou par milliers, et ceux qui n'en font que fort peu, est que, pour les reproducteurs lents, quelques années de plus seront nécessaires pour peupler une surface donnée, quelle qu'en soit l'étendue, si les conditions sont favorables. Le condor ne pond que deux œufs et l'autruche une vingtaine, et cependant, dans le même pays, le condor pourrait être le plus abondant des deux; le pétrel Fulmar, qui ne pond qu'un seul œuf, passe pour être l'oiseau le plus abondant dans le monde entier. Telle mouche peut pondre cent œufs, et telle autre, comme l'hippobosque, un seul; cependant ce n'est pas cette différence qui décidera du nombre des individus des deux espèces qui pourront subsister dans un district. La grande abondance des œufs a quelque importance pour les espèces qui dépendent d'une quantité de nourriture brusquement variable, en ce qu'elle leur permet d'augmenter rapidement de nombre. Mais l'importance réelle d'une grande masse d'œufs ou de graines est de parer à la destruction qui se présente à certaines époques de la vie, et dans la grande majorité des cas, pendant le jeune âge. Lorsqu'un animal peut de quelque manière protéger ses œufs ou ses petits, l'espèce peut se maintenir avec une reproduction peu considérable; mais si les œufs ou les jeunes sont exposés à une destruction facile, il faut qu'il s'en produise beaucoup pour que l'espèce ne s'éteigne pas. Pour conserver une espèce d'arbre au même niveau, en supposant que sa durée moyenne fût de mille ans, il suffirait qu'une seule graine fût produite dans cet intervalle, à la condition que cette graine ne fût jamais détruite et assurée d'un emplacement convenable pour pouvoir germer. On voit par là que, dans tous les cas, l'abondance numérique d'un animal ou d'une plante ne dépend qu'indirectement du nombre de ses œufs ou de sa graine.

Il faut donc, lorsqu'on contemple la nature, ne jamais perdre de vue les considérations qui précèdent, — ne jamais oublier que tout être organisé est constamment en lutte avec l'extérieur et s'efforce toujours à augmenter en nombre; que chacun, à quelque période de son existence, ne se soutient que par une lutte énergique; et que, dans chaque génération, les jeunes et les vieux sont inévitablement exposés à une destruction incessante. Enlevez un obstacle, mitigez si peu que ce soit les causes de destruction, et le nombre des espèces s'élèvera rapidement à un chiffre prodigieux.

Nature des obstacles à l'augmentation.

Les causes qui interviennent pour faire obstacle à la tendance naturelle qu'a toute espèce à s'accroître en nombre, sont fort obscures. Par le fait qu'une espèce vigoureuse pullule, sa tendance à augmenter ira toujours en croissant. Nous ne savons pas, même dans un seul cas, ce que peuvent exactement être les obstacles à leur extension ; et notre ignorance à ce sujet ne doit pas nous surprendre, puisque nous n'en savons pas à cet égard davantage sur l'homme, cependant bien plus connu qu'aucun autre être organisé. Plusieurs auteurs ont habilement traité ce sujet, et, dans un autre ouvrage, j'aurai à discuter avec développements quelques-uns de ces obstacles, à propos surtout des animaux redevenus marrons dans l'Amérique du Sud. Quelques remarques seulement pour rappeler à la mémoire du lecteur quelques points principaux. Les œufs et les très-jeunes animaux paraissent en général être les plus éprouvés, mais cela n'est pas toujours le cas. Chez les plantes, il y a une énorme destruction de graines ; mais d'après des observations que j'ai pu faire, je crois que ce sont surtout les jeunes plants levés de semis qui pâtissent le plus lorsqu'ils ont à germer dans un sol déjà abondamment pourvu d'autres plantes. Les jeunes plants sont aussi ravagés sur une grande échelle par divers ennemis ; ainsi, sur un espace de deux pieds de largeur sur trois de longueur, labouré et nettoyé, afin d'écarter toute cause d'étouffement par d'autres plantes, ayant noté tous les jeunes plants de nos herbes indigènes à mesure qu'ils levaient, je vis que, sur 357, pas moins de 295 furent détruits, surtout par les insectes et les limaces. Si on laisse pousser l'herbe d'un gazon après qu'il a été bien fauché, ou bien tondu par des animaux, les plantes les plus vigoureuses tuent peu à peu celles qui le sont moins, bien que celles-ci aient toute leur croissance. Ainsi, sur un petit lot de gazon (trois pieds sur quatre) sur lequel poussaient vingt espèces d'herbes, neuf périrent étouffées par la végétation libre des autres.

La quantité de nourriture détermine, cela va sans dire pour chaque espèce, la limite extrême de son augmentation possible ; mais il arrive fréquemment que c'est moins le manque de nourriture que le fait d'être la proie d'autres animaux, qui règle la quantité numérique moyenne d'une espèce donnée. Ainsi on est assez généralement d'accord à reconnaître que la population en perdrix, lièvres, grouses, sur une grande propriété, dépend essentiellement de la destruction de leurs ennemis. Si pendant vingt ans on ne tuait pas, en Angleterre, une pièce de gibier, et qu'en même temps on ne détruisît pas les animaux qui s'en nourrissent, il y aurait probablement moins de gibier qu'aujourd'hui, bien qu'on en tue annuellement plusieurs centaines de mille individus. Dans d'autres cas, les bêtes féroces ne sont pas la cause de la destruction : ainsi pour l'éléphant, dans l'Inde, où le tigre même n'ose que bien rarement attaquer un jeune éléphant protégé par sa mère.

Le climat joue un rôle important quant à la fixation du nombre moyen des individus d'une espèce : car ce qui paraît surtout mettre un frein à leur accroissement, sont les alternances des saisons, amenant périodiquement des froids intenses ou des sécheresses. J'ai estimé (surtout par la diminution des nids au printemps), que l'hiver de 1854-1855 avait détruit les quatre-cinquièmes des oiseaux dans ma propriété, destruction énorme, si nous songeons que chez l'homme une mortalité de dix pour cent causée par une épidémie est considérée comme extrêmement meurtrière. Au premier abord, l'action du climat paraît être tout à fait indépendante de la lutte pour l'existence; mais il faut remarquer qu'en tant qu'agissant surtout sur la réduction de la nourriture, le climat ne fait qu'accroître la sévérité de la lutte entre les individus, soit de la même, soit d'une espèce distincte, qui vivent du même genre de nourriture. Même lorsque le climat agit directement, comme dans un cas de froid intense, ce sont encore les individus les moins vigoureux, ou ceux qui ont eu le moins de subsistances pendant le cours de l'hiver qui sont le plus éprouvés. Lorsqu'en allant du midi au nord, ou d'une région humide à une plus sèche, nous voyons toujours quelques espèces qui deviennent de plus en plus rares et finissent par disparaître, fait que nous sommes tentés d'attribuer à l'action directe du climat, dont le changement est incontestable. Cela n'est cependant pas exact; nous oublions que chaque espèce, même là où elle est la plus abondante, éprouve constamment à quelque époque de son existence de grandes pertes, que lui infligent ses ennemis et ses concurrents à la place qu'elle occupe et à la nourriture qui lui est nécessaire ; pour peu que ces derniers soient légèrement favorisés par un changement de climat, ils augmenteront en nombre, et chaque région étant déjà suffisamment peuplée, les autres espèces devront diminuer. A mesure que, descendant vers le midi, nous voyons une espèce décroître, nous pouvons être certains que la cause de son infériorité numérique tient autant à ce que d'autres espèces sont plus favorisées, qu'au préjudice qu'elle a elle-même éprouvé. En remontant vers le nord, le phénomène est le même, quoique moins prononcé : car le nombre des espèces de tous genres, et par conséquent de concurrents, diminue dans cette direction ; aussi dans ces régions, comme lorsqu'on s'élève dans les montagnes, on rencontre plus de formes rabougries, dues à l'action *directement* nuisible du climat, qu'en sens opposé. Dans les régions arctiques ou sur les sommités toujours couvertes de neige, ou enfin dans les déserts absolus, il n'y a plus d'autre lutte pour l'existence que celle avec les éléments.

Nous voyons une preuve que le climat n'exerce qu'indirectement son action en favorisant d'autres espèces, dans le nombre prodigieux des plantes qui, dans nos jardins, supportent parfaitement notre climat, mais ne peuvent jamais se naturaliser dans nos pays, parce qu'elles sont incapables de rivaliser avec nos plantes, ni de résister à la destruction de nos animaux indigènes.

Lorsque, en suite de circonstances très-favorables, une espèce augmente exceptionnellement dans un espace restreint, elle devient souvent la proie d'épidémies, — c'est ce qui paraît généralement arriver du moins à nos gibiers ; — il y a donc là un exemple d'une cause limitante à l'extension, indépendante de toute lutte pour l'existence. Encore lorsque ces épidémies sont occasionnées par la présence de vers parasites, dont le développement se trouve exceptionnellement favorisé par des causes diverses, parmi lesquelles on doit probablement compter la plus grande facilité de leur diffusion chez des animaux réunis en nombre considérable sur un même point, — peut-on encore dire qu'il s'établit alors une sorte de lutte entre le parasite et sa proie.

Il est d'autre part des cas nombreux, où la conservation de l'espèce nécessite d'une manière absolue la réunion d'un nombre d'individus très-grand relativement à celui de ses ennemis. C'est ainsi que nous pouvons produire beaucoup de blé et de colza, etc., dans nos champs, parce que les graines de ces plantes, par rapport au nombre des oiseaux qui s'en nourrissent, sont en immense excès ; ces derniers, d'autre part, bien qu'ayant pendant une saison une nourriture surabondante à leur portée, n'ont pas le temps d'augmenter proportionnellement à l'approvisionnement du grain, à cause de l'arrêt qu'apporte à leur accroissement la saison hibernale. Mais quiconque a essayé d'obtenir dans un jardin le grain de quelques pieds de froment ou autres plantes de même nature, sait combien cela est difficile et presque impossible. Cette condition de la présence simultanée d'un grand nombre d'individus sur un même point, pour la conservation de l'espèce, explique, à ce que je crois, quelques faits singuliers qu'on observe dans la nature, tels que ceux de plantes d'ailleurs rares, mais qui sont extrêmement abondantes sur le peu de points où elles se trouvent, tels encore que ces plantes sociales qu'on rencontre toujours en grand nombre, même aux limites extrêmes de leur habitat. Nous pouvons admettre, dans des cas de cette nature, que la plante ne pourra subsister que là où les conditions d'existence lui seront assez favorables pour qu'elle puisse s'y développer en abondance, circonstance sans laquelle l'espèce serait promptement détruite. J'ajouterai encore que les effets salutaires de l'entre-croisement, joints aux conséquences nuisibles d'une reproduction trop consanguine, doivent, dans plusieurs de ces cas, exercer quelque action ; mais je ne m'étendrai pas plus longuement ici sur ce sujet délicat et compliqué.

Rapports complexes qu'ont entre eux les animaux et les plantes dans la lutte pour l'existence.

On connaît bien des cas qui montrent combien sont complexes et inattendus les rapports réciproques des êtres organisés qui, dans une même contrée, sont appelés à lutter mutuellement entre eux pour l'existence. J'en citerai un exemple qui, quoique simple, m'a paru intéressant. Sur la propriété d'un de mes parents, dans le Staffordshire, une lande considérable et très-stérile, à laquelle jamais la main de l'homme n'avait encore touché, se trouvait à proximité de plusieurs centaines d'acres d'un terrain de nature identique, qui avaient, vingt-cinq ans auparavant, été clos et plantés de pins d'Écosse. Le changement apporté à la végétation spontanée de la partie boisée était des plus remarquables et beaucoup plus prononcé qu'il n'est ordinairement, même entre deux sols entièrement différents; car non-seulement les proportions numériques des plantes ordinaires de bruyère avaient complétement changé; mais douze espèces de végétaux (sans parler des herbes et des carex), qui n'existaient nulle part sur la lande, prospéraient sur la partie plantée. L'effet sur les insectes devait avoir été encore plus grand : car six espèces d'oiseaux insectivores, inconnues dans la lande, étaient très-communes dans la plantation. On rencontrait sur la bruyère deux ou trois espèces distinctes d'oiseaux insectivores. Ce cas nous montre la puissance des effets de l'introduction d'une seule espèce d'arbre, sans autre précaution que la clôture de la plantation, pour le protéger contre le bétail. Mais j'ai vu près de Farnham, dans le Surrey, une preuve de l'importance, comme élément d'action, que peut avoir la clôture. Là se trouvent des bruyères étendues, présentant sur les sommets des collines, un peu éloignées entre elles, quelques massifs de vieux pins d'Écosse : quelques emplacements qui ont été enclos depuis une dizaine d'années, sont actuellement garnis d'une foule de jeunes pins d'Écosse, venus spontanément de graine, et tellement serrés qu'ils ne peuvent tous survivre. Après m'être assuré que ces jeunes arbres n'avaient été ni plantés ni semés, je fus si frappé de leur abondance, que je me rendis sur plusieurs des points les plus élevés de la bruyère, d'où je pus dominer et voir des espaces considérables de la portion non enclose, mais sans y apercevoir, à l'exception des anciens massifs autrefois plantés, le moindre pin d'Écosse. Toutefois, en examinant attentivement le sol, je trouvais entre les tiges des plantes de la bruyère une multitude de semis et de petits arbres, qui avaient constamment été broutés par le bétail. Sur un point d'environ un mètre de surface, et éloigné de quelques centaines de mètres d'un vieux massif, j'ai compté trente-deux petits arbres, dont un, qui présentait vingt-six anneaux de croissance, avait donc pendant bien des années fait de vains efforts pour s'élever au-dessus des tiges des autres plantes. Rien d'étonnant, par conséquent, qu'aussitôt le terrain enclos, il se soit rapidement couvert de jeunes pins serrés et vigoureux. La stérilité de la bruyère était cependant si grande, qu'on n'eût jamais supposé que le bétail eût pu y trouver de la nourriture.

Nous voyons, par cet exemple, l'influence du bétail sur l'existence du pin d'Écosse ; or dans plusieurs parties du globe, l'existence du bétail est subordonnée à certains insectes. Le Paraguay nous fournit un cas curieux de ce fait ; dans ce pays, ni chevaux, ni bétail, ni le chien, ne sont redevenus entièrement sauvages, bien que, soit au nord, soit au midi, ils pullulent à l'état marron. Azara et Rengger ont prouvé que cette exception tenait, à ce qu'au Paraguay, une certaine mouche qui pond ses œufs dans l'ombilic des jeunes de ces animaux, est beaucoup plus abondante qu'ailleurs. La multiplication de ces insectes, déjà si nombreux, doit probablement être réfrénée par quelque moyen, peut-être par quelqu'autre insecte parasite. Il en résulte que, si certains oiseaux insectivores venaient à diminuer au Paraguay, les insectes parasites prendraient probablement de l'extension , les mouches funestes aux animaux diminueraient de nombre, et le bétail et les chevaux y reparaîtraient à l'état marron, circonstance qui, ainsi que j'ai eu l'occasion de l'observer dans l'Amérique du Sud, modifierait certainement la végétation d'une manière importante. Celle-ci affecterait ensuite les insectes, et par l'intermédiaire de ces derniers, comme nous venons de le voir dans le Staffordshire, les oiseaux insectivores, et ainsi de suite, l'influence se transmettant par des cercles de complication croissante. La série a commencé par des oiseaux insectivores, et finit par eux. Ce n'est pas que , dans la nature, les rapports réciproques puissent être aussi simples. La lutte dans la lutte se répète constamment avec des chances diverses, et pourtant, à la longue, les forces s'équilibrent si exactement, que l'aspect de la nature demeure uniforme pendant de longues périodes, bien que certainement la moindre bagatelle puisse souvent assurer la victoire d'un être organisé sur l'autre. Nous sommes toutefois assez ignorants et, en même temps, assez présomptueux, pour nous étonner de l'extinction d'un être organisé, et faute d'en saisir la cause, nous invoquons des cataclysmes qui bouleversent le monde, et inventons des lois sur la durée des formes vivantes.

Encore un exemple pour faire comprendre comment des plantes et des animaux, des plus éloignés dans l'échelle de la nature, sont liés les uns aux autres par un enchevêtrement de rapports complexes. J'aurai plus loin l'occasion de montrer que, dans cette partie de l'Angleterre, la *Lobelia fulgens*, plante exotique, n'est jamais visitée par des insectes, et, par conséquent, en raison de sa conformation spéciale, ne produit jamais de graines. Presque toutes nos Orchidées réclament, pour être fécondées, la présence d'insectes qui les visitent, et, en s'y posant, transportent leur pollen d'une fleur à une autre. J'ai reconnu par l'expérience que le bourdon joue un rôle indispensable dans la fécondation de la pensée (*Viola tricolor*), fleur que les autres insectes du genre abeille ne visitent pas. J'ai reconnu également que les abeilles sont nécessaires à la fécondation de quelques sortes de trèfles ; ainsi vingt pieds de trèfle de Hollande (*Trifolium repens*) ont fourni 2,290 graines, tandis que vingt autres, protégées contre l'accès des abeilles, n'en ont pas donné une seule. De même cent têtes de trèfle rouge (*T. pratense*) ayant produit 2,700 graines, un nombre égal de têtes abritées contre les insectes n'en ont pas produit une seule. Le bourdon seul visite le trèfle rouge, les autres abeilles ne pouvant en atteindre le nectar. On a dit que les phalènes pouvaient féconder les trèfles ; mais je doute que cela leur soit possible pour le trèfle rouge, leur poids étant insuffisant pour déprimer les pétales alaires. Nous pouvons en tirer cette induction très-probable, que la disparition complète ou à peu près du genre bourdon en Angleterre entraînerait la rareté, ou même l'extinction, dans ce pays, de la pensée et du trèfle rouge. La quantité de bourdons dans une localité donnée dépend elle-même à un assez haut degré de l'abondance de la souris des champs, qui détruit leurs nids et leurs rayons de miel ; aussi le colonel Newman, qui a longtemps observé les mœurs des bourdons, croit que plus des deux tiers de ces insectes sont, en Angleterre, annuellement détruits de cette manière. Maintenant, chacun sait que le nombre des souris dépend essentiellement de celui des chats ; et le colonel Newman dit à ce sujet : « J'ai toujours remarqué que les nids de bourdons sont plus abondants autour des villages et des petites villes qu'ailleurs ; et je crois qu'on peut attribuer le fait au plus grand nombre des chats qui détruisent les souris. » Il est donc parfaitement possible que l'abondance d'un animal félin dans une localité puisse déterminer la fréquence de certaines plantes dans cette même localité, par l'intermédiaire des souris et des abeilles.

Il est probable que, pour chaque espèce, des circonstances diverses agissant à différentes époques de la vie, ou dans certaines saisons ou années, et entrant en jeu isolées ou associées en nombre variable, contribuent à déterminer le chiffre moyen des individus, ou même l'existence absolue d'une espèce. On peut, dans certains cas, reconnaître que différentes causes agissent, dans différents pays, sur une même espèce. Lorsque nous voyons les plantes et les buissons inextricables qui revêtent une berge bien fournie, nous sommes portés à attribuer au hasard leur choix et leur quantité proportionnelle. Mais cette manière de voir est erronée : on sait que, lorsqu'on abat une forêt américaine, le sol qu'elle occupait se couvre d'une végétation toute différente ; mais on a aussi observé que dans les États-Unis du Sud, des emplacements d'anciennes ruines indiennes, qui doivent avoir été autrefois déblayés de tout arbre, sont actuellement occupés par des forêts tout à fait semblables aux forêts vierges des environs, par la même diversité et les proportions relatives des arbres qui les constituent. Quelle lutte immense a dû, pendant des siècles, être engagée entre les différentes espèces d'arbres, toutes annuellement éparpillant leurs graines par milliers : quelle lutte d'insecte à insecte — entre insectes, mollusques et autres animaux, et les oiseaux et animaux carnassiers, — tous tendant à s'accroître, tous se mangeant les uns les autres, ou se nourrissant aux dépens des arbres, de leurs graines ou de leurs semis, ou des plantes qui ont auparavant occupé le sol et ont ainsi mis un frein à la croissance des arbres ! Jetez en l'air une poignée de plumes, et toutes devront tomber, en vertu de lois définies ; mais combien est plus simple le problème de déterminer où chacune d'elles ira tomber, comparé à celui qui aurait à tenir compte de l'action et de la réaction des innombrables animaux et plantes qui, dans le cours des siècles, ont déterminé les espèces et les nombres proportionnels des arbres qui croissent aujourd'hui sur l'emplacement de ces antiques ruines indiennes !

C'est généralement entre des organismes fort éloignés dans

l'échelle qu'on remarque ces rapports de dépendance réciproque, comme ceux du parasite avec sa victime. Cela est
également quelquefois le cas pour ceux qui se trouvent être
mutuellement en lutte pour leur existence, comme les sauterelles et les animaux herbivores. Mais la lutte sera toujours la
plus rude entre les individus de la même espèce qui occupent
la même localité, réclament la même nourriture et sont exposés
aux mêmes dangers. La lutte sera presque aussi sévère entre
variétés d'une même espèce, et nous voyons quelquefois le
conflit promptement décidé. Ainsi, si on sème ensemble plusieurs variétés de froment, et qu'on resème ensuite leurs graines
mélangées, les variétés auxquelles le sol et le climat convien-
dront le mieux, ou qui sont, par nature, les plus fertiles, l'em-
porteront sur les autres; et, fournissant ainsi plus de graines,
ne tarderont guère à les supplanter complétement. Pour arriver
à conserver une collection de variétés très-voisines, celles, par
exemple, si diversement colorées du pois de senteur, il faut
chaque année les récolter séparément, puis mélanger leurs
graines dans les proportions voulues; car autrement les variétés
les plus faibles diminuent promptement et disparaissent. Il en
est de même des variétés du mouton; car on a constaté que
certaines variétés de montagne en affament d'autres, de sorte
qu'on ne peut pas les conserver réunies. Des tentatives faites
pour garder ensemble différentes variétés de la sangsue médi-
cinale ont été suivies du même résultat. Il est même douteux
que les variétés de nos plantes ou animaux domestiques eussent
assez exactement la même force, les mêmes habitudes et
constitutions, pour que les proportions primitives d'un ensemble
mixte pussent se conserver pendant une demi-douzaine de
générations; si on les laissait libres d'entrer en lutte réciproque, comme les animaux à l'état de nature, sans opérer un
triage annuel des graines ou des jeunes animaux.

*La lutte pour l'existence est la plus sévère entre individus et variétés
de la même espèce.*

Les espèces d'un même genre ayant habituellement, quoique
non invariablement, une certaine analogie d'habitudes, de

constitution et surtout de conformation, la lutte pour l'existence, lorsqu'elles se trouveront en concurrence réciproque, sera beaucoup plus rigoureuse qu'entre espèces de genres distincts. L'extension récente, dans quelques parties des États-Unis, d'une espèce d'hirondelle, et la diminution d'une autre espèce du genre en sont un exemple. L'accroissement récent de la draîne, dans quelques parties de l'Écosse, a déterminé la diminution de la grive commune. Combien d'exemples n'avons-nous pas eu dans différents climats d'espèces de rats en ayant supplanté d'autres! En Russie, la petite blatte asiatique s'est partout substituée à sa congénère plus grande qu'elle a chassée. L'abeille importée en Australie est actuellement en train d'exterminer la petite abeille indigène, qui est privée d'aiguillon. On connaît un cas de supplantation d'une espèce de moutarde par une autre et d'autres cas semblables. Nous entrevoyons vaguement les causes pour lesquelles la concurrence est plus sévère entre formes voisines; mais nous ne pouvons, presque dans aucun cas, préciser celles qui, dans le grand combat de la vie, ont fait triompher telle espèce sur telle autre.

Des remarques qui précèdent nous devons déduire un corollaire de la plus haute importance, à savoir : que la conformation de tout être organisé est, cela d'une façon souvent cachée, mais essentielle, en rapport avec celle de tous les autres êtres avec lesquels il peut se trouver en conflit pour la nourriture ou la place; et de ceux qu'il peut avoir à fuir, ou dont il fait sa proie. Ceci est évident dans la conformation des dents et des griffes du tigre et dans celle des pattes et des crochets du parasite qui vit cramponné sur les poils de son corps. Mais dans la graine admirablement emplumée de la dent-de-lion, dans les pattes frangées et aplaties du dytique, la relation paraît être bornée aux éléments de l'air et de l'eau. Mais l'avantage des graines pourvues d'aigrettes est sans doute en rapport avec la circonstance que, le sol étant déjà richement garni d'autres plantes, les graines peuvent mieux être transportées à de plus grandes distances et tomber sur un terrain disponible. Dans le dytique, la conformation de ses pattes, si propres à la natation, lui permet de lutter avec d'autres insectes aquatiques, de poursuivre sa proie et d'éviter à son tour de devenir celle d'autres animaux.

La provision de nourriture accumulée dans les graines de beaucoup de végétaux paraît, au premier abord, n'avoir aucune relation avec les autres plantes. Mais, à en juger par la croissance vigoureuse des jeunes plants que produit ce genre de graines (pois et fèves), lorsqu'elles poussent, par exemple, parmi de hautes herbes, on peut soupçonner qu'un des usages principaux de cet approvisionnement de nourriture concentré dans la graine soit de favoriser la croissance du jeune végétal pendant qu'il lutte avec les autres plantes vigoureuses qui l'entourent.

Examinons une plante dans le centre de son habitat; pourquoi ne se double ou ne quadruple-t-elle pas? Elle peut fort bien supporter un peu plus de chaleur ou de froid, de sécheresse ou d'humidité, puisqu'ailleurs nous la retrouvons dans des régions un peu plus chaudes ou froides, plus sèches ou plus humides. Il est évident alors que, si nous voulions donner à la plante la faculté d'augmenter en nombre, nous aurions à lui assurer quelque avantage sur ses concurrents, ou sur les animaux qui en font leur proie. Il est clair qu'un changement dans sa constitution en rapport avec le climat, dans les limites de sa distribution géographique, serait un avantage pour notre plante; mais il y a tout lieu de croire qu'il est peu d'organismes qui aient une distribution assez considérable pour être détruits par la seule rigueur du climat. La concurrence ne peut cesser qu'aux confins extrêmes de la vie, dans les régions arctiques ou sur les bords d'un désert absolu. Que le pays soit très-froid ou très-sec, il y aura toujours entre quelques espèces, ou entre individus de même espèce, concurrence et lutte pour les endroits les plus chauds ou les plus humides.

Nous voyons encore par là que, lorsqu'un animal ou une plante se trouvent placés, au milieu de nouveaux concurrents, dans un nouveau pays si exactement semblable à l'ancien que puisse être le climat de leur nouvelle demeure, les conditions de leur vie n'en seront pas moins, d'une manière générale, essentiellement modifiées. Pour que, dans leurs nouvelles conditions, leur nombre moyen pût s'accroître, il faudrait les modifier tout autrement que si elles étaient dans leur pays natal, parce qu'il serait nécessaire de leur assurer quelque avantage sur tout un ensemble différent de concurrents ou d'ennemis.

Il est bon d'essayer ainsi en idée de donner à une forme quelconque un avantage sur une autre. Il est probable que nous ne saurions, dans aucun cas, comment faire pour réussir. Ceci nous convaincra de notre ignorance sur les rapports mutuels des êtres organisés, conviction qui est aussi nécessaire qu'elle paraît difficile à acquérir. Nous devons toujours avoir présent à l'esprit que tout être organisé tend à augmenter suivant une raison géométrique ; que, à quelque période de sa vie, à quelque saison de l'année, dans chaque génération ou par intervalles, il a à lutter pour sa vie, et à subir des chances de destruction. En réfléchissant sur cette lutte, nous pouvons y trouver une consolation dans cette croyance que la guerre de la nature n'est pas incessante, qu'elle n'inspire pas de craintes, que la mort est généralement prompte, et que les êtres sains, vigoureux et favorisés, survivent et se multiplient.

CHAPITRE IV.

Quelle sera, sur la variation, l'action de la lutte pour l'existence, que nous venons de discuter brièvement dans le chapitre précédent? Le principe de la sélection, dont nous avons reconnu l'énergie entre les mains de l'homme, fonctionne-t-il dans la nature? Je crois que, dans ce qui suit, nous verrons qu'il agit de la manière la plus efficace, si nous tenons compte des innombrables et étranges particularités que présentent nos produits domestiques, des variations qui affectent, à un degré moindre, il est vrai, les animaux vivant à l'état de nature, et de l'énergie de la tendance héréditaire. On peut avec vérité dire que, sous l'influence de la domestication, l'organisation tout entière devient, à quelque degré, plastique. Mais, ainsi que Asa Gray et Hooker l'ont avec raison fait remarquer, ce n'est pas l'homme qui produit directement la variabilité si générale chez nos productions domestiques; l'homme ne peut ni déterminer des variétés, ni les empêcher de se produire; il ne peut que conserver et accumuler celles qui se présentent. Soumettant inintentionnellement ses êtres organisés à des conditions extérieures nouvelles et changeantes, il en résulte la variabilité; mais de pareils changements dans les conditions extérieures peuvent survenir, et surviennent réellement dans la nature. Si nous réfléchissons aux rapports si infiniment complexes et si rigoureusement adaptés qui existent soit entre les êtres organisés eux-mêmes, soit entre eux et leurs conditions physiques d'existence, on comprend que, dans les changements survenus chez ces dernières, une foule de diversités de conformation puissent devenir très-utiles à chaque être. Lorsque nous voyons donc que des variations utiles à l'homme se sont incontestablement produites, est-il si improbable que d'autres variations avantageuses, à quelque point de vue, aux êtres organisés dans leur grand et incessant combat pour la vie, aient pu parfois surgir dans le cours de milliers de générations? Si de pareilles variations sont possibles, — en nous souvenant qu'il naît infiniment plus d'individus qu'il n'en peut survivre, — devons-nous mettre en doute que ceux qui présentent quelque avantage, quelque faible qu'il soit, sur d'autres, n'aient le plus de chances de vivre et de propager leur type? D'autre part, toute variation nuisible, par sa nature, à un degré quelconque, est nécessairement condamnée et rigoureusement détruite. C'est à cette conservation des variations favorables, et à la destruction de celles qui sont nuisibles, que j'ai appliqué le nom de « sélection naturelle » ou de « survivance du plus apte. » Les variations indifférentes, ni utiles ni nuisibles, n'étant pas affectées par la sélection, peuvent demeurer ou à un état flottant comme cela est peut-être le cas chez les espèces polymorphes, ou devenir ultérieurement fixes, suivant la nature de l'organisme et celle des conditions ambiantes.

Plusieurs auteurs ont soulevé des objections contre, et se sont mépris sur l'expression de sélection naturelle. Les uns se sont imaginé que la sélection naturelle détermine la variabilité, tandis qu'elle n'implique que la conservation des variations qui apparaissent chez l'être, et, dans les conditions où il se trouve, lui sont utiles. On ne fait aucune objection à ce que les agriculteurs parlent des effets puissants de la sélection pratiquée par l'homme, cas dans lequel il faut nécessairement que les différences individuelles données par la nature, et que l'homme choisit dans un but quelconque, apparaissent d'abord. D'autres ont objecté que le terme de sélection implique un choix conscient des animaux qui se sont modifiés, et on a avancé, à ce sujet, que la sélection naturelle était inapplicable aux plantes, puisqu'elles n'ont pas de volition! Prise dans un sens littéral, l'expression de sélection naturelle est en effet inexacte, mais a-t-on jamais reproché aux chimistes de parler des affinités électives des divers éléments? Et cependant on ne peut pas rigoureusement dire qu'un acide choisisse la base avec laquelle il se combine de préférence. On a prétendu que je parlais de la sélection naturelle comme d'une puissance active ou d'une divinité; mais ne dit-on pas que les mouvements des planètes sont réglés par la gravitation? Chacun comprend la signification de ces expressions métaphoriques, que leur concision rend nécessaires. Il est de même difficile d'éviter la personnification du mot nature; mais je n'entends par nature que l'ensemble des actions et des résultats d'un grand nombre de lois naturelles; et par lois, les successions des événements telles que nous pouvons les constater. Du reste, ces objections superficielles sont sans portée du moment qu'on s'est familiarisé avec l'acception que nous donnons aux termes.

Pour mieux comprendre quelle sera la marche probable de la sélection naturelle, considérons un pays subissant quelque léger changement physique, dans son climat, par exemple. Les quantités numériques proportionnelles de ses habitants se modifieront aussitôt, et quelques espèces pourront s'éteindre. D'après ce que nous savons des liens intimes et complexes qui rattachent entre eux les habitants d'un même pays, nous pouvons conclure que tout changement apporté dans les proportions numériques de quelques-uns d'entre eux affectera plus ou moins sérieusement les autres, indépendamment de l'influence directe que pourra exercer la modification même du climat. Si les frontières de la région sont ouvertes, il y aura certainement immigration de formes nouvelles, dont l'arrivée pourra déterminer une grande perturbation dans les rapports mutuels de quelques-uns des habitants antérieurs. Nous avons déjà remarqué l'influence considérable que peut ainsi exercer dans une localité l'introduction d'un seul arbre ou d'un animal. S'il s'agit d'une contrée fermée ou d'une île, où l'entrée de formes nouvelles ou mieux adaptées ne puisse avoir lieu, il y aura toujours, dans l'économie de la nature, des places qui pourraient être mieux occupées, si quelques-uns des habitants primitifs se modifiaient sur quelques points, et qui auraient été aussitôt envahies par les êtres venant du dehors, si leur immigration eût été possible. De légères modifications, favorisant d'une manière quelconque les individus d'une espèce donnée, en les adaptant mieux aux nouvelles conditions de la localité, tendront à assurer leur conservation et fourniront à la sélection naturelle une occasion d'exercer librement son influence améliorante.

Nous avons toutes raisons de croire, comme nous l'avons vu dans le premier chapitre, que des modifications dans les conditions ambiantes provoquent une tendance à la variation; dans le cas précité où nous avons supposé un changement pareil, il aurait pour conséquence d'augmenter les chances de variations, parmi lesquelles les plus avantageuses tendraient à se conserver et à se développer par sélection naturelle, laquelle ne peut entrer en jeu et demeure impuissante, si aucune variation ne se présente. On ne doit point oublier que, sous le nom de variations, nous comprenons toujours les simples différences individuelles.

L'homme pouvant arriver certainement à des résultats importants chez ses productions domestiques, en accumulant dans une direction donnée de simples différences individuelles, il doit en être de même de la sélection naturelle, dont l'action est facilitée par le temps incomparablement plus long pendant lequel elle peut s'exercer. Je ne crois même pas qu'un grand changement physique, tel qu'une modification de climat, ou un isolement complet faisant obstacle à toute immigration, soient réellement nécessaires pour faire de la place à des formes nouvelles résultant de variations dans les habitants d'une localité, conservées et ameliorées par sélection naturelle. Tous les habitants d'une région étant en lutte réciproque, de manière à constituer un ensemble assez bien équilibré, de légères modifications dans la conformation ou les habitudes d'une espèce lui donneront souvent un avantage sur les autres, avantage qui augmentera avec l'accroissement dans une même direction de ces premières modifications et tant que l'espèce continuera à vivre dans les mêmes circonstances ambiantes de nourriture et de défense. On ne pourrait affirmer qu'aucun pays ait tous ses habitants si parfaitement adaptés les uns aux autres et aux conditions physiques dans lesquelles ils vivent, qu'ils ne puissent l'être encore mieux et encore améliorés; en effet, presque partout nous voyons que les produits indigènes cèdent le pas aux productions importées et naturalisées, et les laissent s'établir fortement sur leur terrain. Nous pouvons donc conclure de cette lutte entre les productions étrangères et indigènes, qui partout a été à l'avantage des premières, que ces dernières, modifiées d'une manière plus favorable, auraient pu peut-être mieux résister à leurs envahisseurs.

Si l'homme peut produire et a évidemment produit des effets prodigieux par l'emploi des sélections méthodique et même inconsciente, quelle ne pourra pas être l'action de la sélection naturelle? L'homme ne peut agir que sur les caractères externes et visibles; la nature, si j'ose ainsi personnifier la conservation naturelle ou la survivance du plus apte, ne tient aucun compte des apparences, à moins qu'elles ne soient utiles à l'individu. Elle agira sur tout organe interne, toute nuance de différence constitutionnelle, sur tout l'ensemble du mécanisme de la vie. L'homme sélecte pour son utilité particulière, la nature ne le fait que pour le bien de l'être en lui-même. Elle agit largement sur tous les caractères sélectés, comme l'implique le fait de leur sélection. L'homme élève les productions de divers climats dans le même pays; il est rare qu'il s'attache à chaque caractère sélecté d'une manière spéciale et rigoureusement appropriée; il fournit la même nourriture à un pigeon à long bec qu'à celui à bec court; il ne traite pas d'une manière particulière un mammifère à longues jambes ou un à dos allongé; il maintient sous le même climat les moutons à longues toisons et ceux à laine courte. Il ne laisse pas les mâles les plus vigoureux lutter pour la possession des femelles. Il ne détruit pas rigoureusement les individus inférieurs et assure, autant que cela lui est possible, une protection égale à toutes ses productions domestiques. Il commence souvent sa sélection par quelque forme semi-monstrueuse, ou présentant tout au moins quelque modification assez saillante pour attirer son attention, ou qui lui paraisse évidemment devoir lui être utile. A l'état de nature, les moindres différences de structure ou de constitution peuvent faire pencher la balance si bien équilibrée par la lutte pour l'existence et être ainsi conservées. Les désirs et les efforts de l'homme sont bien fugitifs, son temps bien court! Combien devront être pauvres ses résultats, si on les compare à ceux que la nature a pu accumuler pendant des périodes géologiques entières! Devons-nous donc nous étonner de ce que les productions naturelles aient des caractères plus vrais que celles de l'homme; qu'elles soient infiniment mieux adaptées aux conditions ambiantes les plus complexes, et portent nettement l'empreinte d'une facture bien supérieure?

On peut par métaphore dire que la sélection naturelle est à chaque instant et dans l'univers entier, occupée à scruter les moindres variations; rebutant celles qui sont mauvaises, conservant et additionnant toutes celles qui sont bonnes; travaillant insensiblement et sans bruit, partout et toutes fois que l'occasion s'en présente, à l'amélioration de chaque être organisé, dans ses rapports tant avec le monde organique qu'avec les conditions inorganiques. Nous ne voyons les progrès de ces lents changements que lorsque la main du temps a marqué le cours des âges; et encore les connaissances que nous pouvons acquérir sur les périodes géologiques depuis longtemps écoulées sont-elles si imparfaites, que nous voyons seulement que les formes actuelles sont différentes de ce qu'elles étaient autrefois.

Pour qu'une somme importante de modifications puisse s'effectuer dans une partie quelconque, il faut qu'une fois formée, une variété puisse de nouveau, peut-être après un long intervalle, varier ou présenter des différences individuelles de la même nature favorable; que celles-ci soient encore conservées et ainsi de suite. Les variations individuelles de toute nature survenant continuellement, une pareille marche n'aurait rien d'invraisemblable; mais ce n'est qu'en voyant jusqu'à quel point cette hypothèse peut s'accorder avec, et expliquer les phénomènes généraux de la nature, que nous serons à même de juger de la probabilité que les choses se soient ainsi passées. D'autre part l'opinion ordinaire que la somme de variations possible n'est qu'une quantité strictement limitée, n'est qu'une simple assertion.

Bien que la sélection naturelle n'agisse que pour le bien de chaque être, elle paraît cependant exercer une influence sur des caractères et des conformations, que nous sommes disposés à regarder comme insignifiants. Lorsque nous voyons certains insectes qui vivent sur les feuilles, colorés en vert, d'autres mangeurs d'écorces qui sont gris-pommelés, le Ptarmigan des Alpes, blanc en hiver ; le Grouse, couleur bruyère ; nous devons croire que ces teintes rendent des services à ces différents animaux, et leur sont avantageuses en les préservant du danger. Les Grouses finiraient par pulluler, si, à quelque époque de leur vie, ils n'étaient pas exposés à quelque cause de destruction. On sait qu'ils sont fortement poursuivis par les oiseaux de proie ; le faucon en particulier a la vue extrêmement perçante et découvre de fort loin sa victime ; au point que sur quelques parties du continent, on évite d'élever le pigeon blanc, comme étant trop rapidement détruit par cet oiseau. On comprend que leur sélection naturelle puisse devenir un moyen efficace, soit de donner à chaque espèce de Grouse sa couleur convenable, soit de la conserver exacte et constante, une fois acquise. La destruction occasionnelle d'un animal d'une couleur donnée n'est pas, ainsi qu'on pourrait le croire, un fait insignifiant ; l'expérience a montré combien, dans un troupeau de moutons blancs qu'on désire conserver pur, il est essentiel d'écarter tout agneau présentant la moindre trace de noir. Nous avons vu qu'en Floride, où les porcs mangent le *Lachnanthes*, cette plante est mortelle pour les individus blancs, et inoffensive pour les noirs. Le duvet qui recouvre certains fruits, ainsi que la couleur de la pulpe, sont des caractères que les botanistes considèrent comme très-insignifiants ; cependant Downing, un habile horticulteur, nous apprend qu'aux États-Unis, les fruits à peau lisse sont beaucoup plus attaqués par une espèce de charançon que ceux à peau velue ; que les prunes rouges sont beaucoup plus sujettes à une certaine maladie que les jaunes : enfin, qu'une autre maladie sévit beaucoup plus fortement sur les pêches à chair jaune que sur celles dont la pulpe est d'une autre couleur. Si, malgré tous les soins de l'art, de légères différences de cette nature peuvent exercer une pareille influence sur la culture des diverses variétés, à plus forte raison dans la nature, où les plantes ont à lutter avec d'autres plantes et une

foule d'ennemis, de pareilles différences devront nécessairement décider de la variété, lisse ou velue, à pulpe jaune ou
rouge, qui l'emportera sur les autres.

En constatant entre les espèces un grand nombre de points
de différence qui, autant que nous en pouvons juger, paraissent très-insignifiants, nous ne devons point oublier que le
climat, la nourriture, etc., peuvent exercer aussi quelque
action directe. Il faut en outre faire attention à la loi de la
corrélation, en vertu de laquelle la variation de certains points
de l'organisation, accumulée par la sélection naturelle, peut
entraîner avec elle d'autres variations, souvent des plus inat-
tendues.

De même que les variations qui, à l'état domestique, surgissent à une période déterminée de la vie, tendent à apparaître chez les descendants à la même période, — par exemple,
dans la forme, les dimensions et la saveur des graines de nos
nombreuses plantes agricoles et culinaires; dans les phases
larvaires et les cocons des variétés du ver à soie; dans les
œufs des oiseaux de basse-cour et la couleur du duvet de
leurs jeunes; dans les cornes de notre gros bétail et de nos
moutons adultes, — de même, dans l'état de nature, la
sélection naturelle peut agir sur les êtres organisés et les modifier à tout âge, par l'accumulation des variations avantageuses et héréditaires à l'âge correspondant. S'il est utile à
une plante que ses graines soient dispersées de plus en plus
loin par le vent, je ne vois pas plus de difficulté à ce que la
sélection naturelle puisse réaliser le fait, qu'il n'y en a à ce
que le cultivateur de coton augmente et améliore par sélection le duvet contenu dans les gousses de ses cotonniers. La
sélection naturelle peut modifier et adapter la larve d'un insecte à une foule de circonstances, fort différentes de celles qui
concernent l'insecte parfait; et ces modifications peuvent, par
corrélation, affecter la conformation de la forme adulte. Inversement des modifications dans l'insecte parfait peuvent affecter
la conformation de la larve; mais, dans tous les cas, aucune de
ces modifications conservées par la sélection ne pourra être
nuisible, car il en résulterait alors la destruction de l'espèce.
La sélection naturelle modifiera la conformation des jeunes
comparée à celle des parents, et inversement celle des parents

relativement à celle des jeunes. Dans les animaux sociaux, elle adaptera la conformation de chaque individu au profit de la communauté, qui bénéficiera ainsi des modifications individuelles. Ce que la sélection naturelle ne peut pas faire, c'est de modifier la structure d'une espèce, sans avantage pour elle, au profit d'une autre espèce ; car je n'ai pas pu trouver, parmi les cas indiqués à cet effet dans les ouvrages d'histoire naturelle, un seul qui supportât l'examen. Une conformation dont un animal ne pourrait profiter qu'une fois dans sa vie, peut, si elle a une haute importance pour lui, être modifiée par sélection naturelle : ainsi les grandes mâchoires que possèdent certains insectes, dont ils ne se servent que pour perforer leur cocon ; — l'extrémité durcie du bec des petits oiseaux à leur éclosion et à l'aide de laquelle ils brisent la coquille de l'œuf. On a affirmé que le plus grand nombre des meilleurs pigeons Culbutants à bec court périt dans l'œuf, faute de pouvoir en briser les parois ; de sorte que les éleveurs doivent assister à l'éclosion, et faciliter la sortie du jeune animal. Si la nature avait à raccourcir considérablement le bec du pigeon, la marche de la modification serait très-lente ; et il se ferait en même temps une sélection rigoureuse de tous les jeunes oiseaux, qui auraient, dans l'œuf, le bec le plus dur et le plus fort, les becs faibles devant inévitablement périr ; la sélection pourrait encore porter sur les individus contenus dans les œufs dont la coquille serait la plus délicate et plus facile à briser. On sait que l'épaisseur de la coquille de l'œuf est, comme tout autre produit de l'organisation, susceptible de varier.

Sélection sexuelle.

Il se présente souvent, à l'état domestique, des particularités qui, surgissant sur un des sexes, se transmettent héréditairement à ce sexe ; le même fait doit probablement se réaliser dans l'état de nature, et, s'il en est ainsi, la sélection naturelle pourra modifier un des sexes quant à ses rapports fonctionnels avec l'autre, ou tous les deux, et les adapter à des habitudes et à des conditions très-différentes, comme cela est quelquefois le cas chez les insectes. Ceci me conduit à

dire quelques mots de ce que j'appelle la sélection sexuelle.
Celle-ci ne dépend pas d'une lutte pour l'existence, mais d'une
lutte entre les mâles se disputant la possession des femelles,
et qui, sans être mortelle pour les concurrents malheureux, a
du moins pour résultat qu'ils ne laissent que peu ou point de
descendants. La sélection sexuelle est donc moins rigoureuse
que la sélection naturelle. Ce sont généralement les mâles les
plus vigoureux, ceux qui sont le mieux appropriés à la place
qu'ils doivent occuper dans la nature, qui laissent la plus nombreuse descendance. Dans plusieurs cas, la victoire pourra être
le résultat, non d'une vigueur générale, mais de la présence
d'armes particulières propres au sexe mâle seul. Un cerf sans
cornes ou un coq sans ergots n'auraient que peu de chances
de laisser une progéniture nombreuse. La sélection sexuelle,
en assurant toujours la reproduction au vainqueur, déterminera un accroissement dans le courage, dans la longueur de
l'ergot, dans la force avec laquelle il frappera son adversaire
pendant le combat. C'est ce que pratiquent les éleveurs de coqs
de combat, qui savent fort bien améliorer leurs races par une
sélection rigoureusement soutenue des meilleurs combattants.
Je ne sais jusqu'à quel niveau cette loi de combat peut descendre dans l'échelle animale ; on a observé chez les alligators
mâles des luttes acharnées accompagnées de mugissements et
de pirouettes pour la possession des femelles ; des combats
prolongés chez les saumons ; les mâles de lucanes portent
souvent des traces de blessures produites par les énormes mandibules d'autres mâles ; un observateur distingué, M. Fabre,
a souvent observé certains hyménoptères mâles se livrant bataille pour une femelle, qui, spectatrice indifférente du combat,
en attendait à une petite distance le résultat, et s'éloignait ensuite avec le vainqueur. C'est peut-être chez les mâles des animaux polygames que la guerre est la plus terrible ; aussi sont-
ils généralement pourvus d'armes particulières. Les mâles des
animaux carnassiers sont déjà assez bien armés ; ils paraissent
d'ailleurs, avec d'autres, posséder des moyens de défense
spéciaux ; résultats d'une sélection sexuelle, tels que la crinière
du lion, le crochet à la mâchoire du saumon mâle ; car le bouclier peut être aussi important, pour assurer la victoire, que
l'épée ou la lance.

Chez les oiseaux, la lutte offre souvent un caractère plus pacifique. Tous ceux qui ont étudié ce sujet admettent qu'il y a entre les mâles d'un grand nombre d'espèces une rivalité acharnée pour charmer et attirer les femelles par leur chant. Le merle de roche de la Guyane, les oiseaux du paradis et quelques autres, se rassemblent; et les mâles se mettent successivement à étaler leur fastueux plumage, en exécutant des évolutions bizarres devant les femelles qui, assistant au spectacle, finissent par choisir le cavalier le plus attrayant. Les personnes qui se sont occupées d'oiseaux en captivité savent combien on observe souvent chez ces animaux des antipathies et des préférences individuelles. Sir R. Heron a signalé un cas d'un Paon pie qui était particulièrement préféré par toutes ses paonnes. Je ne pourrais entrer ici dans tous les détails nécessaires; mais dès que l'homme peut, selon le type de beauté qu'il s'est proposé, parvenir en peu de temps à donner un port élégant et un beau plumage à ses Bantams, par exemple, je ne vois aucune bonne raison pour mettre en doute qu'un effet prononcé et analogue pût résulter de la sélection par les femelles, pendant des milliers de générations, des mâles qui, par leur beauté ou leurs mélodieux accents, réalisent le mieux leur idéal. Quelques lois bien connues, relatives aux plumages des oiseaux des deux sexes comparés à ceux des jeunes, peuvent s'expliquer par l'action de la sélection sexuelle sur des variations qui surgissent à différents âges, et se transmettent aux mâles seuls ou aux deux sexes à l'âge correspondant; mais la place ne me permet pas d'aborder actuellement ce sujet.

Je crois donc que, lorsque les mâles et femelles d'un animal ont les mêmes habitudes générales, mais diffèrent par la conformation, la couleur ou l'ornementation, leurs différences sont principalement dues à la sélection sexuelle; c'est-à-dire qu'elles résultent de ce que, pendant quelques générations successives, certains individus mâles, ayant été doués de quelques avantages sur les autres, portant sur leurs armes, leurs moyens de défense ou leurs charmes, les ont transmis à leur descendance mâle. Je n'entends d'ailleurs pas attribuer à cette action toutes les différences sexuelles; car nous voyons chez nos animaux domestiques, surgissant et se fixant sur le sexe mâle, des particularités qui n'ont aucune utilité; telles que le développement des caroncules chez le pigeon Messager mâle, certaines protubérances cornées dans quelques races gallines, etc. La nature nous offre des cas analogues: ainsi, par exemple, la touffe de poils occupant la poitrine du dindon mâle, qui paraît n'avoir aucune utilité et qu'on peut à peine regarder comme un ornement; — elle eût même bien plutôt été qualifiée de monstruosité, si elle eût apparu sous l'action de la domestication.

Exemples de l'action de la sélection naturelle, ou survivance du plus apte.

Pour faire comprendre comment, à ce que je crois, la sélection naturelle peut s'exercer, je me permettrai de donner un ou deux exemples fictifs de la manière dont son mode d'action peut être conçu. Prenons le cas du loup, qui s'attaque à plusieurs animaux, dont il s'empare tantôt par la ruse, tantôt par la force, tantôt par la vitesse, et supposons que sa proie la plus rapide, le cerf par exemple, ait, en suite d'un changement dans la contrée, augmenté de nombre, ou qu'une autre proie ait diminué dans la saison où le loup est le plus pressé par la faim. Dans de pareilles circonstances, ce seraient les loups les plus sveltes et les plus rapides à la course qui auraient le plus de chances de survivre et seraient, par conséquent, conservés ou sélectés, — pourvu toutefois qu'ils demeurassent assez forts pour maîtriser leur proie, lorsqu'ils seraient forcés, dans une autre saison, de s'attaquer à des animaux différents. Je ne vois pas de raison pour mettre ce résultat en doute, lorsque je vois l'homme, par une sélection méthodique et attentive, accroître la vitesse du lévrier, ou même seulement par la sélection inconsciente qu'il exerce sans aucune intention préconçue d'améliorer la race, simplement en conservant toujours les meilleurs chiens. Je dois mentionner ici que, d'après M. Pierce, les montagnes de Catskill dans les États-Unis, sont habitées par deux variétés du loup, dont l'une, d'une forme élancée, analogue à celle du lévrier, chasse surtout le cerf, tandis que l'autre, plus massive, attaque de préférence les troupeaux de moutons.

Je dois faire observer que, dans l'exemple précité, j'ai parlé de la conservation des loups individuellement les plus rapides et non d'une variété quelconque bien prononcée. Dans les éditions précédentes de cet ouvrage, je me suis quelquefois exprimé comme si cette dernière alternative s'était souvent réalisée. J'ai reconnu l'importance capitale des différences individuelles, ce qui m'a conduit à discuter à fond les résultats de la sélection inconsciente telle qu'elle est pratiquée par l'homme et qui repose sur la conservation des individus les plus aptes ou les plus précieux, et la destruction des moins bons. J'ai reconnu aussi que, à l'état de nature, la conservation d'une déviation de structure occasionnelle, telle qu'une monstruosité, ne pouvait être que fort rare, et que, lorsqu'elle avait lieu, elle ne devait pas tarder à disparaître dans les croisements subséquents avec les individus du type ordinaire. Ce n'est cependant qu'après avoir lu un excellent article dans le *North British Review* (1867), que j'ai pu bien me rendre compte combien la perpétuation de variations isolées, faibles ou fortes, devait être rare. L'auteur de l'article suppose le cas d'une paire d'animaux produisant, dans le cours de leur vie, deux cents descendants, sur lesquels, par suite de diverses causes destructives, deux individus en moyenne seulement survivront pour propager leur espèce. L'estimation est peut-être un peu élevée pour les animaux supérieurs, mais elle ne l'est nullement pour un grand nombre d'organismes inférieurs. Il montre ensuite qu'un seul individu présentant quelque variation venant à naître, les chances de survivance sont contre lui, même en lui en accordant deux de plus qu'à ses pareils. En admettant ensuite qu'il survive, reproduise, et que la moitié de sa descendance hérite de sa variation avantageuse, l'auteur montre encore que les jeunes n'auraient que bien peu de chances de survivre et de reproduire, ces chances décroissant toujours dans chaque génération subséquente. La justesse de ces remarques me paraît incontestable. Si un oiseau, par exemple, devait se procurer sa nourriture plus facilement au moyen d'un bec recourbé, et qu'il en survînt un avec un bec ainsi conformé qui, par conséquent, prospérerait, il y aurait néanmoins peu de probabilité que cet unique individu pût parvenir à propager son type, à l'exclusion de la forme ordinaire. Mais, d'après ce qui se passe dans l'état domestique, nous ne pouvons douter que tel ne fut en définitive le résultat de la conservation, pendant de nombreuses générations, d'un nombre considérable d'individus ayant le bec plus ou moins recourbé et de la diminution encore plus forte par destruction de la forme précédente à bec droit.

Ne méconnaissons pas toutefois que certaines variations, que personne ne considérerait comme des simples différences individuelles, se présentent quelquefois en suite d'une action semblable sur des organisations analogues, — fait dont les animaux domestiques pourraient nous fournir de nombreux exemples. Dans les cas de ce genre, si l'individu variant ne transmettait pas directement à sa descendance son caractère nouvellement acquis, il lui transmettait au moins une tendance plus forte à varier dans le même sens, les conditions extérieures demeurant les mêmes. Celles-ci pourraient même agir avec assez d'énergie et d'une manière assez définie, pour provoquer, sans aucune sélection, la même modification chez tous les individus de l'espèce. Il suffit même de supposer que les conditions ambiantes n'affectent qu'une fraction, le tiers, le quart ou même le dixième, de la totalité des individus, et l'on pourrait en citer des exemples. Ainsi Graba avait estimé qu'environ un cinquième des guillemots des îles Feroë, qui tous reproduisent ensemble, est formé par une variété bien marquée, autrefois considérée comme une espèce distincte sous le nom d'*Uria lacrymans*. Or, dans les cas de ce genre, la variation étant avantageuse à l'animal, la forme modifiée par la survivance du plus apte ne tarderait pas à supplanter peu à peu la forme originelle.

Quant aux effets de l'entrecroisement et la concurrence, il faut se rappeler que la plupart des animaux et des plantes restent volontiers sur leur terrain et n'errent pas au loin sans nécessité ; car même les oiseaux voyageurs reviennent presque toujours au même endroit. Chaque variété nouvellement formée sera donc dans l'origine plutôt locale, comme cela paraît être le cas général dans l'état de nature ; de sorte qu'il y aura bientôt, sur un point donné, un petit corps d'individus semblablement modifiés reproduisant entre eux. La nouvelle variété, réussissant dans sa lutte pour l'existence, s'étendra

lentement autour de son centre de formation, rivalisant avec
(et peut-être l'emportant sur) les individus non modifiés dans
un rayon toujours croissant. Nous aurons à revenir sur le sujet
de l'entrecroisement. Les personnes qui ne sont pas fami-
lières avec l'histoire naturelle pourraient objecter que l'accumulation prolongée de différences individuelles ne saurait faire
naître des organes qui peuvent nous paraître nouveaux, ou
que nous considérons comme tels. Mais, ainsi que nous le
verrons plus loin, il est difficile de citer un bon exemple d'un
organe réellement nouveau, car on peut montrer que même
un organe aussi parfait et aussi compliqué que l'œil passe
insensiblement et par degrés inférieurs à un simple tissu
sensible à la lumière diffuse.

Voici encore un autre exemple plus complexe, de nature à
faire comprendre l'action de la sélection naturelle. Quelques
plantes sécrètent des jus sucrés qui paraissent destinés à éliminer des substances probablement nuisibles à leur séve; c'est
ce que font, par exemple, des glandes placées à la base des stipules de quelques légumineuses et sur la partie dorsale des
feuilles du laurier commun. Ces jus, quoique peu abondants,
sont très-recherchés par les insectes qui les recueillent avidement, mais sans que leurs visites aient pour la plante aucun
avantage particulier. Supposons que ce jus ou nectar soit sécrété, dans un certain nombre de plantes d'une espèce quelconque, par la partie intérieure de la fleur; les insectes, en y
pénétrant pour chercher le nectar, s'y couvriront de pollen que,
dans leurs visites successives, ils transporteront d'une fleur à
l'autre. Les fleurs de différents individus d'une même espèce
peuvent ainsi arriver à se croiser, circonstance qui, ainsi que
nous avons toute raison de le croire, donne des produits plus
vigoureux et ayant, par conséquent, plus de chances de survivre et de prospérer. Les plantes dont les fleurs auraient les
glandes ou nectaires les plus développés et produisant le plus
de nectar, étant plus fréquemment visitées par les insectes,
seraient les plus sujettes à être croisées entre elles, ce qui, à
la longue, leur assurerait l'avantage et les transformerait en
une variété locale. Les fleurs aussi, dont les étamines et les
pistils, mieux en rapport avec la taille et les habitudes de
l'insecte spécial qui les visite plus particulièrement, seraient,

par leurs dispositions favorables au transport du pollen, également avantagées. Nous aurions pu aussi prendre les cas des insectes qui s'introduisent dans les fleurs pour en recueillir le pollen, dont la soustraction semble être une perte pour la plante, puisqu'il ne sert qu'à sa fécondation. Cependant le transport, d'abord occasionnel, ensuite habituel, par les insectes, d'un peu de pollen d'une fleur à l'autre, serait encore un avantage pour la plante, à cause des croisements qui en résultent, — quand bien même les neuf-dixièmes du pollen seraient détruits, — et aurait pour conséquence une sélection des individus ayant les anthères plus développées et produisant plus de pollen.

Notre plante attirant ainsi davantage les insectes, ceux-ci en allant d'une fleur à l'autre, y porteront, sans intention de leur part, régulièrement du pollen ; c'est, comme plusieurs faits frappants en font foi, ce qui a effectivement lieu. J'en signalerai un cas qui, en même temps, montre un pas fait vers la séparation des sexes chez les plantes. Quelques arbres de Houx ne portent que des fleurs mâles, pourvues de quatre étamines ne produisant que peu de pollen, et un pistil rudimentaire ; d'autres arbres ne portent que des fleurs femelles, dont le pistil est bien développé, et quatre étamines dont les anthères ratatinées ne renferment pas traces de pollen. Ayant trouvé un arbre femelle à environ une soixantaine de mètres d'un arbre mâle, j'examinai, au moyen du microscope, les stigmates d'une vingtaine de fleurs prises sur des branches différentes, et vis sur toutes quelques grains de pollen, en quantité sur quelques-unes. Ce pollen n'avait pas pu être transporté par le vent, car celui-ci depuis quelques jours soufflait dans la direction inverse, c'est-à-dire de l'arbre femelle vers le mâle. Le temps orageux et froid était peu favorable aux abeilles, et cependant toutes les fleurs femelles que j'examinai avaient été réellement fécondées par les abeilles en quête de nectar. Pour en revenir à notre cas supposé, aussitôt que la plante serait assez recherchée des insectes pour que ceux-ci, la visitant souvent, devinssent les agents d'un transport régulier du pollen de fleur en fleur, un autre fait peut se présenter. Personne ne conteste les avantages que procure ce qu'on a appelé la « division physiologique » du travail ; nous pouvons donc croire qu'il serait avantageux pour un végétal de ne produire, dans une fleur ou une plante entière, que des étamines seulement, d'autres fleurs ou plantes ne portant que des pistils. A l'état de culture, et placés dans de nouvelles conditions d'existence, on voit souvent les organes mâles ou femelles devenir plus ou moins impuissants; or, si nous supposons que ce fait se présente à l'état de nature au moindre degré, du pollen étant déjà régulièrement apporté par des insectes, et d'après le principe de la division du travail, une séparation plus complète des sexes devant être avantageuse à la plante, les individus chez lesquels cette tendance se prononcerait toujours davantage, étant constamment favorisés et sélectés ou choisis, finiraient par prédominer, et la séparation des sexes se trouverait ainsi accomplie. Si la place me le permettait, je pourrais encore montrer les diverses phases par lesquelles, par dimorphisme et autres moyens, la séparation des sexes est actuellement en voie de s'effectuer chez diverses plantes, et j'ajouterai que quelques espèces de Houx de l'Amérique du Nord sont, d'après Asa Gray, dans un état intermédiaire ou, selon les termes de cet auteur, plus ou moins dioïquement polygames.

Passons aux insectes qui recherchent le nectar. Supposons que la plante dont une sélection continue a lentement augmenté la production de nectar, soit une plante commune, et que son produit constituât la nourriture principale de certains insectes. Je pourrais donner ici bon nombre de faits, montrant combien les abeilles sont désireuses d'économiser le temps: l'habitude qu'elles ont, par exemple, de faire des ouvertures à la base des fleurs pour en atteindre le nectar, lorsque, sans beaucoup plus de peine, elles pourraient y arriver par la bouche de la fleur. En tenant compte de faits de ce genre, on serait porté à croire que, dans certaines circonstances, des différences individuelles dans la courbure ou la longueur de la trompe, etc., trop faibles pour être appréciables, puissent être avantageuses à l'insecte, et, en permettant à certains individus de récolter leur nourriture plus rapidement que d'autres, contribuer ainsi à la prospérité des communautés auxquelles ils appartiennent, lesquelles émettraient de nombreux essaims d'insectes héritant de la même particularité. Les tubes de la corolle des Trèfles rouge commun et incarnat (*Trifolium pratense* et *incarnatum*) ne paraissent pas au premier coup d'œil différer par la longueur ; cependant l'abeille peut facilement sucer le nectar du Trèfle incarnat, et pas celui du Trèfle ordinaire, que les bourdons seuls visitent. Des champs entiers de Trèfle rouge n'offrent donc à l'abeille aucune pâture, bien qu'elle soit friande de ce nectar, et que j'en aie souvent vu, en automne seulement, qui suçaient les fleurs par des trous que les bourdons avaient pratiqués à la base du tube de la corolle. La différence dans la longueur de la corolle des deux trèfles, qui détermine la préférence de l'abeille, doit être fort petite, car on m'a assuré qu'après la première coupe du Trèfle rouge, les fleurs de la seconde sont plus petites, et deviennent alors accessibles aux abeilles. Je ne sais jusqu'à quel point cette assertion est exacte, ni si on peut se fier à cette autre que j'ai trouvée publiée, et d'après laquelle l'abeille italienne, généralement regardée comme étant une simple variété qui se croise librement avec l'espèce commune, peut atteindre et récolter le nectar du Trèfle rouge. Dans un pays où ce dernier trèfle serait abondant, il pourrait donc être avantageux à l'abeille d'avoir une trompe d'une construction un peu différente ou plus longue. D'autre part, la fécondité du Trèfle étant subordonnée à la présence des abeilles sur les fleurs, si les bourdons devenaient rares dans une contrée, il serait avantageux pour la plante qu'elle eût la corolle plus courte ou plus profondément divisée, de manière à ce que son nectar fût à portée de l'abeille. Je me fais ainsi une idée de la manière dont une fleur et une abeille peuvent lentement, simultanément et successivement se modifier et s'adapter l'une à l'autre d'une manière parfaite, par la conservation continue de tous les individus présentant de légères déviations de conformation réciproquement avantageuses pour les deux formes. Je sais que la doctrine de la sélection naturelle, telle qu'elle résulte des exemples que nous venons d'imaginer, peut soulever des objections semblables à celles qui furent d'abord opposées aux grandes idées de Lyell, regardant les changements actuels de la terre comme suffisants pour expliquer les phénomènes géologiques ; mais maintenant il est rare que nous entendions qualifier d'insignifiantes les causes modificatrices qui agissent encore, lorsqu'elles ont pour résultat de creuser des vallées profondes ou de déterminer la formation de longues séries de soulèvements intérieurs. La sélection naturelle n'agit qu'en conservant et en accumulant de minimes variations héréditaires, qui toutes sont avantageuses à l'être conservé; et de même que la géologie moderne repousse des idées comme celles du creusement d'une grande vallée par une seule onde diluvienne, de même la sélection naturelle, si son principe est vrai, repoussera l'idée de la création continue de nouveaux êtres organisés, ou de toute modification subite et considérable de leur conformation.

Sur l'entrecroisement des individus.

Faisons ici une courte digression. Il est évident que, dans les cas d'animaux et de plantes à sexes séparés, l'union de deux individus (sauf les cas curieux et pas encore bien compris de parthénogénèse), est toujours nécessaire pour chaque naissance; mais il n'en est pas de même pour les hermaphrodites. Nous avons néanmoins des raisons pour croire que, chez les hermaphrodites, deux individus concourent habituellement ou occasionnellement à la reproduction de leur espèce. Cette opinion a été énoncée en premier par A. Knight. Nous verrons tout à l'heure l'importance de ce sujet, pour la discussion duquel je possède d'amples matériaux, mais que je ne puis traiter ici que brièvement. Tous les vertébrés, tous les insectes, et quelques autres grands groupes d'animaux, s'apparient pour chaque reproduction. Les recherches modernes ont réduit considérablement le nombre des hermaphrodites supposés, et montré que beaucoup de vrais hermaphrodites s'apparient, c'est-à-dire s'unissent régulièrement deux à deux pour procréer. Il y a cependant bien des animaux hermaphrodites qui, certainement, ne s'apparient pas habituellement, et une quantité considérable de plantes sont hermaphrodites. Quelle raison a-t-on pour supposer que, dans ces cas, le concours de deux individus ait quelquefois lieu? Dans l'impossibilité d'entrer ici dans les détails, qu'il me soit permis d'exposer quelques considérations générales à l'appui.

En premier lieu, j'ai réuni un ensemble considérable de

faits, qui, d'accord avec l'opinion universelle des éleveurs, montrent que, tant chez les animaux que chez les plantes, le croisement entre variétés différentes, ou entre individus de la même variété, mais d'une autre lignée, communique de la vigueur à la descendance et favorise sa fertilité ; la reproduction consanguine à un degré trop rapproché d'autre part, diminuant la vigueur et la fécondité. Ces faits seuls me portent à croire qu'il est une loi générale de la nature qu'aucun être organisé ne se féconde par lui-même pendant une longue suite de générations, mais qu'un croisement avec un autre individu est occasionnellement — peut-être à de grands intervalles seulement — indispensable.

Plusieurs grands ordres de faits, autrement inexplicables, deviennent intelligibles par l'admission de cette loi ; en voici des exemples : tout horticulteur se livrant à des expériences sur l'hybridisation, sait combien l'exposition à l'humidité est nuisible à la fécondation d'une fleur ; et cependant que de fleurs ont leurs anthères et leurs stigmates découverts et exposés à toutes intempéries. Si un croisement occasionnel est indispensable, bien que les anthères et le pistil d'une plante se trouvent assez rapprochés pour que la fécondation de l'un par les autres soit assurée dans la même fleur, l'état découvert de ces organes pourra s'expliquer par la facilité qui en résulte pour l'accès du pollen d'un autre individu. Un grand nombre de fleurs, les Papilionacées, par exemple, ont par contre les organes de fructification complétement renfermés ; mais beaucoup d'entre elles présentent une singulière adaptation entre leur conformation et la manière dont les abeilles en sucent le nectar ; car, en cherchant à l'atteindre, ces insectes poussent le pollen de la fleur même contre son stigmate, ou y apportent du pollen d'une autre fleur. Ces visites des abeilles à beaucoup de Papilionacées sont si nécessaires, que j'ai observé, à la suite d'expériences que j'ai publiées ailleurs, que leur fertilité est considérablement diminuée , si l'accès de ces insectes aux fleurs est empêché. Or, il est impossible que les abeilles aillent de fleur en fleur sans transporter du pollen de l'une à l'autre, circonstance que je crois avantageuse pour la plante. Les abeilles jouent le rôle du pinceau, qu'il suffit d'appliquer successivement sur l'anthère d'une fleur, de là sur le pistil d'une autre, pour assurer la fécondation de celle-ci. Ce transport de pollen par les abeilles ne détermine point la formation d'hybrides entre différentes espèces; car, ainsi que Gärtner l'a montré, lorsque le pistil d'une fleur se trouve en contact à la fois avec du pollen de son espèce et celui d'une autre espèce, le premier conserve la prépondérance, et annule complétement l'influence du pollen étranger, lequel demeure sans effet. Lorsque les étamines d'une fleur s'élancent brusquement vers le pistil, ou s'en rapprochent lentement l'un après l'autre, il semble que ce soient là des dispositions qui paraissent avoir pour but d'assurer la fécondation de la plante par elle-même, et contribuent sans doute à ce résultat. Mais, ainsi que Kölreuter l'a signalé dans l'épine-vinette, l'intervention des insectes est souvent nécessaire pour déterminer la détente des étamines, et pourtant c'est dans ce même genre, qui paraît particulièrement conformé pour que ses fleurs puissent se féconder par elles-mêmes, qu'il est le plus difficile d'obtenir des produits purs de semis, lorsque plusieurs variétés voisines sont plantées à peu de distance les unes des autres, tellement elles se croisent facilement entre elles. Il est encore des cas nombreux, dans lesquels la conformation de la fleur, loin de se prêter à la fécondation par elle-même, présente des dispositions qui s'opposent complétement à ce que le pollen des étamines puisse arriver au stigmate; fait déjà consigné dans les ouvrages de C.-C. Sprengel et que j'ai aussi observé. Ainsi le *Lobelia fulgens* présente une disposition remarquable, par suite de laquelle tous les grains de pollen sont enlevés des anthères réunies de chaque fleur, avant que son stigmate soit prêt à les recevoir; aussi cette fleur n'étant pas, dans mon jardin du moins, visitée par aucun insecte, reste infertile et ne produit pas de graine spontanément, tandis qu'elle en donne abondamment lorsque je féconde une fleur en plaçant sur son pistil du pollen d'une autre fleur. Une autre espèce de Lobelia, croissant dans le voisinage, produit naturellement sa graine, car elle est visitée par les abeilles. Dans beaucoup d'autres cas, bien qu'aucune conformation spéciale ne vienne s'opposer à l'accès du pollen au stigmate de sa fleur, ainsi que l'a constaté Sprengel, dont je peux confirmer les observations, — soit que les anthères s'ouvrent avant que le stigmate soit prêt pour la fécondation, soit que ce dernier devance la maturation du pollen, — la fécondation de la fleur par elle-même est impossible, et le croisement est aussi nécessaire pour la reproduction de la plante, que si elle était à sexes séparés. Il en est de même pour les plantes dimorphes et trimorphes auxquelles nous avons précédemment fait allusion. Tous ces cas sont bien étranges ! N'est-il pas singulier que le pollen et le stigmate d'une même fleur soient placés à côté l'un de l'autre, et que cette disposition qui semble devoir assurer la fécondation de la fleur par elle-même, soit dans tant de cas inutile ! De tels faits ne trouvent-ils pas une explication toute naturelle et toute simple dans l'idée qu'un croisement occasionnel avec un autre individu est avantageux et probablement indispensable !

Si on laisse croître, près les unes des autres, plusieurs variétés de choux, de radis, d'ognons et autres plantes, j'ai toujours observé que la grande majorité des semis sont métis ; par exemple, sur 233 plantes de choux provenant de graines de plusieurs variétés croissant ensemble, je n'en ai obtenu que 78 qui fussent conformes à leur type, et encore quelques-unes ne l'étaient pas rigoureusement. Cependant le pistil de la fleur est entouré, non-seulement de ses six étamines, mais de celles de toutes les autres fleurs de la même plante ; le pollen de chaque fleur peut librement, et sans le concours d'aucun insecte, atteindre le stigmate, ce que prouve la fertilité complète des plantes qu'on met à l'abri de toute action fécondante extérieure. Comment donc se fait-il qu'un si grand nombre de plantes soient métissées ? Je soupçonne que la cause doit en être attribuée à l'effet prépondérant qu'exerce, sur celui de la fleur même, le pollen d'une variété différente, et se rattache à ce fait général que l'entre-croisement entre individus distincts d'une même espèce est avantageux. Le cas est inverse lorsqu'il s'agit de croisements entre *espèces* distinctes, car alors le pollen de la plante même paraît avoir une influence prépondérante sur tout pollen étranger. Nous aurons d'ailleurs à revenir plus tard sur ce sujet.

On pourrait, dans le cas d'un grand arbre couvert d'innombrables fleurs, objecter que le pollen ne peut guère être transporté d'arbre en arbre, mais seulement d'une fleur à l'autre sur le même arbre, et que d'ailleurs les fleurs d'un même arbre ne peuvent pas strictement être considérées comme des individus distincts. Cette objection est vraie, mais je crois que la nature y a largement pourvu par la tendance qu'ont les arbres à porter des fleurs à sexes séparés. Lorsqu'il en est ainsi, bien qu'un même arbre puisse produire des fleurs des deux sexes, il faut que le pollen soit régulièrement transporté d'une fleur à l'autre, d'où, une plus grande chance qu'il en puisse occasionnellement arriver d'un autre arbre. Dans notre pays, je trouve que, dans tous les ordres, les arbres à sexes séparés sont plus nombreux que les autres; un examen des arbres de la Nouvelle-Zélande fait à ma demande par le docteur Hooker, ainsi qu'un travail pareil sur les arbres des États-Unis entrepris par le docteur Asa Gray, ont donné le même résultat. Le docteur Hooker m'a, d'autre part, fait savoir récemment qu'en Australie la règle ne se confirme pas; aussi je ne mentionne ces quelques remarques sur le sexe des arbres que pour attirer l'attention sur le sujet.

Pour en venir aux animaux, tous les animaux terrestres hermaphrodites, tels que mollusques et vers, s'apparient; et, jusqu'à présent, je n'ai pas trouvé un seul cas d'animal terrestre se fécondant par lui-même. Ce fait remarquable, et qui contraste si fortement avec celui dont les plantes terrestres nous fournissent l'exemple, peut se comprendre par la nécessité du croisement occasionnel, la considération du milieu dans lequel vivent les animaux terrestres et de la nature de l'élément fécondant. En l'absence de tout moyen de transport de celui-ci par les insectes ou par le vent, comme dans les plantes, aucun croisement occasionnel ne peut s'effectuer chez les animaux terrestres sans le concours de deux individus. On connaît, parmi les animaux aquatiques, plusieurs hermaphrodites pouvant se féconder par eux-mêmes, mais ici les courants du liquide ambiant sont un moyen évident d'effectuer à l'occasion un croisement. De même que pour les fleurs, et après en avoir référé à une grande autorité, le professeur Huxley, je n'ai pas encore trouvé un seul cas d'animal hermaphrodite dont les organes reproducteurs fussent assez complétement enfermés dans son corps, pour interdire tout accès du dehors et rendre physiquement impossible l'intervention occasionnelle d'un autre individu. Sous ce point de vue, les Cirrhipèdes m'ont longtemps paru présenter un cas difficile, mais cependant un hasard heureux m'a permis d'établir ailleurs que deux individus se croisent quelquefois, bien qu'ils soient hermaphrodites susceptibles de se féconder par eux-mêmes.

Les naturalistes ont dû être frappés, comme d'une étrange anomalie, de ce fait que, tant dans les animaux que chez les plantes, des espèces de la même famille et quelquefois d'un même genre sont les unes hermaphrodites, et les autres unisexuelles, bien que se ressemblant beaucoup par presque tous les autres points de leur organisation. Toutefois, si, en fait, tous les hermaphrodites se croisent parfois avec d'autres individus, la différence entre les espèces hermaphrodites et bisexuelles, en ce qui concerne la fonction reproductrice, devient bien petite.

Ces considérations et une foule de faits spéciaux que j'ai recueillis, mais que je ne puis produire ici, me poussent fortement à croire que, tant dans le règne végétal qu'animal, le croisement occasionnel avec un individu distinct est une loi générale de la nature, sans méconnaître qu'il se présente à ce point de vue des cas difficiles que je cherche à pénétrer. Nous pouvons donc conclure que, pour un grand nombre d'êtres organisés, le concours de deux individus est évidemment nécessaire pour chaque procréation; que, pour beaucoup d'autres, il a lieu peut-être par intervalles plus ou moins éloignés, mais qu'il n'en est aucun où la fécondation par soi-même puisse durer à perpétuité.

Circonstances favorables à la production de formes nouvelles par sélection naturelle.

Voici un sujet fort compliqué. Une somme considérable de variabilité, terme sous lequel nous comprenons toujours les différences individuelles, sera évidemment une condition favorable. La réunion d'un grand nombre d'individus, offrant ainsi des chances plus multipliées pour l'apparition de variations avantageuses dans un temps donné, et pouvant compenser une étendue de variabilité moindre dans chaque individu, sera aussi, à ce que je crois, un élément important de succès. Quoique la nature accorde à l'œuvre de la sélection naturelle d'immenses intervalles de temps, leur durée ne peut pas être infinie, car tous les êtres organisés luttant constamment pour saisir toute place disponible dans l'économie de la nature, l'espèce qui ne se modifie et ne s'améliore pas de manière à se maintenir au niveau de ses concurrents, sera nécessairement exterminée. La sélection naturelle ne peut aboutir à rien non plus, si quelques descendants au moins n'héritent pas des variations favorables. La tendance au retour peut souvent refréner ou empêcher son action; mais puisqu'elle n'a pas empêché l'homme de former par sélection une foule de races domestiques, pourquoi prévaudrait-elle contre la sélection naturelle?

Lorsqu'il s'agit de sélection méthodique, l'éleveur sélecte dans un but défini, et tout libre entrecroisement arrêterait complétement son œuvre. Mais lorsque plusieurs hommes, ayant tous en vue un type de perfection à peu près uniforme, et, sans intention de modifier la race, s'efforcent tous de se procurer et de faire reproduire les meilleurs animaux, une telle marche de sélection inconsciente aura pour résultat une amélioration lente, mais certaine, qui résistera même à une proportion considérable de croisements avec des animaux inférieurs. Il en sera de même dans la nature; car, dans un emplacement limité, présentant quelque point incomplétement occupé, la sélection tendra à conserver tous les individus qu'une variation dans une direction déterminée pourrait plus complétement approprier à l'emplacement inoccupé. Mais si l'espace est grand, ses diverses parties offriront certainement des conditions de vie diverses, et alors, si la même espèce a éprouvé des modifications dans ces différents points, les nouvelles variétés formées s'entrecroiseront sur les limites de chaque district. Nous verrons, dans le septième chapitre, que les variétés intermédiaires habitant un district intermédiaire, qu'elles soient le résultat d'un croisement entre d'autres variétés ou qu'elles soient le produit de leur localité même, tendent à la longue à être supplantées par une des variétés environnantes. L'entrecroisement affectera surtout les animaux qui s'unissent pour chaque procréation, qui errent beaucoup, ou dont la reproduction est lente. Par conséquent, chez les animaux comme les oiseaux, les variétés seront généralement contenues dans des régions distinctes, ce qui a lieu en effet. Chez les organismes hermaphrodites, qui ne se croisent qu'occasionnellement, ainsi que chez les animaux à sexes séparés, mais qui changent peu de place et se reproduisent vite, une variété nouvelle et améliorée peut assez promptement se former sur un point, s'y maintenir, s'y multiplier, puis ensuite s'étendre ; les croisements n'ayant alors lieu principalement qu'entre les individus de la nouvelle variété vivant ensemble à la même place. C'est d'après ce principe que les pépiniéristes aiment mieux recueillir la graine de plantes réunies en grandes masses, ce qui diminue les chances d'entrecroisement.

Mais, même pour les animaux qui reproduisent lentement et s'unissent pour chaque procréation, nous ne devons point affirmer que les effets de la sélection naturelle doivent toujours être annulés par le libre entrecroisement, car je pourrais produire un bon nombre de faits qui montrent que, dans une même région, des variétés d'un même animal peuvent demeurer distinctes pendant longtemps, soit parce qu'elles vivent dans des stations diverses ou reproduisent à des époques un peu différentes, soit parce que les variétés de même nature préfèrent s'apparier entre elles.

L'entrecroisement joue dans la nature un rôle important en ce qu'il contribue à maintenir l'uniformité des caractères chez les individus de la même espèce ou variété. Son action sera évidemment beaucoup plus efficace chez les animaux qui s'apparient pour chaque reproduction ; mais, ainsi que nous l'avons vu, il y a toute raison d'admettre que des croisements occasionnels ont lieu chez tous les êtres organisés végétaux et animaux. Ces croisements n'intervenant même qu'à de longs intervalles, leurs produits, plus vigoureux et plus fertiles que ceux provenant d'êtres chez lesquels une fécondation par soi-même aura été longtemps prolongée, auront plus de chances de l'emporter et de se propager ; ainsi, à la longue, l'influence des entrecroisements, même peu fréquents, pourra être considérable. S'il y a des êtres organisés qui ne s'entrecroisent jamais, ils conserveront leur uniformité de caractère par l'hérédité et par la destruction de tous ceux qui s'écarteraient de leur type propre, tant que les conditions restent les mêmes : mais celles-ci changeant et entraînant des modifications, l'uniformité de caractère sera rétablie chez leurs descendants, uniquement par la conservation, par sélection naturelle, des variations avantageuses et semblables. L'isolement constitue aussi un important élément dans les changements effectués par la sélection naturelle. Dans une aire fermée ou isolée, pas très-grande, les conditions organiques ou inorganiques de la vie seront généralement presque uniformes, de sorte que la sélection naturelle tendra à modifier de la même manière tous les individus de la même espèce présentant quelque disposition à varier. Tout entrecroisement avec les habitants des pays environnants sera impossible. Un essai intéressant de Moritz Wagner, récemment publié sur ce sujet, démontre que l'influence de l'isolement, en empêchant les croisements entre diverses variétés de nouvelle formation, est encore plus grande que je ne l'avais supposé. Je ne puis cependant, pour des raisons déjà données, admettre avec ce naturaliste que les migrations et l'isolement soient nécessaires pour la formation de nouvelles espèces. L'isolement a une grande importance en ce qu'il s'oppose, après un changement physique apporté aux conditions locales, telles que le climat, la hauteur du sol, etc., à l'immigration d'organismes mieux adaptés. Les nouvelles places restent donc ouvertes aux habitants actuels, qui peuvent concourir entre eux pour s'y adapter et les occuper. Enfin l'isolement donne à une nouvelle variété le temps de s'améliorer, fait qui peut avoir de l'importance pour la formation d'une nouvelle espèce. Si toutefois un espace donné est fort restreint, entouré de barrières naturelles, ou présentant des conditions physiques toutes spéciales, le nombre total de ses habitants sera peu considérable ; circonstance qui ralentira la production de nouvelles espèces par sélection naturelle, en diminuant les chances d'apparition des différences individuelles favorables.

La durée du temps, en soi, ne fait rien ni pour ni contre la sélection naturelle. J'insiste là-dessus parce qu'on a affirmé à tort que je considérerais le temps comme jouant un rôle capital dans les modifications de l'espèce, comme si toutes se trouvaient nécessairement en voie de changement par suite de l'action de quelque loi innée. Le temps n'a de l'importance, et à ce point de vue son importance est grande, qu'en ce qu'il offre plus de

chances à l'apparition de variations avantageuses, à leur sélection, augmentation et fixation, en rapport avec les lentes
modifications qui se font graduellement dans les conditions
extérieures. Il favorise également l'action définie des conditions
de la vie.

Vérifions la justesse de ces remarques, en examinant une
petite localité isolée, telle qu'une île océanique ; où, bien que
le nombre des espèces qui l'habitent soit faible, comme nous
le verrons en traitant de la distribution géographique, elles
sont pour la plus grande partie endémiques, — c'est-à-dire
ont été produites sur ce point, et nulle part ailleurs dans le
monde. Une île océanique paraît donc, à première vue, avoir dû
être très-favorable à la production d'espèces nouvelles. Cependant nous pouvons nous tromper, car pour vérifier laquelle
d'une aire restreinte et isolée, ou d'une autre très-étendue
comme un continent, a pu être la plus favorable à l'apparition
de nouvelles formes organiques, il faudrait, ce que nous ne pouvons faire, pouvoir établir la comparaison pour des temps égaux
en durée. Bien que l'isolement soit une condition importante
pour la production de nouvelles espèces, je suis, en somme,
porté à croire qu'une grande étendue d'espace l'est encore davantage, surtout pour la formation d'espèces capables de durer
longtemps, et de se répandre au loin. Sur une grande surface
ou verte, il y aura non-seulement une chance plus grande de
variations avantageuses, en raison du grand nombre d'individus de la même espèce qui y seront rassemblés, mais aussi
des conditions de vie beaucoup plus complexes, résultant de la
quantité d'espèces déjà existantes ; car une partie de ces espèces s'étant modifiées et améliorées, les autres devront suivre
et s'améliorer d'une manière correspondante, sous peine d'être
exterminées. Chaque nouvelle forme, fortement améliorée, tend
à se développer et à se répandre de plus en plus, sur toute la
région, cc qui la met en concurrence avec un plus grand
nombre d'autres espèces. Certaines surfaces, quoique actuel-
lecontinues, ont pu, par suite d'oscillations de niveau, avoir
été autrefois fractionnées ; et, dans ce cas, les bons effets de
l'isolement peuvent avoir, jusqu'à un certain point, exercé
leur action. Je conclus finalement, que, bien que sous certains
rapports les aires petites et isolées aient pu être très-favora-

bles à la production d'espèces nouvelles, la marche des modifications doit cependant avoir été plus rapide sur les grands espaces, et, ce qui est plus important, que les formes nouvelles produites sur ces derniers, ayant eu déjà à l'emporter sur beaucoup de concurrents, seront celles qui tendant à s'étendre le plus et, par conséquent à devenir le point de départ du plus d'espèces et de variétés, se trouveront ainsi jouer un rôle prépondérant dans l'histoire changeante du monde organique.

Ces considérations peuvent nous faire comprendre quelques faits dont nous aurons à parler dans notre chapitre sur la distribution géographique; pourquoi, par exemple, les productions d'un continent moins considérable, comme l'Australie, sont actuellement en voie de céder le terrain aux productions des continents beaucoup plus étendus de l'Europe et de l'Asie. C'est aussi pour cette raison que les productions continentales se sont partout si largement naturalisées dans les îles. La lutte pour l'existence étant moins sévère dans une petite île, il y aura eu aussi moins de modifications et d'extermination. De là peut-être le motif pour lequel, d'après Oswald Heer, la flore de Madère ressemble à la flore tertiaire éteinte de l'Europe. Tous les bassins d'eau douce pris dans leur ensemble ne forment qu'une petite surface en comparaison de celles occupées par la terre ou la mer, et par conséquent la concurrence entre les productions de l'eau douce ayant été moins rigoureuse qu'ailleurs, les formes nouvelles s'y sont produites plus lentement, et les anciennes moins promptement éteintes. C'est dans les eaux douces que nous rencontrons encore sept genres de poissons ganoïdes, restes d'un ordre autrefois prépondérant ; c'est encore dans les eaux douces que vivent quelques-unes des formes les plus anormales que nous connaissions, telles que l'ornithorynque et le lépidosiren, qui, comme les fossiles, relient entre eux, jusqu'à un certain point, des ordres qui sont actuellement séparés par de grands intervalles dans l'échelle des êtres. Ces formes anormales, qu'on pourrait appeler des fossiles vivants, ont persisté jusqu'à nos jours, parce que, ayant été limitées dans leur habitat, elles ont été exposées à une concurrence moins variée et par suite moins sévère.

Pour résumer les circonstances qui peuvent être favorables ou non à la production d'espèces nouvelles par sélection natu-

relle, autant que peut le permettre la complexité du sujet, je
conclus que c'est dans une vaste étendue de continent, ayant
subi de nombreux changements de niveau, que les êtres organisés terrestres se sont trouvés dans les conditions les plus favorables pour la production de formes nouvelles abondantes,
capables de longue durée et d'une extension considérable.
Tant que l'espace aura subsisté comme continent, les habitants
auront été nombreux en espèces et en individus, et soumis à
une concurrence mutuelle sévère. Transformé par affaissements
locaux en grandes îles séparées, il sera resté dans chacune de
celles-ci beaucoup d'individus de la même espèce, l'entrecroisement sur les confins de la distribution de chaque nouvelle
espèce aura été empêché ; et après des changements physiques
quelconques, l'immigration étant devenue impossible, de nouvelles places disponibles dans chacune des îles auront fini par
être occupées par des modifications de ses anciens habitants,
nouvelles variétés qui se seront avec le temps toujours plus
modifiées et améliorées. Qu'ensuite d'un nouveau mouvement
d'exhaussement, les îles se retrouvent réunies en un vaste
continent, les espèces qui les habitent entreront de nouveau en
concurrence, les variétés les plus favorisées pourront de re-
chef prendre de l'extension, et les formes moins améliorées
tendront à être éteintes. Les proportions relatives entre les
divers habitants du continent seront encore une fois changées,
et un nouveau champ d'action ouvert à la sélection naturelle,
pour continuer à en améliorer la population organisée, et produire des espèces nouvelles.

J'admets pleinement que l'action de la sélection naturelle
soit d'une extrême lenteur. Ses résultats dépendent de ce que,
dans l'économie de la nature, il y a toujours des places qui
pourraient être mieux occupées, si quelques habitants de la localité éprouvaient certaines modifications de nature à les y
adapter plus complétement. L'existence de pareils points dépendra souvent de changements physiques qui sont généralement très-lents, et des obstacles qui s'opposent à l'immigration
du dehors de formes mieux appropriées. Mais, il est probable
que les effets de la sélection dépendront plus souvent d'une
lente modification de quelques habitants, et de la perturbation
qui en résultera dans les rapports mutuels des autres. Bien

que tous les individus d'une même espèce diffèrent plus ou moins les uns des autres, il est possible que les variations voulues pour les adapter aux conditions existantes, n'apparaissent pas immédiatement; enfin les résultats peuvent être retardés par le libre entrecroisement. Ces diverses causes, dira-t-on, sont plus que suffisantes pour neutraliser les effets de la sélection naturelle. Je ne le crois pas, mais j'admets que la sélection naturelle n'amène des changements que lentement, très à la longue, et cela sur une petite partie des habitants d'une même région. Je crois en outre, que ces résultats lents et intermittents de la sélection naturelle concordent parfaitement avec ce que la géologie nous enseigne sur la marche que paraissent avoir suivie, dans leurs changements successifs, les habitants de notre globe.

Si lente que puisse être la marche de la sélection, puisque l'homme peut, avec ses faibles moyens, faire beaucoup par sélection artificielle, je ne vois aucune limite à l'étendue des changements, à la beauté et à l'infinie complication des co-adaptations entre tous les êtres organisés, tant les uns avec les autres, qu'avec les conditions physiques dans lesquelles ils se trouvent, qui peuvent, dans le cours des temps, être effectuées par la sélection naturelle, ou la survivance des plus aptes.

Extinction causée par la sélection naturelle.

La connexion intime qui existe entre ce sujet et la sélection naturelle, m'oblige à en dire quelques mots ici, bien qu'il doive être l'objet d'une discussion plus approfondie dans le chapitre sur la Géologie. La sélection naturelle n'agit uniquement qu'en conservant les variations avantageuses à un titre quelconque et qui, par conséquent, persistent. Vu la raison géométrique suivant laquelle a lieu l'augmentation de tous les êtres organisés, chaque emplacement se trouve bientôt pourvu du chiffre complet d'habitants qu'il peut comporter ; de plus, chacun d'eux étant déjà peuplé de formes très-diverses, il en résulte qu'à mesure que les formes favorisées et conservées tendent à augmenter en nombre, celles qui le sont moins, diminuent et deviennent rares. La Géologie nous l'apprend, la rareté est le précurseur de l'extinction. Nous voyons aussi que, par suite des fluctuations qui peuvent survenir dans les saisons ou dans la quantité numérique de ses ennemis, toute forme représentée par un petit nombre d'individus, court grandes chances d'être détruite. Nous pouvons même aller plus loin ; car de nouvelles formes se produisant lentement mais continuellement, à moins que nous n'admettions que le nombre de formes spécifiques aille perpétuellement et indéfiniment en augmentant, il faut bien qu'un certain nombre d'entre elles disparaisse. La géologie nous montre clairement que le nombre des formes spécifiques n'a pas indéfiniment augmenté ; et nous allons chercher à expliquer pourquoi le nombre des espèces dans le monde entier n'est pas devenu incommensurablement grand.

Nous avons vu que ce sont les espèces les plus nombreuses en individus, qui ont le plus de chances de produire, dans un temps donné, des variations avantageuses. Les faits signalés dans le second chapitre, montrant que ce sont les espèces communes qui présentent la plus grande quantité de variétés ou d'espèces naissantes, en fournissent la preuve. Il résulte de là que les espèces rares seront moins rapidement modifiées ou améliorées dans un temps donné, et que par conséquent, dans la grande lutte pour l'existence, elles seront vaincues par les descendants modifiés des espèces plus communes.

Ces diverses considérations me font croire qu'il doit inévitablement résulter de ce que, dans le cours des temps, il se forme des espèces nouvelles par sélection naturelle, que d'autres doivent devenir de plus en plus rares, et finalement s'éteindre tout à fait. Les formes qui sont en concurrence la plus directe avec celles en voie d'amélioration et de modification, sont naturellement les plus éprouvées. Or, ainsi que nous l'avons vu en traitant de la lutte pour l'existence, c'est entre les formes les plus voisines, — variétés de même espèce, et espèces de mêmes genres ou de genres voisins, — que, par suite de la similitude de leur conformation, de leur constitution et de leurs habitudes, se déclarera la concurrence la plus sévère. Chaque nouvelle variété ou espèce tendra donc, pendant le cours de sa formation, à serrer de près les formes qui ont le plus d'analogie avec elle, et à les exterminer. Nous observons

le même fait d'extermination dans nos productions domestiques, par suite de la sélection des formes améliorées par
l'homme, et nous pourrions citer bien des cas curieux, montrant
combien de nouvelles races de gros bétail, de moutons et autres
animaux, ainsi que de nouvelles variétés de fleurs ont souvent
très-rapidement remplacé des races plus anciennes et inférieures. Dans le Yorkshire, le bétail noir ancien a été remplacé
par les Longues-Cornes, qui à leur tour, selon l'expression
d'un auteur agricole, « furent balayés par les Courtes-Cornes,
comme par une épidémie meurtrière. »

Divergence des caractères.

Le principe que je désigne ainsi, a une haute importance ;
et, à ce que je crois, explique plusieurs faits essentiels. Et
d'abord, quoique les variétés, même bien accusées, aient
quelque chose du caractère d'espèces, — ce que prouve la difficulté qu'il y a souvent à savoir à quelle catégorie on doit les
rapporter, — elles diffèrent cependant moins entre elles que
ne le font les vraies espèces. Les variétés ne sont pourtant que
des espèces en voie de formation, ou naissantes, comme je
les appelle. Comment donc, les différences minimes qui caractérisent les variétés, peuvent-elles en s'augmentant, arriver
au niveau des différences plus grandes qu'on observe entre les
espèces ? Nous devons cependant conclure que cela arrive
habituellement, du fait que les innombrables espèces naturelles
présentent des différences bien marquées, tandis que les variétés, prototypes et parents supposés d'espèces futures plus
fortement accusées, n'offrent que des différences légères et
peu définies. Un pur hasard pourrait faire différer une variété
de ses parents par quelque caractère, et sa descendance pourrait encore être différente par le même caractère à un degré
plus prononcé, mais cela seul ne suffirait pas pour expliquer
l'étendue ordinaire et considérable des différences qui existent
entre les espèces d'un même genre.

J'ai, selon mon habitude, demandé des éclaircissements
sur ce sujet à l'étude de nos produits domestiques, chez lesquels nous trouvons des faits analogues. On n'admettra pas

que la production de races aussi dissemblables que le sont les Courtes-Cornes et le bétail Hereford, les chevaux de gros trait et le cheval de course, les diverses races de pigeons, etc., ait pu être effectuée par une simple accumulation faite au hasard, et pendant plusieurs générations successives, de variations présentant un même caractère. Dans la pratique, un éleveur remarque par exemple, un pigeon ayant le bec un peu court ; un autre, au contraire, porte son attention sur un de ces oiseaux dont le bec sera un peu plus long. D'après la tendance bien reconnue que les éleveurs n'admirent ni ne veulent d'un type moyen, mais recherchent toujours les extrèmes, chacun d'eux travaillera dans sa direction, l'un choisissant pour les faire reproduire les pigeons ayant le bec le plus court, l'autre au contraire, s'adressant aux plus longs ; c'est ce qui est arrivé pour les sous-races des pigeons Culbutants. Nous pouvons supposer de même qu'à une époque antérieure les uns ont préféré des chevaux rapides, d'autres des chevaux plus forts et plus massifs. Les premières différences, très-faibles d'abord, se sont, avec le temps, prononcées davantage, par suite d'une sélection continue des individus les plus rapides, par certains éleveurs, des plus forts par d'autres ; deux sous-races ont ainsi pris naissance, et après quelques siècles, se sont converties en deux races bien distinctes et fortement établies. A mesure que les différences entre les deux types s'accroissaient, les animaux présentant des caractères intermédiaires, et n'étant ni très-rapides ni très-forts, devaient, comme étant inférieurs, être négligés et disparaître. Nous voyons donc là dans les productions de l'homme, l'action de ce que nous nommons le principe de divergence, en vertu duquel des différences d'abord peu marquées, mais devenues à la longue considérables, font diverger toujours plus les deux races, tant entre elles que de leur souche parente commune.

Comment, demandera-t-on, ce principe peut-il s'appliquer dans la nature? Je crois que dans les conditions naturelles, il s'applique d'une manière très-efficace (bien que je sois resté longtemps sans le voir), par cette simple circonstance que, plus les descendants d'une même espèce se diversifient par leur conformation, leur constitution ou leurs mœurs, mieux ils sont à même de saisir les diverses positions nombreuses et variées que leur offre l'emplacement qu'ils occupent, de s'y adapter, et de multiplier.

Ceci est très-visible dans les cas d'animaux à habitudes simples. Supposons un mammifère carnassier, ayant depuis longtemps atteint le maximum de développement numérique que peut comporter la région qu'il occupe. Si ses facultés prolifiques naturelles peuvent librement s'exercer, il réussira à augmenter de nombre (les conditions d'existence restant les mêmes dans la localité), par le seul fait que certaines variations survenues chez ses descendants permettront à ceux-ci de s'emparer de positions jusque-là occupées par d'autres animaux. Ils pourront par exemple s'attaquer à de nouvelles proies, vivantes ou mortes, ou habiter de nouvelles stations, grimper sur les arbres, aller à l'eau ; ou peut-être devenir moins carnassiers. Plus les descendants de notre animal carnassier se seront diversifiés quant à leurs mœurs et leur conformation, plus ils seront à même d'occuper des positions nombreuses et variées. Ce qui est applicable à un animal l'est à tous, — à la condition qu'ils varient, — condition sans laquelle la sélection naturelle est impuissante. Il en est de même pour les plantes. On a démontré expérimentalement qu'un morceau de terrain ensemencé d'une seule espèce d'herbe, donne moins de produits, soit quant au nombre des plantes, soit quant au poids d'herbage sec, qu'un morceau d'égale surface ensemencé d'herbes appartenant à différents genres. Le même fait a été observé sur deux surfaces égales de terrain semées, l'une d'une seule variété de froment, l'autre de plusieurs mélangées. Donc, si une espèce d'herbe se mettait à varier, et que les variétés, différant entre elles, comme les espèces distinctes et les genres d'herbe diffèrent les uns des autres, fussent continuellement sélectées, un nombre beaucoup plus considérable de plantes individuelles de cette espèce d'herbe, y compris ses descendants modifiés, réussirait à vivre sur une même pièce de terre. Chaque espèce et chaque variété d'herbe produit annuellement d'innombrables graines, et ainsi, comme on peut le dire, fait son possible pour augmenter en nombre. Il en résulte que, dans le cours de milliers de générations, ce sont les variétés les plus distinctes d'une espèce donnée qui auront toujours le plus de chances de réussir, et par leur accroissement numérique, de

supplanter les variétés moins distinctes ; or, des variétés devenues très-distinctes les unes des autres prennent le rang
d'espèces.

Bien des circonstances naturelles viennent confirmer la
vérité du principe, que la plus grande somme de vie correspond
à la plus grande diversification de conformation. Nous trouvons
toujours une très-grande variété d'habitants sur de fort petites étendues de terrain, lorsqu'elles sont largement ouvertes
à l'immigration, et que par conséquent, la lutte entre les individus a dû être fort sévère. J'ai vu, par exemple, une pièce de
terrain de trois pieds sur quatre, exposée depuis bien des années à des conditions semblables, portant vingt espèces de
plantes appartenant à dix-huit genres et huit ordres, par conséquent fort différentes les unes des autres. Il en est de même
pour les plantes et les insectes sur de petites îles uniformes,
ainsi que dans les petits étangs d'eau douce. Les cultivateurs
remarquent que c'est par une rotation de plantes appartenant
aux ordres les plus différents, qu'ils peuvent produire la plus
forte proportion de nourriture, et la nature suit ce qu'on pourrait appeler une rotation simultanée. La plupart des animaux
et plantes qui vivent autour d'une petite pièce de terre (ne présentant rien de particulier dans sa nature), pourraient y vivre
et, en fait, s'efforcent à y parvenir ; mais on remarque que là
où ils se trouvent en concurrence la plus serrée entre eux, les
avantages d'une diversification de conformation, accompagnée
des différences correspondantes dans les mœurs et la constitution, font que les habitants qui ainsi se coudoient de près appartiennent, en règle générale, à des genres ou des ordres différents.

La naturalisation par l'homme des plantes étrangères à un
pays confirme ce principe. On eût pu s'attendre à ce que les
plantes qui réussissent à s'acclimater sur un sol étranger dussent être voisines des formes indigènes, qu'on regarde généralement comme particulièrement créées pour, et adaptées au pays
qu'elles habitent. On eût pu encore s'attendre à ce que les
plantes acclimatées eussent dû appartenir à quelques groupes
plus spécialement adaptés à certaines stations dans leur nouvelle patrie. Or il en est tout autrement : et dans son grand et
admirable ouvrage, A. de Candolle a fort bien remarqué que les

flores gagnent, par la naturalisation, plus en nouveaux genres qu'en nouvelles espèces, proportionnellement au nombre de genres et d'espèces indigènes. Pour en donner un exemple, dans la dernière édition de son Manuel de la flore des États-Unis du Nord, le Dr Asa Gray énumère 260 plantes acclimatées, appartenant à 162 genres. Ces plantes naturalisées sont donc très-diverses par leur nature. Elles diffèrent en outre considérablement des indigènes, car sur les 162 genres introduits, il n'y en a pas moins de 100 qui sont étrangers au pays, et qui constituent une addition proportionnellement très-forte, aux genres actuellement vivants dans les États-Unis.

En examinant la nature des plantes ou animaux qui, ayant lutté avec avantage contre les produits indigènes d'un pays, sont parvenus à s'y naturaliser, nous pouvons nous faire quelque idée de la manière suivant laquelle certaines formes locales devraient se modifier pour gagner quelque avantage sur les autres formes indigènes; et nous sommes fondés à admettre, que des diversifications dans leur structure, ayant une valeur générique, auraient pu leur être avantageuses.

Les avantages d'une diversification chez les habitants d'une même région sont, en fait, analogues à ceux qui résultent de la division physiologique du travail dans les organes d'un même individu, sujet si bien traité par Milne Edwards. Aucun physiologiste ne mettra en doute qu'un estomac conformé pour digérer spécialement soit des substances végétales, soit de la chair seulement, ne soit en même temps le plus apte à tirer de ces matières alimentaires le plus d'éléments nutritifs. De même, dans l'économie générale d'un pays, plus les plantes et animaux seront complétement diversifiés pour différents modes de vivre, plus le nombre des individus qui pourront y subsister sera grand. Un ensemble d'animaux n'offrant qu'une organisation peu différente ne pourrait guère soutenir la concurrence d'un ensemble présentant une conformation plus variée. On peut, par exemple, douter que les marsupiaux australiens, qui sont répartis en groupes peu différents les uns des autres, et représentant vaguement, ainsi que Waterhouse et d'autres auteurs l'ont remarqué, nos mammifères Carnassiers, Ruminants et Rongeurs, pussent jamais lutter avec succès contre ces ordres si fortement caractérisés.

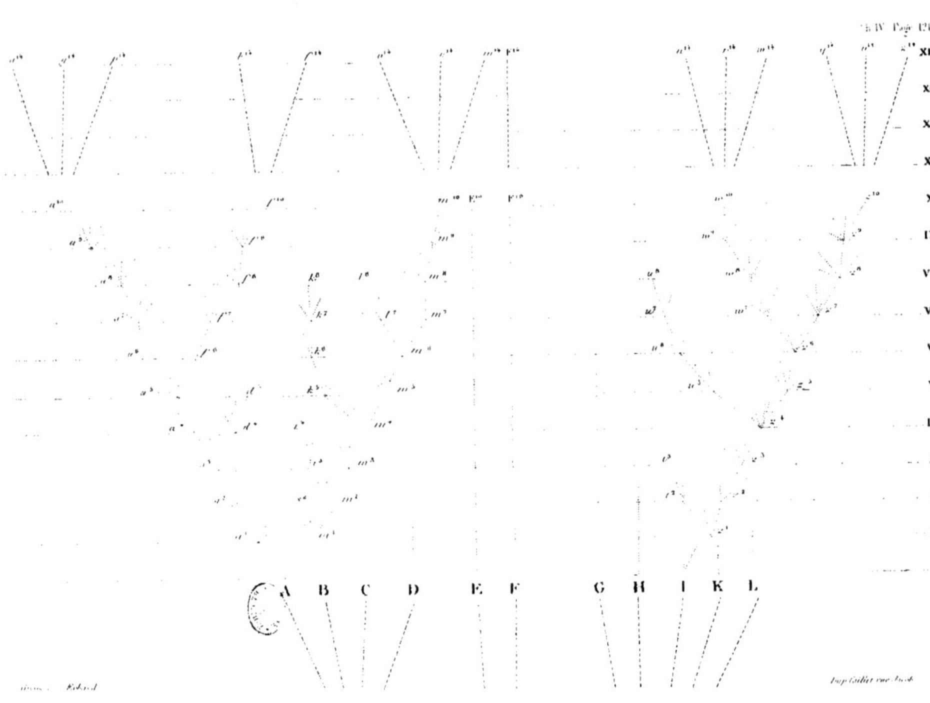

XIV
XIII
XII
XI
X
IX
VIII
VII
VI
V
IV
III
II
I
A B C D E F G H I K L

Les mammifères australiens nous présentent, à un état de développement primitif et incomplet, les premiers pas de la marche de la diversification.

Résultats probables de l'action de la sélection naturelle par la divergence des caractères et l'extinction, sur les descendants d'un ancêtre commun.

D'après la discussion qui précède, et que nous avons dû beaucoup abréger, nous pouvons admettre que les descendants modifiés d'une espèce donnée réussiront d'autant mieux que, leur conformation devenant de plus en plus diversifiée, ils pourront s'emparer de positions occupées par d'autres êtres. Voyons maintenant comment ces avantages, qui résultent de la divergence des caractères, combinés avec la sélection naturelle et l'extinction, tendent à agir.

Une représentation graphique [1] nous aidera à comprendre ce sujet un peu compliqué. Désignons par A à L les espèces d'un genre considérable dans un pays, espèces que nous supposons inégalement semblables entre elles, comme cela est généralement le cas dans la nature, ce que nous figurons dans le tableau en espaçant inégalement les lettres. Je suppose un grand genre, parce qu'ainsi que nous l'avons vu au deuxième chapitre, une plus forte moyenne d'espèces varie dans les grands genres que dans les petits, et que ce sont les espèces variant dans les grands genres qui présentent le plus grand nombre de variétés. Nous avons également vu que les espèces les plus communes et les plus répandues, varient davantage que les espèces rares et dont la distribution est restreinte. Soit A une espèce commune, largement répandue, variant beaucoup, et appartenant à un genre considérable dans sa région ; nous représentons par les lignes ponctuées divergentes, et d'inégales longueurs partant de A, sa descendance variable. Les variations sont supposées être légères, mais de nature très-diverse ; n'avoir pas apparu toutes simultanément, mais souvent après de longs intervalles ; enfin n'avoir pas eu toutes une même durée. Seules,

1. Voir à la fin du volume.

les variations qui ont pu être avantageuses auront été conservées par sélection naturelle. C'est ici que l'importance des avantages résultant de la divergence des caractères se manifeste ; car elle aura pour effet de déterminer la conservation et l'accumulation des variations les plus divergentes (représentées par les lignes ponctuées extérieures) par sélection naturelle. Lorsque la ligne ponctuée atteint une des lignes horizontales, point marqué par une lettre minuscule surmontée d'un exposant, nous supposons que l'étendue de la variation accumulée est suffisante pour déterminer une variété bien prononcée, de nature à être consignée comme telle dans un ouvrage de zoologie systématique.

Les intervalles entre les lignes horizontales peuvent représenter chacun un millier ou même une dizaine de milliers de générations. Après ce laps, l'espèce A est supposée avoir produit deux variétés bien accusées, a^1 et m^1. Ces deux variétés continuant généralement à être exposées aux conditions mêmes qui ont rendu leurs parents variables, et la tendance à la variabilité étant en elle-même héréditaire, elles continueront à varier encore, et probablement dans un sens semblable à celui de leurs ascendants. De plus, n'étant que des formes légèrement modifiées, ces deux variétés hériteront des avantages qui ont donné à leur parent A sa supériorité numérique sur la plupart des autres habitants de la localité, et également des avantages généraux qui ont fait du genre auquel les ascendants appartenaient, un genre étendu dans le pays. Nous savons que toutes ces circonstances sont favorables à la formation des variétés nouvelles.

Ces deux formes dérivées étant donc variables, leurs modifications les plus divergentes seront probablement conservées pendant les mille générations subséquentes, intervalle après lequel la variété a^1 aura produit la variété a^2, qui, en vertu de la divergence, différera plus de A que ne l'avait fait la variété a^1. La variété m^1 est supposée avoir donné naissance à deux autres, m^2 et s^2, différant entre elles, et encore plus fortement de leur parent commun A. Nous pouvons continuer indéfiniment cette même marche ; quelques variétés ne produisant après chaque série de mille générations, qu'une unique variété, mais toujours plus modifiée ; d'autres en produisant deux ou trois; d'autres n'en produisant aucune. Ces variétés ou descendants modifiés, partant du parent commun A, iront donc ainsi en augmentant de nombre, et en divergeant par leurs caractères. Nous avons, dans le tableau, supposé cette série poussée jusqu'à la dix millième génération, et sous une forme condensée et simplifiée, jusqu'à la quatorze millième.

Je dois faire observer ici que je ne suppose point que la marche des phénomènes ait jamais été aussi régulière que le figure le tableau, ni aussi continue; il est infiniment probable que les formes demeurent les mêmes pendant de longues périodes, et recommencent à être modifiées. Je ne suppose pas davantage que les variétés les plus divergentes aient été invariablement conservées; une forme intermédiaire peut durer souvent longtemps, et donner ou ne pas donner plus d'un seul descendant modifié; car, la sélection naturelle, agit toujours selon la nature des positions inoccupées, ou imparfaitement occupées par d'autres êtres, ce qui dépend de rapports d'une complication infinie. Mais en règle générale, plus les descendants d'une espèce pourront arriver à une conformation diversifiée, plus ils seront aptes à s'emparer d'un plus grand nombre de positions variées, et plus leur descendance modifiée pourra se multiplier. La ligne de succession est, dans notre tableau, brisée à des intervalles réguliers par des lettres surmontées d'un exposant, indiquant les formes successives devenues assez distinctes pour être regardées comme des variétés. Mais ces arrêts sont imaginaires, et auraient pu être placés ailleurs, après des intervalles supposés assez grands pour avoir permis une accumulation suffisamment considérable de variation divergente.

Tous les descendants modifiés d'une espèce commune, largement répandue, et faisant partie d'un grand genre, tendant à participer des avantages qui ont favorisé leurs ascendants, iront généralement en augmentant de nombre, et en même temps en divergeant par leurs caractères; c'est ce que représentent les branches qui partent en s'écartant du point A. La descendance modifiée des derniers rameaux de la ligne de descendance les plus considérablement améliorés, prendront souvent, il est probable, la place de rameaux plus anciens et moins parfaits, qui seront ainsi détruits. C'est ce que figurent quelques bran-

ches inférieures qui ne se prolongent pas jusqu'aux lignes
horizontales du haut du tableau. Je ne doute pas qu'il n'y ait
des cas où la marche des modifications n'a lieu que sur une
seule ligne de succession, et sans augmentation dans le nombre des descendants, bien que la somme des modifications divergentes ait pu s'accroître dans les générations successives. Ce
cas pourrait être représenté sur le tableau, en supprimant
toutes les lignes partant du point A, à l'exception de celle allant de a^1 à a^{10}. C'est ainsi, par exemple, que le cheval de course
et le pointer anglais, ont apparemment tous deux, lentement
divergé de leurs souches respectives originelles, sans avoir
chemin faisant, donné naissance à aucune branche ou race
nouvelle.

Au bout de dix mille générations, nous supposons que l'espèce A a donné naissance à trois formes, a^{10} f^{10} et m^{10}, qui,
ayant divergé par leurs caractères dans les générations successives, ont fini par différer notablement, mais peut-être inégalement, tant entre elles, que de leur ascendant commun. Si
nous supposons que l'étendue des modifications correspondantes
à l'intervalle de deux lignes horizontales soit très-petite, ces
trois formes pourront n'être que des variétés bien prononcées;
mais nous n'avons qu'à supposer un plus grand nombre de
degrés successifs dans la modification, ou à accroître l'intensité
de celle-ci, pour convertir ces trois formes en espèces bien
définies; le tableau montrant ainsi par quels degrés les différences minimes qui distinguent les variétés peuvent, en augmentant, acquérir l'importance de celles qui caractérisent les
espèces. Continuant le même procédé pour un nombre plus
grand de générations (ainsi que le montre en abrégé la partie
supérieure du tableau), nous obtenons huit espèces, indiquées
par les lettres comprises entre a^{14} et m^{14}, toutes descendant
de A. C'est ainsi, je le crois, que les espèces se multiplient et
que se forment les genres.

Il est probable que dans un grand genre, plus d'une espèce
doit produire des variétés. J'ai donc dans le tableau indiqué
une deuxième espèce I, ayant par le même procédé après dix-
mille générations, donné naissance à deux variétés bien marquées, ou deux espèces (w^{10} et z^{10}), suivant l'importance des
changements que l'on suppose représentés par les intervalles

compris entre les lignes horizontales. Après quatorze mille générations, six nouvelles espèces désignées par les lettres de
n^{14} à z^{14} auront été produites. Comme dans tout genre, les
espèces qui sont déjà très-différentes par leurs caractères, tendent généralement à produire le plus grand nombre de descendants modifiés, et ayant le plus de chances d'occuper des
positions nouvelles et très-variées dans l'économie de la nature, j'ai choisi l'espèce extrême A et l'espèce I assez éloignée,
comme celles qui ayant fortement varié, ont donné naissance
à de nouvelles variétés et espèces. Les neuf autres espèces
(marquées par les lettres capitales) de notre genre originel,
peuvent pendant des périodes plus ou moins longues, avoir
continué à produire des descendants non modifiés, ce que dans
notre tableau nous avons représenté par le prolongement inégal des lignes ponctuées partant de chacune d'elles.

Pendant le cours des modifications que nous avons voulu
indiquer dans le tableau, un autre fait, celui de l'extinction,
aura joué un rôle important. La sélection naturelle exerçant
nécessairement dans chaque région complétement peuplée,
son influence par les formes qu'elle a triées et qui sont pourvues d'un avantage qui leur assure, dans la lutte pour l'existence, la prépondérance sur leurs concurrents, il en résultera
chez les descendants améliorés d'une espèce quelconque, une
tendance constante à supplanter et à exterminer, pendant les
diverses périodes de la succession, leurs prédécesseurs et leur
ancêtre primitif. Nous savons que la concurrence la plus rigoureuse est celle qui a généralement lieu entre les formes les
plus analogues par les mœurs, la constitution et la conformation. Les formes intermédiaires entre les deux états extrêmes,
c'est-à-dire entre l'état antérieur primitif de l'espèce, et son
état amélioré, aussi bien que l'espèce parente elle-même, tendront par conséquent généralement à s'éteindre. Il peut encore
en être de même pour des lignes collatérales entières, dont
plusieurs auront probablement été vaincues par des branches
descendantes postérieures et améliorées. La progéniture modifiée d'une espèce peut toutefois, ou passer dans une autre
région, ou s'adapter rapidement à quelque nouvelle station,
deux circonstances où ne se trouvant point en concurrence avec
leur ascendant, l'une et l'autre peuvent continuer à exister.

Si donc nous supposons que notre tableau représente une étendue considérable de modification, l'espèce A et toutes les premières variétés en dérivant, se seraient éteintes, et auraient été remplacées par les huit espèces nouvelles a^{14} à m^{14}, et l'espèce I par les six représentées par les lettres n^{14} à z^{14}.

Allons plus loin. Nous avons supposé, comme cela est généralement le cas dans la nature, que les espèces primitives du genre ne se ressemblaient pas entre elles à un degré égal ; l'espèce A offrant plus d'analogie avec les espèces B, C, D, par exemple, qu'avec les autres ; et l'espèce I ressemblant davantage à G, H, K, L, qu'aux premières. Nous avons de plus admis que A et I étaient très-communes et largement répandues, ce qui est attribuable à ce qu'elles ont originellement dû posséder quelque avantage sur la plupart des autres espèces du genre. Leurs descendants modifiés, au nombre de quatorze, à la quatorze millième génération, auront vraisemblablement hérité de quelques-uns de ces mêmes avantages ; ils auront de plus, à chaque période de leur descendance, été modifiés et améliorés de manières diverses, de façon à s'adapter aux différentes positions correspondantes que leur offrait leur habitat. Il est par conséquent extrêmement probable qu'ils auront supplanté, et ainsi exterminé, non-seulement leurs parents A et I, mais encore quelques-unes des espèces primitives qui avaient avec eux le plus d'analogie. Un bien petit nombre des espèces originelles devant donc avoir transmis leur progéniture jusqu'à la quatorze-millième génération, nous supposons que, des deux espèces E et F, qui ressemblaient le moins aux neuf autres espèces primitives, l'espèce F seule ait transmis sa descendance aussi loin de son point de départ.

Cette addition portera donc dans le tableau, à quinze nouvelles, le chiffre des espèces provenant des onze primitives. Par suite de la tendance divergente de la sélection naturelle, l'étendue des différences entre les caractères des espèces a^{14} et z^{14} sera bien plus grande que celle qui existait entre les onze espèces originelles les plus distinctes. Les nouvelles espèces d'ailleurs seront voisines entre elles sous des rapports fort différents. Des huit descendant de A, les trois marquées a^{14} p^{14} q^{14} se ressembleront pour s'être récemment détachées des branches a^{10}, b^{14} et f^{14}, pour avoir antérieurement divergé de

a^5, et seront à quelque degré distinctes des trois espèces précitées. Enfin, o^{14}, e^{14} et m^{14} seront voisines entre elles, mais très-différentes des cinq autres espèces et pourront constituer un sous-genre ou peut-être un genre à part, parce qu'elles auront divergé dès le commencement de la marche de la modification.

Les six descendants de l'espèce I formeront deux sous-genres ou genres. Mais l'espèce primitive I, différant beaucoup de l'autre espèce A, qui occupait l'extrême opposé du genre originel, les six descendants de I, par l'effet de l'hérédité, différeront considérablement des huit dérivant de A ; les deux groupes étant d'ailleurs considérés comme ayant marché en divergeant dans des directions dissemblables. Les espèces intermédiaires qui reliaient les espèces A et I, se sont toutes (fait très-essentiel) à l'exception de F, éteintes, et n'ont pas laissé de descendants. On aura donc à considérer comme formant des genres très-distincts, ou même des sous-familles, les six nouvelles espèces dérivant de I, et les huit provenant de A.

C'est ainsi, à ce que je crois, que deux ou plusieurs genres ont pu être produits par descendance avec modification, de deux ou plusieurs espèces d'un même genre. Les espèces parentes elles-mêmes ont, de la même manière, dû dériver de quelque espèce faisant partie d'un genre plus ancien ; c'est ce qu'indiquent dans le tableau, les lignes ponctuées et interrompues qui, placées au-dessous des lettres majuscules, descendent en convergeant vers un point unique, point qui représente une espèce, l'ancêtre supposé des nouveaux sous-genres et genres.

Arrêtons-nous un instant sur l'espèce nouvelle F^{14}, que nous avons supposée n'avoir que peu divergé depuis son origine et avoir, à peu de chose près, conservé la forme de l'espèce F dont elle dérive. Ses affinités avec les quatorze autres espèces nouvelles seront curieuses et complexes. Descendant d'une forme intermédiaire entre les deux espèces primitives A et I, que nous supposons éteintes et inconnues, elle sera à quelque degré intermédiaire, par ses caractères, entre les deux groupes provenant de ces espèces. Mais ces deux groupes ayant marché en divergeant, par leurs caractères, des types de leurs parents, la nouvelle espèce F^{14} ne sera plus directement intermédiaire entre eux, mais plutôt entre certains types appartenant aux deux groupes. Tout naturaliste peut se représenter des cas de ce genre.

Les lignes horizontales du tableau, que nous avons supposé jusqu'ici représenter un millier de générations, peuvent être considérées comme en signifiant un ou plusieurs millions, ou comme figurant une section des couches successives de l'écorce terrestre qui renferment des débris organiques éteints. Nous aurons à revenir sur ce sujet dans le chapitre sur la Géologie, où nous verrons que notre tableau jette du jour sur les affinités des êtres éteints, qui, bien qu'appartenant généralement aux mêmes ordres, familles ou genres, que ceux actuellement vivants, sont souvent, à quelques égards, intermédiaires par leurs caractères, aux groupes existants. Ceci peut se comprendre, parce que les espèces éteintes ont vécu à des époques extrêmement anciennes, et alors que les lignes de descendance, se trouvant plus près de leur point de ramification, avaient moins divergé.

La marche modificatrice, telle que nous venons de l'expliquer, ne doit point être limitée à la seule formation des genres. Si, dans le tableau, nous supposons que la somme des changements que figure chaque groupe successif de lignes divergentes soit considérable, les formes a^{14} à p^{14}; b^{14} à f^{14}; et o^{14} à m^{14} représenteront trois genres très-distincts. Nous aurons aussi deux genres fort différents descendant de I et s'écartant notablement de ceux descendant de A. Ces deux groupes de genres formeront ainsi deux familles ou ordres distincts, selon l'importance des modifications divergentes qu'on supposera représentées par chaque intervalle. Les deux familles ou ordres dérivent de deux espèces du genre primitif, qui elles-mêmes sont supposées descendre de quelque forme beaucoup plus ancienne et inconnue.

Nous avons vu que, dans tous les pays, ce sont les espèces des grands genres qui présentent le plus de variétés ou d'espèces naissantes. C'était à prévoir, car la sélection naturelle, agissant sur une forme à laquelle un avantage quelconque assure la supériorité sur les autres dans la lutte pour l'existence, s'exercera principalement sur celles qui ont déjà quelque avantage; et l'extension qu'a prise un groupe donné prouve que les espèces qui le constituent ont hérité toutes ensemble d'un commun ancêtre de quelque condition favorable. C'est, par conséquent, principalement entre les plus grands groupes, qui tendent tous à augmenter en nombre, que la lutte pour la production de descendants nouveaux et modifiés sera la plus vive. Un groupe considérable l'emportera peu à peu sur un autre, en réduira l'importance et diminuera ainsi ses chances de variation et d'amélioration ultérieures. Dans le sein même d'un groupe considérable, les derniers sous-groupes plus perfectionnés qui en sont sortis, s'emparant de toutes les positions qu'ils pourront occuper, tendront constamment à supplanter et à détruire les groupes antérieurs moins améliorés. Ces petits groupes, ainsi amoindris et isolés, finiront par disparaître. Nous pouvons, en ce qui regarde l'avenir, prédire que les groupes d'êtres organisés, qui sont aujourd'hui grands et prospères et n'ont encore subi aucune extinction, continueront à augmenter pendant longtemps. Mais personne ne saurait dire quels sont les groupes qui prévaudront, car nous voyons que bien des types autrefois développés sur une immense échelle ont complétement disparu. Allant plus loin dans l'avenir, on peut prédire que, par suite de l'accroissement continu et fatal des plus grands, une foule de groupes moins considérables finiront par s'éteindre sans laisser de descendants modifiés, et que, par conséquent, un faible nombre des espèces vivant à une certaine époque pourront transmettre leur descendance jusque dans un avenir très-éloigné. J'aurai à revenir sur ce sujet dans le chapitre consacré à la Classification, mais je puis ajouter que, d'après ce qui précède, comme un petit nombre seulement des espèces les plus anciennes ont dû pouvoir transmettre des descendants, et que tous ceux provenant d'une même espèce forment une classe , nous pouvons comprendre pourquoi chacune des deux grandes divisions des règnes animal et végétal renferme un si petit nombre de classes. Bien que peu des plus anciennes espèces aient laissé des descendants modifiés, la terre peut cependant, à des époques géologiques très-reculées, avoir été aussi abondamment peuplée d'espèces de nombreux genres, familles, ordres et classes, qu'elle l'est actuellement.

Du degré suivant lequel l'organisation tend à progresser.

La sélection naturelle agit exclusivement par la conservation et l'accumulation des variations qui sont avantageuses à chaque être, dans les conditions organiques et inorganiques auxquelles il peut être exposé à chaque période successive de sa vie, et a pour résultat final une amélioration toujours croissante de l'être relativement à ces conditions. Cette amélioration conduit inévitablement à un progrès graduel de l'organisation de la plupart des êtres vivant à la surface du globe. Nous abordons ici un sujet fort embarrassant, les naturalistes n'ayant pas encore défini d'une manière satisfaisante pour tous ce qu'on doit entendre par une organisation avancée. Pour les vertébrés, il s'agit évidemment d'un développement intellectuel et d'une conformation approchant de ce qu'ils sont dans l'homme. On pourrait croire que la somme de changements qu'éprouvent les divers organes pendant leur développement, depuis l'embryon jusqu'à leur maturité, devrait suffire comme terme de comparaison; mais il existe des cas, tels que certains crustacés parasites, chez lesquels plusieurs parties de la conformation deviennent moins parfaites, de sorte que l'animal adulte ne peut point être dit plus parfait que sa larve. Le criterium le plus généralement applicable et qui paraît le meilleur, est celui indiqué par von Baer, l'étendue de la différenciation des diverses parties de l'être organisé, j'ajouterai à l'état adulte, et leur spécialisation à différentes fonctions, soit, selon l'expression de Milne-Edwards, le perfectionnement de la division du travail physiologique. Mais ce sujet est fort obscur, car, si nous considérons par exemple les poissons, dont certains naturalistes regardent comme les plus élevés dans l'échelle ceux qui, comme le requin, se rapprochent le plus des amphibiens; tandis que d'autres rangent parmi les plus élevés les poissons osseux ou téléostéens, parce qu'ils sont plus réellement pisciformes, et diffèrent le plus des autres classes de vertébrés. L'obscurité du sujet est encore plus sensible, lorsque nous considérons les plantes chez lesquelles le criterium de l'intelligence est hors de question; certains botanistes clas-

sent parmi les plus élevées celles dont tous les organes de la
fleur, sépales, pétales, étamines et pistils, sont le mieux développés et les plus complets ; tandis que d'autres, avec plus de
raison probablement, accordent le premier rang aux plantes
dont les divers organes sont fortement modifiés et en nombre
réduit.

Si nous prenons comme criterium de l'organisation la plus
élevée, la somme de différenciation et de spécialisation des
divers organes dans l'être adulte (ce qui comprend le développement du cerveau au point de vue intellectuel), la sélection
naturelle amène évidemment à un perfectionnement progressif ;
car tous les physiologistes admettant que la spécialisation des
organes, en tant qu'elle les rend plus propres à remplir leurs
fonctions, est un avantage pour tout être, toute accumulation
de variations tendant à déterminer une spécialisation sera donc
du ressort de la sélection naturelle. D'autre part, nous pouvons
voir que, puisque tous les êtres tendent à s'accroître suivant
un taux rapide, et à saisir toutes les positions mal occupées
dans l'économie de la nature, il est parfaitement possible que
la sélection naturelle puisse graduellement adapter un organisme à des situations où certaines de ses parties deviennent
superflues ou inutiles : cas dans lesquels il y aurait une rétrogradation réelle dans l'organisation. Nous discuterons mieux
dans le chapitre sur la succession géologique, la question de
savoir si, dans son ensemble, cette dernière a réellement progressé depuis les périodes géologiques les plus reculées jusqu'à
nos jours.

On peut objecter ceci : tous les êtres organisés tendant ainsi
à s'élever dans l'échelle, comment peut-il exister dans l'univers
entier une foule si considérable de formes des plus inférieures,
et comment se fait-il que, dans toutes les classes, il y ait des
formes beaucoup plus hautement développées que d'autres ?
Pourquoi les formes supérieures n'ont-elles pas partout supplanté et exterminé les plus inférieures ? Lamarck, qui croyait
à une tendance innée et inévitable vers la perfection chez tous
les êtres organisés, paraît avoir si fortement pressenti cette
difficulté, qu'il fut conduit à supposer une production continuelle par génération spontanée des formes les plus simples.
Telle qu'elle est aujourd'hui, et en réservant les révélations de

l'avenir, la science n'admet pas l'idée que des êtres vivants soient actuellement en voie de formation directe. Mais, d'après notre théorie, l'existence continue d'organismes inférieurs n'offre aucune difficulté, car la sélection naturelle, ou survivance du plus apte, n'implique pas nécessairement le développement progressif, — elle ne fait que profiter, parmi toutes les variations qui surgissent, de celles qui, dans les conditions complexes de vie auxquelles chaque être est soumis, peuvent lui être avantageuses. En effet, quel avantage y aurait-il, autant que nous en pouvons juger, pour un animalcule infusoire, — un ver intestinal, — ou même un lombric, à acquérir une organisation supérieure? S'il n'y en a pas, la sélection naturelle n'a aucune prise sur ces formes, qui resteront ce qu'elles sont et pourront demeurer indéfiniment dans leur état inférieur actuel. La géologie nous apprend que quelques formes très-inférieures, comme les infusoires et les rhizopodes, ont vécu pendant d'immenses périodes à peu près à leur état présent. Il serait pourtant téméraire d'affirmer que la plupart des formes inférieures encore existantes n'aient en aucune façon progressé depuis la première apparition de la vie; car on ne saurait disséquer quelques-unes de ces formes qu'on est d'accord à placer au plus bas de l'échelle organique, sans être frappé de leur organisation remarquable.

L'étude des différents degrés d'organisation dans chacun des grands groupes donne lieu aux mêmes remarques. Ainsi la coexistence des mammifères et des poissons, dans les vertébrés, — celle de l'homme et de l'ornithorynque, dans les mammifères, — celle du requin et du Branchiostome (ce dernier rappelant les invertébrés par la simplicité de sa conformation), dans les poissons. Mais les mammifères et les poissons ne peuvent guère se trouver en concurrence mutuelle; l'avancement progressif de la classe entière des mammifères, ou de certains de ses membres, au degré le plus élevé, ne les conduit pas à supplanter les poissons, et par conséquent à les exterminer. Les physiologistes admettent que, pour pouvoir développer une haute activité, le cerveau doit être baigné d'un sang chaud, ce qui nécessite une respiration aérienne; les mammifères à sang chaud habitant dans l'eau se trouvent ainsi dans une situation moins avantageuse que les poissons. Dans cette classe, les membres de la famille des requins ne tendent point à remplacer le Branchiostome, car ce dernier animal, à ce que m'apprend Fritz Müller, n'a, sur les rives sablonneuses et stériles du Brésil du Sud, d'autre compagnon et concurrent qu'un annélide anormal. Les trois ordres inférieurs de mammifères, les Marsupiaux, les Édentés et les Rongeurs, coexistent dans l'Amérique du Sud, dans la même région, avec de nombreux singes, avec lesquels ils n'ont probablement pas de rapports. L'organisation peut, dans son ensemble, avoir progressé et continuer à le faire dans le monde entier, tout en présentant une série de degrés de perfection ; car l'avancement de certaines classes entières ou de certains membres de chaque classe, n'a pas pour conséquence nécessaire l'extinction des groupes avec lesquels ils ne se trouvent pas en concurrence. Dans quelques cas, comme nous aurons occasion de le voir, des formes organisées inférieures paraissent avoir dû leur conservation jusqu'à nos jours au fait qu'habitant des stations renfermées ou toutes particulières, elles s'y trouvaient à l'abri de la concurrence, et pas en assez grandes quantités pour que des variations favorables eussent beaucoup de chances de se présenter.

Je crois finalement qu'un grand nombre de formes organisées inférieures existent dans le monde, par suite de causes diverses, et dans quelques cas, par l'absence de toute variation ou différence individuelle favorable que la sélection naturelle ait pu conserver et accumuler. Il est probable que, dans aucun cas, il n'y a eu assez de temps pour permettre tout le développement possible. Quelquefois il y a eu ce que nous devons désigner sous le nom de rétrogradation de l'organisation. Mais la cause principale se trouve dans le fait qu'une organisation élevée ne saurait être d'aucun avantage, ni avoir aucune utilité, pour un être placé dans des conditions de vie les plus simples, — il est possible même qu'elle fût nuisible, comme entraînant une nature trop délicate et plus sujette à être dérangée et détruite.

Comment, à l'aurore de la vie, quand tous les êtres organisés, à ce que nous pouvons croire, n'avaient qu'une conformation des plus simples, comment, a-t-on demandé, ont pu se réaliser les premiers pas vers l'amélioration et la différenciation de leurs parties? M. Herbert Spencer répondrait probablement qu'aussitôt qu'un organisme unicellulaire simple serait, par croissance ou division, devenu un composé de plusieurs cellules, ou se serait fixé à quelque surface d'appui, sa loi, « que les unités homologues de tout ordre se différencient à mesure que leurs rapports avec les forces incidentes sont différents, » entrerait en action. Mais en l'absence de faits pour nous guider, toute spéculation sur ce sujet est inutile. C'est toutefois à tort qu'on croirait qu'il n'y aurait pas de lutte pour l'existence, et par conséquent point de sélection naturelle, tant qu'un grand nombre de formes n'auraient pas été produites. Des variations dans une seule espèce habitant une station isolée, peuvent être avantageuses et déterminer une modification dans toute la masse des individus, ou la naissance de deux formes distinctes. Mais, ainsi que je l'ai remarqué à la fin de l'introduction, nous ne devons pas être surpris de ce qu'il reste tant de points encore inexpliqués sur l'origine des espèces; si nous réfléchissons à la profonde ignorance dans laquelle nous sommes quant aux rapports mutuels qui ont existé entre les habitants du globe dans les époques passées de son histoire.

Objections diverses.

J'examinerai maintenant quelques-unes des objections qui ont été faites à ma théorie, — et dont la discussion pourra éclaircir plusieurs des points précédemment traités, — sans cependant les aborder toutes, car plusieurs ont été faites par des auteurs qui ne se sont pas même donné la peine de chercher à comprendre ma manière de voir. C'est ainsi qu'un naturaliste allemand distingué a récemment affirmé que la partie la plus faible de ma théorie était de considérer tous les êtres organisés comme imparfaits. Or, ce que j'ai réellement soutenu est que tous ne sont pas aussi parfaits relativement à leurs conditions respectives, qu'ils pourraient l'être ; ce que prouve le fait que, dans bien des parties du globe, un grand nombre de formes indigènes ont dû céder leur place à d'autres venues du dehors et naturalisées. D'ailleurs, fussent-ils d'abord parfaitement adaptés aux conditions ambiantes, les êtres organisés ne peuvent demeurer dans cet état, lorsque les conditions se modifient lentement, qu'autant qu'ils se modifient aussi ; et personne ne pourra contester que les conditions physiques d'un pays, ainsi que le nombre et la nature de ses habitants, ne soient susceptibles de changement.

On a donné comme argument que les plantes et les animaux n'ont probablement été modifiés dans aucune partie du monde, parce que, d'après ce que nous savons de ceux de l'Égypte, ils ne paraissent pas avoir changé depuis 3000 ans. Les nombreux animaux qui sont restés sans changement depuis le commencement de l'époque glaciaire auraient pu fournir un argument bien plus fort, car ils ont été exposés à de grandes modifications de climat, et ont émigré à d'immenses distances ; tandis qu'autant que nous le sachions, les conditions de la vie en Égypte paraissent depuis 3000 ans être restées uniformes. Le fait que peu ou point de modifications n'ont été effectuées depuis l'époque glaciaire, pourrait avoir quelque valeur contre la théorie qui admet la loi innée et nécessaire de développement; mais elle est impuissante contre celle de la sélection naturelle ou survivance du plus apte, laquelle implique seulement la conservation des différences individuelles, ou variations de nature avantageuse, qui peuvent occasionnellement apparaître dans quelques espèces.

Puisque la sélection naturelle est si puissante, objecte-t-on encore, pourquoi tels ou tels organes n'ont-ils pas été modifiés et améliorés? Pourquoi la trompe de l'abeille ne s'est-elle pas allongée pour pouvoir atteindre le nectar que sécrète le trèfle rouge? Pourquoi l'autruche n'a-t-elle pas acquis la faculté de voler? Accordons que ces divers organes aient varié dans la bonne direction, — que le temps ait été insuffisant pour que la sélection naturelle ait pu accomplir son œuvre lente et graduelle dont les effets sont si souvent empêchés par l'entre-croisement et la tendance au retour, — qui peut se flatter de connaître assez bien l'histoire de la vie d'un être organisé pour affirmer quelle modification particulière pourrait en somme lui être la plus avantageuse? Pouvons-nous être certains qu'une trompe plus longue ne serait pas défavorable à l'abeille, en la gênant dans l'acte de sucer les innombrables petites fleurs sur lesquelles elle va butiner? Pouvons-nous être sûrs qu'un allongement de sa trompe ne pourrait pas, par corrélation, augmenter les dimensions des autres parties de la bouche, et peut-être exercer quelque influence sur la construction si délicate des cellules de cire? Pour le cas de l'autruche, quelle énorme quantité de nourriture ne faudrait-il pas pour fournir à ce géant du désert la force nécessaire pour élever et mouvoir dans l'air son énorme corps. De pareilles objections méritent à peine qu'on les prenne en considération.

Le célèbre paléontologiste Bronn termine sa traduction allemande de cet ouvrage en demandant comment, d'après le principe de la sélection naturelle, une variété peut vivre à côté de l'espèce dont elle dérive? Si toutes deux se sont adaptées à des habitudes ou à des conditions un peu différentes, elles pourraient vivre ensemble; bien que, dans les cas d'animaux errants et s'entrecroisant librement, les variétés se trouvent presque toujours dans des localités distinctes. Laissant de côté les espèces polymorphes, qui paraissent présenter une nature spéciale de variabilité, ainsi que les variations purement temporaires, telles que celles de la taille, l'albinisme, etc., autant que je puis en juger, les variétés permanentes se rencontrent généralement dans des stations distinctes, habitant des localités hautes ou basses, sèches ou humides. Bronn insiste ensuite sur ce que les espèces distinctes ne diffèrent jamais entre elles par un seul caractère, mais sur plusieurs points, et il demande comment il se fait que la sélection naturelle ait invariablement affecté à la fois différentes parties de l'organisation? Or, il n'y a aucune nécessité de croire que toutes ces diverses parties aient été simultanément modifiées; elles peuvent avoir été acquises les unes après les autres, et ne nous paraissent s'être formées en même temps, que parce qu'elles ont été transmises ensemble. La corrélation d'ailleurs rend compte du changement de plusieurs parties, lorsqu'une se modifie. Nous en trouvons la preuve dans nos races domestiques, qui, en même temps qu'elles diffèrent fortement par le caractère motivant la sélection dont chacune a été l'objet, diffèrent toujours, jusqu'à un certain point, par quelques autres caractères.

Bronn demande encore comment la sélection naturelle peut justifier certaines différences, qui paraissent n'être d'aucune utilité aux espèces sur lesquelles on les remarque, telles que la longueur des oreilles ou de la queue, les replis de l'émail des dents, dans les différentes espèces de lièvres et de souris. Ce sujet a été récemment, en ce qui concerne les plantes, l'objet d'une discussion admirable de la part de Nägeli. Cet auteur admet que la sélection naturelle a beaucoup fait, mais il croit que les familles de plantes diffèrent les unes des autres, surtout par des caractères morphologiques, qui paraissent n'avoir aucune importance pour la prospérité de l'espèce; ce qui le conduit à croire à une tendance innée au perfectionnement ou à un développement progressif. Il précise l'arrangement des cellules dans les tissus, celui des feuilles sur l'axe, comme des points sur lesquels la sélection naturelle ne doit pas avoir eu de prise. On peut y ajouter les divisions numériques des parties de la fleur, la position des ovules, la forme des graines, lorsqu'elle ne peut avoir d'influence pour la dissémination, etc. Dans une discussion sur l'essai de Nägeli, le professeur Weismann explique ces différences par la nature de l'organisme variant sous l'action de certaines conditions; c'est précisément ce que j'ai désigné par l'action directe et définie des conditions de la vie, qui a pour effet de faire varier de la même manière tous ou la plupart des animaux de la même espèce. Si nous nous rappelons les cas tels que la formation des galles compliquées, certaines monstruosités qu'on ne peut attribuer à des faits de retour, de soudure, etc., de fortes et brusques déviations de structure, comme l'apparition d'une rose moussue sur un rosier ordinaire, — nous devons admettre que dans certaines conditions, l'organisation de l'individu est, en vertu de sa propre loi de croissance, et indépendamment de l'accumulation graduelle de légères modifications héréditaires, susceptible d'éprouver des changements importants. Diverses différences morphologiques, sur lesquelles nous aurons à revenir, peuvent probablement se ranger sous ce chef: mais il se peut aussi que bien des différences aient, sans que nous puissions actuellement la reconnaître, leur utilité, ou l'ayant eue autrefois, ont par conséquent subi l'action de la sélection naturelle. En outre on doit regarder un bien plus grand nombre encore de différences morphologiques, comme le résultat nécessaire, — par pression, le défaut ou l'excès de nourriture, l'influence d'une partie formée en premier sur une autre ne se développant que plus tard, corrélation, etc., — d'autres modifications adaptantes par lesquelles toutes les espèces ont dû passer dans le cours de leur longue descendance.

Personne ne soutiendra que nous sachions actuellement l'usage de toutes les parties d'une plante, ou les fonctions de chaque cellule d'un organe donné. Une foule de particularités dans la conformation des fleurs des Orchidées, telles que de fortes élévations ou crêtes, et les situations relatives de diverses parties qu'on eut, il y a cinq ou six ans considérées comme des différences morphologiques sans utilité, sont, à ce que nous savons aujourd'hui, importantes, et ont dû subir l'action de la sélection naturelle. On ne saurait actuellement expliquer pourquoi les feuilles disposées en spirale divergent entre elles suivant certains angles; mais nous voyons que leur arrangement est en rapport avec leur position, à égale distance des feuilles qui les entourent de toutes parts; et nous pouvons rationnellement nous attendre à ce qu'on trouve plus tard, que ces angles sont dus à quelque cause, telle que l'addition de feuilles nouvelles à la spire comprimée dans le bouton, et en résultant aussi inévitablement que la forme des cellules des abeilles, résulte de la manière dont ces insectes travaillent ensemble à leur construction.

Dans certains groupes de plantes les ovules sont dressés, dans d'autres ils sont suspendus; et dans un petit nombre on trouve dans un même ovaire, un ovule dans la première et un second dans la dernière position. Ces situations paraissent d'abord purement morphologiques et sans signification physiologique; mais j'apprends du Dr Hooker que de ces ovules d'un même ovaire, ce sont tantôt les supérieurs, tantôt les inférieurs seuls qui sont fécondés ; fait qui lui paraît devoir dépendre de la direction suivant laquelle pénétrent les tubes polliniques. S'il en est ainsi, la position des ovules, même lorsque l'un est droit, l'autre suspendu, pourrait dépendre de la sélection, d'une légère déviation de situation, de nature à favoriser leur fécondation et la formation de la graine.

Quelques plantes d'ordres différents, produisent habituellement deux sortes de fleurs, les unes ouvertes et offrant la conformation ordinaire, les autres incomplètes et fermées. Ces dernières ont des pétales presque toujours réduits à l'état de simples rudiments ; les grains de pollen sont plus petits ; cinq des étamines alternes sont rudimentaires dans l'*Ononis colum-nœ* ; et dans quelques espèces de *Viola*, trois étamines sont dans le même état, deux conservent leurs fonctions propres, quoique fort réduites dans leurs dimensions. Sur trente fleurs closes d'une violette indienne (dont le nom n'a pu être déter-miné, aucune des plantes n'ayant encore produit des fleurs parfaites), six n'avaient que trois sépales au lieu du chiffre normal de cinq. Selon A. de Jussieu, les fleurs closes d'une section des Malpighiacées sont encore plus modifiées ; les cinq étamines opposées aux sépales étant toutes atrophiées, et la sixième opposée à un pétale seule développée ; or cette étamine n'existe pas dans les fleurs ordinaires de ces espèces ; le style est avorté, et les ovaires sont réduits de trois à deux. Dans toutes les plantes précitées, les petites fleurs closes sont fort utiles, car elles fournissent une grande quantité de graines, avec une faible dépense de pollen, tandis que les fleurs par-faites donnent lieu à des croisements occasionnels avec d'autres individus. Ces changements peuvent et doivent sans doute avoir été effectués par sélection naturelle ; j'ajouterai que presque toutes les gradations entre les fleurs parfaites et im-parfaites, peuvent quelquefois se rencontrer sur la même plante.

Voici quelques exemples des modifications qui résultent nécessairement d'autres changements, — par défaut ou excès de nourriture, — par pression ou d'autres influences inconnues. Dans le châtaignier d'Espagne et dans quelques pins, les angles de divergence des feuilles diffèrent d'après Schacht suivant que les branches sont horizontales ou redressées. Dans la Rue com-mune et quelques autres plantes, une fleur qui est ordinaire-ment la centrale ou terminale, s'ouvre la première, et présente cinq sépales et pétales ainsi que cinq divisions de l'ovaire ; toutes les autres fleurs de la plante étant tétramères. Dans l'*Adoxa*, la fleur supérieure a le calice bilobé avec les autres organes tétramères, tandis que les fleurs qui l'entourent ont généralement le calice à trois lobes et les autres organes pentamères ; et cette différence paraît tenir à la manière dont les fleurs sont resserrées ensemble. Dans beaucoup de Com-posées, d'Ombellifères et quelques autres plantes, les fleurs de la circonférence ont la corolle beaucoup plus développée que celles du centre : fait qui est probablement dû à une sélection naturelle, les fleurs se trouvant ainsi plus apparentes pour les insectes utiles ou même nécessaires à leur fécondation.

Le développement plus considérable de la corolle entraîne fréquemment une atrophie plus ou moins complète des organes reproducteurs. Un fait encore plus curieux est la différence, souvent très-remarquable, qu'on constate dans la forme, la couleur et quelques autres caractères, entre les graines de la circonférence et celles du centre. Dans les Carthames et quelques autres Composées, les akènes du centre possèdent seuls l'aigrette ; et, dans les *Hyoseris*, un même capitule fournit des akènes de trois formes différentes. Dans certaines Ombellifères les graines extérieures sont, d'après Tausch, orthospermes, et la centrale coelosperme, — différence que De Candolle a considérée comme ayant dans la famille une haute importance systématique. Si, dans des cas comme ceux qui précèdent, toutes les feuilles, fleurs ou fruits, etc., d'une même plante, s'étaient trouvés soumis exactement aux mêmes conditions externes ou internes, tous auraient sans doute présenté les mêmes caractères morphologiques, et il n'aurait point été nécessaire d'invoquer un principe de développement progressif. Si une intervention de ce genre devait être admise dans les cas des petites fleurs closes, ainsi que des animaux parasites dégradés, il faudrait l'appeler une tendance innée au développement rétrograde.

On pourrait citer de nombreux exemples de caractères morphologiques variant considérablement dans les végétaux de même espèce, croissant près les uns des autres, ou sur la même plante, caractères dont plusieurs sont regardés comme ayant une valeur systématique importante. J'en signalerai quelques cas que j'ai eu occasion d'observer. Il serait inutile de citer ceux relatifs aux fleurs qui, sur une même plante, peuvent être indifféremment tétramères, pentamères, etc. ; mais, comme lorsque les parties sont en petit nombre, leurs variations numériques sont toujours rares, je mentionnerai que, d'après De Candolle, les fleurs du *Papaver bracteatum* ont deux sépales et quatre pétales (type ordinaire des pavots), ou trois sépales et six pétales. Le mode du plissement des pétales dans le bourgeon est, dans la plupart des groupes, un caractère morphologique constant ; mais le professeur Asa Gray a constaté dans quelques espèces de *Mimulus* une estivation qui est aussi fréquemment celle des Rhinanthidées que celle des Antirrhfnidées, tribu à laquelle appartient le genre. Auguste Saint-Hilaire donne les cas suivants : Le genre *Xanthoxylon*, appartient à une division des Rutacées avec un ovaire unique ; mais, dans quelques espèces, on trouve des fleurs sur la même plante, ou sur un même panicule, portant un ou deux ovaires. Dans l'*Helianthemum*, la capsule est décrite comme uni ou tri-loculaire, et dans *H. mutabile* « une lame plus ou moins large, s'étend entre le péricarpe et le placenta. » Dans les fleurs de la *Saponaria officinalis*, le Dr Masters a observé des cas de placentation tantôt marginale, tantôt centrale. Enfin Saint-Hilaire a rencontré vers la limite méridionale extrême de l'habitat de la *Gomphia oleæformis*, deux formes qu'il prit d'abord pour deux espèces incontestables ; mais les ayant ultérieurement trouvées croissant dans le même buisson, il ajoute : « Voilà donc dans un même individu des loges et un style qui se rattachent tantôt à un axe vertical, et tantôt à un gynobase. »

Dira-t-on de ces plantes, qu'elles ont été surprises progressant vers un état de développement supérieur ? Je conclurais, au contraire, de la grande variabilité de ces caractères, qu'ils sont très-peu importants pour la plante elle-même, quelle que puisse être la valeur que nous leur attribuons dans nos classifications. Bien qu'ignorant complétement la cause déterminante d'une modification donnée, il semble probable, d'après ce que nous savons des relations qui existent entre la variabilité et le changement des conditions, que, dans certaines circonstances, une des conformations peut avoir prévalu sur l'autre et être devenue ainsi presque ou même tout-à-fait constante. Par le fait même que de telles différences sont sans importance pour la prospérité de l'espèce, les faibles déviations qui pourraient se présenter ne seraient ni augmentées ni accumulées par sélection naturelle, et seraient même sujettes à s'effacer par entrecroisement avec d'autres individus. Toute conformation qui, après s'être développée sous l'influence d'une sélection prolongée, cesse d'être utile à l'espèce, redevient généralement variable, ainsi que nous le voyons dans les organes

rudimentaires, qui échappent à l'influence de la sélection naturelle. D'autre part, lorsque par suite de la nature même de
l'organisme et d'un changement dans ses conditions, il a
éprouvé des modifications définies, mais sans importance pour
la prospérité de l'espèce, ces modifications ont pu être, et paraissent souvent avoir été transmises à peu près telles quelles
à un grand nombre de descendants, d'ailleurs modifiés sur
d'autres points. Les poils ont été transmis à presque tous les
mammifères, les plumes à tous les oiseaux, les écailles à tous
les vrais reptiles. Toute conformation, quelle qu'elle soit,
commune à un grand nombre de formes alliées, a pour nous
une haute valeur systématique ; aussi sommes-nous disposés à
lui attribuer un grande importance vitale pour l'espèce. Je suis
donc porté à croire que des différences morphologiques que
nous regardons comme essentielles, — telles que la disposition
des feuilles, la division de l'ovaire, la situation des ovules,
etc., — ont pu, dans bien des cas, surgir d'abord comme variations flottantes, pour devenir tôt ou tard à peu près constantes,
grâces à la nature de l'organisme, aux conditions ambiantes,
ainsi qu'à l'entrecroisement. Ces caractères morphologiques
ne contribuant en effet pas à la prospérité de l'espèce, la sélection naturelle est restée sans influence sur eux, et n'a point
accumulé et fixé les variations légères qu'ils ont pu occasionnellement présenter. Nous arrivons ainsi à l'étrange résultat
que les caractères de moindre importance pour la vie de l'espèce sont ceux auxquels le naturaliste systématiste attache
le plus de valeur ; mais en traitant plus loin du principe génétique de la classification, nous verrons que le fait n'est point
aussi paradoxal qu'il le paraît d'abord. Finalement, quoi qu'on
doive penser de cette manière de voir, autant que je puis en
juger, aucun des cas précités ne me paraît fournir de fait de nature à établir la preuve de l'existence d'une tendance innée
vers la perfectibilité ou le développement progressif.

Je ne signale plus que deux autres objections : un botaniste distingué, M. H. C. Watson, croit que j'ai attribué trop
d'importance à la divergence des caractères (à laquelle il paraît croire d'ailleurs), et que ce qu'on pourrait appeler leur
convergence a dû également jouer un rôle. Ce sujet fort compliqué ne saurait être discuté ici ; je me bornerai à remarquer

que si deux espèces, de deux genres voisins, donnaient chacune
naissance à des espèces nouvelles et divergentes, je puis admettre qu'elles pourraient peut-être se rapprocher d'assez près
pour qu'il convînt de les grouper dans un même genre nouveau, et qu'ainsi deux genres vinssent converger en un seul ;
mais, en raison de la puissance de l'hérédité des différences
déjà existantes chez les espèces parentes, et de leur tendance
à varier d'une manière dissemblable, il semble difficile que les
deux nouveaux groupes ne dussent pas former au moins des
sections distinctes dans le genre.

M. Watson objecte encore que l'action continue de la sélection naturelle avec divergence des caractères, doit tendre à
produire un nombre indéfini de formes spécifiques. En ce qui
concerne les conditions inorganiques seulement, il est probable
qu'un nombre considérable d'espèces pourrait promptement
s'adapter à toutes les diversités nombreuses de chaleur, d'humidité, etc.; mais j'attribue une importance bien plus grande
aux relations réciproques des êtres organisés; car à mesure
que le nombre des espèces va croissant dans une localité, les
conditions organiques de la vie vont se compliquant toujours
davantage. Il semble au premier aspect qu'il n'y a pas de limites aux diversifications de conformation qui peuvent être
avantageuses, et, par conséquent, aucune limite au nombre
d'espèces à naître. Nous ne savons pas même si l'aire la plus riche
est pourvue de son maximum possible de formes spécifiques,
et nous voyons qu'un grand nombre de plantes européennes
se sont naturalisées au Cap de Bonne-Espérance, et en Australie, pays offrant déjà des faunes si abondantes et si riches en
espèces. La géologie nous montre que le nombre des espèces de
coquilles n'a que peu ou point augmenté depuis l'origine de l'é-
poque tertiaire, non plus que les mammifères depuis le milieu
de la même période. Quel est donc l'obstacle qui empêche
l'augmentation indéfinie du nombre des espèces? La somme de
vie (je n'entends pas le nombre des formes spécifiques),
dont une surface donnée est capable, dépendante comme elle
l'est des conditions extérieures, doit être limitée: par conséquent, si un espace déterminé est occupé par un grand nombre
d'espèces, la plupart d'entre elles seront représentées par peu
d'individus, et seront plus exposées à être détruites en suite

de fluctuations accidentelles dans la nature des saisons, ou dans le nombre de leurs ennemis. La marche de l'extermination sera dans ces cas rapide; celle de la formation de nouvelles espèces restant toujours très-lente. Supposons comme cas extrême, qu'il y eût en Angleterre autant d'espèces qu'elle renferme d'individus, le premier hiver rigoureux ou le premier été très-sec, causeraient l'extermination de milliers d'entre elles. Les espèces rares, — et toutes le deviendraient si leur nombre s'augmentait indéfiniment dans un pays, — ne présentant dans un temps donné que peu de variations avantageuses, ont par conséquent moins de chances de donner naissance à de nouvelles formes spécifiques. Lorsqu'une espèce est devenue fort rare, les croisements consanguins contribuent à hâter son extermination, et quelques auteurs pensent qu'on doit rattacher à cette cause la dégénération de l'aurochs en Lithuanie, du cerf en Écosse, de l'ours en Norvége, etc. Enfin, et ceci me paraît l'élément principal, une espèce dominante qui a déjà vaincu plusieurs concurrents dans son pays, tendra à se répandre et à en supplanter beaucoup d'autres. A. De Candolle montre que les espèces déjà remarquables par leur extension, tendant généralement à se répandre toujours plus largement et par conséquent à supplanter et à exterminer diverses espèces dans diverses régions, arrêtent ainsi l'augmentation démesurée des formes spécifiques dans le monde. Le docteur Hooker a récemment montré que, dans la région sud-est de l'Australie, qui paraît avoir été envahie par de nombreux produits provenant de diverses parties du globe, les espèces australiennes indigènes ont considérablement diminué de nombre. Je ne prétends point déterminer ici quelle peut être la valeur respective de ces différentes considérations, mais elles doivent réunies, limiter certainement dans chaque pays, la tendance à un accroissement indéfini des formes spécifiques.

Résumé.

Si, au milieu des conditions changeantes de la vie, les êtres organisés offrent, dans toutes les parties de leur conformation, des différences individuelles, fait qu'on ne saurait contester; si la raison géométrique de son augmentation expose chaque espèce à une lutte sévère pour l'existence, à un âge, une saison, ou une période quelconque de sa vie, point qui n'est pas moins certainement incontestable : alors, en tenant compte de la complexité infinie des relations réciproques qu'ont entre eux et avec leurs conditions d'existence tous les êtres organisés, causes déterminantes d'une diversité infinie de constitutions, de conformations et de mœurs, qui peuvent leur être avantageuses, il serait extraordinaire qu'il ne dût jamais survenir de variations utiles à leur prospérité, comme il s'en est tant présenté que l'homme a utilisées. Si des variations utiles à un être organisé apparaissent, les individus affectés doivent assurément avoir une meilleure chance de l'emporter dans la lutte pour l'existence, de survivre, et, en vertu de l'hérédité, de produire des descendants semblablement caractérisés. C'est ce principe de conservation, de survivance du mieux adapté, que j'appelle sélection naturelle. Il conduit à l'amélioration de chaque être dans ses rapports avec les conditions organiques et inorganiques dans lesquelles il vit; et, par conséquent, vers ce qu'on peut, dans la majorité des cas, considérer comme un état progressif d'organisation. Néanmoins, des formes inférieures et simples pourront durer longtemps, lorsqu'elles seront bien adaptées aux conditions peu complexes de leur existence.

L'hérédité des qualités aux âges correspondants permet à la sélection naturelle d'agir sur l'œuf, la graine, ou le jeune âge, et de les modifier aussi bien que les formes adultes. Chez un grand nombre d'animaux, la sélection sexuelle vient en aide à la sélection ordinaire, en assurant aux mâles les plus vigoureux et les mieux adaptés la descendance la plus nombreuse. La sélection sexuelle contribuera aussi à développer des caractères utiles aux mâles, seulement dans leurs luttes avec d'autres mâles, caractères qui pourront se transmettre, suivant la forme d'hérédité prédominante, soit à un sexe seul, soit aux deux.

C'est en pesant la partie générale des faits que nous donnerons dans les chapitres suivants, qu'on pourra voir si c'est bien ainsi que la sélection naturelle a dû agir, en adaptant à leurs conditions multiples et à leurs stations respectives, les diverses formes vivantes. Nous voyons déjà comment elle détermine l'extinction, que la géologie nous enseigne comme un des faits saillants de l'histoire de la terre. Elle conduit encore à la divergence des caractères; car plus les êtres organisés divergent entre eux par leur conformation, leurs mœurs et leur constitution, plus ils peuvent subsister en grand nombre sur une surface donnée, — ce que nous prouvent les habitants d'une petite région ou les productions naturalisées. Pendant la modification des descendants d'une espèce et pendant la lutte incessante de toutes pour augmenter en nombre, leurs descendants auront d'autant meilleures chances de l'emporter dans le combat général pour l'existence, qu'ils seront plus différents entre eux. Les faibles différences distinguant ainsi les variétés d'une même espèce, tendent constamment à s'augmenter, et finissent par atteindre le niveau des différences plus grandes qui existent entre les espèces d'un même genre ou même entre genres distincts.

Nous avons vu que ce sont les espèces communes, les plus répandues et appartenant aux genres les plus grands dans chaque classe, qui varient le plus, et tendent par conséquent à transmettre à leurs descendants la supériorité qui les rend déjà dominants dans leur pays. La sélection naturelle entraîne à la divergence des caractères et à l'extinction des formes intermédiaires et moins améliorées. Ces principes permettent d'expliquer la nature des affinités, et les distinctions généralement bien définies que présentent, dans toutes les classes, les innombrables êtres organisés à la surface du globe. C'est un fait réellement étonnant, — et que nous méconnaissons trop facilement, — que partout, dans le temps et dans l'espace, tous les êtres, plantes et animaux, se trouvent réunis par groupes naturels subordonnés à d'autres groupes, — de manière que les variétés de la même espèce soient les plus voisines entre elles; que les espèces d'un même genre le soient un peu moins et d'une manière plus inégale, formant des sections et des sous-genres; que les espèces de genres distincts soient encore plus éloignées; enfin, que les genres présentent des analogies plus ou moins prononcées, justifiant leur groupement en sous-familles, familles, sous-ordres, ordres, sous-classes et classes. Dans chaque classe ces divers groupes, subordonnés les uns aux autres, ne peuvent pas être disposés suivant une série linéaire, mais semblent plutôt se grouper autour de certains points, eux-mêmes réunis autour d'autres centres formant ainsi une suite indéfinie de cycles. Ce fait capital de la classification des êtres organisés reste incompréhensible dans l'hypothèse d'une création indépendante de chaque espèce; mais elle s'explique par l'hérédité et l'action complexe de la sélection naturelle, l'extinction et la divergence de caractères qui en résultent, ainsi que le montre le tableau que nous avons donné plus haut.

On a quelquefois représenté par un arbre les affinités de tous les êtres d'une même classe, et je crois que cette image est, sous plusieurs rapports, très-juste. Les ramuscules verts et bourgeonnants peuvent représenter les espèces existantes, et ceux des années précédentes figurent la longue succession des espèces éteintes. A chaque période de croissance, les nouveaux ramuscules cherchant à surgir de tous côtés, finissent par dépasser et tuer ceux qui les entouraient, comme certaines espèces et groupes d'espèces ont de tout temps vaincu d'autres espèces dans la grande lutte pour l'existence. Les rameaux réunis en branches plus fortes, celles-ci en branches de moins en moins nombreuses, étaient eux-mêmes une fois, lorsque l'arbre était plus petit, des rameaux bourgeonnants; et les connexions entre les anciens bourgeons et les nouveaux par ces branches ramifiées représentent bien la classification de toutes les espèces éteintes et vivantes en groupes subordonnés. Des nombreux rameaux qui prospéraient alors que l'arbre n'était qu'un buisson, deux ou trois seulement, devenus les grandes branches principales, ont survécu et portent toutes les ramifications subséquentes: de même que de toutes les formes ayant vécu dans les époques géologiques reculées, un fort petit nombre ont encore des descendants vivants et modifiés. Dès la première croissance de l'arbre, plus d'une branche a dû périr et tomber; et ces branches, de grosseurs diverses et perdues, représentent tous ces ordres, familles et genres, qui n'ont actuellement plus de représentants vivants, et que nous ne connaissons qu'à l'état de fossiles. De même que çà et là nous voyons, surgissant sur un point de quelque bifurcation inférieure du tronc, une mince branche égarée, qui, favorisée, a survécu, de même, nous rencontrons occasionnellement quelque animal comme l'Ornithorinque ou le Lepidosiren, qui, par ses affinités, rattache entre elles, sous quelques rapports, deux grandes branches de l'organisation, et doit probablement à une situation protégée d'avoir échappé à une concurrence fatale. De même que, pendant leur croissance, les bourgeons en produisent de nouveaux, qui, à leur tour, lorsqu'ils sont vigoureux, poussent en tous sens des rameaux qui dépassent et étouffent les rameaux plus faibles, je crois que la génération en a agi de même pour le grand arbre de la vie, dont les branches mortes et brisées sont enfouies dans les couches de l'écorce terrestre, pendant que ses magnifiques ramifications vivantes et sans cesse renouvelées, en couvrent la surface.

CHAPITRE V.

Je me suis jusqu'à présent quelquefois exprimé comme si
les variations, — si communes et si diverses chez les êtres
organisés soumis à la domestication et à un degré moindre
chez ceux qui se trouvent à l'état de nature, — étaient dues
au hasard. Ce terme, qui, cela va sans dire, est incorrect, sert
simplement à indiquer notre ignorance complète de la cause
de chaque variation particulière. Quelques auteurs croient que
la production des différences individuelles ou de légères déviations de conformation est autant une fonction du système
reproducteur que peut l'être la ressemblance de l'enfant à ses
parents. Mais les faits, que les variations et les monstruosités
surgissent plus fréquemment à l'état domestique qu'à l'état de
nature, ainsi que la plus grande variabilité des espèces à distribution étendue comparées à celles dont l'extension est restreinte, semblent montrer que la variabilité est en relation
directe avec les conditions extérieures auxquelles chaque
espèce a, pendant plusieurs générations successives, pu être
exposée. J'ai cherché à établir, dans le premier chapitre,
que les changements dans les conditions agissent des deux
manières : directement sur tout ou partie de l'organisme, ou
indirectement par l'intermédiaire du système reproducteur.
Dans tous les cas, deux facteurs sont en présence, la nature de
l'organisme, de beaucoup le plus important des deux, et celle

des conditions elles-mêmes. L'action directe de ces dernières détermine des résultats définis ou indéfinis. Dans ce dernier cas, l'organisation paraît devenir plastique et présente une variabilité extrêmement flottante. Dans le premier, la nature de l'organisme est telle que, soumis à certaines conditions, il cède facilement, et que tous ou la plupart des individus se modifient de la même manière.

Il est fort difficile de déterminer jusqu'à quel point les changements de conditions, telles que le climat, la nourriture, etc., peuvent agir d'une manière définie. Il y a quelque raison de croire que, avec le temps, leurs effets ont dû être plus grands qu'on ne peut l'établir par l'expérience directe ; toutefois nous pouvons sans crainte dire que ce n'est point à leur action seule qu'on doit attribuer les innombrables et complexes coadaptations de conformation que nous observons dans la nature. On peut, dans les cas suivants, reconnaître que les conditions ont exercé quelque action définie. E. Forbes assure que, à leur limite vers le midi et vivant dans une eau plus profonde, les coquilles de mollusques sont plus brillamment colorées que celles venant de pays plus au nord, ou de profondeurs plus considérables ; toutefois ces assertions ont été récemment contestées.

M. Gould admet que des oiseaux de même espèce ont les couleurs plus vives dans une atmosphère limpide, que lorsqu'ils vivent dans une île ou sur les côtes ; et Wollaston est convaincu que l'habitation près des côtes affecte la coloration des insectes. Moquin-Tandon donne une liste de plantes dont les feuilles deviennent charnues, ce qui n'est pas leur cas dans leurs stations ordinaires, lorsqu'elles croissent dans le voisinage de la mer. D'autres cas semblables pourraient encore être cités.

Le fait que des variétés d'une espèce se trouvant dans des localités occupées par d'autres espèces, acquièrent parfois quelques-uns des caractères de ces dernières, appuie l'idée que les espèces ne sont que des variétés bien marquées et permanentes. Ainsi les espèces de mollusques des mers peu profondes des tropiques ont des coquilles à couleurs bien plus vives que celles des mollusques des mers froides et profondes. Les oiseaux des continents ont aussi, d'après M. Gould, des couleurs plus brillantes que ceux qui habitent les îles. Les espèces d'insectes du bord de la mer ont souvent un aspect sombre et métallique, et les plantes vivant dans les mêmes conditions sont sujettes à avoir les feuilles charnues. Dans la supposition de la création de chaque espèce, on dira que tel insecte, par exemple, a été créé avec une couleur métallique, parce qu'il devait vivre près de la mer, mais que tel autre a acquis cet aspect par variation aussitôt qu'il a atteint les côtes.

Étant donnée une variation avantageuse à un être, nous ne saurions estimer la part qu'il faut attribuer à l'action accumulatrice de la sélection naturelle, et celle qui peut revenir à l'action définie des conditions de l'existence. Ainsi, les pelletiers savent bien que les animaux d'une espèce donnée ont la fourrure d'autant plus épaisse et plus belle qu'ils vivent plus au nord; mais comment apprécier quelle est la part de cette différence due au fait que les individus les plus chaudement couverts ont été favorisés et conservés pendant plusieurs générations, et quelle est celle due à l'action directe de la rigueur du climat? Car il paraît, en effet, que le climat exerce une action directe sur le pelage de nos mammifères domestiques.

On peut citer des exemples de variétés semblables dérivant d'une même espèce, et qui se sont produites dans des conditions extérieures aussi différentes qu'on peut les concevoir; et, d'autre part, de variétés dissemblables ayant pris naissance sous des conditions en apparence identiques. On connaît aussi de nombreux exemples d'espèces ne variant pas, et conservant leur type, quoique vivant sous les climats les plus opposés. Les considérations de ce genre me portent à ne pas attribuer une grande importance à l'action directe et définie des conditions extérieures; toutefois je dois reconnaître qu'on peut appuyer l'opinion opposée par des arguments généraux ayant de la valeur.

On peut, dans un certain sens, dire que les conditions extérieures causent non-seulement la variabilité, mais qu'elles comprennent aussi la sélection naturelle : car ce sont elles qui décident de la variété qui doit survivre. Mais lorsque la sélection dépend de l'intervention de l'homme, les deux éléments de modification deviennent distincts; les conditions causant la variabilité, et la volonté humaine, qu'elle agisse d'une manière consciente ou non, accumulant les variations dans des directions données et correspondant à la survivance du plus apte dans la nature.

Effets de l'usage et du défaut d'usage, réglés par la sélection naturelle.

Il est incontestable que, chez nos animaux domestiques, l'usage fortifie et développe certaines parties, que le défaut d'usage les diminue, et que des modifications de cette nature sont héréditaires. Des termes de comparaison, nous permettant de juger des effets de l'usage ou d'un défaut d'usage prolongés dans l'état de nature, nous manquent, parce que nous ne connaissons jamais les formes parentes; mais on constate chez beaucoup d'animaux des conformations qui s'expliquent par le défaut d'usage. Ainsi que le remarque le professeur Owen, il n'y a pas dans la nature d'anomalie plus grande que celle d'un oiseau incapable de voler, et il y en a plusieurs dans ce cas. Le canard à ailes courtes de l'Amérique du Sud ne peut que battre la surface de l'eau avec ses ailes, qui sont à peu près dans l'état de celles du canard Aylesbury domestique. Les grands oiseaux terrestres n'ayant recours au vol que rarement et pour échapper au danger, je crois qu'il faut attribuer au défaut d'usage, l'état presque aptère de plusieurs oiseaux qui habitent ou ont récemment habité certaines îles océaniques dépourvues de tout animal carnassier. L'autruche habite, il est vrai, des continents et est exposée à des dangers auxquels elle ne peut échapper par le vol, mais elle peut se défendre contre ses ennemis, comme beaucoup de petits mammifères, à coups de pied. Nous pouvons supposer que l'ancêtre du genre Autruche avait des habitudes semblables à celles de l'Outarde, et que la sélection naturelle ayant, dans le cours des générations, augmenté la taille et le poids de son corps, ses jambes se sont développées par l'usage, tandis que ses ailes ont diminué au point de devenir incapables de servir au vol.

Kirby a observé que les tarses antérieurs de beaucoup de bousiers mâles sont souvent arrachés et font défaut; sur dix-sept exemplaires de sa collection, pas un n'en avait conservé la moindre trace. Dans l'*Onites apelles*, les tarses sont si ordinairement perdus qu'on a décrit cet insecte comme en étant dépourvu. Dans d'autres genres ils existent, mais à un état rudimentaire. Dans l'*Ateuchus*, le scarabée sacré des Égyptiens, ils manquent totalement. La démonstration de l'hérédité des mutilations accidentelles n'est pas encore tout à fait décisive; cependant le cas remarquable observé par Brown-Séquard, de l'hérédité, chez les cochons d'Inde, d'une épilepsie causée par une opération faite à la moelle épinière, doit nous empêcher de la nier absolument. L'absence totale des tarses antérieurs chez l'Ateuchus, et leur état rudimentaire chez quelques autres genres, est probablement le résultat d'un long défaut d'usage, car, comme on rencontre beaucoup de bousiers privés de leurs tarses, ils doivent les avoir perdus dès le commencement de leur existence, ce qui montre que ces organes ne peuvent avoir chez ces insectes ni importance, ni utilité.

Nous pouvons, dans quelques cas, attribuer au défaut d'usage des modifications de conformation qui paraissent dues entièrement ou principalement à la sélection naturelle. M. Wollaston a observé le fait remarquable que, sur 550 espèces de coléoptères habitant Madère (on en connaît davantage maintenant), il y en a 200 dont les ailes sont trop imparfaites pour qu'elles puissent voler; et que, sur 29 genres indigènes, pas moins de 23 ont leurs espèces dans cet état.

Dans différentes parties du globe, les coléoptères sont souvent emportés par le vent en mer, où ils périssent; ceux de l'île de Madère, ainsi que le remarque M. Wollaston, se tiennent cachés, jusqu'à ce que le vent soit tombé et que le soleil brille. La proportion de coléoptères aptères est plus considérable dans les *deserta* exposées aux vents qu'à Madère même; — le fait extraordinaire sur lequel M. Wollaston insiste particulièrement, que certains grands groupes de ces insectes, dont les mœurs nécessitent un état de vol fréquent, et qui sont très-nombreux ailleurs, manquent complétement dans l'île; — toutes ces considérations me portent à croire que l'état aptère de tant de coléoptères de Madère est principalement dû à une action de sélection naturelle combinée avec le défaut d'usage. En effet, pendant les générations successives, tout individu volant le moins, soit par paresse, soit par imperfection de ses ailes, aura eu plus de chances de survivance en n'étant pas emporté en mer, tandis que, d'autre part, les coléoptères disposés à prendre souvent leur vol auront dû plus souvent être entraînés loin des côtes et par conséquent détruits.

Les insectes de l'île de Madère, qui ne sont point terricoles et, comme les lépidoptères et certains coléoptères, vivant sur les fleurs, sont par conséquent obligés de voler habituellement pour pouvoir chercher leur subsistance, ont des ailes qui, loin d'être réduites, sont plutôt agrandies. Ceci est tout à fait compatible avec la sélection naturelle, car, pour tout insecte nouvellement arrivé dans l'île, la tendance de la sélection à agrandir ou à réduire ses ailes a dû dépendre ou de ce que la plupart des individus auront réussi à résister aux vents, grâce à la puissance de leur vol, ou de ce que, au contraire, ils auront renoncé à ce mode de locomotion. De même que, pour des marins naufragés près d'une côte, il aurait mieux valu, pour les bons nageurs, qu'ils eussent pu nager un peu plus longtemps, et il eût été préférable, pour les mauvais nageurs, qu'ils n'eussent pas su nager du tout et qu'ils fussent restés sur les débris du navire.

Les yeux des taupes et de quelques rongeurs fouisseurs sont rudimentaires, et, dans quelques cas même, entièrement recouverts par la peau et les poils. Cet état des yeux est probablement dû à une réduction graduelle déterminée par le défaut d'usage et aidée par sélection naturelle. Les Ctenomys, rongeurs de l'Amérique du Sud, dont les mœurs sont encore plus souterraines que celles de la taupe, sont fréquemment aveugles, à ce que j'ai appris d'un Espagnol qui en a souvent capturé. J'en ai eu un que j'ai conservé vivant et qui était certainement dans cet état, causé, à ce qu'a démontré sa dissection, par une inflammation de la membrane nictitante. L'inflammation fréquente des yeux devant être nuisible à tout individu, et ces organes n'étant d'aucune nécessité aux animaux qui vivent sous terre, leur réduction en grosseur, suivie de la soudure des paupières et de leur protection par des poils, pourrait être autant de conséquences avantageuses d'un défaut d'usage, dont la sélection naturelle tendrait à assurer les effets.

Divers animaux, appartenant à des ordres différents et habitant les grottes souterraines de la Carniole et du Kentucky, sont aveugles. Chez plusieurs crustacés, le pédoncule portant l'œil est conservé, bien que l'œil soit absent; le support du télescope existe, mais le télescope lui-même et ses verres font défaut. Comme il est difficile de supposer que des yeux, bien qu'inutiles, puissent être nuisibles à des animaux vivant dans l'obscurité, leur absence ne peut être attribuée qu'au défaut d'usage. Un de deux individus du rat de caverne (*Neotoma*), — capturés par le professeur Silliman, à environ un demi-mille de l'entrée de la grotte, par conséquent pas dans les parties les plus profondes, — avait les yeux grands et brillants. Ces animaux, soumis pendant un mois à une lumière graduée, parurent, à ce que m'apprend le professeur Silliman, avoir acquis une vague aptitude à percevoir les objets.

Il semble difficile de s'imaginer des conditions extérieures plus semblables que celles de vastes cavernes creusées, dans de profondes couches calcaires, dans des pays ayant à peu près le même climat. Dans l'hypothèse donc que les animaux aveugles ont été créés séparément pour les cavernes américaines et européennes, on devait s'attendre à trouver une grande similitude dans leur conformation et leurs affinités. Or, la comparaison des deux faunes montre qu'il n'en est point ainsi; et en ce qui concerne les insectes seuls, Schiödte remarque que « nous ne pouvons donc considérer l'ensemble du phénomène que comme un fait purement local, et l'analogie qui existe entre quelques formes de la grotte du Mammouth (Kentucky) et celles de la Carniole, que comme l'expression de l'analogie générale qui s'observe entre la faune de l'Amérique du Nord et celle de l'Europe. » Nous devons donc supposer que des animaux américains, doués d'une faculté de vision ordinaire, ont émigré lentement et par générations successives du monde extérieur jusque dans les anfractuosités les plus profondes des cavernes du Kentucky; ce que les animaux européens ont fait de leur côté dans celles de la Carniole. Schiödte ajoute : « Nous regardons les faunes souterraines comme de petites ramifications qui, détachées des faunes géographiquement limitées du voisinage, ont pénétré sous terre et, à mesure qu'elles s'y étendaient davantage dans l'obscurité, se sont accommodées à leurs nouvelles conditions ambiantes. Des animaux peu différents des formes ordinaires ménagent la transition de la lumière à l'obscurité, les uns étant conformés pour vivre dans un demi-jour, les autres adaptés, par une structure toute particulière, à l'obscurité complète. » Ces remarques de Schiödte s'appliquent à des espèces distinctes. Quand, après de nombreuses générations, l'animal aura atteint les dernières profondeurs, le défaut d'usage aura plus ou moins complétement atrophié ses yeux, et la sélection naturelle aura peut-être déterminé d'autres changements compensant la cécité, tels qu'un allongement des palpes ou des antennes. Ces modifications n'en laisseront pas moins subsister les affinités existant entre les animaux de caverne et les autres habitants du continent, soit en Amérique, soit en Europe. Cela est, en effet, le cas pour quelques animaux des grottes souterraines d'Amérique, ainsi que me l'apprend le professeur Dana ; et de même, quelques-uns des insectes des grottes européennes sont très-voisins de ceux qui vivent à l'extérieur dans le pays. Dans l'hypothèse de la création indépendante, il serait difficile de donner une explication rationnelle de cette affinité qui existe dans les deux continents, entre les animaux souterrains et ceux qui peuplent la surface. Nous devons d'ailleurs nous attendre à trouver, chez les habitants des grottes souterraines de l'ancien et du nouveau monde, l'analogie que nous remarquons dans la plupart de leurs autres productions. Sur des rochers ombragés, et loin des grottes, on rencontre en abondance une espèce de *Bathyscia* aveugle; la perte de vision chez l'espèce de ce genre qui habite les grottes souterraines n'est probablement pas en rapport avec l'obscurité de son habitat, car il est tout naturel qu'un insecte déjà privé de la vue puisse s'adapter d'emblée à vivre dans des grottes obscures. Un autre genre aveugle, l'*Anophthalmus*, présente une remarquable particularité; d'après M. Murray, ses diverses espèces distinctes habitent plusieurs grottes différentes en Europe et dans le Kentucky, et le genre ne se trouve nulle part ailleurs que dans ces milieux obscurs. Il est possible que le ou les ancêtres de ces diverses espèces aient pu autrefois, alors qu'ils possédaient des yeux, avoir été largement disséminés sur les deux continents, et s'être depuis éteints partout, excepté dans les endroits retirés qu'ils occupent actuellement. Loin d'être surpris des anomalies que présentent plusieurs de ces animaux souterrains, comme l'Amblyopsis, poisson aveugle signalé par Agassiz, et le Protée, également aveugle, dans ses rapports avec les reptiles européens ; je suis plutôt étonné qu'un plus grand nombre de débris de la vie passée n'aient pas été conservés, en raison du peu de concurrence à laquelle les habitants de ces sombres demeures ont été exposés.

Acclimatation.

L'habitude est héréditaire chez les plantes : ainsi l'époque de la floraison, la quantité de pluie nécessaire pour assurer la germination des graines, l'époque du sommeil, etc., faits qui m'amènent à dire quelques mots sur l'acclimatation. Comme rien n'est plus ordinaire que de trouver des espèces d'un même genre dans les pays chauds et dans les pays froids, si toutes les espèces d'un même genre descendent d'une seule forme parente, il faut que l'acclimatation ait, dans le long cours de la descendance, manifestement joué un rôle. Chaque espèce est notoirement adaptée au climat de son lieu propre ; une espèce arctique ou même vivant dans une région tempérée ne peut pas supporter un climat tropical, et *vice versâ*. Bien des plantes succulentes ne supportent pas non plus un climat humide ; mais je crois cependant qu'on a souvent surévalué le degré d'adaptation des espèces aux climats sous lesquels elles vivent. C'est ce que nous pouvons conclure du fait de l'impossibilité où nous sommes souvent de prédire si une plante importée réussira ou non sous notre climat ; et aussi du grand nombre d'animaux et de plantes de provenances les plus diverses, qui cependant prospèrent à merveille dans nos régions. Il y a lieu de croire qu'à l'état de nature les espèces sont tout autant, sinon plus strictement limitées, dans leur extension, par la concurrence des autres êtres organisés que par leur adaptation même à des climats spéciaux. Que cette adaptation soit ou non très-rigoureuse, nous avons des preuves que certaines plantes peuvent à quelque degré s'habituer naturellement à des températures différentes, c'est-à-dire s'acclimater. C'est ainsi que les pins et les rhododendrons, levés de graines recueillies par le docteur Hooker sur la même espèce, croissant à des hauteurs différentes sur l'Himalaya, se sont montrés dans notre pays doués d'aptitudes constitutionnelles toutes différentes relativement à la résistance au froid. M. Thwaites a observé à Ceylan des faits semblables; M. H.-C. Watson rapporte des observations analogues faites sur des plantes européennes rapportées des Açores en Angleterre. A l'égard des animaux, on peut citer plusieurs cas authentiques d'espèces qui, depuis les temps historiques, se sont considérablement étendues de latitudes chaudes vers de plus froides, et inversement; mais nous ne savons pas positivement, bien qu'ordinairement nous admettons que cela soit, que ces animaux fussent strictement adaptés à leur climat natal; et nous ne savons pas davantage qu'ils se soient ultérieurement spécialement acclimatés dans leurs nouvelles demeures, de manière à y être mieux adaptés qu'ils ne l'étaient d'abord. Nous pouvons admettre que l'homme barbare a primitivement choisi nos animaux domestiques parce qu'ils lui étaient utiles, et se multipliaient librement en captivité; et non parce qu'ils se sont plus tard trouvés capables d'être transportés au loin. Je crois donc que l'aptitude extraordinaire qu'ont nos productions domestiques, non-seulement de supporter les climats les plus différents, mais aussi de conserver toute leur fertilité (criterium bien plus important), peut servir d'argument à l'appui de l'opinion qu'une bonne proportion d'autres animaux, vivant encore à l'état de nature, pourraient facilement être amenés à vivre dans des circonstances climatériques fort diverses. Il ne faut cependant pas aller trop loin dans ce sens, en raison de la probabilité que quelques-uns de nos animaux domestiques tirent leur origine de plusieurs souches sauvages : les sangs de quelque chien des tropiques et de quelque loup ou chien arctique, par exemple, pouvant peut-être se trouver mêlés dans nos races actuelles. Le rat et la souris, qu'on ne doit pas considérer comme des animaux domestiques, ont été transportés par l'homme dans toutes les parties du monde et ont actuellement une distribution bien plus vaste qu'aucun autre rongeur: car ils vivent sous le climat froid des îles Feroë, dans le Nord et dans les îles Falkland, au Sud et dans beaucoup d'îles de la zone torride. On peut donc considérer la faculté d'adaptation à un climat spécial comme une qualité qui peut aisément se greffer sur cette large flexibilité de constitution, qui paraît inhérente à la plupart des animaux. D'après cette manière de voir, la capacité qu'offre l'homme lui-même, ainsi que ses animaux domestiques, de pouvoir supporter les climats les plus différents ; le fait que l'éléphant et le rhinocéros ont autrefois vécu sous un climat glaciaire, tandis que les espèces vivant actuellement sont toutes des pays chauds, ne sauraient être considérés comme des anomalies, mais bien comme des exemples d'une flexibilité ordinaire de constitution, qui peut se manifester dans certaines circonstances particulières.

Quant à la part que, dans l'acclimatation d'une espèce à un climat spécial, nous devons attribuer à l'habitude ou à la sélection naturelle des variétés ayant des constitutions innées différentes, ou enfin à l'influence des deux causes combinées, la question reste obscure. Je crois que l'habitude et la coutume ont eu quelque influence, tant par analogie que par les conseils répétés dans tous les ouvrages d'agriculture, et qui se trouvent même formulés dans les anciennes encyclopédies chinoises, d'être très-prudent dans le transport des animaux d'un district à un autre : car, comme il n'est pas probable que l'homme ait dû réussir à sélecter autant de races et de sous-races douées de constitutions spécialement adaptées à chaque localité, je pense que le résultat doit, être attribué à l'habitude. La sélection naturelle doit, d'autre part, tendre inévitablement à conserver les individus nés avec la constitution la mieux adaptée au pays qu'ils habitent.

Dans les ouvrages sur les plantes cultivées, certaines variétés sont signalées comme résistant mieux que d'autres à certains climats ; ce fait est surtout frappant dans les publications faites sur les arbres fruitiers aux États-Unis, où certaines variétés sont recommandées pour les États du Nord, et d'autres pour les États du Sud ; et, comme la plupart de ces variétés sont d'origine récente, elles ne peuvent pas devoir à l'habitude leurs différences constitutionnelles. Le cas du topinambour, qui ne se propage jamais en Angleterre par graine, et dont, par conséquent, on n'a point pu obtenir de variétés, a été mis en avant comme une preuve de l'impossibilité de l'acclimatation. On a aussi dans le même but, cité, avec plus de raison, le cas du haricot; mais tant qu'on n'aura pas, pendant une vingtaine de générations, semé de bonne heure des haricots, de manière à ce qu'ils soient en grande partie tués par le gel, pour récolter la graine des quelques survivants ; resemé celle-ci en évitant les croisements, et continué avec les mêmes précautions à recueillir et à semer les graines des plantes qui survivent, on pourra dire que l'expérience n'a pas été tentée. Ce n'est point qu'il ne se présente jamais de différences dans la constitution des jeunes plants de haricots, car des faits relatifs à la plus grande vigueur de certains semis sont connus, et j'en ai moi-même observé des cas très-frappants.

En somme, je crois qu'on peut conclure que l'habitude, l'usage et le défaut d'usage ont, dans quelques cas, joué un rôle considérable dans la modification de la constitution et de la structure de divers organes, mais que les effets de l'usage et du défaut d'usage se sont souvent combinés avec, et ont parfois été maîtrisés par la sélection naturelle de variations innées.

Variation corrélative.

J'entends par cette expression le fait que les différentes parties de l'organisation sont dans le cours de leur croissance et de leur développement, si intimement liées entre elles, que lorsque de légères variations en affectent une et s'accumulent par sélection naturelle, d'autres se modifient aussi. Ce sujet est des plus importants, très-mal compris, et permet une facile confusion de faits d'ordres très-différents : nous verrons bientôt en effet que l'hérédité simple prend quelquefois une fausse apparence de corrélation. Le cas le plus évident de vraie corrélation est fourni par la tendance qu'ont à affecter la conformation de l'animal adulte les variations qui se présentent dans son jeune âge ou dans sa forme larvaire, de la même manière que toute conformation vicieuse de l'embryon affecte sérieusement l'organisation entière de l'adulte.

Les diverses parties du corps dites homologues, qui, dans la première période embryonnaire ont une structure idenque, et sont nécessairement exposées à des conditions semblables, sont éminemment sujettes à varier ensemble et d'une manière analogue. C'est ce que nous montrent les variations similaires qu'on remarque dans les côtés droit et gauche du corps ; dans les membres antérieurs et postérieurs ; et même dans la mâchoire et les membres ; on sait que quelques anatomistes admettent l'homologie de ces derniers avec la mâchoire inférieure. Ces tendances peuvent être, sans doute, plus ou moins complétement dominées par la sélection naturelle ; ainsi il a autrefois existé une famille de cerfs qui ne portaient d'andouillers que d'un seul côté ; particularité qui, eût-elle été de quelque utilité à la race, aurait probablement pu être rendue permanente par sélection. Ainsi que quelques auteurs en ont fait la remarque, les parties homologues tendent à se souder, ainsi qu'on le voit souvent dans les monstruosités végétales ; et rien n'est plus commun chez les plantes normalement conformées que l'union des parties homologues, la soudure des pétales de la corolle en un seul tube, par exemple. Les parties dures semblent affecter les parties molles adjacentes, et quelques auteurs pensent que la diversité des formes qu'affecte le bassin chez les oiseaux détermine la diversité remarquable qui s'observe dans celle de leurs reins. On voit également que la forme du bassin de la mère exerce, par pression, une action sur la forme de la tête de l'enfant. D'après Schlegel, c'est la forme du corps et le mode de déglutition qui déterminent, chez les serpents, la forme et la position de plusieurs des viscères les plus importants.

Il est souvent très-difficile de se rendre compte des connexions qui rattachent entre eux les phénomènes corrélatifs. Isidore Geoffroy Saint-Hilaire insiste fortement sur la coexistence presque constante de certains défauts de conformation, tandis que d'autres ne se rencontrent jamais ensemble, sans qu'on puisse en assigner la raison. Quoi de plus singulier que la relation qui existe, chez les chats, entre la couleur blanche, les yeux bleus, et la surdité : ou entre le sexe femelle et la coloration tricolore : celle qu'on remarque dans l'emplumage des pattes et la présence d'une palmure interdigitale des doigts externes chez les pigeons ; ou entre l'abondance du duvet chez les pigeonneaux sortant de l'œuf, et la coloration de leur plumage futur, ou enfin la relation qui existe chez le chien Turc nu, entre le poil et les dents, bien qu'il y ait là sans doute un fait auquel l'homologie n'est pas étrangère. Je crois même que ce dernier cas de corrélation n'est pas accidentel ; car si nous regardons les deux ordres de mammifères remarquables par la nature anormale de leur enveloppe dermique, les Cétacés (baleines) d'une part, et les Édentés (tatous, etc.,) de l'autre, ce sont aussi ceux qui présentent la dentition la plus anormale.

Je ne connais pas de cas plus propre à montrer l'importance des lois de la variation et de la corrélation, indépendamment de l'utilité et, par conséquent, de toute sélection naturelle, que celui dont nous avons déjà parlé, de la différence entre les fleurs extérieures et internes de quelques Composées et Ombellifères. Chacun a remarqué la différence qui existe entre les fleurettes périphériques ou centrales de la Marguerite, par exemple, et qu'accompagne souvent une atrophie partielle ou complète des organes reproducteurs. Dans quelques-unes de ces plantes, les graines diffèrent aussi par leur forme et leurs ciselures. Quelques auteurs ont attribué ces différences à la pression des involucres sur les fleurettes, ou à leur pression réciproque ; et la forme des graines contenues dans les fleurettes périphériques de quelques Composées paraît appuyer cette idée ; cependant, d'après le Dr Hooker, ce ne sont pas, dans les Ombellifères, les espèces ayant les capitules les plus serrés et les plus denses, dont les fleurs périphériques et centrales diffèrent le plus entre elles. On pourrait croire que le développement des pétales périphériques, en enlevant la nourriture aux organes reproducteurs, détermine leur atrophie ; mais, ce ne peut être en tous cas la cause unique ; car dans quelques Composées, les graines des fleurettes externes et internes sont dissemblables sans que les corolles présentent aucune différence. Il est possible que ces faits soient en rapport avec un flux de nourriture différent pour les deux catégories de fleurettes ; car nous savons que chez les plantes dont les fleurs ont normalement une forme irrégulière, ce sont les plus rapprochées de l'axe, qui se montrent les plus sujettes à la pélorie, c'est-à-dire à devenir symétriques. J'ajouterai comme exemple d'un cas de corrélation remarquable, que j'ai récemment constaté, sur un grand nombre de Pélargoniums, le fait que très-souvent les deux pétales supérieurs de la fleur centrale de la touffe perdent leurs taches de couleur plus foncée, et que cette disparition est accompagnée de l'atrophie complète du nectaire adhérent. Lorsqu'un des deux pétales supérieurs est seul décoloré, le nectaire n'est pas atrophié, mais seulement très-raccourci. Quant au développement de la corolle dans les fleurettes centrales et périphériques, l'idée de Sprengel, que les dernières servent à attirer les insectes dont le concours est utile ou nécessaire à la fécondation de la plante, est fort probable; et alors, dans ce cas, la sélection naturelle a pu entrer en jeu. Mais, en ce qui concerne les graines, il paraît impossible que leurs différences de formes, qui ne sont pas toujours en corrélation avec quelque différence de la corolle, puissent être d'aucun avantage; cependant, chez les Ombellifères, ces différences sont tellement importantes en apparence — les graines étant quelquefois orthospermes dans les fleurs extérieures et cœlospermes dans les centrales, — que A. P. de Candolle a basé les principales divisions de l'ordre sur ces caractères. Nous voyons encore là, qu'ainsi que nous l'avons remarqué précédemment, des modifications de conformation ayant aux yeux des classificateurs une haute importance, peuvent être le résultat des lois de variation et de corrélation, sans être, autant du moins que nous pouvons en juger, d'aucune utilité pour l'espèce.

Nous pouvons quelquefois attribuer à tort à la variation corrélative des conformations qui sont communes à des groupes entiers d'espèces, et qui en fait ne sont que le résultat de l'hérédité; en effet, un ancêtre éloigné peut avoir acquis, par sélection naturelle, une modification dans sa structure, puis après plusieurs milliers de générations, une autre modification indépendante de la première. Ces deux particularités transmises ensuite à tout un groupe de descendants ayant des habitudes diverses, pourraient donc tout naturellement être regardées comme étant en corrélation nécessaire. Quelques corrélations paraissent dues au mode d'action de la sélection naturelle. Ainsi, Alph. de Candolle a remarqué qu'on ne rencontre jamais de graines ailées dans les fruits indéhiscents qui ne s'ouvrent pas. J'expliquerais ce fait par l'impossibilité que les graines pussent graduellement devenir ailées par sélection naturelle, si les capsules ne s'ouvraient pas d'abord ; car ce n'est que dans ce cas que les graines conformées pour être plus facilement emportées par le vent auraient gagné quelque avantage sur celles moins bien adaptées, par leur conformation, pour être largement dispersées.

Compensation et économie de croissance.

La loi de compensation ou de balancement de croissance fut formulée à peu près en même temps par E. Geoffroy Saint-Hilaire et Goëthe, ce dernier l'exprimant ainsi « pour dépenser d'un côté, la nature est obligée d'économiser de l'autre. » Cela est vrai jusqu'à un certain degré pour nos productions domestiques ; lorsque la nutrition se porte en excès sur un organe ou une partie du corps, il est rare qu'elle afflue, en excès du moins, vers une autre ; ainsi il est difficile d'arriver à obtenir à la fois d'une vache beaucoup de lait et un engraissement facile. Les variétés du choux ne fournissent pas un feuillage abondant et nutritif et beaucoup de graines oléagineuses. Dans nos arbres fruitiers, l'avortement des graines est accompagné d'un grand développement de la pulpe du fruit. Dans nos oiseaux de basse-cour, la présence d'une touffe de plumes sur la tête correspond à un amoindrissement de la crète, le développement de la barbe à une diminution des caroncules.

Bien que, dans l'état de nature, la même loi ne soit peut-être pas d'une application aussi universelle, elle est admise par beaucoup d'observateurs et surtout par les botanistes. Je n'en donnerai toutefois pas d'exemples ici, car je ne vois aucun moyen de distinguer, d'une part, entre les effets du développement par sélection naturelle d'un organe et de la réduction d'une autre partie adjacente par le même procédé ou par défaut d'usage, et, d'autre part, la soustraction de nutrition déterminée dans un organe par l'excès d'accroissement d'un autre organe voisin.

Je crois encore que plusieurs faits qui ont été indiqués

comme exemples de compensation doivent rentrer dans ce
principe plus général, que la sélection naturelle tend toujours
à économiser sur tous les points de l'organisation. Lorsque,
sous l'influence de changements dans les conditions extérieures, une conformation jusque-là utile cesse de l'être,
toute diminution, si légère qu'elle soit, ne pouvant qu'être
avantageuse à l'individu en ne détournant pas en pure perte
et au profit d'une structure inutile une partie de la nourriture, devra tomber sous l'action de la sélection naturelle. Je
ne puis pas comprendre autrement un fait qui m'a beaucoup
frappé chez les Cirrhipèdes et dont beaucoup d'autres exemples
pourraient être cités; c'est la perte plus ou moins complète de
la carapace chez les Cirrhipèdes parasites qui, vivant dans l'intérieur d'autres Cirrhipèdes, sont, par ce fait, déjà abrités et
protégés. C'est le cas chez l'*Ibla* mâle et, d'une manière encore plus remarquable chez le *Proteolepas*. Dans tous les autres
Cirrhipèdes, la carapace est formée par un développement
prodigieux des trois segments antérieurs de la tête, pourvus de
muscles et de nerfs volumineux ; tandis que chez le Proteolépas
parasite et abrité, toute la partie antérieure de la tête est réduite à un simple rudiment placé à la base d'antennes préhensiles. L'économie d'une conformation complexe et développée,
devenue superflue dans l'état parasite du Proteolépas, quoique
réalisée par une marche lente et graduelle, a dû constituer un
avantage marqué pour chaque individu successif; car, dans la
lutte pour l'existence à laquelle tout animal est soumis, chaque
Proteolépas a dû avoir une chance de plus pour vivre et se sus-
tenter, en n'ayant pas à consommer une nourriture qui n'aurait servi qu'à développer et entretenir une conformation
actuellement inutile.

C'est ainsi, je le crois, qu'à la longue la sélection naturelle
finit toujours par réduire, en économisant sur leur nutrition,
les parties de l'organisation qu'une modification dans les conditions d'existence a rendues superflues, sans cependant qu'un
développement correspondant d'un autre point de l'organisme
en soit nécessairement la conséquence. Inversement, la sélection naturelle peut parfaitement réussir à développer largement
un organe sans entraîner, comme compensation indispensable,
la réduction d'un organe adjacent.

*Variabilité des conformations multiples, rudimentaires
et d'organisation inférieure.*

Ainsi que l'a fait remarquer Isidore Geoffroy Saint-Hilaire,
on peut considérer comme règle que, tant dans les variétés
que dans les espèces, toutes les fois qu'un organe ou une partie se trouvent souvent répétés dans la conformation d'un
individu (ainsi les vertèbres dans les serpents, les étamines
dans les fleurs polyandriques), leur nombre est variable, tandis
qu'il est constant lorsque le chiffre de ces mêmes parties est
plus restreint. Le même auteur ainsi que plusieurs botanistes ont de plus reconnu que les parties multiples sont
aussi beaucoup plus sujettes à présenter des variations dans
leur conformation. En tant que, pour me servir de l'expression du professeur Owen, cette «répétition végétative» paraît être l'indice d'une organisation inférieure, la remarque
qui précède se rattache à l'opinion très-générale chez les naturalistes, que les êtres appartenant aux degrés inférieurs de
l'échelle de l'organisation, sont plus variables que ceux qui en
occupent le sommet. Par infériorité dans l'échelle, on doit entendre le faible degré de spécialisation des divers points de
l'organisme à des fonctions particulières; et le fait qu'une
même partie doit suffire à divers travaux fait comprendre
pourquoi elle peut rester variable et pourquoi la sélection naturelle n'a pas aussi strictement conservé ou rejeté toutes les
légères déviations de conformation avec autant de rigueur que
lorsqu'une partie ne sert qu'à un usage spécial. De même
qu'un couteau destiné à toutes sortes d'usages peut avoir une
forme quelconque, tandis que l'outil devant servir à un usage
déterminé y sera d'autant plus propre qu'il aura aussi une
forme particulière. Il ne faut jamais oublier que la sélection
naturelle peut agir sur toute partie d'un être, mais pour son
avantage seulement.

Les parties rudimentaires sont, ainsi que l'ont avancé avec
raison les auteurs, très-sujettes à la variabilité. Nous aurons à
revenir sur la question générale des organes rudimentaires et
atrophiés, et je me borne pour le moment à ajouter que leur

variabilité paraît dépendre de leur inutilité, du fait que leurs variations étant indifférentes à l'individu, la sélection naturelle n'exerce aucune action sur elles, ni pour les accumuler, ni pour les détruire. Ces parties rudimentaires restent soumises au jeu libre des diverses lois qui régissent la croissance, aux effets du défaut d'usage longtemps persistant, et à la tendance à la réversion ou retour.

Grande variabilité des points qui, comparés aux mêmes points dans les espèces voisines, sont extraordinairement développés dans une espèce donnée.

Je fus vivement frappé, il y a quelques années, d'une remarque faite par M. Waterhouse sur ce point, au sujet duquel le professeur Owen paraît être arrivé à des conclusions analogues. Je ne saurais prétendre convaincre personne de la vérité de la proposition ci-dessus formulée, sans l'accompagner, à titre de démonstration, de l'exposé d'une longue série des faits que j'ai recueillis sur le sujet, mais qui ne peuvent trouver place dans le présent ouvrage. J'énonce seulement ma conviction qu'elle est l'expression d'une règle de la plus haute généralité et espère avoir suffisamment tenu compte des causes d'erreurs qui, je ne me le dissimule point, entourent le sujet. Il est bien entendu que la règle ne s'applique en aucune façon aux parties, si exceptionnellement développées qu'elles soient, qui ne présentent pas un développement inusité, comparées aux points correspondants dans les espèces très-voisines.

Ainsi, bien que, dans la classe des mammifères, l'aile de la chauve-souris soit une conformation des plus anormales, la règle ne trouve pas son application parce que le groupe entier des chauves-souris possède des ailes. Elle ne serait applicable qu'au cas où, comparée aux autres espèces du même genre, une espèce donnée se trouverait avoir des ailes exceptionnellement développées. Mais elle s'applique entièrement aux cas des caractères sexuels secondaires, lorsqu'ils se manifestent d'une manière inusitée. Ce terme de caractères sexuels secondaires a été appliqué par Hunter à ces caractères qui, particuliers à un sexe, ne se rattachent pas directement à l'acte reproducteur. La règle est applicable aux mâles et aux femelles, moins à celles-ci parce qu'elles ne présentent que rarement des caractères sexuels secondaires. C'est par la grande variabilité des caractères de ce genre, qu'ils soient ou non développés d'une manière extraordinaire, qu'ils rentrent si clairement dans la règle précitée. Mais les Cirrhipèdes hermaphrodites nous fournissent une preuve qu'elle comprend d'autres faits que les caractères sexuels secondaires; et c'est en étudiant cet ordre que, portant mon attention sur la remarque de M. Waterhouse, je suis arrivé à la conviction de la réalité de la règle. Je donnerai, dans un ouvrage futur, la liste des cas les plus remarquables, mais j'en signalerai un qui justifie la règle dans son application la plus large. Les valves operculaires des Cirrhipèdes sessiles (Balanes) sont, dans toute l'étendue du terme, des conformations fort importantes, et différant fort peu dans les divers genres. Cependant, dans les espèces de l'un d'eux, le genre *Pyrgoma*, ces valves présentent une diversification remarquable, les valves homologues dans les différentes espèces étant quelquefois entièrement dissemblables par la forme. L'étendue des variations dans les individus de la même espèce est telle, qu'on peut sans exagération affirmer que les variétés diffèrent entre elles plus par les caractères tirés de ces valves importantes, que ne le font d'autres espèces appartenant à des genres distincts.

J'ai particulièrement examiné sous ce rapport les oiseaux, à cause de leur peu de variabilité dans un même pays, et ce que j'ai pu observer chez les animaux de cette classe confirme la règle. Je n'ai pas pu déterminer qu'elle s'appliquât aux plantes, et ce fait m'aurait fait concevoir des doutes sérieux sur sa réalité, si l'énorme variabilité des végétaux ne rendait excessivement difficile la comparaison de leurs degrés relatifs de variabilité.

Lorsqu'une partie ou organe est développée à un degré ou d'une manière remarquable dans une espèce, on est fondé à croire que la partie a pour elle une haute importance; elle est pourtant, dans ce cas, très-sujette à variation. Pourquoi en serait-il ainsi? Aucune explication n'est possible dans l'hypothèse de la création indépendante de chaque espèce avec toutes ses parties, telles que nous les observons. L'hypothèse de la descendance de groupes d'espèces d'autres espèces modifiées par sélection naturelle jette, je crois, quelque jour sur la question. Je ferai d'abord remarquer que, dans nos animaux domestiques, si l'on néglige un point de leur conformation ou l'animal entier, et qu'on n'applique aucune sélection, la partie négligée (par exemple la crête chez la poule Dorking), ou la race entière cessent d'être uniformes de caractères. La race sera dite alors dégénérée. Les organes rudimentaires, ceux qui n'ont été que peu spécialisés en vue d'un but particulier, et, peut-être les groupes polymorphes, nous offrent des cas naturels à peu près parallèles; car ce sont des cas où la sélection naturelle ou n'est pas intervenue, ou n'a pas agi, et l'organisation a pu ainsi rester dans un état flottant. Mais ce qui nous intéresse surtout ici est le fait que, dans nos animaux domestiques, les points qui sont actuellement en voie de changement rapide par suite d'une sélection soutenue sont aussi ceux qui sont le plus susceptibles de variation. Voyez les races du pigeon, quelles prodigieuses différences existent dans les becs des Culbutants, dans les becs et les caroncules des Messagers, dans le port et la queue des Paons, etc., tous des points sur lesquels, actuellement, les éleveurs anglais portent surtout leur attention. Il y a même des sous-races, comme celle du Culbutant courteface, dans lesquelles il est notoirement difficile d'obtenir des oiseaux parfaits, à cause du nombre de ceux qui s'écartent considérablement du type voulu.

On peut réellement dire qu'il y a une lutte constante entre la tendance au retour vers un état moins parfait, ainsi qu'à une disposition innée à varier encore, d'une part, et l'action soutenue de la sélection pour maintenir la race à son type, d'autre part. A la longue, la sélection l'emporte et l'on ne s'attend plus à reculer au point d'obtenir d'une bonne lignée courteface un oiseau aussi grossier qu'un Culbutant ordinaire. Tant que la sélection est en vigueur et marche rapidement, on doit s'attendre à une grande variabilité dans les parties soumises à la modification. Il faut encore remarquer que les caractères modifiés par la sélection de l'homme sont souvent, pour des causes qui nous sont inconnues, transmis plus à un sexe qu'à l'autre, généralement au sexe mâle, comme les caroncules des Messagers et l'énorme jabot des Grossegorges.

Revenons à la nature. Lorsqu'une partie aura été développée d'une façon extraordinaire chez une espèce, comparée à l'état où elle se trouve dans les autres espèces du même genre, nous pouvons conclure que cette partie doit, depuis l'époque où l'espèce s'est détachée de l'ancêtre commun du genre, avoir éprouvé une somme considérable de modifications. Cette époque ne sera d'ailleurs pas d'une antiquité relative bien considérable, car les espèces ne doivent guère dépasser les limites d'une période géologique. Une grande étendue de modifications implique une somme importante de variabilité continue, longtemps accumulée à l'avantage de l'espèce par la sélection naturelle.

Mais la variabilité d'une partie très-développée ayant été considérable et continue dans les limites d'une période dont la durée n'a pas été infiniment longue, nous pouvons nous attendre à trouver sur le point en question une plus grande variabilité que sur d'autres parties de l'organisation qui, depuis un temps très-long, sont restées presque constantes. C'est à mon avis ce qui est le cas, et je ne vois aucune raison pour mettre en doute que la lutte entre la sélection naturelle, d'une part, et la tendance au retour et à la variabilité, d'autre part, ne doive cesser à la longue, et que les organes les plus anormalement conformés ne finissent par être rendus constants. Donc lorsqu'un organe, si anormal qu'il soit, a été transmis à peu près dans les mêmes conditions à un grand nombre de descendants modifiés, par exemple l'aile de la chauve-souris, il doit avoir existé dans le même état pendant une période de très-longue durée, et finit ainsi par n'être pas plus variable qu'aucune autre conformation. Ce n'est que dans les cas où la modification a été considérable et comparativement récente que nous devons trouver cette *variabilité générative*, comme on peut l'appeler, encore présente à un degré prononcé, car elle n'aura pas encore été fixée par la sélection soutenue des individus variant au degré et dans le sens voulu, et le rejet continu de ceux qui, au contraire, tendent à retourner vers un état antérieur et moins modifié.

*Variabilité plus grande des caractères spécifiques
que des caractères de genre.*

Le principe que nous venons de développer est susceptible
d'extension. Il est bien connu que les caractères spécifiques
sont plus variables que ceux de valeur générique. Pour nous
faire comprendre par un simple exemple : qu'un grand genre
de plantes renferme des espèces à fleurs bleues et d'autres à
fleurs rouges, la couleur ne serait qu'un caractère de valeur
spécifique, et il n'y aurait rien d'étonnant à ce qu'une des espèces bleues variât au rouge, ou *vice versa*. Mais si toutes les
espèces avaient les fleurs bleues, cette couleur deviendrait un
caractère générique et sa variation serait déjà un fait plus extraordinaire. J'ai choisi cet exemple comme ne comportant pas
une explication à laquelle la plupart des naturalistes auraient
recours, et qui consiste à dire que les caractères spécifiques
sont plus variables parce qu'on les emprunte à des parties
d'une importance physiologique moindre, que celles qu'on
prend pour caractériser les genres. Cette explication est cependant en partie, quoique indirectement, vraie, et j'aurai à y
revenir en traitant de la classification. Il serait superflu de
donner ici des exemples à l'appui de l'assertion que les caractères spécifiques sont plus variables que les génériques, mais
j'ai toujours observé dans les ouvrages sur l'histoire naturelle
que, quand un auteur remarque avec surprise que quelque organe *important*, généralement très-constant dans de grands
groupes d'espèces, se trouve *différer* beaucoup dans des espèces
très-voisines, il se montre aussi très-*variable* chez les individus d'une même espèce. Ce fait prouve que, lorsqu'un caractère
de valeur générique descend au niveau d'un caractère spécifique, il devient souvent variable, bien que son importance
physiologique puisse rester la même. On remarque quelque
chose d'analogue dans les monstruosités, car Isidore Geoffroy
Saint-Hilaire paraît ne pas mettre en doute que plus un organe
diffère normalement dans les diverses espèces d'un même
groupe, plus il est sujet à présenter des anomalies individuelles.

Dans l'opinion de la création indépendante de chaque espèce, pourquoi telle partie de la conformation, qui diffère de la même partie dans les autres espèces également indépendamment créées du même genre, serait-elle plus variable que les points qui, dans les différentes espèces, restent tout à fait semblables? Le fait reste inexplicable. Mais en admettant que les espèces ne soient que des variétés fortement accusées et fixées, nous devons nous attendre à les voir continuer à varier sur les points de leur conformation qui ont déjà varié depuis une époque encore récente, et les ont fait différer entre elles. Ou, pour nous exprimer autrement; — les points par lesquels toutes les espèces d'un genre se ressemblent entre elles, et diffèrent des genres voisins, sont appelés caractères génériques. Ce sont ces caractères communs que j'attribue à l'hérédité d'un ancêtre commun, car il ne peut guère être arrivé que la sélection naturelle eût modifié exactement de la même manière, plusieurs espèces adaptées à des conditions plus ou moins différentes. Ces caractères dits génériques, ayant été hérités avant l'époque où les diverses espèces se sont détachées en premier de leur commun ancêtre, et n'ayant pas sensiblement varié depuis, ou seulement à un faible degré, il est peu probable qu'ils se mettent à varier actuellement. D'autre part, les points sur lesquels les espèces diffèrent des autres espèces du même genre, sont désignés sous le nom de caractères spécifiques; lesquels ayant varié et s'étant différenciés depuis l'époque où les espèces se sont détachées de leur ancêtre commun, sont par conséquent à un certain degré encore variables — tout au moins plus variables que les points de l'organisation qui, depuis une période beaucoup plus longue, sont demeurés constants.

Variabilité des caractères sexuels secondaires.

Je me bornerai sur ce point à deux remarques. On admettra facilement, sans que j'entre dans des détails, que les caractères sexuels secondaires sont très-variables, et que les espèces du même groupe diffèrent plus entre elles par cet ordre de caractères que par les autres points de leur organisation. La comparaison des différences qui existent, par exemple, entre les mâles des Gallinacés, chez lesquels les caractères sexuels secondaires acquièrent un développement marqué, et celles qui existent entre les femelles, suffit pour justifier ma proposition. La cause de la variabilité des caractères sexuels secondaires n'est pas très-évidente, mais nous pouvons trouver la raison de ce qu'ils sont moins constants et uniformes que d'autres parties de l'organisation, dans le fait qu'ils ont été accumulés par une sélection sexuelle, moins rigoureuse dans son action que la sélection naturelle, en ce qu'elle n'entraîne pas la mort, et tend seulement à diminuer la descendance des mâles moins favorisés. La variabilité des caractères sexuels secondaires, quelle qu'en puisse être d'ailleurs la cause, étant très-grande, la sélection sexuelle ayant un champ d'action plus étendu, a pu déterminer chez les espèces d'un même groupe une plus grande somme de différences dans les caractères sexuels que dans les autres points de leur conformation.

Un fait assez remarquable est celui que les différences secondaires sexuelles entre les deux sexes d'une même espèce portent précisément sur les points d'organisation par lesquels les différentes espèces d'un même genre diffèrent les unes des autres. Voici deux exemples de ce fait que je prends au hasard dans mes notes, et qui concernent des différences d'une nature trop inusitée pour que les rapports qu'ils présentent soient accidentels. Un même nombre d'articles aux tarses est un caractère commun à de grands groupes de Coléoptères, mais comme l'a montré Westwood, il varie beaucoup chez les Engidés; leur nombre varie également dans les deux sexes de la même espèce. De même, chez les Hyménoptères fouisseurs, le mode de nervation des ailes est un caractère d'une haute importance, parce qu'il est commun à des groupes considérables; mais il y a des genres où la nervation des ailes varie dans les diverses espèces, et aussi dans les deux sexes de la même espèce. Sir J. Lubbock a fait récemment l'observation de plusieurs petits Crustacés qui sont d'excellents exemples de cette loi. Dans les Pontella par exemple, « les caractères sexuels se trouvent surtout dans les antennes antérieures et la cinquième paire de pattes; c'est aussi ces organes qui fournissent les principaux caractères spécifiques. » Ce rapport a pour moi une signification très-claire: je considère toutes les espèces d'un même genre comme descendant certainement, ainsi que les deux sexes de chacun, d'un ancêtre commun. Par conséquent, tout point de la conformation de celui-ci, ou de ses premiers descendants, ayant subi des modifications, les deux sélections naturelle et sexuelle en auront probablement tiré parti, pour approprier les différentes espèces à leurs diverses places dans l'économie de la nature; ou les deux sexes de la même espèce, l'un à l'autre; ou pour adapter les mâles et les femelles à des conditions différentes; ou enfin, pour mettre les mâles à même de lutter entre eux pour la possession des femelles.

Je conclus donc, en définitive, que la plus grande variabilité des caractères spécifiques, soit ceux qui distinguent l'espèce de l'espèce, comparée à celle des caractères génériques, soit ceux qui sont communs à plusieurs espèces ; — que l'excessive variabilité que présente souvent un point donné lorsqu'il est développé chez une espèce d'une manière inusitée, en comparaison de ce qu'il est dans les espèces congénères d'une part, et le peu de variabilité des points, si développés qu'ils puissent être, qui sont communs à tout un groupe d'espèces, d'autre part ; — que la grande variabilité des caractères sexuels secondaires, et les différences qu'ils présentent chez des espèces très-voisines ; — que les caractères sexuels secondaires se manifestant généralement sur les mêmes points de l'organisation, que ceux sur lesquels portent les différences spécifiques ordinaires ; — sont autant de faits qui sont intimement connexes. Tous sont principalement dus à la descendance de toutes les espèces d'un même groupe, d'un ancêtre unique, dont elles ont hérité beaucoup en commun ; — à la tendance qu'ont les parties de l'organisation, qui ont fortement et récemment varié, de continuer à le faire plus que celles qui, héritées depuis longtemps, ont conservé plus de constance ; — à ce que, au bout d'un long espace de temps, la sélection naturelle a plus ou moins complétement maîtrisé la tendance au retour ou à une variabilité ultérieure ; — à ce que la sélection sexuelle est moins rigoureuse que la sélection naturelle ; — enfin, à ce que les variations de mêmes parties, accumulées par les deux sélections sexuelle et naturelle, ont été adaptées à diverses fins, soit sexuelles, soit ordinaires.

Variations analogues chez les espèces distinctes; apparition chez une variété de quelque caractère d'une espèce alliée, ou retour à quelque caractère d'un ancêtre primitif.

Nos animaux domestiques nous fournissent des exemples très-remarquables de la réalité des propositions précitées. Les races de pigeons les plus distinctes, dans les pays les plus éloignés entre eux, présentent toutes des sous-variétés caractérisées par des plumes renversées sur la tête ou des pattes emplumées, — particularités qui manquent à l'ancêtre primitif des pigeons, le Biset. Ces cas constituent donc des variations analogues dans deux ou plusieurs races distinctes. La présence fréquente chez le Grossegorge de quatorze ou seize pennes caudales, peut être considérée comme une variation représentant la conformation normale des pigeons Paons, formant une autre race. Je crois qu'on ne saurait contester que ces variations analogues ne soient dues à ce que les diverses races de pigeons ont toutes hérité de leur ancêtre commun, une même constitution, et une tendance à la même variation, lorsqu'elles sont exposées à des influences semblables.

Le règne végétal nous fournit un cas de variation analogue, dans les tiges renflées ou, comme on les désigne habituellement, les racines du navet de Suède et du Rutabaga, deux plantes que quelques botanistes regardent comme des variétés provenant par culture d'un parent unique ; si non, il y aurait là un cas de variation analogue entre deux soi-disant espèces distinctes, auxquelles on pourrait en ajouter une troisième, le navet ordinaire. Dans l'hypothèse de la création indépendante des espèces, nous aurions à attribuer cette similitude entre les tiges développées des trois plantes, non à une communauté de descendance et à la tendance à varier d'une manière semblable qui en résulte ; mais à trois actes de création distincts, quoique portant sur des formes extrêmement voisines.

Un grand nombre d'exemples de variations analogues ont été observés par divers auteurs sur les Céréales, et par Naudin sur les Cucurbitacées. Divers cas semblables, qui se présentent chez les insectes à l'état de nature, ont été récemment étudiés avec beaucoup de soin par M. Walsh, qui les a fait rentrer dans sa loi d'égale variabilité.

Nous rencontrons toutefois chez les pigeons le cas différent qu'on voit dans toutes les races, occasionnellement apparaître des oiseaux d'un gris-bleu ardoisé, ayant deux bandes noires sur les ailes, les reins blancs, une barre à l'extrémité de la queue, dont les pennes extérieures sont près de leur base, extérieurement bordées de blanc. Toutes ces marques étant caractéristiques du Biset, je crois qu'il y a là un cas incontestable de retour, et non pas de l'apparition dans plusieurs races d'une variation nouvelle et analogue. Nous pouvons je crois, admettre cette conclusion en toute sûreté; car, comme nous l'avons vu, ces marques colorées sont très-sujettes à apparaître dans la progéniture résultant du croisement de deux races distinctes, et de couleurs différentes; cas où, en dehors de l'influence du croisement sur l'hérédité, rien dans les conditions extérieures ne peut causer la réapparition du gris-ardoisé avec les diverses marques qui accompagnent ce plumage.

La réapparition de caractères qui peuvent avoir disparu depuis un grand nombre de générations, des centaines peut-être, est certainement un fait étonnant. Mais lorsqu'une race à été croisée avec une autre, ne fût-ce qu'une fois, sa descendance offre occasionnellement une tendance à faire retour par ses caractères, et cela pendant un assez grand nombre de générations, de douze à vingt par exemple, à la race étrangère. Après douze générations, la proportion de sang d'un ancêtre donné n'est plus que de 1 sur 2048, et pourtant cette infiniment petite proportion de sang étranger suffit pour déterminer le retour. Dans une race qui n'a pas été croisée, mais dans laquelle les *deux* parents ont perdu un caractère que possédait leur ancêtre, la tendance faible ou prononcée à reproduire le caractère perdu peut, d'après tout ce que nous pouvons savoir, se transmettre pendant un nombre indéterminé de générations. L'hypothèse la plus probable de la réapparition, après un grand nombre de générations, d'un caractère perdu dans la race, est, non que la descendance se mette subitement à tenir d'un ancêtre éloigné de centaines de générations, mais que dans chaque génération successive, le caractère en question se trouvait à un état latent, pour se développer finalement sous l'influence de conditions favorables inconnues. Chez les pigeons barbes, qui, par exemple, ne produisent que très-rarement des oiseaux bleus, il est probable qu'une tendance latente à la production d'un plumage gris-bleu existe dans chaque génération.

L'hypothèse de la pangenèse que j'ai exposée dans un autre ouvrage, permet de concevoir la possibilité de la latence prolongée des caractères, dont la transmission à travers un nombre considérable de générations, n'est au fond pas plus improbable, que ne l'est celle des organes inutiles ou rudimentaires. Une simple tendance à produire un rudiment est même quelquefois héréditaire.

Dans notre théorie, les espèces d'un genre étant toutes supposées descendre d'un ancêtre commun, il semble qu'elles devraient occasionnellement varier d'une manière analogue; et que les variétés de deux ou plusieurs espèces devraient se ressembler; ou que les variétés d'une espèce donnée pourraient, par certains de leurs caractères, ressembler à un autre espèce différente — celle-ci n'étant, d'après notre manière de voir, qu'une variété bien accusée et permanente. Mais les caractères de cette nature n'auront probablement qu'une faible importance, car ceux qui en auront une grande relativement aux habitudes particulières de chaque espèce, seront réglés par la sélection naturelle, dont les effets seront toujours plus puissants que ceux résultant de l'action réciproque de l'organisme et des conditions extérieures. On devrait en outre s'attendre à rencontrer chez les espèces d'un même genre des retours occasionnels à des caractères dès longtemps perdus, et ayant existé chez leurs ancêtres.

Toutefois il nous serait impossible de distinguer entre les deux cas précités, dans l'ignorance où nous sommes de ce qu'ont été les caractères précis de l'ancêtre commun d'un groupe naturel. Si par exemple nous ignorions que le bizet n'avait pas les pattes emplumées, ni les plumes de la tête renversées, nous ne pourrions pas savoir si ces caractères chez nos races de pigeons domestiques devaient être attribués à un fait de retour, ou considerés comme des variations analogues; mais nous aurions pu inférer que la couleur ardoisée était bien un cas de retour, à cause des marques spéciales qui sont en corrélation avec cette nuance, et qui, selon toute probabilité, ne reparaî-

traient pas toutes à la fois par simple variation. Nous aurions
été surtout autorisés à tirer cette conclusion du fait, que la
couleur ardoisée et les marques qui l'accompagnent, reparaissent fréquemment dans les produits de croisements faits entre
races de couleurs différentes. Par conséquent, bien que, pour les
cas que nous voyons dans la nature, nous ne puissions que rarement distinguer les cas de retour à un caractère antérieur,
de ceux qui constituent une variation nouvelle mais analogue,
nous devrions cependant, d'après notre théorie, trouver quelquefois chez les descendants d'une espèce en voie de modification, des caractères (résultant soit d'un retour, soit d'une variation analogue), qui existent déjà chez d'autres membres du
même groupe. C'est en effet, à n'en pas douter, ce qui a lieu.

Le fait que certaines variétés imitent pour ainsi dire d'autres espèces du même genre, rend souvent difficile la distinction
d'une espèce variable dans les ouvrages zoologiques. On pourrait
également dresser une liste considérable de formes intermédiaires entre deux autres, qu'on ne peut déjà regarder que comme
des espèces douteuses ; ce qui montre, qu'à moins qu'on n'ad-
mette une création indépendante pour chacune de ces formes,
l'une, en variant, a acquis quelques-uns des caractères de l'autre, de façon à constituer une forme intermédiaire. Certaines
parties généralement importantes et uniformes par leur nature,
qui varient quelquefois de manière à revêtir à quelque degré
les caractères de la partie correspondante d'une espèce voisine,
fournissent la meilleure preuve du fait, et j'en ai recueilli une
liste assez longue, que, comme d'autres qui l'ont précédée, je
ne saurais donner ici. Je ne puis donc que répéter que des cas
de ce genre existent et me paraissent dignes de remarque.

J'en citerai toutefois un exemple curieux et compliqué, non qu'il
affecte aucun caractère important, mais parce qu'il se rencontre
chez plusieurs espèces d'un même genre, en partie domestiques
et en partie sauvages. C'est certainement un cas de retour. L'âne
a quelquefois sur les jambes des raies transversales très-distinctes, comme celles du zèbre : on a affirmé que ces raies étaient
beaucoup plus apparentes chez l'ânon, et les renseignements
que je me suis procurés à ce sujet, confirment le fait. La raie
de l'épaule est quelquefois double, et varie beaucoup quant à
sa longueur et son dessin. On a décrit un âne blanc, mais

non albinos, comme dépourvu de toute raie scapulaire et dorsale ; et toutes deux sont souvent très-faiblement marquées ou manquent totalement chez les ânes de couleur foncée. On a vu le koulan de Pallas avec une bande scapulaire double. M. Blyth a rencontré un hémione ayant une bande scapulaire bien distincte, ce qui n'est généralement pas le cas chez cet animal ; et je tiens du colonel Poole, que les jeunes de cette espèce ont ordinairement les jambes rayées, et une bande scapulaire faiblement indiquée. Le quagga, dont le corps est, comme celui du zèbre, si fortement barré, n'a pas de raies aux jambes ; mais le Dr Gray en a figuré un individu dont les jarrets portaient des zébrures très-distinctes.

En ce qui concerne le cheval, j'ai recueilli en Angleterre des exemples de la raie dorsale chez des chevaux de toutes les races les plus distinctes, et de *tous* les manteaux. Les barres transversales sur les membres ne sont pas rares chez les isabelles, poil de souris, et dans un cas d'alezan ; on aperçoit quelquefois une légère bande scapulaire chez les isabelles, et j'en ai remarqué une faible trace sur un cheval bai. Mon fils m'a transmis une description soigneuse et le dessin d'un cheval de trait belge de couleur isabelle, ayant les membres rayés, et une double bande sur chaque épaule ; j'ai moi-même eu l'occasion de voir un poney du Devonshire isabelle, et un petit poney de même manteau originaire du pays de Galles, qui tous deux portaient de chaque côté *trois* bandes scapulaires.

Dans la région nord-ouest de l'Inde, la race des chevaux Kattywar est si généralement rayée que, ainsi que me l'apprend le colonel Poole, qui a étudié cette race pour le gouvernement indien, on ne considère pas comme pur un cheval dépourvu de raies. La raie dorsale existe toujours, les membres sont généralement barrés, et la bande scapulaire, qui est commune, est quelquefois double et même triple. Les raies sont souvent très-apparentes sur le poulain et disparaissent quelquefois complétement chez les vieux chevaux. Le colonel Poole a eu l'occasion de voir des chevaux Kattywar gris et bais rayés au moment de la mise bas. Des renseignements qui m'ont été fournis par M. W. W. Edwards m'autorisent à croire que, chez le cheval de course anglais, la raie dorsale est beaucoup plus fréquente chez le poulain que chez l'animal adulte.

J'ai moi-même récemment élevé un poulain provenant d'une jument baie (elle-même produit d'un cheval turcoman et d'une jument flamande) par un cheval de course anglais, lequel poulain, âgé d'une semaine, présentait, sur son train postérieur et en tête, de nombreuses zébrures étroites et très-foncées, et de légères raies sur les jambes; toutes ces marques ne tardèrent pas à disparaître. Sans entrer dans de plus amples détails, j'ajouterai que j'ai recueilli des cas de raies sur les membres et l'épaule de chevaux des races les plus diverses et provenant de tous pays, depuis l'Angleterre jusqu'à la Chine, et depuis la Norwége, dans le nord, jusqu'à l'archipel Malais, au midi. Dans toutes les parties du monde, les raies se présentent le plus souvent chez les isabelles et les gris-souris; je comprends sous le terme isabelle une grande variété de nuances s'étendant entre le brun-noirâtre d'une part, et la teinte café au lait, de l'autre.

Le colonel Hamilton Smith, qui a écrit sur ce sujet, admettant que les diverses races de chevaux descendent de plusieurs espèces primitives,—dont l'une, isabelle, était rayée,—attribue à d'anciens croisements avec cette souche tous les cas que nous venons de décrire. Mais cette manière de voir peut être rejetée, car il est de la plus haute improbabilité que le gros cheval de trait belge, le poney du pays de Galles, le double poney et le grêle Kattywar, etc., habitant les parties du globe les plus éloignées, aient tous été croisés avec une souche primitive supposée.

Examinons maintenant les effets des croisements entre les différentes espèces du genre cheval. Rollin affirme que le mulet ordinaire, produit de l'âne et du cheval, est particulièrement sujet à avoir les jambes rayées, et M. Gosse assure que dans certaines parties des États-Unis, les neuf dixièmes des mulets sont dans ce cas. J'ai vu une fois un mulet dont les membres étaient barrés au point qu'on l'eût pris pour un hybride de zèbre; et, dans son excellent ouvrage sur le cheval, M. W. C. Martin a figuré un mulet semblable. Quatre hybrides d'âne et de zèbre, dont j'ai vu les dessins coloriés, avaient les membres beaucoup plus fortement rayés que le reste du corps; l'un d'eux avait une double raie scapulaire. Dans le fameux produit obtenu par lord Morton, du croisement d'une

jument arabe alezane avec un quagga mâle, l'hybride et même
les poulains purs que la même jument donna subséquemment
par un cheval arabe noir, eurent sur les membres des barres
encore plus prononcées qu'elles ne le sont chez le quagga pur.
Enfin, un cas des plus remarquables est celui d'un hybride
figuré par le docteur Gray (qui a, depuis, eu l'occasion d'en
voir un second exemple) et provenant du croisement de l'âne
et de l'hémione; or, bien que l'âne n'ait qu'occasionnellement
les raies sur les membres, et qu'elles manquent, ainsi que la
bande scapulaire, chez l'hémione, cet hybride avait, outre les
quatre membres barrés, trois bandes scapulaires semblables à
celles du cheval isabelle du Devonshire et des poneys gallois,
et quelques marques zébrées sur les côtés de la face. Convaincu
que pas une de ces raies ne peut provenir du hasard, ce fait de
l'apparition de ces zébrures de la face chez l'hybride de l'âne et
de l'hémione, m'engagea à demander au colonel Poole si de
pareils traits ne se remarquaient pas dans la race Kattywar,
si éminemment sujette à présenter des raies, question à laquelle, comme nous l'avons vu, il me répondit affirmative-
ment.

Que dire de ces divers faits? Nous voyons diverses espèces
fort distinctes du genre cheval qui, par simple variation, présentent des membres rayés, comme le zèbre, et des bandes
scapulaires, comme l'âne. Nous trouvons que cette même tendance se manifeste chez le cheval aussitôt qu'il se rapproche,
par la teinte de son manteau, de la couleur générale qui caractérise les autres espèces du genre. L'apparition des raies n'est
accompagnée d'aucun changement dans la forme ni d'aucun
caractère nouveau. Cette même tendance aux zébrures se manifeste fortement chez les hybrides provenant de l'union des
espèces les plus différentes. Reprenons l'exemple des diverses
races de pigeons, qui toutes descendent d'un pigeon (en y
comprenant deux ou trois sous-espèces ou races géographiques) de couleur bleu-ardoisée, et portant certaines barres et
marques spéciales, qui reparaissent invariablement dès qu'une
race revêt par simple variation la coloration bleuâtre, sans
autre changement dans la forme et les traits généraux. Lorsqu'on croise entre elles les races de différentes couleurs les
plus anciennes et les plus constantes, nous constatons, chez les

métis résultant de ces unions, une tendance prononcée à la réapparition de ces caractères spéciaux. J'ai dit que l'hypothèse la plus probable pour expliquer cette réapparition de caractères anciens, est qu'il y a, chez les jeunes de chaque génération successive, une *tendance* à revêtir les caractères perdus, tendance qui, pour des raisons inconnues, prend quelquefois le dessus. Nous venons de voir que dans les espèces du genre cheval, les raies zébrées sont plus fréquentes ou plus apparentes chez les animaux jeunes que chez les adultes. Appelons espèces ces races de pigeons, dont plusieurs sont constantes depuis des siècles, et nous avons un cas exactement parallèle à celui que nous offrent les espèces du genre cheval! Aussi, remontant par la pensée à quelques millions de générations en arrière, j'entrevois un animal rayé comme un zèbre, d'une construction peut-être fort différente sous d'autres rapports, et l'ancêtre commun de notre cheval domestique (qu'il descende ou non d'une ou plusieurs souches sauvages), de l'âne, de l'hémione, du quagga et du zèbre.

Qui admet que les espèces équines ont dû être créées indépendantes affirmera, je le présume, que chacune d'elles a été créée avec une tendance à varier, tant à l'état de nature que domestique, de manière à pouvoir occasionnellement revêtir les caractères d'autres espèces du genre, et encore avec cette autre tendance à produire des hybrides ressemblant par leurs raies, non à leurs parents, mais aux autres espèces du genre, lorsqu'on la croise avec des espèces provenant des points du globe les plus éloignés. Admettre une pareille manière de voir me paraît vouloir substituer à une cause réelle une cause qui est imaginaire ou au moins inconnue. Elle fait de l'œuvre divine une dérision, et j'aimerais tout autant admettre, avec les anciens et ignorants cosmogonistes, que les coquilles fossiles n'ont jamais vécu, mais ont été créées en pierre pour imiter celles qui vivent sur les rivages de la mer.

Résumé.

Notre ignorance en ce qui regarde les lois de la variation est profonde. Nous ne pouvons pas, une fois sur cent, prétendre pouvoir assigner la raison d'une variation donnée. Cependant, toutes les fois que nous pouvons réunir les termes d'une comparaison, ce sont les mêmes lois qui paraissent avoir déterminé, tant les moindres différences entre les variétés d'une même espèce, que celles plus considérables qui distinguent les espèces d'un même genre. Les changements dans les conditions ne produisent généralement qu'une variabilité flottante, mais quelquefois cependant ils causent des effets directs et définis qui peuvent à la longue devenir très-prononcés, bien que nous n'ayons pas de preuve suffisante du fait. L'habitude paraît dans beaucoup de cas avoir exercé une action puissante dans la production de particularités constitutionnelles, ainsi que l'usage en fortifiant et le défaut d'usage en affaiblissant et réduisant les organes. Les parties homologues tendent à varier d'une même manière et à se souder entre elles. Des modifications dans les parties dures et externes affectent parfois des parties molles et internes. Un point fortement développé tend à attirer à lui la nourriture au détriment des points voisins, et toute partie de la conformation qui peut l'être sans inconvénient sera économisée. Des modifications dans la conformation pendant le premier âge peuvent affecter des parties qui ne doivent se développer qu'ultérieurement, et de nombreux cas de variations corrélatives, dont nous ne comprenons guère la nature, se présentent fréquemment. Les parties multiples sont variables par le nombre et la conformation, fait qui est probablement dû à ce que, n'ayant pas été rigoureusement spécialisées à des fonctions particulières, leurs modifications n'ont pas donné prise à l'action de la sélection naturelle. Cette même circonstance est aussi probablement la cause pour laquelle les êtres placés au rang inférieur de l'échelle organique sont plus variables que les formes plus élevées, dont l'organisation entière est plus spécialisée. Les organes rudimentaires qui, vu leur inutilité, échappent à la sélection naturelle, sont par conséquent très-variables. Les caractères spécifiques — c'est-à-dire ceux qui ont commencé à différer depuis que les diverses espèces d'un même genre se sont détachées d'un ancêtre commun — sont plus variables que les caractères génériques, soit ceux qui, transmis par hérédité depuis plus longtemps, n'ont pas varié dans l'intervalle. Nous avons, sur ce point, signalé certaines parties ou organes comme étant encore variables, parce qu'elles ont varié récemment, et en sont ainsi venues à différer; mais nous avons aussi vu dans le second chapitre que le même principe s'applique à l'individu entier; car, dans les localités où on rencontre un grand nombre d'espèces d'un genre donné, — c'est-à-dire où il y a eu précédemment beaucoup de variation et de différenciation, et où une fabrication active de nouvelles formes spécifiques a eu lieu, — c'est dans ces localités et parmi ces espèces que nous trouvons la plus forte moyenne de variétés.

Les caractères sexuels secondaires sont extrêmement variables et diffèrent beaucoup dans les espèces d'un même groupe. La variabilité des mêmes points de l'organisation a généralement eu pour résultat de déterminer les différences sexuelles secondaires chez les sexes d'une même espèce, et les différences spécifiques qui distinguent les espèces d'un même genre. Tout organe qui, comparé à ce qu'il est dans une espèce voisine, présente un développement extraordinaire dans ses dimensions ou sa forme, doit avoir subi une somme considérable de modifications depuis la formation du genre, ce qui nous explique pourquoi il se montre souvent plus variable que les autres points de l'organisation. La variation étant en effet le résultat d'une marche lente et prolongée, la sélection n'aura, dans des cas semblables, pas eu le temps de maîtriser la tendance à la variabilité ultérieure ou au retour vers un état moins avancé. Mais lorsqu'une espèce possédant un organe extraordinairement développé sera devenue la souche d'un grand nombre de descendants modifiés — ce qui suppose une fort longue période de temps — la sélection naturelle aura pu alors donner à l'organe, quelque extraordinairement développé qu'il puisse être, un caractère fixe. Les espèces ayant hérité de leur parent commun une constitution analogue, et été soumises à des conditions semblables, tendront naturellement à présenter des variations analogues ou feront occasionnellement retour à quelques-uns des caractères de leurs premiers ancêtres. Bien que le retour et les variations analogues puissent ne pas produire des modifications importantes et nouvelles, elles n'en contribuent pas moins à la magnifique et harmonieuse diversité de la nature.

Quelle que puisse être la cause déterminante de toute différence légère survenant entre le descendant et l'ascendant — cause qui doit toujours exister — c'est à l'accumulation constante, par voie de sélection naturelle, des différences avantageuses et utiles, qu'est due la production de toutes ces modifications de conformation, qui sont les plus essentielles à la prospérité de chaque espèce.

CHAPITRE VI.

DIFFICULTÉS] DE LA THÉORIE.

Difficultés de la théorie de la descendance avec modification. — Transitions. — Défaut ou rareté des variétés de transition. — Transitions dans les habitudes de la vie. — Habitudes diverses dans la même espèce. — Espèce ayant des habitudes toutes différentes des espèces voisines. — Organes extrêmes par leur perfection. — Modes de transition. — Cas difficiles, — *Natura non facit saltum.* — Organes peu importants. — Les organes ne sont pas absolument parfaits dans tous les cas. — La loi de l'unité de type et des conditions d'existence est comprise dans la théorie de la sélection naturelle.

Une foule de difficultés se seront sans doute présentées à l'esprit du lecteur, bien avant d'avoir atteint ce chapitre. Il en est d'assez sérieuses pour que, encore aujourd'hui, je ne puisse pas y réfléchir sans être ébranlé ; mais autant que j'en peux juger, la plupart ne sont qu'apparentes, et, quant aux difficultés réelles, elle ne sont pas, je crois, fatales à ma théorie.

Ces difficultés et objections peuvent être groupées sous les chefs suivants : — Premièrement, pourquoi, les espèces étant descendues par gradations insensibles d'autres espèces, ne trouvons-nous pas partout d'innombrables formes de transitions ? Pourquoi la nature n'est-elle pas confusion complète, et pourquoi les espèces sont-elles si bien définies ?

Secondement, est-il possible qu'un animal ayant, par exemple, la conformation et les mœurs d'une chauve-souris, puisse s'être formé par la modification d'un autre animal, ayant eu une conformation et des habitudes toutes différentes ? Pouvons-nous croire que la sélection naturelle puisse produire, d'une part, des organes d'importance insignifiante, comme la queue de la girafe, qui sert de chasse-mouche, et, d'autre part, des organes d'une structure aussi merveilleuse que l'œil, dont nous comprenons encore à peine l'inimitable perfection ?

Troisièmement, les instincts peuvent-ils être acquis et modifiés par sélection naturelle ? Que dire de l'instinct merveilleux qui fait que l'abeille, en construisant ses cellules de cire, à devancé pratiquement les découvertes de profonds mathématiciens ?

Quatrièmement, comment expliquerons-nous que les espèces, lorsqu'on les croise, restent stériles ou produisent une descendance stérile, tandis que les variétés croisées font preuve d'une fertilité inaltérable ?

Nous discuterons ici les deux premiers chefs. — L'instinct et l'hybridisme seront chacun l'objet d'un chapitre spécial.

Absence ou rareté des variétés de transition.

La sélection naturelle n'agissant que par la conservation des modifications avantageuses, toute forme nouvelle survenant dans une localité suffisamment peuplée, tendra à prendre la place, puis finalement à exterminer, soit sa propre forme parente, moins améliorée, soit les autres formes moins favorisées avec lesquelles elle se trouve en concurrence. L'extinction et la sélection naturelle vont donc ensemble. Il en résulte que toute espèce étant considérée comme descendante d'une espéce antérieure inconnue, celle-ci, ainsi que toutes les variétés de transition subséquentes, auront généralement été exterminées précisément par la formation même et l'amélioration de la forme nouvelle. Mais puisque d'après cette théorie, d'innombrables formes de transition ont dû exister, pourquoi ne les trouvons-nous pas enfouies par milliers dans les couches de l'écorce terrestre ? La discussion de cette question trouvera mieux sa place dans le chapitre relatif à l'imperfection des documents géologiques, je dirai seulement ici que les matériaux que la géologie peut nous fournir sur les organismes qui ont vécu à la surface du globe sont infiniment moins complets qu'on ne le croit généralement. L'écorce terrestre est un vaste musée mais dont les collections naturelles sont très-incomplètes, et n'ont été faites qu'à d'immenses intervalles.

On objectera que lorsque plusieurs espèces voisines habitent un même territoire, nous devrions certainement y rencontrer actuellement des formes de transition. Prenons donc un cas simple ; en voyageant du nord au midi sur un continent, nous

rencontrons ordinairement, à des intervalles successifs, des
espèces voisines ou représentatives, qui occupent évidemment
dans l'économie naturelle du pays, des places correspondantes.
Ces espèces représentatives se trouvent souvent en contact,
et tandis que l'une devient de plus en plus rare, l'autre augmente peu à peu et finit par se substituer à la première. Mais
comparées entre elles là où elles se mêlent, elle sont généralement aussi distinctes, par tous les points de leur conformation,
que peuvent l'être les individus pris dans le centre même de
la région qui constitue leur habitat ordinaire.

D'après ma théorie, ces espèces voisines descendent d'un
parent commun, et se sont, chacune dans le cours de sa modification, adaptées aux conditions particulières de sa propre localité, où elle a fini, après les avoir exterminées, par remplacer
sa forme parente originelle, ainsi que toutes les variétés qui
ont formé les transitions entre ses états passés et son état
actuel. Nous ne devons donc pas nous attendre à trouver, dans
chaque localité, de nombreuses variétés de transition, bien
qu'elles doivent y avoir existé, et peuvent y être enfouies à
l'état fossile. Mais encore, dans une région intermédiaire,
offrant des conditions d'existence intermédiaires, pourquoi ne
trouvons-nous pas des variétés reliant entre elles les formes
extrêmes ? Il y a là une difficulté qui m'a longtemps embarrassée, mais qu'on peut, je crois, expliquer.

Ce n'est qu'avec une grande circonspection que, du fait
qu'une région est actuellement continue, nous devions en tirer
la conclusion qu'il en a été de même pendant de longues périodes. La géologie semble nous montrer que, même jusqu'aux
derniers temps de l'époque tertiaire ; la plupart des continents
étaient morcelés en îles, dans lesquelles des espèces distinctes
ont pu se former séparément, sans qu'il y ait eu possibilité de
variétés intermédiaires. Par suite de changements dans la forme
des terres émergées et dans le climat, des aires marines actuellement continues peuvent avoir existé, jusqu'à une époque récente, dans un état beaucoup moins uniforme et moins continu
qu'aujourd'hui. Mais je n'insisterai pas sur ce moyen d'éluder
la difficulté, car tout en admettant que beaucoup d'espèces parfaitement définies ont pris naissance sur des régions continues,
il n'est pas douteux que l'état autrefois fragmenté de surfaces

maintenant réunies, a dû jouer un rôle essentiel dans la formation de nouvelles espèces, surtout chez les animaux errants
et se croisant librement.

Si nous observons les espèces actuellement repandues sur
une grande surface, nous les voyons en général très-nombreu-
ses sur un grand territoire, puis devenant brusquement plus
rares sur ses limites, et finalement disparaissant. Le territoire
neutre qui sépare deux espèces représentatives, est généralement peu considérable et étroit, comparé à celui qui est propre
à chacune d'elles. Le même fait se présente dans les montagnes,
et A. de Candolle a fait remarquer combien on voit souvent
brusquement disparaître une espèce végétale alpine commune.
Des sondages des fonds de la mer ont fourni à E. Forbes des résultats analogues. Pour qui considère le climat et les conditions
physiques de la vie comme constituant les éléments essentiels
de la distribution, de pareils faits sont étonnants, car le climat et la hauteur ou la profondeur ne varient que d'une manière graduelle et insensible. Mais si nous songeons que toute
espèce, même dans son centre spécial, tendrait constamment
à augmenter en nombre, sans la concurrence que lui opposent
les autres espèces; que presque toutes sont la proie des autres,
ou en font la leur; en un mot que chaque être organisé est directement ou indirectement en rapports les plus intimes avec les
autres, nous voyons que l'extension des habitants d'un pays
est loin de dépendre exclusivement des changements graduels
que peuvent subir les conditions physiques; mais qu'elle dépend essentiellement de la présence, soit des espèces dont ils
vivent, soit de celles qui les détruisent, soit enfin de celles avec
lesquels ils sont plus spécialement en concurrence. Ces espèces
étant elles-mêmes définies et ne passant pas par gradations
insensibles les unes dans les autres, l'extension d'une espèce
donnée, dépendant comme elle le fait de celle des autres, tendra à être elle-même nettement circonscrite. En outre, sur les
limites de sa distribution, où elle se trouve en moins grand
nombre, l'espèce pourra être plus facilement exterminée, suivant les fluctuations que pourront présenter ses ennemis, sa
proie, où les changements de saisons : toutes circonstances qui
tendront à restreindre et à limiter toujours plus nettement sa
distribution. Si je suis dans le vrai, en admettant que des es-

pèces voisines ou représentatives habitant une surface continue, occupent généralement des étendues considérables, séparées par d'étroits espaces neutres, où elles deviennent de plus en plus rares, le même fait s'appliquera aux variétés, comme ne différant pas essentiellement des espèces; et, à toute espèce variant et jouissant d'une distribution étendue, nous aurons à adapter deux variétés à deux grandes régions, et une troisième à une zone intermédiaire étroite qui se trouve entre les deux. Cette dernière variété habitant une zone restreinte, sera par conséquent beaucoup moins nombreuse; et autant que je puis en juger, c'est ce qui passe pour les variétés dans la nature. J'ai pu observer des exemples frappants de cette règle chez les variétés intermédiaires qui existent entre les variétés bien marquées du genre *Balanus*. Il résulte aussi des renseignements que m'ont transmis M. Watson, le Dr Asa Gray, et M. Wollaston, qu'en général les variétés qui se rencontrent entre deux formes données, sont généralement bien moins nombreuses que les formes qu'elles relient. Autorisé par des faits de ce genre, qui montrent que les variétés qui en relient d'autres entre elles, se trouvent ordinairement en moins grand nombre que les formes extrêmes, nous sommes à même de comprendre pourquoi les variétés intermédiaires ne peuvent pas persister pendant de longues périodes; — et pourquoi, en règle générale, elles sont exterminées et disparaissent plutôt que les formes qu'elles rattachaient primitivement entre elles.

Nous avons déjà vu, en effet, que toute forme numériquement faible court plus de chances d'être exterminée que celles qui sont en grand nombre, et, dans le cas particulier, la forme intermédiaire est essentiellement exposée aux empiétements des formes voisines qui l'entourent. J'estime d'ailleurs comme très-important le fait que, pendant le cours des modifications que nous supposons être en voie de convertir les deux variétés en deux espèces distinctes, les deux qui se trouveront jouir de la distribution la plus vaste, auront, sur la variété intermédiaire, limitée comme elle l'est à une zone étroite et de peu d'étendue, l'avantage du nombre, qui leur assure une meilleure chance de fournir à la sélection naturelle et dans un temps donné, plus de variations favorables que cela ne pourra arriver aux formes plus rares et moins nombreuses. Les formes les plus communes tendront donc ainsi, dans la lutte universelle pour l'existence, à l'emporter sur et à remplacer celles qui le sont moins, et qui, par la lenteur de leurs modifications, se trouveront moins améliorées. Le même principe, comme nous l'avons vu au deuxième chapitre, explique pourquoi, dans tous les pays, le nombre moyen des variétés bien prononcées est toujours plus considérable chez les espèces communes que chez celles qui sont rares. Pour bien faire comprendre ce que j'entends, supposons trois variétés de moutons, l'une adaptée à une vaste région montagneuse; la seconde habitant un terrain comparativement restreint et accidenté; la troisième occupant les plaines étendues qui se trouvent au pied. Admettons que les habitants de ces trois régions cherchent tous avec les mêmes soins à améliorer leurs races par sélection : les chances de réussite seront dans ce cas toutes en faveur des propriétaires de la montagne ou de la plaine, qui amélioreront leurs animaux beaucoup plus promptement que les petits propriétaires du terrain intermédiaire plus restreint. Il en résultera que les races améliorées de la montagne et de la plaine ne tarderont pas à remplacer celle moins parfaite qui se trouve entre deux, et que les races extrêmes déjà dès l'origine les plus nombreuses, finiront par se rapprocher et arriver en contact, sans l'interposition de la variété intermédiaire supplantée et supprimée.

Pour résumer, je crois que les espèces arrivent ainsi à être des objets passablement définis, et ne présentent à aucun moment un chaos inextricable de formes intermédiaires; premièrement, parce que la variation suivant une marche lente, les nouvelles variétés ne se forment qu'à la longue, et que la sélection naturelle n'exerce son action, que lorsqu'il survient quelque changement individuel favorable, ou qu'il se présente dans l'économie naturelle de la région une place qui puisse être mieux occupée par quelques-uns de ces habitants modifiés. Ces places nouvelles pourront dépendre de lents changements dans le climat, de l'immigration occasionnelle d'habitants nouveaux, et probablement du fait important que des modifications lentes survenant chez quelques-uns des anciens habitants, les formes nouvelles ainsi produites et les anciennes réagissent réciproquement les unes sur les autres. De sorte que dans toute région, et à tout moment donnés, nous ne devons trouver que peu d'espèces présentant de légères modifications un peu permanentes, comme cela est en effet le cas.

Secondement, des surfaces actuellement continues ont, à une période peu éloignée, dû s'être trouvées fractionnées en portions isolées, dans lesquelles un grand nombre de formes, plus spécialement parmi les classes errantes et celles qui s'accouplent pour chaque naissance, ont pu devenir assez distinctes entre elles pour être regardées comme des espèces représentatives. Les variétés intermédiaires qui, dans ce cas, ont, dans chaque portion isolée du pays, dû autrefois exister entre ces espèces représentatives et leur parent commun, ayant été graduellement exterminées par la sélection naturelle, ne se trouveront plus à l'état vivant.

Troisièmement, lorsque deux ou plusieurs variétés se seront formées dans différents points d'une surface continue, il y aura eu probablement aussi production dans les zones intermédiaires, de variétés également intermédiaires, mais dont la durée aura été courte. En effet, pour les raisons déjà données (tirées de l'observation et de la distribution actuelle des espèces voisines, ainsi que des variétés reconnues), ces variétés, habitant des zones intermédiaires peu étendues, ne doivent s'y trouver qu'en nombre bien moins considérable que les variétés principales qu'elles relient. Elles seront, par conséquent, beaucoup plus sujettes à une extermination accidentelle, ou à être supplantées par les formes extrêmes, lesquelles, beaucoup plus nombreuses, peuvent dans leur ensemble offrir plus de variations avantageuses qui, accumulées par la sélection naturelle, assurent leur amélioration ultérieure.

Enfin, envisageant non une période seulement, mais le temps dans son ensemble, une quantité innombrable de variétés reliant étroitement entre elles toutes les espèces d'un même groupe doivent, si la théorie est vraie, avoir certainement existé ; mais la marche même de la sélection naturelle tend constamment à détruire les formes parentes et les chaînons intermédiaires. Ce n'est que dans les restes fossiles, qu'on pourrait donc trouver la preuve de leur existence passée, mais nous verrons dans un chapitre futur combien les documents de ce genre sont incomplets et intermittents.

De l'origine et des transitions des êtres organisés ayant une conformation et des habitudes particulières.

Les adversaires des idées que j'avance ont souvent demandé comment, par exemple, un animal carnivore terrestre a pu se transformer en un animal à mœurs aquatiques ; car comment aurait-il pu subsister pendant son état de transition? Il serait facile de montrer que, dans un même groupe d'animaux carnivores, on en trouve qui présentent tous les degrés entre des mœurs rigoureusement terrestres et aquatiques ; et chacun ne subsistant que parce qu'il résiste à la lutte pour l'existence, il faut nécessairement qu'il soit bien adapté à la place qu'il occupe dans la nature. Ainsi, le *Mustela vison* de l'Amérique du Nord a les pattes palmées et ressemble à la loutre par son poil, ses pattes courtes et la forme de sa queue ; pendant l'été, l'animal se nourrit de poisson et plonge pour s'en emparer ; mais, pendant l'hiver, il quitte les eaux congelées et cherche comme les autres putois sa nourriture parmi les souris et autres animaux terrestres. Il serait plus difficile de répondre à la question de savoir comment un quadrupède insectivore aurait pu se transformer en une chauve-souris volante ; je crois cependant que de telles difficultés ne sont pas d'un très-grand poids.

Dans cette occasion comme dans beaucoup d'autres, je sens toute l'importance qu'il y aurait à exposer tous les cas frappants que j'ai recueillis sur les habitudes et conformations de transition dans les espèces voisines d'un même genre, ainsi que sur la diversification d'habitudes constantes ou occasionnelles qu'on rencontre chez quelques espèces. Il ne faudrait rien moins qu'une longue liste de faits pareils pour amoindrir la difficulté que présente la solution de cas analogues à celui de la chauve-souris.

La famille des écureuils nous présente une gradation insensible, depuis des animaux n'ayant qu'une queue légèrement aplatie, et d'autres, selon la remarque de Sir J. Richardson, n'ayant la partie postérieure du corps que faiblement dilatée, avec la peau des flancs un peu fournie, jusqu'aux écureuils volants. Ces derniers ont les membres et la racine de la queue unis par une large expansion de la peau, qui leur sert de parachute et leur permet de franchir, en fendant l'air, d'immenses distances d'un arbre à un autre. Nous ne pouvons douter que ces conformations ne soient utiles à chaque espèce d'écureuil dans son habitat, soit en lui permettant d'échapper aux oiseaux ou animaux carnassiers et de se procurer sa nourriture plus promptement, soit surtout en amoindrissant le danger des chutes. Mais il ne suit pas de là le fait que la conformation de chaque écureuil soit absolument la meilleure qu'on puisse concevoir, sous toutes les conditions naturelles. Que le climat ou la végétation viennent à changer, qu'il y ait immigration d'autres rongeurs ou d'autres bêtes féroces, que d'anciens écureuils se modifient, et l'analogie nous conduit à croire que quelques-uns d'entre eux diminueraient de nombre ou seraient détruits, à moins de se modifier et de s'améliorer d'une manière correspondante. Je ne vois donc pas de difficulté pour que, surtout dans des conditions d'existence en voie de changement, la conservation continue d'individus ayant la membrane des flancs toujours plus développée, et la propagation de toute modification utile aient, grâce à l'action accumulatrice de la sélection naturelle, pu finalement produire un parfait écureuil volant.

Considérons le galéopithèque ou lémur volant, autrefois classé parmi les chauves-souris. Cet animal a une membrane latérale très-large, s'étendant de l'angle de la mâchoire jusqu'à la queue et comprenant les membres et les doigts allongés; la membrane est pourvue aussi d'un muscle extenseur. Bien que le galéopithèque ne se rattache actuellement aux autres lémuriens par aucune gradation de conformations propres à glisser dans l'air, rien ne s'oppose à ce que de pareils intermédiaires aient pu autrefois exister, chaque degré de conformation ayant été utile à son possesseur. Je ne vois pas non plus de difficulté à admettre chez le galéopithèque la possibilité d'un allongement considérable des doigts et de l'avant-bras réunis par une membrane déterminée par sélection naturelle, modification qui, au point de vue du vol, aurait fait de l'animal une chauve-souris. Quelques chauves-souris, chez lesquelles la membrane de l'aile s'étend du sommet de l'épaule à la queue, comprenant les jambes postérieures, nous montrent peut-être les traces d'un appareil primitivement destiné plutôt à glisser dans l'air, qu'au vol proprement dit.

Si une douzaine de genres d'oiseaux avaient disparu ou étaient inconnus, qui eût pu soupçonner qu'il ait existé des oiseaux dont les ailes ne servaient que de palettes pour battre l'eau, comme le canard à ailes courtes (*Micropterus* d'Eyton), de nageoires dans l'eau et de membres antérieurs sur terre, comme chez le pingouin, de voiles chez l'autruche, et à aucun usage fonctionnel, comme chez l'aptéryx? La conformation de ces divers oiseaux est cependant bonne pour chacun d'eux dans les conditions où il se trouve, mais elle n'est pas nécessairement la meilleure qui se puisse concevoir dans toutes les conditions possibles. Il ne faut pas vouloir conclure des remarques qui précèdent, qu'aucun des degrés de conformation d'ailes qui y sont signalés, et qui sont peut-être tous un résultat du défaut d'usage, doivent indiquer la marche naturelle suivant laquelle les oiseaux sont graduellement arrivés à acquérir leur perfection du vol, mais elles servent au moins à montrer la diversité possible des moyens de transition.

Lorsque nous voyons que des membres de classes aquatiques, comme les crustacés et les mollusques, sont adaptés à la vie terrestre, qu'il existe des oiseaux et des mammifères volants, des insectes volants de tous les types imaginables, et qu'il y a eu autrefois des reptiles volants, il est concevable que les poissons volants, qui peuvent actuellement s'élancer dans l'air et franchir de grands intervalles en s'élevant et se tournant à l'aide de leurs nageoires frémissantes, aient pu être modifiés de manière à devenir des animaux ailés. Qui alors s'imaginerait que, pendant un état transitoire antérieur, ils auraient été habitants de l'océan, ne se servant de leurs organes de vol naissants que pour échapper à la voracité des autres poissons?

Quand nous voyons une conformation extrêmement parfaite appropriée à un usage particulier, telle que l'adaptation des ailes de l'oiseau au vol, nous ne devons pas nous attendre à trouver encore existantes des formes antérieures présentant des degrés inférieurs de transition de cette conformation, car elles auront toujours été supplantées par leurs successeurs,

toujours et graduellement améliorés par la sélection naturelle.
Nous pouvons en outre conclure que les états de transition
reliant entre elles des conformations adaptées à des habitudes
d'existence fort différentes, ne se trouvent jamais dans leurs
premières périodes, ni nombreux ni représentés par beaucoup
de formes subordonnées. Ainsi, pour en revenir à notre
exemple imaginaire du poisson volant, il ne paraît pas probable que des poissons capables d'un véritable vol eussent pu
se développer sous bien des formes différentes, aptes à chasser
des proies de diverses natures et de diverses manières, sur
l'eau et sur terre, avant que leurs organes de vol eussent
atteint un degré de perfection assez élevé pour leur assurer
dans la lutte pour l'existence un avantage décisif sur les
autres animaux. Il n'y aura donc toujours que peu de chances
de découvrir à l'état fossile des espèces présentant les divers
passages de transition; et cela parce qu'elles auront existé en
beaucoup moins grand nombre que les espèces extrêmes avec
leur conformation complétement développée.

Voici maintenant deux ou trois exemples de diversification
et de changement d'habitudes dans des individus appartenant
à une même espèce. Dans l'un et l'autre cas, la sélection naturelle pourrait aisément adapter la conformation de l'animal à
ses nouvelles habitudes, ou exclusivement à l'une d'elles seulement.

Il est cependant difficile de décider, ce qui est d'ailleurs
indifférent pour nous, si les habitudes changent généralement
les premières et la conformation ensuite, ou si les modifications de conformation entraînent à un changement d'habitudes; le plus probable est que les deux ont lieu simultanément. Comme exemples de changements d'habitudes, il suffit
de signaler les nombreux insectes de notre pays qui se nourrissent maintenant de plantes exotiques ou exclusivement de
substances artificielles. On pourrait citer des cas nombreux
d'habitudes diversifiées; j'ai souvent, en Amérique, suivi un
Saurophagus sulphuratus planant comme une crécerelle sur un
point, puis sur un autre, et à d'autres moments se tenant
immobile au bord de l'eau pour s'y précipiter à la poursuite
d'un poisson, comme un martin-pêcheur. Dans nos pays, la
mésange, *Parus major*, grimpe souvent aux branches comme

un grimpereau; elle tue quelquefois, comme la pie-grièche, les petits oiseaux d'un coup sur la tête, et je l'ai souvent vue et entendue martelant des graines d'if sur une branche et les brisant comme la sitelle. Hearne a vu dans l'Amérique du Nord l'ours noir nageant pendant des heures avec la bouche ouverte et attrapant ainsi les insectes dans l'eau, à peu près comme une baleine.

Comme nous voyons quelquefois les individus d'une espèce présenter des habitudes différentes de leurs semblables ainsi que des autres espèces de eur genre, il semble que de pareils individus devraient occasionnellement devenir le point de départ de nouvelles espèces présentant des habitudes anormales, et ayant leur conformation s'écartant plus ou moins de celle de leur type propre. La nature offre des cas pareils. Peut-on trouver un cas plus frappant d'adaptation que celui de la conformation du pic pour grimper contre les troncs d'arbres et pour saisir les insectes dans les fentes de l'écorce? Il y a cependant dans l'Amérique du Nord des pics qui se nourrissent de fruits et d'autres qui, grâce à leurs ailes allongées, peuvent chasser les insectes au vol. Dans les plaines de la Plata, où il ne croît pas un arbre, se trouve une espèce de pic (*Colaptes campestris*), ayant deux doigts en avant et deux en arrière, une langue allongée et effilée, des pennes caudales pointues, assez rigides pour soutenir l'oiseau dans une position verticale, quoique moins qu'elles ne le sont chez les vrais pics, et un bec droit et assez fort pour pouvoir percer dans le bois, sans être toutefois aussi droit ni aussi robuste que le bec des pics ordinaires. Ce colaptes est donc bien, par tous les points essentiels de sa conformation et même par les caractères plus insignifiants de la couleur, de la nature rauque de sa voix, de son vol ondulé, un proche parent de notre pic commun; mais je puis attester, d'après mes propres observations, que confirme d'ailleurs l'exact Azara, qu'il ne grimpe jamais aux arbres. Je mentionnerai comme un autre exemple d'habitudes variées de la tribu, un colaptes du Mexique, signalé par H. de Saussure comme perçant dans du bois dur des trous dans lesquels il dépose une provision de glands dont on ignore actuellement la destination.

Le pétrel est un des oiseaux les plus aériens et océaniques

qu'on connaisse, et cependant, dans les tranquilles détroits de la Terre de Feu, le *Puffinuria Berardi* pourrait être certainement pris pour un grèbe ou un pingouin, à voir ses habitudes générales, sa manière de plonger, de nager et de s'envoler ; c'est néanmoins essentiellement un pétrel, mais adapté à son mode de vivre nouveau par de profondes modifications apportées à divers points de son organisation. Le pic de la Plata n'a, par contre, été que peu modifié sous ce rapport. L'observation la plus minutieuse d'un cincle (merle d'eau) mort ne laisserait jamais soupçonner ses habitudes aquatiques, pourtant cet oiseau, qui appartient à la famille des merles, ne trouve sa subsistance qu'en plongeant, — se servant de ses ailes sous l'eau, et en saisissant avec ses pieds les pierres du fond. Tous les membres du grand ordre des hyménoptères sont terrestres, à l'exception du genre *Proctotrupes* dont Sir J. Lubbock a récemment découvert les habitudes aquatiques. Cet insecte entre dans l'eau, y plonge non au moyen de ses pieds, mais de ses ailes, et peut y rester quatre heures sans revenir à la surface ; on n'a cependant pas pu déceler dans sa conformation la moindre modification qui parût être en rapport avec ces habitudes anormales.

Pour qui admet la création spéciale de tout être tel qu'il se présente à nous, la rencontre d'un animal dont les habitudes et la conformation ne concordent pas doit être un sujet de surprise. Les pieds palmés de l'oie et du canard sont clairement conformés pour la nage. On connaît pourtant, dans de hautes terres, des oies à pattes palmées qui ne vont jamais ou bien rarement à l'eau ; Audubon est le seul qui ait vu la frégate, dont les quatre doigts sont palmés, se poser sur la surface de l'océan. Les grèbes et les foulques qui, d'autre part, sont éminemment aquatiques, n'ont en fait de palmure qu'une légère membrane bordant leurs doigts. Ne semble-t-il pas tout simple que les longs doigts privés de membrane qui caractérisent les *Grallatores* soient faits pour marcher dans les marais et sur les végétaux flottants ? La poule d'eau et le râle de genêts appartiennent à cet ordre, et le premier de ces oiseaux est presque aussi aquatique que la foulque, pendant que le second est aussi terrestre que la caille ou la perdrix. Voilà des cas, et beaucoup d'autres pourraient y être ajoutés, de changements d'habitudes n'étant point accompagnés d'un changement correspondant dans la conformation. La patte palmée de l'oie des hautes terres est devenue pour ainsi dire rudimentaire quant à ses fonctions, quoique pas quant à sa structure. Dans la frégate, une forte échancrure de la membrane interdigitale indique un commencement de changement dans la conformation.

Celui qui croit aux actes de création innombrables et distincts peut dire qu'il a plu au Créateur de remplacer, dans les cas de cette nature, l'être d'un type par un appartenant à un autre type, ce qui me paraît n'être, sous une forme recherchée, que l'énoncé du fait même. Mais qui croit à la lutte pour l'existence et au principe de la sélection naturelle reconnaîtra que, tout être organisé tendant constamment à augmenter de nombre, tout individu qui, grâce à une variation si faible qu'elle soit dans ses mœurs ou sa conformation, obtiendra quelque avantage sur un autre habitant de la localité, s'emparera de la position qu'occupe ce dernier, si différente qu'elle puisse être de la sienne. Il ne trouvera donc rien d'étonnant à ce qu'il y ait des oies et des frégates à pattes palmées, vivant sur terre ferme ou ne se posant que rarement sur l'eau ; des râles de genêts à doigts allongés vivant dans les prés au lieu de vivre dans les marais ; des pics habitant des lieux dépourvus de tout arbre ; qu'il y ait enfin des merles et des hyménoptères plongeurs, et des pétrels ayant les mœurs des pingouins.

Organes de complication et de perfection extrêmes.

Supposer qu'avec toutes ses inimitables dispositions pour l'ajustement à diverses distances de son foyer, l'admission d'une quantité variable de lumière, et la correction des aberrations sphériques et chromatiques, l'œil ait pu se former par sélection naturelle, paraît, je dois l'avouer, absurde au possible. Lorsqu'on affirma pour la première fois que le soleil était immobile et que la terre tournait autour de lui, le sens commun de l'humanité déclara la doctrine fausse ; mais on sait que le vieux axiome *Vox populi, vox Dei* n'est pas admis dans la science. La raison me dit que si, comme cela est certainement le cas, on peut montrer l'existence de nombreuses gradations entre un œil simple et imparfait et un œil parfait et compliqué, chacune de ces gradations étant avantageuse pour l'être qui la possède, si, en outre, il arrive que l'œil varie jamais faiblement, que ses variations soient héréditaires, ce qui est également le cas, et que dans les conditions changeantes de son existence, elles puissent devenir utiles à un animal, alors la difficulté d'admettre la possibilité de la production par sélection naturelle d'un œil amélioré et parfait, bien qu'insurmontable pour l'imagination, n'est pas réelle. Nous ne sommes guère plus à même de concevoir comment un nerf a pu devenir sensible à la lumière, que nous ne pouvons concevoir l'origine de la vie elle-même ; mais je remarque que certains organismes inférieurs, chez lesquels on ne constate aucune trace de nerfs, étant cependant sensibles à la lumière, il ne paraît pas impossible que certains élements du sarcode, dont ils sont en grande partie formés, puissent s'agréger et se développer en nerfs doués de cette sensibilité spéciale.

C'est exclusivement dans la succession linéaire de ses ancêtres, que nous devrions chercher les phases successives et graduelles par lesquels les organes d'une espèce ont passé en se perfectionnant. Ceci n'est presque jamais possible, et nous ne pouvons que nous adresser aux autres espèces et genres du même groupe, c'est-à-dire aux descendants collatéraux d'un même ancêtre, pour voir quelles sont les gradations possibles, dans les cas où ils auraient par hasard conservé quelques caractères de transition transmis sans ou avec peu d'altération. L'état même d'un organe dans des classes différentes peut incidemment jeter quelque jour sur la marche des modifications par lesquelles il a été amené au point de perfection qu'il a atteint dans certaines espèces données.

L'organe le plus simple auquel on puisse donner le nom d'œil consiste en un nerf optique entouré de cellules de pigment et recouvert d'une membrane transparente, sans lentille ni aucun autre corps réfringent. D'après M. Jourdain, en descendant plus bas encore, nous trouvons des amas de cellules pigmentaires paraissant servir d'organes de vision, mais dépourvus de tout nerf et reposant simplement sur une masse sarcodique. Des organes aussi simples, incapables d'aucune vision distincte, ne servent qu'à distinguer la lumière de l'obscurité. Dans quelques astéries, de petites dépressions dans la couche de pigment qui entoure le nerf sont, d'après l'auteur ci-dessus cité, remplies d'une substance gélatineuse transparente, terminée par une surface convexe, comme la cornée des animaux supérieurs, et qui, sans pouvoir déterminer la formation d'une image, rendent la perception de la lumière plus sensible en en concentrant les rayons. Cette simple concentration de la lumière constitue le premier pas, mais de beaucoup le plus important, vers la constitution d'un œil véritable susceptible de former des images; car il suffit alors d'ajuster l'extrémité nue du nerf optique, — qui dans quelques animaux inférieurs est profondément enfoui dans le corps, plus superficiellement dans d'autres, — à la distance déterminée de l'appareil de concentration, pour que l'image se forme sur elle.

Dans la grande classe des articulés, nous trouvons comme point de départ un nerf optique simplement recouvert de pigment, ce dernier formant une sorte de pupille, mais privé de toute lentille ou autre appareil optique. On sait actuellement que les nombreuses facettes qui par leur réunion constituent la cornée des grands yeux composés des insectes, sont de vraies lentilles, et que les cônes intérieurs renferment des filaments nerveux très-singulièrement modifiés. Ces organes sont tellement diversifiés chez les articulés, que Müller avait établi trois classes principales d'yeux composés, comprenant sept subdivisions, et une quatrième classe principale d'yeux simples agrégés.

Si on réfléchit à tous ces faits, trop peu détaillés ici, relatifs à l'immense variété de structure qu'on remarque dans les yeux des animaux inférieurs, et en se rappelant combien les formes actuellement vivantes sont peu nombreuses en comparaison de celles qui se sont éteintes, il n'est plus si difficile d'admettre que la sélection naturelle ait pu transformer un appareil simple, consistant en un nerf optique tapissé de pigment et recouvert d'une membrane transparente, en un instrument optique aussi parfait que celui de quelque membre que ce soit de la classe des articulés.

Arrivé à ce point, nous ne pouvons hésiter à faire un pas

de plus, et si nous trouvons que la théorie de la descendance
avec modifications rend compte d'un grand nombre de faits
autrement inexplicables, nous devons admettre que même une
conformation aussi parfaite qu'un œil d'aigle a pu être formée
par sélection naturelle, bien que dans ce cas les états de transition nous manquent. On a objecté que, pour que l'œil pût se
modifier, tout en restant parfait comme instrument, il fallait
qu'il ait été le siége de plusieurs changements simultanés,
fait qu'on considérait comme irréalisable par sélection naturelle. J'ai montré, dans mon ouvrage sur les variations des
animaux domestiques, que, si les variations étaient légères et
très-graduelles, il n'était pas nécessaire de supposer qu'elles
aient toutes dû être simultanées. Même dans la division la
plus hautement organisée du règne animal, celle des vertébrés,
nous pouvons partir d'un œil très-simple, comme celui du
Branchiostome, ne consistant qu'en un petit sac transparent
pourvu d'un nerf et doublé de pigment, sans aucun autre appareil. Owen remarque que, tant chez les poissons que chez
les reptiles, la série des gradations des conformations diop-
triques est considérable. Un fait significatif est celui que dans
l'homme même, d'après Virchow, le cristallin se forme dans
l'embryon par une accumulation de cellules épithéliales logées
dans un repli de la peau, le corps vitré consistant en tissu embryonnaire sous-cutané. Pour arriver à une conclusion juste
sur la formation de l'œil avec toute sa merveilleuse perfection,
il faut absolument que la raison fasse violence à l'imagination,
et j'ai moi-même trop bien senti combien cela est difficile pour
être étonné qu'on hésite à étendre aussi loin le principe de la
sélection naturelle.

Une comparaison entre l'œil et le télescope se présente tout
naturellement à l'esprit. Nous savons que cet instrument a été
perfectionné par les efforts continus et prolongés de l'intelligence humaine, et nous en inférons naturellement que l'œil a
dû se former par un procédé analogue. Cette conclusion est
peut-être bien présomptueuse, car avons-nous le droit de supposer que le Créateur mette en jeu des forces intelligentes
analogues à celles de l'homme? Pour comparer l'œil à un instrument optique, nous aurions à imaginer une couche épaisse
d'un tissu transparent imbibé de liquides, en contact avec un

nerf sensible; à supposer ensuite que les différentes parties
de cette couche soient en voie lente et continue de changement de densité, de manière à se séparer en zones d'épaisseurs
et de densités différentes, inégalement distantes entre elles et
changeant graduellement de forme à la surface. Nous devons
supposer, en outre, qu'une force représentée par la sélection
naturelle ou la survivance du plus apte, est constamment à
l'affût de toute modification légère affectant les couches trans-
parentes et conservant toutes celles qui, dans diverses circonstances, dans tous les sens et à tous les degrés, tendent à
permettre la formation d'une image plus distincte. Nous devons supposer que chaque nouvel état de l'instrument se mul-
tipliera par millions pour se conserver jusqu'à ce qu'il s'en produise un meilleur qui remplace et annule les précédents. Dans
les corps vivants, la variation cause les légères modifications,
la génération les multiplie presque à l'infini, et la sélection
naturelle trie avec une sûreté infaillible chaque amélioration.
Que cette marche se continue pendant des millions d'années,
et pendant chacune sur des millions d'individus, ne pouvons-
nous admettre qu'un instrument optique vivant, aussi supérieur à un appareil de verre que le sont les œuvres du Créateur vis-à-vis de celles de l'homme, ait pu se former de cette
manière?

Modes de transition.

S'il était possible de prouver qu'il y ait un organe complexe quelconque qui ne pût pas avoir été formé par des modifications légères successives et nombreuses, ma théorie
serait condamnée. Mais je ne puis trouver aucun cas de ce
genre. Il y a sans doute beaucoup d'organes dont nous ne
connaissons point de phases de transition, surtout lorsqu'il
s'agit d'espèces fort isolées, autour desquelles, d'après la
théorie, il a dû y avoir beaucoup d'extinction. Ou encore, si
nous nous adressons à un organe commun à tous les membres
d'une grande classe, — cas dans lequel la formation primitive
de cet organe doit remonter à une époque fort éloignée, à partir de laquelle des membres nombreux de la classe se sont

développés, — nous ne pourrions trouver les formes de transition antérieures par lesquelles l'organe a dû passer, que chez les ancêtres très-reculés et par conséquent dès longtemps éteints.

Ce n'est qu'avec une grande circonspection que nous devons conclure à l'impossibilité de la production d'un organe par des phases graduelles de transition de nature quelconque. On peut signaler chez les animaux inférieurs de nombreux exemples d'un même organe remplissant à la fois plusieurs fonctions distinctes. Ainsi, dans la larve de libellule et la loche (*Cobitis*), le canal digestif respire, digère et excrète. L'hydre peut être retournée du dedans au dehors, et sa surface extérieure digère, et l'intérieure, devenue extérieure, respire. Dans de pareils cas, la sélection naturelle pourrait, s'il devait en résulter quelque avantage, spécialiser tout ou partie d'un organe remplissant d'abord deux fonctions, à une seule, et ainsi, par degrés insensibles, modifier considérablement sa nature. On connaît beaucoup de plantes qui produisent régulièrement et simultanément plusieurs fleurs de constructions différentes, et si elles venaient à n'en produire qu'une seule, il pourrait en résulter des changements importants dans les caractères de l'espèce. On peut aussi montrer que la formation de deux sortes de fleurs sur une même plante s'est effectuée par gradations insensibles. Un mode important de transition peut être fourni par le fait de deux organes distincts accomplissant simultanément une même fonction chez un même individu : c'est le cas de poissons qui, respirant par leurs branchies l'air dissous dans l'eau, peuvent en même temps absorber l'air libre par leur vessie natatoire, cet organe étant partagé en divisions fortement vasculaires et muni d'un canal pneumatique pour l'entrée de l'air. Voici un autre exemple emprunté au règne végétal : les plantes peuvent grimper de trois manières différentes, en se tordant en spirale, en se cramponnant à leur support par leurs vrilles, et par l'émission de radicelles aériennes. Ces trois modes s'observent ordinairement dans des groupes distincts, mais il y a quelques plantes chez lesquelles on en rencontre deux ou même les trois, combinés sur le même individu. Dans tous ces cas, l'un des deux organes remplissant la même fonction s'étant modifié et amélioré de manière à l'accomplir à lui seul, l'autre, après l'avoir aidé et soutenu dans le cours de son perfectionnement, pourra à son tour ou se modifier et s'adapter à un tout autre usage, ou s'atrophier complétement.

L'exemple de la vessie natatoire chez les poissons est bon, en ce qu'il nous fait voir qu'un organe primitivement construit dans le but de faire flotter l'animal, peut se transformer en un autre dont l'usage est singulièrement différent, à savoir la respiration. La vessie natatoire, dans certains poissons, fonctionne aussi comme un accessoire de l'organe de l'ouïe. Les physiologistes admettent tous que cet organe est homologue, par sa position et sa conformation, aux poumons des vertébrés supérieurs, et on peut être parfaitement fondé à admettre que la vessie natatoire a réellement été convertie en poumons, soit en un organe exclusivement respiratoire.

On peut conclure de ce qui précède que les animaux vertébrés pourvus de vrais poumons descendent par génération ordinaire de quelque ancien prototype inconnu possédant un appareil flotteur ou vessie natatoire. Nous pouvons ainsi comprendre la disposition singulière que présente l'organisation des animaux vertébrés à poumons, en vertu de laquelle toute parcelle de nourriture solide et liquide doit franchir, à l'instant de la déglutition, l'orifice de la trachée, au risque de tomber dans les poumons, malgré la combinaison remarquable qui a pour objet de parer à cet inconvénient en fermant la glotte. Bien que les branchies aient complétement disparu chez les vertébrés supérieurs, leur situation primitive se trouve encore indiquée à l'état embryonnaire par des fentes latérales du cou et l'arc artériel qui les accompagne. On peut concevoir que les branchies, actuellement complétement perdues, aient, par l'action graduelle de la sélection naturelle, été adaptées à quelque usage différent; on admet, par exemple, que les écailles dorsales et les branchies des annélides sont homologues aux ailes et aux élytres des insectes; et il n'est pas improbable que chez nos insectes actuels des organes servant à une époque reculée d'organes respiratoires, se trouvent actuellement transformés en organes de vol.

La probabilité de la conversion d'une fonction à une autre des organes est si importante, en ce qui concerne leurs transitions, que j'en donnerai encore un exemple. On remarque chez les cirrhipèdes pédonculés, deux replis membraneux que j'ai appelés freins ovigères, qui, à l'aide d'une sécrétion visqueuse, servent à retenir les œufs jusqu'à ce qu'ils soient éclos dans leur sac. Ces cirrhipèdes n'ont pas de branchies, leur respiration se faisant par toute la surface du corps, du sac, et des freins ovigères. Les cirrhipèdes sessiles ou balanides, d'autre part n'ont pas les freins ovigères, les œufs étant libres au fond d'un sac dans la coquille bien close; mais dans une position correspondant à celle qu'occupent les freins, ils ont des membranes étendues, très-repliées, communiquant librement avec les lacunes circulatoires du sac et du corps, et que Owen et tous les naturalistes qui se sont occupés de ces animaux ont considérés comme des branchies. Je crois qu'on ne peut contester que les freins ovigères de l'une des familles ne soient rigoureusement homologues aux branchies de l'autre, car on remarque toutes les graduations entre les deux. Il est donc très-probable que les deux replis membraneux qui servaient primitivement de freins ovigères, tout en aidant quelque peu à la respiration, se sont peu à peu, et par sélection naturelle, convertis en branchies, simplement par une augmentation de grosseur et l'atrophie des glandes glutinifères. Si tous les cirrhipèdes pédonculés, qui ont déjà éprouvé une extinction bien plus prononcée que les sessiles, avaient complétement disparu, qui se fût jamais imaginé que les branchies de cette dernière n'étaient primitivement que des organes destinés à empêcher les œufs d'être entraînés hors du sac?

Difficultés spéciales de la théorie de la sélection naturelle.

Bien que nous ne devions qu'avec circonspection conclure à l'impossibilité de la formation d'un organe par gradations successives insensibles, il se présente cependant quelques cas sérieusement difficiles, dont je me propose de discuter les principaux dans un ouvrage futur.

Un des cas les plus sérieux, que je traiterai dans le chapitre suivant, est celui des insectes neutres, dont la conformation est souvent fort différente de celle des individus des deux sexes.

Les organes électriques des poissons sont encore un cas difficile, car on ne conçoit pas par quelles phases successives ces appareils merveilleux ont pu se produire. Ainsi que le fait remarquer Owen, on reconnaît que ces organes offrent certaines analogies avec les muscles ordinaires, par leur mode d'action, l'influence qu'exercent sur eux la puissance nerveuse, et certains stimulants, comme le strychnine, et selon quelques auteurs, par leur structure intime. Nous ignorons même encore quel est leur usage; dans le gymnote et la torpille toutefois, ils paraissent constituer un puissant agent de défense, et peut-être un moyen de saisir leur proie; mais d'autre part la raie, qui possède dans sa queue une organe pareil, manifeste, même lorsqu'elle est très-irritée, si peu d'électricité, ainsi que l'a constaté Matteucci, qu'on peut à peine lui supposer cet usage chez ce poisson. La raie, ainsi que l'a montré le Dr R. M. Donnell, outre l'organe précité, en possède un autre situé près de la tête, qui n'est pas électrique qu'on le sache, mais qui paraît être l'homologue de la batterie électrique de la torpille. Enfin comme nous ne savons rien des ancêtres de ces poissons, notre ignorance à ce sujet ne nous permet pas d'affirmer qu'il n'y ait pas de transitions possibles qui aient pu amener à la formation des organes électriques.

Une autre difficulté plus sérieuse encore s'offre à nous à propos de ces mêmes organes, car ils se rencontrent chez une douzaine de poissons, dont plusieurs sont fort éloignés par leurs affinités. Lorsqu'un organe existe chez plusieurs membres d'une même classe, surtout dans ceux ayant des habitudes fort différentes, on peut en attribuer la présence à l'hérédité d'un ancêtre commun, et son absence chez quelques-uns à une perte due à la sélection naturelle ou au défaut d'usage. Si donc les organes électriques étaient l'héritage d'un ancien ancêtre, les poissons électriques devraient tous être par leur affinités voisins entre eux, ce qui est loin d'être le cas. La géologie ne paraît pas indiquer que des organes électriques aient autrefois existé chez la plupart des poissons, que leurs descendants modifiés auraient actuellement perdus; mais en examinant le sujet de plus près, nous remarquons que les organes électriques ne sont pas, dans tous les poissons qui en sont pourvus, situés dans les mêmes parties du corps, qu'ils diffèrent dans leur construction, dans l'arrangement des plaques, et, selon Pacini, par le mode de production de l'électricité, et enfin, ce qui constitue surtout la différence la plus importante, que la force nerveuse qui sert à les exciter provient de nerfs différents et prenant leur origine dans des points du corps les plus divers. Ainsi dans les divers poissons, si éloignés par leurs affinités, qui possèdent des organes électriques, ceux-ci ne peuvent être considérés comme homologues, mais seulement comme analogues par leurs fonctions. Il n'y a donc aucune raison pour supposer qu'ils soient l'héritage d'un ancêtre commun, car ils se seraient, dans ce cas, ressemblés sur tous les points. Ceci supprime la plus forte difficulté tout en laissant subsister la seconde, qui est de savoir par quelle marche graduelle ces organes ont pu surgir et se développer dans chaque groupe séparé de poissons.

Les organes lumineux qui s'observent chez quelques insectes seulement, appartenant à des familles et ordres différents, et situés dans les parties du corps les plus diverses, offrent un cas difficile tout-à-fait semblable à celui des organes électriques. Pour citer un exemple chez les végétaux : la disposition curieuse d'une masse de grains de pollen, portée sur une pédoncule avec une glande adhésive, est en apparence la même chez les orchis et asclepias — deux genres aussi éloignés que possible parmi les plantes. Dans tous ces cas de deux espèces occupant des places très-éloignées dans l'échelle de l'organisation, et présentant des organes anormaux semblables, on doit remarquer que, bien que l'apparence générale et la fonction de l'organe puissent être identiquement les mêmes, on peut toujours ou presque toujours, discerner quelque différence fondamentale entre les deux. Je serais tenté de croire que, de même que deux hommes ont pu quelquefois, indépendamment l'un de l'autre, trouver une même invention, de même la sélection naturelle, agissant pour le bien de chaque être et profitant de variations analogues, peut parfois avoir modifié, d'une manière à peu près semblable, deux organes dans deux êtres organisés distincts, n'ayant dans leur conformation que peu de points communs dus à l'hérédité d'un même ancêtre éloigné.

Fritz Müller, pour vérifier les idées émises dans ce volume, donne, dans un ouvrage tout récent, le résultat de ses recherches sur un cas analogue. Plusieurs familles de Crustacés comprennent quelques espèces qui sont pourvues d'appareils respiratoires aériens, et peuvent donc vivre hors de l'eau. Dans deux de ces familles, qui ont été plus particulièrement étudiées par Müller et qui sont voisines, les espèces s'accordent par tous les caractères importants, à savoir, les organes des sens, le système circulatoire, la position des touffes de poils qui tapissent leurs estomacs complexes, enfin par toute la structure des branchies, jusqu'aux crochets microscopiques qui servent à leur nettoyage. On aurait donc pu s'attendre à ce que les appareils également importants de la respiration aérienne se trouvassent semblables dans les quelques espèces des deux familles qui vivent à terre, et cela surtout au point de vue de la théorie des créations distinctes ; car pourquoi cet appareil, donné à ces espèces dans un même but spécial, se trouve-t-il différer, tandis que tous les autres organes importants sont très-semblables et même identiques?

Fritz Müller admet que cette similitude sur tant de points de conformation, doit, d'après la théorie que je défends, se rattacher à l'hérédité d'un ancêtre commun. Mais l'immense majorité des espèces des deux familles précitées, ainsi que la plupart des Crustacés de tous les ordres, étant aquatiques, il est au plus haut degré improbable que leur ancêtre ait été adapté à la respiration aérienne. Conduit ainsi à examiner attentivement l'appareil des espèces aériennes, Müller le trouva différant dans chacune par plusieurs points importants, tels que la situation des orifices, leur mode d'ouverture et d'occlusion, et par quelques détails accessoires. De pareilles différences sont intelligibles et peuvent même se prévoir, si on admet que des espèces appartenant à des familles différentes se soient peu à peu adaptées à vivre de plus en plus hors de l'eau, et à respirer l'air libre. Appartenant à des familles distinctes, ces espèces présenteraient certaines différences, et d'après le principe que la nature de toute variation dépend de deux facteurs, qui sont la nature de l'organisme et celle des conditions, la variabilité de ces Crustacés n'aurait certainement pas été exactement la même. La sélection naturelle aura, par conséquent, eu ainsi à agir sur des matériaux ou variations de nature différente, et pour atteindre un même résultat fonction-

nel, les conformations acquises devront nécessairement avoir
différé. Ce cas reste totalement incompréhensible dans l'hypothèse des créations indépendantes. La série des raisonnements
qui précèdent, telle que Fritz Müller la présente, paraît avoir
exercé une grande influence en déterminant ce naturaliste distingué à accepter les idées développées dans le présent ouvrage.

Dans les différents exemples que nous venons de discuter,
nous avons vu que chez les êtres plus ou moins voisins, un
même but est atteint, et une même fonction accomplie, par
des organes assez semblables en apparence, quoique pas en
réalité. Mais la règle ordinaire dans la nature est la réalisation
d'un même but, même dans les cas d'êtres ayant entre eux
d'étroites affinités, par les moyens les plus divers. Quelle différence de construction entre l'aile emplumée d'un oiseau, et
l'aile membraneuse à doigts si fortement développés de la
chauve-souris; mieux encore entre les quatre ailes du papillon,
les deux de la mouche, et les deux ailes et deux élytres du coléoptère? Les coquilles bivalves sont construites pour s'ouvrir
et se fermer, mais quelle variété de modèles ne remarque-t-on
pas dans la conformation de la charnière, depuis la longue
ligne de dents régulièrement emboîtées les unes dans les
autres dans les Nucules, jusqu'au simple ligament de la
Moule ! La dissémination des graines des végétaux est favorisée par leur petitesse, — par la conversion de leur capsule
en une enveloppe légère et en forme de ballon, — par leur
situation au centre d'une pulpe charnue, constituée par les parties les plus diverses, nutritives, et d'une couleur apparente,
de façon à attirer l'attention des oiseaux qui les dévorent : —
par la présence de crochets, de grappins de toutes sortes, de
barbes dentelées, au moyen desquels elles adhèrent au poils
des animaux, — enfin, par l'existence d'ailerons et d'aigrettes,
aussi variées par la forme qu'élégantes par leur structure, qui
en font les jouets du moindre courant d'air. Le sujet de la
réalisation du même but par les moyens les plus divers, est si
important, que j'en donnerai encore un exemple. Quelques auteurs pensent que les êtres organisés ont été façonnés de tant
de manières différentes, par pur amour de la variété, comme
les jouets dans un magasin, idée qui est inadmissible. Chez les

plantes qui ont les sexes séparés, ainsi que chez celles qui, bien qu'hermaphrodites, ne peuvent pas spontanément faire tomber le pollen, sur leur stigmate, un concours accessoire est nécessaire pour que leur fécondation soit possible. Dans les unes, le pollen en grains très-légers et non adhérents, est emporté par le vent et amené ainsi sur le stigmate par pur hasard; c'est le mode le plus simple qu'on puisse concevoir. Il en est un autre bien différent, quoique presqu'aussi simple, qui consiste en ce qu'une fleur symétrique sécrète quelques gouttes de nectar, recherché par les insectes, qui, en s'introduisant dans la corolle pour le recueillir, transportent le pollen des anthères au stigmate.

Partant de ces cas fort simples, nous rencontrons ensuite un nombre inépuisable de combinaisons ayant toutes le même but réalisées d'une manière essentiellement analogue, mais entraînant à des modifications dans toutes les parties de la fleur. Le nectar peut être emmagasiné dans des réceptacles de toutes formes ; les étamines et les pistils peuvent être modifiés de diverses manières, disposés en trappes, quelquefois susceptibles de mouvements déterminés par l'irritabilité et l'élasticité. Nous arrivons ensuite à des conformations dans le genre d'un cas extraordinaire d'adaptation qu'a récemment décrit dans le *Coryanthes* le Dr Crüger. Cette orchide a une partie de sa lèvre inférieure (labellum) excavée de manière à former une grande auge, dans laquelle tombent continuellement des gouttes d'une eau presque pure sécrétée par deux cornes qui sont placées audessus ; lorsque l'auge est pleine à moitié, l'eau s'écoule par un canal latéral. La partie basilaire du labellum qui se trouve au-dessus de l'auget, est elle-même excavée et forme une chambre, avec deux entrées latérales, dans laquelle on remarque des crêtes charnues très-curieuses. Sans l'observation des faits qui se passent, il eût été impossible d'imaginer l'usage de toutes ces diverses dispositions.

Le docteur Crüger remarqua que les fleurs gigantesques de cette orchidée étaient visitées par des foules de bourdons, non pour en sucer le nectar, mais pour ronger les saillies charnues que renferme la chambre placée au-dessus de l'auget; dans cette attitude, les insectes s'entre-poussant, il en tombait souvent dans l'auget, et ne pouvant plus s'envoler avec les ailes mouillées, ils étaient obligés, pour sortir, de traverser en rampant le canal latéral d'écoulement. Le docteur Crüger observa une procession continuelle de bourdons sortant ainsi péniblement de leur bain involontaire. Le passage étant étroit et recouvert par la colonne, l'insecte en s'y frayant son chemin se frotte d'abord le dos contre le stigmate visqueux et ensuite contre les glandes également visqueuses des masses polliniques. Celles-ci restant adhérentes au dos du bourdon qui a passé le premier dans le canal de la fleur nouvellement étalée, sont ainsi emportées. Le docteur Crüger m'a envoyé dans de l'esprit-de-vin une fleur contenant un bourdon qu'il avait tué avant qu'il ne se fût entièrement dégagé du passage, et sur le dos duquel on pouvait voir une masse pollinique adhérente.

Lorsque l'insecte ainsi pourvu s'envole sur une autre fleur ou revient une seconde fois sur la même, et que, poussé par ses camarades, il tombe dans l'auge et en sort par le passage, la masse de pollen qu'il porte sur son dos arrive au contact du stigmate visqueux, y adhère, et la fleur est ainsi fécondée. Nous voyons finalement l'usage de toutes les parties de la fleur, des cornes sécrétant le liquide aqueux, de l'auge à demi pleine d'eau, qui empêchant l'insecte de s'envoler, l'oblige à se glisser dans le canal pour sortir, et, par cela même, à se frotter contre les masses polliniques, ainsi que le stigmate.

Dans une autre orchidée voisine, le *Catasetum*, l'organisation de la fleur, bien que fort différente de celle qui précède, concourt au même but et est également curieuse. Les abeilles visitent sa fleur, comme celles du Coryanthes, pour en ronger le labellum, en quoi faisant elles touchent inévitablement une longue pièce effilée, sensible, que j'ai appelée l'antenne. Celle-ci, aussitôt touchée, transmet une vibration à une certaine membrane qui se rompt immédiatement et produit un effet de ressort qui projette la masse pollinique comme une flèche, dans la bonne direction, et adhère par son extrémité visqueuse au dos de l'insecte. C'est ainsi que, transportée sur la fleur d'une plante femelle, la masse pollinique de la fleur mâle est amenée en contact avec le stigmate qui, retenant le pollen par sa viscosité, se trouve ainsi fécondé.

On peut demander comment nous devons, dans les cas précédents et dans une foule d'autres, comprendre tous ces degrés de complexité et tous ces moyens si divers d'atteindre à un même résultat. Ainsi que nous en avons fait la remarque, lorsque deux formes qui diffèrent déjà entre elles, même d'une manière très-faible, varient, leur variabilité ne sera pas identique et, par conséquent, les effets exercés par la sélection naturelle dans un but général semblable, ne seront pas identiques non plus. Rappelons-nous d'ailleurs qu'un organisme arrivé à un haut degré de développement a dû parcourir une longue série de modifications, dont chacune, tendant à être héréditaire, ne sera pas absolument et totalement perdue, mais pourra être encore et de nouveau modifiée. La conformation des différentes parties d'une espèce, quels qu'en soient les usages, est donc la somme des nombreux changements héréditaires que l'espèce a successivement éprouvés pendant les diverses adaptations, ou des modifications apportées à ses habitudes et aux conditions extérieures dans lesquelles elle a vécu. Finalement, bien que dans beaucoup de cas, il soit difficile même de faire la moindre conjecture sur les transitions par lesquelles les organes ont dû passer pour arriver à leur état actuel, je suis cependant étonné, en songeant combien est minime la proportion entre les formes vivantes et connues et celles qui sont éteintes et inconnues, qu'il soit si rare de rencontrer un organe dont on ne puisse pas trouver un état de transition. Il est certainement vrai qu'on ne voit que rarement ou pas, dans aucune classe, paraître subitement de nouveaux organes semblant avoir été spécialement créés dans un but quelconque; c'est ce que montre cet ancien axiome quelque peu exagéré de l'histoire naturelle, « *Natura non facit saltum,* » qu'acceptent la plupart des naturalistes expérimentés, et dont l'idée est fort bien exprimée par Milne Edwards, dans ces termes que la nature est prodigue en variété, mais avare d'innovation. Pourquoi, dans la théorie des créations, y aurait-il autant de variété et si peu de nouveauté? Pourquoi toutes les parties de tant d'êtres indépendants, dont chacun est supposé avoir été créé pour occuper sa place propre dans la nature, sont-elles reliées entre elles par tant de gradations? Pourquoi la nature n'a-t-elle pas sauté d'une conformation à une autre? La théorie de la sélection naturelle nous fait comprendre clairement pourquoi il n'en est point ainsi, car, n'agissant que sur des variations successives et légères, la sélection naturelle ne peut avancer que par pas lents et peu considérables, mais sûrs, et ne peut jamais faire de saut brusque.

La sélection naturelle considérée comme affectant des organes peu importants en apparence.

La sélection naturelle n'opérant que par la vie et la mort, — la survivance des plus aptes, la destruction des individus moins bien adaptés, — j'ai quelquefois, pour me rendre compte de l'origine de parties peu importantes de l'organisation, éprouvé presque autant de difficulté, bien que d'un ordre différent, que pour les cas d'organes très-complexes et les plus perfectionnés.

Et d'abord, nous sommes encore trop ignorants sur ce qui regarde l'économie organique dans son ensemble, pour pouvoir dire quelles légères modifications pourraient ou non être importantes. J'ai donné, dans un chapitre antérieur, des exemples de caractères insignifiants, tels que le duvet qui couvre certains fruits, la couleur de leur pulpe, celle de la peau et des poils de mammifères, points sur lesquels, en raison de leur corrélation avec des différences constitutionnelles, la sélection naturelle peut certainement exercer une action. La queue de la girafe ressemble à un chasse-mouche artificiel, et il paraît d'abord incroyable que cet organe ait pu être adapté à son usage actuel par de légères modifications successives qui l'auraient le mieux approprié à un but aussi insignifiant que celui de chasser les mouches. Cependant, nous devons réfléchir avant de rien affirmer de trop positif, même dans ce cas, car nous savons que l'existence et la distribution du bétail et d'autres animaux dans certaines parties de l'Amérique méridionale dépendent absolument de leur aptitude à résister aux attaques des insectes; de sorte que les individus pourvus d'un moyen de défense contre ces petits adversaires pourraient s'étendre, occuper de nouveaux pâturages, et ainsi être favorisés. Ce n'est pas que (à de rares exceptions près) les gros mammifères puissent être effectivement détruits par des mouches, mais ils sont tellement harassés et affaiblis par leurs poursuites, qu'ils sont plus exposés aux maladies et moins en état de se procurer leur nourriture pendant la sécheresse ou d'échapper aux bêtes féroces.

Des organes actuellement insignifiants peuvent avoir, dans quelques cas, eu une grande importance chez un ancêtre reculé, et, après avoir été lentement perfectionnés à une période antérieure, ont continué à se transmettre à peu près dans le même état aux espèces existantes, bien que leur utilité ait diminué, la sélection naturelle ayant, cela va sans dire, empêché toute modification nuisible dans leur conformation. En voyant l'importance du rôle que joue, comme organe de locomotion, la queue chez tous les animaux aquatiques, sa présence habituelle et ses usages si variés chez tant d'animaux terrestres qui, par leurs poumons ou vessies natatoires modifiées trahissent une origine aquatique, trouverait peut-être son explication. Une queue bien développée s'étant formée chez un animal aquatique, elle peut ensuite s'être modifiée pour divers usages, comme chasse-mouche, organe de préhension ou moyen de se retourner, comme dans le chien, bien que cet effet doive être faible pour cet animal, puisque le lièvre, qui est sans queue, se retourne fort brusquement.

Nous pouvons quelquefois attribuer à tort de l'importance à des caractères dus à des causes tout à fait secondaires, et en dehors de toute influence de la sélection naturelle. Il faut se rappeler que le climat, la nourriture, etc., ont probablement quelque action directe, peut-être quelquefois considérable, sur l'organisation ; que les caractères peuvent reparaître en vertu de la loi du retour; que la corrélation est un élément important de changement, et, enfin, que les caractères externes des animaux supérieurs ont été souvent fortement modifiés par sélection sexuelle en donnant à un mâle un avantage sur les autres, soit dans les combats entre mâles, soit pour charmer les femelles, et que les caractères provenant ainsi de sélection sexuelle peuvent se transmettre aux deux sexes. En outre, une modification déterminée par une des causes précitées, peut n'offrir d'abord aucun avantage direct à une espèce, et devenir ensuite profitable à ses descendants placés dans de nouvelles conditions extérieures et modifiés dans leurs mœurs.

Si, par exemple, le pic-vert existait seul et que nous ne connussions pas d'espèces noires et pies, nous aurions pensé que sa coloration verte devait être une admirable adaptation destinée à dissimuler à ses ennemis cet oiseau si éminemment forestier et, par conséquent, un caractère essentiel acquis par sélection naturelle ; or, telle qu'elle est, la couleur est probablement due en majeure partie à une sélection sexuelle. Un palmier grimpant de l'archipel malais s'élève le long des arbres les plus élevés à l'aide de crochets admirablement conformés et groupés autour de l'extrémité des branches, disposition qui est sans doute des plus utiles à la plante ; mais, comme il existe des crochets à peu près semblables sur beaucoup d'arbres qui ne sont pas grimpeurs et que, d'après la distribution des espèces épineuses de l'Afrique et de l'Amérique du Sud, ces crochets servent de défense contre les mammifères broutants, de même les crochets du palmier peuvent avoir été, dans l'origine, développés dans ce but, pour ensuite être utilisés et adaptés à leur nouvel usage, lorsque l'arbre, après des modifications subséquentes, est devenu grimpeur. On considère la peau dénudée de la tête du vautour comme étant une adaptation directe correspondant à son habitude de fouiller dans les chairs en putréfaction ; le fait est possible, ou ce résultat peut être dû à l'action directe de la matière putride. Toutefois, le fait que le dindon mâle, dont la nourriture est toute différente, a aussi la tête dénudée, doit nous rendre très-prudent lorsqu'il s'agit de tirer des conclusions de cette nature.

On a présenté comme une belle adaptation pour venir en aide à la parturition, l'existence des sutures du crâne chez les jeunes mammifères, et il n'est pas douteux qu'elles ne facilitent l'acte, si elles n'y sont pas indispensables ; mais comme les sutures existent aussi sur les crânes des jeunes oiseaux et reptiles, qui n'ont qu'à sortir d'un œuf brisé, nous pouvons en inférer que cette conformation dérive des lois de croissance et s'est trouvée ensuite favorable à la parturition chez les mammifères supérieurs.

Rien ne peut mieux nous faire comprendre combien nous sommes ignorants des causes de chaque variation légère ou différence individuelle, que les diversités qui existent entre les races de nos animaux domestiques dans divers pays — et plus

spécialement dans les contrées moins civilisées, où il n'y a eu
que peu de sélection méthodique. Les animaux que gardent les
sauvages dans divers pays ont souvent à lutter pour leur
propre subsistance et se trouvent ainsi soumis jusqu'à un certain point à l'action de la sélection naturelle, de sorte que les
individus à constitutions légèrement différentes pourraient
mieux prospérer sous des climats divers. Un bon observateur a
établi que dans le bétail le fait de la susceptibilité à être atta-
qué par les mouches est en corrélation avec la couleur. Il en
est de même pour l'action vénéneuse de quelques plantes, de
sorte que même la coloration se trouve soumise à l'action de
la sélection naturelle. D'autres observateurs sont convaincus
qu'un climat humide affecte la croissance des poils, avec lesquels les cornes se trouvent en corrélation. Les races de montagnes diffèrent toujours des races de plaines: une contrée
montagneuse doit affecter les membres postérieurs en les exerçant davantage, ainsi que la forme du bassin, d'où, en vertu
de la loi des variations homologues, il doit résulter une affec-
tion probable des membres antérieurs et de la tête. La forme
du bassin pourrait aussi affecter par pression la forme de
quelques parties du jeune animal dans le sein maternel. L'influence des hautes régions sur la respiration pourrait, à ce
que nous avons tout lieu de croire, augmenter la capacité de
la poitrine et déterminer, par corrélation, d'autres changements.
Les effets du défaut d'exercice, joints à une abondante nourriture, sont probablement d'une grande importance, et, ainsi
que H. von Nathusius vient de le montrer dans un traité récent, c'est principalement à cette cause qu'il faut attribuer les
immenses modifications qu'ont éprouvées les races porcines.
Trop ignorants pour pouvoir discuter l'importance relative des
causes connues ou inconnues de la variation, j'ai surtout, par
les remarques qui précèdent, voulu montrer que si nous ne
pouvons même pas nous rendre compte des différences caractéristiques de nos races domestiques, qui sont généralement
acceptées comme provenant, par génération, d'une ou de plusieurs souches parentes, nous ne devons pas trop insister sur
ce que nous ignorons la cause précise des diverses différences analogues qui existent entre les espèces. J'aurais pu
aussi invo- quer les différences entre les races humaines qui

sont si prononcées; j'ajouterai qu'une sélection sexuelle d'une
nature particulière paraît jeter quelque jour sur ces différences,
mais c'est là un sujet que je ne pourrais aborder qu'en entrant
dans les détails les plus complets, et sans lesquels toute discussion ultérieure serait oiseuse.

Réalité de la doctrine utilitaire : Comment s'acquiert la beauté.

Les remarques qui précèdent m'amènent à dire quelques
mots sur la protestation faite récemment par quelques naturalistes contre la doctrine utilitaire, que tout détail de conformation a été produit pour le bien de son possesseur, et qui
admettent qu'il en est un grand nombre qui ont été créés
pour charmer les yeux de l'homme ou par pur amour pour la
variété. Une telle doctrine serait, si elle était vraie, fatale à
ma théorie. J'admets cependant qu'il y a bien des conformations qui peuvent n'être d'aucune utilité pour leurs possesseurs
et n'en avoir jamais eu pour leurs ancêtres. Il est certain que
l'action définie du changement dans les conditions, les variations corrélatives et le retour ont tous produit leurs effets.
Mais il est important de considérer que la majeure partie de
l'organisation de tout être vivant est le résultat de l'hérédité et
que, par conséquent, bien que chaque conformation soit bien
adaptée à sa place dans la nature, il y en a qui aujourd'hui
n'ont pas de rapports directs avec les conditions actuelles de
la vie. Nous ne pouvons pas, par exemple, croire que les
pattes palmées de l'oie terrestre ou de la frégate aient une utilité spéciale pour ces oiseaux; que les os similaires du bras du
singe, du membre antérieur du cheval, de l'aile de la chauve-
souris et de la palette du phoque aient des usages spéciaux
chez ces animaux, et les conformations de cette nature peuvent
être sûrement attribuées à l'hérédité. Mais il n'est pas douteux
que les pattes palmées ont dû être aussi utiles aux ancêtres de
l'oie terrestre et de la frégate, qu'elles le sont aujourd'hui au
plus aquatique des oiseaux vivants. Nous pouvons donc admettre que l'ancêtre du phoque possédait, non une palette,
mais un pied à cinq doigts propre à saisir ou à marcher, et
nous pouvons en outre croire que les divers os qui entrent

dans la constitution des membres du singe, du cheval et de la chauve-souris, hérités de quelque ancêtre reculé, étaient autrefois plus spécialement utiles qu'ils ne le sont aujourd'hui à ces animaux avec leurs habitudes si diverses, et qu'ils ont par conséquent été modifiés par sélection naturelle. En faisant la part due à l'action définie des changements dans les conditions, à la corrélation, au retour, etc., nous pouvons conclure que tout détail de conformation dans tout être vivant est encore ou a autrefois été utile, — directement ou indirectement, suivant les lois compliquées de la croissance.

Quant à l'idée que les êtres organisés ont été créés beaux pour le plaisir de l'homme, — opinion qu'on a énoncée comme pouvant être sûrement acceptée et vraie, et renversant ma théorie, — je ferai d'abord remarquer que l'idée de beauté attachée à un objet n'est qu'une conception évidente de l'esprit humain, indépendante de toute qualité réelle de la chose admirée, et qui n'est même pas un élement inné et inaltérable de cet esprit. Ceci se voit dans le fait que les hommes de races diverses ont, en ce qui concerne la beauté féminine, des types de perfection entièrement différents ; et ni le Nègre ni le Chinois n'apprécient l'idéal de la beauté tel que la conçoit la race Caucasienne.

La conception du pittoresque dans le paysage n'a pris naissance que dans les temps modernes. Pour admettre la création de beaux objets en vue de l'agrément de l'homme, il faudrait prouver qu'il y avait moins de beauté sur le globe, avant l'apparition de l'homme, que depuis qu'il est entré en scène. Les magnifiques Volutes et les Cônes de l'époque éocène, les Ammonites si élégamment sculptées de la période secondaire, ont-ils été créés pour que l'homme pût, des milliers de siècles plus tard, les admirer dans son cabinet ? Il y a peu d'objets plus admirables que les délicates enveloppes siliceuses des Diatomées ; ont-elles été créées pour être examinées et admirées au moyen des plus forts grossissements du microscope ? Dans ce dernier cas, comme dans beaucoup d'autres, la beauté dépend tout entière de la symétrie de croissance.

Les fleurs qu'on met au nombre des plus belles productions de la nature, sont devenues telles par sélection naturelle, pour que, plus apparentes, en raison du contraste de leurs couleurs opposées à celle des feuilles, elles attirassent davantage les insectes, dont les visites favorisent leur fécondation. C'est la conclusion à laquelle j'ai été conduit par l'observation de cette règle invariable, que les fleurs qui ne sont fécondées que par le transport du pollen par le vent n'ont jamais la corolle de couleur vive. Diverses plantes produisent ordinairement deux sortes de fleurs : les unes, ouvertes et colorées de manière à attirer les insectes; les autres fermées et incolores, privées de nectar, et que les insectes ne visitent jamais. Nous pouvons conclure de là, que si les insectes n'avaient jamais existé à la surface de la terre, la végétation n'eût pas présenté de belles fleurs, et n'en aurait produit que du genre de celles que nous voyons sur nos pins, chênes, noisetiers, frênes, ou les herbes, épinards, orties, etc. Le même raisonnement peut s'appliquer aux nombreuses sortes de beaux fruits ; car personne ne contestera qu'une belle cerise ou framboise bien mûre sera aussi agréable à l'œil qu'au palais ; et que les fruits vivement colorés du fusain ou les baies écarlates du houx, ne soient de fort beaux objets. Mais cette beauté n'a d'autre but que d'attirer l'attention des animaux qui mangent ces fruits, et qui en les dévorant, contribuent à en disséminer les graines ; j'ai en effet observé que toutes les fois que les graines qui sont enfouies dans un fruit quelconque, c'est-à-dire enveloppées d'une masse charnue ou pulpe, sont toujours dévorées et disséminées les premières, lorsqu'elles sont brillamment colorées, ou qu'elles sont simplement rendues apparentes par une teinte noire ou blanche.

J'admets volontiers, d'autre part, qu'un grand nombre d'animaux mâles, chez la plupart de nos oiseaux fastueux, quelques poissons et mammifères, une foule de papillons aux couleurs resplendissantes, et quelques autres insectes, ont été rendus beaux pour la beauté même ; mais cet embellissement n'a point eu pour but l'agrément de l'homme, et n'est que le résultat d'une sélection sexuelle, c'est-à-dire de la préférence constante dont les mâles les plus richement parés ont toujours été l'objet de la part de leurs femelles. Il en est de même pour la musique des oiseaux. Nous pouvons admettre qu'un goût semblable pour les belles couleurs et les sons musicaux est assez généralement répandu dans le règne animal. Lorsque la femelle est aussi élégamment colorée que le mâle, ce qui n'est pas rare chez les oiseaux et les papillons, ce fait est le résultat tout simple de ce que les couleurs acquises par sélection sexuelle, au lieu de rester circonscrites au mâle seul, ont fini par se transmettre aux deux sexes. Toutefois, dans certain cas, il se peut que le développement de couleurs apparentes chez les femelles ait pu être empêché par la sélection naturelle, en raison des dangers qui pouvaient en résulter pour elles pendant l'époque de l'incubation. La sélection ne peut aucunement produire chez une espèce des modifications exclusivement à l'avantage d'une autre espèce; bien que, dans la nature, une espèce donnée puisse constamment chercher à tirer avantage et à profiter de la conformation des autres. Mais la sélection naturelle peut, et le cas en est fréquent, produire des conformations directement préjudiciables à d'autres animaux, telles que les crochets de la vipère, et l'ovipositeur de l'ichneumon, au moyen duquel cet insecte dépose ses œufs dans l'intérieur du corps d'autres insectes vivants. Si on parvenait à prouver qu'un point quelconque de la conformation d'une espèce donnée, ait été formé dans le but de profiter à une autre espèce, ce serait la ruine de ma théorie ; car un pareil résultat n'aurait pas pu être produit par sélection naturelle. Parmi les faits qui ont été signalés à ce sujet dans les ouvrages d'histoire naturelle, je n'ai pas pu en trouver un seul qui ait quelque valeur. On admet que le serpent à sonnettes est armé de crochets venimeux pour sa propre défense et pour détruire sa proie ; mais quelques auteurs supposent qu'en même temps ce serpent est pourvu d'un appareil sonore à son propre préjudice, puisque sa proie, avertie par le bruit, peut s'échapper. Je croirais tout aussi volontiers que le chat recourbe l'extrémité de sa queue au moment où il va s'élancer sur elle, pour avertir la souris qu'il convoite ; mais la place me manque pour entrer dans plus de détails sur les cas de cette nature.

La sélection naturelle ne déterminera jamais chez un être rien qui puisse lui être nuisible, car elle ne peut agir que par et pour son bien. Aucun organe ne pourra être formé, comme le remarque Paley, dans le but de causer de la douleur ou de nuire à son possesseur. Si on établit équitablement la balance entre le bon et le mal d'une partie donnée, on trouvera qu'en somme elle est avantageuse.

Toute partie qui, avec le temps et les changements dans les conditions extérieures, tendra à devenir préjudiciable, sera modifiée ; ou sinon, comme cela est arrivé des millions de fois, l'être disparaîtra.

La sélection naturelle tend seulement à rendre l'être organisé aussi parfait, ou un peu plus que les autres habitants de la même localité avec lesquels il a à lutter pour l'existence ; et c'est là le degré de perfection qui s'atteint dans la nature. Les productions indigènes de la Nouvelle-Zélande sont, par exemple, parfaites comparées entre elles, mais elles cèdent actuellement et très-rapidement le terrain aux légions envahissantes de plantes et d'animaux importés d'Europe. La sélection naturelle ne produit pas la perfection absolue, et autant que nous en pouvons juger, ce n'est pas dans la nature que nous en trouvons toujours l'expression du type le plus élevé. La correction de l'aberration de la lumière n'est pas, d'après Müller, même parfaite dans cet organe si perfectionné qui s'appelle l'œil humain. Si notre raison nous pousse à admirer avec enthousiasme une foule de combinaisons inimitables de la nature, cette même raison, bien que susceptible de se tromper dans les deux sens, nous enseigne qu'il en est d'autres qui sont moins parfaites. Pouvons-nous, par exemple, considérer comme parfait l'aiguillon de l'abeille, qui, lorsqu'elle l'utilise pour sa défense, reste implanté dans la blessure, dont il ne peut être retiré par suite de ses dentelures rétrogrades, et qui, en arrachant les viscères de l'insecte, cause inévitablement sa mort ?

Si nous considérons l'aiguillon de l'abeille comme ayant primitivement existé chez quelque ancêtre très-reculé, à l'état d'instrument perforant et dentelé, comme on le rencontre dans tant de membres du même ordre d'insectes, instrument qui s'est ensuite modifié sans atteindre la perfection, pour son but actuel, ainsi que le venin qu'il sécrète, primitivement adapté à quelque autre usage tel que la production de galles, — nous pouvons concevoir pourquoi l'emploi de l'aiguillon est si souvent la cause de la mort de l'insecte. Si, au total, l'aptitude de piquer est utile à la communauté sociale, elle réunit les exigences nécessaires pour donner prise à la sélection naturelle, bien qu'elle puisse causer la perte de quelques-uns de ses membres. Si nous admirons, d'une part, la puissance étonnante de flair qui permet aux mâles d'un grand nombre d'insectes de trouver leurs femelles, pouvons-nous, d'autre part, admirer la production de tant de milliers de mâles chez les abeilles, qui à l'exception d'un seul, sont d'ailleurs totalement inutiles à la communauté, et sont finalement massacrés jusqu'au dernier, par leurs sœurs industrieuses et stériles? Cela peut paraître difficile, mais nous devrions admirer cette haine sauvage instinctive, qui pousse la reine-abeille à détruire les jeunes reines qui viennent de naître, et dont elle est la mère, ou à périr elle-même dans le combat ; car elle agit indubitablement pour le bien de la communauté ; et que, devant l'inexorable principe de la sélection naturelle, amour ou haine maternelle (cette dernière est la plus rare) sont tout un. Si nous admirons les diverses et ingénieuses combinaisons qui assurent, par l'intervention des insectes, la fécondation des orchidées et de beaucoup d'autres plantes, pou vons-nous considérer comme étant aussi parfaite cette élabo- ration d'épaisses nuées de pollen que produisent nos pins, dont quelques grains seulement, portés au hasard sur les ailes du vent, arrivent aux ovules ?

Résumé : loi de l'unité de type et des conditions d'existence comme comprise dans la théorie de la Sélection Naturelle.

Nous avons consacré ce chapitre à la discussion de quelques-unes des difficultés et des objections qu'on peut soulever contre notre théorie. Il en est de sérieuses, mais je crois qu'en les discutant. nous avons projeté quelque lumière sur certains faits, que la théorie des créations indépendantes laisse dans l'obscurité la plus profonde. Nous avons vu que les espèces ne sont pas, dans une période donnée, indéfiniment variables, et qu'elles ne sont pas reliées entre elles par une foule de gradations intermédiaires ; et cela, en partie, parce que la marche de la sélection naturelle est toujours lente et n'agit, dans un temps donné, que sur un petit nombre de formes ; en partie parce que la sélection naturelle implique nécessairement le remplacement continuel et l'extinction des formes intermédiaires antérieures. Des espèces voisines, vivant actuellement sur une surface continue, ont souvent pu se former alors qu'elle ne l'était pas, et

que les conditions extérieures ne changeaient pas insensiblement d'une de ses parties à l'autre. Lorsque deux variétés
auront surgi dans deux districts d'une surface continue, une
variété intermédiaire pourra souvent se former dans une zone
intermédiaire, mais sera, par les raisons que nous avons indiquées, ordinairement moins nombreuse que les deux formes
qu'elle relie ; circonstance qui tendra à la faire disparaître et
remplacer par les deux formes extrêmes, qui auront sur elle
l'avantage du nombre.

Nous avons vu que ce n'est qu'avec la plus grande circonspection que nous devons conclure à l'impossibilité d'un changement graduel dans les habitudes, et que, par exemple, une
chauve-souris n'ait pas pu provenir, par sélection naturelle,
d'un animal qui, primitivement, n'était apte qu'à planer en
glissant dans l'air.

Nous avons vu que, dans de nouvelles conditions extérieures,
un animal peut modifier ses mœurs, ou avoir des habitudes
diversifiées, quelquefois peu semblables à celles de ses proches
congénères. En prenant en considération le fait que tout
être organisé s'efforce de vivre partout où il peut vivre, nous
pouvons comprendre comment il a pu se former des oies terrestres à pattes palmées, des pics ne vivant pas sur les arbres,
des merles qui plongent dans l'eau, et des pétrels ayant des
habitudes de pingouins.

Bien que la croyance qu'un organe aussi parfait que l'est
celui de la vue ait pu se former par sélection naturelle,
paraisse de nature à faire reculer le plus hardi, il n'y a cependant aucune impossibilité logique à ce qu'un organe ayant
passé par une longue suite de degrés de complication, tous
avantageux à leur possesseur, ait pu, sous l'influence de changements dans les conditions ambiantes, acquérir par sélection
naturelle tout degré concevable de perfection. Dans les cas
où nous ne connaissons point d'états intermédiaires ou de transition, nous ne devons pas conclure trop promptement qu'ils
n'aient jamais existé, car les homologies et les états intermédiaires d'un grand nombre d'organes témoignent des métamorphoses étonnantes qu'ils ont pu subir, du moins quant à
leurs fonctions. La conversion probable de la vessie natatoire
en poumons en est un exemple. Un même organe ayant simul-

tanément rempli des fonctions très-diverses, puis, s'étant
spécialisé en tout ou partie pour une seule, ou deux organes
distincts ayant en même temps rempli une même fonction,
l'un s'étant amélioré pendant que l'autre lui venait en aide,
sont des circonstances qui ont dû souvent faciliter les transitions.

Nous avons vu que dans deux formes fort éloignées entre
elles dans l'échelle organique, un organe servant au même but,
et paraissant analogue dans toutes deux, peut avoir été formé
séparément et d'une manière indépendante. Toutefois un examen approfondi de ces organes prouve que, malgré leur similitude apparente, ils présentent des différences de structure
essentielles; ce qui est la conséquence du principe de la sélection naturelle, ainsi que la grande règle si générale dans la
nature, d'arriver aux mêmes fins par une diversité infinie des
conformations.

Nous sommes, dans la plupart des cas, trop ignorants
de l'importance que tel ou tel point de l'organisation peut avoir
sur la prospérité d'une espèce, pour affirmer que ses modifications n'ont pas pu être lentement accumulées par la sélection
naturelle. Mais nous pouvons croire avec confiance que bien
des modifications, dues entièrement aux lois ordinaires de la
croissance, et n'ayant d'abord rien de particulièrement avantageux pour une espèce, se sont ultérieurement trouvées utiles
à ses descendants, encore plus modifiés. Nous pouvons aussi
admettre qu'une partie, autrefois d'importance majeure, ait
souvent été conservée chez les descendants (comme la queue
d'un animal aquatique chez ses descendants terrestres), bien
que son importance actuelle ne soit plus assez grande pour
qu'elle ait, dans son état présent, pu être acquise par sélection
naturelle, — dont l'effet n'est autre que de déterminer la survivance, dans la lutte pour la vie, des individus les plus aptes.

La sélection naturelle ne produira rien chez une espèce dans
un but exclusivement avantageux ou nuisible à une autre, bien
qu'elle puisse produire des parties, des organes, ou des excré-
tions très-utiles et même indispensables, ou très-nuisibles à
d'autres espèces, mais dans tous les cas en même temps avantageuses pour l'être qui les possède. Dans un pays bien peuplé,
la sélection naturelle, agissant principalement par la concurrence

réciproque de ses habitants, ne déterminera leur point de perfection, soit leur force de résistance à la lutte pour la vie, que
relativement au type du pays. Aussi les habitants d'une région
plus petite céderont généralement devant ceux d'une région
plus grande; car c'est dans cette dernière que les formes plus
variées et composées d'individus plus nombreux, soumis par
conséquent à une concurrence plus sévère, auront atteint un
type supérieur de perfection. La sélection naturelle ne produira
pas nécessairement une perfection absolue, laquelle, autant
que nous pouvons en juger, ne se trouve même nulle part.

La théorie de la sélection naturelle nous fait comprendre la
valeur complète du vieil axiome: « Natura non facit saltum »,
qui, s'il n'est pas rigoureusement exact, en tant qu'appliqué
seulement aux habitants actuels du globe, devient strictement
vrai lorsqu'on considère l'ensemble de tous les êtres organisés
de tous les temps, connus ou inconnus.

On reconnaît généralement que la formation de tous les
êtres organisés repose sur deux grandes lois : — l'unité de
type et les conditions d'existence. On entend par unité de
type, cette concordance fondamentale qui caractérise la conformation de tous les êtres organisés d'une même classe, et qui
est tout à fait indépendante de leurs habitudes et de leur mode
de vivre. Dans ma théorie, l'unité de type s'explique par l'unité
de descendance. L'expression de conditions d'existence, sur
laquelle Cuvier a tant insisté, est entièrement comprise dans
le principe de la sélection naturelle. Celle-ci en effet agit soit
en adaptant actuellement les parties variant dans chaque être
à ses conditions vitales organiques ou inorganiques, soit en les
ayant adaptées pendant les longues périodes écoulées; ces
adaptations ayant, dans certains cas, été aidées par l'usage ou
le défaut d'usage, ou affectées par l'action directe des conditions
extérieures, et dans tous les cas subordonnées aux diverses lois
qui gouvernent la croissance. Par conséquent la loi des conditions d'existence est en fait la loi supérieure, puisqu'elle comprend, par l'hérédité des adaptations antérieures, celle d'unité
de type.

CHAPITRE VII.

INSTINCT.

Bien que l'étude des instincts eût pu rentrer dans les chapitres précédents, j'ai préféré consacrer au sujet un chapitre spécial, et le traiter séparément, cela d'autant plus que beaucoup de mes lecteurs auront déjà probablement pensé que le merveilleux instinct dont fait preuve l'abeille, dans la construction de ses cellules de cire, devait constituer une difficulté suffisante pour renverser toute la théorie. Je dois prévenir d'abord que, dans ce qui suit, je n'ai pas plus à me préoccuper de l'origine des facultés mentales primaires, que de celle de la vie elle-même, les diversités que présentent l'instinct et les autres manifestations mentales des animaux d'une même classe devant seules nous occuper ici.

Je n'entreprendrai aucune définition de l'instinct. Il serait aisé de montrer qu'on comprend ordinairement sous ce terme plusieurs actes intellectuels distincts; mais chacun sait ce qu'on entend lorsqu'on dit que c'est l'instinct qui pousse le coucou à émigrer et à pondre ses œufs dans les nids d'autres oiseaux. Un acte qui exige de notre part, pour être exécuté, une certaine pratique, est dit ordinairement instinctif lorsqu'il est accompli par un animal, surtout jeune et sans expérience, ou par beaucoup d'individus, de la même manière, sans qu'ils sachent dans quel but ils le font. Mais aucun de ces caractères de l'instinct ne sont universels, et, selon l'expression de

Pierre Huber, on peut constater fréquemment, même chez les êtres peu élevés dans l'échelle, l'intervention d'une petite dose de jugement ou de raison.

Frédéric Cuvier, et plusieurs des anciens métaphysiciens, ont comparé l'instinct à l'habitude, comparaison qui, à mon avis, donne une notion exacte de l'état mental qui préside à l'exécution d'un acte instinctif, mais pas nécessairement de son origine. Combien n'exécutons-nous pas d'actes habituels d'une manière inconsciente, même souvent contrairement à notre volonté consciente? Ils peuvent cependant être modifiés par la volonté ou la raison. Les habitudes s'associent facilement à d'autres, ainsi qu'à certains moments et à certains états du corps; une fois acquises, elles restent souvent constantes toute la vie. On pourrait encore signaler d'autres ressemblances entre les habitudes et l'instinct. De même qu'en répétant une chanson connue, de même dans l'instinct une action en suit une autre comme par une sorte de rhythme; si on est interrompu dans son chant, ou en récitant quelque chose par cœur, on est ordinairement obligé de revenir en arrière pour reprendre le fil de la pensée habituelle. Pierre Huber a observé le même fait chez une chenille qui construit un hamac très-compliqué; lorsqu'une chenille ayant amené son hamac au sixième étage, par exemple, était placée dans un hamac terminé jusqu'au troisième étage, elle achevait simplement les quatrième, cinquième et sixième étages de la construction. Mais si on enlevait la chenille à un hamac achevé jusqu'au troisième étage, par exemple, et qu'on la plaçât dans un autre élevé jusqu'au sixième, de manière à ce que la plus grande partie de son travail fût déjà fait, au lieu d'en tenir compte, elle semblait embarrassée, et pour l'achever, paraissait obligée de partir du troisième étage où elle en était restée, et s'efforçait ainsi de compléter un ouvrage déjà fait.

Si nous supposons qu'un acte habituel devienne héréditaire, — ce qui est souvent le cas, — la ressemblance de ce qui était primitivement une habitude avec l'instinct est telle qu'on ne saurait les distinguer l'un de l'autre. Si Mozart, au lieu de jouer du piano à l'âge de trois ans avec fort peu de pratique, eût joué un air sans pratique aucune, on aurait pu dire réellement qu'il le faisait par instinct. Mais ce serait une erreur de croire que la plupart des instincts aient été acquis par habitude dans une génération, et se soient ensuite transmis par hérédité aux générations subséquentes. On peut montrer que les instincts les plus étonnants que nous connaissions, ceux de l'abeille et de beaucoup de fourmis, ne peuvent pas avoir été acquis par l'habitude.

On est généralement d'accord que les instincts sont, en ce qui concerne la réussite de chaque espèce, dans ses conditions actuelles d'existence, aussi importants que la conformation physique, et il est au moins possible que, sous l'influence de conditions en voie de changement, de légères modifications dans l'instinct puissent être avantageuses à une espèce. Il en résulte que, si on peut établir la moindre variation dans les instincts, il n'y a aucune difficulté à admettre que la sélection naturelle puisse conserver et accumuler constamment les variations de l'instinct qui peuvent être profitables aux individus; et je crois voir là l'origine des instincts les plus merveilleux et les plus compliqués. Il a dû en être des instincts comme des modifications physiques du corps, qui, déterminées et susceptibles d'augmentation par l'habitude et l'usage, peuvent s'amoindrir et disparaître par le défaut d'usage. Quant aux effets de l'habitude, je les considère comme subordonnés par leur importance à ceux de la sélection naturelle de ce que nous pourrions appeler les variations spontanées de l'instinct, — soit des variations produites par les mêmes causes inconnues, qui déterminent ces légères déviations dans la conformation physique.

Aucun instinct complexe ne peut se produire, par sélection naturelle, autrement que par une accumulation lente et graduelle de variations nombreuses légères et profitables. Nous devrions donc, comme pour les cas de conformation du corps, trouver dans la nature, non les degrés réels de transitions qui ont abouti à l'instinct complexe actuel — et qui ne pourraient se rencontrer que chez les ancêtres directs de chaque espèce, — mais quelques preuves de ces états transitoires dans les lignes collatérales de descendance ; tout au moins devrions nous pouvoir montrer la possibilité de gradations de quelque nature, et c'est en effet ce qui à lieu. En faisant la part du fait que, sauf en Europe et dans l'Amérique du Nord, les instincts des animaux n'ont été que fort peu observés, et que nous ne savons rien des instincts des espèces perdues, j'ai été étonné combien nous pouvons encore fréquemment découvrir d'intermédiaires conduisant vers les instincts les plus compliqués. Des changements dans les instincts peuvent souvent être facilités par le fait qu'une même espèce ait des instincts divers à diverses périodes de sa vie ; à différentes saisons, ou suivant les conditions où elle se trouve, etc. ; auquel cas l'un ou l'autre de ses instincts pourrait être conservé par sélection naturelle. On rencontre en effet dans la nature des exemples de diversité d'instinct dans une même espèce.

Encore, comme pour la conformation physique et d'après ma théorie, l'instinct propre à chaque espèce est utile pour elle-même, et n'a jamais, autant que nous en pouvons juger, été déterminé pour l'avantage exclusif des autres. Un des exemples les plus singuliers que je connaisse d'un animal exécutant un acte en apparence pour le seul bien d'un autre, est celui des pucerons cédant volontairement aux fourmis leur secrétion sucrée, fait qui a été observé en premier par Huber. Les faits suivants prouvent que cet abandon est bien volontaire. Après avoir enlevé toutes les fourmis qui entouraient une douzaine de pucerons placés sur une plante de Rumex, j'empêchai pendant plusieurs heures l'accès de nouvelles fourmis. Au bout de ce temps, convaincu que les pucerons devaient avoir besoin de sécréter leur liquide, je les examinai à la loupe, puis je cherchai avec un cheveu à les caresser et à les irriter comme le font les fourmis avec leurs antennes sans qu'aucune d'elles sécrétât quoique ce soit. Je laissai alors arriver une fourmi qui, à la précipitation de ses mouvements, paraissait savoir qu'elle avait fait une précieuse découverte ; et se mit aussitôt à palper successivement avec ses antennes l'abdomen des différents pucerons ; chacun de ceux-ci, à ce contact, soulevait immédiatement l'abdomen et excrétait une goutte limpide du liquide doux que la fourmi absorbait aussitôt avec avidité. Les pucerons les plus jeunes se comportaient de la même manière, l'acte était donc instinctif, et non le résultat de l'expérience.

Les pucerons, d'après les observations d'Huber, ne mani-festent aucune antipathie pour les fourmis, et si celles-ci font défaut, lis finissent par émettre leur sécrétion sans leur con-

cours. Mais ce liquide étant très-visqueux, il est probable
qu'il est avantageux pour les pucerons qu'on les en débarrasse ;
et que par conséquent ils ne le sécrètent pas pour le seul avantage des fourmis. Bien que nous n'ayons aucune preuve qu'un
animal exécute aucun acte pour le profit particulier d'un autre,
chacun cependant s'efforce à tirer parti à son profit des instincts
d'autrui, de même que chacun tend à profiter de la plus grande
faiblesse de conformation physique des autres espèces. De
même encore il y a des instincts qu'on ne peut pas considérer
comme absolument parfaits ; mais de plus grands détails sur
ce point et d'autres analogues n'étant pas indispensables,
nous en resterons là. La place me manque ici pour donner le
plus d'exemples possibles montrant qu'un certain degré de
variation dans les instincts, et leur hérédité à l'état de nature,
sont indispensables à l'action de la sélection naturelle. Je ne
puis donc qu'affirmer que les instincts varient certainement ;
ainsi l'instinct migrateur varie quant à sa direction et son
étendue et peut même se perdre totalement. Les nids d'oiseaux varient suivant l'emplacement où ils sont construits, et
la nature et température du pays habité, mais le plus souvent
pour des causes qui nous sont inconnues. Audubon a signalé
quelques cas très-remarquables de différences dans les nids
d'une même espèce habitant les États-Unis du Nord et du Midi.
On a demandé pourquoi, si l'instinct était variable, l'abeille
n'avait pas la faculté d'employer quelqu'autre matériel de construction lorsque la cire faisait défaut ? Mais quelle autre substance
pourrait-elle employer ? Je me suis assuré qu'elles peuvent façonner et utiliser la cire durcie avec du vermillon ou ramol-
lie avec du lard. A. Knight a observé que ses abeilles, au lieu
de recueillir péniblement du propolis, avaient utilisé un ciment
de cire et de térébenthine dont il avait recouvert les arbres dé-
cortiqués. On a récemment prouvé que les abeilles, au lieu de
chercher le pollen dans les fleurs, se servent volontiers d'une
substance fort différente qui est la farine d'avoine. La crainte
d'un ennemi particulier est certainement un fait instinctif,
comme on peut le voir chez les oiseaux encore dans le nid,
quoiqu'elle soit fortifiée par l'expérience et par la vue de la
même crainte chez d'autres animaux. J'ai montré ailleurs que
la crainte de l'homme ne s'acquiert que peu à peu chez les

divers animaux habitant les îles désertes ; nous en voyons un
exemple, en Angleterre même, dans la sauvagerie beaucoup
plus grande de tous nos gros oiseaux comparée à celle des
petits, les premiers ayant toujours été les plus persécutés. C'est
bien à cette cause que nous devons l'attribuer, car, dans les îles
inhabitées, les grands oiseaux ne sont pas plus craintifs que
les petits ; et la pie, qui est si défiante en Angleterre, ne l'est
pas en Norvége, non plus que la corneille mantelée en Égypte.

On pourrait citer de nombreux faits prouvant que les facultés mentales des animaux de même genre varient beaucoup
à l'état de nature. On a également des exemples d'habitudes
étranges survenues occasionnellement chez les animaux sauvages, et qui, si elles étaient avantageuses à l'espèce, pourraient, par la sélection naturelle, donner naissance à de nouveaux
instincts. Je sens combien ces affirmations générales, non ap-
puyées par les détails des faits eux-mêmes, doivent faire peu
d'impression sur l'esprit du lecteur ; je ne puis, à leur défaut,
que répéter encore que je n'avance que des assertions dont je
possède les preuves suffisantes.

*Changement d'habitudes héréditaires ou d'instinct
chez les animaux domestiques.*

Un examen rapide de quelques cas observés chez les animaux domestiques confirmera la possibilité ou même la probabilité de l'hérédité des variations de l'instinct à l'état de
nature. Nous pourrons apprécier en même temps le rôle que l'habitude et la sélection des variations dites spontanées ou accidentelles ont joué dans les modifications qu'ont éprouvées les
aptitudes mentales de nos animaux domestiques. On sait combien ils varient sous ce rapport. Chez les chats par exemple,
les uns attaquent naturellement plutôt les rats, d'autres se
jettent sur les souris, et ces tendances sont connues pour être
héréditaires. D'après M. Saint-John, un chat rapportait toujours à la maison du gibier à plumes, un autre des lièvres et
des lapins ; un troisième chassait sur terrain marécageux,
et attrapait presque chaque nuit quelque bécassine. On pourrait citer des cas curieux et authentiques de diverses nuances

de caractère et de goût, ainsi que d'habitudes bizarres, en rapport avec certaines dispositions, et devenues héréditaires. Pour prendre nos exemples dans les races canines, on sait que les jeunes chiens d'arrêt tombent souvent en arrêt et appuient les autres chiens, la première fois qu'on les mène à la chasse ; j'en ai moi-même observé un exemple très-frappant. La faculté de rapporter le gibier est aussi héréditaire à un certain degré, ainsi que la tendance chez le chien de berger à courir autour et non sur le troupeau de moutons. Je ne vois point que ces actes, que les jeunes chiens sans expérience exécutent tous de la même manière avec beaucoup de plaisir en apparence, sans en savoir le but, car le jeune chien d'arrêt ne peut pas plus savoir qu'il arrête pour aider son maître, que le papillon blanc ne sait pourquoi il pond ses œufs sur une feuille de chou, — je ne vois point, dis-je, en quoi ces actes diffèrent essentiellement des vrais instincts. Quand nous verrions un jeune loup, non dressé, s'arrêter et demeurer immobile, après avoir éventé sa proie, puis s'avancer ensuite avec lenteur en rampant ; et une autre espèce de loup se mettre à courir autour d'un troupeau de cerfs, de manière à le conduire vers un point éloigné, nous considérerions sans aucun doute ces actes comme instinctifs. Les instincts domestiques, comme on peut les appeler, sont certainement moins stables que les instincts naturels ; car ils ont subi l'influence d'une sélection bien moins rigoureuse, et ont été transmis pendant une période de bien plus courte durée, et dans des conditions ambiantes bien moins fixes.

Les résultats que donnent les croisements entre diverses races de chiens montrent combien les instincts, habitudes ou dispositions, acquis en domesticité, sont héréditaires et peuvent se mélanger. Ainsi un croisement avec un boule-dogue a, pendant plusieurs générations, influencé le courage et l'opiniâtreté chez le lévrier : un croisement avec le lévrier a communiqué à toute une famille de chiens de berger une disposition à chasser le lièvre. Ces instincts domestiques ayant ainsi subi l'épreuve du croisement, ressemblent aux instincts naturels, qui de même peuvent se mélanger d'une manière bizarre, et persister pendant longtemps dans la ligne de descendance ; Le Roy par exemple, parle d'un chien, dont le bisaïeul était un loup, et chez lequel la seule trace encore appréciable trahissant sa parenté sauvage, était son habitude de ne jamais venir vers son maître, en ligne droite, lorsqu'il l'appelait.

On a souvent dit que les instincts domestiques n'étaient devenus héréditaires qu'ensuite d'habitudes imposées et longtemps soutenues; mais cela n'est pas exact. Personne n'aurait jamais songé, et probablement n'y serait jamais parvenu, à apprendre au pigeon à faire la culbute, acte que, ainsi que j'en ai été témoin, de jeunes oiseaux, qui n'ont jamais vu un pigeon culbutant, peuvent exécuter. Nous pouvons croire que quelque individu, ayant une fois montré une tendance à cette habitude étrange, celle-ci aura été développée au point où elle en est actuellement, par une sélection continue des meilleurs individus dans chaque génération successive; les culbutants de maison des environs de Glasgow, à ce que m'apprend M. Brent en sont arrivés à ne pouvoir s'élever de dix-huit pouces au dessus du sol sans faire la culbute. On peut mettre en doute qu'on eût jamais songé à dresser les chiens à l'arrêt, si un de ces animaux n'avait pas montré naturellement une tendance vers cet acte; on sait que le fait se présente quelquefois, et j'ai eu moi-même l'occasion de l'observer chez un terrier de pure race. Le fait de l'arrêt n'est probablement qu'une **exagération** de la courte pause pendant laquelle l'animal se ramasse pour s'élancer sur sa proie. La première tendance à l'arrêt une fois manifestée, la sélection méthodique, jointe aux effets héréditaires d'un dressage soutenu dans chaque génération successive, ont dû rapidement compléter l'œuvre, la sélection inconsciente concourant d'ailleurs toujours au résultat, par le fait que chacun cherche naturellement à se procurer les chiens qui chassent et se comportent le mieux, sans d'ailleurs se préoccuper de l'amélioration de la race. L'habitude peut d'autre part avoir suffi dans quelques cas; il est peu d'animaux plus difficiles à apprivoiser que les jeunes du lapin sauvage, tandis que rien n'est plus privé, que les jeunes du lapin domestique; mais, comme je ne puis supposer que les lapins domestiques aient été sélectés uniquement à cause de leur facilité d'apprivoisement, il faut attribuer la plus grande partie de cette transformation héréditaire d'un état de sauvagerie excessif à l'extrême opposé, à l'habitude et à une captivité prolongée.

Il y a des instincts naturels qui disparaissent en captivité;

certaines races de poules qui ont perdu l'habitude de couver leurs œufs et refusent même de le faire, en sont un curieux exemple. Nous sommes si familiarisés avec nos animaux domestiques, que nous ne voyons pas combien leurs facultés mentales ont été considérablement modifiées, et cela d'une manière permanente. On ne peut douter que l'amitié pour l'homme ne soit devenue instinctive chez le chien. Tous les loups, chacals, renards, et toutes les espèces du genre chat, sont toujours enclins à attaquer la volaille, les moutons et les porcs ; tendance qui est incurable chez les chiens qui ont été importés très-jeunes de pays comme l'Australie ou la Terre de Feu, où ils n'ont pas été domestiqués par les habitants. D'autre part, il est bien rare que nous soyons obligés d'apprendre à nos chiens, même tout jeunes, à ne pas attaquer les moutons, porcs ou volailles. Il n'est pas douteux que cela peut quelquefois leur arriver, mais on les corrige ; et s'ils continuent, on les détruit ; de sorte que tant l'habitude qu'une certaine sélection ont concouru à civiliser nos chiens par hérédité. On voit que, d'autre part, les petits poulets ont, par habitude, totalement perdu cette terreur du chien et du chat qui était sans aucun doute primitivement instinctive chez eux ; car j'apprends du capitaine Hutton que les jeunes poulets de la souche parente, le *Gallus bankiva*, lorsqu'ils sont couvés dans l'Inde sous une poule, sont d'abord d'une sauvagerie extrême. Il en est de même des jeunes faisans élevés en Angleterre par une poule. Ce n'est pas que les poulets aient perdu toute crainte, mais seulement celle des chiens et des chats : car si la poule donne le signal du danger, ils la quittent aussitôt (les jeunes dindonneaux surtout), et vont chercher un refuge dans les buissons du voisinage ; circonstance dont le but évident est de permettre à la mère de s'envoler, comme cela se voit chez beaucoup d'oiseaux terricoles sauvages. Cet instinct, conservé par les poulets, est d'ailleurs inutile sous la domestication, la poule ayant, par défaut d'usage, perdu toute aptitude au vol.

Nous pouvons conclure de là que, sous la domestication, certains instincts naturels se sont perdus, et que d'autres ont été acquis, tant par l'habitude que par la sélection et l'accumulation, pendant des générations successives, de diverses dispositions spéciales et mentales qui ont apparu une fois sous l'influence des causes que nous appelons accidentelles, faute de les connaître. Dans quelques cas, des habitudes forcées ont pu suffire pour provoquer des modifications mentales devenues héréditaires; dans d'autres, elles ne sont entrées pour rien dans le résultat, dû alors entièrement aux effets de la sélection, tant méthodique qu'inconsciente, mais il est probable que, dans la plupart des cas, les deux causes ont dû agir simultanément.

Instincts spéciaux.

C'est en examinant quelques exemples que nous comprendrons le mieux comment, dans l'état de nature, les instincts ont pu être modifiés par sélection. Parmi les cas nombreux que j'aurais à discuter dans un ouvrage futur, je n'en signalerai ici que trois : — l'instinct qui pousse le coucou à pondre ses œufs dans les nids d'autres oiseaux ; — l'instinct qui pousse certaines fourmis à faire des esclaves ; — et la faculté qu'a l'abeille de construire ses cellules ; ces deux derniers cas étant généralement et avec raison regardés par tous les naturalistes comme les exemples les plus merveilleux de tous les instincts connus.

Instincts du coucou. — Quelques naturalistes ont supposé que la cause la plus immédiate de l'instinct du coucou devait tenir au fait que cet oiseau ne pond que par intervalles de deux à trois jours, et non tous les jours ; de sorte que si la femelle devait faire son nid et couver elle-même, ses premiers œufs resteraient quelque temps sans incubation, et il y aurait dans le même nid des œufs et des oiseaux de différents âges. Dans ce cas, la durée de la ponte et de l'éclosion serait trop longue, l'oiseau émigrant de bonne heure, et le mâle seul aurait probablement à pourvoir aux soins des premiers œufs éclos. Mais le coucou américain se trouve dans ces conditions, car cet oiseau fait lui-même son nid, dans lequel on rencontre en même temps des jeunes éclos, et des œufs qui ne le sont pas. On a affirmé et nié le fait que le coucou américain dépose occasionnellement ses œufs dans les nids d'autres oiseaux ; mais je tiens du Dr Merrell de Jower qu'il a une fois trouvé dans l'Illinois, dans le nid d'un geai bleu (*Garrulus cristatus*), un jeune coucou et un jeune geai, tous deux assez avancés et assez emplumés pour que leur identification ne pût être l'objet d'aucun doute. Je pourrais citer aussi plusieurs cas d'oiseaux divers qui déposent occasionnellement leurs œufs dans des nids d'autres oiseaux. Supposons maintenant que l'ancêtre éloigné du coucou d'Europe ait eu les habitudes de l'espèce américaine, et qu'il pondît parfois un œuf dans un nid étranger. Si cette habitude a pu, soit en avançant son émigration, soit pour toute autre cause, être profitable au vieil oiseau, ou que l'instinct trompé de l'autre espèce assurât au jeune coucou de meilleurs soins et une plus grande vigueur que s'il eût été élevé par sa propre mère, obligée de s'occuper à la fois d'un mélange d'œufs et de jeunes d'âges différents, il en sera résulté un avantage tant pour l'ancien oiseau que pour le nouveau nourrisson. L'analogie nous fait entrevoir que les jeunes ainsi élevés pourraient hériter de l'habitude occasionnelle et anormale de leur mère, pondre à leur tour leurs œufs dans d'autres nids, et réussir ainsi à mieux élever leur progéniture.

La continuation de cette marche finirait donc par créer l'instinct bizarre du coucou. On a récemment constaté que le coucou dépose parfois ses œufs sur le sol nu, les couve, et nourrit ses petits ; ce fait étrange et rare paraît évidemment être un cas de retour à l'instinct primitif de nidification, depuis longtemps perdu.

On a objecté que je n'avais pas remarqué d'autres instincts corrélatifs et d'autres adaptations chez le coucou, qu'on regarde à tort comme étant mutuellement en coordination nécessaire. N'ayant pas de faits pour nous guider, toute spéculation sur un instinct connu seulement chez une seule espèce serait sans utilité. Les instincts du coucou européen et du coucou américain non parasite étaient jusqu'à tout récemment les seuls connus ; mais actuellement nous avons, grâce aux observations de M. E. Ramsay, appris quelque chose de trois espèces australiennes, qui pondent aussi leurs œufs dans les nids d'autres oiseaux. Trois points principaux sont à considérer ; le premier est que, à de rares exceptions près, le coucou ne pond dans un nid qu'un seul œuf, de manière à ce que le jeune, gros et vorace qui en doit sortir, reçoive une nourriture abondante. Secondement que les œufs sont remarquablement petits, à peu près comme ceux de l'alouette, oiseau moins gros d'un quart que le coucou. Nous pouvons conclure que ces faibles dimensions de l'œuf sont un vrai cas d'adaptation, du fait que le coucou américain non parasite pond des œufs ayant toute leur grosseur. Troisièmement que, peu après sa naissance, le jeune coucou a l'instinct, la force, et une conformation de dos qui lui permet d'expulser au dehors du nid ses frères nourriciers, qui périssent de faim et de froid. Je rappellerai qu'à cette occasion, on a soutenu que c'était là une sage et bienfaisante disposition, qui, tout en assurant la réussite du jeune coucou, provoquait la mort de ses frères nourriciers, avant qu'ils eussent acquis trop de sensibilité.

Passons aux espèces australiennes, qui, bien que ne déposant généralement qu'un œuf dans le même nid, en pondent cependant quelquefois deux et même trois. Dans le coucou bronzé, les œufs varient beaucoup par leur grosseur, qui est de huit et dix lignes. Or s'il y avait eu avantage pour l'espèce à pondre des œufs encore plus petits, soit pour tromper les parents nourriciers, soit plus probablement pour qu'ils éclosent plus promptement (car on assure qu'il y a un rapport entre la taille et la durée de l'incubation de l'œuf), on peut aisément admettre qu'il pût se former une race ou espèce pondant des œufs de plus en plus petits, et ainsi plus assurés d'éclore et d'être couvés. M. Ramsay a remarqué que deux des coucous australiens manifestent, lorsqu'ils pondent dans un nid ouvert, une préférence décidée pour ceux contenant des œufs de couleur analogues aux leurs. Il y a aussi chez l'espèce européenne une tendance vers un instinct semblable, mais dont elle s'écarte souvent, puisqu'on rencontre ses œufs à couleur terne et pâle, parmi les œufs brillants, d'un bleu-verdâtre, de la fauvette. Si notre coucou avait fait invariablement preuve de l'instinct en question, on l'eût certainement ajouté à tous ceux qu'on prétend avoir dû être nécessairement acquis ensemble. Les œufs du coucou bronzé australien, d'après M. Ramsay, varient extraordinairement de couleur; de sorte qu'à cet égard comme pour la grosseur, la sélection naturelle aurait certainement pu choisir et fixer toute variation avantageuse.

Quand au fait de l'expulsion du nid par le coucou de ses frères nourriciers, nous devons remarquer d'abord que

M. Gould, qui a spécialement étudié cette question, considère comme erronnée cette opinion assez répandue. Il assure que l'expulsion des jeunes a généralement lieu pendant les trois premiers jours, le jeune coucou étant encore faible et impuissant; et soutient que, soit par ses cris ou par tout autre moyen, il exerce sur ses parents nourriciers une fascination telle, qu'ils lui donnent seul toute la nourriture, tandis que les autres meurent affamés et sont rejetés par les parents hors du nid, comme les coquilles d'œufs ou les excréments. Il admet toutefois que lorsque le jeune coucou a grossi et a pris de la vigueur, il a peut-être l'instinct et la force d'expulser ses frères nourriciers, s'ils ne sont pas morts de faim dès les premiers jours de leur vie. M. Ramsay est arrivé aux mêmes conclusions pour les espèces australiennes; il dit que le jeune coucou est d'abord un étré faible et gras, mais qui, croissant rapidement, remplit presque entièrement le nid pendant que ses compagnons bientôt étouffés sous son poids, ou affamés par sa gloutonnerie, sont finalement jetés au dehors par les parents. Il y a cependant trop de preuves anciennes et récentes de l'expulsion par le jeune coucou de ses frères nourriciers, pour qu'on puisse mettre le fait en doute. S'il était important pour le jeune oiseau qu'il pût recevoir après sa naissance le plus de nourriture possible, je ne vois pas de difficulté à admettre que, pendant des générations successives, il ait graduellement acquis (peut-être par simple turbulence non intentionnelle) l'habitude, la force, et la conformation la plus propre à lui permettre d'expulser ses compagnons, circonstance de nature à assurer sa nourriture et sa réussite finale. Cela ne me paraît pas plus difficile que l'instinct qu'ont les jeunes oiseaux encore dans l'œuf de briser les parois de la coquille au moyen d'un renforcement temporaire de l'extrémité de leur bec; ou encore, selon la remarque d'Owen, la dent acérée transitoire qui se trouve à la mâchoire supérieure des jeunes serpents, et au moyen de laquelle ils peuvent se frayer un passage au travers de l'enveloppe coriace de l'œuf. Si chaque partie du corps est susceptible de variations individuelles à tout âge, et que ces variations tendent à être héréditaires à l'âge correspondant, faits qu'on ne peut contester, les instincts et la conformation peuvent aussi bien être lentement modifiés chez les jeunes que chez les adultes, et les deux cas doivent dépendre également de la sélection naturelle. L'habitude occasionnelle de pondre dans les nids d'autres oiseaux, soit de même, soit de différente espèce, n'est pas rare chez les gallinacés, et explique peut-être l'origine d'un instinct singulier qui s'observe dans le groupe voisin des autruches, dans lequel plusieurs femelles se réunissent pour pondre d'abord dans un nid, puis dans un autre, quelques œufs qui sont ensuite couvés par les mâles. Cet instinct tient peut-être au fait que les femelles pondent un grand nombre d'œufs, mais, comme chez le coucou, à deux ou trois jours d'intervalle. Chez l'autruche américaine toutefois, l'instinct n'est pas encore arrivé à ce point de perfection, car elle disperse ses œufs çà et là en grand nombre dans les plaines, au point que dans une journée de chasse, j'ai ramassé jusqu'à vingt de ces œufs perdus et gaspillés.

Il y a des abeilles parasites, qui pondent régulièrement leurs œufs dans les nids d'autres abeilles. Ce cas est encore plus remarquable que celui du coucou, car chez ces abeilles, l'instinct aussi bien que la conformation ont dû être modifiés en rapport avec leurs habitudes parasites; aussi ne possèdent-elles pas l'appareil collecteur de pollen qui leur serait indispensable si elles avaient à récolter et à approvisionner la nourriture de leurs descendants. Quelques espèces de sphégides sont de même parasites d'autres espèces; et M. Fabre a récemment signalé de bonnes raisons pour qu'on puisse croire que, bien que le *Tachytes nigra* construise ordinairement son propre terrier et le garnisse de proie paralysée destinée à nourrir sa larve; toutes les fois qu'il rencontre un terrier déjà creusé et approvisionné par un autre sphex, il s'en empare, et devient ainsi à l'occasion parasite. Dans ce cas, comme dans le cas supposé du coucou, je ne vois aucune difficulté à ce que la sélection naturelle puisse rendre permanente, si elle est avantageuse pour l'espèce, toute habitude occasionnelle, s'il n'en résulte pas l'extermination de l'insecte dont le nid et les approvisionnements sont ainsi traîtreusement appropriés.

Instinct esclavagiste. — Ce remarquable instinct fut d'abord découvert dans le *Formica* (Polyerges) *rufescens* par Pierre Huber, observateur peut-être plus habile encore que son illustre père. Cette fourmi est si absolument dans la dépendance

de ses esclaves, que, sans leur aide, l'espèce serait certainement
éteinte dans l'espace d'une seule année. Les mâles et les femelles fécondes ne font aucune espèce de travail , et les ouvrières ou femelles stériles, quoique des plus énergiques et
courageuses pour capturer des esclaves, ne font pas d'autre ouvrage. Elles sont incapables de construire leurs nids ou de nourrir leurs propres larves. Lorsque le vieux nid se trouve insuffisant, que les fourmis doivent le quitter, ce sont les esclaves qui
décident l'émigration, et qui emportent leurs maîtres à l'aide
de leurs mâchoires. Ces derniers sont si complétement impuissants, que Huber en ayant enfermé une trentaine sans esclaves,
mais abondamment pourvus de leur nourriture de prédilection,
et de larves et nymphes pour les stimuler au travail, ils restèrent inactifs, et, ne pouvant même pas se nourrir eux-mêmes,
la plupart périrent de faim. Huber alors introduisit une seule
esclave (*F. fusca*), qui se mit aussitôt à l'ouvrage, sauva les
survivants en leur donnant de la nourriture, construisit quelques cellules, prit soin des larves, et mit tout en ordre. Peut-
on concevoir quelque chose de plus extraordinaire que ces faits
bien constatés? Si nous n'eussions connu aucune autre fourmi
esclavagiste, il eût été inutile de raisonner sur l'origine et le
perfectionnement d'un instinct aussi merveilleux.

P. Huber observa aussi le premier qu'une autre espèce,
la *Formica sanguinea*, faisait aussi des esclaves. Cette espèce,
qui se rencontre dans les parties méridionales de l'Angleterre,
a été l'objet d'études de la part de M. F. Smith du British Mu-
seum, auquel je dois beaucoup de renseignements sur ce sujet
et quelques autres. Quoique plein de confiance dans les affirmations de Huber et de M. Smith, je n'abordais ce sujet
qu'avec des dispositions sceptiques bien excusables, puisqu'il
s'agissait de vérifier la réalité d'un instinct aussi extraordinaire
et odieux que celui de faire des esclaves. Aussi entrerais-je
dans quelques détails sur les observations que j'ai pu faire à
cet égard. Dans quatorze nids de *F. sanguinea* que j'ai ouverts,
j'ai trouvé dans tous quelques esclaves appartenant à l'espèce
de *F. fusca*. Les individus sexuels, soit mâles et femelles de
cette dernière espèce, ne se trouvent que dans leurs nids propres, mais jamais dans les nids de la *F. sanguinea*. Les esclaves
sont noires et contrastent fortement avec leurs maîtres par leur

taille, qui est moindre de moitié. Lorsqu'on dérange légèrement le nid, les esclaves sortent ordinairement, et témoignent,
ainsi que leurs maîtres, d'une vive agitation pour défendre le
nid; si la perturbation est très-grande, et que les larves et les
nymphes soient exposées, les esclaves se mettent énergique-
ment à l'œuvre, et aident leurs maîtres à les emporter et à les
mettre en sûreté; il est donc évident que les fourmis esclaves
se sentent tout à fait chez elles. Pendant trois années successives, dans les mois de juin et de juillet, j'ai observé, pendant
des heures entières, plusieurs nids dans le Surrey et le Sussex,
sans avoir jamais vu une seule fourmi esclave y entrer ou en
sortir. Les esclaves étant dans ces mois très-peu nombreuses,
je pensais qu'il pouvait en être autrement lorsqu'elles étaient
plus abondantes; mais M. Smith, qui a surveillé ces nids à différentes heures pendant les mois de mai, juin et août, dans le
Surrey et le Hampshire, me confirme qu'il n'avait, même en
août, où leur nombre est très-considérable, jamais vu entrer
ou sortir du nid une seule fourmi esclave. Il les considère
donc comme étant rigoureusement des esclaves domestiques.
D'autre part, on voit les maîtres apportant constamment au
nid des matériaux pour sa construction, et des provisions de
toute espèce de nourriture. En 1860, au mois de juillet, je
rencontrai cependant une communauté possédant un nombre
inusité d'esclaves, et remarquai quelques-unes de celles-ci qui
quittaient le nid en compagnie de leurs maîtres, se dirigeant
ensemble vers un grand pin écossais éloigné de vingt-cinq
mètres environ, et dont elles firent l'ascension, probablement
à la recherche de pucerons ou des Coccus. D'après Huber, qui
a eu de nombreuses occasions de les observer, les esclaves
travaillent en Suisse habituellement avec les maîtres à la construction du nid, mais seules elles en ouvrent le matin les
portes pour les fermer le soir, et il constate expressément que .
leur principale fonction est de chercher les aphidiens. Cette
différence dans les habitudes usuelles des maîtres et des esclaves dans les deux pays dépend probablement de ce qu'en
Suisse les esclaves sont capturées en plus grand nombre qu'en
Angleterre.

J'eus un jour la bonne fortune d'assister à une migration de
la *F. sanguinea* d'un nid à un autre; et c'était un spectacle des

plus intéressants que de voir les fourmis maîtresses emportant avec le plus grand soin leurs esclaves dans leurs mâchoires, au lieu d'être portées par elles comme dans le cas de la *F. rufescens*. Un autre jour, la présence dans le même endroit d'une vingtaine de fourmis esclavagistes qui n'étaient évidemment pas en quête de nourriture, attira mon attention. Elles s'approchèrent d'une colonie indépendante de l'espèce esclave, *F. fusca*, et furent vigoureusement repoussées par cette dernière, dont quelquefois jusqu'à trois individus se cramponnaient ensemble aux pattes des *F. sanguinea* attaquantes. Celles-ci tuaient sans pitié leurs petites adversaires, et emportaient comme nourriture leurs cadavres à leur nid, qui se trouvait à une trentaine de mètres de distance ; mais elles ne purent pas s'emparer de nymphes pour en faire leurs esclaves. Je déterrai alors dans une autre fourmilière quelques nymphes de la *F. fusca*, que je plaçai sur le sol près du lieu du combat ; elles furent aussitôt avidement saisies et enlevées par les assaillants, qui crurent probablement qu'après tout ils avaient gagné la victoire dans le dernier combat.

Je disposai en même temps sur le même point quelques nymphes d'une autre espèce, la *F. flava*, avec quelques parcelles de leur nid, auxquelles étaient restées attachées quelques-unes de ces petites fourmis jaunes qui sont quelquefois, quoique rarement, ainsi que le décrit M. Smith, réduites à l'esclavage. Quoique fort petite, cette espèce est très-courageuse, et je l'ai vue attaquer les autres fourmis avec une grande férocité. Ayant une fois, à ma grande surprise, trouvé une colonie indépendante de *F. flava*, à l'abri d'une pierre placée sous une fourmilière de *F. sanguinea*, espèce esclavagiste, je dérangeai accidentellement les deux nids, et les deux espèces s'étant ainsi trouvées en présence, je vis les petites fourmis se précipiter avec un courage étonnant sur leurs grosses voisines. Curieux de vérifier si les *F. sanguinea* distingueraient les nymphes de la *F. fusca*, qui est l'espèce dont elles font habituellement leurs esclaves, de celles de la petite et féroce *F. flava*, qu'elles ne prennent que rarement, je pus constater qu'elles les reconnaissaient fort bien ; car nous avons vu qu'elles s'étaient aussitôt jetées sur les nymphes de la *F. fusca* et les avaient enlevées, tandis qu'elles parurent terrifiées en rencontrant les nymphes et même la terre provenant du nid de la *F. flava*, et s'empressèrent de se sauver. Cependant, lorsque environ un quart d'heure après, les petites fourmis jaunes furent toutes loin, les autres reprirent courage et revinrent pour emporter les nymphes.

Un soir que j'examinais une autre colonie de *F. sanguinea*, je vis un grand nombre d'individus de cette espèce qui regagnaient leur nid, portant des cadavres de *F. fusca* (ce qui montre que ce n'était pas une migration), et une quantité de nymphes. Je pus retracer une longue file de fourmis chargées de butin, aboutissant à quarante mètres en arrière à un gros tas de bruyères d'où je vis sortir une dernière *F. sanguinea*, portant une nymphe. Je ne pus cependant pas retrouver sous l'épaisse bruyère le nid dévasté, bien qu'il ait dû être tout près, car je vis deux ou trois *F. fusca* paraissant extrêmement agitées, et une entre autres qui, perchée immobile sur un brin de bruyère, tenant dans ses mandibules une nymphe de son espèce, semblait l'image du désespoir gémissant sur son domicile ravagé.

Tels sont les faits, qui du reste n'exigeaient aucune confirmation de ma part, sur ce remarquable instinct qu'ont les fourmis de réduire leur congénères en esclavage. Le contraste entre les habitudes instinctives de la *F. sanguinea* et celles de la *F. rufescens* du continent est à remarquer. Cette dernière ne bâtit pas son nid, ne décide même pas ses migrations, ne récolte pas sa nourriture pour elle ou ses jeunes, et ne peut pas même se nourrir, elle est absolument sous la dépendance de ses nombreux esclaves. La *F. sanguinea*, d'autre part, à beaucoup moins d'esclaves, et au commencement de l'été, fort peu; ce sont les maîtres qui décident du moment et du lieu où un nouveau nid devra être construit, et, lorsqu'ils émigrent, ce sont eux qui portent les esclaves. Tant en Suisse qu'en Angleterre, les esclaves paraissent exclusivement chargées des soins de l'entretien des larves; les maîtres seuls entreprennent les expéditions pour se procurer des esclaves. En Suisse, esclaves et maîtres travaillent ensemble, tant pour chercher les matériaux du nid que pour l'édifier; tous deux, mais surtout les esclaves, sont à la recherche de pucerons pour les traire, pour ainsi dire, et récoltent ainsi tous deux la nourriture pour la communauté. En Angleterre, les maîtres seuls quittent le nid pour recueillir les matériaux de construction et la nourriture pour eux, leurs esclaves et leurs larves; les services que leur rendent leurs esclaves sont donc moins importants dans ce pays qu'ils ne le sont en Suisse.

Je ne prétends point faire de conjecture sur l'origine de cet instinct de la *F. sanguinea*. Mais, ainsi que je l'ai observé, les fourmis non esclavagistes emportant quelquefois dans leur nid des nymphes d'autres espèces qui se trouvent disséminées dans son voisinage, il est possible que ces nymphes, emmagasinées dans le principe pour servir de nourriture, aient pu se développer et que ces fourmis étrangères ainsi, inintentionnellement élevées, obéissant à leurs instincts, aient fait l'ouvrage qu'elles pouvaient. Si leur présence se trouvait être utile à l'espèce qui les avait capturées, — s'il était plus avantageux à celle-ci de prendre au dehors des ouvrières que de les procréer, — l'habitude de récolter des nymphes primitivement destinées à servir de nourriture pourrait s'être fortifiée par sélection naturelle, et avoir été ainsi rendue permanente dans le but bien différent de faire des esclaves. Un tel instinct une fois acquis, fût-ce même à un degré bien moins prononcé qu'il ne l'est chez la *F. sanguinea* en Angleterre, laquelle, comme nous l'avons vu, est beaucoup moins aidée par ses esclaves que ne l'est la même espèce en Suisse, — la sélection naturelle pourrait l'accroître et le modifier, en supposant que chaque modification fût utile à l'espèce, jusqu'au point de produire une fourmi aussi complétement placée sous la dépendance de ses esclaves que l'est la *F. rufescens*.

Instinct de la construction de cellules chez l'abeille. — Sans entrer dans des détails très-circonstanciés, je présenterai ici une esquisse des conclusions auxquelles j'ai été conduit sur ce sujet. Qui peut examiner cette délicate construction du rayon de cire, si parfaitement adaptée à son but, sans éprouver un sentiment d'admiration enthousiaste? Les mathématiciens nous apprennent que les abeilles ont pratiquement résolu un problème des plus abstraits, celui de donner à leurs cellules avec l'emploi du minimum possible de leur précieux élément de construction, la cire, précisément la forme capable de contenir le plus fort volume de miel. On a remarqué que, même pourvu des outils les plus appropriés, il serait difficile à un ouvrier habile de faire des cellules de cire de la véritable forme, ce qu'exécutent parfaitement une foule d'abeilles travaillant dans une ruche obscure. En accordant tous les instincts qu'on voudra, il semble d'abord inconcevable qu'elles puissent faire tous les angles et les plans nécessaires et même savoir quand le travail est correct. La difficulté n'est cependant pas de beaucoup si énorme qu'elle peut le paraître au premier abord, et on peut, je crois, montrer que ce magnifique ouvrage ne résulte que d'un petit nombre d'instincts simples.

J'ai été amené à étudier ce sujet par M. Waterhouse, qui a montré que la forme de la cellule est intimement liée à la présence des cellules adjacentes; et on peut, je crois, ne considérer les idées qui suivent que comme une modification de sa théorie. Adressons-nous au grand principe de la gradation, et voyons si la nature ne nous révèle pas le procédé qu'elle emploie. A l'extrémité d'une série peu étendue, nous trouvons les bourdons, qui se servent de leurs vieux cocons pour emmagasiner du miel, y ajoutant parfois des courts tubes de cire, substance avec laquelle ils façonnent également quelquefois des cellules séparées, très-irrégulièrement arrondies. A l'autre extrémité de la série, nous avons les cellules de l'abeille, placées sur deux couches, et dont chacune, comme tout le monde le sait, constitue un prisme hexagonal dont les bords de la base des six côtés sont taillés en biseau de manière à s'ajuster sur une pyramide composée de trois rhombes. Ces trois rhombes qui forment la base pyramidale de chaque cellule située sur un des côtés du rayon, font également partie des bases de trois cellules adjacentes appartenant au côté opposé du rayon. Dans la série qui est comprise entre les cellules très-parfaites de l'abeille, et la cellule éminemment simple du bourdon, nous avons les cellules de la *Melipona domestica* du Mexique, qui ont été soigneusement figurées et décrites par P. Huber. La Mélipone est elle-même intermédiaire entre l'abeille et le bourdon, quoique plus rapprochée de ce dernier insecte. Elle construit un rayon de cire presque régulier de cellules cylindriques dans lesquelles se fait l'incubation des jeunes, et elle y joint quelques grandes cellules de cire, destinées à recevoir du miel. Celles-ci sont presque sphériques, de grandeur à peu près égale, et agrégées en une masse irrégulière.

Mais le point essentiel à noter est que ces cellules sont toujours placées à une distance telle les unes des autres, qu'elles se seraient entrecoupées mutuellement, si les sphères qu'elles constituent étaient complètes, ce qui n'a jamais lieu, l'insecte construisant des murailles de cire parfaitement droites et planes sur les lignes où les sphères achevées tendraient à s'entrecouper. Chaque cellule est donc formée d'une portion extérieure sphérique et de deux, trois ou plus de surfaces planes, suivant que la cellule est elle-même adjacente à deux, trois ou plus d'autres cellules. Lorsqu'une cellule repose sur trois autres, ce qui, vu l'égalité de leurs dimensions, est souvent et nécessairement le cas, les trois faces planes sont réunies en une pyramide qui, ainsi que l'a remarqué Huber, semble être une grossière imitation des bases pyramidales à trois faces de la cellule de l'abeille. Comme dans celles-ci, les trois faces planes de la cellule font donc nécessairement partie de la construction de trois cellules adjacentes. Il est évident que par ce mode de construction, la Mélipone économise de la cire, et, ce qui est plus important, du travail; car les parois planes qui séparent deux cellules adjacentes ne sont pas doubles, ont la même épaisseur que les portions sphériques externes, et font cependant partie de deux cellules à la fois.

En réfléchissant sur ce cas, je remarquai que si la Mélipone avait établi ses sphères à une distance donnée les unes des autres, qu'elles les eût construites d'égale grandeur et ensuite disposées symétriquement sur deux couches, il en serait résulté une construction probablement aussi parfaite que le rayon de l'abeille. J'écrivis donc à Cambridge, au professeur Miller, pour lui soumettre le document suivant, fait d'après ses renseignements, et qu'il a trouvé rigoureusement exact :

Si on décrit un nombre de sphères égales, de centres placés dans deux plans parallèles, le centre de chaque sphère étant éloigné des centres des six sphères adjacentes du même plan, du rayon $x \sqrt{2}$ ou rayon $\times$ 1,41421 (ou à une distance un peu moindre); qu'il soit à pareille distance des centres des sphères adjacentes placées dans le plan opposé et parallèle; si alors on fait passer des plans d'intersection entre les diverses sphères des deux plans, il en résultera une double

couche de prismes hexagonaux réunis par des bases pyramidales à trois rhombes, et rhombes et côtés des prismes hexagonaux auront identiquement les angles que les meilleures
mesures entreprises ont donné pour les cellules des abeilles.
Le professeur Wyman, qui a entrepris de nombreuses mesures
sur ce sujet, m'informe qu'on a beaucoup exagéré l'exactitude
du travail de l'abeille; au point, ajoute-il, que quelle que soit
la forme typique de la cellule, elle n'est que rarement, si elle
l'est jamais, réalisée. Nous sommes donc conduits à conclure
que, si nous pouvions légèrement modifier les instincts que la
Mélipone possède déjà, et qui ne sont pas en eux-mêmes bien
merveilleux, cet insecte pourrait faire une construction aussi
parfaite que celle de l'abeille. Il faudrait supposer que la Mélipone pût faire des cellules tout à fait sphériques et de grosseur égale; ce qui ne serait pas étonnant, puisqu'elle le fait
déjà jusqu'à un certain point, et qu'un grand nombre d'insectes parviennent à forer dans le bois des trous parfaitement
cylindriques, ce qu'ils font probablement en tournant autour
d'un point fixe. Il faut encore supposer qu'elle disposât ses
cellules dans des plans parallèles, comme elle le fait déjà pour
ses cellules cylindriques, et en outre, et c'est là le plus difficile, qu'elle put estimer exactement la distance à laquelle
elle doit se tenir de ses camarades, lorsqu'elles travaillent
plusieurs ensemble à construire leurs sphères; mais, sur ce
point encore, la Mélipone est déjà à même d'apprécier la distance, puisqu'elle décrit toujours ces sphères de manière à ce
qu'elles s'entrecouperaient largement si elles étaient complètes, et en réunit ensuite par une surface plane les points
d'intersection. Nous aurions encore à supposer, ce qui n'offre
aucune difficulté, qu'après avoir établi ses prismes hexagonaux
par l'intersection des sphères adjacentes dans le même plan,
elle prolonge l'hexagone et lui donne la longueur voulue pour
qu'il puisse contenir la provision de miel, de la même manière
que le bourdon ajoute des cylindres de cire aux orifices circulaires de ses vieux cocons. C'est par de telles modifications
d'instincts. qui n'ont en eux-mêmes rien de bien étonnant, — à
peine plus que ceux qui dirigent l'oiseau dans la construction
de son nid, — que je crois que l'abeille a, par sélection naturelle, acquis ses inimitables facultés architecturales. Cette

théorie peut être soumise au contrôle de l'expérience. Suivant l'exemple de M. Tegetmeier, j'ai séparé deux rayons en plaçant entre eux une longue et épaisse bande rectangulaire de cire, dans laquelle les abeilles commencèrent aussitôt à creuser de petites excavations circulaires, qu'elles approfondirent et élargirent de plus en plus jusqu'à ce qu'elles en eussent fait de petits bassins ayant le diamètre ordinaire des cellules, et paraissant à l'œil, constituer une parfaite portion de sphère. J'observai avec un vif intérêt que, partout où plusieurs abeilles avaient commencé à creuser ces excavations près les unes des autres, elles s'étaient placées à la distance voulue pour que, lorsque les bassins avaient acquis le diamètre précité, celui d'une cellule ordinaire, et en profondeur le sixième du diamètre de la sphère dont ils faisaient partie, leurs bords se rencontrassent. Les abeilles cessaient aussitôt de creuser, et commençaient à élever, sur les lignes d'intersection des excavations, des murs plans de cire, de sorte que chaque prisme hexagonal s'élevait sur le bord festonné d'un bassin lisse, au lieu d'être construit sur les arêtes droites d'une pyramide à trois faces, comme dans les cellules ordinaires.

J'introduisis alors dans la ruche, au lieu d'une bande de cire rectangulaire et épaisse, une lame étroite et mince de la même substance colorée avec du vermillon. Les abeilles commencèrent comme auparavant à excaver immédiatement leurs petits bassins rapprochés; mais la lame de cire étant fort mince, si les cavités avaient été creusées à la même profondeur que dans l'expérience précédente, elles se seraient confondues en une seule, et la plaque de cire aurait été perforée de part en part. Les abeilles toutefois ne voulant pas que cela arrivât, arrêtèrent à temps leur excavation, de sorte que dès que les bassins furent un peu approfondis, leurs fonds eurent leurs faces planes qui, formées d'une mince couche de cire vermillonnée restée intacte, étaient en apparence exactement dans les plans fictifs d'intersection passant entre les cavités situées du côté opposé de la plaque de cire. Dans quelques parties on voyait de petites portions, plus grandes dans d'autres, d'une plaque de forme rhomboïde, qui était restée entre les cavités opposées; mais le travail, vu l'état artificiel des conditions, n'avait pas été très-proprement exécuté. Il faut que les abeilles aient travaillé toutes avec la même vitesse, pour avoir rongé circulairement les cavités des deux côtés de la lame de cire vermillonnée, et avoir ainsi réussi à conserver des cloisons planes entre les excavations en arrêtant leur travail aux plans d'intersection.

La cire mince étant très-flexible, je ne vois pas de difficulté à ce que les abeilles, travaillant des deux côtés d'une lame, ne s'aperçoivent aisément du moment où elles ont amené la paroi au degré de minceur voulu, et ne s'arrêtent à temps. Dans les gâteaux ordinaires, il m'a semblé que les abeilles ne réussissent pas toujours à marcher avec la même vitesse lorsqu'elles travaillent des deux côtés, car j'ai observé à la base d'une cellule nouvellement commencée, des rhombes à moitié achevés qui étaient légèrement concaves d'un côté et convexes de l'autre, ce qui provenait, à ce que je suppose, de ce que les abeilles avaient marché plus vite dans le premier cas que dans le second. Dans une circonstance entre autres, je replaçai le gâteau dans la ruche, pour laisser les abeilles travailler pendant quelque temps, puis ayant examiné de nouveau la cellule, je trouvai la plaque rhombique achevée et devenue *parfaitement plane*; il était absolument impossible, vu son extrême minceur, que les abeilles eussent pu y arriver en rongeant le côté convexe, et je soupçonne que, dans les cas pareils, les abeilles placées à l'opposé poussent et font céder la cire chaude jusqu'à ce qu'elle se trouve à sa vraie place, et en ce faisant, l'aplanissent tout à fait.

L'expérience précédente faite avec la cire colorée au vermillon montre que, si les abeilles ont à construire elles-mêmes une lame de cire mince, elles peuvent donner à leurs cellules la forme convenable en se tenant à une distance voulue les unes des autres, creusant avec la même vitesse, et en cherchant à faire des cavités sphériques égales, sans jamais permettre aux sphères de s'ouvrir les unes dans les autres. Ainsi qu'on peut s'en assurer en examinant le bord d'un gâteau en voie de construction, les abeilles établissent réellement autour du rayon un bord circonférenciel grossier, qu'elles rongent des deux côtés opposés en travaillant toujours circulairement à à mesure qu'elles approfondissent chaque cellule. Elles ne font jamais tout à la fois la base pyramidale à trois faces de la cellule, mais seulement la plaque rhombique unique, ou, suivant le cas, les deux plaques qui occupent l'extrême bord de la face qui s'augmente, et elles ne complètent les bords supérieurs des plaques rhombiques que lorsque les parois hexagonales sont commencées. Quelques-unes de ces assertions diffèrent des observations faites par le célèbre Huber, mais je suis certain de leur exactitude et, si la place me le permettait, je pourrais montrer leur concordance avec ma théorie.

L'assertion d'Huber, que la première cellule est creusée dans une petite muraille de cire à faces parallèles, n'est pas très-exacte, à ce que j'ai pu voir, le premier commencement étant toujours un petit capuchon de cire; mais je n'entrerai pas ici dans ces détails. Nous voyons quel rôle important joue l'excavation dans la construction des cellules. mais ce serait une erreur de supposer que les abeilles ne puissent pas élever dans la situation voulue, soit le plan d'intersection entre deux sphères adjacentes, une muraille de cire. Je possède plusieurs échantillons qui montrent clairement qu'elles peuvent le faire. Même dans le bord circonférenciel grossier qui entoure le gâteau en voie de construction, on remarque quelquefois des courbures correspondant par leur position aux plans des plaques rhombiques qui constituent les bases des cellules futures. Mais, dans tous les cas, la muraille grossière de cire doit finalement, pour s'achever, être largement rongée des deux côtés. Le mode de construction des abeilles est curieux; elles font toujours leur première muraille de cire dix à vingt fois plus épaisse que ne le sera la paroi excessivement mince de la cellule définitive. Les abeilles travaillent comme le feraient des maçons qui, après avoir amoncelé sur un point une certaine masse de ciment, la coupent ensuite également des deux côtés jusqu'au sol, et finissent par laisser ainsi au milieu une paroi mince sur laquelle ils remettent à mesure, soit le ciment enlevé latéralement, soit du ciment nouveau. Nous avons ainsi un mur mince s'élevant peu à peu, mais toujours terminé par un fort couronnement qui, recouvrant partout les cellules à quelque degré d'avancement qu'elles soient parvenues, permet aux abeilles de s'y cramponner et d'y ramper sans endommager les parois si délicates des cellules hexagonales. Ces parois varient beaucoup d'épaisseur, ainsi que le professeur Miller l'a vérifié à ma demande. Cette épaisseur, d'après une moyenne de douze mesures faites près du bord du gâteau, est de 1/353 de pouce[1]; tandis que les plaques rhombiques de la base des cellules sont plus fortes dans le rapport approximatif de 3 à 2; leur épaisseur s'étant trouvée, d'après la moyenne de vingt et une mesures, égale à 1/229 de pouce[2]. Par suite du mode singulier de construction que nous venons de décrire, la solidité du gâteau va constamment en augmentant, tout en réalisant le maximum possible d'économie de la cire.

La circonstance qu'une foule d'abeilles travaillent ensemble paraît d'abord ajouter à la difficulté de comprendre le mode de construction des cellules; chaque abeille, après avoir travaillé un moment à une cellule, va à une autre, de sorte que, comme Huber l'a constaté, une vingtaine d'individus contribuent même au commencement de la première cellule. J'ai pu pratiquement rendre le fait évident en couvrant les bords des parois hexagonales d'une cellule, ou le bord extrême de la circonférence d'un gâteau en voie de construction, d'une mince couche de cire colorée avec du vermillon. J'ai invariablement reconnu qu'ensuite la couleur avait été aussi délicatement diffusée par les abeilles, qu'elle aurait pu l'être au moyen d'un pinceau, par le fait que des parcelles de cire colorée enlevées du point où elles avaient été placées, avaient été portées tout autour sur les bords croissants des cellules voisines. La construction est donc le résultat d'un équilibre entre plusieurs abeilles se tenant toutes instinctivement à une même distance relative les unes des autres, toutes décrivant des sphères égales, et qui établissent les plans d'intercession entre ces sphères, soit en les élevant directement, soit en les ménageant lorsqu'elles creusent. Dans certains cas difficiles, tels que la rencontre sous un certain angle de deux portions de gâteaux, rien n'est plus curieux que d'observer combien de fois les abeilles peuvent démolir et reconstruire de différentes manières une même cellule, revenant quelquefois à une forme qu'elles avaient d'abord rejetée.

Lorsque les abeilles peuvent travailler dans un emplacement qui leur permet de prendre la position la plus convenable, — par exemple une lame de bois placée sous le milieu d'un

---

1. 1/353 de pouce anglais = 0mm,07.
2. 1/229 de pouce anglais = 0mm,11.

rayon s'accroissant par le bas, de manière à ce que le rayon doive être établi sur une face de la lame, — les abeilles peuvent alors poser les bases de la muraille d'un nouvel hexagone à sa véritable place, faisant saillie au-delà des cellules déjà construites et achevées. Il suffit que les abeilles puissent se placer à la distance voulue entre elles et les parois des dernières cellules faites. Elles élèvent alors une paroi de cire intermédiaire sur l'intersection fictive de deux sphères adjacentes; mais d'après ce que j'ai pu voir, elles ne finissent pas les angles d'une cellule en les rongeant, avant que celle-ci et les cellules qui l'avoisinent ne soient déjà très-avancées. Cette aptitude qu'ont les abeilles d'établir, dans certains cas, une muraille grossière entre deux cellules commencées, est importante comme se rattachant à un fait qui paraît d'abord renverser la théorie précédente, à savoir, que les cellules du bord externe des nids de guêpes sont quelquefois rigoureusement hexagonales, mais je ne pourrais ici développer ce sujet. Il ne me semble pas qu'il y ait grande difficulté à ce qu'un insecte isolé, comme l'est la femelle de la guêpe, puisse façonner des cellules hexagonales en travaillant alternativement à l'intérieur et à l'extérieur de deux ou trois cellules commencées ensemble, en se tenant toujours à la distance relative convenable des parties des cellules déjà commencées, et décrivant des sphères ou des cylindres entre lesquels elle élève des parois intermédiaires.

La sélection naturelle n'agissant que par l'accumulation de légères modifications de conformation ou d'instinct, toutes avantageuses à l'individu dans ses conditions d'existence, on peut raisonnablement se demander comment une succession longue et graduée d'instincts architecturaux modifiés, tendant tous vers le plan de construction parfait que nous connaissons aujourd'hui, a pu être profitable à l'abeille? La réponse me paraît facile, car des cellules comme celles de la guêpe et de l'abeille gagnent en force, épargnent la place et le travail, et économisent les matériaux qui sont nécessaires à leur construction. En ce qui concerne la formation de la cire, on sait que les abeilles ont souvent de la peine à se procurer suffisamment de nectar, et j'apprends par M. Tegetmeier qu'on a établi par l'expérience que, pour produire une livre de cire, une ruche doit consommer de douze à quinze livres de sucre sec; il faut donc que pour produire la quantité de cire nécessaire à la construction de leurs gâteaux, les abeilles puissent consommer une énorme masse du nectar liquide des fleurs. De plus, un grand nombre d'abeilles demeurent oisives plusieurs jours, pendant que la sécrétion se fait. Pour soutenir pendant l'hiver une forte colonie, une grande provision de miel est indispensable, et la prospérité de la ruche dépend essentiellement de la quantité d'abeilles qu'elle peut entretenir. L'économie de cire est donc un élément de réussite important pour toute communauté d'abeilles, puisqu'elle se traduit par une économie de miel, et du temps qu'il faut pour le récolter. Le succès de l'espèce dépend encore, cela va sans dire, indépendamment de ce qui est relatif à la quantité de miel en provision, de ses ennemis ou parasites et de causes diverses. Supposons cependant que la quantité de miel déterminât, comme cela arrive probablement souvent, l'existence en grand nombre dans un pays d'une espèce de bourdon, supposons encore que, la colonie passant l'hiver, une provision de miel fût indispensable à sa conservation, il n'est pas douteux qu'il serait des plus avantageux pour notre bourdon supposé, qu'une légère modification dans son instinct le poussât à rapprocher ses petites cellules de manière à ce qu'elles s'entrecoupent, car alors une seule paroi commune pouvant servir à deux cellules adjacentes, réaliserait une économie de travail et de cire. L'avantage augmenterait toujours si nos bourdons, rapprochant et régularisant davantage leurs cellules, les agrégeaient encore en une seule masse, comme la Mélipone; car alors une partie plus considérable de la paroi bornant chaque cellule, servant aux cellules voisines, il y aurait encore plus de travail et de cire d'épargné. Pour les mêmes raisons, il serait utile à la Mélipone qu'elle resserrât davantage ses cellules, et qu'elle les fît plus régulières qu'elles ne le sont actuellement, car alors, les surfaces sphériques disparaissant et étant remplacées par des faces planes, le rayon de la Mélipone serait aussi parfait que celui de l'abeille. La sélection naturelle ne pourrait pas conduire au delà de ce degré de perfection architectural, car, autant que nous en pouvons juger, le rayon de l'abeille est déjà, quant à l'économie de cire et de travail, d'une perfection absolue.

Ainsi à mon avis, le plus étonnant de tous les instincts, celui de l'abeille, peut s'expliquer par l'action de la sélection naturelle, qui, s'étant emparée de modifications légères successives et nombreuses, survenues à des instincts d'un ordre plus simple, a ensuite, par degrés, amené l'abeille à décrire plus parfaitement et plus régulièrement des sphères placées à égales distances sur deux rangs, et à creuser et à élever des parois planes sur les lignes d'intersection. Il va sans dire que les abeilles ne sachant pas plus qu'elles décrivent leurs sphères à une distance déterminée les unes des autres, qu'elles ne connaissent les divers angles des prismes hexagonaux et des plaques rhombiques qu'elles construisent, c'est la sélection naturelle qui a été la cause déterminante de la construction de cellules solides et ayant la forme et la capacité voulues pour contenir les larves, réalisée avec le minimum de dépense de cire et de travail. L'essaim particulier qui aura ainsi construit les meilleures cellules avec le moindre travail et la moindre dépense de miel transformé en cire aura réussi le mieux, et aura héréditairement transmis ses instincts économiques nouvellement acquis à ses essaims successifs qui, à leur tour aussi, auront eu une meilleure chance en leur faveur dans la lutte pour l'existence.

Objections contre l'application de la théorie de la Sélection Naturelle aux instincts : Insectes neutres et stériles.

On a fait contre les idées précédentes sur l'origine des instincts cette objection, que « les variations de conformation et d'instinct doivent avoir été simultanées et rigoureusement adaptées les unes aux autres, car toute modification dans l'une sans un changement correspondant dans l'autre aurait été fatale. » La valeur de cette objection repose tout entière sur la supposition que les changements, soit dans la conformation, soit dans l'instinct, ont été subits. Pour prendre comme exemple le cas de la mésange (*Parus major*), auquel nous avons fait allusion dans le chapitre précédent, cet oiseau tient souvent entre ses pattes, sur la branche, les graines de l'if, qu'il frappe avec son bec jusqu'à ce qu'il arrive au noyau. Or, quelle difficulté y aurait-il à ce que la sélection naturelle, ayant successivement conservé toutes les légères variations individuelles survenues dans la forme du bec, et de nature à l'adapter de mieux en mieux à l'acte d'ouvrir les graines, il en soit finalement résulté un bec aussi bien conformé dans ce but que celui de la sitelle, et qu'en même temps par habitude, nécessité, ou un changement spontané du goût, l'oiseau soit devenu de plus en plus mangeur de graines? Le bec dans ce cas est supposé s'être modifié lentement par sélection naturelle, à la suite de, mais en concordance avec quelques lents changements dans l'habitude et les goûts. Mais que, par exemple, par corrélation avec le bec ou toute autre cause, les pattes de la mésange viennent à varier et à grossir, il n'est pas improbable que cette circonstance fût de nature à rendre l'oiseau de plus en plus grimpeur, et que cet instinct se développant toujours plus fortement, il finisse par acquérir les aptitudes et les instincts de la sitelle. Ce serait un cas où une modification graduelle de conformation est supposée conduire à un changement dans les instincts. Pour prendre un autre exemple : il est peu d'instincts plus remarquables que celui en vertu duquel le martinet des îles Orientales construit son nid entièrement de salive épaissie. Quelques oiseaux construisent leur nid de boue qu'on croit être délayée avec de la salive, et il y a un martinet de l'Amérique du Nord dont le nid, que j'ai vu, est construit de petites baguettes agglutinées par de la salive, mélangées de plaques de cette substance. Est-il bien improbable que la sélection naturelle de certains individus, sécrétant de plus en plus de salive, ait pu, en définitive, produire une espèce ayant des instincts la poussant à négliger d'autres matériaux et à construire son nid exclusivement de salive épaissie? Et de même dans d'autres exemples. Nous devons toutefois reconnaître que dans beaucoup de cas il nous est impossible de savoir si c'est l'instinct ou la conformation qui a varié en premier.

On peut sans aucun doute opposer à la théorie de la sélection naturelle un grand nombre d'instincts fort difficiles à expliquer : — les cas où nous ne voyons pas comment un instinct a pu prendre naissance, ceux où il n'existe aucune gradation connue ; des cas d'instincts si insignifiants, que c'est à peine si la sélection naturelle aurait pu exercer quelque action sur eux; les cas d'instincts presque identiques dans des animaux trop éloignés entre eux dans l'échelle des êtres pour qu'on puisse rattacher cette similitude à l'hérédité d'un ancêtre commun, et qu'il faut par conséquent regarder comme ayant été indépendamment acquis par sélection naturelle. Je ne puis ici étudier tous ces divers cas, et m'en tiendrai à une difficulté toute spéciale qui au premier abord me parut insurmontable et fatale à la théorie. Je veux parler des neutres ou femelles stériles des communautés d'insectes, qui diffèrent quelquefois par leurs instincts et leur conformation si considérablement des mâles et des femelles fécondes, et cependant, vu leur stérilité, ne peuvent propager leur type.

De ce sujet, qui mérite d'être discuté à fond, je n'examinerai ici qu'un cas spécial, qui est celui des fourmis ouvrières ou stériles. L'origine de la stérilité de ces ouvrières est déjà une difficulté, quoique pas beaucoup plus grande qu'aucune autre modification un peu frappante de conformation; car on peut montrer que, dans l'état de nature, quelques insectes et autres animaux articulés peuvent devenir stériles à l'occasion. Or, si de tels insectes eussent été sociaux, et qu'il eût été avantageux pour la communauté qu'un certain nombre de ses membres naquissent annuellement aptes au travail, mais incapables de procréer, il n'y a aucune difficulté à ce que ce résultat ait pu être effectué par la sélection naturelle. Passant sur cette première difficulté, la plus grande gît surtout dans les différences considérables qui existent entre la conformation des fourmis ouvrières et celle des individus sexuels, dans la forme du thorax, la privation d'ailes et quelquefois des yeux, et l'instinct. En ce qui regarde l'instinct seul, c'est surtout l'abeille qui pourrait fournir l'exemple de la plus grande différence qui existe sous ce rapport entre les ouvrières et les véritables femelles. Si la fourmi ouvrière ou les autres insectes neutres étaient des animaux ordinaires, j'aurais sans hésitation admis que tous leurs caractères ont dû être lentement acquis par une sélection naturelle, c'est-à-dire par des individus nés avec quelques modifications avantageuses, transmises à leurs descendants, qui variant encore, ont été sélectés à leur tour, et ainsi de suite. Mais la fourmi ouvrière est un insecte différant beaucoup de ses parents et cependant complétement stérile:

de sorte qu'elle n'a jamais pu transmettre à sa descendance des modifications de conformation ou d'instinct successivement acquises. Comment peut-on concilier ce cas avec la théorie de sélection naturelle ?

D'abord, rappelons-nous que nous avons des cas nombreux, tant à l'état domestique qu'à celui de nature, de différences de tous genres de conformations héréditaires qui sont en corrélation avec certains âges, et avec l'un ou l'autre sexe. Nous avons des différences qui sont en corrélation non-seulement avec un des sexes, mais encore avec la courte période pendant laquelle le système reproducteur est en activité, comme le plumage nuptial de beaucoup d'oiseaux et la mâchoire crochue du saumon mâle. Nous avons même de légères différences dans les cornes de diverses races de bétail qui sont en rapport avec un état imparfait artificiel du sexe mâle ; car les bœufs de quelques races ont les cornes plus longues que celles des bœufs d'autres races, relativement à la longueur de ces mêmes appendices tant chez les taureaux que chez les vaches des mêmes races. Il n'y a donc pas grande difficulté à ce qu'un caractère finisse par être en corrélation avec l'état de stérilité qui caractérise certains membres des communautés d'insectes ; la difficulté est surtout de comprendre comment de pareilles modifications de structure corrélatives ont pu être lentement accumulées par sélection naturelle. Quoique en apparence insurmontable, cette difficulté est amoindrie ou même disparaît, si on se rappelle que la sélection est applicable à la famille aussi bien qu'à l'individu, et peut ainsi atteindre le but désiré. Ainsi, les éleveurs de bétail désirent que chez leurs animaux la viande et la graisse soient bien mélangées : l'animal est abattu, mais l'éleveur a continué avec confiance sur la même souche et a réussi. On peut si bien se fier à la sélection qu'on pourrait probablement former à la longue une race de bétail donnant toujours des bœufs à cornes très-longues, en observant soigneusement quels individus, taureaux et vaches, produisent par leur appariage les bœufs aux cornes les plus longues, bien qu'aucun bœuf ne puisse jamais propager son propre type. Voici un exemple réel et meilleur : d'après M. Verlot, quelques variétés de la giroflée annuelle double diversicolore, pour avoir été long-temps soumises à une sélection convenable, donnent toujours

de graine une forte proportion de plantes portant des fleurs
doubles et entièrement stériles, de sorte que, si la variété n'en
avait pas également fourni d'autres, elle se serait complète-
ment éteinte; mais elle livre toujours quelques plantes simples
et fertiles, qui ne diffèrent des variétés simples ordinaires que
par leur pouvoir de produire les deux formes. On peut donc
comparer les plantes fertiles produisant des fleurs simples aux
mâles et femelles d'une fourmilière, et les plantes stériles à
fleurs doubles, qui sont régulièrement produites en grand
nombre, aux neutres stériles de la même communauté. C'est à
ce que je crois, ce qui a eu lieu chez les insectes sociaux; une
légère modification de structure ou d'instinct, en corrélation
avec l'état stérile de certains membres de la colonie, s'est
trouvée être avantageuse à celle-ci; les mâles et femelles
fertiles de la même communauté ont prospéré et transmis
à leur progéniture féconde la même tendance à produire des
membres stériles présentant la même modification. Je crois
que c'est par la répétition de ce même procédé que s'est
peu à peu accumulée la prodigieuse étendue de différences
qui existe entre les femelles stériles et fécondes de la même
espèce que nous remarquons chez tant d'insectes vivant en
société.

Il nous reste à aborder le point le plus difficile, savoir le
fait que les neutres, dans différentes espèces de fourmis, diffèrent non-seulement des femelles et mâles fertiles, mais encore
entre eux, quelquefois à un degré incroyable, au point de former deux ou trois castes. Ces castes ne passent pas les unes
aux autres, mais sont bien définies, aussi distinctes les unes
des autres que peuvent l'être deux espèces d'un même genre,
ou plutôt comme deux genres d'une même famille. Ainsi dans
les *Eciton*, il y a des neutres ouvrières et soldats, dont les
mâchoires et les instincts diffèrent extraordinairement; dans les
Cryptocerus, les ouvrières d'une des castes portent sur la tête
un bouclier curieux, dont l'usage est inconnu; chez le *Myr-
mecocystus* du Mexique, les ouvrières d'une caste ne quittent
jamais le nid; elles sont nourries par les ouvrières d'une autre
caste, et ont un abdomen énormément développé qui sécrète
une sorte de miel suppléant à celui que fournissent les pucerons que nos fourmis européennes tiennent captifs, et qu'on

pourrait regarder comme constituant pour elles un vrai bétail domestique.

On trouvera que j'ai dans le principe de a sélection naturelle une confiance présomptueuse, en n'admettant pas que des faits aussi étonnants et bien constatés doivent annuler d'emblée la théorie. Dans le cas plus simple où il n'y a qu'une seule classe d'insectes neutres, qui se sont, à ce que je crois, différenciés par sélection naturelle des formes sexuelles, nous pouvons conclure, d'après l'analogie avec les variations ordinaires, que les modifications légères, successives et avantageuses n'ont pas surgi chez tous les neutres d'un même nid, mais dans quelques-uns seulement; et que, par la survivance des colonies pourvues de femelles produisant le plus grand nombre de neutres ainsi avantageusement modifiés, et se trouvant par ce fait plus favorisées, les neutres ont fini par toutes présenter le même caractère. Nous devions, d'après cette manière de voir, trouver occasionnellement dans le même nid des insectes neutres présentant des gradations dans leur conformation, et c'est bien ce qui a fréquemment lieu quoiqu'on n'ait jusqu'à présent que peu étudié les insectes neutres en dehors de l'Europe. M. F. Smith a montré que chez plusieurs fourmis d'Angleterre les neutres diffèrent entre eux d'une façon surprenante par la taille et la coloration, et qu'on peut rencontrer dans le même nid tous les individus intermédiaires voulus pour relier les formes les plus extrêmes, ce que j'ai pu moi-même vérifier. Quelquefois on trouve que les ouvrières les plus nombreuses dans un nid sont ou les plus grandes ou les plus petites; tantôt toutes les deux sont abondantes, et les formes intermédiaires par la taille sont rares. La *Formica flava* a des ouvrières grandes et petites, avec un petit nombre de taille intermédiaire; et d'après l'observation de M. F. Smith, dans cette espèce, les grandes ouvrières ont des yeux lisses ou ocelles bien visibles quoique petits, tandis que ces mêmes organes sont rudimentaires chez les petites ouvrières.

Une dissection attentive de différents exemplaires de ces ouvrières m'a montré que les ocelles sont chez les petites ouvrières beaucoup plus rudimentaires que ne le comporterait l'infériorité de leur taille, et il m'a semblé, sans que je veuille l'affirmer d'une manièr aussi positive, que les ouvrières in-

termédiaires par leur taille l'étaient aussi par la conformation
de leurs ocelles. Nous avons donc, dans ce cas, deux corps
d'ouvrières stériles dans un même nid, différant non-seulement
par leur taille, mais encore par les organes de la vue, et reliées
par quelques individus présentant des caractères intermédiaires.
J'ajouterai à ceci, que si les ouvrières les plus petites avaient
été les plus utiles à la communauté, et que la sélection eût
porté sur les mâles et femelles produisent le plus grand
nombre de ces petites ouvrières, jusqu'à ce qu'elles fussent
toutes ainsi, il en serait résulté une espèce de fourmis dont les
neutres seraient à peu près semblables à ceux des *Myrmica*.
Les ouvrières des Myrmica sont en effet totalement privées d'o-
celles dont on n'aperçoit pas même des traces, bien que chez
les formes sexuelles de ce genre elles soient très-dévelop-
pées.

Voici un autre cas. J'étais si convaincu que je devais trouver des gradations dans beaucoup de points importants de la
conformation des diverses castes de neutres d'une même espèce,
que j'acceptai volontiers l'offre que me fit M. F. Smith de me
transmettre un grand nombre d'échantillons pris dans un même
nid de l'*Anomma*, fourmi de l'Afrique occidentale. Le lecteur
jugera peut-être mieux des différences existant entre des ouvrières d'après la comparaison suivante que d'après les mesures réelles: cette différence était celle qui existerait dans un
corps de maçons construisant une maison, et dont les uns
n'ayant que cinq pied quatre pouces de hauteur, les autres en
auraient seize; ces derniers ayant de plus des têtes quatre au lieu
de trois fois plus grosses que celles des plus petits hommes et
des mâchoires presque cinq fois plus développées. Les mâchoires des fourmis ouvrières de diverses tailles étaient d'ailleurs fort différentes par leurs apparences et par la forme et le
nombre des dents. Mais le point important pour nous, est que
bien qu'on put les grouper en castes de dimensions diverses,
des ouvrières passaient insensiblement des unes aux autres,
tant sous le rapport de la taille que sous celui de la conformation de leurs mâchoires. Des dessins faits à la chambre claire
par Sir J. Lubbock d'après les mâchoires que j'ai disséquées
sur des ouvrières des différentes dimensions, montrent ce fait
d'une manière incontestable. Dans son intéressant ouvrage,

« le Naturaliste sur les Amazones, » M. Bates a décrit des cas analogues.

Devant ces faits, je crois que la sélection naturelle agissant sur les fourmis fécondes ou parentes a pu former une espèce produisant régulièrement des neutres, ou tous de forte taille avec des mâchoires d'une certaine forme, ou tous de petite taille avec des mâchoires d'une autre conformation, ou enfin, ce qui est le comble de la difficulté, à la fois des ouvrières d'une grandeur et d'une structure données, et d'autres ouvrières différentes sous ces deux rapports, — provenant de ce qu'une série graduée ayant été formée d'abord, comme dans le cas de l'Anomma, les formes extrêmes ont été en nombre toujours croissant, probablement par la survivance des parents qui les procréaient, jusqu'à ce que finalement la production de formes intermédiaires ait cessé. M. Wallace a proposé une explication analogue pour le cas également complexe de certains papillons de l'archipel malais dont les femelles présentent régulièrement deux et même trois formes distinctes ; ainsi que M. Fritz Müller pour certains crustacés du Brésil chez lesquels on peut reconnaître deux formes très-différentes chez les mâles. Mais il n'est pas nécessaire d'entrer ici dans une discussion approfondie sur ce sujet. Je crois avoir dans ce qui précède, expliqué l'origine du cas étonnant de l'existence dans une même colonie de deux castes nettement distinctes d'ouvrières stériles, différentes l'une de l'autre ainsi que de leurs parents, et montré que leur formation a dû être aussi avantageuse pour la communauté sociale des fourmis, que le principe de la division du travail peut être utile à l'homme civilisé ; les fourmis toutefois mettent en œuvre des instincts et des organes ou instruments tous deux héréditaires, tandis que l'homme travaille avec des connaissances acquises et des instruments fabriqués.

Mais je dois avouer que malgré toute la foi que j'ai en la la sélection naturelle, je ne me fusse jamais attendu qu'elle pût arriver à des résultats aussi importants, si je n'eusse été convaincu par l'exemple des insectes neutres. Je suis donc entré sur ce sujet dans des détails un peu plus circonstanciés, bien qu'encore insuffisants, d'abord pour faire comprendre la puissance de la sélection naturelle, et ensuite parce qu'il s'agissait d'une des difficultés les plus sérieuses que ma théorie ait rencontrées. Le cas est aussi des plus intéressants, en ce qu'il montre que, chez les animaux comme chez les plantes, une somme quelconque de modifications peut être réalisée par l'accumulation de variations spontanées, légères et nombreuses, pourvu qu'elles soient avantageuses, même en dehors de toute intervention de l'usage ou de l'habitude. En effet, des habitudes particulières propres aux femelles stériles ou neutres, quelque durée qu'elles aient eu, n'ont en aucune façon pu affecter les mâles ou les femelles qui seuls laissent des descendants. Je suis même étonné que personne n'ait encore songé à opposer ce cas démonstratif des insectes neutres à la doctrine bien connue, énoncée par Lamarck, des habitudes héréditaires.

Résumé.

J'ai cherché dans ce chapitre à montrer brièvement que les facultés mentales de nos animaux domestiques sont variables, et que leurs variations sont héréditaires. J'ai encore plus brièvement cherché à montrer que, dans l'état de nature, les instincts peuvent légèrement varier. Comme on ne peut contester que les instincts de chaque animal n'aient pour lui une haute importance, il n'y a aucune difficulté à ce que, sous l'influence de conditions d'existence changeantes, la sélection naturelle puisse accumuler à un degré quelconque de légères modifications dans l'instinct, de nature à être en quelque manière utiles. L'usage et le défaut d'usage ont probablement dans certains cas joué un rôle.

Je ne prétends point que les faits signalés dans ce chapitre viennent appuyer à un haut degré ma théorie, mais j'estime aussi qu'aucune des difficultés qu'ils soulèvent n'est de nature à la renverser. D'autre part, le fait que les instincts ne sont pas toujours parfaits et sont quelquefois sujets à erreur ; — qu'aucun instinct n'a été produit pour l'avantage d'autres animaux, bien que l'animal tire souvent un parti avantageux de l'instinct des autres ; — que l'axiome « *natura non facit saltum* » aussi bien applicable aux instincts qu'à la conformation physique, s'explique tout simplement d'après la théorie développée ci-dessus, et autrement demeure inintelligible, — sont autant de points qui tendent à corroborer la théorie de la sélection naturelle.

Quelques autres faits relatifs aux instincts viennent encore à son appui ; ainsi le cas fréquent d'espèces voisines mais distinctes, habitant des parties du globe éloignées, et vivant dans des conditions d'existence fort différentes, et qui cependant ont conservé à peu près les mêmes instincts. Ainsi nous pouvons comprendre comment, en vertu du principe d'hérédité, la grive de l'Amérique méridionale tropicale tapisse son nid de boue, comme le fait la grive en Angleterre ; comment il se fait que les calaos de l'Afrique et de l'Inde ont le même instinct bizarre d'emprisonner les femelles dans un trou d'arbre, en le mastiquant entièrement, à l'exception d'une petite ouverture par laquelle les mâles les nourissent ainsi que les jeunes après leur éclosion ; comment encore le roitelet mâle (*Troglodytes*) dans l'Amérique du nord construit des nids dans lesquels il se loge, comme le mâle de notre roitelet, — habitude qui ne se remarque chez aucun autre oiseau connu. Finalement, si la déduction n'est pas logique, il est infiniment plus satisfaisant pour mon imagination de considérer des instincts, comme celui qui pousse le jeune coucou à expulser du nid ses frères de lait, — les fourmis à faire des esclaves, — les larves d'ichneumon à se nourrir dans les chenilles vivantes, — non comme des instincts créés, ou les résultats d'une dotation spéciale, mais comme des conséquences d'une loi générale, conduisant au progrès de tous les êtres organisés et qui est de multiplier, varier, faire vivre le plus fort et laisser périr le plus faible.

CHAPITRE VIII.

HYBRIDITÉ.

Distinction entre la stérilité des premiers croisements et celle des hybrides. — La stérilité est variable en degré, pas universelle, affectée par la consanguinité rapprochée, supprimée par la domestication. — Lois régissant la stérilité des hybrides. — La stérilité n'est pas une qualité spéciale, mais dépend d'autres différences et n'est pas accumulée par la sélection naturelle. — Causes de la stérilité des hybrides et des premiers croisements. Parallélisme entre les effets des changements dans les conditions d'existence et ceux du croisement. — Dimorphisme et trimorphisme. — La fertilité des variétés croisées et de leur descendance métis n'est pas universelle. — Hybrides et métis comparés indépendamment de leur fertilité. — Résumé.

Les naturalistes admettent généralement que les espèces croisées mutuellement ont été douées spécialement de stérilité pour empêcher qu'elles ne se confondent. Cette manière de voir paraît probable au premier abord, car les espèces d'un même pays n'auraient guère pu se conserver distinctes, si elles eussent été susceptibles de s'entre-croiser librement. Ce sujet a pour nous une grande importance, surtout parce que la stérilité des espèces, lors d'un premier croisement, ainsi que celle de leur descendance hybride, ne peut pas avoir été acquise par une conservation soutenue de degrés successifs et avantageux de stérilité. Elle tient, comme je vais chercher à le démontrer, à des différences dans le système reproducteur des espèces parentes, et n'est pas une qualité spécialement acquise ou innée.

On a généralement, en traitant ce sujet, confondu deux ordres de faits, en grande partie fondamentalement différents, et qui sont, d'une part, la stérilité d'un premier croisement fait entre deux espèces, et, d'autre part, celle des hybrides qui proviennent de ces croisements.

Les espèces pures ont leur système reproducteur en parfait état, et cependant, lorsqu'on les entrecroise, elles ne donnent que peu ou point de produits.

Les hybrides, d'autre part, ont leurs organes reproducteurs fonctionnellement impuissants, comme le prouve clairement l'état de l'élément mâle, tant dans les plantes que dans les animaux, bien que les organes formateurs eux-mêmes, autant que le microscope permet de le constater, paraissent parfaitement conformés. Dans le premier cas, les deux éléments sexuels qui concourent à former l'embryon sont complets; dans le second, ils sont ou imparfaitement ou pas du tout développés. Cette distinction est importante, lorsqu'on recherche la cause de la stérilité, qui est commune aux deux cas, et qu'on a méconnue, probablement parce que, dans les uns comme dans les autres, on a regardé la stérilité comme une attribution spéciale, hors de portée de notre raison.

La fertilité des variétés, c'est-à-dire de formes qu'on sait ou qu'on suppose être descendantes de parents communs, ainsi que celle de leurs produits métis, est, en ce qui concerne ma théorie, aussi importante que la stérilité des espèces, car il semble en résulter une distinction nette et étendue entre les variétés et les espèces.

Degrés de stérilité.

Parlons d'abord de la stérilité des espèces qu'on croise, et de celle de leur descendance hybride. On ne peut guère étudier les travaux de Kölreuter et de Gärtner, deux observateurs admirables et consciencieux, qui ont presque voué leur vie à ce sujet, sans être fortement frappé de la grande généralité d'un certain degré de stérilité.

La règle est universelle pour Kölreuter; mais cet auteur a tranché le nœud de la question, car, ayant, sur dix cas, trouvé deux formes regardées comme des espèces distinctes par la plupart des auteurs, parfaitement fertiles entre elles, il les a sans hésitation considérées comme des variétés. Gärtner aussi trouve la règle universelle, et conteste la fertilité complète des dix cas de Kölreuter. Mais dans ces cas, comme dans beaucoup d'autres, il est obligé de compter les graines, pour montrer qu'il y a bien quelque degré de stérilité. Il compare toujours jours le nombre maximum de graines produites par le premier

croisement de deux espèces, ainsi que le maximum produit par
leurs descendants hybrides, au nombre moyen que donnent à
l'état de nature les espèces parentes pures. Il introduit ainsi,
ce me semble, une grave cause d'erreur ; car une plante, pour
être hybridisée, doit être soumise à une castration ; et, ce qui
est souvent plus important, doit être enfermée pour empêcher
que les insectes ne lui apportent du pollen d'autres plantes.
Presque toutes les plantes dont Gärtner s'est servi pour ses
expériences, étaient en vases, et conservées dans une chambre. Or il est certain que ces procédés sont souvent nuisibles à
la fertilité des plantes, car Gärtner donne dans sa Table une
vingtaine de ces plantes que, après castration, il avait artificiellement fécondées par leur propre pollen, et excluant les cas
comme ceux des Légumineuses, pour lesquelles la manipulation nécessaire est reconnue pour être très-difficile, la moitié
de ces plantes eurent leur fertilité normale altérée. De plus,
les croisements réitérés que Gärtner a entrepris sur certaines
formes, telles que les *Anagallis arvensis* et *cærulea*, que les
meilleurs botanistes regardent comme des variétés, et qu'il a
trouvées absolument stériles, laissent quelques doutes sur le
fait qu'il y ait réellement autant d'espèces stériles lorsqu'on
les croise, qu'il paraît le supposer.

Il est certain, d'une part, que la stérilité des diverses espèces croisées diffère tellement par le degré, et offre tant de
gradations insensibles ; que, d'autre part, la fertilité des espèces pures est si aisément affectée par différentes circonstances, qu'il est, en pratique, fort difficile de dire où finit la
fécondité parfaite et où commence la stérilité. Je crois que
rien ne peut mieux en fournir la preuve que le fait que les
deux observateurs les plus expérimentés qui aient vécu, Kölreuter et Gärtner, soient précisément arrivés à des conclusions diamétralement opposées à propos des mêmes espèces. Il
est enfin fort instructif de comparer, — sans entrer dans des
détails qui ne sauraient ici trouver la place nécessaire, — les
preuves présentées par nos meilleurs botanistes, sur la question de savoir si certaines formes douteuses sont à considérer
comme des espèces ou des variétés, avec les preuves de fertilité apportées par divers horticulteurs ayant cultivé des hybrides, ou par le même auteur, après des expériences faites à

des époques différentes. On voit par là qu'aucune distinction nette entre les espèces et les variétés ne peut être fournie par la fertilité ou la stérilité, et que les preuves tirées de cette source offrent les mêmes gradations insensibles, et sont aussi douteuses que celles qu'on tire des autres différences dans la constitution et la structure.

Quant à la stérilité des hybrides dans les générations successives, bien qu'il ait pu en élever quelques-uns en évitant avec grand soin tout croisement avec les parents, pendant six ou sept et même dans un cas dix générations, Gärtner constate expressément que leur fertilité, loin d'augmenter, diminuait généralement beaucoup et subitement. On peut remarquer, à propos de cette diminution, que lorsqu'une déviation de structure ou de constitution est commune aux deux parents, elle est souvent transmise avec accroissement à leur descendant, et dans les plantes hybrides, les deux éléments sexuels sont déjà affectés à un certain degré. Je crois que dans la plupart de ces cas la fertilité est restreinte par une cause indépendante, qui est l'entrecroisement à un trop haut degré de consanguinité. J'ai réuni un ensemble de faits si considérable, montrant que, d'une part, le croisement occasionnel avec un individu ou une variété distincts, augmente la vigueur et la fécondité de la descendance, et d'autre part, que les croisements consanguins soutenus produisent l'effet inverse, que je dois reconnaître l'exactitude de cette opinion, qui est généralement admise par les éleveurs. Les expérimentateurs sur les hybrides n'en produisent, en général, qu'un nombre peu considérable; et, comme les espèces parentes, ainsi que d'autres hybrides voisins, croissent aux alentours, il faut empêcher avec soin l'accès des insectes pendant la floraison; les hybrides devront être fécondes dans chaque génération par leur propre pollen, circonstance qui doit nuire à leur fécondité déjà amoindrie par leur origine hybride. Une assertion souvent répétée par Gärtner, confirme ma conviction à cet égard, c'est celle que, si on féconde artificiellement les hybrides les moins fertiles avec du pollen hybride de même nature mais pris sur un autre individu, leur fécondité paraît augmenter et continue à le faire, malgré les effets défavorables que peuvent exercer les manipulations nécessaires. En procédant aux fécondations artificielles, on prend

aussi souvent, par hasard, du pollen des anthères d'une autre
fleur que du pollen de la fleur même qu'on veut féconder, de
sorte qu'il en résulte un croisement entre deux fleurs, souvent
appartenant à la même plante. En outre, lorsqu'il s'agit d'expériences compliquées, un observateur aussi soigneux que
Gärtner doit avoir soumis ses hybrides à la castration, de façon
à assurer dans chaque génération le croisement avec du pollen
d'une autre fleur appartenant soit à la même plante, soit à une
autre plante de même nature hybride. C'est ainsi que le cas
étrange d'un accroissement de fertilité dans les générations
successives d'hybrides *fécondés artificiellement*, contrastant
avec ce qui se passe chez ceux qui ont été spontanément fécondés, peut s'expliquer, à ce que je crois, par le fait que le
croisement consanguin a été évité.

Passons maintenant aux résultats auxquels est arrivé le révé-
rend W. Herbert. Pour cet observateur, la fertilité complète et
égale à celle de leurs espèces parentes pures de quelques hybrides
est aussi expressément affirmée comme conclusion de ses recherches, que Kölreuter et Gärtner admettent comme loi générale qu'un certain degré de stérilité accompagne le croisement d'espèces distinctes. Il a expérimenté sur plusieurs des
mêmes espèces que Gärtner, mais je crois que la différence
dans les résultats doit être attribuée à la grande habileté
d'Herbert comme horticulteur, et au fait qu'il avait des serres
à sa disposition. Voici un exemple pris parmi ses observations
nombreuses et importantes : « Tous les ovules d'une même
gousse de *Crinum capense* fécondés par le *C. revolutum* ont
produit chacun une plante, fait que je n'ai jamais pu voir dans
aucun cas de fécondation naturelle. » Il y a donc là une fécondité parfaite et plus que complète dans un premier croisement
opéré entre deux espèces distinctes.

Ce cas du *Crinum* m'amène à signaler ce fait singulier,
qu'on peut facilement féconder des plantes individuelles de
Lobelia, Verbascum et *Passiflora* avec du pollen provenant
d'une espèce distincte, et pas avec du pollen de la même
plante, bien que ce dernier soit parfaitement sain et capable
de féconder d'autres plantes et d'autres espèces. Le professeur
Hildebrand a montré que les genres *Hippeastrum* et *Corydalis*,
et M. Scott et F. Müller pour diverses orchidées, que tous les

individus présentent cette même particularité. Il résulte de là que certains individus anormaux de quelques espèces, et tous les individus dans d'autres, peuvent en fait être plus facilement croisés avec une autre espèce que fécondés par du pollen de la même plante.

Ainsi, de quatre fleurs produites par un bulbe d'*Hippeastrum aulicum*, Herbert en féconda trois par leur propre pollen, et la quatrième fut ultérieurement fécondée par le pollen d'un hybride mixte descendant de trois espèces distinctes; voici le résultat de cette expérience : « les ovaires des trois premières fleurs cessèrent bientôt de croître, et périrent complétement au bout de quelques jours, tandis que la gousse fécondée par le pollen de l'hybride poussa vigoureusement et arriva rapidement à maturité, donnant une graine excellente qui végéta facilement. » Des expériences semblables faites pendant bien des années par M. Herbert lui ont toujours donné les mêmes résultats. Il faut que les plantes chez lesquelles certains individus, d'ailleurs parfaitement sains en apparence, et dont les ovules et le pollen sont en bon état, ne peuvent être fécondés par leur propre pollen, soient dans des conditions particulières et anormales. Mais ces cas sont intéressants en ce qu'ils montrent combien sont faibles et mystérieuses les causes dont la plus ou moins grande fertilité d'une espèce peut dépendre.

Bien que manquant de précision scientifique, les résultats des expériences pratiques des horticulteurs ne sont pas à négliger. Il est notoire que les espèces des genres *Pelargonium, Fuchsia, Calceolaria, Petunia, Rhododendron*, etc., ont été croisées de la manière la plus compliquée, et que cependant une foule de leurs hybrides produisent de la graine. Herbert signale, par exemple, un hybride provenant des *Calceolaria integrifolia* et *plantaginea*, deux espèces fortement dissemblables par leur facies général, et qui, dit-il, « se reproduisit aussi parfaitement que s'il était une espèce naturelle des montagnes du Chili. » J'ai fait quelques recherches pour déterminer le degré de fertilité de quelques croisements complexes de Rhododendrons, et me suis assuré de la fertilité complète d'un grand nombre d'entre eux. M. C. Noble m'apprend qu'il tire des souches pour la greffe d'un hybride des *Rhod. Pon-*

ticum et *Catawbiense,* qui donne une graine aussi abondante que possible. Si les hybrides convenablement traités avaient toujours été en diminuant de fertilité d'une génération à l'autre, comme le croyait Gârtner, le fait serait connu des pépiniéristes. Ceux-ci élèvent des hybrides par quantités, et ce n'est qu'ainsi qu'ils se trouvent dans des conditions convenables ; car l'intervention des insectes déterminant des croisements faciles entre les différents individus de la même variété hybride, empêche l'influence nuisible d'une consanguinité trop rapprochée. On peut aisément se convaincre de l'efficacité du concours des insectes, en examinant les fleurs de Rhododendrons hybrides les plus stériles qui, ne produisant point de pollen, ont néanmoins leurs stigmates couverts de pollen venant d'autres fleurs.

Les animaux ont été l'objet de beaucoup moins d'expériences précises que les plantes. Si on peut se fier à nos arrangements systématiques, c'est-à-dire si les genres d'animaux sont aussi distincts entre eux que le sont les genres de plantes, nous pouvons en inférer que des animaux plus éloignés dans l'échelle peuvent se croiser plus facilement que cela n'a lieu pour les végétaux ; mais les hybrides qui proviennent de ces croisements sont eux-mêmes, je crois, plus stériles.

Je doute qu'on puisse considérer comme bien authentique aucun cas d'animal hybride complétement fertile. Il faut cependant prendre en considération le fait que, peu d'animaux se propageant facilement en captivité, il n'y a eu que peu d'expériences faites : le canari, par exemple, a été croisé avec neuf autres espèces du même groupe ; mais aucune de ces espèces ne reproduisant seule en captivité, nous n'avons donc pas le droit de nous attendre à ce que les produits hybrides, résultant de leurs premiers croisements avec le canari, soient parfaitement fertiles. En outre, pour ce qui est relatif à la fécondité dans les générations successives des animaux hybrides qui en ont offert le plus, je ne connais pas un cas où on ait élevé à la fois deux familles d'un même hybride de parents différents, de manière à éviter les effets nuisibles de la consanguinité. On a, au contraire, habituellement recroisé dans chaque génération les frères et sœurs, malgré les avis opposés de tous les éleveurs. Il n'y a donc rien d'étonnant à ce que, dans ces conditions, la stérilité inhérente aux hybrides ait été toujours en augmentant. Si on agissait ainsi en appariant des frères et sœurs, même d'une race pure, manifestant pour une cause quelconque la moindre tendance à la stérilité, la race serait certainement perdue au bout d'un petit nombre de générations.

Bien que je connaisse pas de cas très-authentiques d'animaux hybrides d'une fécondité parfaite, j'ai des raisons pour croire que les hybrides des *Cervus vaginalis* et *Reevesii*, ainsi que ceux des *Phasianus colchicus* et *torquatus*, sont dans ce cas. [On a récemment affirmé en France que les deux espèces bien distinctes du lièvre et du lapin, lorsqu'on réussit à les apparier, donnent des produits qui sont très-féconds lorsqu'on les croise avec une des espèces parentes[1].] Les hybrides de l'oie commune et de l'oie chinoise (*A. cygnoïdes*), deux espèces assez différentes pour qu'on les attribue à des genres distincts, ont souvent reproduit dans ce pays avec l'une et l'autre des espèces parentes, on connaît même un cas où elles se sont reproduites *inter se*. Ce résultat a été obtenu par M. Eyton, qui éleva deux hybrides des mêmes parents, mais de deux couvées différentes, qui ne lui donnèrent pas moins de huit hybrides d'une seule couvée. Il paraît que ces oies croisées sont beaucoup plus fertiles dans l'Inde, car j'apprends de deux juges compétents, M. Blyth et le capitaine Hutton, qu'on élève dans diverses parties de ce pays des troupeaux entiers de ces oies hybrides; or, comme on les élève pour en tirer profit, là où aucune des espèces parentes pures ne se rencontre, il faut bien que leur fécondité soit complète.

Les diverses races de nos différents animaux domestiques sont très-fertiles lorsqu'on les croise, et cependant il y en a plusieurs qui descendent de deux ou plus d'espèces sauvages; nous devons donc en conclure ou que les espèces parentes primitives ont produit d'emblée des hybrides fertiles, ou que ces derniers le sont devenus par la suite sous l'influence de la domestication. Cette dernière alternative, énoncée pour la première fois par Pallas, paraît la plus probable, et à la vérité ne peut même guère être mise en doute.

---

1. Correction apportée par l'auteur au passage relatif au Leporide dans la cinquième édition anglaise (Trad.).

Il est presque certain que nos chiens proviennent de plusieurs souches sauvages; cependant, quelques chiens indigènes et domestiques de l'Amérique du Sud exceptés, tous sont fertiles lorsqu'on les croise entre eux, et l'analogie me porte à douter beaucoup que les différentes espèces primitives aient, dès l'origine, pu se croiser librement et produire des hybrides parfaitement féconds. J'ai encore récemment acquis la preuve décisive de la complète fécondité *inter se* des produits provenant du croisement du bétail à bosse de l'Inde avec notre bétail ordinaire. Cependant les différences ostéologiques importantes constatées par Rütimeyer, ainsi que celles relativement à leurs mœurs, leur voix, constitution, etc., qu'a fait connaître M. Blyth, qui se remarquent entre les deux formes, sont de nature à les faire considérer comme des espèces aussi distinctes et aussi caractérisées que lesquelles que ce soit. D'après ces données sur l'origine de beaucoup d'animaux domestiques, ou il faut renoncer à croire à la presque totale stérilité des espèces animales croisées, ou il faut considérer la stérilité, non comme un caractère indélébile, mais comme une propriété que la domestication peut supprimer.

En considérant tous les faits bien constatés relatifs à l'entre-croisement des plantes et des animaux, on peut finalement conclure que quelque degré de stérilité se manifeste très-généralement dans les premiers croisements et les hybrides, mais que, dans l'état actuel de nos connaissances, cette stérilité n'est pas d'une universalité absolue.

Lois régissant la stérilité des premiers croisements et des hybrides.

Examinons maintenant avec un peu plus de détails les circonstances et les règles qui paraissent régir la stérilité dans les premiers croisements et chez les hybrides. Notre but essentiel est ici de déterminer si, oui ou non, ces règles indiquent que les espèces aient été spécialement douées de cette propriété, en vue d'empêcher un croisement et un mélange devant entraîner à une confusion générale. Les règles et conclusions qui suivent sont principalement tirées de l'ouvrage admirable de Gärtner sur l'hybridisation des plantes. J'ai surtout cherché à m'assurer jusqu'à quel point les règles qu'il pose sont applicables aux animaux, et, eu égard à l'exiguïté des connaissances que nous possédons sur les hybrides appartenant à cette catégorie des êtres organisés, j'ai été surpris de trouver combien les mêmes règles s'appliquaient généralement aux deux règnes.

Nous avons déjà remarqué que, tant dans les premiers croisements que chez les hybrides, le degré de fécondité présente des gradations depuis zéro à la fécondité parfaite. Cette gradation peut se prouver de plusieurs manières curieuses, mais nous ne pouvons ici en esquisser que rapidement quelques traits. Du pollen pris sur une plante d'une famille donnée, et appliqué sur le stigmate d'une plante appartenant à une famille distincte, ne produit pas plus d'effet sur cette dernière que la première poussière venue. A partir de ce zéro de fertilité, le pollen pris sur différentes espèces d'un même genre et appliqué sur le stigmate de l'une d'elles, fournit une série parfaitement graduée dans le nombre de graines produites, aboutissant à une fertilité à peu près ou tout à fait complète, et peut même, dans certains cas anormaux, excéder celle déterminée par l'action du propre pollen de la plante. De même, il y a des hybrides qui n'ont jamais produit et ne produiront peut-être jamais, même avec du pollen pris sur un des parents purs, une seule graine fertile; mais on a pu, dans quelques-uns de ces cas, déceler une première trace de fertilité, dans le fait que le pollen d'une des espèces parentes avait déterminé le dépérissement de la fleur hybride un peu plus tôt qu'il n'aurait eu lieu sans cela, dessèchement anticipé qui est connu comme étant un symptôme d'un commencement de fécondation. De cet extrême degré de stérilité nous passons graduellement par des hybrides produisant toujours plus de graines jusqu'à ceux qui atteignent une fertilité normale.

Les hybrides de deux espèces difficiles à croiser, et ne donnant que rarement des produits, sont généralement fort stériles; mais il n'y a pas de parallélisme rigoureux à établir entre la difficulté à déterminer un premier croisement et le degré de stérilité des hybrides qui en résultent, — deux ordres de faits qu'on a habituellement confondus. Il y a beaucoup de cas, comme dans le genre *Verbascum*, où deux espèces pures peuvent être unies avec la plus grande facilité, donner une descendance hybride très-nombreuse, mais dont les individus sont eux-mêmes d'une stérilité remarquable. D'autre part, il y a des espèces qu'on ne peut croiser que rarement ou avec une difficulté extrême, et dont les hybrides une fois produits sont très-fertiles. On rencontre ces deux cas opposés dans les limites mêmes d'un seul groupe, par exemple dans le genre *Dianthus*.

La fécondité, tant des premiers croisements que des hybrides, est plus promptement affectée par des conditions défavorables que celle des espèces pures; mais le degré de fertilité est également variable d'une manière innée, car il n'est pas toujours le même lorsqu'on croise, dans les mêmes circonstances, les mêmes espèces, et dépend en partie de la constitution des individus qui ont été choisis pour l'expérience. Il en est de même pour les hybrides, dont le degré de fertilité varie quelquefois beaucoup dans les divers individus provenant des graines contenues dans une même capsule, et exposées aux mêmes conditions.

On désigne sous le nom d'affinité systématique la ressemblance qu'offrent les espèces par leur structure et leur constitution, surtout dans la conformation des parties qui ont une valeur physiologique importante, et diffèrent peu dans les espèces voisines. La fertilité des premiers croisements entre espèces et celle des hybrides qui en proviennent sont largement en rapport avec leurs affinités systématiques. C'est ce que montre clairement le fait qu'on n'a jamais pu obtenir des hybrides entre espèces classées dans des familles distinctes, tandis que d'autre part les espèces très-voisines peuvent en général s'apparier facilement. La correspondance entre l'affinité systématique et la facilité du croisement n'est cependant en aucune façon rigoureuse, car on peut citer de nombreux exemples d'espèces très-voisines qui refusent de s'apparier, ou ne le font qu'avec une grande difficulté, et des cas d'espèces fort distinctes qui au contraire s'unissent avec une extrême facilité. On peut dans une même famille rencontrer un genre, c'est le cas du *Dianthus* par exemple, dans lequel un grand nombre d'espèces s'entre-croisent facilement, et un autre genre, comme le *Silene,* chez lequel des efforts les plus persévérants ont été inutilement tentés, et n'ont pu réussir à produire le moindre hybride entre des espèces extrèmement voisines. Nous rencontrons un cas analogue dans les limites d'un même genre; on a, par exemple, fait sur les diverses espèces du genre *Nicotiana* beaucoup plus d'essais de croisements que sur les espèces d'aucun autre, et Gärtner a constaté que la *N. acuminata*, qui n'est pas une espèce extraordinairement distincte, n'a pu féconder ni être fécondée par huit autres espèces de *Nicotiana*. Beaucoup de faits analogues pourraient encore être signalés.

On n'a pas encore pu reconnaître quelle nature ou quelle somme de différences dans un caractère appréciable était suffisante pour empêcher le croisement de deux espèces. On peut montrer que des plantes les plus différentes par leur apparence générale et leurs habitudes, et présentant des dissemblances très-marquées dans toutes les parties de la fleur, même dans le pollen, le fruit et les cotylédons, peuvent s'entrecroiser. Des plantes annuelles et vivaces, caduques et toujours vertes, adaptées à des climats fort différents et habitant des stations tout à fait diverses, peuvent souvent être croisées avec facilité.

Par l'expression de croisement réciproque entre deux espèces j'entends des cas comme, par exemple, le croisement d'un étalon avec une ânesse, puis celui d'un âne avec une jument; on peut alors dire que les deux espèces ont été réciproquement croisées. Il y a souvent des différences immenses quant à la facilité avec laquelle on peut réaliser des croisements réciproques. Les cas de ce genre ont une grande importance, en ce qu'ils prouvent que l'aptitude qu'ont deux espèces données de pouvoir se croiser est souvent indépendante de leurs affinités systématiques ou de toute différence dans leur organisation, leur système reproducteur excepté. La diversité des résultats que présentent les croisements réciproques entre les deux mêmes espèces a été observée il y a longtemps par Kölreuter. Pour en citer un exemple, le *Mirabilis jalapa* est facilement fécondé par le pollen du *M. longiflora*, et les hybrides qui proviennent de ce croisement sont assez fertiles; mais Kölreuter essaya plus de deux cents fois, dans l'espace de huit ans, de féconder réciproquement le *M. longiflora* par du pollen de *M. jalapa*, sans pouvoir y parvenir. D'autres cas non moins frappants sont connus. Thuret a observé le même fait sur certains fucus marins. Gärtner a en outre reconnu que cette différence dans la facilité avec laquelle les croisements réciproques peuvent s'effectuer est, à un degré moins prononcé, très-générale. Il l'a observée même entre des formes très-voisines que beaucoup de botanistes ne regardent que comme des variétés, comme les *Matthiola annua* et *glabra*. Un fait remarquable est celui que les hybrides provenant de croisements réciproques, bien que constitués par les deux mêmes espèces, — puisque chacune d'elles a été successivement employée comme père et ensuite comme mère, — et ne différant que rarement par leurs caractères extérieurs, se présentent comme doués d'une fertilité généralement un peu, quelquefois excessivement inégale.

On peut tirer des observations de Gärtner plusieurs règles singulières; ainsi, quelques espèces sont remarquables par leur aptitude à se croiser avec d'autres; certaines espèces d'un même genre sont remarquables par l'énergie avec laquelle elles impriment leur ressemblance à leur descendance hybride; mais ces deux aptitudes ne vont pas nécessairement ensemble. Certains hybrides, au lieu d'être intermédiaires entre leurs deux parents par leurs caractères, ressemblent beaucoup plus à l'un d'eux, et, bien qu'extérieurement si semblables à une des espèces parentes pures, sont en général, et sauf de rares exceptions, extrêmement stériles. Même parmi les hybrides qui sont à l'ordinaire, par leur conformation, intermédiaires entre leurs parents, on rencontre quelquefois quelques individus exceptionnels qui ressemblent presque complétement à l'un de leurs ascendants, et qui sont presque toujours absolument stériles, même lorsque d'autres hybrides provenant de graine tirée de la même capsule sont doués d'un degré considérable de fertilité. Ces faits font comprendre combien la fertilité complète d'un hybride dépend peu de sa ressemblance extérieure avec l'une ou l'autre de ses formes parentes pures.

Considérant les règles qui précèdent, et paraissent gouverner la fertilité des premiers croisements et des hybrides, nous voyons que, lorsqu'on apparie des formes qu'on peut regarder comme des espèces distinctes, leur fertilité présente tous les degrés de zéro à une fécondité parfaite, qui peut, même dans certaines conditions, être poussée à l'extrême. Cette fertilité, d'ailleurs très-susceptible suivant l'état favorable ou défavorable des conditions, est essentiellement variable, et cela d'une manière innée ; elle n'est nullement toujours la même quant au degré, dans le premier croisement et les hybrides qui en proviennent. La fécondité des hybrides n'est pas non plus en rapport avec le degré de ressemblance extérieure qu'ils peuvent avoir avec l'une ou l'autre de leurs formes parentes. Enfin la facilité avec laquelle un premier croisement entre deux espèces peut être effectué ne dépend pas toujours de leurs affinités systématiques, soit du degré de ressemblance qu'il peut y avoir entre elles. La réalité de cette assertion est démontrée par la différence des résultats que donnent les croisements réciproques entrepris entre deux mêmes espèces, car suivant que l'une des deux est employée comme père ou mère, il y a toujours quelque différence, qui peut parfois être considérable, quant à la facilité d'en effectuer l'union. Les hybrides obtenus par croisements réciproques diffèrent d'ailleurs souvent par leur degré de fertilité.

Ces lois singulières et complexes indiquent-elles que les espèces aient été douées de stérilité uniquement pour qu'elles ne puissent pas se confondre dans la nature ? Je ne le crois pas ; car pourquoi la stérilité serait-elle si variable quant au degré suivant les espèces qui se croisent, puisque nous devons supposer qu'il est également important pour toutes d'éviter le mélange et la confusion ? Pourquoi le degré de stérilité serait-il variable d'une manière innée chez divers individus de la même espèce ? Pourquoi des espèces qui se croisent avec la plus grande facilité produisent-elles des hybrides fort stériles, tandis que d'autres, dont les croisements sont très-difficiles à réaliser, donnent des hybrides fertiles ? Pourquoi cette différence si fréquente dans les résultats des croisements réciproques opérés entre les deux mêmes espèces ? Pourquoi, pourrait-on encore demander, la production d'hybrides a-t-elle été permise ? Accorder à l'espèce la propriété spéciale de produire des hybrides, pour ensuite arrêter leur propagation ultérieure par divers degrés de stérilité, qui ne sont pas rigoureusement en rapport avec la facilité qu'ont leurs parents de s'unir entre eux, nous paraîtrait une conception étrange.

Les faits et les règles qui précèdent me paraissent nettement établir que la stérilité, tant des premiers croisements que des hybrides, est fortuite, dépendant surtout de différences qui nous sont inconnues dans leur système reproducteur, et étant d'une nature particulière et déterminée telle, que dans les croisements réciproques entre deux mêmes espèces, l'élément sexuel mâle de l'une soit apte à exercer aisément son action ordinaire sur l'élément femelle de l'autre, sans que l'inverse puisse avoir lieu. Je vais par un exemple expliquer avec plus de détails ce que j'entends en parlant de la stérilité comme dépendant d'autres différences, et n'étant pas une propriété dont les espèces aient été spécialement douées. L'aptitude qu'offre une plante à pouvoir être greffée sur une autre étant sans aucune importance pour sa prospérité à l'état de nature, personne, je le pense, ne supposera qu'elle soit le résultat d'un don *spécial*, mais admettra qu'elle est en rapport avec des différences dans les lois de croissance des deux plantes. Nous pouvons quelquefois voir la raison pour laquelle un arbre refusera de reprendre sur un autre, dans des différences dans la rapidité de leur croissance, de la dureté de leur bois, de l'époque du flux de la séve, ou de la nature de celleci, etc. ; mais il est une foule de cas où nous ne saurions en aucune manière assigner la cause du refus. Une grande diversité dans la taille de deux plantes, le fait que l'une est ligneuse, l'autre herbacée, l'une caduque et l'autre persistante, l'adaptation même à différents climats, n'empêchent pas toujours la greffe de l'une sur l'autre. Il en est de même pour la greffe que pour l'hybridisation ; l'aptitude est limitée par les affinités systématiques, car on n'a jamais pu greffer entre eux des arbres appartenant à des familles distinctes, tandis que d'autre part on peut ordinairement, quoique pas invariablement, greffer facilement les unes sur les autres des espèces voisines et les variétés d'une même espèce. Toutefois encore, comme dans l'hybridisation, la faculté de greffe n'est point absolument en rapport avec l'affinité systématique, car on a pu greffer entre eux des arbres appartenant à des genres différents d'une même famille, tandis que l'opération n'a pu dans certains cas réussir entre espèces d'un même genre. Ainsi le poirier se greffe beaucoup plus aisément sur le cognassier, qui est considéré comme un genre distinct, que sur le pommier qui est du même genre. Diverses variétés du poirier même se greffent plus ou moins facilement sur le cognassier; il en est de même pour différentes variétés d'abricotier et de pêcher sur certaines espèces de pruniers.

Gärtner a trouvé qu'il y a quelquefois une différence innée suivant les *individus* appartenant aux deux mêmes espèces qu'on veut croiser. Sageret croit que le même fait se manifeste lorsqu'on greffe entre eux différents individus appartenant aux deux mêmes espèces. Encore comme dans les croisements réciproques, la facilité qu'on a à obtenir l'union par greffe est souvent fort inégale ; c'est ainsi qu'on ne peut pas greffer le groseillier épineux sur le groseillier à grappes, tandis que ce dernier reprend, quoique avec difficulté, sur le groseillier épineux.

Nous avons vu que la stérilité chez les hybrides, dont les organes reproducteurs sont dans un état imparfait, constitue un cas fort différent de la difficulté qu'on rencontre à apparier deux espèces pures qui ont ces mêmes organes en bon état ; cependant ces deux cas distincts présentent un certain parallélisme. On remarque quelque chose d'analogue dans la greffe ; ainsi Thouin a trouvé que trois espèces de *Robinia* qui, sur leurs propres racines, donnaient une abondante graine, et se laissaient greffer sans difficulté sur une autre espèce, devenaient alors complétement stériles. D'autre part, certaines espèces de *Sorbus*, greffées sur une autre espèce, ont produit deux fois plus de fruits que lorsqu'elles croissaient sur leurs propres racines. Ce fait rappelle ces cas singuliers des *Hippeastrum*, *Passiflora*, etc., qui produisent plus de graines, fécondées par le pollen d'une espèce distincte, que lorsqu'elles l'ont été par leur propre pollen.

Nous voyons par là que, bien qu'il y ait une différence tranchée et évidente entre la simple adhésion de deux souches greffées et l'union des éléments mâle et femelle dans l'acte de la reproduction, il existe un certain parallélisme entre les résultats de la greffe et du croisement entre espèces distinctes ; or, comme nous devons considérer les lois complexes et curieuses qui régissent la facilité avec laquelle les arbres peuvent être réciproquement greffés comme dépendant de différences inconnues dans leur système végétatif, je crois aussi que les lois, encore plus complexes, qui déterminent la facilité avec laquelle les premiers croisements peuvent s'opérer, dépendent également de différences qui nous échappent dans leurs systèmes reproducteurs. Dans les deux cas, ces différences sont jusqu'à un certain point en rapport avec l'affinité systématique qui tend à exprimer toutes les similitudes et les dissemblances qui existent entre les êtres organisés. Les faits eux-mêmes n'impliquent nullement que les difficultés plus ou moins grandes de la greffe ou du croisement entre diverses espèces soient le résultat d'une propriété spéciale; bien que, dans les cas de croisements, la difficulté soit aussi importante pour la durée et la stabilité des formes spécifiques qu'elle est insignifiante pour leur prospérité dans les cas de greffe.

*Origine et causes de la stérilité dans les premiers croisements
et les hybrides.*

Il m'a paru autrefois probable, ainsi qu'à d'autres, que la stérilité des premiers croisements et des hybrides pouvait avoir été lentement acquise par la sélection naturelle de degrés faiblement amoindris de fertilité ayant apparu spontanément, comme toute autre variation, dans les croisements entre certains individus de variétés différentes. En effet, il serait évidemment avantageux pour deux variétés ou espèces naissantes que leur mélange fût empêché, d'après le principe que l'homme doit maintenir séparées l'une de l'autre deux variétés qu'il cherche à produire en même temps. En premier lieu, on peut remarquer que des régions distinctes sont souvent habitées par des groupes d'espèces et des espèces isolées qui, lorsqu'on les réunit pour les croiser entre elles, se trouvent être plus ou moins stériles. Or il n'y aurait évidemment aucun avantage, pour des espèces ainsi séparées, à être rendues mutuellement stériles, ce résultat ne peut par conséquent pas être le produit d'une sélection naturelle; mais on pourrait peut-

être dire que, si une espèce était rendue stérile avec une
espèce de la même région, la stérilité avec d'autres en serait
la conséquence nécessaire. En second lieu, il est pour le
moins aussi contraire à la théorie de la sélection naturelle
qu'à celle des créations spéciales de supposer que, dans les
croisements réciproques, l'élément mâle d'une forme eût été
rendu complétement impuissant sur une seconde, dont l'élément mâle aurait en même temps conservé l'aptitude de
féconder la première. Cet état particulier du système reproducteur ne pourrait en effet être en aucune manière avantageux à l'une ou l'autre des deux espèces.

En examinant quelle peut être la probabilité que la stérilité
mutuelle des espèces soit un résultat de l'action de la sélection naturelle, nous rencontrons dans l'existence de nombreuses
gradations entre une fertilité à peine diminuée et la stérilité
absolue une grande difficulté. On peut admettre, d'après le
principe développé précédemment, qu'il pourrait être avantageux à une espèce naissante de devenir un peu moins
féconde dans son croisement avec sa forme parente ou avec
une autre variété, parce qu'ainsi il en naîtrait moins de descendants bâtards et dégénérés, pouvant mélanger leur sang avec
la nouvelle espèce en voie de formation. Mais si on réfléchit
aux degrés successifs qui ont été nécessaires pour que ce commencement de stérilité ait été augmenté par sélection naturelle, au point où il en est arrivé dans la plupart des espèces,
et qui ne souffre pas d'exception chez les formes qui ont été
différenciées de manière à être classées dans des genres et
familles distincts, la question se complique considérablement.
Après mûre réflexion, il me semble que ce résultat ne peut
pas être le fait de la sélection naturelle, car il ne pourrait y
avoir eu aucun avantage direct pour un individu à reproduire
mal avec un autre individu d'une variété différente, et à ne
laisser ainsi qu'une faible descendance ; de tels individus n'auraient par conséquent pas été sélectés et conservés. Si nous
prenons le cas de deux espèces qui, croisées dans leur état
actuel, ne produisent que des descendants peu nombreux et
stériles, qu'est-ce qui pourrait favoriser la survivance des
individus qui, doués d'une stérilité mutuelle un peu plus prononcée, s'approcheraient ainsi d'un degré vers la stérilité abso-

lue? Cependant, si on fait intervenir la sélection naturelle, une tendance de ce genre a dû fréquemment se présenter chez beaucoup d'espèces, dont un grand nombre sont réciproquement complétement stériles. Nous avons, dans le cas des insectes neutres, des raisons pour croire à une accumulation lente, par sélection naturelle, de modifications dans leur conformation et leur fécondité, en suite des avantages qui ont pu ainsi indirectement en résulter pour la communauté dont ils faisaient partie, sur les autres colonies de la même espèce. Mais chez un animal ne vivant pas en société, une stérilité même légère accompagnant son croisement avec une autre variété n'entraînerait aucun avantage, ni direct pour lui, ni indirect pour les autres individus de la même variété, de nature à favoriser leur conservation. Je conclus de ces considérations, pour ce qui est relatif aux animaux, que les divers degrés de fécondité amoindrie qui s'observent chez les espèces lorsqu'on les croise ne sont pas le résultat d'une lente accumulation due à l'action de la sélection naturelle.

Il est possible que chez les plantes il en ait été autrement. Chez un grand nombre d'entre elles, les insectes transportent constamment sur les stigmates de chaque fleur du pollen pris sur les plantes du voisinage ; dans d'autres espèces, ce transport du pollen a lieu par le vent. Si le pollen d'une variété, déposé sur le stigmate de la même, devenait par variation spontanée un tant soit peu prépondérant sur celui d'autres variétés, cette circonstance constituerait un avantage pour elle, en ce que son pollen annulerait l'effet des autres pollens et préviendrait toute dégénérescence de caractères. Plus le pollen de la variété deviendrait prépondérant sous l'action de la sélection naturelle, plus l'avantage serait grand. Les recherches de Gärtner ont montré que, chez les espèces qui sont mutuellement stériles, le pollen de chacune exerce toujours sur son propre stigmate une action prépondérante sur celui de l'autre espèce, mais nous ne savons pas si cette prépondérance est une conséquence de la mutuelle stérilité, ou si celle-ci est la conséquence de la première. Dans cette dernière supposition, la prépondérance augmentant par sélection naturelle, comme avantageuse à l'espèce en voie de formation, la stérilité qui en dépend augmentera en même temps, et il en résultera finalement divers degrés de stérilité, comme on les observe chez les espèces existantes. Cette manière de voir pourrait être étendue aux animaux, si avant chaque portée la femelle s'était appariée avec plusieurs mâles, auquel cas l'élément sexuel du mâle de sa variété, jouant le rôle prépondérant, annulerait les effets de l'accès des mâles appartenant à d'autres variétés; toutefois nous n'avons pas de raison pour croire que, chez les animaux terrestres du moins, cela doive arriver, la plupart des mâles et femelles s'appariant pour chaque portée, et quelques-uns pour la vie.

Au total, nous pouvons conclure que, chez les animaux, la stérilité des espèces croisées n'a pas été augmentée par sélection naturelle et que, comme elle paraît obéir aux mêmes lois générales dans les deux règnes végétal et animal, il est fort improbable, quoiqu'en apparence possible, que les espèces croisées aient chez les plantes été rendues stériles par un procédé différent. En tenant compte de cette considération, — du fait que les espèces qui n'ont jamais coexisté dans le même pays sont généralement stériles lorsqu'on les croise, bien que cette stérilité mutuelle n'eût pu leur être d'aucun avantage, — enfin du fait qu'on remarque quelquefois les plus grandes différences quant à la stérilité des croisements réciproques entre les deux mêmes espèces, — nous devons renoncer à les attribuer à l'action d'une sélection naturelle. Nous sommes donc ramenés à notre proposition antérieure, que la stérilité des premiers croisements, et indirectement celle des hybrides, est simplement dépendante de différences inconnues dans les systèmes reproducteurs des deux espèces parentes.

Essayons maintenant d'examiner d'un peu plus près la nature probable de ces différences qui déterminent la stérilité dans les premiers croisements et les hybrides. Nous avons déjà fait remarquer que les espèces pures et les hybrides diffèrent quant à l'état de leurs organes reproducteurs; mais, d'après ce que nous aurons plus loin à dire des plantes réciproquement dimorphes et trimorphes, il semblerait qu'il doive exister quelque connexion inconnue ou une loi, en vertu de laquelle les produits d'une union dont la fertilité est incomplète sont eux-mêmes inféconds à un degré plus ou moins prononcé.

Dans les cas de premiers croisements entre espèces pures, la plus ou moins grande difficulté qu'on rencontre à opérer leur union et à en obtenir des produits paraît dépendre de plusieurs causes distinctes. Il peut y avoir quelquefois une impossibilité matérielle à ce que l'élément mâle puisse arriver au contact de l'ovule, comme, par exemple, le cas d'une plante dont le pistil serait trop long pour que les tubes polliniques puissent atteindre l'ovaire. On a aussi observé que, lorsqu'on place le pollen d'une espèce sur le stigmate d'une espèce assez différente, les tubes polliniques, bien qu'étant sortis, ne pénètrent pas à travers la surface du stigmate. L'élément mâle peut encore arriver au contact de l'ovule sans provoquer l'évolution de l'embryon, cas qui s'est présenté dans quelques-unes des expériences faites sur les fucus par Thuret. On ne peut pas plus expliquer ces faits qu'on ne peut le faire pour certains arbres qui ne se greffent pas sur d'autres. Enfin, l'embryon peut se développer et périr au commencement de son évolution. Cette dernière alternative n'a pas été l'objet de l'attention qu'elle mérite, car, d'après des observations qui m'ont été communiquées par M. Hewitt, un homme des plus compétents et qui a une grande expérience sur l'hybridisation des faisans et des poules, il paraîtrait que la mort précoce de l'embryon est une des causes les plus fréquentes de la stérilité des premiers croisements. M. Salter a récemment donné les résultats de l'examen de cinq cents œufs produits par divers croisements entre trois espèces de *Gallus* et leurs hybrides, dont la plupart avaient été fécondés. Dans la grande majorité de ces œufs fécondés, les embryons s'étaient partiellement développés et avaient avorté, ou étaient presque arrivés à maturité, mais les petits n'étaient pas éclos, pour n'avoir pas pu briser la coquille de l'œuf. Quant aux poussins qui éclorent, les cinq sixièmes périrent dès les premiers jours ou les premières semaines, sans cause apparente autre que l'incapacité de vivre; et finalement, sur les cinq cents œufs, douze poussins purent seuls survivre. Il paraît probable que la mort précoce de l'embryon a aussi lieu chez les plantes, car on sait que les hybrides provenant d'espèces très-distinctes sont quelquefois faibles et rapetissés, et périssent de bonne heure, fait dont Max Wichura a récemment

signalé quelques cas frappants chez les saules hybrides. Il est
bon de rappeler ici que dans certains cas de parthénogénèse,
des embryons d'œufs de vers à soie qui n'avaient pas été fécondés, après avoir néanmoins parcouru les premières phases
de leur évolution, ont péri comme les embryons résultant
d'un croisement entre deux espèces. Tant que j'ignorais ces
faits, je n'étais pas disposé à croire à la fréquence de la
mort précoce des jeunes embryons hybrides; car ceux-ci,
une fois nés, font généralement preuve de vigueur et de
longévité; le mulet par exemple. Les hybrides sont toutefois, avant et après leur naissance, placés dans des conditions différentes; ils sont généralement soumis à des circonstances favorables, lorsqu'ils naissent et vivent dans le pays
natal de leurs deux ascendants. Mais l'hybride ne participant
que de la moitié de la nature et de la constitution de sa mère,
tant qu'il est nourri dans le sein de celle-ci ou dans l'œuf et
la graine produits par elle, se trouve alors dans des conditions
qui, jusqu'à un certain point, peuvent ne pas lui être entièrement favorables, et déterminent ainsi sa mort dans les premiers
temps de son évolution, les êtres très-jeunes étant éminemment sensibles aux moindres conditions préjudiciables. Mais
après tout il est plus probable qu'il faut en chercher la cause
plutôt dans quelque imperfection de l'acte primitif de la
fécondation, qui affecte le développement normal et parfait de
l'embryon, que dans les conditions auxquelles il peut plus
tard se trouver exposé.

Le cas de la stérilité des hybrides eux-mêmes est différent,
car chez eux les éléments sexuels ne sont qu'imparfaitement
développés. J'ai plus d'une fois fait allusion à un ensemble de
faits que j'ai recueillis et qui montre que, lorsqu'on arrache
les animaux et les plantes à leurs conditions naturelles, les
uns et les autres sont extrêmement sujets à être fortement
affectés dans leur système reproducteur. C'est, en fait, là que
se trouve le grand obstacle à la domestication des animaux. Il
y a bien des points de similitude entre la stérilité ainsi provoquée et celle des hybrides. Dans les deux cas, elle ne dépend pas de la santé générale, qui est, au contraire, brillante
et se traduit souvent par un excès de taille et une exubérance
remarquable. Dans les deux cas, la stérilité varie quant au

degré, c'est l'élément mâle qui est le plus promptement
affecté, quoique quelquefois l'élément femelle le soit plus que
le mâle. Dans les deux cas, la tendance est jusqu'à un certain
point en rapport avec l'affinité systématique, car on voit des
groupes entiers d'animaux et de plantes que les mêmes conditions artificielles rendent impuissants, et des groupes entiers
d'espèces qui tendent à produire des hybrides stériles. D'autre
part, il peut arriver qu'une espèce d'un groupe résiste à de
grands changements de conditions sans que sa fécondité en soit
diminuée, et que certaines espèces d'un groupe produisent des
hybrides d'une fertilité inusitée. On ne peut jamais prédire
avant l'expérience si tel animal donné reproduira en captivité, ou si telle plante exotique donnera de la graine une fois
soumise à la culture; non plus qu'on ne peut savoir, avant de
l'avoir essayé, si deux espèces données d'un genre produiront
des hybrides plus ou moins stériles. Enfin, lorsque les êtres
organisés sont, pendant plusieurs générations, soumis à des
conditions qui ne sont pas les leurs naturelles, ils deviennent
sujets à la variation; fait qui paraît tenir en partie à ce que
leur système reproducteur a été affecté, quoiqu'à un moindre
degré que lorsque la stérilité en est le résultat. Il en est de
même pour les hybrides, les descendants de générations successives étant, comme tous les observateurs l'ont remarqué,
très-sujets à varier.

Nous voyons donc que, lorsque les êtres organisés sont
placés dans des conditions nouvelles et artificielles, et qu'on
produit, par un croisement également artificiel entre deux espèces, des hybrides, le système reproducteur, indépendamment
de l'état général de la santé, est dans les deux cas affecté d'une
manière très-analogue. Dans le premier cas, les conditions
vitales ont été troublées, souvent trop légèrement pour que
nous puissions l'apprécier; dans le second, celui des hybrides,
les conditions extérieures sont restées les mêmes, mais l'organisation est troublée par le mélange en une seule de deux
conformations et structures différentes. Il est, en effet, à peine
possible que deux organisations puissent se confondre en une
seule sans qu'il en résulte quelque perturbation dans le développement, l'action périodique ou les relations mutuelles
des différentes parties et organes entre eux, et dans les con-

ditions extérieures de la vie. Quand les hybrides sont féconds *inter se,* ils transmettent à leurs descendants de génération en génération la même organisation mixte, et nous ne devons dès lors pas être étonnés que leur stérilité, bien qu'à quelque degré variable, ne diminue pas; elle est même sujette à augmenter, fait qui, ainsi que nous l'avons déjà expliqué, est généralement le résultat d'une reproduction consanguine trop rapprochée. L'opinion précitée, que la stérilité des hybrides est causée par la fusion en une seule de deux constitutions différentes, a été récemment vigoureusement soutenue par Max Wichura; mais il faut reconnaître (comme nous allons l'expliquer bientôt) que la stérilité qui affecte la descendance des plantes dimorphes et trimorphes, lorsqu'on unit ensemble des individus appartenant à la même forme, rend cette opinion un peu douteuse. Il faudrait toutefois ne pas oublier que la stérilité chez ces plantes ayant été acquise dans un but spécial, elle peut avoir une origine différente de celle des hybrides.

Il faut encore reconnaître que, dans l'opinion précitée comme dans toutes les autres, la stérilité des hybrides présente quelques faits inexplicables, tels que la fertilité inégale qui se remarque chez ceux issus de croisements réciproques, ou la croissante stérilité dont font preuve les hybrides qui, occasionnellement et exceptionnellement, ressemblent beaucoup à l'un ou à l'autre de leurs parents. Je ne prétends d'ailleurs point que les remarques précédentes aillent au fond du sujet, car nous n'avons aucune explication du pourquoi un organisme placé dans des conditions artificielles devient stérile. Je n'ai pas voulu montrer autre chose que, dans les deux cas, semblables sous certains rapports, la stérilité est un résultat commun d'une perturbation des conditions d'existence dans l'un, et d'un trouble apporté dans l'organisation et la constitution de l'autre, par la fusion en une seule de deux organisations.

Un parallélisme analogue paraît exister dans un ordre de faits voisins, quoique bien différents. Il est une ancienne croyance très-répandue, et qui repose sur un ensemble considérable de preuves, que de légers changements dans les conditions d'existence sont avantageux pour tous les êtres vivants.

Nous en voyons l'application dans l'usage qu'ont les fermiers et jardiniers d'échanger fréquemment leurs graines, tubercules, etc., d'un sol ou d'un climat à un autre, et réciproquement. Un changement de conditions exerce toujours un excellent effet sur les animaux en convalescence. On possède des preuves abondantes du fait que, tant chez les animaux que chez les plantes, les produits d'un croisement entre deux individus d'une même espèce, différant entre eux jusqu'à un certain point, gagnent en vigueur et en fécondité; et, d'autre part, que l'appariage continu pendant plusieurs générations entre individus trop rapprochés par la sanguinité entraîne presque toujours l'affaiblissement et la stérilité des descendants, surtout lorsqu'on les maintient dans les mêmes conditions d'existence.

Il semble donc que, d'une part, de légers changements dans les conditions d'existence sont avantageux à tous les êtres organisés, et que, d'autre part, des croisements entre mâles et femelles d'une même espèce ayant varié et devenus un peu différents ajoutent à la vigueur et à la fécondité des produits. Mais nous avons vu que des changements plus considérables, ou d'une nature particulière, contribuent à déterminer chez les êtres organisés un certain degré de stérilité, et que des croisements entre mâles et femelles très-éloignés et spécifiquement différents produisent généralement une descendance hybride plus ou moins stérile. Je ne puis pas me persuader que ce parallélisme soit accidentel ou illusoire. Les deux séries de faits semblent être en connexion par quelque liaison inconnue, qui paraît en rapport avec le principe même de la vie; principe qui, selon la remarque de M. Herbert Spencer, dépend de, ou consiste en, une action et une réaction incessantes de forces diverses qui, comme partout dans la nature, tendent toujours à un équilibre, les forces vitales paraissant gagner en énergie dès que cette tendance est troublée par un changement quelconque.

Nous allons discuter brièvement ce sujet, qui jette du jour
sur les phénomènes de l'hybridité. Plusieurs plantes, appartenant à des ordres distincts, présentent deux formes à peu près
égales en nombre, et ne différant sous aucun rapport, les
organes de la reproduction exceptés. Une des formes ayant un
long pistil et les étamines courtes; l'autre, un pistil court avec
de longues étamines; les grains de pollen étant de grosseurs
différentes dans les deux. Chez les plantes trimorphes il y a
trois formes, différant également par les longueurs des pistils
et des étamines, par la grosseur et la couleur des grains de
pollen, et sous quelques autres rapports. Comme dans chacune des trois formes il y a deux systèmes d'étamines, il y a
donc en tout six systèmes d'étamines et trois sortes de pistils.
Ces organes sont, quant à la longueur, mutuellement propor-
tionnés de façon que, dans deux formes données, la moitié des
étamines se trouvent au niveau du stigmate de la troisième. J'ai
observé, et les mêmes résultats ont été confirmés par d'autres
observateurs, que, pour que ces plantes soient d'une fertilité
complète, il faut que le stigmate d'une forme soit fécondé par
du pollen pris sur les étamines de hauteur correspondante
dans l'autre forme. Dans les plantes dimorphes, il y a donc
deux unions qui sont très-fertiles, et que nous appellerons
unions légitimes, et deux qui le sont plus ou moins, et que nous
qualifierons d'illégitimes. Dans les plantes trimorphes, six
unions sont fertiles ou légitimes, et douze sont plus ou moins
infécondes ou illégitimes.

L'infertilité qui caractérise les diverses plantes dimorphes
et trimorphes, lorsqu'elles sont illégitimement fécondées, —
c'est-à-dire par du pollen provenant d'étamines dont la hauteur ne correspond pas avec celle du pistil, — est variable
quant au degré, et peut aller jusqu'à la stérilité absolue et
complète, exactement comme dans les croisements d'espèces
distinctes ; comme dans ces mêmes cas encore, le degré de stérilité des plantes soumises à une union illégitime dépend
essentiellement d'un état plus ou moins favorable des conditions extérieures. On sait que si, après avoir placé sur le stig-

mate d'une fleur du pollen d'une espèce distincte, on y place ensuite, même après un long intervalle de temps, du pollen propre de l'espèce, ce dernier par son action prépondérante annulle les effets du pollen étranger. Il en est de même du pollen des diverses formes de la même espèce, car, lorsque les deux pollens légitime et illégitime sont déposés sur le même stigmate, le premier l'emporte sur le second. J'ai vérifié ce fait en fécondant plusieurs fleurs, d'abord avec du pollen illégitime, puis vingt-quatre heures après avec du pollen légitime pris sur une variété d'une couleur particulière, et toutes les plantes levées de la graine ainsi produite présentèrent la même coloration; ce qui montre que, bien qu'appliqué vingt-quatre heures après l'autre, le pollen légitime avait ou détruit le pollen illégitime antérieurement employé, ou empêché son action. Lorsqu'on opère des croisements réciproques entre deux espèces, on obtient quelquefois des résultats fort différents; il en est de même pour les plantes trimorphes. Par exemple, la forme à styles moyens du *Lythrum salicaria*, fécondée illégitimement, avec la plus grande facilité, par du pollen pris sur les longues étamines de la forme à styles courts, donna beaucoup de graines; mais cette dernière forme, fécondée par du pollen pris sur les longues étamines de celle à styles moyens, ne produisit pas une seule graine.

Sous ces divers rapports et d'autres encore, des formes d'une même espèce illégitimement unies se comportent exactement de la même manière que le font deux espèces distinctes croisées. Ceci me conduisit à observer, pendant quatre ans, un grand nombre de plantes, levées de la graine produite par ces unions illégitimes. Je puis constater comme résultat principal, chez ces plantes illégitimes, pour les appeler ainsi, que leur fécondité est limitée. On peut obtenir des espèces dimorphes, des plantes illégitimes à longs et à courts styles; et des plantes trimorphes, les trois formes illégitimes; on peut ensuite unir entre elles légitimement ces dernières. Cela fait, il n'y a aucune raison apparente pour qu'elles ne dussent pas produire autant de graines que leurs parents légitimement fécondés. Or cela n'est pas le cas; elles sont toutes plus ou moins stériles, au point qu'il y en avait d'assez absolument et incurablement infécondes pour n'avoir produit pendant le cours de quatre saisons ni une capsule ni une graine. La stérilité de ces plantes illégitimes, unies ensuite d'une manière légitime, est donc rigoureusement comparable à celle des hybrides croisés *inter se*. Lorsque d'autre part on recroise un hybride avec une de ses espèces parentes pure, la stérilité diminue; il en est de même lorsqu'on fertilise une plante illégitime par une légitime. De même encore que la stérilité des hybrides ne correspond pas à la difficulté d'opérer un premier croisement entre les deux espèces parentes, de même la stérilité de certaines plantes illégitimes peut être très-prononcée, tandis que celle de l'union dont elles dérivent n'avait rien d'excessif. Le degré de stérilité des hybrides nés de la graine d'une même capsule est variable d'une manière innée; le même fait est fortement marqué chez les plantes illégitimes. Enfin un grand nombre d'hybrides produisent des fleurs en abondance et avec persistance, tandis que d'autres plus stériles n'en donnent que peu, et restent faibles et rabougris; chez les descendants illégitimes des plantes dimorphes et trimorphes on remarque des faits tout à fait semblables.

Il y a donc, au total, une grande identité entre les caractères et la manière d'être des plantes illégitimes et des hybrides. Il ne serait pas exagéré d'admettre que les premières sont des hybrides, produits dans les limites de la même espèce par l'union impropre de certaines formes, tandis que les hybrides ordinaires sont le résultat d'une union impropre entre des soi-disant espèces distinctes. Nous avons aussi déjà vu qu'il y a, sous tous les rapports, la plus grande similitude entre les premières unions illégitimes et les premiers croisements entre espèces distinctes. C'est ce qu'un exemple fera mieux comprendre. Supposons qu'un botaniste trouvât deux variétés bien marquées de la forme à longs styles du *Lythrum salicaria* trimorphe, et qu'il essayât de vérifier leur distinction spécifique en les croisant. Il trouverait alors qu'elles ne donnent qu'un cinquième de la quantité normale de graine, et que, sous tous les rapports, elles se comportent comme deux espèces distinctes. Mais, pour mieux s'en assurer, après avoir semé ces graines supposées hybrides, et n'en obtenant que quelques plantes misérables, rabougries, entièrement stériles, et se comportant sous tous les rapports comme des hybrides ordinaires, il serait en droit d'affirmer qu'il avait réellement, d'après les idées reçues, fourni la preuve que ses deux variétés étaient des espèces aussi tranchées que possible, et cependant il se serait entièrement trompé.

Les faits de dimorphisme et trimorphisme que nous venons de voir chez les plantes sont importants parce qu'ils montrent, d'abord, que le fait physiologique de la fécondité amoindrie, tant dans les premiers croisements que chez les hybrides, n'est point un critère sûr de distinction spécifique; secondement qu'il doit exister quelque liaison inconnue qui rattache la stérilité des unions illégitimes à celle de leur descendance illégitime, comme dans les cas de premiers croisements et d'hybrides; troisièmement, et ceci me paraît particulièrement important, qu'il peut exister deux ou trois formes de la même espèce, ne différant sous aucun autre rapport que par leurs organes reproducteurs, et qui, lorsqu'elles s'unissent de certaines manières, peuvent rester stériles. Chez les plantes dimorphes, les unions entre les deux formes distinctes sont seules fertiles, et donnent une descendance fertile, tandis que les unions entre individus appartenant à la même forme sont plus ou moins stériles; ce résultat est donc précisément le contraire de ce qui a lieu chez les espèces distinctes. Chez les plantes dimorphes la stérilité ne dépend d'aucune différence dans la conformation ou la constitution générales; car elle résulte de l'union d'individus appartenant non-seulement à la même espèce, mais aussi à la même forme. Elle doit, par conséquent, dépendre de la nature des éléments sexuels, qui sont adaptés entre eux de telle manière que les éléments mâles et femelles d'une même forme ne se conviennent pas, tandis que ceux appartenant aux deux formes distinctes sont réciproquement adaptés l'un pour l'autre. Ces considérations rendent probable que la stérilité inhérente aux espèces distinctes qui se croisent, ainsi qu'à leurs produits hybrides, doit dépendre exclusivement de la nature de leurs éléments sexuels, et non d'une différence générale dans leur structure et leur constitution. Nous sommes également conduits à la même conclusion par l'étude des croisements réciproques, dans lesquels le mâle d'une des espèces ne peut que très-difficilement ou pas du tout être uni à la femelle de la seconde espèce, tandis que l'union inverse peut s'opérer avec la plus grande facilité. En effet, cette différence dans la facilité d'effectuer les croisements réciproques, ainsi que dans la fécondité des produits, doit être attribuée à ce que les éléments mâle ou femelle de la première espèce ont été, relativement aux éléments sexuels de la seconde espèce, différenciés à un plus haut degré que dans le cas inverse. Gärtner, excellent observateur, est également arrivé à cette même conclusion, que la stérilité des espèces croisées est due à des différences circonscrites à leurs systèmes reproducteurs.

Fertilité des variétés croisées et de leurs descendants métis.

On peut alléguer, comme argument écrasant, qu'il doit y avoir quelque distinction essentielle entre les espèces et les variétés, puisque ces dernières, quelque différentes par leur apparence extérieure qu'elles puissent être, se croisent avec facilité et produisent des descendants complétement fertiles. J'admets tout à fait qu'à quelques exceptions que je vais signaler près, c'est bien la règle. Mais le sujet est hérissé de difficultés, car pour ce qui concerne les variétés naturelles, si on découvre entre deux formes jusqu'alors considérées comme des variétés la moindre stérilité, elles sont aussitôt classées par les naturalistes comme espèces. Ainsi les mourons bleus et rouges, que la plupart des botanistes regardent comme deux variétés, n'ayant pas été trouvés parfaitement fertiles par Gärtner lorsqu'il les a croisés, il les a en conséquence considérés comme deux espèces distinctes. Si nous tournons ainsi dans un cercle vicieux, il est certain que nous devrons admettre la fécondité de toutes les variétés produites à l'état de nature.

Si nous passons aux variétés qui se sont produites, ou qu'on suppose s'être produites sous la domestication, nous trouvons encore matière à doute. Car, lorsqu'on constate que le chien spitz allemand se croise avec le renard plus facilement que ne le font les autres chiens, ou que certains chiens domestiques indigènes de l'Amérique du Sud ne s'apparient pas volontiers avec les chiens européens, l'explication qui se présente à chacun, et probablement la vraie, est que ces chiens proviennent d'espèces primitivement distinctes. La grande fécondité de tant de variétés domestiques, différant beaucoup les unes des autres par leur apparence, comme celles du pigeon, ou du chou, est néanmoins un fait remarquable, surtout si nous songeons à la quantité d'espèces qui, tout en se ressemblant de très près, sont complétement stériles lorsqu'on les entrecroise. Plusieurs considérations expliquent toutefois la fertilité des variétés domestiques. L'étendue des différences externes entre deux espèces n'étant point, comme nous l'avons vu, un indice sûr de leur degré de stérilité mutuelle, des différences de même nature ne le seront pas davantage pour les variétés. Il paraît certain que, pour les espèces, c'est dans des différences de la constitution sexuelle qu'il faut exclusivement en chercher la cause. Or les conditions auxquelles les animaux domestiques et les plantes cultivées ont été soumis ont si peu agi sur le système reproducteur pour le modifier dans le sens de la stérilité mutuelle, que nous avons tout lieu d'admettre comme vraie la doctrine tout opposée de Pallas, qui proclame que les conditions de la domestication ont généralement pour effet d'éliminer la tendance à la stérilité ; de sorte que les descendants domestiqués d'espèces qui, croisées à l'état de nature, se fussent montrées stériles à quelque degré, finissent par devenir tout à fait fertiles. Pour les plantes, la culture, bien loin de déterminer chez des espèces distinctes une tendance à la stérilité, a, au contraire, comme le montrent plusieurs cas bien constatés, exercé une influence opposée sur certaines plantes qui, devenues impuissantes par elles-mêmes, ont conservé l'aptitude de féconder ou d'être fécondées par d'autres espèces. Si la doctrine de Pallas sur l'élimination de la stérilité par une domestication prolongée est admise, et il n'est guère possible de la repousser, il devient, au plus haut degré, improbable que les mêmes circonstances doivent à la fois déterminer et éliminer une même tendance ; bien que dans certains cas, et chez des espèces douées d'une constitution particulière, la stérilité puisse avoir été occasionnellement produite. C'est ainsi, je le crois, que nous pouvons comprendre pourquoi, chez les animaux domestiques, des variétés mutuellement stériles n'ont pas pris naissance, et pourquoi chez les plantes seules on n'en a observé que quelques cas, que nous signalerons un peu plus loin.

A ce qu'il me semble, la véritable difficulté du sujet actuel n'est pas dans le fait que les variétés domestiques ne sont pas devenues réciproquement stériles dans leurs croisements, mais bien plutôt dans celui que cette stérilité soit générale chez les variétés naturelles, aussitôt qu'elles ont été modifiées d'une manière permanente et suffisante pour être élevées au rang d'espèces. Notre ignorance, à l'égard de l'action normale ou anormale du système reproducteur, nous empêche de comprendre la cause précise du phénomène ; mais nous pouvons voir que, ensuite de la lutte pour l'existence qu'elles ont à soutenir contre de nombreux concurrents, les espèces ont dû être soumises pendant de longues périodes à des conditions plus uniformes que ne l'ont été les variétés domestiques ; circonstance qui a pu modifier considérablement le résultat définitif. Nous savons combien les animaux ou plantes sauvages, enlevés à leurs conditions naturelles et tenus en captivité, deviennent stériles ; et les fonctions reproductrices d'êtres organisés, qui ont toujours vécu dans un état naturel dont ils ont lentement subi l'influence modificatrice, doivent probablement être d'autant plus sensibles à celle d'un croisement artificiel. On pouvait s'attendre, d'autre part, à ce que les produits domestiques qui, ainsi que le montre le fait même de leur domestication, n'ont pas dû être d'une excessive sensibilité à des changements dans leurs conditions d'existence, et qui résistent encore actuellement, sans préjudice pour leur fertilité, à des modifications répétées dans ces mêmes conditions, dussent produire des variétés moins susceptibles d'avoir leur système reproducteur affecté par un acte de croisement avec d'autres variétés de provenance analogue.

J'ai jusqu'ici parlé des variétés d'une même espèce comme invariablement fertiles lorsqu'on les croise. On ne peut cependant pas contester l'existence d'une certainé stérilité, dans quelques cas que je vais brièvement passer en revue, et qui repose sur des preuves tout aussi fortes que celles qui nous font admettre la stérilité chez une foule d'espèces ; preuves qui d'ailleurs nous sont fournies par nos adversaires, pour lesquels, dans tous les autres cas, la fertilité et la stérilité sont les plus sûrs critères de la spécificité. Gärtner a élevé pendant plusieurs années une variété naine d'un maïs à grains jaunes, et une haute variété de la même plante à grains rouges, toutes deux croissant dans son jardin, et qui, bien qu'ayant les sexes séparés, ne s'étaient jamais naturellement croisées. Il féconda alors treize fleurs d'une de ces variétés par du pollen de l'autre, et n'obtint qu'un unique épi portant des graines au nombre de cinq seulement. Les sexes étant distincts, aucune manipulation de nature à être préjudiciable à la plante n'a pu intervenir. Personne, je le crois, n'a admis que ces variétés de maïs fussent des espèces distinctes, et il est essentiel de remarquer que les plantes hybrides provenant des quelques grains précités furent elles-mêmes si *complétement* fertiles, que Gärtner n'osa même pas considérer les deux variétés comme étant des espèces distinctes.

Girou de Buzareingues croisa trois variétés de la courge qui, comme le maïs, a les sexes séparés, et constata que leur fécondation réciproque est d'autant plus difficile que leurs différences sont plus prononcées. Je ne sais quel crédit on peut accorder à ces expériences, mais Sageret, qui base sa classification surtout sur le critère de la stérilité, considère les formes mises en expérience comme des variétés, conclusion à laquelle Naudin est également arrivé.

Le cas suivant, presque incroyable au premier abord, et encore bien plus remarquable, est le résultat d'un nombre immense d'essais faits pendant plusieurs années sur neuf espèces de Verbascums, par Gärtner, l'excellent observateur, dont le témoignage a d'autant plus de poids qu'il émane d'un adversaire. Voici le cas : les variétés blanche et jaune croisées donnent moins de graines que les variétés pures de la même espèce. De plus, il ajoute que, lorsqu'on croise les variétés jaunes et blanches d'une espèce avec les variétés jaunes et blanches d'une espèce *distincte*, les croisements opérés entre fleurs de couleur semblable produisent plus de graines que ceux faits entre fleurs de couleur différente. M. Scott a aussi entrepris des expériences sur les espèces et variétés de Verbascums, et, bien qu'il n'ait pas pu confirmer les résultats de Gärtner sur les croisements entre espèces distinctes, il a trouvé que les variétés dissemblablement colorées d'une même espèce donnaient moins de graine, dans une proportion de 86 à 100, que les variétés de même couleur. Ces variétés ne diffèrent cependant que par la couleur de la fleur seulement, et peuvent quelquefois être produites chacune des graines de l'autre.

Kölreuter, dont tous les observateurs subséquents ont confirmé l'exactitude, a établi le fait remarquable qu'une des variétés du tabac ordinaire était beaucoup plus fertile que les autres, lorsqu'elle était croisée avec une autre espèce fort éloignée. Il fit porter ses expériences sur cinq formes considérées comme des variétés qu'il soumit à l'épreuve la plus sévère, celle du croisement réciproque, et dont il trouva les produits métis tout à fait fertiles. Mais une de ces cinq variétés, employée soit comme mâle, soit comme femelle, et croisée avec la *Nicotiana glutinosa,* fournit toujours des hybrides moins stériles que ceux produits par les quatre autres variétés, croisées avec la même *N. glutinosa.* Le système reproducteur de cette variété particulière a donc dû être, en quelque manière et à quelque degré, modifié.

Ces faits s'opposent à ce qu'on puisse soutenir que les croisements entre variétés soient invariablement tout à fait fertiles, — vu la difficulté de s'assurer de l'infécondité des variétés dans l'état de nature ; car, toute variété supposée, reconnue comme étant à quelque degré infertile, serait aussitôt considérée comme constituant une espèce distincte ; — le fait que l'homme ne s'occupe que des caractères extérieurs chez ses variétés domestiques, qui ne sont d'ailleurs jamais bien longtemps exposées à des conditions uniformes, — sont autant de considérations qui nous autorisent à conclure que la fertilité ne constitue pas une distinction fondamentale entre les espèces et les variétés croisées. La stérilité générale qui accompagne le croisement des espèces peut, avec confiance, être regardée non comme acquisition ou une propriété spéciale, mais comme le résultat de changements, dont la nature nous est inconnue, apportés à l'organisation de leurs éléments sexuels.

Comparaison entre les hybrides et les métis,
indépendamment de leur fécondité.

En dehors de la question de leur fertilité, on peut, sous divers autres rapports, comparer entre eux les descendants d'un croisement d'espèces avec ceux des croisements entre variétés. Gärtner, bien que très-désireux d'établir une forte ligne de démarcation entre les espèces et les variétés, n'a pu trouver que des différences bien peu nombreuses, et à ce qu'il me semble, bien insignifiantes, entre les descendants hybrides de deux espèces et les descendants métis de deux variétés qui, d'autre part, se ressemblent de très-près sous plusieurs rapports importants.

Examinons rapidement ce point. La distinction la plus importante est que, à la première génération, les métis sont plus variables que les hybrides ; toutefois Gärtner admet que les hybrides d'espèces soumises depuis longtemps à la culture sont souvent variables à la première génération, fait dont j'ai pu moi-même observer de frappants exemples. Gärtner admet encore que les hybrides entre espèces très-voisines sont plus variables que ceux dérivant de croisements entre espèces très-distinctes ; ce qui prouve que les différences dans le degré de variabilité présentent des gradations. Lorsqu'on propage pendant plusieurs générations des métis ou des hybrides les plus fertiles, leur descendance offre notoirement dans les deux cas une beaucoup plus grande variabilité, bien qu'on connaisse quelques exemples d'hybrides et de métis ayant conservé pendant longtemps un caractère uniforme. La variabilité paraît toutefois être plus considérable dans les générations successives des métis que dans celles des hybrides.

Cette variabilité plus forte chez les métis que chez les hybrides n'a rien d'étonnant. Les parents des métis sont en effet des variétés, et pour la plupart des variétés domestiques (on n'a entrepris que fort peu d'expériences sur les variétés naturelles), ce qui implique une variabilité récente, et pouvant continuer et s'ajouter à celle que provoque déjà le fait même du croisement. La légère variabilité qu'offrent les hybrides à la première génération, comparée à ce qu'elle est dans les suivantes, constitue un fait curieux et digne d'attention, car il appuie l'idée que j'ai émise sur une des causes de la variabilité ordinaire; à savoir que, vu l'excessive sensibilité du système reproducteur pour tout changement apporté aux conditions extérieures, il cesse, dans ces circonstances, d'accomplir aussi exactement sa fonction propre de produire une descendance sur tous les points identique à la forme parente. Les hybrides de première génération proviennent d'espèces dont (à l'exception de celles qui ont été depuis longtemps cultivées) le système reproducteur n'a été en aucune manière affecté, et qui ne sont pas variables; mais les hybrides eux-mêmes ayant leur système reproducteur sérieusement affecté, leurs descendants sont par conséquent très-variables.

Pour en revenir à la comparaison des métis avec les hybrides, Gärtner affirme que les métis sont, plus que les hybrides, sujets à faire retour à l'une ou l'autre de leurs formes parentes; mais si cela est vrai, il n'y a certainement là qu'une différence de degré. Gärtner affirme expressément, en outre, que les hybrides de plantes depuis longtemps cultivées sont plus sujets au retour que les hybrides d'espèces naturelles, ce qui explique probablement la différence singulière des résultats obtenus par divers observateurs. Ainsi Max Wichura met en doute que les hybrides fassent jamais retour à leurs formes parentes, ses expériences ayant été faites sur des saules sauvages; tandis que Naudin, qui a surtout expérimenté sur des plantes cultivées, insiste fortement sur la tendance presque universelle qu'ont les hybrides à faire retour. Gärtner constate en outre que, lorsqu'on croise avec une troisième deux espèces d'ailleurs très-voisines entre elles, les hybrides sont très-différents les uns des autres; tandis que, si on croise deux variétés distinctes d'une espèce avec une autre espèce, les hybrides des deux croisements diffèrent peu. Toutefois cette conclusion n'est, autant que je puis le voir, basée que sur une unique observation, et paraît être directement contraire aux résultats de plusieurs expériences faites par Kölreuter.

Telles sont les seules différences, d'ailleurs peu impor-

tantes, que Gärtner ait pu signaler entre les plantes hybrides
et métis. D'après lui, d'autre part, le degré et la nature de
ressemblance qu'ont avec leurs parents respectifs tant les métis que les hybrides, plus particulièrement chez les hybrides
provenant d'espèces très-voisines, suivent les mêmes lois.
Dans les croisements de deux espèces, l'une d'elles a quelquefois la puissance prépondérante pour imprimer son cachet au
produit hybride, fait que je crois être vrai aussi pour les variétés des plantes. Chez les animaux, la fréquente prépondérance
d'une variété sur l'autre quant au type de produit croisé est
certaine. Les plantes hybrides provenant de croisements réciproques se ressemblent généralement de près, et il en est de
même des plantes métis résultant d'un croisement de ce genre.
Les hybrides, comme les métis, peuvent être ramenés au type
de l'un ou de l'autre parent, à la suite de croisements répétés
avec eux.

Ces diverses remarques sont probablement applicables aux
animaux, mais le sujet se complique beaucoup pour eux, soit
à cause de l'existence de caractères sexuels secondaires, mais
surtout à cause de la plus grande prépondérance qu'a un des
sexes sur l'autre pour transmettre sa ressemblance, aussi bien
dans les croisements entre espèces qu'entre variétés. Je crois,
par exemple, que les auteurs qui soutiennent que l'âne exerce
une action prépondérante sur le cheval, et que le mulet et le
bardot tiennent plus de l'âne que du cheval, sont dans le vrai ;
mais que cette prépondérance est aussi plus prononcée chez
l'âne que chez l'ânesse, de sorte que le mulet, produit de l'âne
et de la jument, tient plus de l'âne que le bardot, qui est le
produit de l'ânesse et de l'étalon.

Quelques auteurs ont beaucoup insisté sur le fait supposé,
qu'il n'y a que les métis qui ne soient pas intermédiaires par
leurs caractères entre leurs parents, mais ressemblent beaucoup plus à l'un d'eux ; le fait arrive aussi aux hybrides, mais
je dois reconnaître qu'il est moins fréquent chez eux que chez
les métis. En examinant les cas que j'ai recueillis d'animaux
croisés, ressemblant de très-près à un de leurs parents, je
remarque que les ressemblances portent surtout sur des
caractères de nature un peu monstrueuse, et qui ont subitement apparu, — tels que l'albinisme, le mélanisme, manque

de queue ou de cornes, doigts supplémentaires, — et nullement sur ceux qui ont été lentement acquis par voie de sélection. Par conséquent, c'est surtout chez les métis que les retours brusques aux caractères purs de l'un des parents devraient se présenter, puisqu'ils descendent de variétés souvent subitement produites et ayant un caractère semi-monstrueux, plutôt que chez les hybrides, qui proviennent d'espèces produites naturellement et lentement. En somme, je suis d'accord avec le docteur P. Lucas, qui, après avoir examiné un vaste ensemble de faits sur les animaux, conclut que les lois de ressemblance d'un enfant à ses parents sont les mêmes, que les parents diffèrent peu ou beaucoup l'un de l'autre, et qu'il s'agisse d'individus d'une même ou de diverses variétés, ou appartenant à des espèces distinctes.

La question de la fertilité ou de la stérilité mise de côté, il y a, sous tous les autres rapports, une similitude générale entre les descendants d'espèces et ceux de variétés croisées. Cette similitude serait très-étonnante dans l'hypothèse d'une création spéciale des espèces, et de la formation des variétés par des lois secondaires; mais elle est en harmonie complète avec l'opinion qu'il n'y a aucune distinction essentielle à établir entre les espèces et les variétés.

Résumé.

Les premiers croisements entre formes assez distinctes pour constituer des espèces, et leurs hybrides, sont très-généralement, quoique pas toujours stériles. La stérilité se manifeste à tous les degrés, et est parfois assez faible pour qu'au moyen de ce critère les expérimentateurs les plus soigneux aient été conduits aux conclusions les plus opposées sur la valeur de son emploi. Elle est variable d'une manière innée chez les individus d'une même espèce, et est extrêmement sensible à l'influence favorable ou défavorable des conditions. Le degré de stérilité ne correspond pas rigoureusement à l'affinité systématique, et paraît obéir à l'action de plusieurs lois curieuses et complexes. Elle est généralement un

peu, quelquefois fort différente dans les croisements réciproques entre deux mêmes espèces, et n'est pas toujours égale
en degré, dans le premier croisement, et les hybrides qui en
proviennent.

De même que, dans la greffe des arbres, l'aptitude qu'offre
une espèce ou variété de faire prise sur une autre dépend de
différences généralement inconnues existant dans leurs systèmes végétatifs ; de même, dans les croisements, la plus ou
moins grande facilité avec laquelle une espèce pourra s'apparier avec une autre dépend aussi de différences inconnues dans
leurs systèmes reproducteurs. Il n'y a pas plus de raison pour
admettre que les espèces aient été spécialement douées d'une
stérilité variable en degré, aux fins d'empêcher leur croisement et leur confusion, qu'il n'y en aurait à croire que les
arbres ont été doués d'une propriété spéciale de résistance,
plus ou moins prononcée, à la greffe, pour empêcher qu'ils ne
se greffent d'eux-mêmes dans nos forêts.

Autant que nous en pouvons juger, ce n'est pas par sélection naturelle que la stérilité des premiers croisements et celle
de leurs produits hybrides ont dû être acquises. Plusieurs circonstances paraissent pouvoir la provoquer dans les cas des
premiers croisements, et elle tient souvent à la mort précoce de
l'embryon. Dans les cas d'hybrides, elle dépend peut-être de la
perturbation apportée à leur organisation, par le fait qu'elle
est composée de deux formes distinctes, leur stérilité offrant
beaucoup d'analogie avec celle qui affecte si souvent les espèces
pures, lorsqu'elles sont exposées à des conditions d'existence
artificielles. Cette idée trouve un appui dans un parallélisme
d'un autre genre : à savoir que, d'abord, le croisement de
formes très-peu différenciées favorise la vigueur et la fécondité
de leur descendance, tandis qu'une reproduction consanguine
est nuisible ; et secondement que, tandis que de légers changements dans les conditions extérieures paraissent ajouter aussi
à la vigueur et à la fertilité de tous les êtres organisés, de
grands changements leur sont souvent préjudiciables. Mais,
d'après les faits signalés sur la stérilité des unions illégitimes
des plantes dimorphes et trimorphes, ainsi que de leurs descendants illégitimes, il est probable que, dans tous les cas, il y a
quelque lien inconnu entre les degrés de fertilité des premiers

croisements et ceux de leurs produits. La considération de ces faits relatifs au dimorphisme, jointe aux résultats des croisements réciproques, conduit à la conclusion que la cause primaire de la stérilité doit résider dans des différences des éléments sexuels. Mais nous ne savons pas pourquoi, dans le cas des espèces, les éléments sexuels se sont si généralement plus ou moins modifiés dans une direction tendant à provoquer l'infécondité mutuelle qui les caractérise.

Il n'est pas surprenant qu'il y ait, dans la plupart des cas, une correspondance entre la difficulté de croiser entre elles deux espèces données et la stérilité des produits hybrides qui en résultent, fussent-elles même dues à des causes distinctes; car les deux faits dépendent l'un et l'autre de la valeur des différences existant entre les deux espèces croisées. Il n'y a rien non plus d'étonnant à ce que la facilité d'opérer le premier croisement, la fécondité des hybrides qui en sont le produit, et l'aptitude des plantes à être greffées entre elles, — cette dernière propriété dépendant d'ailleurs de circonstances toutes différentes, — soient toutes jusqu'à un certain point en rapport avec les affinités systématiques des formes en expérience; car l'affinité systématique comprend les ressemblances de toutes natures.

Les produits des premiers croisements entre formes connues comme variétés ou assez analogues pour être considérées comme telles, et leurs descendants métis, sont très-généralement, quoique pas invariablement féconds, ainsi qu'on l'a souvent prétendu. Cette fertilité parfaite et presque universelle ne doit pas nous étonner, si nous songeons au cercle vicieux dans lequel nous tournons en ce qui concerne les variétés à l'état de nature, et au fait que la grande majorité des variétés ont été produites sous la domestication par la sélection de simples différences extérieures, et qu'elles n'ont jamais été longtemps exposées à des conditions d'existence uniformes. Il faut aussi avoir présent à l'esprit le fait qu'une domestication prolongée tendant à éliminer la stérilité, il est peu vraisemblable qu'elle doive aussi la provoquer. La question de fécondité mise à part, il y a, sous tous les autres rapports, une ressemblance générale très-prononcée entre les hybrides et les métis, quant à leur variabilité, leur propriété de s'absorber mutuel-

lement par des croisements répétés, et d'hériter de caractères des deux formes parentes. Finalement donc, bien que
nous soyons dans une profonde ignorance sur la cause précise
de la stérilité des premiers croisements et de leurs descendants hybrides, les faits que nous venons de donner dans ce
chapitre ne me paraissent point s'opposer à l'idée qu'entre
les variétés et les espèces il n'y a pas de différence fondamentale.

CHAPITRE IX.

IMPERFECTION DES ARCHIVES GÉOLOGIQUES.

De l'absence actuelle de variétés intermédiaires. — De la nature des variétés intermédiaires éteintes ; de leur nombre. — Du laps de temps, déduit d'après le taux de dénudation et de dépôt. — Du laps de temps estimé en années. — Pauvreté de nos collections paléontologiques. — De la dénudation des surfaces granitiques. — Intermittence des formations géologiques. — Absence des variétés intermédiaires dans une formation donnée. — Apparition subite de groupes d'espèces. — De leur apparition subite dans les couches fossilifères les plus inférieures connues. — Antiquité de la terre habitable.

J'ai énuméré dans le sixième chapitre les principales objections qu'on pouvait raisonnablement élever contre les idées émises dans ce volume. J'en ai maintenant discuté la plupart. L'une d'elles, à savoir, la distinction marquée des formes spécifiques, et l'absence d'innombrables chaînons de transition les reliant les unes aux autres, constitue une difficulté évidente. J'ai indiqué pour quelles raisons ces formes de transition ne sont pas communes actuellement, dans les conditions en apparence des plus favorables, telles qu'une surface étendue et continue, présentant toutes les nuances graduées de conditions physiques. Je me suis efforcé de démontrer que la vie de chaque espèce dépend beaucoup plus essentiellement de la présence d'autres formes organisées déjà définies que du climat, et que, par conséquent, les conditions d'existence qui gouvernent réellement la vie ne sont pas susceptibles de gradations insensibles comme la chaleur ou l'humidité. J'ai cherché aussi à montrer que les variétés intermédiaires, étant moins nombreuses que les formes qu'elles relient, sont généralement vaincues et exterminées pendant le cours des modifications et améliorations ultérieures. La cause principale de l'absence générale d'innombrables formes intermédiaires dans la nature dépend surtout de la marche même de la sélection naturelle, sous l'action de laquelle de nouvelles variétés prennent constamment la place des formes parentes dont elles dérivent, et qu'elles exterminent. Mais précisément parce que ce procédé d'extermination a agi sur une échelle immense, le nombre de variétés intermédiaires qui ont autrefois existé a dû être considérable; pourquoi donc chaque formation géologique, et chacune des couches qui la composent, ne regorgent-elles pas de ces formes intermédiaires? La géologie ne révèle certainement aucune série organique si bien échelonnée, et c'est là, peut-être, que se trouve l'objection la plus apparente et la plus sérieuse qu'on puisse opposer à la théorie. Je crois que l'explication se trouve dans l'état d'imperfection des documents que la géologie met à notre disposition.

Il faut d'abord bien se représenter quelle a dû être la nature des formes intermédiaires qui, d'après la théorie, ont autrefois existé. Lorsqu'on examine deux espèces données, il est difficile de ne pas se laisser entraîner à se figurer des formes *directement* intermédiaires entre elles. C'est à tort; ce sont des formes intermédiaires entre chaque espèce et un ancêtre commun et inconnu qu'il faudrait chercher; lequel ancêtre aura généralement dû différer par plus d'un point de ses descendants modifiés. Pour en donner un exemple, les pigeons Paons et Grossegorges descendent tous deux du Biset; si nous possédions toutes les variétés intermédiaires qui ont successivement existé, nous aurions deux séries continues et nuancées entre chacune de ces deux variétés et le Biset; mais nous n'en trouverions pas une seule qui fût directement intermédiaire entre le Paon et le Grossegorge; aucune qui, par exemple, réunît à la fois une queue plus ou moins étalée et un jabot dilaté, les traits caractéristiques de ces deux races. De plus, elles se sont, depuis leur point de départ, tellement modifiées, que, sans les preuves historiques que nous possédons sur leur origine, il serait impossible de déterminer par simple comparaison de leur conformation avec celle du Biset (*C. livia*), si elles proviennent de cette espèce, ou de quelque autre espèce voisine, telle que la *C. oenas.*

Il en est de même pour les espèces naturelles; si nous considérons des formes très-distinctes, comme le cheval et le tapir, nous n'avons aucune raison pour supposer qu'il y ait jamais eu entre ces deux êtres de formes directement intermédiaires, mais qu'il a dû y en exister entre chacun d'eux et un ancêtre qui leur a été commun, et nous est inconnu. Cet ancêtre commun aura eu dans l'ensemble de son organisation une grande analogie générale avec le cheval et le tapir; mais il pourra aussi, sur différents points de sa conformation, avoir différé considérablement de ces deux types, peut-être même plus qu'ils ne diffèrent actuellement entre eux. Par conséquent, dans tous les cas de ce genre, il nous serait impossible de reconnaître la forme parente de deux ou plusieurs espèces, même par la comparaison la plus attentive de l'organisation de l'ancêtre avec celle de ses descendants modifiés, si nous n'avions pas en même temps à notre disposition la série à peu près complète des anneaux intermédiaires de la chaîne.

Il est, d'après la théorie, tout au plus possible qu'une des formes vivantes soit descendante de l'autre; le cheval du tapir, par exemple; et, dans ce cas, il aurait existé entre eux des formes intermédiaires *directes*. Un cas pareil impliquerait la persistance sans modification, et pendant une très-longue durée, d'une forme dont les descendants auraient subi des changements considérables; or un fait de cette nature ne pourra être que fort rare, en raison du principe de la concurrence qui règne entre tous les organismes, entre le descendant et ses parents, et qui, dans tous les cas, tend à substituer aux formes antérieures et moins perfectionnées celles de leurs descendants améliorés.

Les espèces vivantes, d'après la théorie de la sélection naturelle, se rattachent toutes à l'ancêtre commun de chaque genre, par des différences qui ne sont pas plus considérables que celles que nous constatons actuellement entre les variétés d'une même espèce; et ces ancêtres eux-mêmes, maintenant généralement éteints, se rattachaient de la même manière à d'autres espèces plus anciennes; et ainsi de suite en remontant toujours, et en convergeant vers l'ancêtre commun de chaque grande classe. Le nombre des formes intermédiaires constituant les anneaux de transition entre toutes les formes vivantes et les espèces perdues a donc été incommensurablement grand; mais, si la théorie est vraie, elles ont certainement vécu sur la terre.

*Du temps écoulé, déduit de l'appréciation de la rapidité des dépôts
et l'étendue des dénudations.*

Au fait que nous ne trouvons pas les restes fossiles de ces
nombreux anneaux intermédiaires, on peut objecter que, les
changements devant avoir été excessivement lents, le temps
écoulé aurait été insuffisant pour accomplir d'aussi grandes modifications organiques. Il me serait difficile de rappeler au lecteur qui n'est pas familier avec la géologie les faits au moyen
desquels on arrive à se faire une vague et faible conception de
l'immensité de la durée du temps. Celui qui peut lire le grand
ouvrage de Lyell sur les Principes de la Géologie, que l'histoire future enregistrera comme ayant opéré une révolution
dans les sciences naturelles, sans reconnaître la prodigieuse
durée des périodes passées, peut fermer ici ce volume. Non
qu'il suffise d'étudier les principes de la Géologie, de lire les
traités spéciaux des divers auteurs sur les formations séparées,
et de tenir compte de leurs tentatives pour donner une idée
insuffisante des durées de chaque formation ou même de
chaque couche. C'est en étudiant les actions qui sont entrées
en jeu que nous pouvons le mieux nous faire une idée des
temps écoulés, et en se rendant compte des étendues de surfaces terrestres qui ont été dénudées, et des épaisseurs des
sédiments déposés. Ainsi que Lyell l'a fort justement fait remarquer, l'étendue et l'épaisseur de nos formations sédimentaires sont le résultat et donnent la mesure de la dénudation
que la croûte terrestre a éprouvée ailleurs. Il faut donc examiner soi-même ces énormes entassements de couches superposées, étudier les petits ruisseaux emportant la boue, voir les
vagues usant les falaises du bord de la mer, pour entrevoir
quelque notion de la durée des périodes écoulées, dont les monuments nous environnent de partout.

Il faut parcourir les côtes, formées de roches modérément
dures, et suivre la marche de leur dégradation. Dans la plupart des cas, la marée haute n'atteint les falaises que deux fois
par jour et pour peu de temps; les vagues ne les rongent que
lorsqu'elles sont chargées de sable et de cailloux, car l'eau

pure n'use pas le roc. La falaise, ainsi minée par sa base, tombe en grandes masses qui, fixées sur le fond, sont rongées et usées atome par atome, jusqu'à ce qu'elles soient assez réduites pour être roulées par les vagues, qui alors les broient plus promptement et les transforment en cailloux, sable, ou vase. Mais combien ne trouvons-nous pas, au pied des falaises, de blocs arrondis, couverts d'une épaisse couche de productions marines, dont la présence est une preuve de leur stabilité et du peu d'usure à laquelle ils sont soumis! De plus, si nous suivons une falaise rocheuse pendant quelques milles, nous ne la trouvons attaquée que çà et là par places peu étendues, et autour des promontoires saillants. La nature de la surface et la végétation dont elle est couverte prouvent que, dans certains autres points, bien des années se sont écoulées depuis que l'eau en baignait la base.

Les observations récentes de Ramsay, Jukes, Geikie, Croll et d'autres, nous apprennent que la dégradation aérienne joue un rôle beaucoup plus important que celui des vagues sur les côtes. Toute la surface du pays est soumise à l'action chimique de l'air et de l'acide carbonique dissous dans l'eau pluviale, et au gel dans les pays froids; la matière désagrégée est emmenée par les fortes pluies, même sur des pentes douces, et, plus qu'on ne le croit généralement, par le vent dans les pays arides; elle arrive dans les rivières et les fleuves qui, lorsque leur cours est rapide, creusent profondément leurs lits et triturent les fragments. Nous voyons dans les jours de pluie, même sur des sols faiblement ondulés, les effets de la dégradation superficielle dans les ruisseaux boueux qui s'écoulent le long des pentes. MM. Ramsay et Whitaker ont fait l'observation remarquable, que les grandes lignes d'escarpement du district Wealdien et celles qui s'étendent au travers de l'Angleterre, et qu'autrefois tout le monde considérait comme d'anciennes côtes marines, ne pouvaient pas avoir été ainsi produites, car chacune d'elles est constituée d'une même formation unique; tandis que nos falaises actuelles sont partout composées de l'intersection de formations variées. Cela étant le cas, nous devons admettre que les escarpements doivent en grande partie leur origine à ce que la roche qui les compose a mieux résisté à l'action destructive des agents atmosphériques que les surfaces voisines, dont le niveau s'est graduellement abaissé, tandis que les lignes rocheuses sont restées en relief. Rien ne peut mieux nous faire concevoir ce qu'est l'immense durée du temps que la vue des résultats si considérables, produits par des influences atmosphériques qui nous paraissent avoir si peu de puissance et agir si lentement.

Après s'être ainsi convaincu de la lenteur avec laquelle les surfaces terrestres peuvent être rongées par les agents atmosphériques et les actions littorales, il faut ensuite, pour apprécier la durée des temps passés, considérer le volume immense des rochers qui ont été enlevés sur des étendues considérables d'une part, et de l'épaisseur de nos formations sédimentaires de l'autre. J'ai été vivement frappé en voyant les îles volcaniques, dont les bords rongés par les vagues ont été taillés en falaises perpendiculaires hautes de un à deux mille pieds, car la pente douce des courants de lave, due à leur état autrefois liquide, montrait du premier coup d'œil jusqu'où les couches rocheuses avaient dû s'avancer en pleine mer. Les grandes fissures ou crevasses suivant lesquelles les couches se sont souvent soulevées d'un côté ou abaissées de l'autre, et qui ont jusqu'à plusieurs milliers de pieds d'épaisseur, racontent la même histoire ; car depuis l'époque où ces crevasses se sont produites, qu'elles l'aient été brusquement ou, comme la plupart des géologues le croient aujourd'hui, très-lentement à la suite de nombreux petits mouvements, la surface du pays s'est depuis si bien nivelée, qu'aucune trace de ces prodigieuses dislocations n'est extérieurement visible. La faille de Craven, par exemple, s'étend sur une ligne de 30 milles de longueur, le long de laquelle le déplacement vertical des couches varie de 600 à 3,000 pieds. Le professeur Ramsay a constaté un affaissement de 2,300 pieds dans Anglesea, et il m'informe qu'il croit qu'il y en a un dans le Merionethshire de 12,000 pieds ; et cependant, dans tous ces cas, rien à la surface ne trahit ces prodigieux mouvements, les amas de rochers de chaque côté de la faille ayant été complétement balayés.

Dans tous les pays du globe, d'autre part, les piles de couches sédimentaires sont d'une épaisseur prodigieuse. J'ai vu dans les Cordillères une masse de conglomérat dont l'épaisseur pouvait être d'environ dix mille pieds ; et bien que les conglomérats aient dû probablement s'accumuler plus rapidement que des couches sédimentaires plus fines, cependant, formés de cailloux roulés et arrondis, dont chacun porte l'empreinte du temps, ils n'en sont pas moins un excellent exemple de la lenteur avec laquelle des masses aussi considérables ont dû s'accumuler. Voici, d'après le professeur Ramsay, les épaisseurs maxima mesurées des formations successives de *différentes* parties de la Grande-Bretagne : —

Pieds.

	Pieds.
Couches paléozoïques (les roches ignées déduites). . .	57,154
Couches secondaires	13,190
Couches tertiaires.	2,240

— formant un total de 72,584 pieds, c'est-à-dire environ treize milles anglais et trois quarts. Plusieurs des formations qui ne sont représentées en Angleterre que par des couches minces atteignent sur le continent une épaisseur de plusieurs milliers de pieds. En outre, selon l'avis de la plupart des géologues, nous devons encore tenir compte, entre les formations successives, d'intervalles vides d'une durée immense. La somme entière des couches superposées de roches sédimentaires en Angleterre ne donne donc qu'une idée incomplète du temps qui s'est écoulé pendant leur accumulation. La considération de faits de cette nature semble produire sur l'esprit une impression analogue à celle qui résulte de la vaine tentative pour concevoir l'idée d'éternité.

Cette impression n'est pourtant pas entièrement juste. M. Croll fait remarquer que nous ne nous trompons pas par « une conception trop élevée de la longueur des périodes géologiques, » mais en les estimant en années. Lorsque les géologues envisagent des phénomènes considérables et compliqués, et ensuite les chiffres représentant des millions d'années, les deux impressions produites sur l'esprit sont fort différentes, et les chiffres sont immédiatement taxés d'insuffisance. M. Croll montre, en ce qui concerne la dénudation, que si l'on calcule le rapport de la quantité connue de matériaux sédimentaires que charrient annuellement certaines rivières, relativement à l'étendue des surfaces drainées, il faudrait six millions d'années pour désintégrer par les actions atmosphériques et enlever au niveau moyen de l'aire totale qu'on considère une épaisseur de mille pieds de roches. Un tel résultat peut paraître étonnant, et le serait encore si, d'après quelques considérations qui peuvent faire supposer qu'il est exagéré, on le réduisait à la moitié ou au quart. Il est assez difficile de bien se rendre compte de ce qu'un million est réellement. M. Croll donne pour l'apprécier le moyen suivant : une bande étroite de papier, longue de 83 pieds et 4 pouces (25^{m},70), est étendue contre le mur d'une grande salle ; une division de cette bande de un dixième de pouce (2,5 millim.), représentant un siècle, la bande entière représentera un million d'années. Or, pour le sujet qui nous occupe, que sera un siècle figuré par une mesure aussi insignifiante relativement aux vastes dimensions de la salle ? Plusieurs éleveurs de mérite ont pendant leur vie modifié assez fortement leurs races pour en avoir fait de nouvelles sous-races, bien qu'appartenant aux espèces supérieures, les plus lentes à se reproduire. Il y en a peu qui se soient occupés d'une race pendant plus de cinquante ans, de sorte qu'un siècle représente l'ouvrage de deux éleveurs successifs. Il n'y a toutefois pas à supposer que les espèces naturelles aient dû se modifier aussi promptement qu'ont pu le faire les animaux domestiques sous l'action de la sélection méthodique ; et la comparaison serait plus juste à établir entre les espèces naturelles et les résultats que donne la sélection inconsciente, soit la conservation, sans intention préconçue de modifier une race, des animaux les plus fertiles ou les plus beaux. Or, sous l'influence de la seule sélection inconsciente, plusieurs races ont pu assez considérablement se modifier dans le cours de deux ou trois siècles.

Les changements sont toutefois probablement beaucoup plus lents encore dans les espèces dont un petit nombre seulement change à la fois dans le même pays. Cette lenteur résulte de ce que tous les habitants d'une région, étant déjà bien adaptés les uns aux autres, de nouvelles places dans l'économie générale de la localité ne se présentent qu'à de longs intervalles, lorsque les conditions physiques ont éprouvé quelques changements de nature quelconque, ou qu'il y a eu immigration. Des différences individuelles ou des variations dans la direction voulue, de nature à mieux adapter quelques-uns des habitants aux conditions changées, peuvent d'ailleurs ne pas surgir immédiatement. Nous n'avons aucun moyen de déterminer en années la longueur de temps nécessaire pour modifier une espèce. M. Croll, jugeant par l'intensité de l'énergie calorifique du soleil, et la date qu'il assigne à la dernière époque glaciaire, estime que soixante millions d'années ont pu s'écouler depuis le dépôt de la première formation Cambrienne. C'est certainement une période courte pour les mutations si nombreuses et si importantes dans les formes vivantes qui se sont certainement accomplies depuis lors. On reconnaît du reste que bien des éléments du calcul sont plus ou moins douteux, et Sir W. Thompson accorde à l'âge possible du monde habitable une marge immense. Mais, ainsi que nous l'avons dit, nous ne pouvons pas saisir le sens qu'implique réellement un chiffre comme 60,000,000, et pendant un laps pareil, peut-être même plus considérable, la terre et les eaux ont partout regorgé d'êtres vivants, tous exposés à la lutte pour l'existence, et subissant des transformations.

Pauvreté de nos collections paléontologiques.

Quel chétif spectacle que celui de nos musées géologiques les plus riches! Tout le monde s'accorde à reconnaître l'imperfection de nos collections. Il ne faut pas oublier que le célèbre paléontologiste E. Forbes a fait la remarque, qu'un grand nombre de nos espèces fossiles ne sont connues et dénommées que d'après des échantillons isolés, souvent brisés, ou d'après quelques spécimens rares et recueillis sur un seul point. Une très-petite partie de la surface du globe a encore été géologiquement explorée, et nulle part avec assez de soin, comme le prouvent les découvertes importantes qui chaque année se font en Europe. Aucun organisme complétement mou ne peut être conservé. Les coquilles et les os, gisant au fond des eaux, là où il ne se dépose pas de sédiments, se détruisent et disparaissent bientôt. C'est à tort que nous admettons tacitement que des sédiments sont en voie de dépôt sur la presque totalité de la surface du fond de la mer, et assez rapidement pour ensevelir et conserver des restes fossiles. La belle teinte bleue et limpide qu'offre l'Océan dans sa plus grande étendue témoigne de la pureté de son eau. Les cas nombreux signalés d'une formation recouverte, après un immense intervalle de temps, par une autre formation plus récente, sans que la couche sous-jacente ait, dans l'intervalle, subi la moindre usure ou altération, ne peut s'expliquer que par le fait que le fond de la mer peut souvent demeurer intact pendant des siècles. Les restes qui sont ensevelis dans le sable ou le gravier seront généralement, lors du soulèvement du fond, dissous et entraînés sous l'influence de l'eau de pluie chargée d'acide carbonique. Les nombreuses espèces d'animaux qui vivent sur les plages, entre les limites des hautes et basses marées, paraissent être rarement conservées. Ainsi les diverses espèces des *Chthamalinae* (sous-famille des cirrhipèdes sessiles) tapissent les rochers par myriades dans le monde entier : toutes sont rigoureusement littorales, et, — à l'exception d'une seule espèce de la Méditerranée qui vit dans les eaux profondes, et qu'on a trouvée fossile en Sicile, — on n'en a pas rencontré d'autre fossile dans aucune formation tertiaire ; le genre *Chthamalus* ayant cependant existé pendant l'époque de la craie. Enfin, il y a beaucoup de grands dépôts qui n'ont pu s'accumuler qu'au bout d'un temps immense, et sont entièrement dépourvus de tous restes organiques, sans que nous puissions en dire la raison. Un des exemples les plus frappants est la formation du Flysch, qui consiste en grès et schistes dont l'épaisseur peut atteindre jusqu'à six mille pieds, s'étend entre Vienne et la Suisse sur une longueur d'au moins 300 milles, et dans laquelle, malgré toutes les recherches, on n'a pu découvrir, en fait de fossiles, que quelques débris de végétaux.

Il est presque superflu d'ajouter qu'en ce qui concerne les productions terrestres ayant vécu aux époques secondaire et paléozoïque, nous ne possédons que des documents excessivement peu nombreux et incomplets de leurs formes fossiles. Par exemple, ce n'est que tout récemment qu'on a découvert une coquille terrestre appartenant à l'une de ces vastes époques, à l'exception d'une espèce trouvée dans les couches carbonifères de l'Amérique du Nord par Sir C. Lyell et le D\ Dawson, et dont on a recueilli actuellement une centaine d'exemplaires.

Quant aux restes fossiles des mammifères, un simple coup d'œil
sur le tableau historique du manuel de Lyell suffit pour montrer, mieux que des pages de détails, combien leur conservation
est rare et accidentelle. Leur rareté ne doit pas nous étonner,
lorsque nous songeons à l'énorme proportion d'ossements de
mammifères tertiaires qui ont été trouvés dans des cavernes ou
des dépôts lacustres; nature de gisements dont on ne connaît
aucun exemple dans les époques de nos formations secondaires
ou paléozoïques.

Mais l'imperfection des documents géologiques a une cause
bien plus importante que les précédentes, à savoir, le fait que
les diverses formations ont été séparées entre elles par
d'énormes intervalles de temps. Cette doctrine a été soutenue
par des géologues et paléontologistes qui, comme E. Forbes,
n'admettent pas la transformation des espèces. Lorsque nous
voyons les tableaux des formations, tels que les donnent les
ouvrages, ou que nous les suivons dans la nature, nous échap-
pons difficilement à l'idée qu'elles ont dû être consécutives;
cependant le grand ouvrage de Sir. R. Murchison sur la Russie
nous apprend quelles immenses lacunes il y a dans ce pays entre
les formations superposées; de même dans l'Amérique du Nord
et beaucoup d'autres parties du globe. Aucun géologue, si habile
qu'il fût, dont l'attention se serait bornée exclusivement à
l'étude de ces vastes territoires, n'eût jamais soupçonné que,
pendant des périodes manquantes ou stériles dans un pays, il
s'était accumulé dans d'autres lieux des masses de couches
superposées contenant une foule de formes organisées nouvelles
et spéciales. Et si, dans chaque localité séparée, il est presque
impossible d'estimer le temps écoulé entre les formations consécutives, nous pouvons en conclure qu'on ne saurait le déterminer nulle part. Les changements fréquents et importants qui
caractérisent la composition minéralogique de formations consécutives, impliquant généralement aussi de grands changements dans la géographie des lieux environnants, d'où les
matériaux des sédiments ont été tirés, confirment encore l'idée
que de vastes intervalles de temps se sont écoulés entre chaque
formation.

Je crois que nous pouvons nous rendre compte de cette
intermittence presque constante des formations géologiques de

chaque pays, et du fait qu'elles ne se sont pas succédé en suite régulière et non interrompue. Il en est peu qui m'aient plus frappé dans mon examen de plusieurs centaines de milles des côtes de l'Amérique du Sud, qui ont été récemment soulevées de plusieurs centaines de pieds, que l'absence de tous dépôts récents assez considérables pour impliquer une période géologique même courte. Sur toute la côte occidentale, qu'habite une faune marine particulière, les couches tertiaires sont si faibles, qu'il est fort peu probable que les documents de plusieurs faunes marines successives et spéciales soient jamais conservés jusqu'à une époque éloignée. Un peu de réflexion fera comprendre pourquoi, sur la rive en voie de soulèvement de la partie occidentale de l'Amérique du Sud, on ne peut trouver nulle part de formation étendue contenant des restes tertiaires ou récents, quoiqu'il y ait dû avoir abondance de matériaux de sédiments, en suite de l'énorme dégradation des rochers des côtes, et de la vase apportée par les cours d'eau se jetant dans la mer. L'explication est probablement que les dépôts littoraux sont constamment attaqués et enlevés par l'action rongeante de la mer, à mesure que la lente élévation du sol les met à la portée des vagues côtières.

Nous pouvons donc conclure que les dépôts sédimentaires doivent être accumulés en masses très-épaisses, très-étendues et solides, pour qu'elles puissent résister soit à l'action incessante des vagues, lors des premiers soulèvements du sol, et pendant ses oscillations successives de niveau; soit à la dégradation aérienne. Ces couches sédimentaires épaisses et étendues peuvent se former de deux manières : soit dans les profondeurs de la mer, auquel cas le fond, étant habité par des formes moins nombreuses et variées que les mers moins profondes, ne donnera, une fois soulevé, que des documents très-incomplets des organismes qui ont existé à la surface du globe pendant l'époque de son accumulation au fond de l'eau. Ou les sédiments pourront se déposer à toute épaisseur et sur toute étendue sur un fond de peu de profondeur en voie d'abaissement; dans ce cas, tant que l'affaissement du sol et l'apport des sédiments seront à peu près en équilibre, l'eau restera peu profonde, favorable à l'existence d'un grand nombre de formes variées, et il pourra ainsi s'accumuler un dépôt riche en fossiles, et assez épais pour pouvoir, après son soulèvement ultérieur, résister à une puissante action de dénudation.

Je suis convaincu que presque toutes nos anciennes formations, qui sont *riches en fossiles* à peu près dans toute leur épaisseur, ont ainsi été produites pendant un affaissement. J'ai depuis 1845, époque où je publiai mes idées sur ce sujet, suivi les progrès de la géologie, et j'ai été étonné de voir comment les auteurs, traitant de telle ou telle grande formation, sont arrivés, les uns après les autres, à conclure qu'elle avait dû être accumulée pendant un abaissement du sol. Je puis ajouter que la seule ancienne formation tertiaire qui, sur la côte occidentale de l'Amérique du Sud, ait été assez puissante pour résister à la dégradation qu'elle a jusqu'à présent éprouvée, mais qui ne durera guère jusqu'à une nouvelle époque géologique bien distante, a été déposée pendant une oscillation de niveau descendante, et a pu ainsi atteindre une épaisseur assez considérable.

Tous les faits géologiques nous montrent clairement que chaque surface a dû éprouver de nombreuses et lentes oscillations de niveau, qui ont apparemment affecté des espaces considérables. Des formations riches en fossiles, assez épaisses et étendues pour résister à l'érosion, ont par conséquent pu se former largement pendant les périodes d'affaissement, là où l'apport des sédiments était assez considérable pour maintenir le fond à une faible profondeur, et pour ensevelir et conserver les débris organiques avant qu'ils fussent détruits. D'autre part, tant que le fond de la mer restait stationnaire, des dépôts *épais* ne pouvaient pas s'accumuler dans les parties peu profondes, les plus favorables à la vie. La chose était encore moins possible pendant les périodes d'élévation alternatives, ou, pour mieux dire, les couches qui s'étaient jusque-là accumulées auront été généralement détruites à mesure que leur soulèvement, les amenant au niveau de l'eau, les mettait aux prises avec l'action destructrice des vagues de la côte.

Ces remarques s'appliquent surtout aux dépôts littoraux, et à ceux situés près du littoral. Dans le cas d'une mer étendue et peu profonde, comme dans une grande partie de l'archipel Malai, où la profondeur varie de 30 ou 40 à 60 brasses, une vaste formation pourrait se déposer pendant une période de soulèvement, sans être fort endommagée par dénudation pendant une lente émersion; mais son épaisseur ne pourrait pas être bien grande, devant être nécessairement moindre, à cause du mouvement d'exhaussement, que la profondeur de l'eau où elle s'est formée. Le dépôt ne serait pas non plus très-solide, ni recouvert de formations subséquentes, ce qui augmenterait ses chances d'être dégradé par l'action atmosphérique, et par celle de la mer pendant les oscillations ultérieures de niveau. M. Hopkins a toutefois fait remarquer que, si une partie de la surface venait, après un exhaussement, à s'affaisser de nouveau avant d'avoir été dénudée, le dépôt formé pendant le mouvement ascendant pourrait être ensuite recouvert par de nouvelles accumulations, et être ainsi, quoique mince, conservé pour une longue période.

M. Hopkins croit aussi que les dépôts sédimentaires de grande étendue n'ont que rarement été détruits en entier. Mais tous les géologues, le petit nombre de ceux qui admettent que nos schistes métamorphiques actuels et nos roches plutoniques ont formé une fois le noyau primordial du globe exceptés, admettront que ces dernières roches ont été dénudées sur une immense échelle. Il n'est guère possible en effet que des roches pareilles aient été solidifiées et cristallisées à découvert; mais si l'action métamorphique a eu lieu à de grandes profondeurs dans l'Océan, le premier manteau protecteur des roches peut n'avoir pas été fort épais. En admettant donc que les gneiss, micaschistes, granits, diorites, etc., aient été une fois nécessairement recouverts, comment expliquer les surfaces étendues de ces roches actuellement à nu, sur tant de points du globe, autrement que par la dénudation complète de toutes les couches qui les revêtaient? L'existence de telles étendues très-considérables est hors de doute; Humboldt décrit la région granitique de Parime, comme étant dix-neuf fois aussi grande que la Suisse. Au sud de l'Amazone, Boué figure une surface composée de roches de cette nature égale à celle qu'occupent l'Espagne, la France, l'Italie, une partie de l'Allemagne et les Iles-Britanniques, toutes ensemble. Cette région n'a pas encore été explorée avec tout le soin désirable, mais tous les voyageurs confirment l'extension immense de la surface granitique; ainsi von Eschwege donne une section détaillée de ces roches qui s'étendent dans l'intérieur suivant une ligne directe de 260 milles géographiques partant de Rio-de-Janeiro ; et j'ai moi-même voyagé dans une autre direction suivant un trajet de 150 milles, sans voir autre chose que des roches granitiques. J'ai examiné de nombreux échantillons, tous appartenant à cette classe de roches, recueillis sur toute la côte de Rio-Janeiro jusqu'à la bouche du La Plata, soit une distance de 1,100 milles géographiques. Dans l'intérieur, le long du bord septentrional du La Plata, je n'ai pu voir, outre des dépôts tertiaires modernes, qu'un petit amas d'une roche légèrement métamorphique, qui seule eût pu constituer un fragment de la couverture primitive de la série granitique. Dans la région mieux connue des États-Unis et du Canada, d'après la belle carte du professeur H. D. Rogers, j'ai estimé les surfaces en les découpant et en en pesant le papier, et ai trouvé que les roches granitiques et métamorphiques (à l'exclusion des semi-métamorphiques) excèdent, dans le rapport de 19 à 12,5, l'ensemble des formations paléozoïques plus nouvelles. Dans bien des endroits, les roches métamorphiques et granitiques montreraient une bien plus grande extension si les couches sédimentaires qui reposent sur elles étaient enlevées, couches qui n'ont pas fait partie du manteau primitif sous lequel elles ont cristallisé. Il est donc probable que, dans quelques parties du globe, des formations entières ont été dénudées d'une manière complète, sans qu'il soit resté aucune trace de l'état antérieur.

Une remarque digne d'attention en passant. Pendant les périodes d'exhaussement, l'étendue des surfaces terrestres, ainsi que celle des parties peu profondes de mer qui les entourent, augmentent, et forment ainsi de nouvelles stations ; — toutes circonstances favorables, ainsi que nous l'avons expliqué, à la formation de variétés et d'espèces nouvelles ; mais il y aura aussi généralement, pendant ces périodes, une lacune dans la transmission géologique. D'autre part, pendant l'affaissement, la surface habitée diminuera, ainsi que le nombre des habitants (à l'exception des rives d'un continent se fractionnant en archipel), et par conséquent il y aura, avec beaucoup d'extinction, peu de formation de nouvelles variétés ou espèces ; or c'est précisément pendant ces périodes d'affaissement que se sont accumulés les dépôts les plus riches en fossiles.

Absence de nombreuses variétés intermédiaires dans une formation donnée.

Les considérations qui précèdent montrent à n'en pas douter l'extrême imperfection des renseignements que, dans son ensemble, la géologie peut nous fournir; mais en bornant notre examen à une formation donnée, il devient encore plus difficile de comprendre pourquoi nous n'y trouvons pas une série des variétés graduées qui ont dû relier entre elles les espèces qui vivaient à son commencement et à sa fin. On a enregistré quelques cas de variétés d'une même espèce, existant dans les parties supérieures et inférieures d'une même formation : ainsi Trautschold en cite des cas pour les Ammonites; et Hilgendorf en décrit un très-curieux de dix formes graduées du *Planorbis multiformis* trouvées dans les couches successives d'une formation calcaire d'eau douce à Steinheim[1], près de Francfort. Bien que chaque formation ait incontestablement nécessité pour son dépôt un nombre d'années considérable, on peut donner plusieurs raisons pour expliquer pourquoi chacune d'elles ne présente pas ordinairement une série graduée d'anneaux reliant les espèces qui ont vécu à son commencement et à sa fin; mais je ne saurais déterminer la valeur relative des considérations qui suivent.

Bien que toute formation implique un grand laps de temps, il est cependant probable que chacune a dû probablement être courte, si on la compare à la période nécessaire pour changer une espèce dans une autre. Deux paléontologistes compétents, Bronn et Woodward ont conclu que la durée moyenne de chaque formation a dû être de deux à trois fois la durée moyenne des formes spécifiques. Mais il me semble que des difficultés insurmontables s'opposent à ce que nous puissions arriver sur ce point à aucune conclusion exacte. En voyant apparaître une espèce au milieu d'une formation, il serait téméraire à l'extrême d'en inférer qu'elle n'a pas précédemment existé ailleurs; de même qu'en voyant une espèce disparaître

1. Ueber *Planorbis multiformis* im Steinheimer Susswasserkalk. Berol. 1866 (*Monatsb. d. Kon. Akad. der Wissenchaften*).

avant le dépôt des dernières couches, il serait également téméraire d'affirmer son extinction. Nous oublions que, comparée
au reste du globe, la superficie de l'Europe est fort peu de
chose, et qu'on n'a d'ailleurs pas établi avec une certitude complète la corrélation dans toute l'Europe des divers étages d'une
même formation.

Avec les animaux marins de toutes espèces, nous pouvons
avec certitude conclure qu'il y a dû avoir chez eux de fortes
migrations, pendant les changements climatériques ou autres;
et lorsque nous voyons une espèce apparaître en premier dans
une formation, il y a probabilité qu'elle vient seulement d'im-
migrer dans la localité pour la première fois. On sait, par exemple, que plusieurs espèces ont apparu dans les couches paléozoïques de l'Amérique du Nord plus tôt que dans celles de
l'Europe, et qu'il leur a fallu apparemment du temps pour émigrer des mers américaines à celles d'Europe. En examinant
divers dépôts récents dans différentes parties du globe, on a
remarqué partout que quelques espèces encore existantes sont
très-communes dans le dépôt, mais ont disparu de la mer immédiatement voisine; ou inversement, que des espèces abondantes dans les mers du voisinage sont rares dans le dépôt ou
y font absolument défaut. Il est utile de réfléchir sur l'étendue
vérifiée des migrations des habitants de l'Europe pendant
l'époque glaciaire, qui ne constitue qu'une portion d'une période géologique entière; et aussi aux changements de niveau,
de climat, et à l'immense laps de temps, compris dans cette
même période glaciaire. On peut cependant douter qu'il y ait
un point du globe où, pendant toute cette période, il se soit
accumulé sur une même surface, et d'une manière continue,
des dépôts sédimentaires *renfermant des débris fossiles.*

Il n'est pas probable, par exemple, que, pendant toute la
période glaciaire, il se soit déposé des sédiments aux bouches
du Mississipi, dans les limites des profondeurs qui conviennent
le mieux aux animaux marins; car nous savons que, dans cet
espace de temps, de grands changements géographiques ont
eu lieu dans d'autres parties de l'Amérique. Lorsque les couches de sédiment déposées dans des eaux peu profondes aux
bouches du Mississipi, pendant une partie de la période glaciaire, se seront exhaussées, les restes organiques apparaîtront

et disparaîtront à divers niveaux, par suite des migrations des espèces et des changements géographiques. Dans un avenir éloigné, un géologue, examinant ces couches, pourrait être tenté de conclure que la durée moyenne de la vie des fossiles enfouis a été moindre que celle de la période glaciaire, tandis qu'elle aurait réellement été beaucoup plus grande, puisqu'elle s'étendrait dès avant l'époque glaciaire jusqu'à nos jours.

Pour qu'on pût trouver une gradation parfaite entre deux formes contenues dans les portions supérieures et inférieures d'une même formation, il faudrait que le dépôt de celle-ci se fût accumulé pendant une très-longue période, pour que les modifications toujours lentes aient eu le temps de s'opérer. Le dépôt sera donc épais, et l'espèce subissant un changement aura dû vivre tout le temps dans la même région. Mais nous avons vu qu'une formation épaisse, également fossilifère dans toute son épaisseur, n'a pu s'accumuler que pendant une période d'abaissement; et pour que la profondeur restât approximativement la même, condition nécessaire pour qu'une espèce marine donnée puisse rester au même endroit, il a fallu que l'apport des sédiments ait à peu près compensé par son épaisseur l'étendue de l'affaissement. Mais le même mouvement d'abaissement tendant aussi à submerger le terrain qui fournit les matériaux du sédiment lui-même, il en résulte que la quantité de ce dernier tend à diminuer avec le mouvement d'abaissement. En fait cet équilibre approximatif entre la production de sédiments et la marche de l'affaissement est probablement un fait rare; tous les paléontologistes ont en effet remarqué que les dépôts très-épais, sont ordinairement, à l'exception de leurs limites supérieures et inférieures, dépourvus de fossiles.

Il semble que, ainsi que l'ensemble des formations dans une région, chacune séparée a été accumulée par intermittence. Lorsque nous voyons, comme cela est souvent le cas, une formation constituée par des couches de composition minéralogique différente, nous pouvons soupçonner que la marche du dépôt a été interrompue; car un changement dans les courants marins et dans la nature des matériaux devra généralement être le résultat de changements géographiques qui n'ont pu se faire qu'avec beaucoup de temps. Mais l'inspection la plus minutieuse d'un dépôt ne pourra fournir aucun élément de nature à permettre l'estimation du temps qu'il a fallu pour le former. On peut citer bien des cas de couches n'ayant que quelques pieds d'épaisseur, et représentant des formations qui ailleurs ont atteint des hauteurs de milliers de pieds, et dont l'accumulation n'a pu se faire que dans une période d'une durée énorme, que l'inspection de la formation plus mince n'eût pas permis de soupçonner. On peut citer des cas nombreux de couches inférieures d'une formation ayant été soulevées, dénudées, submergées, puis recouvertes par les couches supérieures de la même formation, — faits qui montrent qu'il a pu y avoir des intervalles considérables et faciles à méconnaître dans l'accumulation totale. Dans d'autres cas, nous avons dans le fait de grands arbres fossiles, qu'on trouve encore debout dans leur position naturelle, une preuve nette des grands intervalles de temps et des changements de niveau qui ont eu lieu pendant la marche de la formation des dépôts, et qu'on n'aurait jamais pu soupçonner si les arbres n'avaient pas été conservés. Sir C. Lyell et Dr Dawson ont trouvé dans la nouvelle Écosse des dépôts carbonifères de 1,400 pieds d'épaisseur, formés de couches superposées contenant des racines, et à soixante-huit niveaux différents. De là, quand les mêmes espèces se rencontrent au bas, au milieu, et en haut d'une formation, il y a toute probabilité qu'elles n'ont pas vécu pendant toute la période du dépôt sur le même endroit, mais qu'elles ont paru et disparu, plusieurs fois peut-être, pendant la même période géologique. Si donc de telles espèces devaient pendant le cours d'une période géologique subir des modifications considérables, un point donné de la formation ne renfermerait pas tous les degrés intermédiaires qui ont dû exister entre les espèces, mais présenterait des changements de formes peut-être légers, mais brusques.

Les naturalistes n'ont aucune règle mathématique qui leur permette de distinguer les espèces et les variétés ; ils accordent une petite variabilité à chaque espèce ; mais aussitôt qu'ils rencontrent quelques différences un peu plus marquées entre deux formes, ils les regardent toutes deux comme des espèces, à moins qu'ils ne puissent les relier par une série de gradations intermédiaires, circonstance qui, d'après ce qui précède, se présente rarement dans une section géologique donnée.

Supposons deux espèces B et C, et qu'on trouve dans une couche sous-jacente et plus ancienne une troisième espèce A ; si celle-ci était même rigoureusement intermédiaire entre B et C, elle serait simplement considérée comme une espèce distincte, à moins qu'on ne trouvât des variétés intermédiaires la reliant avec l'une des autres formes ou avec toutes deux. Il ne faut pas oublier que A pourrait être l'ancêtre de B et C, ainsi que nous l'avons déjà expliqué, sans être rigoureusement et sous tous les rapports intermédiaire entre les deux. Nous pourrions donc trouver dans les couches inférieures et supérieures d'une même formation tant l'espèce parente que ses différents descendants modifiés, sans pouvoir reconnaître leur parenté, en l'absence de nombreuses formes de transition, et, par conséquent, être ainsi obligés de les considérer comme étant des espèces distinctes.

Un grand nombre de paléontologistes ont fondé leurs espèces sur des différences excessivement légères, et cela d'autant plus volontiers que les échantillons provenaient des divers sous-étages de la même formation. Quelques conchyliologistes ramènent actuellement un grand nombre d'espèces de d'Orbigny et d'autres au rang de variétés, qui nous fournissent des exemples de changements qui sont bien ce que, d'après la théorie, ils devraient être. Dans les dépôts tertiaires récents, on rencontre aussi beaucoup de coquilles que des paléontologistes regardent comme identiques aux espèces vivantes ; mais d'autres excellents naturalistes, comme Agassiz et Pictet, soutiennent que toutes ces espèces tertiaires sont spécifiquement distinctes, bien que la différence soit très-légère. Là encore, à moins d'admettre, ou que ces naturalistes éminents aient été trompés par leur imagination, et que les espèces tertiaires ne diffèrent aucunement de leurs représentants vivants, ou que les autres se trompent en refusant de reconnaître que les espèces tertiaires soient réellement distinctes des actuelles, nous voyons la preuve de l'existence fréquente de modifications légères de la nature voulue. Si, prenant de plus grands intervalles de temps, et envisageant les étages consécutifs et distincts d'une même grande formation, nous trouvons que les fossiles enfouis, quoique universellement considérés comme spécifiquement différents, sont cependant beaucoup plus voisins entre eux que ne le sont les espèces qui se rencontrent dans des formations beaucoup plus éloignées dans le temps, encore une preuve évidente des changements opérés dans le sens voulu par la théorie. J'aurai à revenir sur ce point dans le chapitre suivant.

Pour les plantes et animaux qui se propagent rapidement, et se déplacent peu, nous avons déjà vu que leurs variétés sont généralement locales d'abord, et qu'elles ne se répandent pas de manière à remplacer leurs formes parentes, avant d'avoir été considérablement modifiées et améliorées. La chance de rencontrer dans une formation donnée toutes les phases primitives de transition entre ces deux formes est donc excessivement faible, puisque les changements successifs sont supposés avoir été locaux, et limités à un point donné. La plupart des animaux marins ont une distribution très-étendue ; nous avons vu que chez les plantes c'étaient celles qui étaient dans ce même cas qui présentaient le plus souvent des variétés. Il est donc probable que les mollusques et autres animaux marins qui auront été disséminés sur des espaces considérables, dépassant de beaucoup les limites des formations géologiques connues en Europe, seront aussi ceux qui auront le plus souvent donné naissance à des variétés locales d'abord, puis finalement à de nouvelles espèces : circonstance qui ne peut que diminuer encore la chance de retrouver les phases de transition dans une formation géologique donnée.

Une considération plus importante, conduisant au même résultat, et signalée par le docteur Falconer, est celle-ci, que si la période pendant laquelle chaque espèce a subi ses modifications pouvait être longue, appréciee en années, elle devait probablement être courte en comparaison du temps pendant lequel elle est restée sans éprouver de changement.

Nous ne devons point oublier qu'actuellement, et ayant sous les yeux des exemplaires complets, nous ne pouvons que rarement rattacher deux formes par des variétés intermédiaires, de manière à établir leur identité spécifique, avant d'en avoir réuni un certain nombre provenant de localités différentes ; or il est rare que le paléontologiste soit à même d'en agir ainsi. Rien ne peut nous faire mieux comprendre l'improbabilité qu'il y a à ce que nous puissions relier entre elles les espèces par des formes fossiles, intermédiaires, nombreuses et graduées, que de nous demander, par exemple, comment un géologue pourrait, à quelque époque future, parvenir à démontrer la provenance d'une ou de plusieurs souches primitives de nos diverses races de bétail, moutons, chevaux ou chiens; ou encore, si certains mollusques habitant les côtes de l'Amérique du Nord, que quelques conchyliologistes considèrent comme spécifiquement distincts de leurs représentants européens, tandis que pour d'autres ils ne sont que des variétés, sont réellement l'un ou l'autre. Le géologue futur ne pourrait résoudre la difficulté qu'en découvrant à l'état fossile de nombreuses formes intermédiaires, chose improbable au plus haut degré.

Des auteurs, croyant à l'immutabilité de l'espèce, ont répété sans cesse que la géologie ne fournit pas de formes intermédiaires; assertion qui est tout à fait erronée. Sir J. Lubbock a dit : « Chaque espèce est un lien entre d'autres formes voisines. » C'est ce que nous voyons évidemment si nous prenons un genre ayant une vingtaine d'espèces vivantes et éteintes, et que nous en supposions les quatre cinquièmes détruites; les formes subsistantes seront indubitablement plus éloignées et plus distinctes les unes des autres. Si les formes ainsi détruites sont les formes extrêmes du genre, celui-ci sera lui-même, dans la plupart des cas, plus distinct des autres genres voisins. Le chameau et le porc, ou le cheval et le tapir, sont actuellement des formes évidemment très-distinctes; mais si nous tenons compte des mammifères fossiles appartenant aux familles qui renferment le chameau et le porc, qu'on a découvertes jusqu'à présent, elles comblent en partie l'intervalle considérable qui sépare ces deux types. La série des formes intermédiaires n'est, dans les cas de ce genre, jamais directe, et ne relie pas une des formes vivantes à l'autre suivant une ligne droite; mais elle décrit une courbe plus ou moins détournée, passant par les formes qui ont vécu dans les périodes antérieures. Ce que la géologie ne révèle pas, c'est l'existence passée de gradations infiniment nombreuses, aussi nuancées que le sont les variétés existantes, et reliant aux espèces éteintes presque toutes celles qui sont aujourd'hui vivantes. C'est ce que nous ne pouvons attendre d'elle, et c'est cependant l'objection qu'on a, à maintes reprises, opposée à ma théorie comme une des plus sérieuses.

Pour résumer les remarques qui précèdent sur les causes de l'imperfection des documents géologiques, supposons l'exemple suivant. L'archipel Malai est à peu près égal en étendue à l'Europe, du cap Nord à la Méditerranée, et de l'Angleterre à la Russie, et par conséquent représente une surface égale à celle dont les formations géologiques sont les mieux connues, celles de l'Amérique exceptées. J'admets complétement, avec M. Godwin-Austen, que l'archipel Malai, dans ses conditions actuelles, avec ses grandes îles séparées par des mers larges et peu profondes, représente probablement l'ancien état de l'Europe, à l'époque où s'accumulaient la plupart de nos formations. L'archipel Malai est une des régions du globe les plus riches en êtres organisés ; et cependant, si on rassemblait toutes les espèces qui y ont vécu, elles ne représenteraient que bien imparfaitement l'histoire naturelle de la terre !

Nous avons tout lieu de croire que les productions terrestres de l'archipel ne seraient conservées que d'une manière très-imparfaite, dans les formations que nous supposons y être en voie d'accumulation. Un petit nombre des animaux habitant le littoral, ou ayant vécu sur les rochers sous-marins, seront enfouis ; encore ceux qui ne seraient ensevelis que dans le sable et le gravier ne dureraient pas très-longtemps. D'ailleurs, partout où il ne se fait pas de dépôts au fond de la mer, et où ils ne s'accumulent pas assez promptement pour recouvrir à temps et protéger contre la destruction les corps organiques, les restes de ceux-ci ne peuvent être conservés.

Les formations riches en fossiles divers et assez épaisses pour durer jusqu'à une période future, aussi considérable que celle que les terrains secondaires représentent dans le passé, ne se formeront principalement dans l'archipel que pendant les moments d'affaissement du sol. Ces périodes d'immersion seraient séparées par d'immenses intervalles de temps, pendant lesquels le sol serait, ou stationnaire, ou en voie d'exhaussement. Pendant son élévation, les formations fossilifères de ses rives escarpées, à peine accumulées, seraient balayées par l'action des vagues côtières, comme cela a lieu sur les rivages de l'Amérique méridionale. Même dans les mers étendues et peu profondes de l'archipel, les dépôts de sédiment ne pourraient guère, pendant l'exhaussement, atteindre une bien grande épaisseur, ni être recouverts par des dépôts subséquents et protecteurs, qui assureraient leur conservation jusque dans un avenir éloigné. Les époques d'immersion seraient probablement accompagnées d'une forte extinction des formes vivantes, et celles d'exhaussement de beaucoup de variations; tous points échappant à l'enregistrement géologique, qui se trouverait alors à l'état le moins complet.

On peut douter que la durée d'une grande période d'affaissement de tout ou d'une partie de l'archipel, ainsi que l'accumulation contemporaine de sédiments, doive *excéder* la durée moyenne des mêmes formes spécifiques; deux conditions indispensables pour la conservation de tous les degrés de transition ayant existé entre deux ou plusieurs espèces. Si tous ces intermédiaires n'étaient pas conservés, les variétés de transition paraîtraient n'être qu'autant d'espèces nouvelles et distinctes. Il est probable aussi que chaque grande période d'affaissement aura été interrompue par des oscillations de niveau, et accompagnée de légers changements de climat qui, déterminant des migrations chez les habitants de l'archipel, auront encore contribué à empêcher que les traces de leurs modifications aient pu être conservées dans une même formation.

Un grand nombre des habitants marins de l'archipel s'étendent actuellement à des milliers de lieues de distance de ses limites; et nous pouvons, par analogie, conclure que c'est surtout dans le nombre de ces espèces à grande distribution qu'il s'en trouvera qui produiront le plus de nouvelles variétés, lesquelles, d'abord locales, s'étendront ensuite graduellement et supplanteront leurs formes parentes si, douées d'un avantage décisif, elles continuent à s'améliorer. Ces mêmes variétés, modifiées et différant d'une manière uniforme, peut-être très-légère, de leur état précédent, revenues sur les points qu'elles occupaient alors, et se trouvant donc enfouies dans des couches de la même formation, mais superposées aux premières, seront, d'après les principes suivis par beaucoup de paléontologistes, classées comme espèces nouvelles.

Si les remarques que nous venons de faire sont vraies, nous

n'avons aucun droit de nous attendre à trouver dans les formations géologiques un nombre infini de ces formes de transition nuancées qui, d'après notre théorie, ont existé, et ont relié entre elles toutes les espèces passées et présentes d'un même groupe, suivant une longue série continue et ramifiée. Nous ne pouvons pas espérer autre chose que quelques intermédiaires épars, plus ou moins voisins les uns des autres; et c'est en fait bien ce qui nous arrive. Mais ces formes de transition, dès qu'elles proviennent d'étages différents d'une même formation, sont aussitôt, si rapprochées entre elles qu'elles puissent être, considérées par la plupart des paléontologistes comme constituant des espèces distinctes. Je n'aurais jamais soupçonné l'insuffisance et la pauvreté des renseignements que peuvent nous fournir les couches géologiques les mieux conservées, sans l'importance de l'objection que soulevait contre ma théorie l'absence de chaînons intermédiaires entre les espèces qui ont vécu au commencement et à la fin de chaque formation.

Apparition subite de groupes entiers d'espèces voisines.

La manière brusque dont apparaissent des groupes entiers d'espèces dans certaines formations a été présentée comme une objection fatale à la théorie de la transmutation des espèces, par plusieurs paléontologistes, comme Agassiz, Pictet, Sedgwick. Le fait que des espèces nombreuses, appartenant aux mêmes genres ou familles, auraient réellement apparu toutes à la fois, serait en effet contraire à toute théorie de descendance, avec lentes modifications, par sélection naturelle. En effet, le développement d'un ensemble de formes, toutes descendant d'un ancêtre unique, a dû être fort long, et les primitives ont dû vivre bien des siècles avant leur descendance modifiée. Mais, disposés que nous sommes à surévaluer continuellement la perfection des archives géologiques, nous concluons très-faussement de ce qu'une espèce n'a pas été rencontrée au-dessous d'une couche donnée, qu'elle n'a pas existé avant le dépôt de cette couche. Les preuves paléontologiques positives peuvent implicitement inspirer de la confiance, mais l'expérience nous montre souvent qu'une preuve négative n'a aucune valeur. Nous oublions toujours combien le monde est immense, comparé à la surface suffisamment étudiée de nos formations géologiques ; nous ne songeons pas que des groupes d'espèces ont pu avoir longtemps existé, et s'être lentement modifiés et multipliés, avant d'avoir envahi les archipels anciens de l'Europe et de l'Amérique. Nous ne tenons pas assez compte des énormes intervalles qui ont dû s'écouler entre nos formations successives, — et qui, dans bien des cas, ont peut-être été plus longs que les périodes nécessaires à l'accumulation de chacune de ces formations. Ces intervalles auront permis la multiplication d'espèces dérivées d'une ou plusieurs formes parentes, constituant les groupes qui, dans la formation suivante, apparaîtront comme ayant été subitement créés.

Je dois rappeler ici une remarque déjà faite auparavant, à savoir, qu'une longue succession d'âges pouvant être nécessaire pour adapter un organisme à quelques conditions entièrement nouvelles et différentes, comme, par exemple, celle du vol dans l'air, les formes de transition ont souvent dû rester longtemps circonscrites dans les limites d'une localité donnée, jusqu'à ce que leur adaptation achevée, assurant à quelques espèces un avantage marqué sur d'autres organismes, leur permît, dans un temps relativement court, de donner naissance à diverses formes divergentes, aptes à se répandre rapidement et au loin à la surface du globe. Dans une excellente analyse du présent ouvrage, le professeur Pictet, traitant des premières formes de transition, et prenant les oiseaux pour exemple, ne voit pas comment les modifications successives des membres antérieurs d'un prototype supposé aient pu être d'aucun avantage. Mais en considérant les pingouins de l'Océan méridional, ces oiseaux n'ont-ils pas leurs membres antérieurs à cet état intermédiaire qui n'est ni bras ni aile? Ces oiseaux tiennent cependant victorieusement leur place dans la lutte pour l'existence, puisqu'ils existent en grand nombre et sous diverses formes. Je ne pense pas que nous ayons là les vrais états de transition par lesquels la formation des ailes définitives des oiseaux ont dû passer ; mais y aurait-il quelque difficulté spéciale à admettre qu'il eût pu être avantageux aux descendants modifiés du pingouin de progresser à la surface de la mer, d'abord en battant l'eau de leurs ailes, comme le canard à ailes courtes (Microptère), pour finalement s'élever et s'élancer dans les airs ?

Donnons maintenant quelques exemples à l'appui des remarques qui précèdent, et pour montrer combien nous pouvons nous tromper en supposant que des groupes entiers d'espèces aient pu être subitement produits. Les conclusions sur la première apparition et la disparition de plusieurs groupes d'animaux, ont dû être considérablement modifiées par M. Pictet, dans le court intervalle qui sépare les deux éditions de son grand ouvrage sur la Paléontologie, parues, l'une en 1844-46, la seconde en 1853-57; et une troisième réclamerait encore d'autres changements. Je rappelle le fait bien connu que, dans tous les traités de paléontologie publiés il n'y a pas bien longtemps, les mammifères étaient signalés comme ayant brusquement apparu au commencement de l'époque tertiaire. Actuellement, une des accumulations de mammifères fossiles, la plus épaisse et la plus riche qu'on connaisse, appartient au milieu de l'époque secondaire, et l'on a découvert de véritables mammifères dans les couches de grès rouge nouveau, qui remontent presque au commencement de cette grande époque. Cuvier avait toujours soutenu l'absence de tout singe dans les couches tertiaires, mais on a depuis trouvé des espèces éteintes de ces animaux dans l'Inde, l'Amérique du Sud et l'Europe, jusque dans l'étage miocène. Sans la conservation accidentelle et fort rare d'empreintes de pas dans le grès rouge nouveau des États-Unis, qui eût osé soupçonner qu'outre plusieurs reptiles, il a, dans cette période, vécu plus de trente espèces d'oiseaux, dont quelques-uns d'une taille gigantesque? On n'a pas pu découvrir dans ces couches le plus petit fragment d'os. Bien que le nombre des articulations qu'on remarque sur ces empreintes fossiles coïncide avec celui qui caractérise les doigts des oiseaux vivant actuellement, quelques auteurs doutent que les animaux qui ont laissé ces traces aient réellement été des oiseaux. Jusqu'à ces derniers temps, ces auteurs pouvaient soutenir en effet, et quelques-uns l'ont fait, que la classe entière des oiseaux avait surgi brusquement pendant l'époque éocène; mais le professeur Owen nous a montré depuis qu'il existait un oiseau lors du dépôt du grès vert supérieur; et on a découvert encore plus récemment, dans les couches oolithiques de Solenhaufen, cet oiseau bizarre, l'Archéopteryx, dont la queue de lézard allongée porte à chaque articulation une paire de plumes, et dont les ailes sont armées de deux griffes libres. Il y a peu de découvertes récentes qui montrent aussi éloquemment que celle-ci combien nos connaissances sur les anciens habitants du monde sont encore limitées.

Je citerai encore un autre cas, qui m'a particulièrement frappé lorsque j'eus l'occasion de l'observer. J'ai affirmé, dans un mémoire sur les Cirrhipèdes sessiles fossiles, que, vu le nombre immense d'espèces tertiaires vivantes et éteintes; vu l'abondance extraordinaire d'individus de plusieurs espèces dans le monde entier, des régions arctiques à l'équateur, habitant diverses profondeurs depuis les limites de la marée haute jusqu'à 50 brasses; vu la perfection avec laquelle les individus sont conservés dans les couches tertiaires les plus anciennes; vu la facilité avec laquelle le moindre fragment de valve peut être reconnu, on devait, ensuite de toutes ces circonstances, conclure que, si des formes de cirrhipèdes sessiles avaient existé pendant la période secondaire, elles eussent certainement été conservées et découvertes. Or, pas une espèce n'en ayant été trouvée dans des gisements de cette époque, je dus en conclure que cet immense groupe avait dû se développer subitement à l'origine de la série tertiaire; cas embarrassant pour moi, et un exemple de plus de l'apparition soudaine d'un groupe important d'espèces. Mon ouvrage venait de paraître, lorsque je reçus d'un habile paléontologiste, M. Bosquet, le dessin d'un cirrhipède sessile incontestable et admirablement conservé, découvert par lui-même dans la craie en Belgique. Le cas était d'autant plus remarquable, que ce cirrhipède était un véritable *Chthamalus*, genre très-commun, très-nombreux, et répandu partout, mais dont on n'avait pas encore rencontré un exemplaire, même dans aucun dépôt tertiaire. Nous savons donc d'une manière positive que des cirrhipèdes sessiles ont existé pendant la période secondaire, et peuvent avoir été les ancêtres des nombreuses espèces tertiaires et actuelles.

[M. Woodward vient plus récemment encore de découvrir un *Pyrgoma* dans la craie supérieure [1].]

Le cas sur lequel les paléontologistes insistent le plus fréquemment, comme exemple de l'apparition subite d'un groupe entier d'espèces, est celui des poissons téléostéens dans les couches inférieures de l'époque de la craie. Ce groupe renferme la grande majorité des espèces actuelles. Le professeur Pictet a récemment reculé leur existence d'un sous-étage antérieur, et quelques paléontologistes croient que certains poissons, beaucoup plus anciens, mais dont les affinités ne sont encore qu'imparfaitement connues, sont réellement téléostéens. En supposant toutefois avec Agassiz que la totalité des poissons de cette catégorie ait apparu au commencement de la formation de la craie, le fait serait certainement remarquable ; mais il ne constituerait pas une objection insurmontable contre ma manière de voir, si l'on ne démontrait pas en même temps que les espèces de ce groupe ont apparu subitement et simultanément dans le monde entier à cette même période. Il est presque superflu de rappeler que l'on ne connaît encore presque aucun poisson fossile provenant du sud de l'équateur, et on verra, en parcourant la Paléontologie de Pictet, que les diverses formations européennes n'ont encore fourni que très-peu d'espèces. Quelques familles de poissons ont actuellement une distribution fort limitée ; il est possible que pour les poissons téléostéens il en ait autrefois été de même, et qu'ils se soient ensuite largement répandus, après s'être considérablement développés dans quelque mer. Nous n'avons pas de raison de supposer que les mers du globe aient toujours été aussi grandement ouvertes du sud au nord qu'elles le sont aujourd'hui. De nos jours encore, si l'archipel Malai se transformait en continent, les parties tropicales de l'océan Indien formeraient un bassin fermé et très-grand, dans lequel tout groupe important d'animaux marins pourrait se multiplier, et y rester confiné jusqu'à ce que quelques espèces adaptées à un climat plus froid, et ainsi rendues capables de doubler les caps méridionaux de l'Afrique et de l'Australie, pussent ensuite s'étendre et gagner des mers éloignées.

---

1. Addition postérieure à la cinquième édition anglaise, communiquée par l'auteur. (*Trad.*)

Ces considérations diverses, notre ignorance de la géologie des pays qui se trouvent en dehors des limites de l'Europe et des États-Unis, la révolution que les découvertes des douze dernières années ont opérée dans nos connaissances paléontologiques, me font considérer toute spéculation sur la succession des formes organisées dans l'univers entier comme aussi hasardée que le serait la discussion du nombre et de la distribution des productions de l'Australie, faite par un naturaliste qui aurait débarqué pendant cinq minutes sur un point désert de ce continent.

Sur l'apparition soudaine de groupes d'espèces voisines dans les couches fossilifères les plus inférieures connues.

Une autre difficulté analogue, mais plus sérieuse, se présente. Je veux parler de la manière subite dont diverses espèces appartenant aux divisions principales du règne animal apparaissent dans les couches fossilifères les plus inférieures connues. Tous les arguments qui m'ont convaincu de la descendance d'un ancêtre commun de toutes les espèces d'un même groupe s'appliquent avec la même force aux espèces les plus anciennes que nous connaissions. Il n'est pas douteux, par exemple, que les trilobites siluriens descendent de quelque crustacé qui doit avoir vécu longtemps avant l'époque silurienne, et qui différait probablement beaucoup de tout animal connu. Quelques-uns des animaux siluriens les plus anciens, tels que le Nautile, la Lingule, etc., ne diffèrent pas beaucoup des espèces vivantes ; et on ne peut pas, d'après notre théorie, supposer que ces anciennes espèces fussent les ancêtres de toutes celles des mêmes groupes qui ont apparu dans la suite, car elles ne sont à aucun degré intermédiaires par leurs caractères.

Par conséquent, si la théorie est vraie, on ne saurait contester qu'avant que les couches Siluriennes les plus anciennes, ou les dépôts Cambriens se soient déposés, il a dû s'écouler des périodes aussi, sinon plus longues, que peut-être l'intervalle compris entre les époques Cambrienne et actuelle, pendant lesquelles des êtres vivants ont fourmillé sur la terre. Nous rencontrons ici une objection formidable, car on peut douter que l'état de la terre permettant la vie à sa surface ait duré depuis assez longtemps. Sir W. Thompson admet que la consolidation de la croûte terrestre ne peut pas remonter à moins de 20 millions ou à plus de 400 millions d'années, et doit être plus probablement comprise entre 98 et 200 millions. L'éloignement de ces limites montre combien les données sont douteuses, et il est probable que d'autres éléments doivent être introduits dans le problème. M. Croll estime à 60 millions d'années le temps écoulé depuis le dépôt des terrains Cambriens ; mais, à en juger par le peu d'étendue des changements organiques qui ont eu lieu depuis le commencement de l'époque glaciaire, la durée précitée paraît courte vis-à-vis des modifications nombreuses et considérables que les formes vivantes ont subies depuis la formation Cambrienne. Quant aux 140 millions d'années antérieures, c'est à peine si on peut les considérer comme ayant été suffisantes pour le développement des formes variées qui ont certainement existé vers la fin de la période Cambrienne.

[Il est toutefois probable, ainsi que le fait expressément remarquer Sir W. Thompson, que, dans ces périodes antérieures, le globe devait être exposé à des changements plus rapides et plus violents dans ses conditions physiques qu'ils ne le sont actuellement ; d'où des modifications correspondantes plus rapides chez les êtres organisés qui habitaient la surface terrestre à ces époques reculées [1].]

Je ne trouve pas de réponse satisfaisante à la question de savoir pourquoi nous ne rencontrons pas de riches dépôts fossilifères appartenant à ces périodes si anciennes. Plusieurs géologues éminents, Sir R. Murchison à leur tête, étaient jusqu'à ces derniers temps convaincus que, dans les restes organiques que nous fournissent les étages siluriens les plus inférieurs, nous contemplions les premières traces de la vie.

D'autres juges compétents, tels que Lyell et E. Forbes, ont contesté cette conclusion. N'oublions point que nous ne connaissons un peu exactement qu'une bien petite portion du globe. Il n'y a pas longtemps que M. Barrande a ajouté à l'ancien

___

1. Addition postérieure à la cinquième édition anglaise communiquée par l'auteur. (*Trad.*)

silurien un nouvel étage inférieur, peuplé de nombreuses espèces nouvelles et spéciales. Des débris de plusieurs formes ont encore été trouvés au-dessous de la zone primordiale de Barrande, dans le groupe de Longmynd, actuellement divisé en deux étages, et constituant le système Cambrien Inférieur. La présence de nodules phosphatiques et de matières bitumineuses dans les roches azoïques les plus inférieures indique probablement l'existence de la vie dès ces périodes. La grande découverte de l'Eozoon dans la formation Laurentienne, au Canada, dont la nature organique est, d'après la description qu'en a donnée le D' Carpenter, incontestable, est venue ensuite. Il y a .dans le Canada, au-dessous du système Silurien, trois grandes séries de couches; c'est dans la plus inférieure qu'on a trouvé l'Eozoon ; et Sir W. Logan assure, « que l'épaisseur des trois séries réunies peut dépasser de beaucoup celle des formations de toutes les époques suivantes, depuis la base de la série paléozoïque jusqu'à nos jours. Ceci nous fait reculer si loin dans le passé, qu'on peut considérer l'apparition de la faune dite primordiale (de Barrande) comme un fait relativement moderne. »

L'Eozoon appartient à la classe des animaux de toutes la plus inférieure par son organisation, mais en ce qui concerne la sienne, elle est élevée dans la classe. Il a existé en quantités innombrables, et, selon la remarque du D' Dawson, a dû se nourrir aux dépens d'autres êtres organisés fort petits, qui auront également pullulé en nombres incalculables. Les termes dont je me servais en 1859, au sujet des vastes périodes qui ont dû s'écouler avant le système Cambrien, sont donc à peu près les mêmes que ceux dont s'est servi plus tard Sir W. Logan. La difficulté d'assigner une bonne raison à l'absence de couches fossilifères dans ces vastes accumulations au-dessous des formations du Cambrien Supérieur reste néanmoins grande. Il ne paraît pas probable que les couches les plus anciennes aient été enlevées complétement par dénudation, ni que leurs fossiles aient été entièrement détruits par une action métamorphique; car s'il en eût été ainsi, nous n'aurions aussi trouvé que de faibles restes des formations qui les ont suivies, et qui auraient toujours existé à un état partiellement métamorphique. Mais les descriptions que nous possédons des dépôts siluriens qui

couvrent d'immenses territoires en Russie et dans l'Amérique
du Nord ne confirment pas l'idée que, plus une formation est
ancienne, plus elle ait dû invariablement souffrir d'une dénudation ou d'un métamorphisme excessifs.

Le cas reste donc pour le moment inexpliqué, et peut être
avancé comme un argument valable contre les idées émises ici.
Je ferais toutefois l'hypothèse suivante, pour montrer qu'on
pourra plus tard lui trouver une explication. Vu la nature des
restes organiques qui, dans les diverses formations de l'Europe
et des États-Unis, ne paraissent pas avoir vécu à de bien grandes
profondeurs, et vu l'épaisseur des dépôts dont l'ensemble constitue ces puissantes formations, nous pouvons inférer que, du
commencement à la fin, de grandes îles ou étendues de terrain,
propres à fournir les éléments de ces dépôts, ont dû exister
dans le voisinage des continents actuels de l'Europe et de
l'Amérique du Nord. Mais nous ne savons pas quel était l'état
des choses dans les intervalles entre les formations successives; si l'Europe et les États-Unis étaient alors émergés et à
sec ou sous-marins près de terre, ne recevant pas de sédiments,
ou étant le fond d'une mer ouverte et insondable.

Nous voyons que les océans actuels, dont la surface est le
triple de celle des terres, sont parsemés d'un grand nombre
d'îles; mais on ne connaît pas une seule île vraiment océanique (la Nouvelle-Zélande exceptée, si encore on peut la considérer comme une véritable île océanique), qui ait présenté
même une trace de formations paléozoïques ou secondaires.
Nous pouvons donc peut-être en inférer que, là où s'étendent
actuellement nos océans, il n'existait, pendant les époques paléozoïque et secondaire, ni continents, ni îles continentales;
car, s'il en eût existé, il se serait, selon toute probabilité, formé
aux dépens des matériaux qui leur auraient été enlevés, des
dépôts sédimentaires paléozoïques et secondaires, lesquels auraient ensuite été partiellement soulevés, dans les oscillations
de niveau qui ont dû nécessairement avoir lieu pendant ces
immenses périodes. Nous pouvons donc conclure de ces divers
faits que, là où s'étendent actuellement nos océans, ils ont dû
y exister depuis l'époque la plus reculée dont nous puissions
avoir connaissance, et d'autre part, que, là où se trouvent aujourd'hui les continents, il a existé de grandes étendues de terre

dès l'époque silurienne la plus reculée, soumises très-probablement à de fortes oscillations de niveau. La carte coloriée que j'ai annexée à mon ouvrage sur les Récifs de Coraux m'a amené à conclure que les grands océans sont encore actuellement des surfaces principalement en voie d'affaissement; les grands archipels, des surfaces dont le niveau est encore oscillant, et les continents, des portions de l'écorce terrestre en voie d'exhaussement. Mais nous n'avons pas de raisons pour croire que les choses aient toujours été ainsi depuis le commencement. Nos continents paraissent avoir été formés, dans le cours de leurs nombreuses oscillations de niveau, par une prépondérance de la force d'élévation; mais il se peut que les surfaces de mouvement prépondérant aient changé dans le cours des âges. A une période fort antérieure à l'époque Silurienne, il peut y avoir eu des continents là où les océans règnent aujourd'hui, et l'inverse. Nous ne serions pas non plus autorisés à supposer que, si le fond actuel de l'océan Pacifique venait à être converti en continent, nous y trouverions des formations sédimentaires dans un état reconnaissable, plus anciennes que les couches siluriennes, en supposant qu'il en eût été déposé de semblables autrefois; car il se pourrait bien que des couches déposées plus près du centre de la terre, fortement comprimées sous le poids énorme de la grande masse d'eau qui les recouvrait, eussent éprouvé des modifications métamorphiques bien plus considérables que celles qui sont restées plus près de la surface. Les immenses étendues de roches métamorphiques dénudées qui se trouvent dans quelques parties du globe, comme l'Amérique du Sud, et qui doivent avoir été sous une forte pression soumises à l'action de la chaleur, m'ont toujours paru réclamer une explication spéciale; et peut-être devons-nous voir, dans ces immenses formations, des dépôts complétement dénudés et métamorphiques très-antérieurs à l'époque Silurienne.

Les diverses difficultés que nous venons de discuter, savoir : — l'absence dans nos formations géologiques de chaînons présentant toutes les nuances de transitions entre les espèces actuelles et celles qui les ont précédées, bien que nous y rencontrions souvent des formes intermédiaires; — l'apparition subite de groupes entiers d'espèces dans nos formations européennes :

—l'absence presque complète de dépôts fossilifères au-dessous du système Cambrien, — ont toutes incontestablement de l'importance. Nous en voyons la preuve dans le fait que les paléontologistes les plus éminents, tels que Cuvier, Agassiz, Barrande, Pictet, Falconer, E. Forbes, etc., et nos grands géologues, Lyell, Murchison, Sedgwick, etc., ont unanimement, souvent avec ardeur, soutenu l'immutabilité de l'espèce. Sir C. Lyell appuie actuellement de sa haute autorité l'opinion opposée, et la plupart des autres paléontologistes et géologues sont fort ébranlés quant à leurs croyances antérieures. Ceux qui admettent la perfection et la suffisance des documents que nous fournit la géologie repousseront sans doute la théorie. Quant à ce qui me concerne, selon la métaphore de Lyell, je considère les archives géologiques comme une histoire du globe qui a été incomplétement conservée, écrite dans un dialecte changeant, et dont nous ne possédons que le dernier volume, traitant de deux ou trois pays seulement. De ce volume quelques fragments de chapitres et quelques lignes éparses de chaque page sont seuls parvenus à nous. Chaque mot de ce langage changeant lentement, plus ou moins différent dans les chapitres successifs, peut représenter les formes qui ont vécu, sont ensevelies dans les formations consécutives et nous paraissent à tort avoir été brusquement introduites. Cette manière de voir atténue beaucoup, si elle ne les fait pas disparaître, les difficultés que nous avons discutées dans le présent chapitre.

CHAPITRE X.

Examinons maintenant si les faits et les lois relatifs à la
succession géologique des êtres organisés s'accordent mieux
avec la théorie ordinaire de l'immutabilité de l'espèce qu'avec
celle de leur modification lente et graduelle, par descendance
et sélection naturelle.

Les espèces nouvelles ont apparu fort lentement, l'une
après l'autre, tant sur terre que dans les eaux. Lyell a
montré que, sous ce rapport, les divers étages tertiaires
fournissent un témoignage incontestable du fait, chaque année
comblant quelques-unes des lacunes existant entre eux, et
diminuant graduellement la proportion entre les formes perdues et les nouvelles. Dans quelques-unes des couches les plus
récentes, bien que d'une haute antiquité si on les estime en
années, il n'y a qu'une ou deux espèces éteintes, et autant
de nouvelles ayant apparu pour la première fois, soit localement, soit, autant que nous le sachions, à la surface du globe.
Les formations secondaires sont plus brisées; mais, ainsi que
le fait remarquer Bronn, ni l'apparition ni la disparition des
nombreuses espèces éteintes enfouies dans chaque formation
n'ont été simultanées.

Les espèces appartenant à différents genres et classes n'ont
pas changé au même degré ni avec la même rapidité. Dans les
couches tertiaires les plus anciennes, on peut encore trouver

quelques espèces actuellement vivantes au milieu d'une foule de formes éteintes. Un exemple frappant d'un fait semblable est celui, signalé par Falconer, d'un crocodile actuel qui se trouve dans les dépôts sous-Himalayens, associé à un grand nombre de mammifères et de reptiles éteints. La Lingule silurienne ne diffère que peu de l'espèce vivante de ce genre, tandis que la plupart des autres mollusques siluriens et tous les crustacés ont beaucoup changé. Les productions terrestres paraissent se modifier plus rapidement que celles des mers, comme on en a dernièrement observé un remarquable exemple en Suisse. Il y a lieu de croire que les organismes élevés dans l'échelle changent plus promptement que ceux qui en occupent le bas, quoique cette règle souffre quelques exceptions. La quotité de changement organique, selon la remarque de Pictet, n'est pas la même dans chaque formation successive. Cependant, si nous comparons entre elles toutes les formations qui ne sont pas très-voisines, nous trouvons que toutes les espèces ont subi quelque changement. Lorsqu'une espèce a disparu de la surface du globe, nous n'avons aucune raison pour croire que la même forme identique puisse jamais reparaître. La plus forte exception apparente à cette règle est celle des « colonies » de M. Barrande, qui se glissent pendant une période au milieu d'une formation plus ancienne, et laissent ainsi reparaître la faune préexistante ; mais je regarde comme satisfaisante l'explication que donne Lyell de ce fait, savoir, que c'est un cas d'une migration temporaire émanant d'une province géographique distincte.

Ces divers faits s'accordent bien avec notre théorie, qui ne suppose aucune loi fixe de développement, obligeant tous les habitants d'une zone à changer brusquement, simultanément, ou à un égal degré. La marche de la modification doit être lente, et n'affecter généralement que peu d'espèces à la fois ; car la variabilité de chaque espèce est tout à fait indépendante de celle des autres. L'accumulation par sélection naturelle, à un degré plus ou moins prononcé, des variations ou différences individuelles qui peuvent surgir, provoquant ainsi plus ou moins de modifications permanentes, dépendra d'éventualités nombreuses et complexes, — telles que la nature avantageuse des variations, la liberté des croisements, les changements lents dans les conditions physiques de la contrée, l'immigration de nouvelles formes et la nature des autres habitants avec lesquels l'espèce qui varie se trouve en concurrence. Il n'y a donc rien d'étonnant à ce qu'une espèce puisse conserver sa forme plus longtemps que d'autres, ou que, si elle se modifie, elle le fasse à un moindre degré. Nous trouvons de semblables rapports entre les habitants de pays différents; ainsi les mollusques terrestres et les coléoptères de Madère en sont venus à différer considérablement des formes du continent européen qui leur ressemblent le plus, tandis que les mollusques marins et les oiseaux n'ont pas changé. La plus grande rapidité des changements chez les productions terrestres et d'une organisation plus élevée, comparée aux formes marines et plus inférieures, peut s'expliquer par les relations plus complexes qui existent entre les êtres supérieurs et les conditions organiques et inorganiques de leur vie, ainsi que nous l'avons indiqué dans un chapitre précédent. Lorsqu'un grand nombre d'habitants d'une surface donnée se sont améliorés par modification, nous pouvons donc comprendre qu'en vertu de la concurrence et des rapports essentiels qu'ont mutuellement entre eux les organismes dans la lutte pour l'existence, toute forme qui ne se modifie pas et ne s'améliore pas à quelque degré soit exposée à être détruite. C'est pourquoi nous voyons que toutes les espèces d'une même région finissent toujours, si nous les comparons à des intervalles suffisamment longs, par se modifier, car autrement elles disparaîtraient.

Chez des membres de la même classe, la quotité moyenne de changement pendant de longues et égales périodes de temps peut être presque la même; mais, comme l'accumulation de formations de longue durée, riches en fossiles, dépend du dépôt de grandes masses de sédiments sur un sol en voie d'affaissement, elles ont nécessairement dû être produites à des intervalles très-considérables et irrégulièrement intermittents : et par conséquent la somme des changements organiques dont témoignent les fossiles contenus dans des formations consécutives n'est pas égale. Dans cette manière de voir, chaque formation ne marque pas un acte nouveau et complet de création, mais seulement une scène prise au hasard, dans un drame changeant lentement et toujours.

Il est facile de comprendre pourquoi une espèce une fois perdue ne peut plus reparaître, même en admettant le retour des mêmes et identiques conditions organiques et inorganiques de son existence. Car, bien que la descendance d'une espèce puisse s'adapter de manière à occuper dans l'économie de la nature la place d'une autre (ce qui est sans doute arrivé souvent), et ainsi la supplanter, les deux formes — l'ancienne et la nouvelle — ne pourraient jamais être identiques, parce que toutes deux devraient à l'hérédité de leurs ancêtres distincts des caractères divers, et que des organismes déjà différents tendent à varier d'une manière différente. Par exemple, il est tout au plus possible que, si nos pigeons Paons étaient tous détruits, les éleveurs parvinssent à refaire une nouvelle race qu'on pût à peine distinguer de l'actuelle. Mais si nous supposons la destruction de la souche parente, le Biset, — et dans la nature nous avons toutes raisons de croire que les formes parentes sont généralement remplacées et exterminées par leurs descendants améliorés, — il serait impossible d'obtenir un pigeon Paon, identique à la race existante, d'une autre espèce de pigeon, ou même d'aucune autre race bien fixe du pigeon domestique. En effet, les variations successives seraient certainement différentes à quelque degré, et la variété nouvellement formée hériterait probablement de quelques divergences caractéristiques de sa souche parente.

Les groupes d'espèces, soit les genres et les familles, suivent dans leur apparition et leur disparition les mêmes règles générales que les espèces isolées, c'est-à-dire qu'ils se modifient plus ou moins fortement, et plus ou moins promptement. Un groupe ne reparaît jamais une fois qu'il a disparu ; son existence est donc, tant qu'il dure, continue. Je sais que cette règle souffre quelques exceptions apparentes, mais elles sont si rares que E. Forbes, Pictet et Woodward (quoique tout à fait contraires aux idées que je soutiens) l'admettent pour vraie. Or cette règle s'accorde rigoureusement avec ma théorie, car toutes les espèces d'un même groupe, quelle qu'ait pu être sa durée, sont les descendants modifiés les uns des autres, et d'un ancêtre commun. Les espèces du genre Lingule par exemple, qui ont successivement apparu à toutes les époques, doivent avoir été en connexion par une série non interrompue de générations, depuis la couche la plus inférieure du système Silurien jusqu'à nos jours.

Nous avons vu dans le chapitre précédent que beaucoup d'espèces d'un même groupe paraissent quelquefois avoir apparu subitement et toutes ensemble ; et j'ai cherché à donner une explication de ce fait, qui serait, s'il était réel, fatal à ma théorie. De pareils cas sont exceptionnels, la règle générale étant une augmentation progressive en nombre, jusqu'à ce que le groupe atteigne son maximum, tôt ou tard suivi d'un décroissement graduel. Si on représente le nombre d'espèces contenues dans un genre, ou le nombre de genres d'une famille, par un trait vertical d'épaisseur variable, traversant les couches géologiques successives contenant ces espèces, le trait paraîtra quelquefois commencer à son extrémité inférieure, non par une pointe aiguë, mais brusquement. Il s'épaissit graduellement en montant, conservant souvent une largeur égale pendant un trajet plus ou moins long, puis finit par s'amincir et se terminer en pointe dans les couches supérieures, indiquant le décroissement et l'extinction finale de l'espèce. Cet accroissement graduel du nombre des espèces d'un groupe est conforme à la théorie ; car, les espèces d'un même genre et les genres d'une même famille ne peuvent qu'augmenter lentement et progressivement, la marche de la modification et la production de formes voisines ne pouvant être que graduelle. Une espèce produit d'abord deux ou trois variétés, qui se convertissent lentement en autant d'espèces, lesquelles à leur tour, et par une marche également graduelle, donnent naissance à d'autres variétés et espèces ; et ainsi de suite, comme les branches qui, partant du tronc unique d'un grand arbre, en se ramifiant toujours, finissent par former un groupe considérable dans son ensemble.

Extinction.

Nous n'avons jusqu'à présent qu'incidemment parlé de la disparition des espèces et groupes d'espèces. Dans la théorie de la sélection naturelle, l'extinction des anciennes et la production de nouvelles formes améliorées sont deux faits intimement connexes. La vieille notion de la destruction complète de tous les habitants du globe, à la suite de catastrophes périodiques, est maintenant généralement abandonnée, même par les géologues que leurs opinions générales devraient naturellement conduire à des conclusions de cette nature, comme E. de Beaumont, Murchison, Barrande, etc. L'étude des formations tertiaires nous montre qu'au contraire les espèces et groupes d'espèces disparaissent peu à peu, les unes après les autres, d'abord sur un point, puis sur un autre, et enfin de la terre entière. Dans quelques cas rares, tels que la rupture d'un isthme et l'irruption qui en résulte d'une foule de nouveaux habitants provenant d'une mer voisine, ou l'affaissement d'une île, la marche de l'extinction a pu être rapide. La durée des espèces et groupes d'espèces peut être très-inégale; nous avons vu, en effet, que quelques groupes ayant paru dès l'origine de la vie existent encore aujourd'hui, tandis que d'autres ont disparu avant la fin de la période paléozoïque. Le temps pendant lequel une espèce isolée ou un genre peuvent persister ne paraît dépendre d'aucune loi fixe. Il y a tout lieu de croire que l'extinction de tout un groupe d'espèces doit être beaucoup plus lente que sa production; et si l'on figure comme auparavant son apparition et sa disparition par un trait vertical d'épaisseur variable, ce dernier s'effile beaucoup plus graduellement en pointe à son extrémité supérieure, qui indique la marche de l'extermination, qu'à son extrémité inférieure, qui représente la première apparition et l'augmentation numérique primitive de l'espèce. Il est cependant des cas où l'extermination de groupes entiers a été remarquablement rapide; c'est ce qui a eu lieu pour les Ammonites à la fin de la période secondaire.

On a regardé très-gratuitement l'extinction des espèces

comme un fait mystérieux. Quelques auteurs ont été jusqu'à
supposer que, de même que la vie de l'individu a une limite définie, celle de l'espèce avait aussi une durée déterminée. Personne n'a été plus étonné que moi de l'extinction des espèces.
Lorsque je trouvai à La Plata la dent d'un cheval, enfouie
parmi les restes de Mastodons, Mégathériums, Toxodons et
autres mammifères éteints, qui tous avaient coexisté avec des
coquilles encore vivantes à une période géologique récente, j'en
fus très-surpris. En effet, voyant que, depuis son introduction
dans l'Amérique du Sud par les Espagnols, le cheval était redevenu sauvage dans tout le pays et y avait atteint des proportions numériques incroyables, je me demandai quelle pouvait
bien être la cause de l'extermination de l'ancien cheval, dans
des conditions d'existence si favorables en apparence. Mon étonnement était mal fondé; le professeur Owen ne tarda pas à reconnaître que la dent, bien que très-semblable à celle du cheval actuel, appartenait à une espèce perdue. Si ce cheval eût
été encore vivant, mais rare, personne n'en eût été étonné, car
dans tous pays la rareté est l'attribut d'une foule d'espèces de
toutes classes; et bien que nous devions supposer qu'elle soit
la conséquence de quelques circonstances défavorables dans les
conditions extérieures, nous ne pouvons presque jamais savoir
lesquelles. En supposant que le cheval fossile existât encore
comme espèce rare, d'après l'analogie avec tous les autres
mammifères, y compris l'éléphant, dont la reproduction est si
lente, ainsi que d'après l'historique de la naturalisation du
cheval domestique dans l'Amérique du Sud, nous pouvons avoir
la certitude que dans des conditions favorables il eût, en peu
d'années, repeuplé le continent. Mais nous n'aurions rien pu
savoir des conditions défavorables qui ont fait obstacle à son
accroissement, s'il y en avait eu une ou plusieurs, à quelle période de la vie et à quel degré elles auraient agi. Si les conditions avaient continué, si lentement que ce soit, à devenir de
moins en moins favorables, nous n'aurions certainement pas
observé le fait, mais le cheval fossile serait devenu de plus
en plus rare, et aurait finalement disparu, — cédant la place à
quelque concurrent plus heureux.

Il est difficile d'avoir toujours présent à l'esprit que l'augmentation de chaque être est sans cesse refrénée par une foule

d'actions hostiles inaperçues, qui suffisent cependant ample-ment pour causer d'abord la rareté et ensuite l'extinction. Ce sujet est si peu compris qu'on entend toujours exprimer de l'étonnement de ce que les grands animaux, tels que le Masto-donte et les Dinosauriens plus anciens, se soient éteints ; comme si la force corporelle seule suffisait pour assurer la victoire dans la lutte pour l'existence. La taille au contraire, dans cer-tains cas, ainsi qu'Owen en fait la remarque, entraîne à une plus prompte extermination, par suite de la plus grande quan-tité de nourriture nécessaire. Avant que l'homme habitât l'Inde ou l'Afrique, la multiplication continue de l'éléphant existant a dû être bridée par une cause quelconque. Le Dr Falconer, juge très-compétent, attribue cet arrêt dans l'augmentation de l'élé-phant indien aux insectes qui le harassent et l'affaiblissent ; Bruce est arrivé à la même conclusion relativement à l'éléphant africain en Abyssinie. Il est certain que les insectes et les chauves-souris qui sucent le sang sont la raison déterminante de l'existence des plus grands mammifères naturalisés dans diverses parties de l'Amérique du Sud.

Dans les formations tertiaires plus récentes, nous voyons des cas nombreux où la rareté précède l'extinction, et nous sa-vons que le même fait se présente chez les animaux que l'homme, par son influence, a localement ou totalement exter-minés. Je peux répéter ici ce que j'écrivais en 1845, savoir, que, admettre qu'une espèce devienne généralement rare avant son extinction, et ne pas s'étonner de sa rareté, pour ensuite s'émerveiller de ce qu'elle cesse d'exister, — c'est po-sitivement la même chose que d'admettre que la maladie est chez l'individu l'avant-coureur de la mort, n'être pas surpris de la maladie, puis s'étonner et attribuer à quelque acte de violence la mort du malade.

La théorie de la sélection naturelle est basée sur l'idée que toute variété nouvelle, et en définitive toute espèce nouvelle, est produite et conservée en suite de quelque avantage acquis sur celles avec lesquelles elle se trouve en concurrence ; et sur l'extinction des formes moins favorisées, qui en est la consé-quence inévitable. Il en est de même pour nos productions domestiques, car lorsqu'une variété nouvelle et un peu amé-liorée a pris naissance, elle remplace d'abord les variétés moins perfectionnées du voisinage ; plus améliorée, elle se répand de plus en plus, comme notre bétail à courtes cornes, et prend la place d'autres races dans d'autres pays. L'apparition de formes nouvelles et la disparition des anciennes sont donc, tant pour les productions naturelles que pour les artificielles, deux faits connexes. Le nombre de nouvelles formes spécifiques, produites dans un temps donné, a parfois, chez les groupes florissants, été probablement plus considérable que celui des formes anciennes qui ont été exterminées ; mais nous savons que, au moins pendant les époques géologiques récentes, les espèces n'ont pas augmenté indéfiniment ; de sorte que nous pouvons admettre que la production de formes nouvelles a déterminé l'extinction d'un nombre à peu près égal de formes anciennes.

La concurrence sera généralement plus rigoureuse, comme nous l'avons déjà montré par des exemples, entre les formes les plus semblables entre elles sous tous les rapports. Les descendants modifiés et améliorés d'une espèce en causeront donc généralement l'extermination ; et si plusieurs formes nouvelles, provenant d'une même espèce, réussissent à se développer, ce sont les formes les plus voisines de cette espèce, c'est-à-dire les espèces du même genre, qui se trouveront être les plus exposées à la destruction. C'est ainsi, je le crois, qu'un certain nombre d'espèces nouvelles provenant d'une espèce précédente, et constituant ainsi un genre nouveau, parviennent à supplanter un genre ancien, appartenant à la même famille. Il peut aussi être souvent arrivé qu'une espèce nouvelle faisant partie d'un groupe donné ait pris la place d'une espèce appartenant à un groupe différent, et ait ainsi causé son extermination.

Si plusieurs formes rapprochées provenant de l'heureux envahisseur se développent, d'autres antérieures auront à céder la place, et ce seront alors généralement les formes voisines qui auront le plus à souffrir de toute infériorité héréditaire commune. Mais que les espèces obligées de céder ainsi leur place à d'autres plus améliorées appartiennent à la même classe ou à une classe distincte, il pourra arriver que quelques-unes d'entre elles, échappant à la rigoureuse concurrence, par suite de leur adaptation à des conditions différentes, ou de ce qu'elles occupent une station isolée, puissent être longtemps conservées. Ainsi, par exemple, quelques espèces de *Trigonia*, grand genre de mollusques des formations secondaires, ont survécu et habitent encore les mers Australiennes; et quelques membres du groupe considérable et presque éteint des poissons Ganoïdes se trouvent encore dans nos eaux douces. L'extinction complète d'un groupe est donc, comme nous l'avons vu, beaucoup plus lente que sa production. Quant à ce qui concerne l'extermination brusque, en apparence, de familles ou d'ordres entiers, tels que le groupe des Trilobites à la fin de l'époque paléozoïque, ou celui des Ammonites à la fin de la période secondaire, nous rappellerons ce que nous avons déjà dit sur les grands intervalles de temps qui ont dû s'écouler entre nos formations consécutives, et pendant lesquels il a pu s'effectuer une extinction lente, mais considérable. De plus, lorsque, en suite d'immigrations subites ou d'un développement plus rapide qu'à l'ordinaire, plusieurs espèces d'un nouveau groupe auront pris possession d'un terrain donné, un certain nombre d'espèces anciennes pourront avoir été exterminées avec une rapidité correspondante; et ces espèces ainsi déplacées auront probablement été voisines entre elles, et par conséquent également victimes de leur commune infériorité.

Ce mode d'extinction des espèces isolées ou des groupes d'espèces me paraît s'accorder avec la théorie de la sélection naturelle. Nous ne devons pas nous étonner de l'extinction, mais plutôt de notre présomption à vouloir nous imaginer que nous comprenons les circonstances complexes dont dépend l'existence de chaque espèce. Si nous oublions un instant que chaque espèce tend à s'accroître d'une manière démesurée, et est constamment tenue en échec par des causes que nous n'apercevons que rarement, toute l'économie de la nature reste obscure. Lorsque nous pourrons dire précisément pourquoi une espèce est plus abondante en individus qu'une autre, ou pourquoi telle espèce et non telle autre peut être naturalisée dans un pays donné, c'est alors seulement que nous aurions le droit de nous étonner de ce que nous ne nous expliquons pas l'extinction d'une espèce particulière ou celle d'un groupe d'espèces données.

*Changement presque simultané des formes vivantes
dans le monde.*

Il est peu de découvertes paléontologiques plus intéressantes que celle que les formes vivantes changent dans le monde entier d'une manière presque simultanée. Ainsi notre formation de la Craie en Europe peut être reconnue dans plusieurs parties du globe, sous les climats les plus divers, et là où l'on ne saurait trouver le moindre fragment de craie : dans l'Amérique du Nord, dans l'Amérique du Sud équatoriale, à la Terre de Feu, au cap de Bonne-Espérance et dans la péninsule Indienne. Sur tous ces points éloignés, les restes organiques de certaines couches présentent une ressemblance incontestable avec ceux de la craie ; non qu'on y rencontre les mêmes espèces, car dans quelques cas il n'y en a pas une qui soit identiquement la même, mais elles appartiennent aux mêmes familles, genres, subdivisions de genres, et sont quelquefois semblablement caractérisées sur des points aussi peu importants que leur ciselure superficielle. En outre, d'autres formes qu'on ne rencontre pas dans la craie en Europe, mais qui existent dans les formations supérieures ou inférieures, se suivent dans le même ordre sur ces différents points du globe si éloignés. Dans les formations paléozoïques successives de la Russie, l'Europe occidentale et l'Amérique du Nord, plusieurs auteurs ont constaté un parallélisme semblable dans les formes y ayant vécu ; et d'après Lyell, il en est de même des divers dépôts tertiaires d'Europe et de l'Amérique du Nord. Même en mettant de côté les quelques espèces fossiles qui sont communes à l'ancien et au nouveau monde, le parallélisme général des diverses formes vivantes dans les étages paléozoïques et tertiaires n'en resterait pas moins manifeste, et rendrait facile la corrélation des diverses formations.

Ces observations toutefois ne s'appliquent qu'aux habitants marins du globe ; car les données suffisantes nous manquent pour apprécier si les productions terrestres et d'eau douce ont, sur des points éloignés, changé d'une manière parallèle analogue. Nous pouvons en douter. Si les *Mégathérium*, *Mylodon*, *Macrauchenia* et *Toxodon* eussent été apportés en Europe de La Plata, sans renseignements sur leur position géologique, personne n'eût soupçonné que ces formes ont coexisté avec des mollusques marins encore vivants; mais leur coexistence avec le mastodonte et le cheval aurait permis d'inférer qu'ils avaient vécu pendant un des derniers étages tertiaires.

Lorsque nous parlons des formes marines vivantes comme ayant simultanément changé dans le monde entier, nous ne supposons pas que l'expression s'applique au même millier ou dix milliers d'années, ou même qu'elle ait un sens géologique bien rigoureux; car, si tous les animaux marins actuellement vivant en Europe, ainsi que ceux qui ont vécu en Europe pendant la période pleistocène (qui, estimée en années, est très-ancienne et comprend toute l'époque glaciaire), étaient comparés avec ceux existant actuellement dans l'Amérique du Sud ou l'Australie, le naturaliste le plus habile pourrait à peine décider lesquels, des habitants actuels ou de ceux de l'époque pleistocène de l'Europe, ressemblent le plus à ceux de l'hémisphère méridional. Ainsi encore, plusieurs observateurs très-compétents admettent que les productions actuelles des États-Unis sont plus rapprochées de celles qui ont vécu en Europe pendant certains étages tertiaires récents que de ses habitants présents, et cela étant, il est évident que des couches fossilifères se déposant maintenant sur les côtes de l'Amérique du Nord risqueraient dans l'avenir d'être classées avec des dépôts européens quelque peu plus anciens. Néanmoins, en regardant dans un avenir fort éloigné, il n'est pas douteux que toutes les formations *marines* plus modernes, à savoir, le pliocène supérieur, le pléistocène et les dépôts tout à fait actuels de l'Europe, des Amériques du Nord et du Sud, et de l'Australie, pourront être d'une manière correcte considérées comme contemporaines dans le sens géologique du terme, parce qu'elles renfermeront des restes fossiles voisins à quelque degré, et ensuite parce qu'on n'y rencontrera aucune des formes qu'on ne trouve que dans les dépôts sous-jacents, plus anciens.

Ce fait d'un changement simultané, dans le sens étendu que nous venons de donner à ce terme, à propos de formes vivant dans des parties éloignées du globe, a beaucoup frappé deux observateurs éminents, MM. de Verneuil et d'Archiac. Après avoir rappelé le parallélisme qui se remarque dans diverses parties de l'Europe entre les formes paléozoïques, ils ajoutent : « Si, frappés de cette bizarre série, nous nous tournons vers l'Amérique du Nord, et y découvrons une suite de phénomènes analogues, il paraîtra alors certain que toutes ces modifications d'espèces, leur extinction, l'introduction de formes nouvelles, ne peuvent plus être le fait de simples changements dans les courants marins, ou d'autres causes plus ou moins locales et temporaires, mais doivent dépendre de lois générales qui régissent l'ensemble du règne animal. » M. Barrande a présenté quelques remarques concluantes sur le même point. Il est, en effet, tout à fait futile d'attribuer à des changements de courants, climat, ou autres conditions physiques, ces immenses mutations des formes vivantes dans le monde entier, sous les climats les plus différents. Nous devons, ainsi que Barrande en a fait la remarque, chercher une loi spéciale. C'est ce que nous verrons plus clairement, lorsque nous traiterons de la distribution actuelle des êtres organisés, et que nous reconnaîtrons combien sont légères les relations qu'on peut constater entre les conditions physiques de divers pays et la nature de leurs habitants.

Ce grand fait de la succession parallèle des formes vivantes dans le monde s'explique dans la théorie de la sélection naturelle. Les espèces nouvelles se forment parce qu'elles présentent quelque avantage sur les plus anciennes; et celles qui sont déjà dominantes, ou ont quelque avantage sur les autres formes du pays, sont encore celles qui auront le plus de chances de donner naissance au plus grand nombre de variétés ou d'espèces naissantes. C'est ce que nous prouve avec évidence le fait que les plantes qui sont dominantes, c'est-à-dire les plus communes et les plus largement disséminées, sont aussi celles qui produisent la plus grande quantité de variétés nouvelles. Il est encore naturel que les espèces prépondérantes, variables, susceptibles de se répandre au loin et ayant déjà envahi plus ou moins les territoires d'autres espèces, soient aussi les mieux adaptées pour s'étendre encore davantage, et donner naissance, dans de nouvelles régions, à d'autres variétés et espèces nouvelles. La marche de cette

diffusion peut être extrêmement lente et dépendre de changements climatériques et géographiques, d'accidents imprévus
et de l'acclimatation graduelle des espèces nouvelles aux divers
climats qu'elles rencontrent; mais, avec le temps, ce sont les
formes dominantes qui, en général, réussiront le mieux à se répandre et, en définitive, à prévaloir. Il est probable que la diffusion sera plus lente pour les habitants terrestres de continents
distincts que pour les formes marines qui peuplent les mers
continues. Nous pourrions donc nous attendre à trouver, comme
cela est en effet le cas, un parallélisme moins rigoureux dans
la succession des productions terrestres que dans celles de la
mer.

Il me semble donc que la succession parallèle et simultanée
(dans la plus large acception du terme) des mêmes formes
vivantes dans le monde concorde bien avec le principe de la
production de nouvelles espèces, par la grande extension et
la variation de celles déjà dominantes. Les espèces nouvelles
étant elles-mêmes dominantes, puisqu'elles présentent encore
quelque avantage sur leurs formes parentes qui l'étaient déjà,
ainsi que sur les autres espèces, continueront à se répandre, à
varier et à produire encore de nouvelles variétés. Les espèces
anciennes vaincues par les nouvelles formes victorieuses, auxquelles elles cèdent la place, seront généralement voisines entre
elles, comme ayant hérité de quelque infériorité commune, et,
par conséquent, à mesure que les groupes nouveaux et améliorés se répandront sur la terre, les anciens disparaîtront, et
partout il y aura correspondance dans la succession des formes
tant dans leur première apparition que dans leur disparition
finale.

Encore une remarque digne d'attention relative à ce sujet.
J'ai donné les raisons qui me portent à croire que la plupart
de nos grandes formations riches en fossiles ont été déposées
pendant des périodes d'affaissement, et que des interruptions
d'une durée immense, en ce qui concerne le dépôt de fossiles,
ont dû avoir lieu pendant les époques où le fond de la mer était
stationnaire ou en voie d'exhaussement, et aussi lorsque les
sédiments ne se déposaient pas en assez grande quantité, ni
assez rapidement pour enfouir et conserver les restes organisés.
Je suppose que pendant ces longs intervalles, dont aucune

trace ne nous reste, les habitants de chaque région ont subi une forte étendue de modifications et d'extinction, et qu'en même temps de fortes immigrations, venant d'autres parties du globe, ont eu lieu. Comme nous avons toutes raisons de croire que d'immenses surfaces ont pu être affectées du même mouvement, il est probable que des formations exactement contemporaines ont dû souvent s'accumuler sur de grandes étendues dans un même quartier du globe; mais nous ne sommes nullement autorisés à conclure qu'il en ait invariablement été ainsi, et que de grandes surfaces aient toujours subi les mêmes mouvements. Lorsque deux formations se sont déposées sur deux régions pendant à peu près, mais pas exactement, la même période, nous pourrions, pour les raisons que nous avons données précédemment, remarquer une même succession générale dans les formes qui y ont vécu, sans que les espèces se correspondissent exactement; car il y aurait eu dans une des régions un peu plus de temps que dans l'autre pour la modification, l'extinction et l'immigration.

Je crois que des cas de ce genre se présentent en Europe. Dans ses admirables mémoires sur les dépôts éocènes de l'Angleterre et de la France, M. Prestwich est parvenu à établir un étroit parallélisme entre leurs étages successifs dans les deux pays; mais, lorsqu'il compare certains étages de l'Angleterre avec ceux de la France, bien qu'il trouve entre eux un singulier accord dans le nombre des espèces appartenant aux mêmes genres, les espèces diffèrent entre elles d'une manière dont il est difficile de se rendre compte, vu la proximité des deux gisements; — à moins qu'on ne suppose qu'un isthme ait séparé deux mers peuplées par deux faunes contemporaines, mais distinctes. Lyell a fait des observations semblables sur quelques formations tertiaires récentes. Barrande signale encore un parallélisme général frappant dans les dépôts diluviens successifs de la Bohême et de la Scandinavie, les espèces étant toutefois fort différentes. Si dans ces régions les diverses formations n'ont pas été déposées pendant exactement les mêmes périodes, — la formation dans une localité correspondant à l'intervalle de soulèvement dans l'autre, — et si dans les deux cas les espèces ont été en se modifiant lentement pendant l'accumulation des diverses formations, et les longs intervalles qui les ont séparées, les dépôts, dans les deux endroits, pourront être rangés dans le même ordre, quant à la succession générale des formes ayant vécu, et cet ordre paraîtrait à tort strictement parallèle ; néanmoins les espèces ne seraient pas toutes les mêmes dans les étages en apparence correspondants des deux stations.

Affinités des espèces éteintes entre elles et avec les formes vivantes.

Examinons maintenant les affinités mutuelles des espèces vivantes et éteintes. Elles se groupent toutes sous un petit nombre de grandes classes, fait qu'explique d'emblée le principe de la descendance. En règle générale, plus une forme est ancienne, plus elle diffère des formes vivantes. Mais, ainsi que l'a depuis longtemps fait remarquer Buckland, toutes les espèces éteintes peuvent se classer, soit dans les groupes existants, soit entre eux. On ne peut, en effet, contester que les espèces éteintes ne contribuent à combler les vides entre les genres, familles et ordres actuels ; et que, soit que nous considérions les formes vivantes ou les formes éteintes seules, la série est infiniment moins parfaite que si nous les combinons toutes deux en un système général. On pourrait, d'après Owen, donner des pages d'exemples qui montrent comment, chez les vertébrés, les animaux éteints viennent se placer entre les groupes existants. Cuvier regardait les Ruminants et les Pachydermes comme deux des ordres les plus distincts des mammifères ; mais Owen a découvert tant de formes de fossiles intermédiaires, qu'il a dû remanier toute la classification, et placer quelques pachydermes avec des ruminants dans un même sous-ordre. Il fait, par exemple, disparaître par des gradations très-fines les énormes différences qui, en apparence, existent entre le porc et le chameau. Un autre paléontologiste distingué, M. Gaudry, montre de la manière la plus frappante qu'un grand nombre des mammifères fossiles qu'il a découverts dans l'Attique relient de la manière la plus évidente des genres existants.

[Quelle remarquable forme intermédiaire que celle de ce mammifère de l'Amérique du Sud qui, ainsi que l'exprime le nom de Typothérium que lui a donné le professeur Gervais, ne peut entrer dans aucun ordre de mammifères existants*!] Le professeur Huxley a montré que même l'énorme intervalle qui sépare les oiseaux des reptiles est partiellement comblé de la manière la plus inattendue, par l'autruche et l'*Archéopteryx* éteint, d'une part, et de l'autre, par le *Compsognathus*, un des Dinosauriens, — groupe qui comprend les reptiles terrestres les plus gigantesques. En ce qui concerne les Invertébrés, une haute autorité, Barrande, assure qu'il voit de plus en plus que, bien que les animaux paléozoïques puissent certainement se ranger dans les groupes existants, ces derniers n'étaient cependant pas, à cette époque reculée, aussi distinctement séparés qu'ils le sont actuellement.

Quelques auteurs ont élevé des objections à ce qu'on doive considérer une espèce éteinte ou des groupes d'espèces comme intermédiaires entre les espèces ou groupes d'espèces actuelles. L'objection n'aurait de valeur qu'autant qu'on entendrait par l'expression que la forme éteinte est par tous ses caractères directement intermédiaire entre deux formes vivantes. Mais dans une classification naturelle, il y a certainement beaucoup d'espèces fossiles qui se placent entre des espèces vivantes, et des genres éteints qui se placent non-seulement entre des genres vivants, mais même entre des genres appartenant à des familles distinctes. Le cas le plus fréquent, surtout en ce qui concerne des groupes très-différents, comme les poissons et les reptiles, semble être celui-ci : en supposant que dans l'état actuel ces groupes se distinguent par une douzaine de caractères, ce nombre est moindre chez les anciens membres des deux groupes, de sorte que tous deux, quoique déjà distincts autrefois, étaient cependant alors plus voisins qu'ils ne le sont maintenant.

On croit assez communément que, plus une forme est ancienne, plus elle tend à relier, par quelques-uns de ses caractères, des groupes actuellement fort éloignés les uns des autres. Cette remarque doit, sans doute, être restreinte aux groupes qui, dans le cours des âges géologiques, ont subi des changements considérables ; et il serait difficile de démontrer la vérité

---

* Addition postérieure à la cinquième édition anglaise et communiquée par l'auteur. (*Trad.*)

de la proposition, car de temps à autre on découvre des animaux même vivants qui, comme le Lepidosiren, se rattachent, par leurs affinités, à des groupes fort distincts. Toutefois la comparaison des anciens Reptiles et Batraciens, des plus anciens Poissons et Céphalopodes, et des Mammifères de l'éocène, avec les membres plus récents des mêmes classes, nous oblige à reconnaître qu'il y a du vrai dans cette remarque.

Voyons jusqu'à quel point les divers faits et les déductions qui précèdent s'accordent avec la théorie de la descendance avec modification. Je prierai le lecteur, vu la complication du sujet, de recourir au tableau dont nous nous sommes déjà servis au quatrième chapitre (p. 121)[1]. Supposons que les lettres à exposants représentent des genres, et les lignes ponctuées qui en divergent des espèces de chaque genre. La figure est trop simple et ne donne que trop peu de genres et d'espèces, mais ceci nous importe peu. Les lignes horizontales peuvent figurer des formations géologiques successives, et nous considérerons toutes les formes placées au-dessous de la ligne supérieure comme éteintes. Les trois genres existants, a^{14}, q^{14}, p^{14}, formeront une petite famille ; b^{14} et f^{14}, une famille très-voisine ou sous-famille, et o^{14}, e^{14}, m^{14}, une troisième famille. Ces trois familles formeront un ordre avec les nombreux genres éteints faisant partie des diverses lignes de descendance provenant, en divergeant, de l'espèce parente A ; car toutes auront hérité en commun de quelque chose de leur ancêtre primitif. En vertu du principe de la tendance continue à la divergence des caractères, que notre figure a déjà servi à expliquer, plus une forme sera récente, plus elle différera de l'ancêtre primordial, ce qui nous explique pourquoi ce sont les fossiles les plus anciens qui diffèrent le plus des formes actuelles. La divergence des caractères n'est toutefois pas une éventualité nécessaire, car elle dépend seulement de ce qu'elle a permis aux descendants d'une espèce, de saisir plus de places différentes dans l'économie de la nature. Il est donc très-possible, ainsi que nous l'avons vu pour quelques formes siluriennes, qu'une espèce puisse subsister en ne présentant que de légères modifications correspondant à de faibles change-

____

1. Voir la fin du volume.

ments dans ses conditions d'existence, tout en conservant, pendant une longue période, ses traits caractéristiques généraux. C'est ce que représente dans la figure la lettre F^{14}.

Toutes les formes éteintes et récentes qui descendent de A constituent, comme nous l'avons déjà remarqué, un ordre qui, par les effets continus de l'extinction et de la divergence des caractères, s'est divisé en plusieurs sous-familles et familles, dont un certain nombre est supposé avoir péri à différentes périodes, d'autres ayant duré jusqu'à ce jour.

Nous voyons, en regardant la figure, que, si nous découvrions, sur différents points de la partie inférieure de la série, un grand nombre de formes éteintes qu'on suppose avoir été enfouies dans les formations successives, les trois familles qui existent sur la ligne supérieure seraient rendues moins distinctes entre elles. Si, par exemple, les genres a^1, a^5, a^{10}, f^8, m^3, m^6, m^9, étaient exhumés, ces trois familles seraient assez étroitement reliées entre elles pour qu'elles dussent probablement être réunies en une grande famille, à peu près comme cela est arrivé aux ruminants et certains pachydermes. Cependant on peut justifier l'objection qui refuse d'appeler intermédiaires par leurs caractères les genres éteints qui relient ainsi ensemble les genres vivants de trois familles, car ils ne sont en effet pas directement intermédiaires, mais seulement après un long détour et en passant par un grand nombre de formes bien différentes. Si on découvrait beaucoup de formes éteintes au-dessus d'une des lignes horizontales du milieu, ou formations géologiques, —au-dessus du n° VI, par exemple, — — mais point au-dessous, il n'y aurait que deux des familles (à gauche a^{14}, etc., et b^{14}, etc.) à réunir en une; et il en resterait deux, qui seraient moins distinctes entre elles qu'elles ne l'étaient avant la découverte des fossiles. Ainsi encore, si nous supposons que les trois familles formées de huit genres (a^{14} à m^{14}) sur la ligne supérieure différassent entre elles par une demi-douzaine de caractères importants, celles qui existaient à l'époque marquée VI auraient certainement différé entre elles par un nombre moindre de caractères, car à cet état antérieur elles auraient moins divergé de leur commun ancêtre. C'est ainsi que des genres anciens et éteints sont quelquefois, à un faible degré, intermédiaires par leurs caractères entre leurs descendants modifiés, ou leurs parents collatéraux.

Le cas sera toujours beaucoup plus complexe dans la nature que ne l'indique la figure, car les groupes auront été plus nombreux, auront eu des durées d'une longueur fort inégale, et éprouvé des modifications très-variables en degré. Comme nous ne possédons que le dernier volume des archives géologiques, et encore dans un état fort incomplet, nous ne pouvons espérer, sauf quelques rares cas, de pouvoir combler les grandes lacunes du système naturel, et relier ainsi des familles ou des ordres distincts. Tout ce qu'il nous est permis d'attendre est que les groupes qui, dans les périodes géologiques connues, ont éprouvé beaucoup de modifications, se rapprochent un peu plus les uns des autres dans les formations plus anciennes, de manière que leurs membres appartenant aux époques plus reculées, diffèrent moins par quelques-uns de leurs caractères, que ne le font les membres actuels des mêmes groupes. C'est du reste ce que s'accordent à reconnaître nos meilleurs paléontologistes.

La théorie de la descendance avec modification explique donc, d'une manière satisfaisante, les faits principaux qui se rattachent aux affinités mutuelles qu'on remarque tant entre les formes éteintes qu'entre elles et les vivantes. Elles restent inexplicables dans toute autre manière de voir.

Il est évident par la même théorie que la faune de toute grande période de l'histoire terrestre sera, par ses caractères généraux, intermédiaire entre celle qui l'aura précédée et celle qui l'aura suivie. Ainsi les espèces qui, sur notre tableau, ont vécu dans la sixième grande période, sont les descendantes modifiées de celles qui vivaient dans la cinquième, et les parentes des formes encore plus modifiées de la septième; elles ne peuvent donc guère manquer de se trouver à peu près intermédiaires par leurs caractères aux formes qui sont au-dessous et au-dessus d'elles. Nous devons toutefois faire la part de l'extinction totale de quelques formes précédentes, de l'immigration de formes nouvelles venues d'autres régions, et d'une forte somme de modifications qui ont dû s'opérer pendant les immenses intervalles qui se sont écoulés entre le dépôt des diverses formations successives. Ces réserves faites, la faune de chaque époque géologique est certainement intermédiaire par ses caractères entre la faune qui l'a précédée et celle qui l'a suivie. Je n'en citerai qu'un exemple, dans la manière dont les fossiles du système Dévonien, lors de sa découverte, furent d'emblée reconnus par les paléontologistes comme intermédiaires entre ceux du système Carbonifère, qui était dessus, et ceux du système Silurien sous-jacent. Mais chaque faune n'est pas nécessairement intermédiaire d'une manière exacte, à cause de l'inégalité de la durée des intervalles qui se sont écoulés entre le dépôt des formations consécutives.

Le fait que certains genres présentent une exception à la règle ne constitue pas une objection sérieuse à l'assertion que toute faune d'une époque donnée est, dans son ensemble, intermédiaire entre celles qui la précèdent et la suivent. Ainsi les mastodontes et les éléphants, disposés par le Dr Falconer de deux manières, d'abord d'après leurs affinités mutuelles, ensuite selon les époques de leur existence, forment deux séries qui ne concordent pas. Les espèces dont les caractères sont les plus extrêmes ne sont ni les plus anciennes ni les plus récentes, et celles qui sont intermédiaires par leurs caractères ne le sont pas par l'âge auquel elles ont vécu. Mais, dans ce cas comme dans d'autres analogues, en supposant pour un instant que nous ayons exactement les traces de l'apparition et de la disparition de l'espèce, nous n'avons aucune raison pour croire que les formes successivement produites aient nécessairement dû avoir une durée correspondante : une forme ancienne pouvant quelquefois durer beaucoup plus longtemps qu'une forme née postérieurement ailleurs, surtout dans les cas de productions terrestres habitant des districts séparés. Pour comparer les petites choses aux grandes, si, autant que la chose serait possible, on disposait toutes les races vivantes et éteintes du pigeon domestique en une série d'après leurs affinités, cet arrangement ne concorderait nullement avec l'ordre de leur production, et encore moins avec celui de leur extinction. En effet, la souche parente, le biset, existe encore, et une foule de variétés comprises entre le biset et le messager, par exemple, ont disparu. Les messagers, qui présentent comme caractère un développement du bec poussé à l'extrême, ont apparu bien avant les culbutants à bec court, qui se trouvent sous ce rapport occuper l'autre extrémité de la série.

Le fait, remarqué par tous les paléontologistes, de la plus grande ressemblance qui existe tant entre les fossiles de deux formations consécutives qu'entre ceux de formations plus éloignées, se rattache à l'assertion précédemment formulée du caractère intermédiaire à quelque degré, des restes organisés qui sont conservés dans une formation intermédiaire. Pictet nous en donne un exemple bien connu dans la ressemblance générale qu'on constate chez les fossiles contenus dans les divers étages de la formation de la Craie, bien que dans chacun les espèces soient différentes. La généralité du fait semble avoir ébranlé chez le professeur Pictet sa ferme croyance à l'immutabilité de l'espèce. Qui connaît la distribution des espèces vivant à la surface du globe ne songera pas à expliquer la ressemblance étroite qu'offrent les espèces distinctes de deux formations consécutives, par la persistance des mêmes conditions physiques qu'autrefois. Il faut se rappeler que les formes vivantes, les marines au moins, ont changé presque simultanément dans le monde entier, par conséquent sous les climats et dans les conditions les plus différentes. Combien peu, en effet, les formes spécifiques des habitants de la mer ont-elles été affectées par les vicissitudes considérables du climat pendant l'époque pléistocène, qui comprend toute la période glaciaire!

Dans la théorie de la descendance, la signification des rapports intimes qui se remarquent entre fossiles provenant de formations consécutives, bien qu'ils soient considérés comme spécifiquement distincts, est évidente. L'accumulation de chaque formation ayant été fréquemment interrompue, et de longs intervalles s'étant intercalés entre les dépôts successifs, nous ne devons pas nous attendre, ainsi que j'ai essayé de le montrer dans le précédent chapitre, à trouver dans une ou deux formations données toutes les variétés intermédiaires entre les espèces qui ont apparu à leur commencement et à leur fin; mais nous pouvons, après des intervalles modérés, si on les estime au point de vue géologique, quoique fort longs, si on les mesure en années, rencontrer des formes voisines, ou, comme on les a appelées, des formes représentatives. C'est certainement ce qui a effectivement lieu. Nous trouvons, en un mot, les preuves d'une mutation lente et insensible des formes spécifiques, telle que nous sommes en droit de l'attendre.

De l'état du développement des formes anciennes comparées à celles qui sont actuellement vivantes.

Nous avons vu dans le quatrième chapitre que, chez tous les êtres organisés ayant atteint leur maturité, c'est dans le degré de différenciation et de spécialisation des diverses parties de leur conformation que nous trouvons le meilleur critère de leur degré de perfection et de leur situation dans l'échelle. Nous avons encore vu que, comme la spécialisation des organes constitue un avantage pour chaque être, la sélection naturelle tendra à perfectionner son organisation en la spécialisant, et dans ce sens en l'élevant; mais cela ne l'empêchera pas de laisser à de nombreux êtres une conformation simple et inférieure, appropriée à des conditions d'existence moins complexes, et dans certains cas même, de déterminer chez eux une simplification et une dégradation de l'organisation de nature à les mieux adapter à leurs conditions particulières. D'une manière générale, les espèces nouvelles deviendront supérieures à celles qui les ont précédées ; car elles auront, dans la lutte pour l'existence, à l'emporter sur toutes les formes antérieures avec lesquelles elles seront en concurrence. Nous pouvons donc conclure de là que, si, dans les conditions d'un climat à peu près semblable, on pouvait mettre en concurrence les habitants de l'époque éocène avec ceux du monde actuel, ceux-ci l'emporteraient sur les premiers et les extermineraient; et que, à leur tour, ceux de l'époque éocène remplaceraient les formes de la période secondaire, et celles-ci les formes paléozoïques. D'après ce critère fondamental de la victoire dans la lutte pour l'existence, joint au fait de la spécialisation des organes, les formes modernes doivent, selon la théorie de la sélection naturelle, être plus élevées que les formes anciennes. En est-il ainsi? L'immense majorité des paléontologistes répondraient par l'affirmative, et leur réponse, bien que difficile à démontrer complétement, doit être admise comme vraie.

Le fait que certains Brachiopodes n'ont été que légèrement modifiés depuis une époque géologique fort reculée ne constitue point une objection sérieuse contre cette conclusion. Ce n'est pas une difficulté insurmontable que, ainsi que le constate le Dᵣ Carpenter, les Foraminifères n'aient pas progressé quant à leur organisation, même depuis l'époque Laurentienne ; car quelques organismes peuvent rester adaptés à des conditions de vie très-simples ; et quoi de mieux approprié sous ce rapport que ces protozoaires d'une organisation si inférieure ? Il n'y a aucune difficulté à comprendre, comme le prétend le professeur Phillips, que les mollusques d'eau douce n'aient presque pas changé depuis l'époque de leur apparition jusqu'à nos jours ; c'est parce qu'ils ont été exposés à une concurrence beaucoup moins sévère que les mollusques peuplant les mers beaucoup plus étendues et renfermant d'innombrables habitants. Des objections de cette nature seraient fatales à toute théorie impliquant le progrès nécessaire de l'organisation. Elles le seraient également à la mienne si on pouvait, par exemple, prouver que les Foraminifères ont pris naissance pendant l'époque Laurentienne, ou les Brachiopodes pendant la formation Cambrienne ; car alors il n'y aurait pas eu un temps suffisant pour permettre le développement de ces organismes au point qu'ils ont alors atteint. Une fois arrivés à un état donné, il n'y a, suivant la sélection naturelle, aucune nécessité pour qu'ils continuent à progresser davantage, bien que dans chaque âge successif ils puissent se modifier légèrement, de manière à conserver une position en rapport avec les conditions ambiantes changées. Toutes ces objections reposent sur notre ignorance de l'âge réel de notre globe, et des périodes auxquelles les différentes formes vivantes ont apparu en premier, points fort discutables.

Le problème de savoir si l'organisation a dans son ensemble progressé est de toutes manières fort complexe. Les archives géologiques, toujours fort incomplètes, ne remontent, à ce que je crois, pas assez haut pour établir avec une netteté incontestable que, pendant le temps dont l'histoire nous est connue, l'organisation ait largement progressé. Même actuellement, et pour les membres d'une même classe, les naturalistes ne sont pas d'accord sur la situation relative des formes dans l'échelle. Ainsi, les uns regardent comme supérieurs dans les poissons les Sélaciens ou requins, parce qu'ils se rapprochent des reptiles par certains points importants de leur conformation; d'autres accordent la supériorité aux Téléostéens. Les Ganoïdes sont intermédiaires aux Sélaciens et aux Téléostéens; ces derniers sont actuellement fortement prépondérants par le nombre, mais autrefois il n'existait que des Sélaciens et des Ganoïdes; par conséquent, suivant le type de supériorité qu'on aura choisi, on pourra dire que les poissons ont avancé ou rétrogradé quant à leur organisation. Il semble presque impossible de comparer les types de classes distinctes sous le rapport de leur supériorité; car qui pourra, par exemple, l'établir entre la seiche et l'abeille, cet insecte dont von Baer a qualifié l'organisation de « supérieure à celle d'un poisson, bien que construite sur un tout autre type? » Dans la lutte complexe pour l'existence, il est parfaitement possible que des crustacés, même peu élevés dans leur classe, puissent vaincre les céphalopodes, qui sont le type supérieur des mollusques; et que ces crustacés, bien que d'un développement inférieur, occupent un rang très-élevé dans l'échelle des invertébrés, si on en juge d'après l'épreuve de toutes la plus décisive,—la loi du combat. Outre ces difficultés inhérentes qui se présentent lorsqu'il s'agit de décider quelles sont les formes les plus élevées par leur organisation, il ne faudrait pas seulement comparer les membres supérieurs d'une classe à deux époques données, — bien que ce soit là un et peut-être le plus important des éléments nécessaires pour établir la balance,—mais encore en comparer tous les membres supérieurs et inférieurs, aux deux périodes.

Autrefois, les mollusques les plus élevés ainsi que les plus inférieurs, les Céphalopodes et les Brachiopodes, fourmillaient; actuellement, ces deux ordres sont fortement réduits, tandis que les autres, dont l'organisation est intermédiaire, ont pris un accroissement considérable; quelques naturalistes soutiennent en conséquence que les mollusques présentaient autrefois une organisation supérieure à celle qu'ils ont aujourd'hui. Mais on peut fournir à l'appui de l'opinion contraire l'argument bien plus fort basé sur le fait de l'énorme réduction des mollusques inférieurs, joint à celui que les céphalopodes existants, quoique peu nombreux, présentent une organisation beaucoup plus élevée que ne l'était celle de leurs anciens représentants. Nous devrions aussi comparer les proportions relatives des classes supérieures et inférieures existant dans le monde entier à deux périodes données ; car, par exemple, s'il existe aujourd'hui cinquante mille formes de vertébrés, et que nous puissions savoir qu'à une époque antérieure il n'y en avait que dix mille, nous devons considérer cette augmentation de nombre dans la classe supérieure, qui impliquerait un déplacement considérable de formes inférieures, comme un progrès décisif dans l'organisation universelle. Il est donc bien difficile d'espérer qu'on puisse jamais d'une manière équitable, et dans des conditions aussi complexes, arriver à comparer entre eux la valeur de perfection des types des faunes si imparfaitement connues des diverses périodes successives.

Cette difficulté ressort clairement de l'examen de certaines faunes et flores existantes. D'après la manière extraordinaire dont les productions européennes se sont récemment répandues dans la Nouvelle-Zélande, et se sont emparées de positions précédemment occupées, nous devons croire que, si tous les animaux et plantes de la Grande-Bretagne étaient importés dans la Nouvelle-Zélande, un grand nombre de formes britanniques s'y naturaliseraient avec le temps, en exterminant une partie des formes indigènes. D'autre part, comme pas un seul habitant de l'hémisphère sud n'est redevenu sauvage dans aucune partie de l'Europe, il est douteux que si, inversement, les productions de la Nouvelle-Zélande fussent introduites en Angleterre, il y en eût beaucoup qui pussent s'emparer de positions actuellement occupées par nos plantes et animaux indigènes. Sous ce point de vue, les productions de la Grande-Bretagne seraient donc supérieures dans l'échelle à celles de la Nouvelle-Zélande, et le naturaliste le plus sagace ne pourrait jamais prévoir ce résultat par le simple examen des espèces des deux pays.

Agassiz et plusieurs autres juges compétents ont insisté sur la ressemblance qui se remarque à un certain degré entre les animaux anciens et les embryons des animaux actuels, appartenant aux mêmes classes, — et sur le parallélisme assez exact qui existe entre la succession géologique des formes éteintes et le développement embryonnaire des formes actuelles. Cette manière de voir concorde admirablement avec notre théorie. Je chercherai, dans un chapitre futur, à montrer que l'adulte diffère de son embryon par des variations qui surviennent à un âge qui n'est pas très-précoce, et qui sont héréditaires à une période correspondante. Cette marche, qui laisse l'embryon presque intact, augmente continuellement, et de plus en plus, dans le cours des générations successives, les différences de l'adulte. L'embryon reste donc comme une espèce d'image, conservée par la nature, de l'ancien état moins modifié de l'animal. Cette manière de voir, qui ne sera peut-être jamais susceptible d'une démonstration complète, me paraît vraie. En voyant, par exemple, que les plus anciens mammifères, reptiles et poissons connus, appartiennent rigoureusement à leurs classes respectives, bien que quelques-unes de ces formes antiques soient, jusqu'à un certain point, moins distinctes entre elles que ne le sont aujourd'hui les membres typiques des mêmes groupes, je crois qu'il serait inutile de chercher des animaux présentant les caractères généraux et embryologiques des vertébrés, tant qu'on n'aura pas découvert, au-dessous des couches les plus inférieures du système Silurien, des dépôts riches en fossiles, — découverte qui n'a que peu de chances en sa faveur.

Succession des mêmes types dans les mêmes zones pendant les dernières périodes tertiaires.

Il y a déjà bien des années que M. Clift a montré que les mammifères fossiles provenant des cavernes d'Australie étaient très-voisins des marsupiaux qui vivent actuellement sur ce continent. Des rapports analogues, manifestes même pour un œil inexercé, se montrent également dans l'Amérique du Sud, dans les pièces d'une armure gigantesque, semblable à celle du tatou, trouvées dans diverses localités de La Plata, et dans les faits qui ont permis au professeur Owen d'établir de la manière la plus frappante que la plupart des mammifères fossiles qui y sont enfouis en nombres immenses se rattachent aux types de l'Amérique méridionale. Ces rapports sont encore plus évidents dans la magnifique collection d'ossements fossiles recueillis dans les cavernes du Brésil par MM. Lund et Clausen. Ces faits m'avaient si fortement frappé, que déjà en 1839 et 1845 j'insistais fortement sur cette « loi de la succession des types, — et ces remarquables rapports de parenté qui existent entre les formes éteintes et vivantes d'un même continent. » Le professeur Owen a depuis étendu la même généralisation aux mammifères de l'ancien monde, et les restaurations des oiseaux éteints et gigantesques de la Nouvelle-Zélande faites par le même auteur la confirment également. Il en est de même des oiseaux trouvés dans les cavernes du Brésil. M. Woodward a signalé l'exactitude de la loi pour les mollusques marins, mais elle est moins apparente, à cause de la vaste distribution de la plupart des genres de cet ordre. On pourrait encore ajouter d'autres exemples, tels que les elations qui se remarquent entre les mollusques terrestres éteints et vivants de l'île de Madère et entre les espèces perdues de mollusques et celles qui habitent actuellement les eaux saumâtres de la mer Aralo-Caspienne.

Que signifie maintenant cette loi remarquable de la succession des mêmes types dans les mêmes régions? Après avoir comparé le climat actuel de l'Australie avec les parties de l'Amérique méridionale sises sous la même latitude, il serait téméraire d'expliquer, d'une part, la dissemblance des habitants de ces deux continents par la différence dans les conditions physiques; et par la similitude dans ces dernières, d'autre part, l'uniformité des types qui ont existé dans chacun de ces pays pendant les dernières périodes tertiaires. On ne pourra pas non plus prétendre qu'une loi immuable ait déterminé la production principale ou exclusive des marsupiaux en Australie seulement, ou des Édentés et autres types spéciaux dans l'Amérique du Sud. Nous savons qu'anciennement l'Europe était peuplée de nombreux Marsupiaux, et j'ai montré, dans les travaux auxquels j'ai fait précédemment allusion, que la loi de distribution des mammifères terrestres était autrefois en Amérique différente de ce qu'elle est aujourd'hui. L'Amérique du Nord a autrefois fortement participé aux caractères que possède actuellement sa moitié méridionale; et celle-ci se rapprochait par les siens, beaucoup plus que maintenant, de sa moitié septentrionale. Les découvertes de Falconer et Cautley nous ont appris que de la même manière l'Inde du Nord avait, par ses mammifères, plus de rapports avec l'Afrique que cela n'est actuellement le cas. La distribution des animaux marins fournit des faits analogues.

La théorie de la descendance avec modification explique immédiatement cette grande loi de la succession, de longue durée, mais non immuable, des mêmes types dans les mêmes régions; car les habitants d'un quartier du monde tendront évidemment à laisser dans le même quartier, pendant la période suivante, des descendants de leur type, bien qu'ils puissent être en quelque façon modifiés. Lorsque les habitants d'un continent auront autrefois considérablement différé de ceux d'un autre continent, leurs descendants actuels modifiés différeront encore à peu près de la même manière et au même degré. Mais après de très-longs intervalles et de grands changements géographiques, à la suite desquels il y aura eu beaucoup de migrations réciproques, les formes plus faibles auront cédé la place aux formes dominantes, de sorte que les lois de la distribution présente et passée n'offriront point nécessairement des caractères d'immutabilité.

On demandera peut-être en raillant si je considère le paresseux, le tatou et le fourmilier comme les descendants dégénérés du mégathérium et autres types gigantesques voisins, qui ont autrefois habité l'Amérique méridionale. Ceci n'est pas un seul instant admissible. Ces énormes animaux sont éteints, et n'ont laissé aucune descendance. Mais on trouve dans les cavernes du Brésil un grand nombre d'espèces fossiles qui, par leur taille et tous leurs autres caractères, se rapprochent d'espèces vivant actuellement dans l'Amérique du Sud, et dont quelques-unes pourraient être les ancêtres réels des espèces vivantes. N'oublions pas que, d'après notre théorie, toutes les espèces d'un même genre sont les descendantes d'une espèce donnée, de sorte que si on trouve dans une formation géologique six genres ayant chacun huit espèces, et dans la formation géologique suivante six autres genres voisins ayant le même nombre d'espèces, nous pouvons conclure qu'une espèce seulement de chacun des anciens genres aura laissé des descendants modifiés, constituant les diverses espèces des nouveaux genres, les sept autres espèces de chaque ancien genre s'étant perdues sans laisser de descendance. Ou bien, et ce sera le cas probablement le plus fréquent, deux ou trois espèces de deux ou trois des six genres anciens seront seules les formes parentes des nouveaux genres, les autres espèces et genres ayant totalement disparu. Chez les ordres en voie d'extinction par suite du décroissement du nombre des genres et des espèces, comme celui des Édentés, dans l'Amérique du Sud, ces groupes laisseront toujours moins de descendants directs modifiés.

Résumé des présent et précédent chapitres.

J'ai cherché à montrer l'imperfection extrême de nos archives géologiques ; — qu'une infime partie du globe n'a encore été explorée avec soin ; — que certaines classes d'êtres organisés ont seules été conservées en abondance à l'état fossile ; — que le nombre des espèces et des exemplaires conservés dans nos musées est à peu près rien en comparaison de celui des générations qui ont dû exister pendant la durée d'une seule formation ; — que, par suite de la nécessité d'un affaissement du sol pour permettre l'accumulation de dépôts riches en espèces fossiles diverses, et assez épais pour résister aux dégradations futures, d'énormes espaces de temps ont dû s'écouler dans l'intervalle de la plupart des formations successives ; — qu'il y a probablement eu plus d'extinction pendant les périodes d'affaissement et plus de variation pendant celles d'exhaussement, le nombre des formes conservées ayant été pendant ces dernières moins considérable ; — que chaque formation n'a pas été déposée d'une manière continue ; —que la durée de chacune d'elles a été probablement plus courte que la durée moyenne des formes spécifiques ; — que les migrations ont joué un rôle important dans la première apparition de formes nouvelles dans une zone et une formation données ; — que les espèces les plus généralement répandues sont celles qui ont dû varier le plus fréquemment, et par conséquent donner naissance au plus de nouvelles espèces ; — que les variétés ont été d'abord locales ; — et enfin que, bien que chaque espèce ait dû parcourir de nombreuses phases de transition, il est probable que les périodes pendant lesquelles elle a subi des modifications, bien que longues, estimées en années, ont dû être courtes, comparées à celles pendant lesquelles chacune d'elles est restée sans modification. Ces causes réunies expliquent dans une mesure importante, — malgré de nombreuses lacunes, — pourquoi nous ne rencontrons pas d'interminables variétés, reliant entre elles d'une manière parfaitement graduelle toutes les formes éteintes et vivantes. N'oublions jamais surtout que toutes variétés intermédiaires entre deux ou plusieurs formes seraient infailliblement, à moins qu'on ne pût reconstituer la chaîne complète des états qui les rattachent les unes aux autres, regardées comme des espèces nouvelles et distinctes, aucun critère certain, permettant de distinguer les espèces des variétés, n'étant connu.

Qui n'admet pas l'imperfection des archives géologiques doit avec raison repousser la théorie tout entière ; car c'est en vain qu'il demandera où sont les innombrables formes de transition qui ont dû autrefois relier les espèces voisines ou représentatives qu'on rencontre dans les étages successifs d'une même formation. Il peut refuser de croire aux énormes intervalles de temps qui ont dû s'écouler entre nos formations consécutives, et méconnaître l'importance du rôle qu'ont dû jouer les migrations, en ce qui concerne les formations d'une grande région seulement, comme celle de l'Europe; il peut faire valoir, à tort quelquefois, le fait apparent de l'apparition subite de groupes entiers d'espèces. Il peut demander où sont les restes de ces organismes si infiniment nombreux, qui ont dû exister longtemps avant le dépôt du système Cambrien. Nous savons maintenant qu'à cette époque il existait au moins un animal; mais je ne puis répondre à la question qu'en supposant que, là où s'étendent actuellement nos océans, ils ont dû y exister depuis un temps immense, et que les points occupés par nos continents oscillants ont dû l'être depuis le commencement de l'époque Cambrienne ; mais que, bien avant cette période, le globe a eu un aspect fort différent, et que ses continents d'alors, constitués par des formations beaucoup plus anciennes que celles que nous connaissons, n'existent plus pour nous qu'à l'état de restes métamorphiques, ou sont encore ensevelis au fond des mers.

Ces difficultés réservées, tous les autres faits principaux de la paléontologie me paraissent découler simplement de la théorie de la descendance avec modification par la sélection naturelle. Elle nous fait comprendre comment les espèces nouvelles ont pu apparaître lentement et successivement ; pourquoi les espèces de diverses classes ne changent pas nécessairement ensemble avec la même rapidité ou au même degré, bien que toutes, à la longue, éprouvent dans une certaine mesure des modifications. L'extinction des anciennes formes est la presque inévitable conséquence de la production de formes nouvelles. Nous comprenons pourquoi une espèce qui a disparu ne reparaît jamais. Les groupes d'espèces s'augmentent lentement en nombre, et durent pendant des périodes inégales de temps ; car la marche des modifications est nécessairement lente et dépend d'une foule d'éventualités complexes. Les espèces dominantes appartenant à des groupes étendus et prépondérants tendent à laisser de nombreux descendants qui constituent à leur tour de nouveaux sous-groupes, puis des groupes. A mesure que ceux-ci se forment, les espèces des groupes moins vigoureux tendent, en raison de l'infériorité qu'ils ont héritée d'un ancêtre commun, à disparaître, sans laisser par conséquent de descendants. L'extinction complète d'un groupe entier d'espèces a été quelquefois une opération très-longue, par suite de la survivance de quelques descendants qui ont pu continuer à se maintenir dans quelques positions isolées et protégées. Lorsqu'un groupe a une fois complétement disparu, il ne reparaît jamais, la série de la génération ayant été rompue.

Nous pouvons comprendre comment les formes dominantes qui se répandent au large, et fournissent le plus grand nombre de variétés, doivent tendre à peupler le monde de descendants se rapprochant d'elles, tout en étant modifiés ; lesquels réussiront généralement à déplacer les groupes qui, dans la lutte pour l'existence, leur sont inférieurs. Il résulte de là qu'après de grands intervalles de temps les productions du globe paraîtront avoir changé d'une manière simultanée.

Nous pouvons comprendre comment il se fait que toutes

les formes vivantes, anciennes et récentes, ne constituent dans leur ensemble qu'un petit nombre de grandes classes peu nombreuses; car elles se rattachent entre elles par la génération. Nous comprenons, par la tendance continue à la divergence des caractères, pourquoi une forme diffère en général d'autant plus de celles qui vivent actuellement qu'elle est plus ancienne; pourquoi des formes qui ont vécu autrefois et ont disparu comblent souvent des lacunes existant entre des formes actuelles, quelquefois réunissant en un seul deux groupes précédemment considérés comme distincts; mais plus ordinairement ne tendant qu'à diminuer la distance qui les sépare. Plus une forme est ancienne, plus elle se trouve être intermédiaire, à quelque degré, entre des groupes aujourd'hui distincts; car plus une forme sera ancienne, plus elle se rapprochera de — et par conséquent ressemblera à — l'ancêtre commun de groupes qui ont depuis divergé considérablement. Les formes éteintes sont rarement directement intermédiaires entre les formes actuelles; elles ne le sont que par un détour fort long, passant par une foule d'autres formes différentes et disparues. Nous trouvons encore dans le fait de la génération directe la raison évidente de la ressemblance qui se remarque entre les restes organiques des formations immédiatement consécutives, et du pourquoi les êtres enfouis dans une formation intermédiaire le sont également par leurs caractères.

Les habitants de chaque époque successive de l'histoire du globe, ayant dû vaincre leurs prédécesseurs dans la lutte pour l'existence, occupent de ce fait une place plus élevée qu'eux dans l'échelle de la nature, leur conformation tendant généralement à devenir plus spécialisée; ce fait rend compte de l'idée admise par la plupart des paléontologistes que, dans son ensemble, l'organisation a progressé. Les animaux anciens et éteints ressemblent jusqu'à un certain point aux embryons des animaux vivants appartenant aux mêmes classes; fait remarquable qui s'explique tout simplement dans notre théorie. La succession des mêmes types d'organisation sur les mêmes points, pendant les dernières périodes géologiques, cesse d'être un mystère, et n'est que la conséquence de l'hérédité.

Admettant donc l'insuffisance et l'imperfection généralement reconnues des archives géologiques, qui par leur nature même ne pourront jamais être que fort incomplètes, les objections soulevées contre la théorie de la sélection sont bien amoindries ou disparaissent. Il me semble, d'autre part, que toutes les lois essentielles établies par la paléontologie proclament clairement que les espèces sont le produit de la génération ordinaire, les formes anciennes ayant été remplacées par des formes nouvelles et améliorées, elles-mêmes le résultat de la variation et de la survivance du plus apte.

CHAPITRE XI.

DISTRIBUTION GÉOGRAPHIQUE.

Insuffisance des différences dans les conditions physiques pour rendre compte de la distribution actuelle. — Importance des barrières. — Affinités entre les productions d'un même continent. — Centres de création. — Dispersion par changements dans le climat, dans le niveau du sol et autres moyens occasionnels. — Dispersion pendant la période glaciaire. — Époques glaciaires alternantes dans le Nord et le Midi.

Lorsqu'on considère la distribution des êtres organisés à la surface du globe, le premier fait considérable qui nous frappe est celui qu'on ne peut s'expliquer par le climat et autres conditions physiques ni les similitudes, ni les dissemblances des habitants des diverses régions. Presque tous les auteurs qui, dans ces derniers temps, ont étudié la question sont arrivés à cette conclusion. L'Amérique seule suffirait pour en démontrer la vérité ; tous les auteurs s'accordent, en effet, à reconnaître que, à l'exception de sa partie tout à fait septentrionale, où la zone qui entoure le pôle est presque continue, la distinction de la terre en ancien et nouveau monde constitue une des divisions les plus fondamentales de la distribution géographique. Cependant, si nous parcourons le vaste continent américain, depuis les États-Unis jusqu'à son extrémité la plus méridionale, nous rencontrons les conditions les plus différentes : régions humides, déserts arides, montagnes élevées, plaines herbeuses, forêts, marais, lacs et grandes rivières sous presque toutes les températures. Il n'y a pour ainsi dire pas, dans l'ancien monde, un climat ou une condition qui n'aient leur pareil dans le nouveau, — au moins dans les limites de ce qui peut être nécessaire à une même espèce. On peut, sans doute, signaler dans l'ancien monde quelques points plus chauds qu'aucun de ceux qui le sont le plus dans le nouveau, mais ils ne sont point peuplés d'une faune différente de celle des régions avoisinantes ; et il est fort rare de trouver un groupe d'organismes limité à

une petite étendue ne présentant que de légères différences
dans ses conditions particulières. Malgré ce parallélisme général entre les conditions respectives des ancien et nouveau
mondes, quelle immense différence n'y a-t-il pas dans leurs
productions vivantes !

Dans l'hémisphère méridional, si nous comparons de grandes
étendues de pays en Australie, l'Afrique du Sud et dans l'ouest
de l'Amérique du Sud, entre les 25ᵉ et 35ᵉ degrés de latitude,
nous y trouvons des points très-semblables par toutes leurs
conditions; il ne serait cependant pas possible de trouver trois
faunes ou flores plus dissemblables. Si, d'autre part, nous comparons les productions de l'Amérique méridionale au sud du
35° de latitude, avec celles de l'Amérique septentrionale au nord
du 25°, qui se trouvent donc séparées par un espace de dix
degrés de latitude, et soumises, par conséquent, à des conditions bien différentes, elles sont incomparablement plus voisines les unes des autres qu'elles ne le sont des productions
australiennes ou africaines vivant sous un climat presque semblable. On pourrait signaler des faits analogues chez les habitants de la mer.

Un second fait important qui, dans ce coup d'œil général,
nous frappe, est celui que toutes barrières s'opposant à une
libre migration sont étroitement et fortement en rapport avec
les différences qui existent entre les productions de diverses
régions. C'est ce que nous montre la grande différence qu'on
constate dans presque toutes les productions terrestres des
nouveau et ancien mondes, les parties septentrionales exceptées, où les deux continents se joignent presque, et où, sous
un climat très-semblable, il peut y avoir eu migration des
formes habitant les parties tempérées du Nord, comme cela
s'observe actuellement pour les productions strictement arctiques. Le même fait est appréciable dans la différence que présentent, sous une même latitude, les habitants de l'Australie,
de l'Afrique et de l'Amérique du Sud, tous pays aussi isolés
les uns des autres que possible. Il en est de même dans tous
les continents; car nous trouvons souvent des productions
différentes sur les côtés opposés de grandes chaînes de montagnes élevées et continues, de vastes déserts et souvent de
grandes rivières. Cependant, comme les chaînes de montagnes,

les déserts, etc., ne sont pas aussi infranchissables et n'ont probablement pas duré aussi longtemps que les océans qui séparent les continents, les différences qui se remarquent dans leurs productions sont d'un degré bien moins prononcé que celles qui caractérisent les productions de continents séparés.

L'examen de la mer nous démontre la même loi. Les habitants des mers des côtes orientales et occidentales de l'Amérique méridionale sont fort distincts et n'offrent que peu de poissons, mollusques ou crustacés en commun ; mais le Dr Günther a récemment montré que, sur les rives opposées de l'isthme de Panama, on trouve environ trente pour cent de poissons communs aux deux ; fait qui a conduit quelques naturalistes à croire que l'isthme a été autrefois ouvert. A l'ouest des côtes de l'Amérique s'étend une mer immense entièrement dépourvue de toute île pouvant servir de lieu de halte pour les êtres émigrants, et constituant par conséquent une autre espèce de barrière, au delà de laquelle nous trouvons dans les îles orientales du Pacifique une autre faune entièrement distincte. Il y a donc là, s'étendant du nord au sud, sur une étendue assez considérable, trois faunes marines, pas très-éloignées entre elles, dirigées parallèlement et exposées à des climats correspondants, mais qui, séparées par des barrières presque infranchissables soit de terre, soit de mer ouverte, sont presque totalement distinctes. Si, d'autre part, nous continuons vers l'ouest des îles orientales des parties tropicales du Pacifique, nous ne rencontrons point de barrières infranchissables, mais des îles en grand nombre ou des côtes continues, jusqu'à ce qu'ayant traversé un hémisphère entier, nous atteignions les côtes d'Afrique ; et sur toute cette vaste étendue, nous ne remarquons point de faune marine bien définie et distincte. Bien qu'un petit nombre de mollusques, de crustacés et de poissons soient communs aux faunes précitées de l'Amérique orientale et occidentale et des îles orientales du Pacifique, beaucoup de poissons s'étendent cependant du Pacifique à l'océan Indien, et il y a de nombreuses coquilles qui sont communes aux îles orientales du Pacifique et aux côtes orientales de l'Afrique, deux régions situées presque sur les méridiens de longitude opposés.

Un troisième fait principal, qui est presque compris dans

ce qui précède, est l'affinité entre les productions d'un même continent ou d'une même mer, bien que les espèces elles-mêmes diffèrent suivant les points et les stations. C'est une loi de plus haute généralité, et dont chaque continent offre des exemples remarquables. Le naturaliste voyageant du nord au midi, par exemple, est frappé de la manière dont les groupes successifs d'êtres spécifiquement distincts, mais voisins, se remplacent les uns les autres. Il entend parler de sortes d'oiseaux différents, mais analogues, ayant presque les mêmes notes, les nids semblablement construits, mais pas identiques, et dont les œufs présentent à peu près la même coloration. Les plaines avoisinant le détroit de Magellan sont habitées par une espèce d'autruche américaine (*Rhea*), et les plaines de La Plata, situées plus au nord, par une espèce différente, du même genre; et non par une véritable Autruche ou Ému, comme celles de l'Afrique et de l'Australie, sous les mêmes latitudes. Dans ces mêmes plaines de La Plata, nous trouvons l'agouti et la viscache, animaux ayant à peu près les mœurs de nos lièvres ou lapins, appartenant au même ordre de Rongeurs, mais présentant évidemment un type américain de conformation. Sur les cimes élevées des Cordillères, nous trouvons une espèce alpine de viscache; dans les eaux nous ne trouvons ni castor ni rat musqué, mais le coypou et la capybara ayant le type sud-américain. Nous pourrions citer une foule d'autres cas semblables. Si nous regardons aux îles de la côte américaine, si différentes qu'elles puissent être quant à leur structure géologique, leurs habitants sont essentiellement américains, bien qu'ils puissent être spécifiquement distincts. Ainsi que nous l'avons vu dans le chapitre précédent, si nous examinons les époques passées, nous trouvons qu'alors c'étaient encore des types américains qui dominaient sur les mers et le continent américains. Ces faits dénotent l'existence de quelque lien organique intime et profond qui prévaut dans le temps et l'espace, dans les mêmes régions sur terre et sur mer, et qui est indépendant des conditions physiques. Il faudrait être bien indifférent pour n'être pas tenté de rechercher quel peut bien être ce lien.

C'est tout simplement l'hérédité, cette cause qui, autant que nous le sachions d'une manière positive, tend à produire des organismes semblables entre eux ou, comme dans le cas des variétés, presque semblables. La dissemblance des habitants de diverses régions peut être attribuée à une modification par sélection naturelle et, à un degré très-subordonné, à l'influence définie de conditions physiques différentes. Le degré de dissemblance dépendra de ce que la migration d'un pays à l'autre des formes vivantes les plus dominantes aura été plus ou moins efficacement empêchée à des époques plus ou moins reculées; — de la nature ou du nombre des immigrants antérieurs, — et de l'action que les habitants ont pu exercer les uns sur les autres, au point de vue de la conservation de différentes modifications, — les rapports qu'ont entre eux les divers organismes dans la lutte pour l'existence étant, comme je l'ai déjà souvent indiqué, les plus importants de tous. Ainsi c'est en empêchant l'immigration que les barrières peuvent exercer une influence importante; de même que le temps, en raison de la marche lente de la modification par sélection naturelle. Les espèces très-largement distribuées, à individus nombreux, qui ont déjà triomphé sur beaucoup de concurrents dans leurs vastes habitats, seront aussi celles qui auront le plus de chances de s'emparer de places nouvelles, lorsqu'elles se seront répandues dans de nouvelles régions. Soumises dans celles-ci à des conditions différentes, elles pourront fréquemment subir des modifications et améliorations ultérieures, remporter de nouvelles victoires et donner naissance à des groupes de descendants modifiés. Ce principe de l'hérédité avec modification nous permet de comprendre pourquoi des sections de genres, ou des genres et même des familles entières, se trouvent limités aux mêmes régions, cas si fréquent et si connu.

Ainsi que je l'ai fait remarquer dans le précédent chapitre, je ne crois à aucune loi de développement nécessaire. La variabilité de chaque espèce étant une propriété indépendante, dont la sélection naturelle ne s'empare qu'autant qu'il en résultera un avantage pour l'individu, dans sa lutte complexe pour l'existence, la quantité de modification chez des espèces différentes ne sera nullement uniforme. Si un certain nombre d'espèces, après avoir longtemps été en concurrence entre elles dans leur ancien habitat, émigraient ensemble dans un pays nouveau et ensuite devenu isolé, elles seraient peu sujettes à modification, car ni la migration ni l'isolement ne pourraient par eux-mêmes faire quoi que ce soit. Ces principes n'agissent qu'en amenant les organismes à avoir entre eux de nouveaux rapports, et à un moindre degré avec les conditions physiques ambiantes. De même que nous avons dans le chapitre précédent vu que quelques formes ont conservé presque les mêmes caractères depuis une époque géologique prodigieusement reculée, de même certaines espèces se sont disséminées sur d'immenses espaces, sans, ou presque sans avoir éprouvé de modifications.

D'après cela il est évident que les différentes espèces du même genre, bien qu'habitant les points du globe les plus éloignés, doivent avoir la même origine, puisqu'elles descendent d'un même ancêtre. Dans les cas de ces espèces qui n'ont éprouvé que peu de modifications pendant des périodes géologiques entières, il n'y a pas de grande difficulté à admettre qu'elles aient émigré d'une même région ; car pendant les immenses changements géographiques et climatériques qui sont intervenus depuis les temps anciens, toute étendue de migration a été possible. Mais beaucoup d'autres cas, dans lesquels nous avons lieu de croire que les espèces du genre sont d'une formation relativement récente, présentent quelque difficulté. Il est aussi évident que des individus d'une même espèce, bien qu'habitant actuellement des régions éloignées et séparées, ont dû provenir d'un seul point, celui où ont dû exister leurs propres parents, car, ainsi que nous l'avons déjà expliqué, il serait inadmissible que des individus identiquement semblables eussent pu être produits par des parents spécifiquement distincts.

Centres uniques de création supposés.

Nous voilà ainsi amenés à la question qui a été si largement discutée par les naturalistes, à savoir si les espèces ont été créées sur un ou plusieurs points de la surface terrestre. Il y a sans doute des cas où il est fort difficile de comprendre comment la même espèce a pu se transporter d'un point donné aux lieux divers, éloignés et isolés, où nous la trouvons

aujourd'hui. La simplicité de l'idée de la première production
de chaque espèce sur un seul point séduit néanmoins l'esprit.
Celui qui la rejette repousse la *vera causa* de la génération ordinaire avec migrations subséquentes et invoque l'intervention d'un miracle. Il est universellement admis que,
dans la plupart des cas, l'aire habitée par une espèce est continue; et que lorsqu'une plante ou un animal habitent deux
points assez éloignés, ou séparés d'une manière à rendre la
migration difficile, le fait est considéré comme exceptionnel et
remarquable. L'impossibilité d'émigrer en traversant une
vaste mer est plus évidente pour les mammifères terrestres que
pour tous les autres êtres organisés; aussi ne trouvons-nous
pas de cas inexplicable de l'existence de mêmes mammifères
habitant des points éloignés du globe. Le géologue n'est point
embarrassé de voir que l'Angleterre possède les mêmes quadrupèdes que le reste de l'Europe, parce que les deux pays ont
été autrefois réunis. Mais, si les mêmes espèces peuvent être
produites sur deux points séparés, pourquoi ne trouvons-nous
pas un seul mammifère commun à l'Europe et à l'Australie ou
l'Amérique du Sud? Les conditions d'existence sont presque les
mêmes, au point qu'une foule de plantes et d'animaux européens se sont naturalisés en Australie et en Amérique, et que
quelques plantes primitives sont les mêmes sur ces points si
éloignés des hémisphères nord et sud. Je crois qu'on peut
répondre à cela que les mammifères n'ont pas pu émigrer;
tandis que quelques plantes, grâce à la diversité de leurs
moyens de dissémination, ont pu être transportées à travers
d'immenses espaces. L'influence considérable des barrières de
toutes espèces n'est compréhensible qu'autant que la grande
majorité des espèces a été produite d'un côté, et n'a pu passer
au côté opposé. Quelques familles, sous-familles, beaucoup de
genres et un plus grand nombre encore de sections de
genres, sont limitées à une seule région, et plusieurs naturalistes ont observé que les genres les plus naturels, — c'est-à-
dire ceux dont les espèces se rapprochent le plus entre elles, —
sont généralement restreints à un même pays, ou ont une distribution continue lorsqu'elle est étendue. Quelle anomalie
étrange si la règle contraire venait à prévaloir, lorsque nous
descendons d'un échelon dans la série, à savoir, aux individus

de la même espèce, et que ceux-ci n'eussent pas, au moins à l'origine, été limités à quelque région déterminée !

Il me semble donc, comme à beaucoup d'autres naturalistes, que l'idée que l'espèce a été produite sur un point unique, d'où elle s'est ensuite répandue aussi loin que lui ont permis ses moyens d'émigration et de subsistance sous les conditions passées et présentes dans lesquelles elle s'est trouvée, est la plus probable. Nous rencontrons sans doute bien des cas dans lesquels nous ne pouvons pas expliquer le passage d'une même espèce d'un point à un autre, mais les changements climatériques et géographiques qui ont certainement eu lieu dans des époques géologiques récentes doivent avoir rompu la continuité de la distribution qu'avaient autrefois beaucoup d'espèces. Nous en sommes donc réduits à apprécier si les exceptions à la continuité de distribution sont assez nombreuses et assez graves pour nous faire renoncer à l'idée, que les considérations générales rendent probable, que toute espèce, ayant été produite sur un point, est partie de là pour s'étendre ensuite aussi loin que possible. Il serait fastidieux de discuter tous les cas exceptionnels de mêmes espèces vivant actuellement sur des points isolés et éloignés, et encore n'aurais-je pas la prétention d'en trouver l'explication pour plusieurs. Mais, après quelques remarques préliminaires, je discuterai quelques-unes des classes les plus frappantes de faits ; tels que l'existence de la même espèce sur les sommets de chaînes de montagnes éloignées et sur des points distants dans les régions arctiques et antarctiques ; secondement (dans le chapitre suivant), la grande distribution des formes aquatiques d'eau douce ; et troisièmement, l'existence de mêmes espèces terrestres sur des îles et des continents, séparés d'ailleurs par des centaines de lieues de mer. Puisque l'existence d'une même espèce sur divers points isolés et fort éloignés entre eux peut dans un grand nombre de cas s'expliquer par la dissémination de l'espèce ayant émigré de son point de production, considérant notre ignorance en ce qui concerne tant les changements climatériques et géographiques qui ont eu lieu autrefois que les moyens occasionnels de transport ayant pu concourir à cette dissémination, je crois que l'admission d'un lieu de naissance unique est incomparablement la plus sûre.

La discussion de ce sujet nous permettra en même temps de considérer un point également très-important pour nous, à savoir si les diverses espèces d'un genre qui, d'après la théorie, doivent être toutes des descendantes d'un ancêtre commun, sont aussi parties d'un point de départ, et ont été modifiées pendant leurs migrations. Lorsque la plupart des espèces habitant une région sont différentes de celles d'une autre région, tout en en étant voisines et appartenant aux mêmes genres, et qu'on puisse montrer qu'il y ait eu autrefois une migration probable d'une région à l'autre, ce sont là des faits qui confirment nos vues, et qui s'expliquent d'une manière évidente par la descendance avec modification. Une île volcanique qui se forme, par exemple, par un soulèvement à quelques centaines de lieues d'un continent, recevra de ce dernier et avec le temps quelques colons, dont les descendants, bien que modifiés, présenteront des rapports résultant de l'hérédité, avec les habitants du continent. Des cas de ce genre sont communs, et, ainsi que nous le verrons plus tard, inexplicables dans la théorie des créations indépendantes. Cette opinion sur les rapports qui existent entre les espèces de deux régions ne diffère que peu de celle émise par M. Wallace, qui conclut que « chaque espèce ayant été appelée à l'existence, correspond, tant dans le temps que dans l'espace, à une forme préexistante qui en est étroitement voisine. » Il attribue cette correspondance à la descente avec modification.

La discussion sur « l'unité ou la pluralité des centres de création » touche indirectement à une question analogue qui est de savoir si tous les individus d'une même espèce proviennent d'une seule paire, ou d'un unique hermaphrodite, ou, ainsi que l'admettent quelques auteurs, de plusieurs individus simultanément créés. Pour les êtres organisés qui ne se croisent jamais, s'il y en a, chaque espèce doit descendre d'une succession de variétés modifiées, qui se sont mutuellement supplantées, mais sans jamais se mêler avec d'autres individus ou variétés de la même espèce ; de sorte qu'à chaque phase successive de modification et d'amélioration, tous les individus de la même variété seront des descendants d'un seul parent. Mais, dans la majorité des cas, à savoir, pour tous les organismes qui s'apparient pour chaque naissance, ou s'entre-croisent parfois, les individus de même espèce habitant la même surface resteront uniformes par entre-croisement; de sorte que, plusieurs individus continuant simultanément à changer, l'ensemble des modifications caractérisant une phase donnée ne sera pas dû à la descendance d'un parent unique. Pour faire comprendre ce que j'entends : nos chevaux de course diffèrent de toutes les autres races, mais ils ne doivent pas leur différence et leur supériorité à leur descendance d'une seule paire, mais aux soins incessants apportés à la sélection et à l'entraînement d'un grand nombre d'individus dans chaque génération.

Avant de discuter les trois classes de faits que j'ai choisies, comme étant les plus difficiles à expliquer dans la théorie des « centres uniques de création », je dois dire quelque chose des moyens de dispersion.

Modes de dispersion.

Sir C. Lyell et d'autres auteurs ont habilement traité ce sujet, dont je me bornerai à ne donner ici qu'un court extrait des faits les plus importants. Le changement de climat doit avoir eu une puissante influence sur les migrations; une région infranchissable, lorsque son climat était différent de ce qu'il est aujourd'hui, peut avoir été depuis une grande route pour les migrations. Les changements de niveau dans le sol peuvent aussi avoir joué un grand rôle; que deux faunes marines soient séparées par un isthme ; et que cet isthme soit submergé ou l'ait été autrefois, les deux faunes se mêleront ou se seront mêlées. Là où il y a aujourd'hui la mer, des portions de terre peuvent avoir anciennement réuni les îles entre elles, ou même avec des continents, et permis ainsi aux productions terrestres de passer des uns aux autres. Aucun géologue ne conteste que dans la période de la vie organisée, il n'y ait eu de grands changements de niveau. E. Forbes a insisté sur le fait que toutes les îles de l'Atlantique ont dû être, à une époque récente, en connexion avec l'Europe ou l'Afrique, et aussi l'Amérique avec l'Europe. D'autres auteurs ont aussi hypothétiquement jeté des ponts sur tous les océans, et réuni presque toutes les îles à quelque continent. Si on peut se fier aux arguments sur lesquels Forbes s'est appuyé, il faudrait admettre qu'il n'y a pas une seule île qui n'ait été récemment rattachée à quelque continent. Cette opinion tranche le nœud gordien de la dispersion d'une même espèce sur les points les plus éloignés, et écarte bien des difficultés; mais, autant que je puis en juger, je ne crois pas que nous soyons autorisés à admettre qu'il y ait eu des changements géographiques aussi énormes dans les limites de la période des espèces existantes. Il me semble que nous avons les preuves nombreuses de fortes oscillations dans les niveaux des terres et de la mer, mais non des changements assez vastes dans la position et l'extension de nos continents pour qu'ils aient pu, dans une période récente, être réunis entre eux ou aux îles océaniques intermédiaires. J'admets complétement l'existence antérieure de beaucoup d'îles, actuellement ensevelies sous la mer, qui ont pu servir de stations de halte pour les plantes et les animaux pendant leurs migrations. Dans les mers productrices de corail, des îles enfoncées ainsi sont actuellement dessinées par des constructions circulaires de coraux qui s'y sont établis. Lorsqu'on admettra complétement, ce qui sera un jour le cas, que chaque espèce est partie d'un lieu de naissance unique, et qu'à la longue nous finirons par connaître quelque chose de plus précis sur les modes de distribution, nous pourrons avec plus de sûreté raisonner sur l'extension passée des terres. Mais je ne pense pas qu'on arrive jamais à prouver que, dans la période récente, la plupart de nos continents actuellement séparés aient été réunis d'une manière complète ou à peu près, soit les uns avec les autres, soit avec les grandes îles océaniques. Plusieurs faits qui se remarquent dans la distribution, — tels que la grande différence qui existe entre les faunes marines des côtes opposées de presque chaque continent, — les rapports étroits qui rattachent à leurs habitants actuels les formes tertiaires de plusieurs pays ou mers, — l'affinité, quant au degré, entre les mammifères habitant les îles et ceux du continent le plus rapproché, étant en partie déterminée (comme nous le verrons plus loin) par la profondeur de la mer qui les sépare, — ces faits et d'autres semblables me paraissent s'opposer à ce qu'on doive admettre que des révolutions géographiques, aussi considérables que l'exigeraient les idées soutenues par

Forbes et ses partisans, aient eu lieu à une époque récente. Les proportions relatives et la nature des habitants des îles océaniques me paraissent également s'opposer à l'idée que celles-ci aient été autrefois en continuité avec des continents. Leur constitution presque universellement volcanique n'est pas non plus favorable à l'idée qu'elles représentent des restes de continents submergés ; — car si elles eussent primitivement été des chaînes de montagnes continentales, quelques-unes au moins seraient, comme d'autres sommités, formées de granite, de schistes métamorphiques, de roches anciennes fossilifères ou d'autres, au lieu de n'être que des entassements de matières volcaniques.

Quelques mots sur ce qu'on a appelé des moyens accidentels, mais qui seraient mieux nommés moyens ou procédés occasionnels de distribution, en me bornant ici aux plantes seulement. On dit dans les livres de botanique que telle ou telle plante est mal adaptée à une dissémination étendue ; mais on peut dire que les plus ou moins grandes facilités qu'elles présentent pour le transport à travers les mers étaient totalement inconnues. On ignorait, jusqu'aux essais que j'entrepris sur ce point avec le concours de M. Berkeley, à quel point les graines pouvaient résister à l'action nuisible de l'eau de mer. Je trouvai à ma grande surprise que, sur 87 sortes, 64 ont pu germer après une immersion de 28 jours, et qu'un petit nombre survécurent à une immersion de 137 jours. Certains ordres se montraient beaucoup plus susceptibles que d'autres ; neuf Légumineuses, à l'exception d'une seule, résistèrent mal à l'action de l'eau salée ; et sept espèces des ordres voisins des Hydrophyllacées et Polemoniacées furent détruites par un mois d'immersion. Pour plus de commodité, j'essayai principalement les petites graines, sans le fruit ou la capsule ; mais comme toutes allèrent au fond au bout de peu de jours, elles n'auraient pas pu flotter sur de grands espaces marins, qu'elles fussent attaquées ou non par l'eau salée. J'essayai ensuite quelques fruits et capsules plus gros, dont quelques-uns flottèrent longtemps. On sait quelle différence il y a dans la légèreté du bois vert et celle du bois sec, et je pensai que les pluies, après avoir arraché des plantes ou des branches qui auraient séché sur les berges, auraient pu dans une crue subséquente les emmener à la mer. Je fis donc sécher les tiges et branches de 94 plantes portant des fruits mûrs, et les plaçai ensuite dans l'eau de mer. La plupart allèrent promptement au fond, mais quelques-unes qui, à l'état vert, ne flottaient que peu de temps, résistèrent beaucoup plus longtemps à l'état sec ; ainsi les noisettes mûres s'enfonçaient de suite, mais sèches, elles flottèrent pendant 90 jours, et germèrent après avoir été mises en terre ; une plante d'asperge ayant des baies mûres flotta 23 jours, et 85 à l'état sec ; ses graines germèrent ensuite. Les graines mûres de l'*Heloscia-dium*, qui allaient au fond au bout de deux jours, flottèrent pendant plus de 90 jours une fois sèches, et germèrent ensuite. Au total, sur 94 plantes sèches, 18 flottèrent pendant plus de 28 jours, et quelques-unes dépassèrent de beaucoup ce terme. Il en résulte que 64/87 de graines ont pu germer après 28 jours d'immersion, et comme 18/94 de plantes à fruits mûrs (toutes les espèces n'étant pas les mêmes que dans l'expérience précédente) ont pu flotter après dessiccation, pendant plus de 28 jours. Autant que nous pouvons nous fier à ces quelques faits, nous devons conclure que les graines de 14/100 des plantes d'un pays quelconque pourraient être flottées pendant 28 jours par les courants marins sans perdre la faculté de germer. D'après l'atlas physique de Johnston, la vitesse moyenne des divers courants de l'Atlantique est de 33 milles (53 kilomètres environ) par jour (quelques-uns atteignant celle de 60 milles (96,5 kilomètres) par jour); d'après cette moyenne, les 14/100 de graines de plantes d'un pays pourraient donc être transportés à travers 924 milles (1,487 kilomètres) d'océan jusque dans un autre pays, et germer si, après avoir échoué sur la rive, un vent favorable les emportait à l'intérieur.

M. Masters a entrepris subséquemment des expériences semblables aux miennes, mais beaucoup mieux faites; car il plaça ses graines dans une boîte plongée dans la mer même, où elles se trouvaient alternativement soumises à l'action de l'air et de l'eau, comme des plantes réellement flottantes. Il essaya 98 graines pour la plupart différentes des miennes; mais il choisit de gros fruits, et des graines de plantes vivant près de la mer, circonstances de nature à les maintenir à flot plus longtemps, et à augmenter leur résistance à l'action nuisible de l'eau salée. D'autre part, il n'a pas fait préalablement sécher les plantes portant leur fruit ; fait qui, comme nous l'avons vu, leur aurait permis de flotter encore plus longtemps. Le résultat obtenu fut que 18/98 de ses graines flottèrent pendant 42 jours et purent germer ensuite. Je ne mets cependant pas en doute que des plantes exposées aux vagues ne doivent flotter moins longtemps que celles qui, comme dans ces expériences, sont à l'abri d'une violente agitation. Il serait donc plus sûr d'admettre que les graines d'environ le dixième des plantes d'une flore pourraient, après dessiccation, être transportées sur mer, à une distance de 900 milles (1,450 kilomètres) environ, sans perdre leur aptitude à germer. Le fait que les fruits plus gros peuvent flotter plus longtemps que les petits est intéressant, car il n'y a presque pas d'autre moyen de transport pour les plantes à gros fruits et graines qui, ainsi que l'a montré A. de Candolle, ont généralement une distribution restreinte.

Les graines peuvent être occasionnellement transportées d'une autre manière. Des bois flottants sont jetés par les courants sur les côtes de la plupart des îles, même celles qui se trouvent au milieu des mers les plus vastes ; et les naturels des îles de corail du Pacifique ne se procurent pas autrement les pierres dont ils confectionnent leurs outils qu'en prenant celles qu'ils trouvent engagées dans les racines des arbres flottés, et qui ont pour eux une inappréciable valeur. J'ai observé que, lorsque des pierres de forme irrégulière sont enchâssées dans les racines des arbres, de petites parcelles de terre remplissent souvent les interstices qui peuvent se trouver entre elles et le bois, et sont assez bien protégées pour que l'eau ne puisse les enlever pendant un assez long transport. Trois plantes dicotylédones, contenues dans une parcelle de terre ainsi complétement enfermée dans le bois d'un chêne d'environ cinquante ans, ont germé après avoir été sorties de leur prison ; je puis garantir l'exactitude de cette observation. Je pourrais aussi montrer que les carcasses d'oiseaux, flottant sur la mer, échappent quelquefois, ou ne sont pas toujours immédiatement dévorées ; or un grand nombre de graines peuvent conserver leur vitalité dans le jabot des oiseaux ; ainsi les pois et les vesces sont tués en peu de jours par l'immersion dans l'eau salée, mais, à ma grande surprise, quelques-unes de ces graines, prises dans le jabot d'un pigeon qui avait flotté sur l'eau salée pendant trente jours, germèrent presque toutes.

Les oiseaux vivants sont des agents très-efficaces pour le transport des graines. On connaît un grand nombre de faits qui montrent combien d'oiseaux de diverses sortes sont fréquemment chassés par les ouragans à d'immenses distances en mer. Nous pouvons en toute sûreté admettre que, dans ces circonstances, ils doivent atteindre une vitesse de 35 milles (environ 56 kil.) à l'heure; estimation que quelques auteurs ont fortement dépassée. Je ne connais pas d'exemple de graines alimentaires ayant traversé l'intestin d'un oiseau, mais les graines dures des fruits peuvent passer sans altération au travers les organes digestifs même du dindon. J'ai recueilli, dans deux mois, douze espèces de graines prises dans les fientes de petits oiseaux, qui paraissaient intactes, et dont quelques-unes, semées, ont germé. Mais voici un fait plus important. Le jabot des oiseaux ne sécrète pas de suc gastrique et n'exerce aucune action nuisible sur la germination des graines, ainsi que je m'en suis assuré par des essais. Or, lorsqu'un oiseau a rencontré et absorbé une forte quantité de nourriture, il est reconnu qu'il faut de douze à dix-huit heures pour que tous les grains aient passé dans le gésier. Un oiseau peut, dans cet intervalle, être chassé à une distance de 500 milles (environ 800 kilom.), et comme les oiseaux de proie recherchent les oiseaux fatigués, le contenu de leur jabot déchiré peut être ainsi dispersé. Quelques faucons et hiboux avalent leur proie entière, et, après un intervalle de douze à vingt heures, dégorgent des boulettes dans lesquelles, ainsi qu'il résulte d'expériences faites au Zoological Gardens, il y a des graines aptes à germer. Quelques graines d'avoine, de froment, de millet, de chanvre, de trèfle et de betterave ont germé après avoir séjourné de douze à vingt-quatre heures dans l'estomac de divers oiseaux de proie; et deux graines de betterave ont poussé après un séjour de soixante-deux heures dans les mêmes conditions. Les poissons d'eau douce mangent les graines de beaucoup de plantes terrestres et aquatiques; or les oiseaux, dévorant souvent les poissons, deviennent ainsi les agents du transport, de place en place, des graines. J'ai introduit une quantité de graines dans les estomacs de poissons morts que je faisais ensuite avaler à des aigles pêcheurs, cigognes et pélicans ; après un intervalle de plusieurs heures, ces oiseaux rejetaient les graines en boulettes ou dans leurs excréments et plusieurs d'entre elles germèrent parfaitement ; il y a toutefois des graines qui ne résistent jamais à ce traitement.

Les sauterelles sont quelquefois emportées à de grandes distances des côtes ; j'en ai moi-même capturé une à 370 milles (595 kilom.) de la côte d'Afrique, et on en a recueilli à des distances plus grandes encore. Le Rev. R. F. Lowe a informé Sir C. Lyell qu'en novembre 1844, des essaims de sauterelles ont envahi l'île de Madère. Elles étaient en quantités innombrables, aussi serrées que les flocons dans de grandes tourmentes de neige, et s'étendaient à toute portée du télescope. Pendant deux ou trois jours, elles décrivirent lentement dans les airs une immense ellipse ayant 5 ou 6 milles de diamètre, et le soir s'abattaient sur les arbres les plus élevés, qui en étaient couverts. Elles disparurent ensuite aussi subitement qu'elles étaient venues et n'ont pas depuis reparu dans l'île. Les fermiers de certaines parties du pays de Natal croient, sans preuves bien suffisantes, que des graines nuisibles s'introduisent dans leurs prairies par les excréments qu'y laissent les immenses vols de sauterelles qui souvent envahissent le pays. M. Weale m'ayant, en suite de cette croyance, envoyé un paquet de boulettes sèches provenant de ces insectes, j'y trouvai, en les examinant à l'aide du microscope, plusieurs graines qui me donnèrent sept plantes appartenant à deux espèces et deux genres. Une invasion de sauterelles, comme celle qui a eu lieu à Madère, pourrait donc être facilement un moyen d'introduction de plusieurs sortes de plantes dans une île située fort loin du continent.

Bien que les becs et les pattes des oiseaux soient généralement propres, il y adhère parfois un peu de terre ; j'ai, dans une occasion, enlevé soixante et un grains (environ 4 grammes), et dans une autre vingt-deux grains (1,4 grammes) de terre argileuse, d'une patte de perdrix, dans laquelle se trouvait un caillou de la grosseur d'une graine de vesce. Voici un cas meilleur : j'ai reçu d'un ami la patte d'une bécasse à la jambe de laquelle était attaché un fragment de terre sèche pesant neuf grains (0^{gr},58) seulement, mais contenant une graine du *Juncus bufonius*, qui, ultérieurement, germa et fleurit. [M. Swaysland, de Brighton, qui, depuis quarante ans, étudie avec beaucoup de soin nos oiseaux de passage, m'informe qu'ayant souvent tiré des hochequeues (Motacillae), des motteux et des tariers (Saxicoles), à leur première arrivée et avant qu'ils se fussent abattus sur nos rives, il a plusieurs fois remarqué qu'ils avaient aux pattes des petites parcelles de terre sèche [1].] On pourrait citer beaucoup de faits qui montrent combien le sol est presque partout chargé de graines. Le professeur Newton m'a envoyé une patte de perdrix (*Caccabis rufa*) devenue, à la suite d'une blessure, incapable de voler, et à laquelle adhérait une boule de terre durcie qui pesait six onces et demie (environ 200 grammes). Cette terre, qui avait été gardée trois ans, fut ensuite brisée, arrosée et placée sous une cloche de verre ; il n'en leva pas moins de quatre-vingt-deux plantes, consistant en douze monocotylédonées, comprenant l'avoine commune, et au moins une espèce d'herbe ; et soixante-dix dicotylédonées qui, d'après les jeunes feuilles, appartenaient à trois espèces distinctes. De pareils faits ne permettent pas de mettre en doute que les nombreux oiseaux qui sont annuellement entraînés par les bourrasques à des distances considérables en mer, ainsi que ceux qui émigrent chaque année, — les millions de cailles qui traversent la Méditerranée, par exemple, — doivent occasionnellement transporter quelques graines enfouies dans la boue qui adhère à leurs becs et pattes. J'aurai à revenir encore sur ce sujet.

On sait que les banquises de glace sont souvent chargées de pierres et de terre, et qu'on y a même trouvé des broussailles, des os et le nid d'un oiseau terrestre ; on peut donc croire qu'ainsi que le suggère Lyell, elles ont dû occasionnellement transporter des graines d'un point à un autre des régions arctiques et antarctiques, et d'un endroit à l'autre de nos contrées actuellement tempérées, pendant l'époque glaciaire. Le grand nombre de plantes communes à l'Europe, comparées aux espèces des autres îles de l'Atlantique qui sont

1. Addition postérieure à la cinquième édition anglaise, communiquée par l'auteur. (*Trad.*).

plus rapprochées du continent, qu'on trouve dans les Açores, et leurs caractères quelque peu septentrionaux pour la latitude où elles vivent (fait déjà remarqué par H. C. Watson), m'ont porté à soupçonner que ces îles avaient dû être approvisionnées en partie de graines apportées par les glaces pendant l'époque glaciaire. Sir C. Lyell ayant, sur ma demande, écrit à M. Hartung pour lui demander s'il avait observé dans ces îles des blocs erratiques, la réponse fut qu'il avait en effet trouvé de grands fragments de granit et autres roches qui ne se rencontrent pas dans l'archipel. Nous pouvons donc conclure que les banquises de glace ont autrefois débarqué leurs fardeaux de pierre sur les rives de ces îles océaniques, et que par conséquent il est très-possible qu'elles y aient aussi apporté les graines de plantes septentrionales.

Si on songe que ces divers modes de transport, ainsi que d'autres qui sans aucun doute sont encore à découvrir, ont agi constamment depuis des milliers et des milliers d'années, il serait vraiment merveilleux qu'un grand nombre de plantes n'eussent pas été ainsi transportées à de grandes distances. On qualifie ces moyens de transport du terme peu correct d'accidentels; car les courants marins pas plus que la direction des vents dominants ne sont accidentels. Il faut observer qu'il est peu de modes de transport capables de porter des graines à des distances très-considérables, car les graines ne conservent pas leur vitalité lorsqu'elles sont soumises pendant un temps très-long à l'action de l'eau salée, et elles ne peuvent pas non plus rester bien longtemps dans le jabot ou l'intestin des oiseaux. Ils peuvent toutefois suffire pour les transporter occasionnellement à travers des étendues de quelques centaines de milles, ou d'île en île, ou d'un continent à une île voisine, mais pas d'un continent à un autre fort éloigné; leur intervention ne contribuerait donc pas à mélanger les flores de continents distants, qui resteraient distinctes comme elles le sont aujourd'hui. Les courants, vu leur direction, ne pourraient jamais apporter des graines de l'Amérique du Nord en Angleterre, bien qu'ils puissent en apporter et le font en effet depuis les Indes occidentales jusqu'à nos côtes de l'Ouest, où, si elles n'étaient pas déjà tuées par leur long séjour dans l'eau salée, elles ne pourraient d'ailleurs supporter notre climat. Presque chaque année, un ou deux oiseaux de terre sont chassés par le vent au travers de toute l'Atlantique, depuis l'Amérique du Nord jusqu'à nos rives occidentales de l'Irlande et de l'Angleterre ; mais ces rares voyageurs ne pourraient transporter de graines que celles que renfermerait la boue adhérant à leurs pattes ou bec, circonstance qui ne peut être que très-accidentelle. Même dans le cas où elle se présenterait, la chance que cette graine tombât sur un sol favorable, et arrivât à maturité, serait bien faible ! Ce serait cependant une grande erreur de conclure que, parce qu'une île bien peuplée, comme la Grande-Bretagne, n'a pas, autant qu'on le sache (et le fait serait bien difficile à prouver), reçu depuis quelques siècles, par divers modes de transport, des immigrants d'Europe ou d'autres continents, une île pauvrement peuplée, quoique plus éloignée de la terre ferme, ne pût pas recevoir par de semblables moyens des colons venant d'ailleurs. Il est possible que sur cent animaux ou graines transportés dans une île, même pauvre en habitants, il ne s'en trouvât qu'une capable de s'adapter à sa nouvelle patrie et de s'y naturaliser; mais ceci ne serait point, à mon avis, un argument valable contre ce qui a pu être effectué par des moyens occasionnels de transport, pendant la longue durée des époques géologiques, le lent soulèvement de l'île, et avant qu'elle eût acquis la population qu'elle comportait. Sur un terrain presque nu, occupé par peu ou point d'insectes ou d'oiseaux destructeurs, presque toute graine arrivée, adaptée au climat, a des chances de pouvoir germer et survivre.

Dispersion pendant l'époque glaciaire.

L'identité entre beaucoup de plantes et d'animaux sur des hautes sommités de montagnes, séparées par des centaines de lieues de plaines, où des espèces alpines ne pourraient exister, est un des cas les plus frappants d'espèces vivant sur des points éloignés, sans qu'on puisse comprendre comment elles ont émigré des uns aux autres. C'est réellement un fait remarquable de voir autant de plantes de mêmes espèces, vivant dans les régions neigeuses des Alpes et des Pyrénées, et dans l'extrême nord de l'Europe; mais il est encore plus singulier que les plantes des montagnes Blanches, dans les États-Unis, soient toutes semblables à celles du Labrador, et presque les mêmes, comme nous l'apprend Asa Gray, que celles des montagnes les plus élevées de l'Europe. Déjà, en 1747, des faits de ce genre avaient conduit Gmelin à conclure à la création indépendante d'une même espèce sur plusieurs points différents; et cette manière de voir aurait pu persister si les recherches d'Agassiz et d'autres n'avaient pas attiré l'attention sur la période glaciaire, qui, comme nous allons le voir, fournit une explication toute simple de cet ordre de faits. Nous avons les preuves les plus variées organiques et inorganiques que, à une période géologique récente, l'Europe centrale et l'Amérique du Nord ont possédé un climat arctique. Les ruines d'une maison consumée par le feu ne racontent pas plus clairement leur histoire que ne le font les montagnes de l'Écosse et du pays de Galles, avec leurs flancs labourés, leurs surfaces polies et leurs blocs erratiques, tous témoignages des masses de glace qui dernièrement en occupaient les vallées. Le climat de l'Europe a si considérablement changé que, dans l'Italie du Nord, les moraines gigantesques laissées par d'anciens glaciers sont actuellement couvertes de vignes et de maïs. Dans une grande partie des États-Unis, des blocs erratiques et des roches striées révèlent clairement l'existence passée d'une période de froid.

L'influence qu'a dû autrefois exercer sur la distribution des habitants de l'Europe l'existence du climat glaciaire est expliquée par E. Forbes en substance comme suit. Pour mieux suivre les changements, nous supposerons l'apparition d'une nouvelle période glaciaire commençant lentement, puis disparaissant, comme cela a eu lieu autrefois. A mesure que le froid augmentera, les zones plus méridionales étant par cela même devenues propres à recevoir les habitants du Nord, ceux-ci s'y porteront et remplaceront les formes des régions tempérées qui s'y trouvaient auparavant; lesquelles à leur tour, et pour la même raison, descendront de plus en plus au Midi, à moins qu'arrêtées par quelque obstacle elles ne périssent. Les montagnes se couvriront de neige et de glace, leurs habitants alpins descendront dans les plaines, et lorsque le froid aura atteint son maximum, une faune et une flore arctiques occuperont toute l'Europe centrale jusqu'aux Alpes et aux Pyrénées, en s'étendant même jusqu'en Espagne. Les parties actuellement tempérées des États-Unis seraient également peuplées de plantes et d'animaux arctiques, qui seraient les mêmes que ceux d'Europe; car les habitants actuels des régions circon-polaires, que nous supposons obligés partout d'émigrer vers le sud, sont remarquablement uniformes autour du monde.

Au retour de la chaleur, les formes arctiques se retireraient vers le Nord, suivies dans leur retraite par les productions des régions plus tempérées. A mesure que la neige quitterait les pieds des montagnes, quelques formes arctiques s'empareraient de ce terrain déblayé, et remonteraient sur leurs flancs tou-jours plus à mesure que, la chaleur augmentant, la neige fondrait à une plus grande hauteur, tandis que les autres con-tinueraient à remonter vers le Nord. Par conséquent, lorsque la chaleur serait complétement revenue, les mêmes espèces qui auraient vécu précédemment dans les plaines de l'Europe et de l'Amérique du Nord se retrouveraient tant dans les régions arctiques des ancien et nouveau mondes que sur plusieurs sommités de montagnes très-éloignées les unes des autres.

Nous pouvons ainsi nous rendre compte de l'identité de bien des plantes situées sur des points aussi distants que le sont les montagnes des États-Unis et celles de l'Europe, ainsi que du fait que les plantes alpines de chaque chaîne de mon-tagnes se rattachent plus particulièrement aux formes arctiques qui se trouvent plus rigoureusement situées à leur vrai nord; car la première migration provoquée par l'arrivée du froid, et le mouvement contraire résultant du retour de la chaleur, auront généralement eu lieu suivant des directions sud et nord exactes. Ainsi, selon l'observation de M. H. C. Watson, les plantes alpines de l'Écosse, et celles des Pyrénées d'après Ramond, se rapprochent surtout des plantes de la Scandinavie du Nord; celles des États-Unis, du Labrador; et celles des mon-tagnes de la Sibérie, des régions arctiques de ce pays. Ces déductions, basées sur l'existence bien démontrée d'une époque glaciaire antérieure, me paraissent expliquer d'une manière si satisfaisante la distribution actuelle des productions alpines et arctiques de l'Europe et de l'Amérique, que, lorsque nous rencontrons dans d'autres régions les mêmes espèces sur des sommités éloignées, nous pouvons en conclure sans autre preuve à l'existence d'un climat plus froid, qui a permis autrefois leur migration au travers des plaines basses qui se trouvaient entre elles, devenues actuellement trop chaudes pour qu'elles aient pu y rester.

Lors du mouvement vers le Sud et de celui qui eut lieu ensuite vers le Nord, conformément aux changements du climat, les formes arctiques n'ont pas, pendant cette longue migration, dû être exposées à une grande diversité de température, et, comme elles sont restées en corps, leurs relations mutuelles n'auront pas été sensiblement altérées. Elles n'auront donc pas, selon les principes que nous cherchons à faire prévaloir dans cet ouvrage, dû être soumises à de grandes modifications. Mais, pour les productions alpines, isolées depuis l'époque du retour de la chaleur, et restées d'abord au pied des montagnes pour finalement se retirer dans leurs hautes sommités, le cas aura dû être un peu différent; car il n'est pas probable que toutes les mêmes espèces arctiques aient été laissées sur des sommités très-éloignées les unes des autres et y aient toujours survécu, et que d'ailleurs elles doivent s'y être mêlées aux espèces alpines plus anciennes qui, habitant les montagnes avant le commencement de l'époque glaciaire, sont, pendant sa période la plus froide, probablement descendues temporairement dans la plaine. Elles auront aussi été exposées à des influences climatériques un peu diverses. Leurs rapports mutuels, ainsi dérangés, les auront rendues plus susceptibles d'être modifiées; et c'est ce que nous remarquons en effet, si nous comparons entre eux les animaux et plantes alpins des diverses grandes chaînes de montagnes européennes; car, bien que beaucoup d'espèces demeurent identiques, les unes offrent les caractères de variétés, d'autres ceux de formes douteuses ou sous-espèces; d'autres enfin très-voisines, quoique bien distinctes, se représentent mutuellement dans les diverses stations qu'elles occupent.

Dans l'exemple qui précède j'ai supposé que, au commencement de notre époque glaciaire imaginaire, les productions arctiques étaient aussi uniformes qu'elles le sont de nos jours dans les régions qui entourent le pôle. Mais il est nécessaire d'y comprendre aussi des formes sub-arctiques et même quelques formes de climats tempérés, car il en est qui sont les mêmes sur les pentes inférieures des montagnes et dans les plaines, tant en Europe que dans l'Amérique du Nord. On pourrait demander comment j'explique cette uniformité entre les espèces sub-arctiques et tempérées à l'origine de la véritable époque glaciaire. Actuellement, les formes appartenant à ces deux catégories, dans les ancien et nouveau mondes, sont séparées par l'océan Atlantique et la partie septentrionale du Pacifique. Pendant la période glaciaire, où les habitants des deux mondes s'étendaient plus au midi que maintenant, la séparation entre les deux devait être encore plus grande; de sorte qu'on peut bien demander comment les mêmes espèces ont pu s'introduire dans deux continents aussi éloignés. Je crois que ce fait peut s'expliquer par la nature du climat qui a dû précéder l'époque glaciaire. Celle-ci, qui était l'époque Pliocène nouvelle, et pendant laquelle les habitants étaient, en grande majorité, spécifiquement les mêmes qu'aujourd'hui, devait, nous avons toute raison de le croire, avoir été plus chaude que ne l'est notre époque actuelle. Nous pouvons donc supposer que les organismes qui vivent maintenant sous 60 degrés de latitude ont dû, pendant l'époque Pliocène, vivre plus près du cercle polaire, sous 66-67° de latitude, et que les productions arctiques actuelles occupaient les terres plus rapprochées du pôle. Or, si nous regardons un globe terrestre, nous voyons que sous le cercle polaire le terrain est presque continu depuis l'ouest de l'Europe, par la Sibérie, jusqu'à l'Amérique orientale. Cette continuité des terres circompolaires, jointe à une grande facilité de migration, résultant d'un climat plus favorable, peut expliquer l'uniformité supposée des productions sub-arctiques et tempérées des mondes ancien et nouveau pendant la période qui a précédé celle des glaces.

En admettant, pour les raisons précédemment indiquées, que nos continents soient depuis fort longtemps restés dans la même position relative, bien qu'ayant subi des oscillations de niveau grandes, mais partielles, je suis fortement disposé à étendre l'idée ci-dessus développée, et à conclure que, pendant une période antérieure et encore plus chaude, telle que celle du Pliocène ancien, un grand nombre de mêmes plantes et animaux ont habité la région presque continue qui entourait le pôle. Ces plantes et animaux ont, dans les deux mondes, commencé à émigrer lentement vers le Midi, à mesure que la température baissait, longtemps avant le commencement de la période glaciaire. Ce sont, je crois, leurs descendants, modifiés pour la plupart, qui occupent maintenant les portions centrales de l'Europe et des États-Unis. Nous pouvons ainsi comprendre l'analogie avec peu d'identité qui existe entre les productions de l'Europe et des États-Unis ; — analogie qui est fort remarquable, vu la distance qui existe entre les deux continents, et leur séparation par un océan aussi considérable que l'Atlantique. Nous comprenons également ce fait singulier remarqué par plusieurs observateurs, que les productions des États-Unis et de l'Europe étaient plus voisines entre elles pendant les derniers étages de l'époque tertiaire que ne le sont celles d'aujourd'hui. En effet, pendant ces périodes plus chaudes, les parties septentrionales des ancien et nouveau continents auront été réunies presque complétement par des terres qui auront servi de pont permettant des migrations réciproques de leurs habitants, pont que le froid a depuis totalement intercepté.

Pendant le décroissement lent de chaleur de la période Pliocène, aussitôt que les espèces communes à l'ancien et au nouveau monde auront émigré au delà du cercle polaire vers le Midi, toute communication entre elles aura été coupée, et cette séparation, surtout en ce qui concerne les productions correspondant à un climat plus tempéré, a dû avoir lieu fort anciennement. En descendant vers le Midi, les plantes et animaux ont dû, dans l'une des grandes régions, se mêler avec les productions indigènes de l'Amérique, dans l'autre, avec celles du monde ancien, et entrer en concurrence avec elles. Il y a donc là toutes les conditions voulues pour de grandes modifications, — bien plus considérables que pour les productions alpines, qui sont restées depuis une époque plus récente isolées sur les diverses chaînes de montagnes, et dans les régions arctiques de l'Europe et de l'Amérique du Nord. De là la raison pour laquelle, lorsque nous comparons les productions actuelles des régions tempérées des deux mondes, nous trouvons peu d'espèces identiques (bien que Asa Gray ait récemment montré qu'il y en a plus qu'on ne le supposait autrefois), mais dans toutes les grandes classes un grand nombre de formes, que quelques naturalistes regardent comme des races géographiques, d'autres comme des espèces, et une multitude de formes très-voisines ou représentatives généralement élevées au rang d'espèces.

Il en a été pour les mers de même que sur terre ; une migration vers le Sud d'une faune marine, entourant à peu près uniformément les côtes continues situées sous le cercle polaire à l'époque pliocène ou un peu avant, peut rendre compte, d'après la théorie de la modification, de l'existence d'un grand nombre de formes voisines, vivant actuellement dans des bassins marins totalement séparés. C'est ainsi que nous pouvons comprendre l'existence, sur les côtes ouest et est de la partie tempérée de l'Amérique du Nord, de formes très-voisines entre elles et semblables à quelques formes tertiaires ; et le fait encore plus frappant de la présence de beaucoup de crustacés (décrits dans l'admirable ouvrage de Dana), poissons et autres animaux marins, très-voisins entre eux, dans la Méditerranée et les mers du Japon, — deux régions qui sont actuellement séparées par l'épaisseur d'un continent tout entier, et un grand espace d'océan.

Ces cas de rapports étroits entre des espèces ayant habité ou habitant encore les mers des côtes occidentales et orientales de l'Amérique du Nord, la Méditerranée et le Japon, et les zones tempérées de l'Amérique et de l'Europe, sont inexplicables dans la théorie de la création. Nous ne pouvons pas soutenir que ces espèces aient été créées semblables, en corrélation avec les conditions physiques semblables des milieux ; car si nous comparons, par exemple, certaines parties de l'Amérique du Sud avec d'autres portions de l'Afrique méridionale ou l'Australie, nous voyons des pays dont toutes les conditions physiques sont analogues, mais dont les habitants sont entièrement différents.

Périodes glaciaires alternantes du Nord et du Midi.

Pour en revenir à notre sujet immédiat, je suis convaincu que l'opinion de Forbes peut être largement étendue. Nous trouvons en Europe les preuves les plus évidentes de l'époque glaciaire, depuis les côtes occidentales de l'Angleterre jusqu'à la chaîne de l'Oural, et jusqu'aux Pyrénées au midi. Les mammifères gelés et la nature de la végétation des montagnes de la Sibérie témoignent du même fait. D'après le Dr Hooker, l'axe central du Liban fut autrefois couvert de neiges éternelles, alimentant des glaciers qui descendaient de 4,000 pieds dans ses vallées. On trouve des marques de l'ancienne existence de glaciers le long de l'Himalaya sur des points éloignés entre eux de 900 milles (1,450 kilomètres); et dans le Sikhim le Dr Hooker a vu du maïs croissant sur d'anciennes moraines gigantesques. Au sud du continent asiatique, de l'autre côté de l'équateur, nous savons maintenant par les excellentes recherches du Dr J. Haast et du Dr Hector, que d'immenses glaciers descendaient autrefois à un niveau assez bas dans la Nouvelle-Zélande; des plantes semblables, trouvées par le Dr Hooker sur des montagnes de cette île, fort éloignées entre elles, témoignant aussi de l'existence d'une ancienne période de froid. D'après des faits qui m'ont été communiqués par le Rév. W. B. Clarke, il paraîtrait que les montagnes de l'angle sud-est de l'Australie portent les traces d'une ancienne action glaciaire.

Dans la moitié septentrionale de l'Amérique, on a observé sur le côté oriental de ce continent des blocs de rochers transportés par les glaces vers le Sud jusqu'aux 36-37° de latitude, et sur les côtes du Pacifique, où le climat est actuellement si différent, jusqu'au 46° de latitude sud. On a aussi remarqué des blocs erratiques sur les montagnes Rocheuses. Les glaciers sont descendus autrefois dans les Cordillères, dans l'Amérique du Sud, presque sous l'équateur, fort au-dessous de leur niveau actuel. J'ai examiné dans le Chili central un immense amas de détritus contenant de gros blocs erratiques, placé en travers de la vallée de Portillo, et qui était

sans aucun doute un reste d'une gigantesque moraine.
M. D. Forbes m'apprend qu'il a trouvé dans divers points
des Cordillères, à 12,000 pieds environ et entre les 13° à
30° latitude sud, des roches profondément striées, semblables à celles qu'il avait vues en Norwége, et également
de grandes masses de débris renfermant des cailloux striés.
Il n'existe actuellement sur tout cet espace des Cordillères et
même à des hauteurs bien plus considérables aucun véritable
glacier. Plus au midi, des deux côtés du continent, du 41° de
latitude jusqu'à l'extrémité la plus méridionale, on trouve les
preuves les plus évidentes d'une ancienne action glaciaire dans
la présence de nombreux et d'immenses blocs erratiques qui
ont été transportés fort loin des localités dont ils proviennent.

De ces divers faits, à savoir l'extension de l'action glaciaire
tout autour des hémisphères nord et sud ; — le peu d'ancienneté,
dans le sens géologique du terme, de la période glaciaire dans
l'un et l'autre hémisphère ; — sa durée considérable, estimée
d'après l'importance des effets qu'elle a produits ; — enfin le
niveau inférieur auquel les glaciers se sont récemment abaissés
tout le long des Cordillères, j'avais autrefois pensé que nous
ne pouvions éviter la conclusion que la température du globe
entier devait, pendant la période glaciaire, s'être abaissée
d'une manière simultanée. Mais maintenant, dans une admirable série de mémoires, M. Croll a cherché à montrer que
l'état glacial d'un climat est le résultat de diverses causes
physiques, déterminées par une augmentation dans l'excentri-
cité de l'orbite terrestre. Toutes ces causes tendent au même
but, mais la plus puissante paraît être l'influence de l'excentri-
cité de l'orbite sur les courants océaniques. Il résulte des
recherches de M. Croll que des périodes de refroidissement doivent revenir régulièrement tous les dix ou quinze mille ans ;
mais qu'à des intervalles beaucoup plus considérables, en suite
de certaines éventualités, le froid est extrêmement rigoureux
et dure pendant un temps fort long. M. Croll estime que la
dernière grande période glaciaire remonte à 240,000 ans et a
duré, avec de légères variations de climat, pendant environ
160,000. En ce qui concerne des époques glaciaires plus anciennes, plusieurs géologues sont convaincus, par des preuves
directes, qu'il y en a eu pendant les époques miocène et éo-

cène, sans parler des formations plus anciennes. Mais pour ce qui a trait à notre sujet actuel, le résultat le plus important auquel soit arrivé M. Croll est que, lorsque l'hémisphère septentrional passe par une période de froid, la température de l'hémisphère méridional s'élève; celle de l'hiver s'adoucissant, principalement par des changements dans la direction des courants de l'océan. L'inverse a lieu pour l'hémisphère nord lorsque celui du midi passe à son tour par une période glaciaire. Ces conclusions ont, comme nous allons le voir, une portée immense sur la distribution géographique; mais je commence par les faits qui réclament une explication.

M. Hooker a montré que, dans l'Amérique du Sud, outre un grand nombre d'espèces voisines, environ quarante ou cinquante plantes à fleurs de la Terre-de-Feu, constituant une partie importante de la maigre flore de cette région, sont communes à l'Amérique du Nord et à l'Europe, si éloignés que soient ces continents situés dans deux hémisphères opposés. On rencontre dans les montagnes élevées de l'Amérique équatoriale une foule d'espèces particulières appartenant à des genres européens. Gardner a trouvé dans les monts Organ, au Brésil, quelques espèces tempérées européennes, antarctiques, et quelques genres Andéens, qui n'existent pas dans les plaines chaudes environnantes. Humboldt a trouvé aussi, il y a longtemps, sur la Silla de Caraccas, des espèces appartenant à des genres caractéristiques des Cordillères.

En Afrique, plusieurs formes caractéristiques de l'Europe et quelques représentants de la flore du cap de Bonne-Espérance se retrouvent dans les montagnes de l'Abyssinie. On a rencontré au cap de Bonne-Espérance quelques espèces européennes qui ne paraissent pas avoir été introduites par l'homme, et dans les montagnes, plusieurs formes représentatives européennes qu'on ne retrouve pas dans les parties intertropicales de l'Afrique. Le D\u02b3 Hooker vient aussi récemment de montrer que plusieurs des plantes qui habitent les parties supérieures de l'île de Fernando-Pô ainsi que les montagnes voisines de Cameroon, dans le golfe de Guinée, se rapprochent étroitement de celles des montagnes de l'Abyssinie et aussi de l'Europe tempérée. Le D\u02b3 Hooker m'apprend aussi que quelques-unes de ces plantes tempérées ont été découvertes par le Rév. R. F. Lowe

sur les montagnes des îles du Cap-Vert. Cette extension des
mêmes formes tempérées, presque sous l'équateur, à travers
tout le continent africain jusqu'aux montagnes de l'archipel
du Cap-Vert, est bien un des cas les plus étonnants qu'on connaisse en fait de distribution de plantes.

Sur l'Himalaya et sur les chaînes de montagnes isolées de
la péninsule Indienne, sur les hauteurs de Ceylan et les cônes
volcaniques de Java, on rencontre beaucoup de plantes soit
identiques entre elles, soit se représentant les unes les autres,
et en même temps représentant des plantes européennes, mais
qu'on ne trouve pas dans les régions basses et plus chaudes.
Une liste des genres de plantes recueillies sur les pics élevés
de Java est tout à fait l'image d'une collection faite en Europe
sur une colline. Un fait encore plus frappant est celui de
formes spéciales à l'Australie méridionale, qui se trouvent représentées par certaines plantes croissant sur les sommités des
montagnes de Bornéo. D'après le Dr Hooker, quelques-unes de
ces formes australiennes s'étendent le long des hauteurs de la
péninsule de Malacca, et sont faiblement disséminées d'une
part dans l'Inde, et d'autre part jusqu'au Japon vers le nord.

Le Dr F. Müller a découvert dans les montagnes du midi de
l'Australie plusieurs espèces européennes; d'autres espèces,
non introduites par l'homme, se rencontrent dans les basses
régions; et, d'après le Dr Hooker, on pourrait dresser une
longue liste de genres européens existant en Australie, et pas
dans les régions torrides intermédiaires. Des cas analogues et
frappants relatifs aux plantes de la Nouvelle-Zélande sont indiqués dans l'admirable « Introduction à la flore » de cette grande
île qu'a publiée le Dr Hooker. Nous voyons donc par là que certaines plantes vivant sur les hautes montagnes des tropiques,
dans toutes les parties du globe et dans les plaines tempérées
du nord et du midi, sont ou identiques comme espèces, ou des
variétés de mêmes espèces. Il faut toutefois observer que ces
plantes ne sont pas rigoureusement des formes arctiques, car,
ainsi que le fait remarquer M. H. C. Watson, « à mesure qu'on
descend des latitudes polaires vers celles de l'équateur, les
flores de montagnes ou alpines deviennent, de fait, de moins
en moins arctiques. » Outre ces formes identiques et très-voisines, beaucoup d'espèces habitant des stations complétement

séparées appartiennent à des genres qu'on ne trouve pas actuellement dans les régions basses intermédiaires et tropicales.

Ces courtes remarques ne s'appliquent qu'aux plantes seulement; mais quelques faits analogues relatifs aux animaux terrestres pourraient également être cités. De même pour les animaux marins, et j'en signalerai, comme exemple, une assertion d'une haute autorité, le professeur Dana, « qu'il est certainement étonnant de voir que les crustacés de la Nouvelle-Zélande ressemblent plus à ceux de l'Angleterre, son antipode, qu'à ceux de toute autre partie du globe. » Sir J. Richardson parle aussi d'une réapparition sur les côtes de la Nouvelle-Zélande, la Tasmanie, etc., de formes septentrionales de poissons. Le Dr Hooker m'apprend que vingt-cinq espèces d'algues qui ne se trouvent pas dans les mers tropicales intermédiaires sont communes à la Nouvelle-Zélande et à l'Europe.

D'après les faits qui précèdent, savoir la présence de formes tempérées dans les régions élevées de toute l'Afrique équatoriale, de la péninsule Indienne jusqu'à Ceylan et l'archipel Malai, et d'une manière moins marquée dans le vaste territoire de l'Amérique tropicale du Sud, il semble presque certain qu'à quelque époque ancienne, probablement pendant la partie la plus rigoureuse de la période glaciaire, les régions basses de ces grands continents ont dû, partout sous l'équateur, être habitées par un nombre considérable de formes tempérées. A cette époque, il est probable qu'au niveau de la mer le climat était alors à l'équateur ce qu'il est aujourd'hui sous la même latitude à cinq ou six mille pieds de hauteur, ou peut-être même encore un peu plus froid. Pendant cette période la plus froide, les régions basses sous l'équateur ont dû, être couvertes d'une végétation mixte tropicale et tempérée, semblable à celle qui, d'après le Dr Hooker, tapisse avec exubérance les pentes inférieures de l'Himalaya à une hauteur de quatre à cinq mille pieds, mais peut-être avec une prépondérance encore plus forte de formes tempérées. De même encore, sur l'île montagneuse de Fernando-Pô, dans le golfe de Guinée, M. Mann a trouvé des formes européennes tempérées apparaissant à cinq mille pieds de hauteur. Sur les montagnes de Panama, le Dr Seemann a trouvé une végétation comme celle

de Mexico, à deux mille pieds seulement, et présentant un
« harmonieux mélange de formes de la zone torride et des
régions tempérées. »

Voyons maintenant si la conclusion de M. Croll, sur le réchauffement de l'hémisphère méridional pendant que l'hémisphère septentrional subissait l'action frigorifique de l'époque
glaciaire, jette quelque lumière sur cette distribution, inexplicable en apparence, des divers organismes dans les parties
tempérées des deux hémisphères, et sur les montagnes des tropiques. Mesurée en années, l'époque glaciaire doit avoir été
fort longue, et plus que suffisante pour expliquer l'étendue des
migrations nécessaires, si nous nous rappelons combien il a
fallu peu de siècles pour que quelques plantes et animaux naturalisés se répandent sur d'immenses espaces. Nous savons qu'à
mesure que l'intensité du froid augmentait, les formes arctiques ont envahi les régions tempérées, et, d'après les faits que
nous venons de donner, il n'y a presque aucun doute que quelques-unes des formes tempérées les plus vigoureuses, dominantes et répandues, n'aient dû alors arriver dans les plaines
équatoriales. Les habitants de celles-ci auraient, en même
temps, marché vers les régions tropicales de l'hémisphère sud,
plus chaud à cette période. Sur le déclin de l'époque glaciaire,
les deux hémisphères revenant graduellement à leurs températures précédentes, les formes tempérées vivant dans les régions
équatoriales basses auront été ramenées plus au nord, ou
détruites et supplantées par les formes équatoriales revenant
du sud. Il est cependant fort probable que quelques-unes de
ces formes tempérées, gagnant quelques parties plus élevées
de la région, assez hautes pour qu'elles y pussent exister, ont
survécu et y sont restées, comme les formes arctiques sur les
montagnes de l'Europe. Même dans le cas où le climat ne leur
aurait pas parfaitement convenu, elles pouvaient encore survivre, car le changement de température a dû être fort lent,
et comme le prouve le fait que les plantes transmettent à
leurs descendants des aptitudes constitutionnelles différentes
de résistance à la chaleur et au froid, elles possèdent incontestablement une certaine capacité d'acclimatation.

Le cours régulier des phénomènes amenant une période glaciaire sévère dans l'hémisphère méridional et un réchauffement

de l'hémisphère septentrional, les formes tempérées du sud envahiront à leur tour les terrains équatoriaux bas. Les formes septentrionales, autrefois laissées sur les montagnes, descendront alors et se mêleront avec celles du sud. Ces dernières, au retour de la chaleur, se retireront vers leur ancien habitat, laissant quelques espèces sur les sommités, et emmenant avec elles, au sud, quelques-unes des formes tempérées du nord qui étaient descendues de leurs positions élevées dans les montagnes. Nous aurions donc ainsi quelques espèces identiques dans les zones tempérées du nord et du midi, et sur les sommités des montagnes des régions tropicales intermédiaires. Mais les espèces ainsi longtemps restées sur leurs montagnes ou dans les hémisphères opposés, obligées d'entrer en concurrence avec d'autres formes nouvelles, exposées à des conditions physiques un peu différentes, et pour ces motifs plus susceptibles de modification, seraient actuellement devenues des variétés ou des espèces représentatives; et c'est le cas. Le fait de l'existence alternative de périodes glaciaires dans les deux hémisphères nous explique encore, selon les mêmes principes, le nombre des espèces distinctes qui habitent les mêmes surfaces très-éloignées les unes des autres, et appartenant à des genres qui ne se rencontrent plus maintenant dans les zones torrides intermédiaires.

Un fait remarquable sur lequel le docteur Hooker a fortement insisté à propos de l'Amérique, et Alph. de Candolle à propos de l'Australie, est qu'un beaucoup plus grand nombre d'espèces identiques ou légèrement modifiées ont émigré du nord au sud qu'en sens inverse. On rencontre cependant quelques formes méridionales sur les montagnes de Bornéo et d'Abyssinie. Je soupçonne que cette migration plus forte du nord au sud est due à la plus grande extension des terres septentrionales et à la plus grande quantité des formes qui les habitaient; lesquelles auront, par conséquent, avancé plus rapidement, par sélection naturelle et la concurrence, vers un état de perfection supérieur, qui leur aura assuré la prépondérance sur les formes méridionales. Lorsque les deux catégories de formes se seront ensuite mélangées dans les régions équatoriales, pendant les alternances des périodes glaciaires, celles du nord, étant plus vigoureuses et plus capables de tenir leur place dans les montagnes, auront ensuite marché vers le midi avec les formes méridionales, tandis que celles-ci n'auront pas pu remonter vers le nord avec les septentrionales. Nous voyons de même actuellement que de nombreuses productions européennes envahissent le sol à La Plata, la Nouvelle-Zélande, à un moindre degré en Australie, et font céder les indigènes; tandis que fort peu de formes méridionales se naturalisent dans l'hémisphère nord, bien que des peaux, de la laine et autres objets de nature à recéler des graines aient été abondamment importés en Europe, depuis deux ou trois siècles, de La Plata, et dans ces trente ou quarante dernières années, d'Australie. Les monts Nillgherries de l'Inde offrent cependant une exception partielle; car, ainsi que me l'apprend le docteur Hooker, des formes australiennes s'y sèment et s'y naturalisent rapidement. Il n'est pas douteux qu'avant la dernière époque glaciaire, les montagnes intertropicales n'aient été peuplées de formes endémiques alpines; mais celles-ci auront presque partout cédé aux formes plus dominantes, engendrées dans les régions plus étendues et les ateliers plus actifs du nord. Dans beaucoup d'îles, les productions indigènes sont presque égalées ou même déjà dépassées par d'autres formes étrangères acclimatées; circonstance qui est un premier pas fait vers leur extinction complète. Les montagnes sont des îles sur la terre ferme, et leurs habitants ont cédé la place à ceux provenant des régions plus vastes du nord, précisément de la même manière que l'ont fait et le font encore partout les habitants des véritables îles, aux formes continentales acclimatées par l'homme.

Les mêmes principes s'appliquent à la distribution des animaux terrestres et des formes marines, tant dans les zones tempérées du nord et du midi que sur les montagnes intertropicales. Lorsque, pendant l'apogée de la période glaciaire, les courants océaniques étaient fort différents de ce qu'ils sont aujourd'hui, quelques habitants des mers tempérées ont pu atteindre l'équateur. Un petit nombre d'entre eux sont peut-être ensuite descendus plus au sud en se maintenant dans les courants plus froids, pendant que d'autres sont restés et ont survécu à des profondeurs où la température était moins élevée, jusqu'à ce que l'hémisphère méridional, soumis à son tour à un climat glacial, leur ait permis de continuer leur marche ultérieure vers le midi. Les choses se seraient passées de la même manière que pour ces espaces isolés qui, selon Forbes, existent de nos jours dans les parties plus profondes de nos mers tempérées, et sont peuplés de productions arctiques.

Je suis loin de vouloir supposer que les considérations qui précèdent puissent lever toutes les difficultés relatives à la distribution et aux affinités des espèces voisines et identiques, qui vivent à de si grandes distances dans le nord et le midi et quelquefois sur les chaînes de montagnes intermédiaires. On ne saurait tracer les lignes exactes de migration, ni dire pourquoi certaines espèces et non d'autres ont émigré ; pourquoi certaines espèces se sont modifiées et ont donné naissance à des formes nouvelles, pendant que d'autres sont restées intactes. Nous ne pouvons espérer d'explication de faits de cette nature que lorsque nous saurons dire pourquoi l'influence de l'homme acclimate dans un pays étranger telle espèce et pas telle autre ; pourquoi telle espèce se répand deux ou trois fois plus loin, ou est deux ou trois fois plus abondante que telle autre, toutes deux étant dans leurs conditions naturelles.

Il reste encore diverses difficultés spéciales à résoudre : la présence par exemple, d'après le docteur Hooker, des mêmes plantes sur des points aussi prodigieusement éloignés que le sont la terre de Kerguelen, la Nouvelle-Zélande et la Terre-de-Feu ; mais, comme le suggère Lyell, les banquises de glace peuvent avoir contribué à leur dispersion. L'existence, sur ces mêmes points et plusieurs autres encore de l'hémisphère méridional, d'espèces qui, quoique distinctes, font partie de genres exclusivement restreints au midi, constitue un fait encore plus remarquable. Quelques-unes de ces espèces sont si différentes, que nous ne pouvons pas supposer que le temps écoulé depuis le commencement de la dernière époque glaciaire ait été suffisant pour leur migration et pour que les modifications nécessaires aient pu s'effectuer. Les faits me paraissent indiquer que des espèces distinctes de mêmes genres ont émigré suivant des lignes rayonnant d'un centre commun, et me portent à croire que, tant dans l'hémisphère nord que dans celui du sud, la période glaciaire a été précédée d'une époque plus chaude, sous laquelle les terres antarctiques, actuellement couvertes de glaces, devaient présenter une flore isolée et toute particulière. On peut soupçonner qu'avant d'être exterminées par l'époque glaciaire, quelques formes de cette flore aient été largement dispersées et transportées par des modes occasionnels, et à l'aide d'îles intermédiaires, depuis submergées, sur divers points de l'hémisphère méridional. C'est ainsi que les côtes méridionales de l'Amérique, l'Australie et la Nouvelle-Zélande se seraient trouvées présenter en commun ces mêmes formes particulières d'êtres vivants.

Sir C. Lyell a discuté dans un langage presque identique au mien les effets des grandes alternances de climat sur la distribution géographique dans l'univers entier. Nous venons de voir que la conclusion à laquelle est arrivé M. Croll, relativement à la coïncidence entre les périodes successives glaciaires dans un des hémisphères et le réchauffement de l'autre, jointe à la lente modification des espèces, explique une foule de faits que présentent, dans leur distribution sur tous les points du globe, les formes semblables et celles qui sont très-voisines entre elles. Les ondes vivantes ont pendant certaines périodes coulé du nord et ensuite du sud, et dans les deux cas ont atteint l'équateur; mais le courant de la vie ayant toujours été beaucoup plus fort du nord au sud que dans le sens opposé, c'est celui du nord qui aura le plus largement inondé le midi. De même que la marée abandonne ses sédiments par lignes horizontales, s'élevant le plus haut sur les côtes où la marée est la plus forte, de même les ondes animées ont laissé sur les hautes sommités leurs épaves vivantes, suivant une ligne s'élevant lentement depuis les basses plaines arctiques jusqu'à une assez grande altitude sous l'équateur. Les êtres divers ainsi échoués peuvent être comparés aux races d'hommes sauvages qui, ayant été refoulées et survivant dans les parties retirées des montagnes de tous les pays, sont là pour nous l'intéressant témoignage de ce qu'étaient les anciens habitants des parties basses environnantes.

CHAPITRE XII.

DISTRIBUTION GÉOGRAPHIQUE (SUITE).

Distribution des productions d'eau douce. — Sur les habitants des îles océaniques. — Absence de Batraciens et de Mammifères terrestres. — Sur les rapports entre les habitants des îles et ceux du continent le plus voisin. — Colonisation provenant de la source la plus rapprochée avec modifications ultérieures. — Résumé du chapitre et du précédent.

Productions d'eau douce.

Les lacs et les rivières étant séparés par des espaces de terre, il pourrait sembler que les produits des eaux douces ne dussent pas présenter dans une même région une extension considérable, ni se répandre jusque dans les pays éloignés, la mer constituant une barrière encore plus formidable. Mais c'est exactement le contraire qui a lieu. Les espèces d'eaux douces appartenant aux classes les plus diverses ont non-seulement une distribution étendue, mais les espèces rapprochées prévalent d'une manière remarquable dans le monde entier. Je me rappelle que, lorsque je recueillais les produits des eaux douces du Brésil, pour la première fois, je fus frappé de la ressemblance des insectes, mollusques, etc., que j'y trouvais, avec ceux de l'Angleterre, tandis que les productions terrestres en différaient complétement.

Je crois que, dans la plupart des cas, on peut expliquer cette aptitude inattendue qu'ont les productions d'eau douce à s'étendre beaucoup, par le fait qu'elles se sont adaptées, à leur plus grand avantage, à de courtes et fréquentes migrations de mare à mare, ou d'un ruisseau à l'autre; circonstance dont la conséquence nécessaire a été une grande facilité à la dispersion. Voyons quelques cas. Je crois que, quant aux poissons, les mêmes espèces ne se rencontrent jamais dans les eaux douces de continents éloignés; mais sur un même continent les espèces sont souvent largement et capricieusement distribuées; car deux systèmes de rivières auront quelques poissons en commun, et d'autres différents. Quelques faits paraissent favoriser la possibilité d'un transport occasionnel par causes accidentelles, tels que les cas de poissons vivants apportés fréquemment par les trombes dans l'Inde, et la vitalité de leurs œufs hors de l'eau. Mais je serais disposé à attribuer la dispersion des poissons d'eau douce principalement à des changements dans le niveau du sol, effectués dans une période récente, qui ont pu faire écouler des rivières les unes dans les autres. On connaît des exemples de ce fait ayant eu lieu pendant des inondations, sans changement de niveau. La grande différence entre les poissons appartenant aux côtés opposés d'une même chaîne continue de montagnes, dont la présence a, dès une époque très-reculée, empêché tout mélange entre les divers systèmes de rivières, paraît motiver la même conclusion. Quant aux cas d'existence, sur des points du globe très-éloignés entre eux, de poissons d'eau douce présentant des formes très-voisines, il en est sans doute un certain nombre qu'on ne saurait actuellement expliquer; mais quelques poissons d'eau douce appartenant à des formes fort anciennes, on conçoit qu'il y ait eu un temps bien suffisant pour permettre d'amples changements géographiques et, par conséquent, de grandes migrations. D'autre part, on peut, avec des soins, lentement habituer les poissons de mer à vivre dans l'eau douce; et, d'après Valenciennes, il n'y a presque pas un seul groupe dont tous les membres soient exclusivement limités à l'eau douce, de sorte qu'une espèce marine d'un groupe non marin, après avoir longtemps vécu le long des côtes, pourrait s'être ultérieurement modifiée de façon à s'adapter aux eaux douces d'un pays éloigné.

Quelques espèces de mollusques d'eau douce ont une vaste distribution, et des espèces voisines, descendantes, d'après notre théorie, d'un parent commun, et devant provenir d'une source unique, prévalent dans le monde. Leur répartition m'a d'abord fort embarrassé, car leurs œufs ne sont point transportables par les oiseaux, et sont, comme les adultes, aussitôt tués par l'eau de mer. Je ne pouvais pas même comprendre comment quelques espèces acclimatées avaient pu se répandre aussi promptement dans une même localité, lorsque j'observai deux faits qui, entre autres, jettent quelque lumière sur le sujet. Lorsqu'un canard, après avoir plongé, émerge brusquement d'une eau couverte de lentilles d'eau, j'ai vu deux fois ces plantes adhérer sur le dos de l'oiseau, et il m'est souvent arrivé, en transportant quelques lentilles d'un aquarium dans un autre, d'introduire sans le vouloir, dans ce dernier, des mollusques provenant du premier. Il est encore une autre voie qui est peut-être plus efficace : ayant suspendu une patte de canard dans un aquarium où un grand nombre d'œufs de mollusques d'eau douce étaient en voie d'éclosion, je la trouvai couverte d'une multitude de petites coquilles venant d'éclore, et qui y étaient cramponnées avec assez de force pour ne pas se détacher lorsque je secouais la patte sortie de l'eau ; à un âge plus avancé toutefois, elles se détachaient plus volontiers. Ces mollusques tout récemment sortis de l'œuf, quoique de nature aquatique, survécurent sur la patte de canard, dans un air humide, de douze à vingt heures; temps pendant lequel un héron ou un canard pourrait franchir au vol un espace de six ou sept cent milles (9 à 1,100 kilom.), et, entraîné par le vent vers une île océanique ou un point quelconque de terre ferme, s'abattrait certainement sur un étang ou un ruisseau. Sir C. Lyell m'apprend qu'un *Dytique* a été capturé, portant un Ancyle qui y adhérait fortement; et un coléoptère aquatique de la même famille, un *Colymbete*, tomba à bord du « Beagle, » alors à quarante-cinq milles (72 kilom. environ) de la terre la plus voisine; on ne saurait dire jusqu'où, en cas d'un vent favorable, il eût pu être emporté.

On sait depuis longtemps combien est immense la dispersion d'un grand nombre de plantes d'eau douce et de marais, tant sur les continents que sur les îles océaniques les plus éloignées. C'est, selon la remarque d'Alph. de Candolle, ce que montrent d'une manière frappante certains groupes considérables de plantes terrestres, qui ne renferment que peu de membres aquatiques; ces derniers, en effet, semblent immédiatement, et comme si c'était la conséquence de leur habitat, acquérir une distribution fort étendue. Je crois que ce fait s'explique par des moyens de dispersion plus favorables. J'ai déjà mentionné qu'il arrive occasionnellement, quoique rarement, que de la terre reste adhérente, en petite quantité, aux pattes et au bec des oiseaux. Les échassiers qui fréquentent les bords vaseux des étangs sont les plus sujets à avoir les pattes couvertes de boue. Or les oiseaux de cet ordre sont les plus vagabonds et se rencontrent jusque dans les îles les plus éloignées et les plus stériles, situées en plein océan. Comme ils ne doivent guère s'abattre à la surface de la mer, circonstance qui pourrait enlever la boue adhérente à leurs pattes, ils iront certainement atterrir vers les points où ils trouveront les eaux douces qu'ils recherchent. Je ne sais si les botanistes se doutent de la quantité de graines dont la vase des étangs est chargée; voici un des cas les plus frappants que j'aie observés dans les divers essais que j'ai entrepris sur ce sujet. Je pris en février, sur trois points différents sous l'eau, près du bord d'un petit étang, trois cuillerées de vase qui, desséchée, pesait seulement 6 3/4 onces (193 gr.). Ayant gardé cette vase pendant six mois dans mon étude et à couvert, j'arrachai et comptai chaque plante à mesure qu'elle poussait; il y en eut en tout 537, de nombreuses espèces, et cependant la vase humide tenait tout entière dans une soucoupe. D'après ces faits, je crois qu'il serait très-admissible que les oiseaux aquatiques puissent parfois transporter ainsi les graines des plantes d'eau douce dans des étangs et des ruisseaux, même situés à de grandes distances. Les œufs de quelques petits animaux d'eau douce ont pu aussi avoir été transportés par le même moyen.

Il est d'autres actions inconnues qui peuvent avoir aussi contribué à cette dispersion. J'ai constaté que les poissons d'eau douce absorbent certaines graines, bien qu'ils en rejettent d'autres après les avoir avalées; des poissons, même petits, peuvent ingérer des graines d'une certaine grosseur, telles que celles du nénufar jaune et du potamogéton. Les hérons et d'autres oiseaux, qui engloutissent constamment des poissons, prennent leur vol vers d'autres eaux, ou sont entraînés à travers les mers par les ouragans; nous avons vu que les graines conservent la faculté de germer pendant un nombre considérable d'heures, lorsqu'elles sont rejetées avec les excréments ou dégorgées en boulettes. Lorsque je vis la grosseur des graines de cette magnifique plante aquatique, le *Nelumbium*, et me rappelai les remarques d'Alph. de Candolle sur cette plante, sa distribution me parut tout à fait inexplicable ; mais Audubon a constaté dans l'estomac d'un héron la présence de graines du grand nénufar méridional (probablement, d'après le Dr Hooker, le *Nelumbium luteum*) ; et, bien que je n'aie aucun exemple du fait, je crois qu'on peut par analogie admettre qu'un héron prenant son vol vers un autre étang, après avoir fait un bon repas de poisson, puisse, soit dégorger de son estomac une boulette contenant des graines de *Nelumbium* non digérées, soit peut-être en laisser tomber en donnant à manger à ses petits, comme il arrive à ces oiseaux de laisser, pendant cette opération, échapper du poisson.

En considérant ces divers moyens de distribution, il faut se rappeler que lorsqu'un étang ou un ruisseau se forment pour la première fois, sur un îlot en voie d'élévation, par exemple, il seront inoccupés ; et que, par conséquent, un seul œuf ou graine pourra avoir toutes chances d'y réussir. Bien qu'il doive toujours y avoir lutte pour l'existence entre habitants d'une même pièce d'eau, quelque peu nombreux qu'ils soient, comme espèces, cependant comme leur nombre, même dans un étang bien peuplé, sera faible, comparé à celui du nombre d'espèces habitant une égale étendue de terrain, la concurrence sera probablement moins rigoureuse entre espèces aquatiques qu'entre espèces terrestres ; par conséquent un intrus importé d'un autre point aura plus de chances de pouvoir s'emparer d'une place nouvelle que s'il s'agissait d'une forme terrestre. Il faut encore se rappeler que bien des productions d'eau douce sont peu élevées dans l'échelle de l'organisation, et nous avons des raisons pour croire que les êtres inférieurs se modifient moins promptement que les supérieurs, ce qui assurera un temps plus long que la moyenne aux migrations d'une même espèce aquatique. N'oublions pas non plus la probabilité qu'un grand nombre d'espèces qui ont autrefois été disséminées, autant que les productions d'eau douce peuvent l'être et sur d'immenses étendues, se sont éteintes ultérieurement dans les régions intermédiaires. Mais je crois que la grande distribution des plantes et animaux inférieurs des eaux douces, qu'ils aient conservé leurs formes identiques ou modifiées à quelque degré, dépend essentiellement de la dissémination de leurs graines et de leurs œufs par des animaux, surtout les oiseaux aquatiques, qui possèdent une grande puissance de vol et voyagent naturellement d'une pièce d'eau à une autre.

Des habitants des îles océaniques.

Nous arrivons maintenant à la dernière des trois classes de faits que j'ai choisis comme présentant le plus de difficultés, dans l'hypothèse que non-seulement tous les individus de même espèce où qu'ils se trouvent, ont émigré d'un point donné, mais que toutes les espèces voisines, bien qu'habitant aujourd'hui les localités les plus éloignées, proviennent d'une unique station, — le lieu de naissance de leur ancêtre. J'ai déjà dit que je ne pouvais admettre les idées de Forbes sur l'extension des continents, lesquelles, poussées jusqu'à leurs dernières conséquences, conduisent à faire croire que toutes les îles existantes ont été, dans une période récente, réunies plus ou moins complétement à quelque continent. Cette opinion lèverait bien des difficultés, mais n'expliquerait aucun des faits relatifs aux productions insulaires. Je ne m'en tiendrai pas, dans les remarques qui vont suivre, à la seule question de la dispersion, mais j'examinerai chemin faisant quelques autres faits, qui ont quelque portée sur la vérité des deux théories, des créations indépendantes et de la descendance avec modification.

Les espèces de toutes sortes qui peuplent les îles océaniques sont en petit nombre, si on les compare à celles habitant des espaces continentaux d'égale étendue; Alph. de Candolle admet le fait pour les plantes, et Wollaston pour les insectes. La Nouvelle-Zélande, par exemple, avec ses montagnes élevées et ses stations variées, occupant 780 milles de latitude, jointe aux îles voisines d'Auckland, Campbell et Chatham, ne renferme en tout que 960 plantes à fleurs. Si nous comparons ce chiffre modeste à celui des espèces qui fourmillent sur des surfaces égales dans le sud-ouest de l'Australie ou au cap de Bonne-Espérance, nous devons reconnaître qu'une aussi grande différence de nombre doit tenir à quelque cause tout à fait indépendante d'une simple divergence dans les conditions physiques, Le comté si uniforme du Cambridge possède 847 plantes, et la petite île d'Anglesea 764 ; il est vrai que quelques fougères et un petit nombre de plantes introduites sont comprises dans ces chiffres, et que sous plusieurs rapports la comparaison n'est pas très-exacte. Nous avons la preuve que l'île de l'Ascension, si stérile, ne possédait pas primitivement plus d'une demi-douzaine de plantes à fleurs ; cependant il en est un grand nombre qui s'y sont acclimatées, comme dans la Nouvelle-Zélande, et toutes les îles océaniques connues. A Sainte-Hélène, il paraît que les plantes et animaux qui y ont été acclimatés ont presque ou tout à fait exterminé un grand nombre de productions indigènes. Qui croit à la doctrine des créations séparées devra donc admettre que le nombre suffisant des plantes et animaux les mieux adaptés n'a pas été créé pour les îles océaniques, puisque l'homme les a inintentionnellement peuplées plus parfaitement et plus richement que ne l'a fait la nature.

Bien que dans les îles océaniques les espèces soient peu nombreuses, la proportion de celles qui sont endémiques, c'est-à-dire qui ne se trouvent nulle part ailleurs sur le globe, est souvent très-grande. C'est ce que nous remarquerons, par exemple, en comparant le rapport entre la surface et le nombre des mollusques terrestres spéciaux à l'île de Madère, ou les oiseaux endémiques de l'archipel des Galapagos avec le nombre de ceux habitant un continent quelconque. Ce fait pouvait être théoriquement prévu, car, comme nous l'avons déjà expliqué, des espèces arrivant de loin en loin dans un district isolé et nouveau, ayant à entrer en lutte avec de nouveaux concurrents, seraient éminemment sujettes à changements et à produire des groupes de descendants modifiés. Mais il n'en résulte pas nécessairement que, parce que dans une île presque toutes les espèces d'une classe sont spéciales, celles d'une autre classe ou d'une autre section de la même classe doivent aussi l'être, et cette différence devrait en partie dépendre de ce que les espèces non modifiées ont émigré en corps, de manière que leurs rapports réciproques n'aient subi que peu de perturbation, et en partie de l'arrivée fréquente d'immigrants non modifiés, provenant de la mère patrie, et avec lesquels les formes insulaires se sont entre-croisées.

N'oublions pas que, la descendance de pareils croisements devant presque certainement gagner en vigueur, un croisement occasionnel suffirait pour produire des effets plus considérables qu'on ne pourrait s'y attendre. Voici quelques exemples à l'appui des remarques qui précèdent. Dans les îles Galapagos, on trouve vingt-six oiseaux terrestres, dont vingt et un (ou peut-être vingt-trois) sont spéciaux, tandis que, des onze espèces marines, deux seulement sont particulières; il est, en effet, évident que les oiseaux marins peuvent y arriver plus facilement et plus souvent que les oiseaux terrestres. Les îles Bermudes, qui sont situées à une distance de l'Amérique du Nord à peu près égale à celle qui sépare les Galapagos de l'Amérique méridionale, et dont le sol est très-particulier, n'offrent d'autre part pas un oiseau endémique terrestre, et nous savons, par la belle description des Bermudes que nous devons à M. J. M. Jones, qu'un très-grand nombre d'oiseaux de l'Amérique du Nord visitent fréquemment cette île. J'apprends de M. E. V. Harcourt que, chaque année, les vents amènent à Madère un grand nombre d'oiseaux de l'Europe et de l'Afrique. Cette île est habitée par quatre-vingt-dix-neuf formes, dont une seule est spéciale, bien que très-voisine d'une espèce européenne, trois ou quatre autres espèces étant communes à cette île et aux Canaries. Les Bermudes et Madère ont donc été pourvues par les continents voisins d'oiseaux qui ont pendant longtemps lutté entre eux, se sont mutuellement adaptés, et, une fois installés dans leur nouvel habitat, s'y sont réciproquement maintenus à leurs places et avec leurs habitudes respectives, sans présenter de tendance à des modifications, que l'entre-croisement avec les formes non modifiées occasionnellement, immigrant de la mère patrie, devait contribuer d'ailleurs à réprimer. Madère est encore habitée par un nombre considérable de mollusques terrestres spéciaux, tandis que pas une de ses espèces marines n'est particulière à ses côtes; or, bien que nous ne connaissions pas le mode de dispersion des mollusques, nous voyons que leurs œufs ou leurs larves adhérant peut-être à des plantes marines ou à des bois flottants, ou encore aux pattes d'oiseaux, pourraient, bien plus facilement que des mollusques terrestres, être transportés à travers trois ou quatre cent milles de pleine mer. Les divers ordres d'insectes habitant Madère présentent des cas presque semblables.

Les îles océaniques manquent quelquefois d'animaux de certaines classes entières dont la place est occupée par d'autres classes; ainsi, dans les îles Galapagos, des reptiles, et à la Nouvelle-Zélande, des oiseaux aptères gigantesques ont remplacé les mammifères. Il est peut-être douteux qu'on doive considérer la Nouvelle-Zélande comme une île océanique, car elle est très-grande, n'est séparée de l'Australie que par une mer peu profonde, et le Rév. W. B. Clarke, se fondant sur ses caractères géologiques et la direction de ses chaînes de montagnes, a récemment soutenu l'opinion que cette île ainsi que la Nouvelle-Calédonie devaient être considérées comme des dépendances de l'Australie. Quant aux plantes, le Dr Hooker a montré que dans les îles Galapagos les nombres proportionnels des divers ordres sont très-différents de ce qu'ils sont ailleurs. On explique généralement toutes ces différences de nombre, l'absence de groupes entiers de plantes et d'animaux sur les îles, par des différences supposées dans les conditions physiques; mais l'explication est fort douteuse, et je crois que la facilité de migration a dû y jouer un rôle au moins aussi important que la nature des conditions.

On peut signaler bien des faits remarquables relatifs aux habitants des îles océaniques. Par exemple, dans quelques îles où il n'y a pas de mammifères, certaines plantes indigènes ont de magnifiques graines crochues; or il y a peu de relations plus évidentes que l'adaptation des graines crochues au but de s'attacher à la laine ou aux poils des mammifères, pour être ainsi transportées au loin. Mais une graine armée de crochets peut être portée dans une île par d'autres moyens, et la plante ensuite modifiée devenir une espèce endémique conservant ses crochets, qui ne constitueraient pas un accessoire plus inutile que ne le sont les ailes rabougries qui, chez beaucoup de coléoptères insulaires, se cachent sous des élytres soudées. On trouve souvent encore dans les îles des arbres ou des buissons appartenant à des ordres qui, ailleurs, ne contiennent que des espèces herbacées; or les arbres, ainsi que l'a montré A. de Candolle, ont généralement, quelles qu'en puissent être les causes, une distribution limitée. Il en résulte que les arbres ne pourraient guère atteindre les îles océaniques éloignées, tandis qu'une plante herbacée qui, sur un continent, n'aurait que peu de chances de pouvoir soutenir la concurrence de la foule des grands arbres bien développés occupant le terrain, pourrait, transplantée dans une île, prendre l'avantage en devenant toujours plus grande, et en dépassant les autres végétaux. La sélection naturelle, dans ce cas, tendrait à augmenter la taille de la plante, à quelque ordre qu'elle appartienne, et par conséquent à la convertir en buisson d'abord et en arbre ensuite.

*Absence de Batraciens et de Mammifères terrestres
dans les îles océaniques.*

En ce qui concerne l'absence d'ordres entiers d'animaux dans les îles océaniques, Bory de Saint-Vincent a déjà fait remarquer qu'on ne trouve jamais de Batraciens (grenouilles, crapauds, tritons) dans les nombreuses îles qui émaillent les grands océans. Les recherches que j'ai faites pour vérifier cette assertion ont confirmé sa réalité, la Nouvelle-Zélande, les îles Andaman et peut-être les îles Salomon exceptées, mais nous avons déjà vu que ce n'est qu'avec doute que la Nouvelle-Zélande doit être regardée comme une île océanique; et il en est de même pour les groupes des îles Andaman et Salomon. Ce n'est pas aux conditions physiques qu'on peut attribuer cette absence générale de batraciens dans tant d'îles océaniques, car les îles paraissent particulièrement propres à comporter ces animaux, tellement que des grenouilles, introduites à Madère, aux Açores et à l'île Maurice, s'y sont multipliées au point d'en devenir incommodes. Mais, comme ces animaux ainsi que leur frai sont immédiatement tués par l'eau de mer, leur transport par cette voie serait très-difficile, et par conséquent nous pouvons comprendre pourquoi il n'y en a pas sur aucune île océanique. Il serait, par contre, bien difficile d'expliquer pourquoi, dans la théorie des créations, il n'en aurait pas été créé dans ces localités.

Nous trouvons chez les mammifères un autre cas semblable. Après avoir compulsé avec soin tous les plus anciens voyages, je n'ai pas rencontré un seul cas positif d'un animal terrestre (à l'exception des animaux domestiques tenus par les naturels) habitant une île éloignée d'un continent ou d'une grande île continentale de plus de 300 milles, et bon nombre d'îles plus rapprochées en sont également privées. Les îles Falkland, qu'habite un renard ressemblant au loup, semblent faire exception, mais leur groupe ne peut pas être considéré comme océanique, car il repose sur un banc qui se rattache à la terre ferme distante de 280 milles seulement; de plus, comme autrefois des banquises de glace ont charrié des blocs erratiques sur sa côte occidentale, il se peut que des renards aient été transportés par ce moyen, comme cela a encore lieu actuellement dans les régions arctiques. On ne peut pas dire non plus que de petites îles ne puissent pas comporter au moins des petits mammifères, car on en rencontre sur diverses parties du globe dans de fort petites îles, lorsqu'elles sont dans le voisinage d'un continent. On ne saurait, d'ailleurs, citer une seule île dans laquelle nos petits mammifères ne se soient pas naturalisés et abondamment multipliés. On ne peut pas, d'après la théorie ordinaire de la création, dire que le temps a été insuffisant pour celle de mammifères; car un grand nombre d'îles volcaniques sont d'une antiquité très-reculée, comme le prouvent l'immense dégradation qu'elles ont subi, les gisements tertiaires qu'on y rencontre, et le fait qu'il y a eu un temps suffisant pour la production d'espèces endémiques des autres classes; car on sait que sur les continents les mammifères apparaissent et disparaissent plus rapidement que les autres animaux plus inférieurs. Si les mammifères terrestres font défaut aux îles océaniques, on y trouve presque partout des mammifères aériens. La Nouvelle-Zélande possède deux chauves-souris qu'on ne rencontre nulle part ailleurs dans le monde; l'île Norfolk, l'archipel Viti, les îles Bonin, les archipels des Carolines et des îles Mariannes, et l'île Maurice, ont toutes leurs chauves-souris spéciales. Pourquoi la force créatrice supposée n'a-t-elle créé que des chauves-souris à l'exclusion de tous autres mammifères dans les îles écartées? Dans ma manière de voir, il est facile de répondre à cette question; car, si aucun animal terrestre ne peut être transporté au travers d'un espace considérable de mer, les chauves-souris peuvent le franchir au vol. On a vu des chauves-souris errant de jour sur l'océan Atlantique à de grandes distances de terre, et deux espèces de l'Amérique du Nord visitent régulièrement ou occasionnellement l'île de Bermude, à 600 milles de la terre ferme. J'apprends de M. Tomes, qui a fait de cette famille une étude spéciale, que plusieurs espèces ont une distribution des plus étendues, et se rencontrent sur les continents et dans des îles fort éloignées. Donc, en admettant que des espèces errantes se soient modifiées dans leurs nouveaux habitats, en rapport avec leur nouvelle situation, nous pouvons comprendre pourquoi il peut y avoir dans les îles océaniques des chauves-souris endémiques, en l'absence de tout autre mammifère terrestre.

Il y a encore d'autres rapports intéressants à constater entre la profondeur des bras de mer qui séparent les îles, soit les unes des autres, soit des continents les plus voisins, et le degré d'affinité des mammifères qui les habitent. M. Windsor Earl a fait quelques observations remarquables sur ce point, considérablement développé depuis par les belles recherches de M. Wallace sur le grand archipel Malais, lequel est traversé, près des Célèbes, par un bras de mer profond, qui marque une séparation complète entre deux faunes de mammifères très-distinctes. De chaque côté de cette mer, les îles reposent sur un banc sous-marin d'une profondeur moyenne, et sont peuplées de mammifères qui sont les mêmes ou très-voisins. Je n'ai pas encore eu le temps de suivre le fait dans toutes les parties du globe, mais, au point où j'en suis arrivé, j'ai trouvé que le rapport est assez général. Ainsi, les mammifères sont les mêmes en Angleterre que dans le reste de l'Europe, dont elle n'est séparée que par un détroit peu profond; il en est de même pour toutes les îles situées près des côtes de l'Australie. Les îles des Indes occidentales reposent d'autre part sur un banc profondément submergé à environ 1000 brasses, et nous y trouvons des formes américaines, mais dont les espèces et même les genres sont tout à fait distincts. Or, comme la quotité de modifications que les animaux de tous genres peuvent éprouver dépend surtout du laps de temps écoulé, et que les îles séparées du continent ou des îles voisines par des eaux peu profondes ont dû probablement avoir été réunies entre elles à une époque plus récente que celles séparées par des détroits d'une grande profondeur, — nous comprenons qu'il y ait une relation entre la profondeur d'une mer interposée entre deux faunes de mammifères, et le degré de leurs affinités; — relation qui, dans la théorie des créations indépendantes, demeure inexplicable.

Les faits qui précèdent relativement aux habitants des îles océaniques, à savoir — le petit nombre des espèces, joint à la forte proportion de formes endémiques, — la modification de membres de certains groupes, et pas d'autres de la même classe, — l'absence d'ordres entiers, tels que les Batraciens et les mammifères terrestres, malgré la présence de chauves-souris aériennes, — les proportions singulières de certains ordres de plantes, — le développement de formes herbacées en arbres, etc., — me paraissent mieux cadrer avec l'opinion qui les attribue à l'action continue pendant longtemps de moyens occasionnels de transport, qu'à celle d'une connexion antérieure de toutes les îles océaniques avec le continent le plus rapproché. Dans cette dernière manière de voir, en effet, il est probable que les diverses classes eussent immigré d'une manière plus uniforme, et qu'alors introduites en corps, les relations mutuelles des espèces étant moins troublées, elles se fussent modifiées ou d'une manière plus égale ou pas du tout.

Je ne nie pas qu'il ne subsiste encore de sérieuses difficultés pour comprendre comment la plupart des habitants des îles les plus écartées, qu'ils aient conservé leurs formes spécifiques ou qu'ils se soient ultérieurement modifiés, sont parvenus à leur habitat actuel. Il faut tenir compte ici de la probabilité de l'existence d'îles intermédiaires qui ont disparu, et qui ont pu servir de points de halte. Pour en prendre un exemple, on rencontre dans presque toutes les îles océaniques, même les plus petites et les plus écartées, des mollusques terrestres, appartenant généralement à des espèces endémiques, mais quelquefois se trouvant aussi ailleurs, — faits dont le docteur A. A. Gould a observé des exemples frappants dans le Pacifique. Il est connu que les mollusques terrestres sont promptement tués par l'eau de mer, dans laquelle leurs œufs, ainsi que je l'ai observé, tombent au fond et périssent. Il faut cependant, dans notre manière de voir, qu'il y ait eu quelque moyen inconnu, mais efficace, de transport. Serait-ce peut-être par l'adhérence de jeunes nouvellement éclos aux pattes des oiseaux? J'ai pensé que les coquilles terrestres, pendant la saison d'hibernation et alors que leur bouche est fermée par un opercule membraneux, pourraient peut-être se conserver dans des crevasses de bois ayant été flottés sur des étendues peu considérables de mer. J'ai trouvé que plusieurs espèces pouvaient, dans cet état, résister à l'immersion dans l'eau de mer pendant sept jours. Une *Helix pomatia,* après avoir subi ce traitement et s'être de nouveau operculée, fut remise pendant vingt jours dans l'eau de mer, et résista parfaitement.

Pendant ce temps, elle eût pu être transportée par un courant marin de force moyenne à une distance de 660 milles géographiques. L'opercule de cet Helix étant très-épais et calcaire, je l'enlevai, et lorsqu'il fut remplacé par un nouvel opercule membraneux, je le replaçai dans l'eau de mer pendant quatorze jours, après lesquels l'animal se trouva parfaitement intact et s'échappa. Des expériences semblables ont été dernièrement entreprises par le baron Aucapitaine; il mit dans une boîte percée de trous cent mollusques terrestres, appartenant à dix espèces, et immergea le tout dans la mer pendant quinze jours. Sur les cent coquilles, vingt-sept se rétablirent. La présence de l'opercule paraît avoir de l'importance, car sur douze individus de *Cyclostoma elegans* qui en étaient pourvus, onze ont survécu. Il est remarquable, vu la manière dont l'*Helix pomatia* avait, dans mes essais, résisté à l'action de l'eau salée, que pas un des cinquante-quatre spécimens d'Helix appartenant à quatre espèces, expérimentés par Aucapitaine, n'ait survécu. Il est toutefois peu supposable que tel ait été le mode fréquent du transport des mollusques terrestres; celui par les pattes d'oiseaux est le plus vraisemblable.

Sur les rapports entre les habitants des îles et ceux du continent le plus rapproché.

Le fait le plus frappant et le plus important pour nous est l'affinité qui se remarque entre les espèces des îles et celles de la terre ferme la plus voisine, sans qu'elles soient cependant les mêmes. On pourrait en citer de nombreux exemples. L'archipel des Galapagos est situé sous l'équateur, à 500 ou 600 milles des côtes de l'Amérique du Sud. Tous ses produits terrestres et aquatiques portent l'incontestable cachet du continent américain. Sur vingt-six oiseaux terrestres, vingt et un ou peut-être vingt-trois sont considérés comme spécifiquement distincts, et comme y ayant été créés ; cependant l'affinité étroite qu'ils présentent avec les oiseaux américains dans tous leurs caractères, mœurs, gestes et intonations de voix, est manifeste. Il en est de même pour les autres animaux, et pour la majorité des plantes, comme le prouve la belle flore de cet archipel faite par le docteur Hooker. En contemplant les habitants de ces îles volcaniques du Pacifique, éloignées du continent par plusieurs centaines de milles, le naturaliste se sent cependant sur terre américaine. Pourquoi en est-il ainsi? pourquoi ces espèces, qu'on suppose avoir été créées dans l'archipel des Galapagos, et nulle part ailleurs, portent-elles si évidemment cette empreinte d'affinité avec les espèces créées en Amérique? Il n'y a rien dans les conditions d'existence, dans la nature géologique des îles, leur hauteur ou leur climat, ni dans les proportions suivant lesquelles les diverses classes sont associées, qui ressemble de près aux conditions de la côte américaine; en fait, il y a même une assez grande dissemblance sur tous les points précités. D'autre part, il y a dans la nature volcanique du sol, le climat, l'élévation et la superficie, une grande ressemblance entre les îles des Galapagos et celles de l'archipel du Cap-Vert; mais quelle différence complète et absolue dans leurs habitants! La population de ces dernières est dans les mêmes rapports avec les habitants de l'Afrique que ceux des Galapagos avec les formes américaines. La théorie des créations indépendantes ne peut fournir aucune explication de faits de cette nature; tandis qu'il est évident, d'après celle que nous soutenons, que les îles Galapagos ont dû recevoir, soit par suite d'une ancienne continuité avec la terre ferme, soit par des moyens de transport éventuels, leurs colons d'Amérique; et les îles du Cap-Vert, de l'Afrique; les uns et les autres susceptibles de modifications, — mais trahissant toujours leur lieu d'origine par les phénomènes du principe héréditaire.

Bien des faits analogues pourraient être signalés; c'est

même la règle presque universelle que les productions indigènes
d'une île soient en rapports d'affinité avec celles des continents
ou des îles les plus rapprochés. Les exceptions sont rares et
s'expliquent pour la plupart. Ainsi, bien que l'île de Kerguelen
soit plus rapprochée de l'Afrique que de l'Amérique, ses
plantes sont très-voisines, d'après le docteur Hooker, de celles
de ce dernier continent; mais l'anomalie disparaît, si on admet
que cette île ait dû être principalement approvisionnée par les
graines charriées avec de la terre et les pierres sur les banquises de glaces amenées par les courants dominants. Par ses
plantes indigènes, la Nouvelle-Zélande a des rapports beaucoup plus étroits avec l'Australie, la terre ferme la plus voisine,
qu'avec aucune autre région, comme on pouvait s'y attendre;
mais elle présente aussi avec l'Amérique du Sud des rapports
marqués, et ce continent, bien que le second en distance, est
si éloigné, que le fait paraît presque anormal. La difficulté
disparaît toutefois, si on réfléchit que la Nouvelle-Zélande,
l'Amérique du Sud et d'autres régions méridionales ont été
approvisionnées en partie par un point intermédiaire, quoique
éloigné, les îles antarctiques, qui pendant une époque tertiaire
chaude, antérieure à la dernière période glaciaire, ont été
couvertes de végétation. L'affinité faible sans doute, mais réelle,
d'après le docteur Hooker, qui se remarque entre la flore de
la partie sud-ouest de l'Australie et celle du cap de Bonne-
Espérance, est un cas encore bien plus remarquable; mais cette
affinité n'existe que pour les plantes, et recevra sans doute un
jour son explication.

On trouve quelquefois, manifestée sur une petite échelle, et
d'une manière fort intéressante dans les limites d'un même
archipel, la même loi que celle qui détermine les relations
d'affinités existant entre les habitants des îles et ceux de
la terre ferme la plus voisine. Ainsi, chaque île séparée des
Galapagos est habitée, et le fait est curieux, par des espèces
distinctes, mais qui sont beaucoup plus voisines entre elles
qu'elles ne le sont des habitants d'aucune autre partie du
monde. C'est bien ce à quoi on devait s'attendre, car des îles
aussi rapprochées doivent nécessairement avoir reçu des immigrants de la même source première, et les unes des autres.
Mais comment ces immigrants ont-ils été différemment mo-

difiés, quoiqu'à un faible degré, dans des îles si peu éloignées, ayant la même nature géologique, la même élévation, climat, etc.? Ceci m'a longtemps embarrassé; mais la difficulté provient surtout de la tendance enracinée, mais erronée, qui nous porte à toujours regarder comme les plus essentielles les conditions physiques d'un pays; tandis qu'il est incontestable que la nature des autres habitants avec lesquels chacun a à lutter constitue un fait tout aussi essentiel, et qui est généralement un élément de succès beaucoup plus important. Si nous envisageons les espèces des îles Galapagos qui se trouvent également dans d'autres parties du monde, nous trouvons qu'elles diffèrent beaucoup dans les diverses îles. Cette différence était à prévoir, si on admet que les îles ont été approvisionnées par des moyens éventuels de transport, — une graine d'une plante ayant pu être apportée à une île, par exemple, et celle d'une plante différente à une autre, bien que toutes deux eussent une même origine générale. Donc, lorsque autrefois un immigrant aura pris pied sur une des îles, ou se sera ultérieurement étendu de l'une à l'autre, il aura sans doute été exposé, dans les différentes îles, à des conditions diverses; car il aura eu à lutter contre des ensembles d'organismes différents; une plante, par exemple, trouvant le terrain le plus favorable pour elle occupé par des formes un peu diverses suivant les îles, aura eu à résister aux attaques d'ennemis dissemblables. Si elle s'est mise à varier, la sélection naturelle aura probablement favorisé dans chaque île des variétés également un peu différentes. Toutefois quelques espèces auront pu se répandre et conserver cependant leurs caractères propres un peu partout, de même que nous voyons quelques espèces largement disséminées sur un continent rester pourtant les mêmes.

Le fait le plus surprenant dans ce cas de l'archipel des Galapagos, qui se remarque aussi à un moindre degré dans d'autres circonstances analogues, est que les nouvelles espèces une fois formées dans une île ne se répandent pas promptement dans les autres. Mais les îles, quoiqu'en vue les unes des autres, sont séparées par des bras de mer très-profonds, plus larges que la Manche, et rien ne fait supposer qu'elles aient jamais autrefois été réunies. Les courants marins qui traversent

l'archipel sont fort rapides, et les coups de vent fort rares,
de sorte que les îles sont, de fait, beaucoup plus séparées
qu'elles ne le paraissent sur la carte. Cependant quelques-unes
des espèces, tant de celles qui sont spéciales à l'archipel que
de celles qui se trouvent dans d'autres parties du globe, sont
communes aux diverses îles; et nous pouvons, de leur distribution actuelle, inférer qu'elles ont dû s'étendre d'une île aux
autres. Je crois toutefois que nous nous trompons souvent en
admettant comme très-probable l'invasion réciproque d'un
terrain donné par des espèces très-voisines, lorsqu'elles peuvent librement communiquer entre elles. Il est certain que,
lorsqu'une espèce sera douée de quelque avantage sur une
autre, elle ne tardera pas à la supplanter en tout ou en partie;
mais il est probable que toutes deux conserveront leur position
et pourront rester distinctes très-longtemps, si elles sont également bien adaptées à leurs conditions respectives. Le fait
qu'un grand nombre d'espèces, naturalisées par l'intervention
de l'homme, se sont répandues avec une étonnante rapidité sur
de vastes surfaces, nous porte à conclure que la plupart des
espèces ont dû s'étendre de même; mais il faut se rappeler
que celles qui s'acclimatent dans des pays nouveaux ne sont
généralement pas très-voisines des habitants indigènes, mais
en sont très-distinctes, et appartenant en forte proportion,
comme l'a montré Alph. de Candolle, à des genres différents.
Dans l'archipel des Galapagos, même un grand nombre des
espèces d'oiseaux, quoique capables de voler d'île en île, sont
distinctes dans chacune d'elles; c'est ainsi qu'on y trouve trois
espèces très-voisines de Moqueurs, dont chacune est restreinte
à son île. Supposons maintenant que le moqueur de l'île
Chatham soit emporté par le vent à l'île Charles, qui possède le sien, pourquoi réussirait-il à s'y établir? Nous pouvons admettre que l'île Charles est suffisamment pourvue de
son espèce propre, parce que chaque année il se pond plus
d'œufs et il s'élève plus de petits qu'il n'en peut survivre, et
nous devons également croire que l'espèce de l'île Charles est
au moins aussi bien adaptée à son milieu que l'est celle de
l'île Chatham. Je dois à Sir C. Lyell et à M. Wollaston communication d'un fait remarquable à ce point de vue, relatif à
l'existence, à Madère et dans la petite île adjacente de Porto

Santo, de plusieurs espèces distinctes, mais représentatives, de mollusques terrestres, dont quelques-unes vivent dans les crevasses de rochers; or on transporte annuellement de Porto Santo à Madère de grandes quantités de pierres, sans que l'espèce de la première île se soit jamais introduite dans la seconde, bien que, dans les deux îles, des mollusques terrestres européens, doués sans doute de quelque avantage sur les espèces indigènes, s'y soient acclimatés. Je pense donc qu'il n'y a pas lieu d'être surpris de ce que les espèces indigènes et représentatives qui habitent les diverses îles de l'archipel des Galapagos ne se soient pas universellement étendues d'une île à l'autre. L'occupation antérieure a aussi probablement contribué d'une manière importante à empêcher le mélange d'espèces habitant des régions distinctes d'un même continent, quoique placées dans des conditions physiques semblables. C'est ainsi que les angles sud-est et sud-ouest de l'Australie, bien que présentant des conditions physiques à peu près les mêmes, et réunis ensemble en un tout continu, sont cependant peuplés par un grand nombre de mammifères, d'oiseaux et de végétaux distincts.

Le principe qui règle le caractère général des habitants des îles océaniques, à savoir, leurs rapports avec la source dont les formes immigrantes ont pu le plus facilement être dérivées, joints à leur modification ultérieure, trouve de nombreuses applications dans la nature, et se reconnaît dans chaque sommité de montagne, dans chaque lac ou marais. Ainsi les espèces alpines, si on en excepte celles qui, lors de la dernière époque glaciaire, se sont largement répandues, se rattachent aux espèces habitant les régions basses avoisinantes; — ainsi dans l'Amérique du Sud, nous trouvons des oiseaux-mouches, des rongeurs alpins, des plantes alpines, etc., toutes formes appartenant à des types strictement américains; il est évident en effet qu'une montagne, pendant son lent soulèvement, a dû être colonisée par les plaines adjacentes. Il en est de même des habitants des lacs et des marais, toujours en exceptant les espèces qui, en raison de quelques facilités de transport, ont pu se répandre dans plusieurs parties du globe. Le même principe se manifeste dans les caractères de la plupart des animaux aveugles qui peuplent les cavernes de l'Amérique et de l'Europe, ainsi que dans d'autres cas analogues. On reconnaîtra, à mon avis, comme universellement vrai, le fait que, partout où un grand nombre d'espèces voisines ou représentatives existent dans deux régions, si éloignées qu'elles puissent être entre elles, on y rencontrera quelques espèces identiques, et que, partout où il y a beaucoup d'espèces très-voisines, il y aura toujours des formes que certains naturalistes regarderont comme des espèces distinctes, d'autres comme de simples variétés; formes douteuses qui nous indiquent les pas faits dans la marche progressive de la modification.

La relation entre la puissance et l'étendue des migrations de certaines espèces, soit actuelles, soit anciennes, et l'existence d'espèces voisines sur des points du globe fort éloignés, se manifeste d'une autre manière plus générale. M. Gould m'a, il y a longtemps, fait remarquer que dans les genres d'oiseaux qui sont très-répandus sur le globe, on trouve beaucoup d'espèces qui jouissent d'une distribution également considérable. Je ne mets pas en doute la vérité générale de cette règle, qui serait toutefois difficile à démontrer. Elle est très-évidente pour les mammifères, chez les chauves-souris, à un degré un peu moindre chez les Félidés et les Canidés. La même règle gouverne la distribution des papillons et des coléoptères, ainsi que celle de la plupart des habitants des eaux douces, chez lesquels un grand nombre de genres, appartenant aux classes les plus distinctes, sont répandus dans le monde entier et renferment beaucoup d'espèces présentant également une distribution très-étendue. Nous n'entendons pas par là que toutes les espèces de ces genres soient très-répandues, mais seulement quelques-unes; ni que ces espèces aient toujours une distribution moyenne absolument très-considérable, car celle-ci dépendra surtout du point auquel les progrès des modifications sont parvenus. Ainsi, par exemple, étant données deux variétés d'une même espèce habitant l'une l'Amérique, l'autre l'Europe, l'espèce aura une vaste distribution; mais la variation étant poussée un peu plus loin et les deux variétés étant considérées comme espèces, leur distribution en sera aussitôt réduite de beaucoup. Nous n'entendons pas davantage que les espèces aptes à franchir les barrières et à se répandre au loin, telles que certains oiseaux au vol puissant, doivent nécessairement avoir une distribution très-étendue, car il faut toujours se rappeler que l'extension d'une espèce dépend non-seulement de l'aptitude à franchir les obstacles, mais de celle, encore bien plus importante, de pouvoir, sur le sol étranger, l'emporter, dans la lutte pour l'existence, sur les formes qui y sont déjà et avec lesquelles elle se trouve en concurrence. Mais, d'après l'idée que toutes les espèces d'un même genre, bien qu'actuellement réparties sur divers points du globe, souvent fort éloignés, proviennent d'un unique ancêtre, nous devrions, et je crois que c'est en général le fait, trouver qu'au moins quelques-unes d'entre elles présentent une distribution considérable.

Nous devons, en ce qui concerne tous les êtres organisés, nous rappeler que beaucoup de genres sont très-anciens et que leurs espèces auront eu, par conséquent, amplement le temps de se disséminer et d'éprouver de grandes modifications ultérieures. Les documents géologiques paraissent prouver que les organismes inférieurs, changeant dans chaque classe moins rapidement que ceux qui sont plus élevés dans l'échelle, ont, par conséquent, le plus de chances de se disperser plus largement, tout en conservant les mêmes caractères spécifiques. Ce fait, joint à celui que les graines et les œufs de presque tous les organismes inférieurs sont fort petits, et par conséquent plus propres à être transportés au loin, explique probablement une loi depuis longtemps remarquée, et que Alph. de Candolle a récemment discutée à propos des plantes, à savoir que, plus un groupe d'organismes est bas dans l'échelle, plus sa distribution est grande.

Tous les faits que nous venons d'examiner, — la plus grande dissémination des formes inférieures, comparées aux supérieures, — celle des espèces faisant partie de genres eux-mêmes très-largement répandus, — les relations qui existent entre les productions alpines, lacustres, etc., et celles habitant les régions basses des environs, — les rapports d'affinités qui se remarquent entre les habitants des îles et ceux de la terre ferme la plus rapprochée, — ceux encore plus intimes des habitants distincts d'îles faisant partie d'un même archipel, — sont inexplicables par la théorie de la création indépendante de chaque espèce, mais deviennent clairement compréhensibles si nous admettons la colonisation par la source la plus voisine ou la plus accessible, jointe à une adaptation ultérieure des immigrants à leurs nouveaux domiciles.

Résumé des présent et précédent chapitres.

J'ai cherché, dans les deux chapitres qui précèdent, à montrer que les difficultés qui paraissent s'opposer à l'idée que tous les individus d'une même espèce, où qu'ils se trouvent, descendent de parents communs, ne sont pas insurmontables, si nous avons égard à l'ignorance où nous sommes des effets précis qui peuvent résulter de changements dans le climat ou le niveau d'un pays, qui ont certainement eu lieu dans une période récente, ou d'autres modifications qui se sont très-probablement effectuées, — au peu que nous savons sur les moyens éventuels de transport qui ont pu entrer en jeu, — au fait enfin qu'une espèce, après avoir occupé toute une vaste étendue de terrain, se soit éteinte ensuite dans des régions intermédiaires. Diverses considérations générales, surtout l'importance des obstacles de tous genres et la distribution analogique des sous-genres, genres et familles, nous conduisent à cette conclusion relative à la descendance de tous les individus d'une espèce, de parents communs, à laquelle d'autres naturalistes sont également arrivés et qu'ils ont désignée sous le nom de centres uniques de création.

Quant aux espèces distinctes d'un même genre qui, d'après notre théorie, émanent d'une même souche parente, la difficulté, quoique très-grande, n'est pas davantage insurmontable si nous faisons la part de ce que nous ignorons, et tenons compte de la lenteur avec laquelle certaines formes ont dû se modifier, et du laps de temps immense qui a pu s'écouler pendant leurs migrations.

Comme exemple des effets que les changements de climat ont pu exercer sur la distribution, j'ai cherché à montrer l'importance du rôle qu'a joué la période glaciaire, en affectant jusqu'aux régions équatoriales, et qui, pendant les alternances de froid du nord et du midi, a permis un mélange des productions des deux hémisphères opposés, et en a laissé, dans toutes les parties du globe, d'échouées pour ainsi dire sur les sommités des hautes montagnes. Une discussion un peu plus détaillée du mode de dispersion des productions d'eau douce m'a servi à signaler la diversité des modes éventuels de transport.

Si la difficulté d'admettre que, dans le cours prolongé des temps, tous les individus d'une même espèce et toutes les espèces d'un même genre proviennent d'une source commune, n'est pas insurmontable, tous les grands faits principaux de la distribution géographique s'expliquent par la théorie de la migration, accompagnée de la modification ultérieure et de la multiplication de formes nouvelles. Nous pouvons alors comprendre l'importance capitale des barrières, soit de terre ou de mer, non-seulement en séparant, mais aussi en circonscrivant les diverses provinces zoologiques et botaniques. Elle nous explique encore la concentration dans les mêmes régions des espèces ayant des rapports d'affinités réciproques et pourquoi sous diverses latitudes, comme dans l'Amérique méridionale, par exemple, les habitants des plaines et des montagnes, ceux des forêts, des marais et des déserts, se rattachent si mystérieusement les uns aux autres, ainsi qu'aux formes éteintes qui ont autrefois vécu sur le même continent. En considérant la haute importance des rapports mutuels d'organisme à organisme, nous voyons pourquoi deux stations ayant à peu près les mêmes conditions physiques peuvent être habitées par des formes très-différentes; car, suivant le temps depuis lequel les immigrants ont pénétré dans une des régions ou toutes deux; suivant que la nature des communications aura permis l'entrée de certaines formes en plus ou moins grand nombre, et pas à d'autres; suivant la concurrence que les formes nouvelles auront eu à soutenir, soit entre elles, soit contre les indigènes; suivant enfin leur aptitude à varier plus ou moins promptement, il en sera résulté dans les deux régions, indépendamment de leurs conditions physiques, des conditions des plus diverses pour la vie. La somme des réactions organiques et inorganiques serait presque infinie, — nous trouverions, et c'est en effet ce qui a lieu dans les diverses grandes provinces géographiques du globe, quelques groupes d'êtres fortement modifiés, d'autres très-peu, —

les uns développés à l'extrême, d'autres en nombre réduit.

Ainsi que j'ai cherché à le montrer, nous pouvons, d'après les mêmes principes, comprendre pourquoi la plupart des habitants des îles océaniques, d'ailleurs peu nombreux, sont endémiques ou spéciaux; et pourquoi, en rapport avec les moyens de migration, un groupe d'êtres dans une même classe ne renfermerait que des espèces spéciales, tandis que dans un autre groupe elles seraient toutes semblables à celles des autres parties du globe. Nous voyons pourquoi des groupes entiers d'organisme, comme les batraciens et les mammifères terrestres, peuvent faire défaut dans les îles océaniques, tandis que même les plus écartées et isolées renferment leurs espèces particulières de mammifères aériens ou chauves-souris. Nous voyons pourquoi il y a une relation entre l'existence dans les îles de mammifères dans un état plus ou moins modifié et la profondeur de la mer qui les sépare de la terre ferme. Nous voyons encore clairement pourquoi tous les habitants d'un archipel, quoique spécifiquement distincts dans chaque petite île, sont voisins entre eux, et se rapprochent également, quoique d'une manière moins intime, de ceux qui occupent le continent ou le lieu quelconque le moins éloigné d'où les immigrants ont pu tirer leur origine. Nous voyons encore pourquoi, dans deux régions, si distantes qu'elles soient entre elles, qui renferment des espèces très-voisines ou représentatives, il y a presque toujours quelques espèces identiques.

Il y a, ainsi que Edward Forbes l'a souvent remarqué, un parallélisme frappant entre les lois de la vie dans le temps et l'espace, celles qui ont réglé la succession des formes dans les temps passés étant les mêmes que les lois qui actuellement gouvernent les différences dans les diverses zones. Bien des faits nous le montrent. La durée de chaque espèce ou groupe d'espèces est continue dans le temps; car les exceptions à cette règle, d'ailleurs si rares, peuvent être attribuées au fait que nous n'avons pas encore découvert dans des dépôts intermédiaires certaines formes qui y manquent, mais peuvent se rencontrer au-dessus ou au-dessous. Quant à l'espace, la règle générale est que la surface occupée par une espèce ou un groupe d'espèces est continue; et on peut, comme je l'ai montré, trouver la raison des exceptions qu'elle présente dans les circonstances diverses sous lesquelles les migrations antérieures ont eu lieu, les modes éventuels de transport, ou dans le fait de l'extinction de l'espèce dans les régions intermédiaires. Espèces et groupes d'espèces ont leurs points de développement maximum dans le temps et l'espace. Des groupes d'espèces, vivant pendant la même période ou dans une même zone, sont souvent caractérisés par des traits insignifiants qui leur sont communs et portent sur des marques spéciales ou la couleur. En considérant soit la longue succession des époques passées, soit les régions fort éloignées entre elles à la surface du globe actuel, nous trouvons dans certaines classes des espèces différant peu les unes des autres, tandis que dans une classe différente, ou seulement dans une famille distincte du même ordre, nous voyons des espèces très-dissemblables. Les membres de chaque classe dont l'organisation est inférieure changent généralement dans le temps et dans l'espace moins que ceux à organisation élevée ; la règle présente toutefois dans les deux cas des exceptions marquées. Ces divers rapports relatifs au temps et à l'espace sont d'après notre théorie très-compréhensibles ; car, soit que nous considérions les formes vivantes qui ont changé pendant les âges successifs, soit celles qui se sont modifiées après avoir émigré dans des régions éloignées, les formes n'en sont pas moins, dans chaque classe et dans les deux cas, rattachées entre elles par le lien ordinaire de la génération ; dans les deux cas les lois de la variation ayant été les mêmes, et les modifications s'étant accumulées par le même procédé, celui de la sélection naturelle.

CHAPITRE XIII.

AFFINITÉS MUTUELLES DES ÊTRES ORGANISÉS; MORPHOLOGIE;
EMBRYOLOGIE; ORGANES RUDIMENTAIRES.

Classification; subordination mutuelle des groupes. — Système naturel. — Règles et difficulté
de la classification, expliquées par la théorie de la descendance avec modifications. —
Classification des variétés. — Emploi de la descendance dans la classification. — Carac
tères analogiques ou d'adaptation. — Affinités générales, complexes et rayonnantes. —
L'extinction sépare et définit les groupes. — MORPHOLOGIE, entre membres d'une même
classe et entre parties d'un même individu. — EMBRYOLOGIE; ses lois expliquées par des
variations qui ne surgissent pas à un âge précoce et sont héréditaires à un âge correspondant. — ORGANES RUDIMENTAIRES; explication de leur origine. — Résumé.

Classification.

Dès une période fort ancienne dans l'histoire du globe, les
êtres organisés se sont ressemblés entre eux suivant des degrés
descendants, de manière à pouvoir être classés en groupes
compris dans d'autres groupes. Cette classification n'est point
arbitraire comme l'est, par exemple, le groupement des étoiles
par constellations. L'existence de groupes eût eu une signification fort simple, si l'un eût été exclusivement adapté pour
vivre sur terre, l'autre dans l'eau; l'un pour se nourrir de
chair, un autre de substances végétales, et ainsi de suite; mais
il en est tout autrement dans la nature, où il est fréquent
d'observer des habitudes très-différentes chez les membres
d'un même sous-groupe. J'ai cherché dans les deuxième et
quatrième chapitres, sur la variation et la sélection naturelle,
à montrer que dans tous pays ce sont, dans les grands genres
de chaque classe, les espèces dominantes, soit les plus répandues et les plus communes, qui varient le plus. Les variétés
ou espèces naissantes ainsi formées se convertissent ultérieurement en espèces nouvelles et distinctes, lesquelles tendront,
en vertu de l'hérédité, à en produire encore d'autres. Les
groupes déjà grands, comprenant de nombreuses espèces

prépondérantes, tendent par conséquent à augmenter toujours davantage. J'ai ensuite entrepris de montrer que le fait que les descendants de chaque espèce en voie de variation cherchent toujours à occuper le plus de places différentes possible dans l'économie de la nature détermine dans leurs caractères une tendance constante vers la divergence. La grande diversité des formes qui se trouvent en concurrence réciproque, même sur une surface de peu d'étendue, et certains faits d'acclimatation, viennent à l'appui de cette conclusion.

J'ai aussi cherché à établir qu'il existe, chez les formes qui augmentent en nombre et divergent par leurs caractères, une tendance constante à remplacer et à exterminer celles moins divergentes et moins améliorées qui les ont précédées. Si le lecteur veut bien reprendre le tableau représentant l'action de ces divers principes et qui a été déjà expliqué [1], il verra qu'il en résulte l'inévitable conséquence, que les descendants modifiés provenant d'un ancêtre unique finissent par former des groupes subordonnés les uns aux autres. Chaque lettre de la ligne supérieure de la figure peut représenter un genre comprenant plusieurs espèces, et l'ensemble des genres de cette même ligne une classe; car tous descendant d'un ancêtre reculé ont par conséquent hérité de lui quelque chose en commun. Mais les trois genres qui sont du côté gauche ont, d'après le même principe, beaucoup de points communs, et forment une sous-famille distincte de celle comprenant les deux genres suivants à droite, qui ont divergé d'un parent commun au cinquième degré de descendance. Ces cinq genres ont donc, quoique à moindre degré, aussi quelque chose de commun, et forment une famille distincte de celle qui renferme les trois genres placés plus à droite, lesquels ont divergé à une époque encore plus antérieure. Tous ces genres, descendant de A, forment un ordre distinct de celui qui comprend les genres dérivés de I. Nous avons donc là un grand nombre d'espèces descendant d'un ancêtre unique, groupées en genres; ceux-ci en sous-familles, familles et ordres. le tout constituant une grande classe. C'est ainsi, selon moi, que s'explique ce grand fait de la subordination naturelle de tous les êtres orga-

---

nisés en groupes compris sous d'autres groupes, fait auquel nous ne faisons pas habituellement assez attention. On peut sans doute, comme beaucoup d'autres objets, classer de plusieurs manières les êtres organisés, soit artificiellement par des caractères isolés, ou plus naturellement par un ensemble de caractères. Nous pouvons, par exemple, disposer ainsi les minéraux et substances élémentaires; car, pour des objets de cette nature, entre lesquels il n'y a aucune relation généalogique, il n'y a pas de raison pour qu'ils se divisent en groupes. Mais pour les êtres organisés, le cas est différent, et ce qui précède rend compte de leur disposition naturelle en groupes subordonnés, fait dont aucune autre explication n'a pu encore être donnée.

Les naturalistes, comme nous l'avons vu, cherchent à arranger dans chaque classe les espèces, genres et familles, d'après ce qu'on appelle le *système naturel*. Qu'entend-on par là? Quelques auteurs considèrent ce système simplement comme un procédé de réunir ensemble les objets vivants qui se ressemblent le plus, et de séparer ceux qui diffèrent le plus entre eux, ou comme un moyen artificiel d'énoncer d'une manière aussi brève que possible des propositions générales, — c'est-à-dire en formulant par une phrase les caractères communs, par exemple, à tous les mammifères carnassiers, par une autre ceux qui sont communs au genre chien, et achevant par une dernière la description complète de chaque espèce de chien. Ce système est incontestablement ingénieux et utile. D'autres naturalistes estiment que le système naturel signifie quelque chose de plus et croient qu'il contient la révélation du plan du Créateur; mais à moins de préciser s'il s'agit d'ordre dans le temps ou l'espace, ou tous deux, ou enfin ce qu'on entend par plan de création, il me semble que cela n'ajoute rien à nos connaissances. Des énonciations comme celle de Linné, qui est célèbre, que nous rencontrons souvent sous une forme plus ou moins dissimulée, que les caractères ne font pas le genre, mais que c'est le genre qui donne les caractères, semblent impliquer qu'il y a dans notre classification quelque chose de plus qu'une simple ressemblance. C'est mon opinion que le lien que nous révèlent partiellement nos classifications, dissimulé comme il l'est par divers degrés de modifications, n'est autre chose que la

parenté par descendance, — la seule cause connue de la similitude des êtres organisés.

Examinons maintenant les règles suivies dans la classification, et les difficultés qu'on rencontre suivant les vues qu'on
peut avoir sur sa signification, comme impliquant quelque
plan inconnu de création, ou simplement un moyen d'énoncer des propositions générales et de réunir entre elles les
formes les plus semblables. On a autrefois cru que les points
de l'organisation qui déterminent les habitudes vitales et fixent
dans l'économie de la nature la place générale de chaque être
devaient avoir une haute importance dans la classification.
Rien de plus inexact. Personne n'attache d'importance à la
similitude extérieure qui existe entre la souris et la musaraigne,
le dugong et la baleine, ou la baleine et un poisson. Ces ressemblances, bien qu'en connexion intime avec la vie de l'organisme, ne sont considérées que comme simples caractères
« analogiques » ou « d'adaptation » ; nous aurons à revenir là-
dessus. On peut même donner comme règle générale, que
moins un point de l'organisation est en rapport avec des habitudes spéciales, plus il est important pour la classification.
Comme exemple, Owen dit en parlant du dugong : « J'ai toujours considéré les organes générateurs, en ce que ce sont eux
qui offrent les rapports les plus éloignés avec les habitudes et
la nourriture de l'animal, comme étant ceux qui indiquent le
plus nettement ses affinités réelles. Nous sommes moins sujets,
à propos des modifications de ces organes, à prendre un caractère simplement d'adaptation pour un caractère essentiel. » Chez
les plantes, il est remarquable de voir la faible signification
des organes de la végétation dont dépendent leur nutrition et
leur vie, tandis que les organes reproducteurs, avec leurs produits, la graine et l'embryon, ont une importance capitale.
Nous avons déjà eu occasion de voir l'utilité qu'ont souvent,
pour la classification, certaines différences morphologiques
dépourvues d'ailleurs de toute importance physiologique. Ceci
dépend de leur constance chez beaucoup de groupes voisins,
constance qui est principalement le résultat de ce que la sélection naturelle, ne s'exerçant que sur des caractères utiles, n'a
ni conservé ni accumulé les légères déviations de conformation
qu'ils ont pu présenter à l'occasion.

Un fait qui prouve que l'importance physiologique seule ne détermine pas la valeur qu'un organe peut avoir au point de vue de la classification est celui que, dans des groupes voisins, chez lesquels un organe donné a, selon toute apparence, la même valeur physiologique, elle peut, au point de vue de la classification, être fort différente. On ne saurait étudier à fond aucun groupe sans être frappé de ce fait, que la plupart des auteurs ont reconnu. Je citerai pour exemple les paroles d'une haute autorité, Robert Brown, qui, parlant de certains organes de Protéacées, dit, au sujet de leur importance générique, « qu'elle est, comme celle de tous les points de leur conformation, non-seulement dans cette famille, mais dans toutes les familles naturelles, très-inégale et même, dans quelques cas, nulle. » Il ajoute, dans un autre ouvrage, que les genres des Connaracées « diffèrent par la présence d'un ou plusieurs ovaires, l'existence ou l'absence d'albumen et une estivation imbriquée ou valvulaire. Chacun de ces caractères pris isolément est souvent d'une importance plus que générique, bien que pris tous ensemble ils soient insuffisants pour séparer les *Cnestis* des *Connarus*. » Pour prendre un autre exemple chez les insectes, Westwood a remarqué que, dans une des grandes divisions des Hyménoptères, les antennes ont une conformation des plus constantes, tandis que dans une autre elles varient beaucoup et présentent des différences d'une valeur très-inférieure pour la classification. On ne peut cependant pas dire que, dans ces deux divisions du même ordre, les antennes aient une importance physiologique inégale. On pourrait citer une foule de cas montrant combien un même organe important peut, dans un groupe donné, varier quant à son importance pour la classification.

Personne ne soutiendra que des organes rudimentaires ou atrophiés aient une importance vitale ou physiologique considérable ; et cependant des organes dans cet état ont souvent une haute valeur au point de vue de la classification. Ainsi il n'est pas douteux que les dents rudimentaires qui se rencontrent à la mâchoire inférieure des jeunes ruminants, et certains os rudimentaires de la jambe, ne soient fort utiles pour démontrer l'affinité étroite qui existe entre les Ruminants et les Pachydermes. Robert Brown a fortement insisté sur l'importance qu'a, dans la classification des Graminées, la position des fleurettes rudimentaires.

On peut citer de nombreux cas de caractères tirés de parties qui n'ont qu'une importance physiologique insignifiante, mais dont on reconnaît l'utilité pour définir des groupes entiers : par exemple, la présence ou l'absence d'un passage ouvert entre les fosses nasales et la bouche, le seul caractère, d'après Owen, qui distingue absolument les Poissons des Reptiles, — l'inflexion de l'angle des mâchoires chez les Marsupiaux, — le mode de plicature des ailes des insectes, — la couleur chez certaines algues, — la pubescence de parties de la fleur dans des herbes, — la nature des poils ou plumes qui, dans les Vertébrés, recouvrent les téguments. Si l'ornithorynque eût eu des plumes au lieu de poils, ce caractère externe et insignifiant eût été regardé par les naturalistes comme d'un grand secours pour la détermination du degré d'affinité que cet étrange animal présente avec les oiseaux.

L'importance qu'ont, pour la classification, les caractères insignifiants, dépend principalement de leur corrélation avec d'autres qui en ont une plus ou moins grande ; car l'agrégation de plusieurs caractères peut souvent, en histoire naturelle, avoir de la valeur. Aussi, comme on en a souvent fait la remarque, une espèce peut s'écarter de celles qui en sont voisines par plusieurs caractères ayant une haute importance physiologique ou remarquables par leur prévalence universelle, sans que cependant nous ayons le moindre doute sur la place où elle doit être classée. C'est encore la raison pour laquelle on a trouvé qu'une classification basée sur un caractère unique, quelle que puisse être son importance, n'a jamais pu se maintenir, aucune partie de l'organisation n'étant d'une constance invariable. L'importance d'une agrégation de caractères, même tous de faible valeur, explique seule l'aphorisme de Linné, à savoir que les caractères ne donnent pas le genre, mais que c'est le genre qui donne les caractères ; car ceci paraît fondé sur une appréciation d'un grand nombre de points de ressemblance, trop légers pour être définis. Dans certaines plantes faisant partie des Malpighiacées, on trouve des fleurs parfaites et d'autres incomplètes ; dans ces dernières, selon la remarque de A. de Jussieu, « la plus grande partie des caractères propres à l'espèce, au genre, à la famille et à la classe disparaissent, et se jouent ainsi de notre classification. » Mais lorsque l'*Aspicarpa* n'eut, après plusieurs années de séjour en France, produit que des fleurs dégénérées, s'écartant si fortement, sur plusieurs points essentiels de leur conformation, du type propre de l'ordre, M. Richard reconnut cependant avec une grande sagacité que ce genre devait quand même être maintenu dans les Malpighiacées. Ce cas me paraît bien faire comprendre l'esprit de nos classifications.

En pratique, les naturalistes s'inquiètent peu de la valeur physiologique des caractères qu'ils emploient pour la définition d'un groupe ou la distinction d'une espèce particulière. S'ils rencontrent un caractère presque semblable, commun à un grand nombre de formes et pas à d'autres, ils le considèrent comme en ayant une grande; s'il est commun à un nombre moindre, ils ne lui attribuent qu'une importance subordonnée. Quelques naturalistes ont ouvertement admis que ce principe était le vrai, et aucun ne l'a fait plus clairement que l'excellent botaniste Aug. Saint-Hilaire. Lorsqu'on trouve certains caractères en corrélation constante avec d'autres, on leur attribue une valeur toute particulière, bien qu'on ne puisse découvrir aucun lien apparent de connexion entre eux. Les organes importants, tels que ceux qui mettent le sang en mouvement, ceux qui l'amènent en contact avec l'air, ou ceux qui servent à la propagation, étant presque uniformes dans la plupart des groupes d'animaux, on les considère comme fort utiles pour la classification; mais il y a des groupes d'êtres chez lesquels ces organes vitaux si importants ne fournissent que des caractères d'ordre inférieur. Ainsi, selon les remarques récentes de Fritz Müller, dans un même groupe de Crustacés, les *Cypridina* sont pourvus d'un cœur, tandis que dans les deux genres voisins, *Cypris* et *Cytherea*, cet organe manque; une espèce de Cypridina offre des branchies bien développées, tandis qu'une autre en est privée.

Nous pouvons voir pourquoi des caractères dérivés de l'embryon ont une importance égale à ceux tirés de l'adulte, car une classification naturelle doit, cela va sans dire, comprendre tous les âges. Mais, dans la théorie ordinaire, il n'est nullement évident pourquoi la conformation de l'embryon serait plus importante dans ce but que celle de l'adulte, qui seule joue complétement son rôle dans l'économie de la nature. Cependant deux grands naturalistes, Agassiz et Milne Edwards, ont fortement insisté sur la grande importance des caractères embryologiques, doctrine très-généralement admise comme vraie. Néanmoins elle a été quelquefois exagérée, et Fritz Müller, pour le montrer, ayant disposé d'après ces caractères la grande classe des Crustacés, est arrivé à un arrangement peu naturel. Mais il n'est pas moins certain que, tant pour les animaux que pour les plantes, les caractères fournis par l'embryon ont généralement une haute valeur. C'est ainsi que les deux divisions fondamentales des plantes phanérogames sont basées sur des différences de l'embryon, — sur le nombre et la position des cotylédons, et sur le mode de développement de la plumule et de la radicule. Nous allons voir immédiatement que ces caractères n'ont une si grande valeur dans la classification que parce que le système naturel n'est pas autre chose qu'un arrangement généalogique.

Nos classifications sont souvent nettement influencées par les chaînes des affinités. Rien n'est plus facile que d'énoncer un certain nombre de caractères communs à tous les oiseaux; mais une pareille définition a jusqu'à présent été reconnue impossible pour les crustacés. On trouve, aux extrémités opposées de la série, des crustacés qui présentent à peine un caractère en commun, mais qui, cependant, se trouvant voisins d'espèces elles-mêmes voisines d'autres formes, et ainsi de suite, peuvent être ainsi sans équivoque reconnus pour appartenir à cette classe et à aucune autre des Articulés.

On a souvent employé dans la classification, peut-être peu logiquement, la distribution géographique, surtout pour les groupes considérables renfermant des formes très-voisines entre elles. Temminck insiste sur l'utilité et même la nécessité de cette pratique pour certains groupes d'oiseaux, et plusieurs entomologistes et botanistes ont suivi son exemple.

Finalement, les divers groupes d'espèces qu'on réunit sous les noms d'ordres, sous-ordres, familles, sous-familles et genres, sont jusqu'à présent, quant à leur valeur comparative, des plus arbitraires, fait que quelques botanistes tels que M. Bentham et d'autres ont particulièrement mis en évidence.

On pourrait citer parmi les insectes et les plantes des exemples
de groupes de formes considérées d'abord par des naturalistes
expérimentés comme des genres, puis ensuite élevés au rang
de sous-famille ou de famille, non que de nouvelles recherches
eussent décelé des différences importantes de conformation
ayant échappé au premier abord, mais parce que de nombreuses espèces voisines, présentant de légères nuances de différences, ont été observées depuis.

Toutes les règles qui précèdent, ainsi que les difficultés de
la classification, s'expliquent, si je ne me trompe, d'après
l'idée que le système naturel est fondé sur la descendance avec
modification; — que les caractères regardés par les naturalistes
comme indiquant les vraies affinités de deux ou plusieurs
espèces entre elles sont ceux qui ont été hérités d'un parent
commun, toute vraie classification étant généalogique; — que
la communauté de descendance est le lien caché que les naturalistes ont, sans en avoir conscience, toujours recherché, et non
quelque plan inconnu de création, ou une énonciation de propositions générales, ou le simple fait de réunir et de séparer
des objets plus ou moins semblables.

Pour expliquer plus complétement ma manière de voir, je
crois que l'*arrangement* des groupes dans chaque classe,
d'après leurs relations et leur degré de subordination mutuelle,
doit, pour être naturel, être rigoureusement généalogique;
mais que la *quotité* de différence dans les diverses branches ou
groupes, d'ailleurs au même degré de sang relativement à leur
ancêtre commun, peut différer beaucoup, suivant les divers
degrés de modification qu'ils ont pu subir, et c'est là ce qu'exprime le classement des formes en genres, familles, sections ou
ordres distincts. Le lecteur pourra bien s'en rendre compte
en recourant à la figure du quatrième chapitre [1]. Supposons
que les lettres A à L représentent des genres voisins pendant
l'époque silurienne, descendant de formes encore plus anciennes. Dans trois de ces genres (A, F et I), les espèces ont
transmis des descendants modifiés jusqu'à nos jours, représentés par les quinze genres qui occupent la ligne horizontale
supérieure (a^{14} à z^{14}). Tous ces descendants, modifiés d'une

---

1. Voir à la fin du volume.

seule espèce, sont parents entre eux au même degré ; on pourrait métaphoriquement les appeler cousins à un même millionième degré, bien qu'ils diffèrent beaucoup et à des points de vue divers les uns des autres. Les formes descendant de A, partagées en deux ou trois familles, constituent maintenant un ordre distinct de celui comprenant les formes descendant de I, aussi divisé en deux familles. On ne peut pas non plus classer dans le même genre que leur forme parente A les espèces existantes qui en proviennent, ni celles dérivant de I dans le même genre que I. Mais le genre existant F^{14} étant supposé n'avoir été que peu modifié, on le groupera avec le genre parent F; de même que quelques organismes encore vivants appartiennent à des genres siluriens. L'étendue ou la valeur des différences entre ces êtres organisés, qui sont tous parents par la même proportion de sang qu'ils renferment, sont donc arrivées à être bien différentes. Leur *arrangement* généalogique n'en est pas moins resté rigoureusement vrai, non-seulement actuellement, mais aussi à chaque période successive de leur descendance. Tous les descendants modifiés de A auront hérité de quelque chose de commun de ce parent, ainsi que les descendants de I; il en sera de même pour chaque branche subordonnée des descendants dans chaque période successive. Si toutefois nous supposons que quelque descendant de A ou de I ait été assez modifié pour n'avoir plus conservé de traces de sa parenté, sa place dans le système naturel sera perdue, — ainsi que cela semble avoir été le cas pour quelques organismes existants. Les descendants du genre F, dans toute la série généalogique, ne formeront qu'un seul genre, puisque nous supposons qu'ils n'ont été que peu modifiés; mais ce genre, quoique fort isolé, n'en occupera pas moins sa propre position intermédiaire. Cet arrangement naturel est indiqué dans la figure autant que la chose peut se faire sur le papier, mais d'une manière trop simple. Si nous n'eussions pas employé un dessin ramifié, et que nous nous fussions borné à placer en série linéaire les noms des groupes, nous aurions encore moins pu figurer un arrangement naturel, car il est évidemment impossible de représenter dans une série, sur un plan, les affinités que nous observons dans la nature entre les êtres d'un même groupe. Ainsi donc, d'après notre manière de voir, le système

naturel a une disposition semblable à celle d'un arbre généalogique; mais l'étendue des modifications éprouvées par les différents groupes doit être exprimée par leur réunion sous divers
chefs connus sous les noms de genres, sous-familles, familles,
sections, ordres et classes.

Pour mieux faire comprendre cet exposé de la classification,
voyons ce qui se passe dans le cas des langues. Si nous possédions une histoire parfaite de l'humanité, un arrangement
généalogique des races humaines donnerait la meilleure classification des diverses langues parlées actuellement dans le
monde entier, et serait la seule possible si tous les langages
éteints et tous les dialectes intermédiaires et graduellement
changeants devaient y être introduits. Cependant il se pourrait que quelques anciennes langues s'étant fort peu altérées
n'eussent donné naissance qu'à un petit nombre de langages
nouveaux; tandis que d'autres, par suite de l'extension, de
l'isolement, ou de l'état de civilisation de différentes races
codescendantes, auraient pu se modifier considérablement et
produire ainsi un grand nombre de nouvelles langues ou dialectes. Les divers degrés de différences entre les langues d'une
même souche seraient donc exprimés par des groupes subordonnés; mais leur seul arrangement convenable ou même possible serait encore l'ordre généalogique. Ce serait en même
temps l'ordre naturel, car il rapprocherait entre elles, suivant
leurs affinités les plus étroites, toutes les langues éteintes et
vivantes, en indiquant la filiation et l'origine de chacune.

Pour vérifier cette manière de voir, jetons un coup d'œil
sur la classification de variétés qu'on suppose ou qu'on sait
être descendantes d'une espèce unique. On les groupe sous les
espèces, les sous-variétés sous les variétés, et dans quelques
cas même, comme pour les pigeons domestiques, on distingue
encore quelques nuances de différences. Les mêmes règles pré-
sident à la classification des espèces. Les auteurs ont insisté
sur la convenance de disposer les variétés suivant un ordre
naturel et non artificiel, de ne pas classer, par exemple, deux
variétés d'ananas ensemble, seulement parce que leurs fruits,
la partie la plus importante, se trouvent être presque identiques; personne ne réunit les navets communs et ceux de
Suède, bien que leurs tiges épaissies et charnues soient si

semblables. On classe les variétés d'après les parties qu'on reconnaît être les plus constantes; ainsi Marshall dit que pour le bétail on se sert avec avantage des cornes, parce que ces organes varient moins que la forme ou la couleur du corps, etc., tandis que chez les moutons, les cornes sont moins utiles sous ce point de vue, parce qu'elles sont moins constantes. En classant les variétés, on préférerait certainement, si on avait tous les documents nécessaires pour l'établir, une classification généalogique, et on l'a entreprise dans quelques cas. On peut être sûr, qu'il y ait eu plus ou moins de modification, que le principe d'hérédité doit tendre à maintenir ensemble les formes voisines entre elles par le plus grand nombre de points. Bien que quelques sous-variétés du pigeon culbutant diffèrent par le caractère important d'avoir un bec plus long, elles sont toutes réunies par l'habitude de culbuter, qui leur est commune. Cependant, le fait que la race à bec court a presque totalement perdu cette aptitude n'empêche pas qu'on ne la maintienne dans ce même groupe, à cause de certains points de ressemblance et de sa communauté d'origine avec les autres.

Les naturalistes ont, en fait, pour les espèces naturelles, tous introduit la descendance dans leurs classifications, puisqu'ils comprennent, dans la dernière de ses divisions, l'espèce, dont les deux sexes peuvent quelquefois différer à un point excessif par certains caractères des plus importants. C'est à peine si on peut attribuer un seul caractère commun aux mâles adultes et hermaphrodites de certains Cirrhipèdes que cependant personne ne songe à séparer. Aussitôt qu'on eut reconnu que les trois formes d'Orchidées, antérieurement groupées sous les trois genres *Monacanthus, Myanthus* et *Catasetum*, se rencontraient quelquefois sur la même plante, on les considéra comme des variétés; et j'ai pu démontrer depuis qu'elles n'étaient autre chose que des formes mâle, femelle et hermaphrodite de la même espèce. Le naturaliste comprend dans une espèce les diverses phases larvaires d'un même individu, si différentes qu'elles puissent être entre elles et de la forme adulte, ainsi que les générations alternantes de Steenstrup, qu'on ne peut que théoriquement considérer comme formant un même individu. Le naturaliste comprend encore dans l'espèce les formes monstrueuses et les variétés, non parce qu'elles ressemblent partiellement à leur forme parente, mais parce qu'elles en descendent.

Puisqu'on a universellement employé la descendance pour classer ensemble des individus de la même espèce, malgré les grandes différences qui existent quelquefois entre les mâles, les femelles et les larves; qu'on s'est fondé sur elle pour grouper des variétés qui ont subi quelques changements parfois très-considérables, n'a-t-on peut-être pas utilisé, d'une manière inconsciente, ce même élément de descendance en groupant les espèces sous des genres, et ceux-ci sous des groupes plus élevés sous le nom de système naturel? L'emploi inconscient de ce principe m'explique seul les diverses règles auxquelles se sont conformés nos meilleurs auteurs systématistes. N'ayant point de généalogies écrites, nous avons à déduire la communauté de descendance de ressemblances de tous genres, et nous choisissons pour cela les caractères qui, autant que nous en pouvons juger, nous paraissent probablement avoir été le moins modifiés par l'action des conditions extérieures, auxquelles chaque espèce a été exposée dans une période récente. A ce point de vue, les conformations rudimentaires sont aussi bonnes, souvent meilleures, que d'autres parties de l'organisation. L'insignifiance d'un caractère nous importe peu, — que ce soit une simple inflexion de l'angle de la mâchoire, le mode de plicature d'une aile d'insecte, que la peau soit garnie de plumes ou de poils; — pourvu qu'il prévale dans des espèces nombreuses et diverses ayant surtout des habitudes différentes, il acquiert aussitôt une grande valeur; car nous ne pouvons comprendre son existence dans tant de formes, à habitudes d'ailleurs si diverses, que par le fait qu'il a été hérité d'un ancêtre commun. Nous pouvons à cet égard nous tromper sur certains points de conformation isolés; mais lorsque plusieurs caractères, si insignifiants qu'ils soient, se trouvent dans un vaste groupe d'êtres doués d'habitudes différentes, nous pouvons, selon la théorie de la descendance, être certains qu'ils proviennent par hérédité d'un commun ancêtre. Des caractères ainsi agrégés ou en corrélation mutuelle ont donc une valeur toute particulière dans la classification.

Nous pouvons comprendre pourquoi une espèce ou un groupe d'espèces, bien que s'écartant par quelques traits caractéristiques importants des formes qui en sont voisines, doivent cependant être classés avec elles ; ce qui peut se faire et se fait souvent, lorsqu'un nombre suffisant de caractères, si insignifiants qu'ils soient, subsiste pour trahir le lien caché dû à la communauté de descendance. Lorsque deux formes extrêmes n'offrent pas un seul caractère en commun, il suffit de l'existence d'une série continue de groupes intermédiaires les reliant entre elles pour nous autoriser à conclure à leur communauté de descendance, et à les réunir dans une même classe. Trouvant que les organes d'une grande importance physiologique, — ceux qui servent à maintenir la vie dans les conditions d'existence les plus diverses, — sont généralement les plus constants, nous leur accordons une valeur spéciale ; mais si dans un autre groupe nous voyons ces mêmes organes différer beaucoup, nous leur attribuons moins d'importance pour la classification.

Nous verrons tout à l'heure pourquoi, à ce point de vue, les caractères embryologiques ont une si haute valeur. La distribution géographique peut parfois être employée utilement dans le classement des grands genres, parce que toutes les espèces d'un même genre, habitant une région isolée et distincte, descendent selon toute probabilité des mêmes parents.

Ressemblances analogiques. — D'après ce qui précède, nous pouvons comprendre la distinction très-essentielle qu'il y a à faire entre les affinités réelles et les ressemblances d'adaptation ou analogiques. Lamarck a le premier attiré l'attention sur cette distinction, admise ensuite par Macleay et d'autres. La ressemblance générale du corps et celle des membres antérieurs en forme de nageoires qui se remarque entre le dugong, animal pachyderme, et la baleine, ainsi que celle entre ces deux mammifères et les poissons, sont analogiques. On en compte d'innombrables cas chez les insectes ; ainsi Linné, trompé par l'apparence extérieure, classa effectivement un insecte homoptère parmi les phalènes. Nous remarquons des faits analogues même chez nos variétés domestiques, comme dans les tiges épaissies du navet commun et de celui de Suède. La ressemblance entre le lévrier et le cheval de course est à peine plus imaginaire que certaines analogies que beaucoup d'auteurs ont signalées entre animaux bien différents. D'après ce que j'ai dit au sujet des caractères, comme n'ayant d'importance réelle pour la classification qu'autant qu'ils révèlent une descendance, nous pouvons comprendre pourquoi des caractères analogiques ou d'adaptation, bien que d'une haute importance pour la prospérité de l'être, peuvent n'avoir presque aucune valeur pour le classificateur. Des animaux appartenant à deux lignes de descendance des plus distinctes peuvent, en effet, s'être adaptés à des conditions semblables, et avoir ainsi acquis une ressemblance extérieure prononcée; — mais de telles ressemblances, loin de révéler leurs relations de parenté, tendent plutôt à les dissimuler. Nous pouvons ainsi comprendre encore ce paradoxe apparent, que les mêmes caractères, qui sont analogiques lorsqu'on compare un ordre ou classe à une autre subdivision semblable, indiquent de véritables affinités chez les membres d'une même classe ou ordre, comparés entre eux. Ainsi le contour du corps et les membres en forme de nageoires ne sont qu'analogiques lorsqu'on compare la baleine aux poissons, parce qu'ils constituent dans les deux classes une adaptation spéciale en vue d'un mode de locomotion aquatique; mais ces mêmes particularités manifestent aussi l'affinité existante entre les divers membres du groupe des cétacés, qui, grands et petits, s'accordent par tant de caractères, que nous ne pouvons douter qu'ils n'aient hérité de quelque ancêtre commun la forme générale de leur corps et la structure de leurs membres. Il en est de même pour les poissons.

Le cas le plus remarquable de ressemblance analogique qui ait été enregistré, bien que ne résultant pas d'une adaptation à des conditions d'existence semblables, est celui qu'a donné M. Bates, relativement à certains lépidoptères de la région des Amazones, qui imitent de près d'autres espèces. Cet excellent observateur montre que, dans un district où, par exemple, pullulent des essaims brillants d'*Ithomia*, un autre papillon, le *Leptalis*, se trouve souvent mélangé parmi les Ithomia, auxquelles il ressemble si étrangement par la forme, la nuance et les marques colorées de ses ailes, que M. Bates, quoique exercé par onze ans de recherches, et toujours sur ses gardes, était cependant trompé sans cesse. Lorsqu'on examine les insectes imités, et qu'on les compare à leurs imitateurs, on les trouve entièrement différents par leur conformation essentielle, et appartenant non-seulement à des genres, mais souvent à des familles différentes. Une pareille ressemblance aurait pu être considerée comme une bizarre coïncidence, si elle ne s'était rencontrée qu'une ou deux fois. Mais dans un district où un *Leptalis* contrefait une *Ithomia*, on trouve d'autres espèces appartenant aux mêmes genres, s'imitant les unes les autres avec le même degré de ressemblance. On a énuméré jusqu'à dix genres contenant des espèces imitant d'autres papillons. Les espèces imitantes et imitées habitent toujours les mêmes localités, et on ne trouve jamais les premières vivant dans des points éloignés de ceux qu'occupent les secondes. Les formes imitantes sont habituellement rares, les imitées dans presque tous les cas fourmillent par essaims. Dans un même district, où une espèce de *Leptalis* imite une *Ithomia*, il y a quelquefois d'autres Lépidoptères qui imitent aussi la même Ithomia; de sorte que, sur un même lieu, on peut rencontrer des espèces de trois genres de papillons et même une phalène, qui toutes ressemblent à un papillon appartenant à un quatrième genre. Il faut noter spécialement, comme le démontrent les séries graduées qu'on peut établir entre plusieurs formes de Leptalis imitatrices et celles imitées, qu'il en est un grand nombre qui ne sont que de simples variétés de la même espèce, tandis que d'autres sont, sans aucun doute, des espèces distinctes. A la question qu'on peut se poser, pourquoi certaines formes sont-elles toujours copiées, pendant que d'autres jouent toujours le rôle d'imitatrices, M. Bates répond d'une manière satisfaisante, en montrant que la forme imitée conserve le facies et les caractères habituels du groupe auquel elle appartient, et que ce sont les contrefacteurs qui ont changé d'extérieur et cessé de ressembler à leurs pareils.

Nous sommes ensuite conduits à chercher quelle est la raison pour laquelle certains papillons ou phalènes revêtent si fréquemment l'apparence extérieure d'une autre forme fort distincte, et pourquoi, à la grande perplexité des naturalistes, la nature s'est livrée à de pareils déguisements. M. Bates, à mon avis, en a fourni la véritable explication. Les formes copiées, qui sont toujours en grand nombre, doivent habituellement échapper largement à la destruction, car elles n'existeraient pas sans cela en telles quantités; or M. Bates, ayant pu

constater qu'elles ne sont pas la proie d'oiseaux et de quelques
gros insectes qui poursuivent d'autres papillons, a eu des raisons
pour croire que cette immunité devait provenir de ce qu'elles
émettaient une odeur particulière et désagréable. Les formes imitantes qui, d'autre part, habitent la même localité sont comparativement rares, et appartiennent à des groupes qui le sont également ; elles doivent donc être exposées à quelque danger
habituel, car autrement, vu le nombre des œufs que pondent
tous les lépidoptères, elles fourmilleraient dans tout le pays
au bout de trois ou quatre générations. Un membre d'un de
ces groupes rares et persécutés, venant à revêtir une livrée
assez semblable à celle d'une espèce mieux protégée, pour
tromper même l'œil d'un entomologiste exercé, pourrait
aussi tromper les oiseaux ou les insectes carnassiers, et ainsi
échapper à la destruction. On peut presque dire que M. Bates a
réellement assisté à la marche par laquelle ces formes imitatrices en sont venues à ressembler de près aux imitées ; car il a
trouvé que quelques-unes des formes de Leptalis qui miment
tant d'autres papillons sont variables à un haut degré. Il en a
rencontré dans un district plusieurs variétés, dont une seule
ressemblait jusqu'à un certain point à l'Ithomia commune de
la localité. Dans un autre endroit se trouvaient deux ou trois
variétés, dont une, plus commune que les autres, imitait de
très-près une autre forme d'Ithomia. M. Bates, se basant sur
des faits de ce genre, conclut que c'est le Leptalis qui varie
d'abord ; et que, se trouvant ressembler en quelque degré
à un papillon abondant de la même localité, cette variété,
grâce à sa similitude avec une forme prospère et peu
inquiétée, étant moins exposée à être la proie des oiseaux et
des insectes, est par conséquent plus souvent conservée ; —
« les degrés de ressemblance moins parfaite étant successivement éliminés dans chaque génération, les autres finissent
par rester seuls pour propager leur type. » Nous avons là un
exemple excellent de sélection naturelle.

M. Wallace vient tout récemment de décrire plusieurs cas
d'imitation également frappants, observés dans les Lépidoptères
de l'archipel Malai ; et on en connaît encore d'autres chez des
insectes appartenant à d'autres ordres. M. Wallace en a observé un exemple chez les oiseaux, mais nous n'en possédons

aucun chez les mammifères. La fréquence plus grande de ces imitations chez les insectes que chez les autres animaux est probablement une conséquence de leur faible taille; les insectes ne peuvent se défendre, ceux armés d'aiguillon exceptés, et je ne connais chez ces derniers aucun exemple de l'imitation dont ils sont d'ailleurs eux-mêmes l'objet par d'autres. Les insectes, ne pouvant échapper par le vol aux plus grands animaux, se sont trouvés réduits, comme tous les êtres faibles, à recourir à la ruse et à la dissimulation.

Pour en revenir à des cas plus ordinaires de ressemblance analogique, comme des membres de classes distinctes ont souvent été adaptés par de légères modifications successives à vivre dans des conditions semblables, — pour habiter, par exemple, les trois milieux de la terre, l'eau et l'air, — nous pouvons peut-être comprendre pourquoi on a quelquefois observé un parallélisme numérique entre des sous-groupes appartenant à des classes distinctes. Un naturaliste, frappé d'un parallélisme pareil dans une classe donnée, pourrait aisément l'étendre considérablement, en élevant ou abaissant à son gré la valeur des groupes dans d'autres classes, dont l'appréciation est encore toujours arbitraire. C'est ainsi qu'ont probablement pris naissance les classifications septenaires, quinaires, quaternaires et ternaires.

Sur la nature des affinités reliant les êtres organisés. — Comme les descendants modifiés des espèces dominantes, appartenant aux plus grands genres, tendent à hériter des avantages auxquels les groupes dont ils font partie doivent leur extension et leur prépondérance, ils seront plus aptes à se répandre au loin, et à s'emparer de plus en plus des positions disponibles dans l'économie de la nature. Les groupes les plus grands et les plus dominants dans chaque classe tendant ainsi toujours plus à s'agrandir, et par conséquent à en supplanter beaucoup d'autres plus petits et plus faibles, on s'explique pourquoi tous les organismes, éteints et vivants, sont compris dans un petit nombre d'ordres, et encore moins de classes. Un fait assez frappant montrant le petit nombre de groupes supérieurs, et leur vaste extension sur le globe, est celui que la découverte de l'Australie n'a pas ajouté un insecte appartenant à une seule classe nouvelle; et que, dans le règne végétal, elle n'a fourni, selon le docteur Hooker, que deux ou trois petites familles.

J'ai cherché à établir, dans le chapitre sur les successions géologiques, d'après le principe que chaque groupe a, en général, beaucoup divergé par ses caractères pendant la marche longuement continue de ses modifications, comment il se fait que les formes les plus anciennes présentent souvent des caractères à quelques degrés intermédiaires entre des groupes existants. Un petit nombre de ces formes anciennes et inter- médiaires, ayant transmis jusqu'à ce jour des descendants peu modifiés, constituent ce qu'on a appelé des espèces aberrantes. Plus une forme est aberrante, plus a dû être considérable le nombre de celles exterminées et totalement disparues qui la rattachaient à son origine. Nous trouvons une preuve de la grande extinction à laquelle les groupes aberrants ont dû être exposés dans le fait qu'ils ne sont ordinairement représentés que par un fort petit nombre d'espèces, lesquelles sont aussi généralement très-différentes. Les genres *Ornithorynchus* et *Lepidosiren*, par exemple, n'auraient pas été moins aber- rants s'ils eussent chacun été représentés par une douzaine d'espèces au lieu d'une ou deux. Nous ne pouvons, je crois, expliquer ce fait qu'en considérant les groupes aberrants comme des formes ayant partout cédé la place à des con- currents plus heureux, à l'exception de quelques-uns de leurs membres qui se sont conservés sur quelques points, grâce à des conditions particulièrement favorables.

M. Waterhouse a remarqué que, lorsqu'un membre d'un groupe d'animaux présente quelque affinité avec un groupe tout à fait distinct, cette affinité est dans la plupart des cas générale et non spéciale. Ainsi, d'après l'auteur précité, la viscache est de tous les rongeurs celui qui se rapproche le plus des marsupiaux; mais ses rapports avec cet ordre portent sur des points généraux, et ne rappellent pas plus une espèce par- ticulière de marsupial qu'une autre. Ces traits d'affinité étant supposés réels, et non purement un résultat d'adaptations, doivent selon nos vues être dus à l'hérédité d'un ancêtre com- mun. Nous devons donc supposer, ou que tous les rongeurs, y compris la viscache, se sont ramifiés sur quelque Marsupial ancien, qui aura naturellement été plus ou moins intermédiaire entre les animaux existants de cet ordre; ou que Rongeurs et Marsupiaux partant d'un ancêtre commun se sont bifurqués en deux groupes qui depuis ont éprouvé de fortes modifications dans des directions divergentes. Dans les deux suppositions, nous devons admettre que la viscache, ayant conservé, par hérédité, plus des caractères de son ancêtre primitif que les autres rongeurs, ne se rattache spécialement à aucun Marsupial existant, mais indirectement à tous, ou à la plupart des animaux de cet ordre, pour avoir partiellement conservé le caractère de leur commun ancêtre, ou de quelque membre ancien du groupe. D'autre part, ainsi que le fait remarquer M. Waterhouse, de tous les Marsupiaux, c'est le Wombat (*Phascolomys*) qui ressemble de plus près non à une espèce particulière, mais à l'ensemble de l'ordre des Rongeurs. On peut toutefois, dans ce cas, soupçonner que la ressemblance ne soit qu'analogique, et due à la circonstance que le Phascolomys s'est adapté à des mœurs semblables à celles des Rongeurs. A. P. de Candolle a fait des observations à peu près analogues sur la nature générale des affinités de familles distinctes de plantes.

Le principe de la multiplication et de la divergence graduelle des caractères d'espèces provenant d'un ancêtre primitif, joint à la conservation par hérédité de quelques caractères communs, nous permet de comprendre les affinités complexes et rayonnantes qui rattachent entre eux tous les membres d'une même famille ou d'un groupe d'ordre plus élevé. En effet, l'ancêtre commun de toute une famille, actuellement fractionnée par extinction en groupes et sous-groupes distincts, aura transmis quelques-uns de ses caractères modifiés de diverses manières et à divers degrés à toutes les espèces, qui seront par conséquent liées entre elles par des lignes d'affinité détournées, de longueur variable, remontant dans le passé par un grand nombre de prédécesseurs. De même qu'il est fort difficile de saisir les rapports de parenté entre les descendants nombreux d'une noble et ancienne famille, ce qui est presque impossible sans le secours d'un arbre généalogique, nous pouvons comprendre combien sera grande pour le naturaliste la difficulté de décrire, sans l'aide d'une figure, les diverses affinités qu'il remarque entre les nombreux membres vivants et éteints d'une même grande classe naturelle.

L'extinction, ainsi que nous l'avons vu au quatrième chapitre, a pris une part importante à leur définition, en augmentant les intervalles existant entre les divers groupes de chaque classe. Nous pouvons nous expliquer ainsi la netteté de la distinction des diverses classes entre elles, — par exemple celle des oiseaux, comparés aux autres vertébrés, — en admettant qu'un grand nombre d'anciennes formes vivantes, qui rattachaient autrefois les ancêtres reculés des oiseaux à ceux des autres classes de vertébrés, alors moins différenciées, se sont depuis tout à fait perdues. L'extinction des formes qui reliaient autrefois les poissons aux batraciens a été moins complète; encore moins dans d'autres classes, comme les crustacés, où on trouve encore les formes les plus étonnamment diverses, reliées par une longue chaîne d'affinités qui n'est que partiellement interrompue. L'extinction n'a fait que séparer les groupes; elle ne les a en aucune manière créés; car, si toutes les formes qui ont vécu sur la terre venaient à reparaître, bien qu'il fût impossible de donner des définitions de nature à distinguer chaque groupe, leur classification ou plutôt leur arrangement naturel serait pourtant possible. C'est ce que nous voyons en reprenant notre figure, et en supposant que les lettres A à L représenteraient onze genres Siluriens, quelques-uns ayant produit des groupes importants de descendants modifiés, dont les types intermédiaires dans chaque branche seraient encore vivants et pas plus écartés entre eux que ne le sont des variétés voisines. Il serait dans ce cas tout à fait impossible de donner des définitions qui permissent de distinguer les membres des divers groupes de leurs parents et descendants les plus immédiats. L'arrangement du tableau n'en serait pas moins exact et naturel, car, en vertu de l'hérédité, toutes les formes descendant de A, par exemple, auraient quelques traits communs. Nous pouvons dans un arbre distinguer telle ou telle branche, bien qu'à leur point de bifurcation les deux s'unissent et se confondent. Nous ne pourrions pas, comme je l'ai dit, définir les divers groupes; mais nous pourrions en sortir des types ou formes représentant la plupart des caractères de chaque groupe petit ou grand, et ainsi donner une idée générale de la valeur des différences existant entre eux. C'est ce que nous serions obligés de faire, si nous parvenions jamais à recueillir toutes les formes d'une classe qui ont vécu dans le temps et l'espace. Il est certain que nous n'arriverons jamais à parfaire une collection aussi complète, néanmoins pour certaines classes nous tendons à ce résultat; et Milne Edwards a récemment appuyé sur l'importance qu'il y a de s'attacher aux types, que nous puissions ou non séparer et définir les groupes auxquels ces types appartiennent.

Finalement, nous avons vu que la sélection naturelle, résultant de la lutte pour l'existence, et conduisant inévitablement à l'extinction et à la divergence des caractères dans les descendants d'une espèce parente dominante, explique ce grand trait universel des affinités de tous les êtres organisés, qui permet leur réunion en groupes réciproquement subordonnés. Nous employons la descendance pour classer les individus des deux sexes et de tous âges sous une espèce, bien qu'ils n'aient que peu de caractères en commun; nous l'employons de même pour classer des variétés reconnues, si différentes qu'elles soient de leurs parents, et je crois que cet élément de la descendance est le lien caché que les naturalistes ont cherché, et qu'ils ont appelé le *sysjème naturel*. Dans l'hypothèse que le système naturel, au point où il en est, soit généalogique dans son arrangement, ses nuances de différences étant exprimées par les termes de genres, familles, ordres, etc., nous pouvons comprendre les règles auxquelles, dans nos classifications, nous sommes forcés de nous conformer. Nous pouvons comprendre pourquoi nous accordons à certaines ressemblances plus de valeur qu'à d'autres; pourquoi nous utilisons les organes rudimentaires et inutiles, ou n'ayant que peu d'importance physiologique; pourquoi, parmi les rapports que nous remarquons entre un groupe et un autre, nous repoussons les caractères analogiques, tout en les employant dans les limites d'un même groupe. Nous voyons clairement que toutes les formes vivantes et éteintes peuvent être groupées dans quelques grandes classes, et que les divers membres de chacune d'elles sont réunis entre eux par les lignes rayonnantes les plus complexes d'affinité. Nous ne débrouillerons probablement jamais le réseau inextricable des affinités existantes entre les membres d'aucune classe donnée; mais, ayant en vue un but distinct, sans chercher quelque plan de création inconnu, nous pouvons espérer faire des progrès sûrs, mais lents.

Dans sa *Generelle Morphologie*, le professeur Häckel s'est occupé avec habileté de ce qu'il appele la phylogénie, ou les lignes de descendance de tous les êtres organisés. C'est surtout sur les caractères embryologiques qu'il s'appuie pour établir ses diverses séries, en s'aidant des organes rudimentaires et homologues, ainsi que des périodes successives auxquelles les diverses formes vivantes ont apparu d'abord dans nos formations géologiques. Il a ainsi fait un pas hardi pour commencer, en nous montrant comment la classification devra être traitée à l'avenir.

Morphologie.

Nous avons vu qu'en dehors de leurs habitudes de vie, les membres d'une même classe se ressemblent par le plan général de leur organisation. Cette ressemblance est souvent exprimée par le terme « d'unité de type », ou en disant que les diverses parties ou organes des différentes espèces de la classe sont homologues. L'ensemble du sujet prend le nom général de Morphologie, et constitue la partie la plus intéressante de l'histoire naturelle, dont elle peut être considérée comme l'âme. Quoi de plus curieux que de voir la main de l'homme faite pour saisir, celle de la taupe conformée pour fouir; la jambe du cheval, la palette du marsouin, et l'aile de la chauve-souris, toutes construites sur un même modèle, et comprenant les mêmes os, situés dans les mêmes positions relatives? Geoffroy Saint-Hilaire a beaucoup insisté sur la haute importance de la position relative ou des connexions des parties homologues, qui, pouvant différer presque à tout degré par la forme et la grosseur, restent cependant unies entre elles suivant un ordre invariable. Jamais, par exemple, nous ne trouvons les os du bras ou de l'avant-bras, de la cuisse ou de la jambe, transposés. Les mêmes noms peuvent donc être donnés aux os homologues chez les animaux les plus différents. La même loi se retrouve dans la construction de la

bouche des insectes : quoi de plus différent que la trompe en
spirale si longue d'un sphinx, celle si singulièrement repliée
de l'abeille ou de la punaise, et les grosses mâchoires d'un
coléoptère? Tous ces organes cependant, servant à des usages
si divers, sont formés par des modifications infiniment nombreuses d'une lèvre supérieure, de mandibules, et de deux paires
de mâchoires. La même loi règle la construction de la bouche
et des membres des crustacés. Il en est de même des fleurs
chez les plantes.

Rien n'est plus désespéré que de tenter d'expliquer cette
similitude de type dans les membres d'une même classe par
l'utilité ou la doctrine des causes finales, ainsi qu'Owen l'a
expressément admis dans son intéressant ouvrage sur la *Nature
des membres*. Selon la théorie de la création indépendante de
chaque être, nous ne pouvons que dire qu'il en est ainsi; qu'il
a plu au Créateur de construire les animaux et plantes de
chaque grande classe sur un plan uniforme; mais ce n'est pas
là une explication scientifique.

Celle que donne la théorie de la sélection de légères modifications successives est évidente, — parce que chaque modification, étant profitable en quelque manière à la forme modifiée, peut souvent avoir affecté par corrélation d'autres parties
de son organisation. Dans des changements de cette nature,
il n'y aura que peu ou pas de tendance à modifier le patron
primitif, ni à en transposer les parties. Les os d'un membre
pourront se raccourcir, s'aplatir à un degré quelconque, et
s'envelopper en même temps d'une épaisse membrane, de
façon à servir de nageoire; ou une main palmée pourra avoir
quelques os ou tous, plus ou moins considérablement allongés en même temps que la membrane interdigitale, et
devenir ainsi une aile, sans qu'aucune de ces modifications
tende à changer la charpente des os ou leurs connexions relatives. Si nous supposons qu'un ancêtre reculé, — qu'on peut
appeler l'archétype, — de tous les mammifères ait eu des
membres conformés d'après le modèle général existant, quel
qu'ait été leur usage, nous saisissons de suite la signification
claire de la construction homologue des membres dans toute
la classe. Ainsi, pour la bouche des insectes, nous n'avons
qu'à supposer que leur ancêtre commun ait eu une lèvre supé-

rieure, des mandibules, et deux paires de mâchoires, toutes parties peut-être fort simples de forme; et la sélection naturelle expliquera la diversité infinie qui existe dans la conformation et les fonctions de la bouche de ces animaux. Néanmoins, on conçoit que le modèle général d'un organe puisse s'obscurcir au point de disparaître totalement, par une réduction suivie d'une atrophie subséquente et complète de certaines parties, la fusion, le doublement, ou la multiplication d'autres, — variations que nous savons être dans les limites du possible. Dans les palettes des lézards marins gigantesques éteints, et dans la bouche de certains crustacés suceurs, le patron général paraît avoir été ainsi en grande partie obscurci.

Une autre branche également curieuse de notre sujet actuel est la comparaison non plus des mêmes parties ou organes dans différents membres d'une même classe, mais des diverses parties ou organes chez le même individu. La plupart des physiologistes admettent que les os du crâne sont homologues,— c'est-à-dire correspondant par leur nombre et leurs connexions réciproques,— avec les parties élémentaires d'un certain nombre de vertèbres. Dans toutes les classes de vertébrés supérieurs, les membres antérieurs et postérieurs sont clairement homologues. Il en est de même des mâchoires si compliquées et des pattes des Crustacés. Chacun sait que, dans la fleur, les positions relatives des sépales, pétales, étamines et pistils, ainsi que leur structure intime, peuvent être comprises si on considère ces diverses parties comme formées de feuilles métamorphosées et disposées suivant une spire. Nous voyons souvent chez les plantes monstrueuses les preuves directes de la possibilité de la transformation d'un organe en un autre; et nous pouvons réellement nous convaincre que pendant les premières phases du développement des fleurs, ainsi que chez les crustacés et beaucoup d'autres animaux, des organes, fort différents une fois arrivés à maturité, sont d'abord tout à fait semblables.

Ces faits sont inexplicables suivant la théorie des créations. Pourquoi le cerveau serait-il renfermé dans une boîte composée de pièces osseuses si nombreuses et,si singulièrement conformées? Owen a déjà fait remarquer que l'avantage que cette disposition pourrait avoir en permettant aux os séparés de fléchir pendant l'acte de la parturition chez les mammifères n'expli-

quérait en aucune façon pourquoi la même conformation existe
dans les crânes des oiseaux et des reptiles. Pourquoi les mêmes
os auraient-ils été créés pour former l'aile et la jambe de la
chauve-souris, destinées à des usages si différents? Pourquoi un
crustacé ayant une bouche fort complexe, formée d'un grand
nombre de pièces, présente-t-il ordinairement un nombre
moindre de pattes; ou inversement ceux qui ont beaucoup de
pattes ont-ils une bouche plus simple? Pourquoi les sépales,
pétales, étamines et pistils de chaque fleur, bien qu'adaptés à
des usages si différents, sont-ils tous construits sur le même
modèle?

La théorie de la sélection naturelle nous fournit la réponse
à ces questions. Nous voyons dans les vertébrés une série de
vertèbres internes portant certains appendices; dans les articulés, le corps divisé en une série de segments, portant des
annexes extérieures; et dans les plantes à fleurs des verticilles
de feuilles spiraux. La répétition indéfinie d'une même partie
ou organe est, ainsi que le fait observer Owen, le trait caractéristique commun de toutes les formes inférieures ou peu modifiées; par conséquent, l'ancêtre inconnu des vertébrés possédait sans doute de nombreuses vertèbres, celui des articulés
beaucoup de segments, et l'ancêtre inconnu des plantes un
grand nombre de feuilles disposées en une ou plusieurs spires.
Nous avons précédemment vu que les parties souvent répétées
sont éminemment sujettes à varier par le nombre et la conformation. Par conséquent, ces parties, étant déjà présentes et très-
variables, ont pu fournir les matériaux pour l'adaptation aux
usages les plus divers, et ont généralement dû conserver, en
vertu de la force héréditaire, des traces visibles de leur ressemblance originelle ou fondamentale.

Dans la grande classe des mollusques, bien qu'on puisse
aisément montrer l'homologie des parties dans les espèces
distinctes; on ne peut signaler que peu d'homologies sériales;
c'est-à-dire que nous ne sommes que rarement à même
d'affirmer l'homologie de telle partie du corps avec telle
autre du même individu. Ce fait se comprend, parce que chez
les mollusques, même chez les membres les plus inférieurs
de cette classe, nous sommes loin de trouver cette répétition indéfinie d'une partie donnée, que nous remarquons

dans les autres grands ordres des règnes animal et végétal.

Les naturalistes parlent souvent du crâne comme formé de vertèbres métamorphosées, des mâchoires de crabes comme étant des pattes métamorphosées, des étamines et des pistils des fleurs comme étant des feuilles métamorphosées ; mais, ainsi que le professeur Huxley l'a fait remarquer, il serait, dans la plupart des cas, plus correct de dire que tant le crâne que les vertèbres, les mâchoires que les pattes, etc., se sont métamorphosées, non l'une de l'autre, telles qu'elles existent actuellement, mais de quelque élément commun et plus simple. La plupart des naturalistes toutefois n'emploient l'expression que dans un sens métaphorique, et n'entendent point par là que, pendant une longue descendance, des organes primordiaux quelconques, — vertèbres dans un cas et membres dans l'autre, — aient jamais été réellement convertis en crânes ou mâchoires ; bien que les apparences soient telles, qu'il est presque impossible d'éviter l'emploi d'une expression ayant cette signification directe. On peut donc, d'après ce que nous venons de dire, donner au terme son sens littéral, et le fait remarquable des mâchoires d'un crabe, par exemple, ayant retenu de nombreux caractères qu'elles auraient probablement conservé par hérédité si elles eussent réellement été le produit d'une métamorphose de membres véritables, quoique fort simples, se trouverait expliqué.

Développement et Embryologie.

Nous abordons ici un des sujets les plus importants de toute l'histoire naturelle. Les métamorphoses des insectes que tout le monde connaît s'accomplissent généralement brusquement par peu de phases, mais les transformations sont en réalité nombreuses et graduelles, quoique cachées. Ainsi que l'a montré Sir J. Lubbock, il y a un insecte Éphémère (*Chloëon*) qui, pendant son développement, passe par plus de vingt mues, en subissant chaque fois une certaine étendue de changements, et nous offre un cas où l'acte de métamorphose s'accomplit d'une manière primitive et graduelle. Beaucoup d'insectes, et surtout quelques crustacés. nous montrent quels étonnants changements de structure peuvent s'effectuer pendant le développement; changements qui, toutefois, atteignent leur apogée dans les cas dits de génération alternante qu'on observe chez quelques animaux inférieurs. Il est, par exemple, étonnant qu'une Coralline ramifiée et délicate, couverte de polypes et fixée à un rocher sous-marin, produise par bourgeonnement d'abord, et ensuite par division transversale, une foule d'énormes méduses flottantes. Celles-ci à leur tour produisent des œufs dont éclosent des animalcules nageants, qui s'attachent aux rochers, et se développant ensuite en corallines ramifiées; ce cycle se continue ainsi sans fin. L'opinion de l'identité essentielle de la marche de la génération alternante avec celle de la métamorphose ordinaire a reçu une forte confirmation par la découverte de Wagner, relative à la production asexuelle par la larve de la Cécidomye de larves semblables à elle-même.

Nous avons déjà constaté que diverses parties et organes d'un même individu, qui sont identiquement semblables pendant la première période embryonnaire, se différencient considérablement à l'état adulte et servent à des usages fort différents. Nous avons encore vu que les embryons des espèces les plus distinctes d'une même classe sont généralement très-semblables, mais deviennent en se développant fort différents. On ne saurait trouver une meilleure preuve de ce fait que ces paroles de von Baer, à savoir que « les embryons de mammifères, d'oiseaux, de lézards, serpents, probablement aussi ceux des tortues, sont très-semblables entre eux aux premiers états de leur développement, tant dans leur ensemble que par le mode d'évolution de leurs parties; au point qu'en fait nous ne pouvons les distinguer que par leur grosseur. Je possède, conservés dans l'alcool, deux petits embryons dont j'ai omis d'inscrire le nom, et il me serait actuellement impossible de dire à quelle classe ils appartiennent. Ce sont peut-être des lézards, des petits oiseaux, ou de très-jeunes mammifères, tellement la similitude du mode de formation de la tête et du tronc chez ces animaux est grande. Les extrémités de ces embryons ne sont pas encore formées; mais même le fussent-elles, au premier état de leur développement, que nous n'en saurions pas davantage, car les pattes des lézards et des mammifères, les ailes et les pattes des oiseaux, ainsi que les mains et les pieds de l'homme, dérivent tous de la même forme fondamentale. » Les larves vermiformes des papillons, mouches, coléoptères, etc., se ressemblent généralement beaucoup plus que ne le font les insectes parfaits, mais dans certains cas où les embryons étant actifs, et adaptés à des conditions de vie très-diverses, ils peuvent souvent différer beaucoup les uns des autres. Un reste de la loi de ressemblance embryonnaire persiste quelquefois jusque dans un âge plus avancé, les oiseaux d'un même genre, et de genres très-voisins, se ressemblant souvent par leur premier plumage, ainsi que cela a lieu dans les plumes tachetées des jeunes du groupe des merles. Dans la tribu des chats, la plupart des espèces sont pourvues de raies ou de taches disposées en lignes, et on distingue nettement des bandes ou des taches chez les jeunes lions et pumas. Nous voyons occasionnellement, quoique rarement, quelque chose de semblable chez les plantes ; ainsi les premières feuilles de l'ajonc ainsi que celles des acacias phyllodinés sont pinnées ou divisées comme les feuilles ordinaires des légumineuses.

Les points de conformation par lesquels les embryons d'animaux fort différents d'une même classe se ressemblent entre eux ne sont souvent en aucun rapport avec leurs conditions d'existence. Nous ne pouvons, par exemple, supposer que la forme particulière en lacet, qu'affectent chez les embryons des vertébrés les artères des fentes branchiales, soit en rapport avec des conditions semblables, — chez le jeune mammifère nourri dans le sein maternel, chez l'œuf de l'oiseau couvé dans un nid, ou le frai d'une grenouille qui se développe sous l'eau. Nous n'avons pas plus de motifs pour admettre une pareille relation que nous n'en avons pour croire que les os analogues de la main humaine, de l'aile de la chauve-souris, ou de la nageoire du marsouin, soient en rapport avec des conditions semblables d'existence. Personne ne supposera que les raies dont le jeune lion, et les taches dont le jeune merle sont marqués, aient pour eux aucune utilité.

Le cas est toutefois différent lorsque l'animal, devenant actif pendant une partie de sa carrière embryonnaire, doit alors se suffire à lui-même. La période d'activité peut survenir plus ou moins tôt dans la vie ; mais aussitôt qu'elle commence, la larve présente à ses conditions d'existence une adaptation tout aussi remarquable et complète que celle de l'animal adulte. L'importance de cette action a été tout récemment mise en évidence par les observations de Sir J. Lubbock sur la ressemblance étroite qui existe entre certaines larves d'insectes appartenant à des ordres fort différents, et inversement sur la dissimilitude que présentent des larves d'autres insectes d'un même ordre, suivant leurs conditions d'existence et leurs habitudes. Il résulte de ce genre d'adaptations, — surtout lorsqu'elles impliquent une division de travail pendant les diverses phases du développement, et qu'une larve donnée a, dans un de ses états, à chercher sa nourriture, et dans une autre phase une place pour se fixer, — que la similitude de larves d'animaux très-voisins est fréquemment très-obscurcie ; aussi y a-t-il des exemples de larves de deux espèces ou groupes d'espèces, différant plus entre elles que ne le font les adultes. Dans la plupart des cas cependant, les larves, bien qu'actives, obéissent plus ou moins à la loi commune de ressemblance embryonnaire. Les Cirrhipèdes en offrent un bon exemple ; en effet, si l'illustre Cuvier lui-même n'avait pas reconnu que l'anatife était un crustacé, un regard jeté sur sa larve suffirait pour convaincre d'une manière incontestable de la justesse de cette détermination. De même les deux principales divisions des cirrhipèdes pédonculés et sessiles, bien que fort différentes par leur aspect extérieur, ont des larves qu'on peut à peine distinguer dans leurs phases successives de développement.

Dans le cours de son évolution, l'embryon s'élève généralement par son organisation ; j'emploie cette expression, bien que sachant qu'il est à peine possible de définir bien nettement ce qu'on entend par une organisation plus élevée ou plus basse ; toutefois je crois qu'on ne contestera pas le fait que le papillon ne soit plus élevé que la chenille. Il y a néanmoins des cas où on doit considérer l'animal adulte comme étant plus bas dans l'échelle que sa forme larvaire, fait dont certains crustacés parasites fournissent l'exemple. Pour parler encore une fois des Cirrhipèdes, leurs larves à leur premier état ont trois paires de pattes, un œil unique et simple, et une bouche en forme de trompe, au moyen de laquelle elles se nourrissent largement, et augmentent rapidement de taille. Dans leur seconde phase, qui correspond à l'état de la chrysalide chez le papillon, elles ont six paires de pattes natatoires d'une construction admirable, une paire de yeux composés et des antennes fort compliquées; mais leur bouche est très-imparfaite et close; de sorte qu'elles ne peuvent se nourrir. Dans cet état leur seule fonction est de chercher, grâce au développement des organes des sens, et d'atteindre au moyen de leur appareil de natation, un endroit convenable auquel elles puissent s'attacher pour y subir leur dernière métamorphose. Ceci fait, elles sont fixées pour la vie; leurs pattes sont converties en organes préhensiles; une bouche bien conformée reparaît, mais elles n'ont plus d'antennes, et leurs deux yeux se sont transformés en une tache oculaire simple, fort petite et unique. Dans cet état complet, qui est le dernier, les cirrhipèdes peuvent être considérés comme ayant une organisation ou plus élevée ou plus inférieure que celle qu'ils avaient à l'état larvaire. Mais dans quelques genres, les larves se développent ou en hermaphrodites présentant la conformation ordinaire, ou en ce que j'ai appelé des mâles complémentaires, chez lesquels le développement est certainement rétrograde: car ils ne constituent plus qu'un sac, qui ne vit que très peu de temps, est privé de bouche, estomac et de tous les organes importants, ceux de la reproduction exceptés.

Nous sommes tellement habitués à voir une différence de conformation entre l'embryon et l'adulte, que nous sommes disposés à regarder cette différence comme étant en quelque sorte une conséquence nécessaire de la croissance. Mais, il n'y a pas de raison pour que, par exemple, l'aile d'une chauve-souris, ou les nageoires d'un marsouin, n'aient pas été, dès qu'elles ont manifesté une structure appréciable, esquissées avec toutes leurs parties, et dans les proportions voulues. Cela est le cas pour quelques groupes entiers d'animaux, et aussi pour certains membres d'autres groupes, chez lesquels l'embryon ne diffère beaucoup, à aucune période de son existence, de la forme adulte; c'est ainsi que Owen dit en parlant de la seiche, « qu'elle ne subit pas de métamorphose, le caractère céphalopode se manifestant longtemps avant que les diverses parties de l'embryon soient achevées. » Les mollusques terrestres et les crustacés d'eau douce, naissent avec leurs formes propres, tandis que les membres marins des deux mêmes grandes classes, subissent dans le cours de leur développement des modifications considérables. Les araignées n'éprouvent encore qu'une faible métamorphose. Les larves de la plupart des insectes passent par un état vermiforme, qu'elles soient actives et adaptées à des habitudes diverses, ou que, placées au sein de la nourriture qui leur convient, ou nourries par leurs parents, elles restent inactives. Il y a cependant quelques cas, comme celui des Aphidiens, dans le développement desquels d'après les beaux dessins du professeur Huxley, nous ne trouvons presque pas de traces d'un état vermiforme.

Ce sont quelquefois les tous premiers états du développement qui font défaut. Ainsi F. Müller a fait la remarquable découverte que certains crustacés (voisins des *Penœus*), apparaissent d'abord sous la forme simple de *Nauplies*, et après avoir passé par deux ou trois états de la forme *Zoé*, puis par l'état de *Mysis*, acquièrent enfin leur conformation adulte. Or, dans la grande classe des Malacostracés, à laquelle appartiennent ces crustacés, on ne connaît aucun autre membre qui se développe d'abord sous la forme de Nauplie, bien que beaucoup apparaissent sous celle de Zoés; néanmoins Müller donne des raisons de nature à faire croire que tous ces crustacés auraient apparu comme nauplies, s'il n'y avait pas eu une suppression de développement.

Comment donc expliquerons-nous ces divers faits embryologiques — savoir, la différence très-générale, quoique non universelle, entre la conformation de l'embryon et celle de l'adulte, — la similitude aux débuts de l'évolution, de diverses parties d'un même embryon, qui, ultérieurement se différencient considérablement et servent à des usages divers; — la ressemblance générale, mais non invariable, entre les embryons ou larves des espèces les plus distinctes dans une même classe; — la conservation chez l'embryon encore dans l'œuf ou l'utérus, de conformations qui lui sont inutiles tant alors que plus tard; pendant que des embryons à un état plus avancé, ou des larves, qui ont à suffire à leurs propres besoins, sont parfaitement adaptées aux conditions ambiantes; — enfin, le fait que certaines larves se trouvent placées plus haut dans l'échelle de l'organisation, que les animaux adultes qui sont

le terme final de leur transformation? Je crois que ces divers
faits peuvent s'expliquer de la manière suivante.

On admet ordinairement, peut-être de ce que certaines
monstruosités affectent l'embryon de très-bonne heure, que les
variations légères ou les différences individuelles, apparaissent
nécessairement à une époque également très-précoce. Nous
n'avons que peu de preuves sur ce point, mais ce que nous
savons de sûr indique certainement le contraire ; car il est notoire
que les éleveurs de bétail, de chevaux, et de divers animaux de
fantaisie, ne peuvent jamais dire d'une manière positive,
qu'après un certain temps écoulé depuis la naissance d'un
animal, quels seront ses mérites ou sa forme. Nous remarquons
le même fait chez les enfants; car nous ne pouvons dire
d'avance s'ils seront grands ou petits, ni quels seront leurs
traits précis. La question n'est pas de savoir à quelle époque
de la vie chaque variation est causée, mais à quel moment
les effets s'en manifestent. La cause peut avoir agi, et je crois
que cela est généralement le cas, sur l'un des parents ou sur
tous deux, avant la reproduction. Il faut noter que, tant que
le jeune animal reste dans le sein maternel ou l'œuf, et tant
qu'il est nourri et protégé par son parent, il lui importe peu
que la plupart de ses caractères lui soient acquis un peu plus
tôt ou un peu plus tard. Il serait en effet de nulle importance qu'un oiseau, auquel par exemple, un bec très-recourbé
serait nécessaire pour se procurer sa nourriture, possédât
ou non un bec de cette forme, tant qu'il serait nourri par ses
parents.

J'ai constaté dans le premier chapitre, qu'à quelque âge
qu'une variation apparaisse chez le parent, elle tend à se manifester chez ses descendants à l'âge correspondant. Il est même
certaines variations qui ne peuvent apparaître qu'à cet âge correspondant; par exemple, les particularités de la chenille, le cocon
ou l'état de chrysalide du ver à soie ; ou encore celles des cornes
du bétail. Mais les variations qui, autant que nous pouvons en
juger, pourraient apparaître plus tôt ou plus tard, tendent cependant également à apparaître chez le descendant à l'âge où elles se
sont manifestées chez le parent. Je suis loin de prétendre que
cela soit invariablement le cas; car je pourrais citer plusieurs
exemples exceptionnels de variations (ce terme étant pris dans

son acception la plus large), qui se sont déclarées plus tôt chez l'enfant que chez le parent.

J'estime que ces deux principes, que les variations légères n'apparaissent généralement pas de très-bonne heure dans la vie, et qu'elles sont héréditaires à l'époque correspondante, expliquent les faits principaux embryologiques que nous venons d'indiquer. Examinons d'abord quelques cas analogues que nous remarquons chez nos variétés domestiques. Quelques auteurs qui se sont occupés des chiens, admettent que le lévrier ou le bouledogue, bien que si différents, sont réellement des variétés voisines, provenant de la même souche sauvage. Je fus en conséquence curieux de voir jusqu'où pouvaient aller les différences de leurs petits : des éleveurs me dirent qu'ils différaient autant que leurs parents, et à en juger à l'œil, cela paraissait être vrai. Mais en mesurant les chiens adultes et leurs petits âgés de six jours, je trouvais que ceux-ci étaient bien loin d'avoir acquis le montant total de leurs différences proportionnelles. On me dit encore que les poulains du cheval de course et ceux des chevaux de gros trait — races entièrement formées par sélection sous l'influence de la domestication, — différaient autant entre eux que les animaux adultes ; mais j'ai pu constater par des mesures précises qui m'ont été données, prises sur des juments des deux races et leurs poulains âgés de trois jours, que ce n'était en aucune façon le cas.

Comme nous possédons la preuve certaine de la provenance des races de pigeons d'une seule espèce sauvage, j'ai comparé les pigeonneaux âgés de douze heures ; j'ai mesuré exactement chez l'espèce parente sauvage, chez les Grosses gorges, Paons, Runts, Barbes, Dragons, Messagers et Culbutants, les proportions du bec, de l'ouverture buccale, de la longueur des narines et des paupières, celle des pattes, et la grosseur des pieds. Quelques-uns de ces oiseaux adultes, diffèrent par la longueur et la forme du bec, et par plusieurs autres caractères, à un point tel que, trouvés à l'état de nature, on les classerait sans aucun doute dans des genres différents. Mais les pigeonneaux nouvellement éclos de ces diverses races, placés en ligne, bien qu'on pût pour la plupart les distinguer, présentaient sur les points précédemment indiqués, des différences proportionnelles incomparablement moindres que les oiseaux

adultes. Quelques traits caractéristiques — tels que la largeur
de la bouche — étaient à peine saisissables chez les jeunes.
Je n'ai constaté qu'une seule exception remarquable à cette
règle, chez les jeunes Culbutants à courte face : qui diffèrent, par toutes leurs proportions, des pigeonneaux du Biset sauvage et de ceux des autres races, presqu'autant que les adultes.

Ces faits s'expliquent par les deux principes précités. Les éleveurs de fantaisie ne sélectent pour la reproduction leurs chiens,
chevaux, pigeons, etc., que lorsqu'ils sont presque adultes ; et ne
s'inquiétent pas que les qualités désirées soient acquises plus
ou moins tôt, pourvu que l'animal adulte les possède. Les cas
précités, et surtout celui des pigeons, montrent que les différences caractéristiques qui donnent aux races leur valeur,
et ont été accumulées par la sélection de l'homme, n'ont pas en
général apparu à une période précoce de la vie, et sont devenues héréditaires à l'époque correspondante. Mais le cas du
pigeon Culbutant, qui possède déjà ses caractères propres à
l'âge de douze heures, montre que la règle n'est pas universelle, et que les différences caractéristiques ont, ou apparu plus
tôt qu'à l'ordinaire, ou sont devenues héréditaires non plus à
la période correspondante, mais à un âge moins avancé.

Appliquons maintenant ces deux principes aux espèces à
l'état de nature. Prenons un groupe d'oiseaux descendant de
quelque ancienne forme, et modifiés par sélection naturelle
pour des habitudes diverses. Les nombreuses et légères variations successives survenues dans les différentes espèces à un
âge tardif et héritées à l'âge correspondant, laisseront les
jeunes peu modifiés et se ressemblant davantage que ne le
feront les adultes, comme nous venons de le voir pour les
races de pigeons. Cette manière de voir peut s'étendre à des
conformations très-distinctes et à des classes entières. Les
membres antérieurs, par exemple, qui ont servi autrefois
comme jambes à un ancêtre reculé, peuvent, à la suite d'un
long cours de modifications, avoir été adaptés chez un descendant, à fonctionner comme des mains, chez d'autres comme des
palettes ou comme des ailes ; mais, d'après les deux principes
précités, les membres antérieurs n'auront pas été beaucoup
modifiés dans les embryons de ces diverses formes, bien que
dans chacune le membre antérieur embryonnaire, différera

considérablement de ce qu'il est dans l'adulte. En outre, quelle qu'ait pu être l'influence exercée par l'usage ou le défaut d'usage sur les membres ou autres organes de l'animal, ces circonstances n'auront pu les affecter qu'à l'état déjà avancé où l'être doit pourvoir à sa subsistance propre, et leurs effets se seront transmis aux descendants au même âge correspondant. Les jeunes ne seront ainsi point modifiés, ou à un moindre degré.

Les variations successives peuvent, dans d'autres cas, être survenues à une période très-jeune de la vie de l'animal, ou être héréditaires plus tôt que l'époque à laquelle elles ont primitivement apparu. Dans les deux cas, comme nous l'avons vu pour le Culbutant courte-face, les embryons ou les jeunes ressembleront beaucoup plus à la forme parente adulte. Telle est la loi de développement pour certains groupes ou sous-groupes entiers, comme les Céphalopodes, les Mollusques terrestres, les Crustacés d'eau douce, les Araignées et quelques membres de la grande classe des Insectes. En ce qui concerne la cause pour laquelle, dans ces groupes, les jeunes ne subissent pas de métamorphoses, nous pouvons voir qu'elle doit résulter des éventualités suivantes, savoir : de ce que les jeunes ayant de bonne heure à suffire à leurs propres besoins, et suivant le même genre de vie que celui de leurs parents, leur existence dépendra aussi de ce qu'ils seront modifiés de la même manière qu'eux. Encore, relativement au fait singulier qu'un grand nombre d'animaux terrestres et fluviatiles ne subissent pas de métamorphoses, tandis que les représentants marins des mêmes groupes passent par des transformations diverses, Fritz Müller a émis l'idée que la marche des modifications lentes, nécessaires pour adapter un animal à vivre sur terre ou dans l'eau douce au lieu de la mer, serait bien simplifiée s'il ne passait pas par un état larvaire; car il n'est pas probable que des places bien adaptées aux deux phases des états larvaire et parfait, dans des conditions d'existence aussi nouvelles et aussi modifiées, dussent se trouver inoccupées ou mal occupées par d'autres organismes. Dans ce cas, la sélection naturelle favoriserait une acquisition graduelle de plus en plus précoce de la conformation adulte, qui aurait finalement pour résultat la disparition de toutes traces des métamorphoses antérieures.

Si, d'autre part, il était avantageux pour le jeune animal d'avoir des habitudes un peu différentes de celles de ses parents, et d'être en conséquence conformé un peu autrement, ou s'il était avantageux pour une larve, déjà très-dissemblable de sa forme parente, de se modifier encore davantage, le jeune être ou la larve pourraient, d'après le principe d'hérédité à l'âge correspondant, être de plus en plus différenciés des parents, par sélection naturelle, et cela à un degré quelconque. Les larves pourraient encore présenter des différences en corrélation avec les diverses phases de leur développement, de sorte qu'elles finiraient, dans leur premier état, par différer beaucoup des larves du second, comme cela est le cas chez un grand nombre d'animaux. L'adulte peut encore s'adapter à des situations et des habitudes pour lesquelles les organes des sens ou de locomotion deviendraient inutiles, auquel cas la métamorphose serait rétrograde.

Nous voyons par les remarques qui précèdent, comment, par suite de changements de conformation chez les jeunes, en rapport avec des changements dans leurs conditions d'existence, et joints à l'hérédité aux âges correspondants, les animaux peuvent, dans certains cas, arriver à passer par des phases de développement tout à fait distinctes de leur état adulte primitif. Fritz Müller, qui a récemment discuté ce sujet avec beaucoup de talent, admet que l'ancêtre de tous les insectes devait ressembler à un insecte adulte, et que les états larvaires et de chrysalides ou nymphes ont été acquis subséquemment; cependant, beaucoup de naturalistes, parmi lesquels Sir J. Lubbock, qui vient également de s'occuper tout dernièrement de ce sujet, n'acceptent pas cette manière de voir. On ne peut guère mettre en doute que certaines phases inusitées dans les métamorphoses des insectes n'aient été acquises par adaptation à des habitudes particulières; ainsi, la première forme larvaire d'un coléoptère, le *Sitaris*, décrite par M. Fabre, est un insecte petit, très-actif, pourvu de six pattes, deux longues antennes et quatre yeux. Ces larves éclosent dans les nids d'abeille, et lorsque au printemps les abeilles mâles sortent de leur gîte, ce qu'elles font avant les femelles, ces petites larves s'y attachent, et après se glissent sur les femelles pendant l'accouplement. Aussitôt que les femelles pondent leurs œufs dans les cellules pourvues de miel qui doivent les recevoir, les larves de Sitaris se jettent sur les œufs et les dévorent. Ces larves subissent ensuite un changement complet; leurs yeux disparaissent; leurs pattes et antennes deviennent rudimentaires, et elles se nourrissent de miel. A cet état elles ressemblent beaucoup plus aux larves ordinaires des insectes; puis elles subissent ultérieurement une nouvelle transformation dont elles sortent à l'état de coléoptère parfait. Maintenant, qu'un insecte subissant des transformations semblables à celles du Sitaris, devienne la souche d'une nouvelle classe de ces animaux, le cours de leur développement serait probablement fort différent de ce qu'il est actuellement, et la première phase larvaire ne représenterait certainement pas l'état antérieur d'aucun insecte adulte et ancien.

Il est d'autre part très-probable que c'est dans l'état embryonnaire ou larvaire d'un grand nombre d'animaux, que nous devons trouver d'une manière plus ou moins complète, l'état de l'ancêtre adulte du groupe entier. Dans la grande classe des Crustacés, des formes les plus différentes, telles que les Parasites suceurs, les Cirrhipèdes, les Entomostracés, et même les Malacostracés, apparaissent comme larves sous la forme de nauplies. Ces larves vivant libres dans la pleine mer, n'étant pas adaptées à des conditions d'existence spéciales, et pour d'autres raisons indiquées par Fritz Müller, il est probable qu'il a existé autrefois à une époque fort reculée, quelque animal adulte indépendant, ressemblant au nauplie, et qui a subséquemment donné naissance, suivant plusieurs lignes divergentes de descendance, aux grands groupes de Crustacés susnommés. Il est de même probable, d'après ce que nous savons des embryons des mammifères, oiseaux, reptiles et poissons, que ces animaux sont les descendants modifiés de quelque forme ancienne, qui, dans son état adulte était pourvue de branchies, d'une vessie natatoire, de quatre membres simples et d'une queue, le tout adapté à une vie aquatique.

Comme tous les êtres organisés éteints et récents qui ont vécu peuvent se grouper sous un petit nombre de grandes classes, et que dans chacune d'elles tous, d'après notre théorie, ont été reliés entre eux par une série de fines gradations, le meilleur arrangement et le seul possible qu'on en pût faire, si nos collections étaient complètes, serait généalogique : la descendance étant le lien caché de connexion que les naturalistes ont cherché sous le nom de Système naturel. Nous pouvons par ces considérations comprendre pourquoi, aux yeux de la plupart des observateurs, la conformation de l'embryon est même plus importante, pour la classification, que celle de l'adulte. Nous pouvons être certains que, lorsque deux ou plusieurs groupes d'animaux, si différents qu'ils puissent être d'ailleurs par leur conformation ou leurs habitudes, passent par des phases embryonnaires très-semblables, — ils descendent d'une souche commune, et sont par conséquent unis entre eux par un lien de parenté. Communauté de conformation embryonnaire révèle donc communauté d'origine ; mais dissemblance dans le développement embryonnaire ne prouve pas le contraire ; car dans un groupe, il se peut que quelques phases de développement aient été supprimées, ou aient été modifiées par adaptation à de nouvelles conditions d'existence, au point de n'être plus reconnaissables. La communauté d'origine est souvent révélée dans des groupes, dont les formes adultes ont été modifiées à un degré extrême, par la conformation des formes larvaires ; ainsi nous avons vu que les cirrhipèdes, extérieurement si analogues aux mollusques, se rattachent directement par leurs larves à la grande classe des Crustacés. La conformation de l'embryon nous montrant généralement d'une manière plus ou moins nette, ce qu'a dû être celle de l'ancêtre moins modifié et très-ancien, nous pouvons comprendre pourquoi les formes éteintes et remontant à un passé très-reculé, ressemblent si souvent aux embryons des espèces actuelles appartenant aux mêmes classes. Agassiz regarde comme universelle dans la nature, cette loi qui, je l'espère, sera dans l'avenir démontrée vraie dans la plupart des cas. Elle ne pourra toutefois être prouvée que dans ceux où l'ancien état n'aura pas été totalement effacé, soit par des variations successives survenues dans les premières phases de la croissance, soit par des variations devenues héréditaires chez les descendants à une période plus précoce que celle de leur apparition première. Nous devons encore nous rappeler que la loi peut être vraie, sans que peut-être de longtemps, si jamais, nous soyons à même de la démontrer, faute de documents zoologiques remontant à une époque assez reculée. La loi ne se vérifiera pas dans les cas où, une forme ancienne s'étant adaptée sous son état larvaire à quelque direction spéciale, a transmis ce même état larvaire au groupe entier de ses descendants ; parce que ceux-ci dans ces conditions ne ressembleront à aucune ancienne forme à l'état adulte.

C'est ainsi, à ce qu'il me semble, que des faits dominants de l'embryologie qui ne le cèdent à aucuns en importance, s'expliquent d'après le principe que des modifications survenues dans les nombreux descendants d'un ancêtre primitif donné, n'ont pas surgi dans les tous premiers commencements de la vie, et sont devenues héréditaires à des époques correspondantes. L'embryologie acquiert un grand intérêt, si nous considérons l'embryon comme une image, plus ou moins obscurcie, de l'ancêtre commun à l'état larvaire ou adulte, de tous les membres d'une même grande classe.

Organes rudimentaires, atrophiés, et avortés.

Des parties ou organes dans cet état singulier, portant l'empreinte évidente de l'inutilité, sont communs et même généralement répandus dans la nature. Il serait difficile de nommer un animal supérieur chez lequel il n'y ait pas quelque partie qui ne se trouve à l'état rudimentaire. Dans les mammifères, par exemple, les mâles possèdent toujours des rudiments de mamelles ; un des lobes des poumons se trouve dans cet état chez les serpents ; chez les oiseaux, l'aile bâtarde n'est qu'un doigt rudimentaire ; et dans un certain nombre d'espèces les ailes sont incapables de servir au vol, ou en sont même réduites à un simple rudiment. Quoi de plus curieux que la présence de dents dans les fœtus de baleines, qui, adultes n'ont pas trace de ces organes : ou des dents qui, occupant la mâchoire supérieure du veau avant sa naissance, ne percent jamais la gencive ?

Les organes rudimentaires attestent leur origine et leur signification de diverses manières. Certains coléoptères appartenant à des espèces très-voisines, ou à la même espèce, qui ont ou des ailes parfaites et complétement développées, ou de

simples rudiments de membrane fort petits, fréquemment
recouverts par des élytres soudées ensemble, et qui, à n'en pas
douter, représentent des ailes. Les organes rudimentaires conservent quelquefois leurs propriétés fonctionnelles ; c'est ce qui
arrive occasionnellement aux mamelles de mammifères mâles,
qu'on a vues quelquefois se développer et sécréter du lait. Dans
les tétines des femelles du genre Bos, il y a normalement
quatre mamelons bien développés, et deux restant rudimentaires, mais qui, dans nos races domestiques, se développent quelquefois et donnent du lait. Chez les plantes on rencontre chez les individus de même espèce des pétales tantôt
rudimentaires, tantôt bien développés. Kölreuter a observé
chez certaines plantes dioïques, qu'en croisant une espèce,
dans laquelle les fleurs mâles possédaient un rudiment de pistil, avec une espèce hermaphrodite ayant un pistil bien conformé, le rudiment de celui de la plante hybride résultant du
croisement, augmentait de grosseur ; ce qui prouve que les
pistils rudimentaires et parfaits sont de nature semblable. Un
animal peut posséder à un état parfait diverses parties, qu'on
peut dans un sens regarder comme rudimentaires, parce
qu'elles sont inutiles. Ainsi le tétard de la salamandre commune, comme le fait remarquer M. G. H. Lewes, « a des branchies et passe sa vie dans l'eau ; mais la *Salamandra atra* qui
vit sur les hauteurs dans les montagnes, fait ses petits tout
formés ; elle ne vit jamais dans l'eau. Cependant si on ouvre
une femelle pleine, nous y trouvons dans son intérieur des
tétards pourvus de branchies admirablement ramifiées, et qui
mis dans l'eau nagent comme les tétards de la salamandre
aquatique. Cette organisation aquatique ne se rapporte évidemment pas à la vie future de l'animal, elle n'est pas davantage
adaptée à ses conditions embryonnaires : et se rattache uniquement à des adaptations ancestrales, en répétant une des
phases du développement qu'ont parcouru les formes anciennes
dont elle descend. »

Un organe servant à deux usages, peut devenir rudimentaire ou même totalement atrophié pour l'un d'eux, même le
plus important, et demeurer actif pour l'autre. Ainsi dans les
plantes, le rôle de pistil est de permettre aux tubes polliniques
d'arriver aux ovules dans l'ovaire. Le pistil se compose d'un

stigmate porté sur un style; mais dans quelques Composées, les fleurons mâles, qui ne peuvent donc pas être fécondés, ont un pistil rudimentaire, en ce qu'il ne porte pas de stigmate; le style pourtant reste bien développé et est garni de poils, à la façon ordinaire, pour brosser le pollen et l'extraire des anthères réunies qui l'entourent. Un organe peut encore devenir rudimentaire pour son propre but, et servir à un usage différent; dans certains poissons la vessie natatoire qui paraît être presque rudimentaire quant à sa fonction habituelle de donner de la légèreté, s'est convertie en un organe respiratoire en voie de formation, ou un poumon. D'autres exemples analogues pourraient encore être cités.

On ne doit pas considérer comme rudimentaires les organes qui, si peu développés qu'ils soient, ont cependant quelque usage; on peut les appeler naissants, leur développement étant ultérieurement susceptible de se continuer sous l'action de la sélection naturelle. Les organes rudimentaires, d'autre part, tels que les dents ne traversant jamais les gencives sont essentiellement inutiles. Comme ils ne pourraient qu'être encore plus inutiles, s'ils étaient à un état moins développé, ils ne peuvent point avoir été formés par variation et sélection naturelle, laquelle n'agit qu'en conservant des modifications utiles. Ils se rattachent à un ancien état des choses, et ont été partiellement maintenus par la puissance de l'hérédité. Il est difficile de savoir quels sont les organes naissants, car regardant vers l'avenir, nous ne pouvons prévoir comment telle partie se développera, et si elle est actuellement à l'état naissant; et quant à ce qui concerne le passé, les êtres ayant présenté un organe dans cette condition, auront généralement été remplacés par des successeurs le possédant à un état plus parfait, et se seront par conséquent éteints depuis longtemps. L'aile du pingouin fonctionnant comme une nageoire, lui est fort utile; cette forme peut donc représenter l'état naissant de l'aile; cependant, je ne crois pas que ce soit le cas. il s'agit bien plus probablement d'un organe réduit, et modifié en vue d'une nouvelle fonction. L'aile de l'Apteryx d'autre part, d'une inutilité complète, est véritablement rudimentaire. Les membres filiformes du Lépidosirène sont apparemment dans un état naissant; car, comme le fait remarquer Owen, ils sont « le commencement d'organes qui atteignent leur développement fonctionnel complet dans les vertébrés supérieurs. » Les glandes mammaires de l'Ornithorynque peuvent, comparées à celles de la vache, être considérées comme étant à l'état naissant. Les freins ovigères de certains Cirrhipèdes, qui ne sont que légèrement développés, et ont cessé de servir à l'attache des œufs, sont des branchies naissantes.

Les organes rudimentaires sont très-sujets à varier par leur développement et sous d'autres rapports, chez les individus d'une même espèce ; de plus, le degré de réduction qu'un même organe a pu éprouver, diffère souvent beaucoup dans les espèces voisines. Ce fait est très-marqué dans l'état des ailes des femelles de phalènes appartenant à certains groupes. Les organes rudimentaires peuvent être totalement avortés ; ce qui implique, chez certaines plantes et animaux, l'absence complète de parties que, d'après l'analogie, nous nous attendrions à rencontrer, et qui se manifestent occasionnellement chez les individus monstrueux. C'est ainsi que dans les Scrophulariacées, la cinquième étamine est complétement atrophiée ; et cependant nous pouvons conclure qu'une cinquième étamine a une fois existé, car on en trouve dans plusieurs espèces de la famille un rudiment, qui, à l'occasion, peut se développer complétement, ainsi qu'on le voit dans le mûllier commun. Lorsqu'on veut retracer les homologies d'un point quelconque dans les divers membres d'une même classe, rien n'est plus utile, pour comprendre nettement les rapports des parties, que la découverte de rudiments ; c'est ce que montrent les dessins qu'a donnés Owen des os de la jambe dans le cheval, le bœuf et le rhinocéros.

Un fait très-important est celui qu'on peut souvent déceler chez l'embryon des organes, comme les dents aux mâchoires supérieures de la baleine et des ruminants, qui disparaissent ensuite complétement. Une autre règle que je crois aussi universelle, est qu'une partie rudimentaire est, chez l'embryon, toujours relativement aux parties voisines, beaucoup plus grande que chez l'adulte ; il en résulte qu'à cette période précoce, l'organe est moins rudimentaire, ou même ne doit pas être considéré comme l'étant à aucun degré. Aussi dit-on souvent que les organes rudimentaires sont chez l'adulte restés à leur état embryonnaire.

Je viens d'exposer les faits principaux relatifs aux organes rudimentaires. En y réfléchissant, on ne peut s'empêcher d'éprouver de la surprise ; car, les mêmes raisonnements qui nous conduisent à reconnaître l'adaptation acquise avec tant de précision en vue de certaines fins, de la plupart des parties de l'organisation, nous obligent à constater, avec autant d'évidence, l'imperfection et l'inutilité des organes rudimentaires et atrophiés. On dit généralement dans les livres d'histoire naturelle que les organes rudimentaires ont été créés « pour la symétrie » ou pour « compléter le plan de la nature », ce qui n'est qu'une simple répétition du fait, et non une explication. C'est de plus une inconséquence, car le boa constrictor possède les rudiments d'un bassin et de membres postérieurs ; si ces os ont été conservés pour compléter le plan de la nature, pourquoi, ainsi que le demande le professeur Weismann, ne se trouvent-ils pas chez tous les autres serpents, où on n'en aperçoit pas le moindre vestige ? Que penser d'un astronome qui soutiendrait que les satellites tournent autour de leurs planètes dans un orbite elliptique pour cause de symétrie et parce que les planètes décrivent de pareilles courbes autour du soleil ? Un physiologiste éminent explique la présence d'organes rudimentaires, en supposant qu'ils servent à excréter des substances en excès, ou nuisibles à l'individu ; mais pouvons-nous admettre que la papille infime qui représente souvent le pistil dans certaines fleurs mâles, et qui n'est constituée que par du tissu cellulaire, puisse avoir une action pareille ? Pouvons-nous admettre que des dents rudimentaires, qui sont ultérieurement résorbées, soient utiles à l'embryon du veau en voie de croissance rapide, pour enlever une matière aussi importante que le phosphate de chaux ? Consécutivement à l'amputation des doigts chez l'homme, on a vu des cas dans lesquels des ongles imparfaits ont repoussé sur les moignons, et je croirais aussi volontiers que ces vestiges d'ongles ont été développés pour excréter de la matière cornée, que les ongles rudimentaires qui terminent la nageoire du lamantin, l'ont été dans le même but.

L'origine des organes rudimentaires est toute simple, d'après la théorie de la descendance avec modifications. Nous avons de nombreux cas d'organes rudimentaires dans nos productions domestiques, — tels que le tronçon qui persiste dans les races dites sans queue, —les vestiges de l'oreille dans les races ovines qui sont privées de cet organe, — la réapparition de petites cornes pendantes dans les races de bétail sans cornes, surtout, d'après Youatt, chez les jeunes animaux, — et l'état de la fleur entière dans le chou-fleur. Nous trouvons souvent chez les monstres diverses parties rudimentaires. Je doute qu'aucun de ces cas puisse jeter quelque jour sur l'origine des organes rudimentaires dans l'état de nature, autrement qu'en montrant qu'il peut s'en produire; car il est peu probable que les espèces naturelles subissent jamais de brusques changements. Je crois que l'agent principal a été le défaut d'usage, qu'il a déterminé dans les générations successives une réduction graduelle de divers organes, jusqu'à ce qu'ils soient devenus rudimentaires, — comme dans les cas des yeux des animaux vivant dans des cavernes obscures, ainsi que des ailes des oiseaux habitant les îles océaniques, qui, rarement forcés de s'élancer dans les airs pour échapper aux bêtes féroces, ont finalement perdu la faculté du vol. Un organe utile d'ailleurs, dans certaines conditions, peut devenir nuisible dans d'autres, comme les ailes de coléoptères vivant sur de petites îles battues par les vents; cas où la sélection naturelle continuerait à réduire lentement ces organes, jusqu'à ce qu'il fussent devenus rudimentaires et inoffensifs pour l'espèce.

Toute modification de conformation et de fonction, qui peut s'effectuer par des degrés insensibles, donne prise à la sélection naturelle; de sorte qu'un organe qui, sous de nouvelles conditions d'existence devient nuisible ou inutile pour un but donné, peut être modifié et appliqué à quelque autre usage. Un organe peut aussi ne conserver qu'une des fonctions qu'il avait peut-être été précédemment appelé à remplir. Un organe primitivement formé par sélection naturelle, rendu inutile, peut alors devenir variable, ses variations n'étant plus réglées ou refrénées par ladite sélection. A quelque période de la vie que le défaut d'usage ou la sélection réduiront un organe, ce qui arrivera généralement lorsque l'être sera adulte et aura à exercer toutes ses facultés, le principe d'hérédité à l'âge correspondant reproduira l'organe dans son état réduit au même âge adulte, mais ne l'affectera que rarement dans l'embryon. De là l'explication des plus fortes dimensions relatives qu'ont les organes rudimentaires dans l'embryon, que dans l'adulte. Mais si chaque degré de la marche de la réduction devait être héréditaire, non à l'âge correspondant, mais à une période plus précoce, la partie rudimentaire tendrait à se perdre entièrement, et il en résulterait un cas d'atrophie complète. Le principe développé dans le chapitre précédent, de l'économie de l'organisation, en vertu duquel les matériaux constituant toute partie devenue inutile à son possesseur sont le plus possible épargnés, peut avoir souvent joué un rôle, et aidé à la disparition complète d'un organe rudimentaire.

La présence d'organes rudimentaires étant ainsi due à la tendance qu'a toute partie de l'organisation de devenir héréditaire lorsqu'elle a longtemps existé, — nous pouvons comprendre, dans l'hypothèse d'une classification généalogique, pourquoi des parties rudimentaires sont aussi et quelquefois même plus utiles pour la classification, que d'autres ayant une haute importance physiologique. On peut comparer les organes rudimentaires aux lettres qui, conservées dans l'orthographe d'un mot, bien qu'inutiles pour sa prononciation, servent à en retracer l'origine et la filiation. Nous pouvons donc conclure que, d'après la doctrine de la descendance avec modification, l'existence d'organes que leur état rudimentaire et imparfait rend inutiles, loin de constituer une difficulté embarrassante, comme cela est le cas pour l'hypothèse ordinaire de la création, devait au contraire être prévue comme une conséquence des principes que nous avons développés.

Résumé.

J'ai cherché dans ce chapitre à établir que, l'arrangement en tous temps de tous les êtres organisés en groupes subordonnés, — la nature des rapports qui réunissent sous un petit nombre de grandes classes tous les organismes vivants et éteints, par des lignes d'affinités complexes, rayonnantes et détournées, — les difficultés que rencontrent, et les règles que suivent les naturalistes dans leurs classifications, — la valeur qu'on accorde à des caractères lorsqu'ils sont constants et généraux, qu'ils aient une importance considérable, ou insignifiante et même nulle, comme dans les cas d'organes rudimentaires, — la grande différence de valeur qui existe entre les caractères d'adaptation ou analogiques, et ceux d'affinité réelle, et d'autres règles semblables, — sont la conséquence naturelle de l'hypothèse de la parenté commune des formes voisines, de leur modification par sélection naturelle, jointe aux circonstances d'extinction et de divergence de caractères qu'elle détermine. Il ne faut point oublier que dans cette conception de la classification l'élément de la descendance a été généralement admis et employé pour réunir ensemble les sexes, âges, formes dimorphes, et variétés reconnues d'une même espèce, si différentes qu'elles fussent d'ailleurs par leur conformation. Si nous étendons l'application de cet élément de descendance, — une des causes les plus certaines de la ressemblance mutuelle des êtres organisés, — nous comprendrons ce que signifie le système naturel; il est généalogique par l'arrangement qu'on cherche à lui donner; les termes de variétés, espèces, genres, familles, ordres et classes, marquant les degrés de différences acquises.

Selon cette même théorie, tous les grands faits de la Morphologie deviennent intelligibles, — que nous considérions soit le modèle semblable que présentent, quant à leurs organes homologues, quel que soit leur usage, les différentes espèces d'une même classe; soit les parties homologues de chaque individu végétal ou animal.

Le principe que les variations légères et successives ne surgissent ni nécessairement ni généralement à une période très-précoce de l'existence, et qu'elles sont héritées à l'âge correspondant, nous explique les faits principaux de l'embryologie, qui sont : la ressemblance étroite dans l'embryon des parties homologues, qui, développées ensuite, deviennent très-différentes tant par leur conformation que par leurs fonctions : et la ressemblance chez les espèces voisines, quoique bien distinctes, de leurs parties ou organes homologues; bien qu'à l'état adulte elles soient adaptées à des buts aussi dissemblables que possible. Les larves sont des embryons actifs qui ont été plus ou moins modifiés suivant leur mode d'existence, et dont les modifications sont devenues héréditaires à l'âge correspondant. D'après ces mêmes principes, — si on réfléchit, que lorsque des organes se réduisent, soit par défaut d'usage, soit par sélection naturelle, cette diminution aura généralement lieu à cette période de l'existence à laquelle l'être doit pourvoir à ses propres besoins; et à la puissance de l'hérédité, — la formation d'organes rudimentaires était même un fait à prévoir. L'importance des caractères embryologiques, ainsi que celle des organes rudimentaires, devient compréhensible dès qu'un arrangement naturel doit être généalogique.

Finalement, les diverses classes de faits que nous venons d'étudier dans ce chapitre me paraissent proclamer si clairement, que les innombrables espèces, genres et familles qui peuplent le globe, sont, chacun dans sa propre classe, tous descendants de parents communs, et ont tous été modifiés dans le cours de leur descendance; que si cette conception n'eût pas même été appuyée sur d'autres faits et arguments, je l'eusse adoptée sans hésitation.

CHAPITRE XIV.

Ce volume n'étant dans son entier qu'une longue argumentation, je crois devoir en présenter au lecteur une récapitulation sommaire des faits principaux et de leurs déductions.

Je ne nie point qu'on ne puisse opposer à la théorie de la descendance avec modifications, par sélection naturelle, plusieurs objections sérieuses que j'ai cherché à exposer dans toute leur force. Rien ne paraît d'abord plus difficile que de croire au perfectionnement des organes et des instincts les plus complexes, non par des moyens supérieurs, bien qu'analogues à la raison humaine, mais par l'accumulation d'innombrables variations légères, toutes avantageuses à leur possesseur individuel. Cependant, cette difficulté, quoique insurmontable en apparence pour notre imagination, n'est pas réelle, si nous admettons les propositions suivantes, à savoir : que toutes les parties de l'organisation et les instincts offrent au moins des différences individuelles, — qu'une lutte constante pour l'existence détermine la conservation des déviations de structure ou d'instinct qui peuvent être avantageuses, — et enfin que des gradations dans l'état de perfection de chaque organe, toutes bonnes par elles-mêmes, peuvent avoir existé. Je ne crois pas qu'on puisse contester la vérité de ces propositions.

Il est sans doute fort difficile de faire même des conjectures sur les gradations par lesquelles beaucoup de conformations ont dû passer pour se perfectionner, surtout dans les groupes d'êtres organisés qui, ayant éprouvé une forte extinction, sont actuellement rompus et présentent de grandes lacunes; mais nous remarquons dans la nature, des gradations si étranges que nous devons être très-circonspects avant d'affirmer qu'un organe ou instinct donnés, ou la conformation entière, ne puissent pas avoir atteint leur état actuel en parcourant un grand nombre de phases intermédiaires. Il y a, il faut le reconnaître, des cas particulièrement difficiles qui paraissent s'opposer à la théorie de la sélection naturelle; et un des plus curieux est bien celui de l'existence, dans une même communauté de fourmis, de deux ou trois castes définies d'ouvrières ou femelles stériles. J'ai cherché à faire voir comment on peut cependant venir à bout de ce genre de difficultés.

En ce qui touche à la stérilité presque générale que présentent les espèces lorsqu'on les croise d'abord, stérilité qui contraste d'une manière si frappante avec la presque universelle fertilité des variétés croisées entre elles, je dois renvoyer le lecteur à la récapitulation donnée à la fin du huitième chapitre des faits qui me paraissent prouver d'une façon concluante que cette stérilité n'est pas plus une propriété spéciale, que ne l'est l'incapacité que présentent deux arbres distincts de se greffer l'un sur l'autre; mais qu'elle dépend de différences limitées aux systèmes reproducteurs des espèces qu'on veut entre-croiser. Nous voyons la réalité de cette conclusion dans la grande différence entre les résultats que donnent des croisements réciproques de deux mêmes espèces, — c'est-à-dire lorsqu'une des espèces est employée d'abord comme père, et ensuite comme mère. Nous sommes conduits à la même conclusion par l'examen des plantes dimorphes et trimorphes, dont les formes unies illégitimement ne donnent que peu ou point de graines, leur descendance étant plus ou moins stérile, et bien qu'appartenant incontestablement à la même espèce, ne diffèrent entre elles sous aucun autre rapport que par leurs organes reproducteurs et leurs fonctions.

Bien qu'un grand nombre d'auteurs aient affirmé que la fertilité des variétés entre-croisées et de leurs produits métis est générale, les faits donnés sur l'autorité de Gärtner et de Kölreuter montrent que le fait n'est pas exact. La fertilité très-habituelle des variétés croisées n'a d'ailleurs rien de bien étonnant, si nous nous rappelons qu'il n'y a pas apparence que leur système reproducteur ait été profondément modifié. En outre, la plupart des variétés sur lesquelles on a expérimenté ayant été produites à l'état de domestication (je n'entends point par ce mot la simple captivité), qui tend d'une manière certaine à amoindrir et à éliminer la stérilité, nous ne devons pas nous attendre à ce qu'il puisse la déterminer.

La stérilité des hybrides constitue un cas différent de celui du premier croisement; car leurs organes reproducteurs sont plus ou moins impuissants au point de vue de leurs fonctions, tandis que dans les premiers croisements, ces organes sont évidemment en parfait état chez les deux espèces. Comme nous voyons continuellement que les organismes de toutes sortes deviennent à quelque degré stériles sous l'influence de légers changements dans les conditions, il n'y a rien d'étonnant à ce que les hybrides le soient en quelque mesure, car leurs constitutions ne peuvent manquer d'éprouver quelque perturbation résultant de ce qu'ils sont formés par la fusion de deux organisations distinctes; cependant je ne prétends point décider que ce soit bien là la véritable cause de leur infécondité. Ce parallélisme est appuyé par une autre classe opposée de faits, savoir : que la vigueur et la fécondité de tous les êtres organisés s'accroissent sous l'influence de légers changements dans leurs conditions extérieures, et que les produits des croisements de formes légèrement modifiées ou variétés, acquièrent aussi plus de fécondité et de vigueur. D'une part, donc, un changement considérable dans les conditions d'existence et le croisement entre formes très-modifiées diminuent la fertilité, tandis que d'autre part, des changements plus faibles dans les conditions et les croisements entre formes moins modifiées, l'augmentent.

Les difficultés que rencontre la théorie de la descendance à propos de la distribution géographique sont assez sérieuses. Tous les individus d'une même espèce, et toutes les espèces d'un genre ou même de groupes supérieurs, doivent être les descendants de parents communs, et il faut, par conséquent, que, quelque distants et isolés que soient actuellement les points du globe où on les rencontre, ils aient, dans le cours des générations successives écoulées, rayonné d'un seul point vers tous les autres. Nous sommes souvent dans l'impossibilité même de conjecturer comment ce transport a pu se réaliser. Cependant, comme nous avons lieu de croire que quelques espèces ont conservé la même forme spécifique pendant des temps énormes comptés en années, nous ne devons pas attacher trop d'importance à une grande dispersion d'une espèce donnée, car pendant le cours de ces périodes fort longues il y aura eu toute probabilité de vastes migrations effectuées par des moyens divers. Une distribution interrompue peut souvent être expliquée par l'extinction de l'espèce dans les régions intermédiaires. Il faut d'ailleurs reconnaître que nous ne savons que fort peu de chose sur l'importance réelle des divers changements climatériques et géographiques que le globe a éprouvés dans les périodes récentes, changements qui ont certainement pu faciliter les migrations. J'ai cherché, comme exemple, à faire comprendre l'action puissante qu'a exercée la période Glaciaire sur la distribution d'une même espèce et de ses voisines dans le monde entier. Nous ignorons encore quels ont pu être les moyens occasionnels de transport. Quant aux espèces distinctes d'un même genre, habitant des régions éloignées et isolées, la marche de leur modification ayant dû être nécessairement lente, tous les modes de migration auront pu être possibles pendant une fort longue période, ce qui atténue jusqu'à un certain point la difficulté d'expliquer la dispersion immense des espèces d'un même genre.

La théorie de la sélection naturelle impliquant l'existence passée d'une foule innombrable de formes intermédiaires, ayant rattaché entre elles par des nuances aussi délicates que le sont nos variétés actuelles, toutes les espèces de chaque groupe, on peut se demander pourquoi nous ne voyons pas toutes ces formes autour de nous; et pourquoi, tous les êtres organisés ne sont pas mêlés ensemble et confondus en un inextricable chaos? En ce qui concerne les formes existantes, nous devons nous rappeler que nous n'avons aucune raison (sauf des cas fort rares), pour rencontrer des intermédiaires les reliant *directement* entre elles, mais seulement les rattachant chacune à quelque forme éteinte et remplacée. Même sur une vaste surface, demeurée continue pendant une longue période, et dont le climat et autres conditions d'existence, changeant insensiblement en passant d'un point habité par une espèce à un autre habité par une espèce très-voisine, nous n'avons pas lieu de nous attendre à rencontrer souvent des variétés prononcées dans les zones intermédiaires. Il est probable que dans un genre, quelques espèces seulement subissent des modifications, les autres s'éteignant sans laisser de descendance variable. Des espèces qui changent, il y en a peu qui le fassent en même temps, et toutes modifications sont lentes à s'effectuer. J'ai montré que les variétés, qui ont probablement d'abord occupé les zones intermédiaires, ont dû être sujettes à être supplantées par les formes voisines existant de part et d'autre; car, ces dernières étant les plus nombreuses, et tendant pour cette raison à être modifiées et améliorées plus rapidement que les intermédiaires moins abondantes, ont dû à la longue exterminer et remplacer ces dernières.

D'après cette doctrine de l'extermination d'une foule de chaînons ayant relié les formes vivantes et éteintes du globe, et à chaque période successive, rattachant les espèces qui y ont vécu, aux formes plus anciennes, pourquoi ne trouvons-nous pas toutes les formations géologiques abondamment pourvues de ces intermédiaires? Pourquoi toute collection de restes fossiles ne fournit-elle pas la preuve évidente de la gradation et des mutations des formes vivantes? Bien que les recherches géologiques aient incontestablement révélé l'existence passée d'un grand nombre de chaînons qui ont déjà rapproché les unes des autres bien des formes vivantes, elles ne fournissent cependant pas entre les formes actuelles et passées, toutes les gradations infinies et insensibles que réclame la théorie. et c'est peut-être la plus apparente de toutes les objections qu'on puisse lui opposer. Pourquoi voit-on encore des groupes entiers d'espèces voisines, qui semblent, — apparence souvent fausse il est vrai, — avoir subitement surgi dans les étages géologiques successifs? Quoique nous sachions maintenant que les êtres organisés ont apparu sur le globe. à une époque dont l'antiquité est incalculable, longtemps avant le dépôt des couches les plus inférieures du système Cambrien, pourquoi ne trouvons-nous pas sous ce dernier système de puissantes masses de sédiment renfermant les restes des ancêtres des fossiles Cambriens? Car d'après la théorie il faut que de pareilles couches aient été déposées quelque part lors de ces époques si reculées et si complétement ignorées de l'histoire de la terre.

Je ne puis répondre à ces questions et objections, qu'en admettant que les archives géologiques sont bien plus incomplètes que les géologues ne l'admettent généralement. Le nombre d'échantillons que renferment tous nos musées, est absolument nul comparé aux innombrables générations d'espèces qui ont certainement existé. La forme parente de deux ou plusieurs espèces ne serait pas, par tous ses caractères, directement intermédiaire entre ses descendants modifiés, pas plus que le Biset ne l'est directement par son jabot et sa queue entre ses descendants, le pigeon Grosse gorge et le pigeon Paon. Nous ne pourrions jamais reconnaître une espèce, comme la forme parente d'une autre espèce modifiée, si attentivement que nous les examinions, à moins de posséder tous les chaînons intermédiaires, qu'en raison de l'imperfection des documents géologiques, nous ne devons pas nous attendre à trouver en grand nombre. Si même on découvrait deux, trois ou même davantage de ces formes enchaînantes, on les regarderait simplement comme des espèces nouvelles, — surtout si on les rencontrait dans différents sous-étages géologiques, — si légères que pussent être leurs différences. On pourrait citer de nombreuses formes douteuses, qui ne sont probablement que des variétés; mais qui peut prétendre qu'on découvre dans l'avenir, assez de formes fossiles intermédiaires, pour que les naturalistes puissent décider si ces variétés douteuses méritent oui ou non la qualification de variétés? Une bien faible portion du globe a été géologiquement explorée; et il n'y a que les êtres organisés de certaines classes pouvant seuls être conservés à l'état fossile, du moins en quantités un peu considérables. Beaucoup d'espèces une fois formées ne subissent jamais de modifications subséquentes, mais s'éteignent sans laisser de descendants; et les périodes pendant lesquelles d'autres en ont subi, bien qu'énormes estimées en années, ont probablement été courtes, comparées à celles pendant lesquelles elles ont conservé une même forme. Ce sont les espèces dominantes et les plus largement répandues, qui varient le plus, et le plus souvent; et les variétés sont souvent d'abord locales, — deux causes qui rendent fort peu probable la découverte de chaînons intermédiaires dans une formation donnée. Les variétés locales ne se disséminent pas dans d'autres régions éloignées, sans être considérablement modifiées et améliorées; et quand elles se seront répandues, et auront été trouvées dans une formation géologique, elles paraîtront y avoir été subitement créées, et simplement considérées comme espèces nouvelles. La plupart des formations ont dû s'accumuler d'une manière intermittente, et leur durée a été probablement plus courte que la durée moyenne des formes spécifiques. Les formations successives sont, dans le plus grand nombre de cas, séparées entre elles par des lacunes correspondant à de grands intervalles de temps ; car des formations fossilifères assez épaisses pour résister à la dégradation future, n'ont pu, en règle générale, avoir été accumulées que là où d'abondants sédiments ont été déposés sur un fond marin en voie d'abaissement. Pendant les périodes alternantes d'exhaussement et de constance de niveau, il n'y aura aucune trace de fossiles, et par conséquent une lacune dans les documents. Il y aura aussi dans ces dernières périodes probablement plus de variabilité dans les formes vivantes ; et pendant les périodes d'affaissement, plus d'extinction.

Pour ce qui concerne l'absence des couches fossilifères riches, au-dessous de la formation Cambrienne, je ne puis que recourir à l'hypothèse que j'ai proposée dans le neuvième chapitre. Personne ne contestera l'imperfection des documents géologiques, mais peu se feront une juste idée combien cette imperfection est précisément celle qu'exige la théorie. Si nous embrassons des intervalles de temps suffisamment longs, la géologie nous montre clairement que toutes les espèces ont changé, et qu'elles l'ont fait de la manière requise, c'est-à-dire à la fois lentement et graduellement. C'est ce que nous voyons clairement dans le fait que les restes fossiles que contiennent les formations consécutives, sont invariablement bien plus voisins entre eux, que ne le sont ceux des formations séparées par de plus grands intervalles.

Tel est le résumé des réponses et des explications qu'on peut donner et opposer aux diverses objections et difficultés qu'on peut soulever contre la théorie, et dont j'ai moi-même trop longtemps senti tout le poids pour douter de leur importance. Mais il faut noter spécialement que les objections les plus sérieuses se rattachent à des questions sur lesquelles notre ignorance est telle que nous n'en soupçonnons pas même l'étendue. Nous ne connaissons pas toutes les gradations de transitions possibles entre les organes les plus simples et les plus parfaits ; et nous ne pouvons prétendre connaître tous les moyens divers de distribution qui ont pu agir pendant les longues périodes du passé, ni l'étendue de l'imperfection des documents géologiques. Si sérieuses que soient ces diverses objections, elles ne sont à mon avis, cependant, pas suffisantes pour renverser la théorie de la descendance avec modifications subséquentes.

Passons maintenant à l'autre côté de notre argumentation. Nous voyons que sous la domestication, les changements dans les conditions d'existence, causent ou tout au moins excitent une variabilité considérable. Cette variabilité obéit à des lois complexes, — elle est réglée par la corrélation, l'usage et le défaut d'usage, et l'action définie des conditions extérieures. Il est difficile de savoir dans quelle mesure nos productions domestiques ont été modifiées, mais nous pouvons sans crainte admettre qu'elles l'ont été d'une manière prononcée, et que les modifications demeurent héréditaires pendant de longues périodes. Tant que les conditions extérieures restent les mêmes, nous avons lieu de croire qu'une modification, héréditaire depuis de nombreuses générations, peut continuer à l'être encore pendant un temps à peu près illimité. D'autre part, nous avons la preuve que, lorsque la variabilité a une fois commencé à se manifester, elle ne cesse pas de longtemps sous l'action de la domestication, car nous voyons encore occasionnellement de nouvelles variétés apparaître dans nos productions les plus anciennement domestiquées.

L'homme ne produit pas de fait la variabilité, il n'agit qu'en exposant inintentionnellement des êtres organisés à de nouvelles conditions d'existence, et c'est la nature qui, opérant sur l'organisation, cause la variabilité. Mais l'homme peut choisir les variations que la nature lui fournit, et en les accumulant comme il l'entend, adapter ainsi les animaux et les plantes à son bénéfice ou à ses plaisirs. Il peut opérer la sélection méthodiquement, ou seulement d'une manière inconsciente, en conservant les individus qui lui sont les plus utiles ou qui lui plaisent le plus, sans aucune intention préconçue de vouloir modifier la race. Il est certain qu'il peut largement influencer les caractères d'une race en triant, dans chaque génération successive, des différences individuelles assez faibles pour échapper à un œil inexercé. Ce procédé de sélection a été l'agent principal de la formation des races domestiques les plus distinctes et les plus utiles. Les doutes inextricables qu'on émet sur la question de savoir si certaines races produites par l'homme sont des variétés ou des espèces primitivement distinctes, montrent qu'elles possèdent dans une large mesure les caractères des espèces naturelles.

Il n'y a aucune raison évidente pour que les principes dont l'action a été si efficace sous la domestication, n'aient pas agi dans la nature. Nous voyons dans la survivance des individus et races favorisés, une forme puissante et perpétuelle de sélection, pendant la lutte incessante pour l'existence. Celle-ci est le résultat inévitable du taux géométrique élevé suivant lequel tous les êtres organisés tendent à multiplier. Ce taux élevé est donné par le calcul, et confirmé par la croissance rapide que peuvent prendre les plantes ou animaux pendant une succession de plusieurs saisons favorables, et lorsqu'on les introduit dans un nouveau pays. Il naît plus d'individus qu'il n'en peut survivre. Un atome dans la balance peut décider des individus qui doivent vivre et de ceux qui doivent mourir, — ou déterminer l'augmentation de telle espèce et variété, ou la diminution de telle autre, bientôt suivie de son extinction. Comme, ce sont les individus d'une même espèce qui se trouvent sous tous les rapports en concurrence la plus directe, c'est aussi entre eux que la lutte pour l'existence sera la plus rude : elle sera presque aussi sévère entre les variétés de la même espèce, et ensuite entre espèces du même genre. La lutte pourra souvent d'autre part être aussi rigoureuse entre êtres très-éloignés dans l'échelle naturelle. Le moindre avantage que certains individus, à un âge ou pendant une saison donnée, pourront avoir sur ceux avec lesquels ils se trouvent en concurrence, ou toute adaptation meilleure aux conditions ambiantes, feront pencher la balance en leur faveur.

Chez les animaux à sexes séparés, il y aura dans la plupart des cas une lutte entre les mâles pour la possession des femelles, à la suite de laquelle les plus vigoureux, et ceux qui auront eu le plus de succès dans leurs conditions d'existence, seront aussi ceux qui en général laisseront le plus de descendants. Le succès pourra cependant souvent dépendre de ce que les mâles posséderont des moyens spéciaux d'attaque ou de défense, ou des charmes; car tout avantage, même léger, pourra leur assurer la victoire.

La géologie prouvant clairement que tous les pays ont subi de grands changements physiques, nous pouvions nous attendre à trouver que les êtres organisés ont dû, dans l'état de nature, varier de la même manière qu'ils l'ont fait sous l'influence de la domestication. Et s'il y a la moindre variabilité dans la nature, il serait incroyable que la sélection naturelle n'eût pas joué son rôle. On a souvent soutenu, mais l'assertion n'est pas démontrable, que l'étendue de la variabilité est rigoureusement limitée dans la nature. Bien qu'agissant seulement sur les caractères extérieurs, et cela souvent capricieusement, l'homme peut cependant obtenir en peu de temps, de grands résultats chez ses productions domestiques, en additionnant de simples différences individuelles ; or chacun admet que les espèces présentent aussi des différences de cette nature. Tous les naturalistes reconnaissent qu'outre ces différences, il existe des variétés qu'on considère comme assez distinctes pour être consignées dans les ouvrages systématiques. On n'a jamais pu établir de distinction claire entre les différences individuelles et les variétés peu marquées, ou entre des variétés prononcées ou sous-espèces et les espèces. Sur des continents isolés, ainsi que sur diverses parties d'un même continent, séparées par des barrières quelconques, sur les îles écartées, que de formes ne trouve-t-on pas qui sont classées par des naturalistes experts tantôt comme variétés, tantôt comme races géographiques ou sous-espèces, et enfin par d'autres, comme espèces voisines, mais distinctes!

Si donc les plantes et les animaux varient, si lentement et si peu que ce soit, pourquoi mettrions-nous en doute que les

variations ou différences individuelles qui sont en quelque
manière profitables, puissent être conservées et accumulées
par la sélection naturelle, ou la survivance du plus apte? Si
l'homme peut, avec de la patience, trier les variations qui
lui sont utiles, pourquoi dans les conditions complexes et
changeantes de l'existence ne surgirait-il pas des variations
avantageuses pour les productions vivantes de la nature,
susceptibles d'être conservées par sélection? Quelle limite
pourrait-on fixer à cette puissance agissant continuellement
pendant des siècles, et scrutant rigoureusement et sans relâche
la constitution, la conformation et les habitudes de chaque être
vivant, — favorisant ce qui est bon, et rejetant le mauvais? Je
crois que cette puissance est illimitée dans ses effets, quant à
l'adaptation lente et admirable de chaque forme à ses conditions complexes de vie. La théorie de la sélection naturelle,
même restreinte dans ces seules limites, me paraît probable
en elle-même. J'ai récapitulé de mon mieux les difficultés
et les objections qui lui ont été opposées; passons maintenant aux faits spéciaux et aux arguments qui militent en sa
faveur.

D'après l'idée que les espèces ne sont que des variétés
bien accusées et permanentes, et que chacune a d'abord existé
comme variété, nous comprenons pourquoi on ne peut tracer
aucune ligne de démarcation entre l'espèce qu'on attribue
ordinairement à des actes spéciaux de création, et la variété
qu'on reconnaît avoir été produite en vertu de lois secondaires. Nous comprenons encore pourquoi dans toute région
où un grand nombre d'espèces d'un genre existent, et sont
actuellement prospères, ces mêmes espèces présentent de nombreuses variétés; car en effet, c'est là où la formation des espèces a été abondante, que nous devons, en règle générale,
nous attendre à la voir encore en activité; ce qui sera le cas si
les variétés sont des espèces naissantes. De plus les espèces des
grands genres, qui fournissent le plus de ces espèces naissantes
ou variétés, conservent à un certain degré les caractères de ces
dernières, car elles diffèrent entre elles moins que ne le font les
espèces des genres plus petits. Les espèces voisines des grands
genres ont aussi une distribution restreinte, et par leurs affinités
se réunissent en petits groupes autour d'autres espèces, — deux

points par lesquels elles ressemblent aux variétés. Ces rapports, fort étranges dans la théorie de la création indépendante de chaque espèce, deviennent compréhensibles si on admet qu'elles ont toutes d'abord existé à l'état de variété.

Chaque espèce tendant, par suite de la raison géométrique élevée de sa reproduction, à augmenter en nombre d'une manière démesurée ; et les descendants modifiés de chacune pouvant se multiplier d'autant plus qu'ils présenteront des conformations et des habitudes plus diverses, et seront ainsi mieux en état de saisir un plus grand nombre de positions différentes dans l'économie de la nature, la sélection naturelle tendra constamment à conserver les descendants les plus divergents d'une espèce donnée. De là, dans un cours longtemps continué des modifications, les légères différences caractérisant les variétés de la même espèce tendront à s'accroître jusqu'à atteindre le niveau de celles plus importantes qui caractérisent les espèces d'un même genre. Les variétés nouvelles et améliorées finiront par remplacer et inévitablement exterminer les variétés plus anciennes, intermédiaires et moins parfaites, et les espèces deviendront ainsi des objets distincts et bien définis. Les espèces dominantes, faisant partie des groupes principaux de chaque classe, tendant à donner naissance à des formes nouvelles et dominantes, chaque grand groupe tend ainsi toujours à s'accroître davantage, et en même temps à présenter des caractères plus divergents. Mais tous les groupes ne pouvant parvenir à augmenter de nombre, car la terre ne pourrait les contenir, ce sont les plus dominants qui l'emportent sur ceux qui le sont moins. Cette tendance qu'ont les groupes déjà grands d'augmenter toujours et de diverger par leurs caractères, jointe à la circonstance presque inévitable d'une extinction considérable, rend compte de l'arrangement de toutes les formes vivantes, en groupes subordonnés entre eux, et tous compris dans un petit nombre de grandes classes, lesquelles ont tout le temps été prépondérantes. Ce grand fait du groupement de tous les êtres organisés sous ce qu'on a appelé le Système Naturel, est absolument inexplicable dans la théorie de la création.

La sélection naturelle n'agissant qu'en accumulant des variations légères, successives et favorables, ne peut produire de modifications ni considérables ni subites, et ne procède qu'à petits pas et lentement; ce fait rend compréhensible l'axiome dont les progrès nouveaux faits dans nos connaissances démontrent chaque jour plus la vérité, *natura non facit saltum*. Nous voyons encore comment, dans toute la nature, le même but général est atteint par une variété presque infinie de moyens; car toute particularité, une fois acquise, est pour longtemps héréditaire; et des conformations déjà diversifiées de bien des manières différentes, ont à s'adapter à un même but général. Nous voyons, en un mot, pourquoi la nature prodigue la variété, tout en étant avare d'innovation, mais qui saurait expliquer pourquoi la loi naturelle serait ainsi, si chaque espèce avait été créée indépendante.

Un grand nombre d'autres faits me paraissent s'expliquer dans cette théorie. N'est-il pas étrange qu'un oiseau ayant la forme du pic, ait été créé pour faire sa proie d'insectes terrestres; que des oies, habitant les terres élevées et ne nageant pas ou presque pas, aient été créées avec des pattes palmées; qu'un oiseau semblable au merle ait été créé pour plonger et se nourrir d'insectes vivant sous l'eau; et qu'un pétrel ait été doué d'habitudes et d'une conformation l'assimilant à un pingouin, et de même pour une foule d'autres cas! Mais en reconnaissant que chaque espèce s'efforce constamment à s'accroître numériquement, pendant que la sélection naturelle est toujours prête à adapter ses descendants, en voie de lente variation, à toute place non ou mal occupée dans la nature; des faits semblables, bien loin d'être étranges, étaient même à prévoir.

Nous pouvons comprendre l'harmonieuse beauté qui règne si généralement dans toute la nature, bien qu'il y ait certainement des exceptions qui ne concordent pas toujours avec nos idées sur le beau, tels que certains serpents venimeux, poissons et quelques chauves-souris hideuses, ignobles caricatures de la face humaine. La sélection sexuelle a donné aux mâles les plus brillantes couleurs et autres ornements; quelquefois aux deux sexes, chez les oiseaux, papillons, et divers animaux. Elle a souvent rendu chez les oiseaux la voix du mâle musicale pour la femelle, et agréable à entendre, même pour nos oreilles. Les fleurs et les fruits, rendus apparents, et tranchant par leurs vives couleurs sur le fond vert du feuillage, attirent les unes les insectes qui, en les visitant, contribuent à leur fertilisation, et les autres les oiseaux qui, en dévorant les fruits, concourent à en disséminer les graines. Enfin quelques objets vivants sont devenus très-beaux par simple symétrie de croissance.

La sélection naturelle, agissant par concurrence, ne tend à rendre les animaux de chaque pays parfaits, que relativement à ses autres habitants; nous ne devons par conséquent nullement nous étonner de voir une espèce d'un pays donné, qu'on suppose dans la théorie ordinaire avoir été spécialement créée pour être adaptée à cette localité, être vaincue et remplacée par des produits venant d'autres pays. Nous ne devons pas non plus nous émerveiller de ce que, à notre point de vue, toutes les combinaisons de la nature ne soient pas absolument parfaites, et même que quelques-unes soient contraires à nos idées d'appropriation. Nous ne devons pas nous étonner de ce que l'usage de l'aiguillon de l'abeille cause souvent la mort de l'individu qui l'emploie; de ce que les mâles chez cet insecte soient produits en aussi grand nombre pour un seul acte, pour être ensuite massacrés par leurs stériles sœurs; de l'énorme gaspillage du pollen de nos pins; de la haine instinctive qu'éprouve la reine abeille pour ses filles fécondes; du fait que les ichneumonides vivent et se nourrissent dans les corps vivants des chenilles, et autres cas analogues. Ce qu'il y a réellement de plus étonnant dans la théorie de la sélection naturelle, c'est qu'on n'ait pas observé encore plus de cas du défaut d'une perfection absolue.

Les lois complexes et peu connues qui régissent les variations admises sont, autant que nous pouvons le voir, les mêmes que celles qui ont régi la production de ce qu'on a appelé les différences spécifiques. Dans les deux cas les conditions physiques paraissent avoir déterminé, à un degré dont nous ne pouvons préciser l'importance, des effets définis et directs. Ainsi lorsque des variétés arrivent dans une nouvelle station, elles revêtent occasionnellement quelques-uns des caractères propres aux espèces qui l'occupent. L'usage et le défaut d'usage paraissent, tant dans les variétés que dans les espèces, avoir produit des effets importants; et cette con-

clusion ressort avec évidence de faits, comme celui du canard
à ailes courtes (Microptère), dont les ailes incapables de servir
au vol, se trouvent dans un état presqu'analogue à celui
qu'elles ont dans le canard domestique; ou comme le Tucutuco
fouisseur (Ctenomys), qui est occasionnellement aveugle; certaines taupes qui sont ordinairement dans le même cas, leurs yeux
étant recouverts par la peau; ou enfin les animaux aveugles
qui habitent les cavernes obscures de l'Amérique et de l'Europe. La variation corrélative, soit la modification de diverses
parties du corps, accompagnant celle d'une partie principale,
paraît aussi avoir joué un rôle important dans les variétés et
les espèces; il en est de même des retours vers des caractères
depuis longtemps perdus. Comment expliquera-t-on, dans la
théorie des créations, l'apparition occasionnelle de bandes sur
les épaules et les membres des diverses espèces du genre cheval et de leurs hybrides; et ce fait n'est-il pas tout naturel,
si nous admettons la provenance de toutes ces espèces d'un
ancêtre zébré, de même que les races du pigeon domestique
descendent du biset, au plumage bleu et barré!

Dans la théorie de la création indépendante de chaque
espèce, pourquoi les caractères spécifiques seraient-ils plus
variables, que les caractères génériques qui concordent dans
toutes les espèces? Pourquoi par exemple, la couleur de la
fleur serait-elle plus sujette à varier chez une espèce d'un
genre, dont les autres espèces, — qu'on suppose avoir été
créées d'une manière indépendante, — ont elles-mêmes des
fleurs de différentes couleurs, que si toutes les espèces du
genre ont des fleurs de même coloration? Ce fait est intelli-
gible, si nous admettons que les espèces ne sont que des
variétés bien accusées, dont les caractères sont devenus permanents à un haut degré. En effet, ayant déjà varié par certains caractères depuis l'époque où elles ont divergé de la
souche commune, ce qui a causé leur différentiation spécifique,
ces mêmes caractères seront encore plus sujets à varier que
les caractères génériques, qui ont, depuis une immense période,
continué à être hérités sans changement. Il est impossible,
dans la théorie de la création, d'expliquer pourquoi un point
de l'organisation développé d'une manière inusitée dans une
espèce donnée d'un genre, et auquel, par ce fait même, nous

attribuons naturellement une haute importance pour l’espèce,
soit si éminemment sujet à variation. D’après la nôtre, ce point
ayant, depuis l’époque de la bifurcation des diverses espèces de
leur souche commune, éprouvé une grande somme de variabilité et de modifications, doit en conséquence continuer à être
généralement variable. Mais une partie peut être développée
d’une manière exceptionnelle, comme l’aile dans la chauve-
souris, sans être plus variable que toute autre conformation, si
elle est commune à un grand nombre de formes subordonnées,
c’est-à-dire a été héréditaire pendant une longue période ; car
elle aura dans ce cas fini par être fixée et rendue constante
par l’action d’une sélection naturelle prolongée.

Quant aux instincts, dont plusieurs sont si merveilleux, la
théorie de la sélection naturelle des modifications successives,
légères mais avantageuses, les explique aussi facilement que la
conformation corporelle ; et nous permet de comprendre pourquoi la nature procède par degrés pour pourvoir les animaux
divers d’une même classe, de leurs différents instincts. J’ai
cherché à montrer combien le principe de gradation jette du
jour sur les phénomènes si intéressants que nous présentent les
facultés architecturales de l’abeille. Bien que sans doute l’habitude joue un rôle dans la modification des instincts, elle n’est
pourtant pas indispensable, comme le montrent les insectes
neutres, qui ne laissent pas de descendants pour hériter
des effets d’habitudes dès longtemps contractées. D’après l’idée
que toutes les espèces d’un même genre sont les descendantes
d’un parent antérieur dont elles ont hérité un grand nombre de
points communs, nous comprenons que les espèces voisines,
placées dans des conditions d’existence fort différentes, aient
cependant les mêmes instincts ; par exemple les merles
de l’Amérique méridionale tempérée et tropicale, qui
comme nos espèces anglaises, tapissent leur nid avec de la
boue. Nous ne devons pas non plus nous étonner, d’après la théorie de la lente acquisition des instincts par sélection naturelle,
d’en observer qui en apparence sont imparfaits et sujets
à erreur, et pour d’autres animaux une cause de souf-
france.

Si les espèces ne sont que des variétés prononcées et permanentes, nous voyons pourquoi leurs produits de croisement

obéissent, — quant à la ressemblance aux parents, leur absorption mutuelle à la suite de croisements successifs, et autres points, — aux mêmes lois complexes que les descendants de croisements entre variétés reconnues. Cette similitude serait bizarre si les espèces étant le produit d'une création indépendante, les variétés seraient celui du jeu de lois secondaires.

Tout en admettant que les documents géologiques dont nous disposons soient très-imparfaits, les faits que nous y puisons appuient fortement la théorie de la descendance avec modifications. Les espèces nouvelles ont paru sur la scène lentement, par intervalles successifs, et l'étendue des changements opérés dans des périodes égales, est fort différente suivant les groupes. L'extinction des espèces ou groupes d'espèces qui a joué un rôle si considérable dans l'histoire du monde organique, est la conséquence inévitable de la sélection naturelle ; car les formes anciennes, tendent à être remplacées par des formes nouvelles et améliorées. Lorsque la série ordinaire des générations est rompue, ni les espèces ni les groupes d'espèces perdues ne reparaissent jamais. La diffusion graduelle des formes dominantes et les lentes modifications de leurs descendants, font, qu'après de longs intervalles de temps, les formes vivantes paraissent avoir simultanément changé dans le monde entier. Le fait que les restes fossiles de chaque formation sont, à quelque degré, intermédiaires par leurs caractères entre ceux qui se trouvent dans celles qui la précèdent et la suivent, s'explique simplement par leur situation intermédiaire dans la chaîne de descendance. Le point capital, que tous les êtres éteints peuvent être réunis dans les mêmes classes que les vivants, est la conséquence naturelle de ce que les uns et les autres descendent de parents communs. Dans le long cours de leur descendance et de leurs modifications, les fortes divergences de caractères qu'ont éprouvées d'une manière générale les espèces, nous donnent la raison de la position intermédiaire à quelque degré qu'occupent si souvent entre les groupes actuels, les formes plus anciennes ou premiers ancêtres de chacun d'eux. On considère les formes nouvelles comme étant généralement dans leur ensemble plus élevées dans l'échelle de l'organisation que les formes passées ; et elle doivent l'être puisque ce sont les plus récentes et les plus améliorées qui, dans la lutte pour l'existence, ont dû l'emporter sur les formes plus anciennes et moins parfaites; elles présentent aussi des organes plus spécialisés pour leurs diverses fonctions. Ce fait est tout à fait compatible avec celui de la persistance d'êtres nombreux, conservant encore une conformation élémentaire et peu parfaite, adaptée à des conditions d'existence également simples; il est aussi compatible avec le fait que quelques formes, s'étant successivement, à chaque phase de leur descendance, adaptées à des conditions modifiées d'ordre inférieur, ont rétrogradé par leur organisation. Enfin la loi remarquable de la longue persistance de formes semblables sur un même continent, — des Marsupiaux en Australie, des Édentés dans l'Amérique méridionale, et autres cas analogues, — se comprend, parce qu'en général, dans un même pays, les formes existantes seront avec les formes éteintes en rapports d'alliance, comme faisant partie d'une même ligne de descendance.

En ce qui concerne la distribution géographique, si nous admettons que, dans le cours immense des temps écoulés, il y ait eu de grandes migrations dans les diverses parties du globe, dues à de nombreux changements climatériques et géographiques, ainsi qu'à divers moyens occasionnels et inconnus de dispersion, — la plupart des faits importants de la distribution géographique deviennent intelligibles d'après la théorie de la descendance avec modification. Nous pouvons comprendre le parallélisme si frappant qui existe entre la distribution des êtres organisés dans l'espace, et leur succession géologique dans le temps; car, dans les deux cas, ils se rattachent entre eux par le lien de la génération ordinaire, et que les moyens de modification ont été les mêmes. Nous comprenons toute la signification de ce fait remarquable, qui a frappé tous les voyageurs, que, sur le même continent, dans les conditions les plus diverses, de chaleur et de froid, de situation montagneuse ou basse, dans les déserts ou les marais, — la plus grande partie des habitants de chaque grande classe ont entre eux des rapports évidents; car ils descendent des mêmes premiers colons, leurs communs ancêtres. Ce même principe de migration antérieure, combiné dans la plupart des cas avec la modification, nous fait comprendre, à l'aide de la période Glaciaire, les motifs de l'identité de quelques plantes et de la ressemblance entre beaucoup d'autres, qui habitent actuellement des sommités montagneuses fort éloignées les unes des autres; et les zones tempérées dans le Nord et le Midi. Il en est de même de la grande similitude que nous constatons entre quelques habitants marins des latitudes tempérées septentrionales et méridionales, bien qu'elles soient séparées par tout l'Océan intertropical. Quoique deux pays puissent présenter des conditions physiques aussi semblables qu'une même espèce puisse les réclamer, nous ne devons pas nous étonner de ce que leurs habitants soient totalement différents lorsqu'ils auront été séparés complétement depuis une très-longue période, vu l'importance de la continuité des relations réciproques des organismes entre eux. Les deux pays ayant reçu à diverses époques et dans des proportions différentes des immigrants venant du dehors, ou provenant l'un de l'autre, la marche des modifications dans les deux régions aura inévitablement été différente.

Dans ces migrations suivies de modifications subséquentes, nous voyons pourquoi les îles océaniques ne sont peuplées que par un nombre restreint d'espèces, mais dont la plupart sont spéciales ou endémiques; pourquoi on ne trouve pas dans ces mêmes îles, des espèces appartenant à ces groupes d'animaux qui ne peuvent pas traverser de vastes espaces de mer, tels que les batraciens et les mammifères terrestres; et pourquoi, d'autre part, on rencontre dans des îles fort éloignées de tout continent des espèces particulières et nouvelles de chauves-souris, animaux qui peuvent traverser l'Océan. Des faits comme ceux de l'existence de chauves-souris toutes spéciales dans les îles Océaniques, à l'exclusion de tous autres animaux terrestres, sont absolument inexplicables dans la théorie des créations indépendantes.

L'existence d'espèces voisines ou représentatives dans deux points donnés implique, selon la théorie de descendance avec modification, que les mêmes formes parentes ont autrefois habité les deux régions: et nous trouvons presque invariablement en effet que sur deux lieux où habitent un certain nombre d'espèces voisines, il y a encore quelques espèces identiques communes aux deux. Partout où on rencontre des espèces voisines mais distinctes, elles sont accompagnées de formes douteuses et de variétés appartenant aux mêmes groupes. En règle générale, les habitants d'une aire donnée sont voisins de ceux occupant la région qui paraît avoir été la source la plus rapprochée dont les immigrants aient pu provenir. C'est ce que nous montrent les rapports frappants qu'on remarque entre presque tous les animaux et plantes de l'archipel des Galapagos, de Juan Fernandez et autres îles américaines, et les formes peuplant le Continent Américain voisin. Les mêmes relations existent entre les habitants de l'Archipel du Cap Vert et îles voisines, et ceux du Continent Africain; et il faut reconnaître que dans la théorie de la création, ces rapports demeurent inexplicables.

Nous avons vu que la théorie de la sélection naturelle avec modification, jointe aux circonstances d'extinction et de divergence de caractères qui l'accompagnent, fait comprendre pourquoi tous les êtres organisés passés et présents, peuvent s'arranger en groupes subordonnés entre eux, — et parmi lesquels s'intercalent souvent les groupes éteints — et tous étant compris dans un petit nombre de grandes classes. Ces mêmes principes nous montrent aussi pourquoi les affinités mutuelles des formes sont, dans chaque classe, si complexes et si indirectes; pourquoi certains caractères sont plus utiles que d'autres pour la classification; — pourquoi les caractères d'adaptation ne sont de presque aucune importance dans ce but, bien qu'indispensables à l'être; — pourquoi des caractères dérivés de parties rudimentaires, sans utilité pour l'organisme, peuvent souvent avoir une très-grande valeur au point de vue systématique; et pourquoi enfin les caractères embryologiques sont ceux qui, sous ce rapport, ont fréquemment le plus de valeur. Les véritables affinités des êtres organisés, au contraire de leurs ressemblances d'adaptation, sont le résultat héréditaire de leur communauté de descendance. Le système naturel est un arrangement généalogique, dont les degrés de différence sont désignés par les termes de variétés, espèces, genres, familles, etc. ; et dans lequel nous avons à retracer les lignes de descendance par tous les caractères permanents, quels qu'ils puissent être, et si insignifiante que soit leur importance vitale.

La charpente des os semblable dans la main humaine, l'aile de la chauve-souris, la nageoire du marsouin, et la jambe du cheval, — les cous de la girafe et de l'éléphant, formés d'un nombre égal de vertèbres, — et de nombreux faits analogues, sont d'emblée expliqués par la théorie de la descendance avec modifications successives, lentes et légères. La similitude de type entre l'aile et la jambe de la chauve-souris, quoique destinés à des usages si différents, — entre les mâchoires et les pattes du crabe, — les pétales, étamines et pistils d'une fleur, — est également compréhensible d'après la théorie de la modification graduelle d'organes qui, chez l'ancêtre reculé de chacune de ces classes, étaient primitivement semblables. Nous voyons, d'après le principe que les variations successives ne surviennent pas de très-bonne heure chez l'être, et ne sont héréditaires qu'à l'âge correspondant; pourquoi les embryons de mammifères, oiseaux, reptiles et poissons, sont si semblables entre eux, et si différents des formes adultes. Nous pouvons cesser de nous émerveiller de ce que les embryons d'un mammifère ou d'un oiseau à respiration aérienne, aient des fentes branchiales, et des artères en lacet, comme celles du poisson qui doit, à l'aide de branchies bien développées, respirer l'air dissous dans l'eau.

Le défaut d'usage, aidé quelquefois par la sélection naturelle, a souvent contribué à réduire des organes devenus inutiles à la suite de changements dans les conditions d'existence, ou les habitudes; ce qui nous explique nettement la signification des organes rudimentaires. Mais le défaut d'usage et la sélection, n'agissant sur l'individu que lorsqu'il est adulte et appelé à prendre sa part directe et complète à la lutte pour l'existence, n'ont que peu d'influence sur un organe dans les premiers temps de la vie, de sorte qu'il ne paraîtra pas dès cette période précoce réduit ou rendu rudimentaire. Le veau a, par exemple, des incisives qui ne traversent jamais les gencives de la mâchoire supérieure, et qu'il a héritées d'un ancêtre primitif ayant des dents bien développées. Nous devons croire que ces dents ont été, pendant des générations successives, réduites chez l'animal adulte, ou par défaut d'usage, ou par l'adaptation par sélection naturelle de la langue, du palais ou des lèvres à l'acte de brouter, sans le secours des incisives supérieures; tandis que chez le veau embryonnaire ces mêmes dents, n'ayant pas été soumises à la sélection ou au défaut d'usage, ont été, d'après le principe de l'hérédité à l'âge correspondant, conservees depuis l'origine jusqu'à nos jours. D'après la théorie de la création spéciale de tout être organisé avec l'ensemble de ses parties diverses, peut-on comprendre l'existence de tous ces organes portant l'empreinte la plus évidente de la plus complète inutilité, comme les incisives supérieures du veau à l'état embryonnaire, ou les ailes rabougries que recouvrent, chez un grand nombre de coléoptères, des élytres soudées. On peut dire que la nature s'est efforcée de nous révéler, par les organes rudimentaires, ainsi que les conformations embryologiques et homologues, son système de modification, que nous refusons obstinément à comprendre.

Je viens de récapituler les faits et considérations qui m'ont profondément convaincu que, dans le cours prolongé de leur descendance, les espèces ont été principalement modifiées par la sélection naturelle de légères variations favorables et successives. Je ne puis croire qu'une théorie fausse fût capable d'expliquer, comme le fait celle de la sélection naturelle, les divers ensembles de faits dont nous nous sommes occupé. Ce n'est pas une objection valable que de dire que jusqu'à présent, la science ne jette aucune lumière sur le problème bien plus élevé de l'essence ou l'origine de la vie. Qui peut expliquer ce qu'est l'essence de l'attraction qui constitue la force de la gravitation ? Personne ne se refuse à déduire toutes les conséquences qui découlent de cet élément inconnu de l'attraction, bien que Leibnitz ait autrefois reproché à Newton d'avoir introduit dans la science « des qualités occultes et des miracles. »

Je ne vois pas de bonne raison pour que les opinions développées dans ce volume dussent choquer les sentiments religieux de qui que ce soit. Il est bon, comme montrant combien ces sortes d'impressions sont passagères, de se rappeler que la plus grande découverte que l'homme ait faite, la loi de l'attraction universelle, a été aussi attaquée par Leibnitz, « comme subversive de la religion naturelle, et par conséquent de la religion révélée. » Un ecclésiastique célèbre m'écrit, « qu'il a peu à peu appris que croire à la création de quelques formes capables de se développer par elles-mêmes en d'autres formes nécessaires, est se faire une conception tout aussi élevée de la Divinité, que de croire qu'Elle ait eu besoin de nouveaux actes de création pour combler les lacunes résultant du jeu de Ses lois. »

Pourquoi donc, demandera-t-on, les naturalistes et géologues les plus éminents ont-ils donc, jusqu'à tout récemment, toujours repoussé l'idée de la mutabilité des espèces. On ne peut pas affirmer que les êtres organisés à l'état de nature ne soient soumis à aucune variation ; on ne peut pas prouver que la somme de variations réalisées dans le cours des temps soit une quantité limitée ; on n'a pas pu et on ne peut établir de distinction nette entre les espèces, et les variétés bien marquées. On ne peut pas affirmer que les espèces entre-croisées soient invariablement stériles, et les variétés invariablement fécondes ; ni que la stérilité soit une qualité spéciale et un signe de création. La croyance à l'immutabilité de l'espèce était presque inévitable tant qu'on n'attribuait à l'histoire du globe qu'une durée fort courte, et maintenant que nous avons acquis quelques notions du laps de temps écoulé, nous sommes trop prompts à admettre, sans preuves, que les documents géologiques puissent être assez complets pour nous fournir la démonstration claire de la mutation des espèces, si cette mutation avait réellement eu lieu.

Mais la cause principale de notre répugnance naturelle à admettre qu'une espèce ait donné naissance à une autre espèce distincte, tient à ce que nous sommes toujours peu disposés à reconnaître tout grand changement dont nous ne voyons pas les progrès. La difficulté est la même que celle que tant de géologues ont éprouvée, lorsque Lyell démontra le premier que les lignes prolongées des collines intérieures, ainsi que l'excavation des grandes vallées, étaient le résultat d'influences que nous voyons encore agir autour de nous. L'esprit ne peut pas concevoir la signification même d'un laps de dix millions d'années, il ne peut additionner et saisir les effets complets d'une grande somme de légères variations, accumulées pendant un nombre presque infini de générations.

Bien que je sois profondément convaincu de la vérité des opinions que j'ai brièvement exposées dans le présent volume, je ne m'attends point à convaincre les naturalistes expérimentés, qui depuis longtemps ont été habitués à envisager une multitude de faits sous un point de vue directement opposé au mien. Il est facile de cacher notre ignorance sous des expressions telles que *plan de création, unité de type*, etc.; et de penser que nous expliquons quand nous ne faisons que réénoncer un même fait. Celui qui, par ses dispositions, est porté à attacher plus d'importance à quelques difficultés non résolues qu'à l'explication d'un certain nombre de faits, rejettera certainement la théorie. Quelques naturalistes, déjà disposés à mettre en doute l'immutabilité de l'espèce, peuvent être influencés par le contenu de ce volume, mais c'est aux jeunes naturalistes nouveaux, qui pourraient considérer impartialement les deux côtés de la question, que je m'adresse avec confiance. Quiconque est conduit à admettre que les espèces sont changeantes, rendra service en exprimant consciencieusement sa conviction, car ce n'est qu'ainsi qu'on pourra débarrasser le sujet de tous les préjugés qui l'accablent.

Plusieurs naturalistes éminents ont dernièrement exprimé l'opinion qu'il y a dans chaque genre une multitude d'espèces considérées comme telles et qui n'en sont pas, tandis qu'il en est d'autres qui sont réelles, c'est-à-dire, ont été créées d'une manière indépendante. C'est là, il me semble, une singulière conclusion. Ils reconnaissent qu'une foule de formes, qu'ils considéraient tout récemment encore comme des créations spéciales, selon l'opinion de la grande majorité des naturalistes, basée par conséquent sur la présence de tous les traits extérieurs caractéristiques de l'espèce, ont été produites par variation; mais ils refusent d'étendre cette manière de voir à d'autres formes un peu différentes. Ils ne prétendent cependant pas qu'ils puissent définir, ou même deviner les formes qui ont été créées et celles qui sont le produit de lois secondaires. Ils admettent dans un cas la variation comme étant la *vera causa*, et ils la rejettent arbitrairement dans l'autre, sans assigner aucune distinction entre les deux. Le jour viendra où on pourra signaler ces faits comme un curieux exemple de l'aveuglement résultant d'une opinion préconçue. Ces auteurs semblent n'être pas plus émus d'un acte miraculeux de création que d'une naissance ordinaire. Mais croient-ils réellement qu'à d'innombrables époques de l'histoire de la terre certains atomes élémentaires aient surgi au commandement pour se constituer subitement en tissus vivants? Admettent-ils qu'à chaque acte supposé de création il se soit produit un individu ou plusieurs? Les infiniment nombreuses sortes de plantes et d'animaux, ont-elles été créées comme graines, ovules, ou toutes développées? Et dans le cas des mammifères, ont-elles, lors de leur création, porté les marques, derniers vestiges de la nutrition intra-utérine? A ces questions, sans doute, les partisans de l'apparition ou la création de quelques formes vivantes ou d'une seule ne sauraient que répondre. Divers auteurs ont soutenu qu'il est aussi facile de croire à la création de cent millions d'êtres que d'un seul: mais en vertu de l'axiome philosophique de *la moindre action* formulé par Maupertuis, l'esprit est plus volontiers porté à admettre le nombre moindre, et nous ne pouvons certainement pas croire qu'une quantité innombrable de formes d'une même classe aient été créées avec les marques évidentes, mais trompeuses, d'une descendance d'un parent unique.

Jusqu'où, me demandera-t-on, poussez-vous votre doctrine de la modification des espèces. C'est là une question à laquelle il est difficile de répondre, parce que plus les formes considérées sont distinctes, plus les arguments perdent de leur force, bien qu'il y en ait quelques-uns d'un très-grand poids qui peuvent avoir une haute portée. Tous les membres de classes entières sont en connexion réciproque par une chaîne d'affinités, et peuvent tous être, d'après un même principe, classés en groupes subordonnés entre eux. Les restes fossiles tendent parfois à remplir d'immenses lacunes qui subsistent entre des ordres existants. Les organes à l'état rudimentaire, témoignent clairement qu'ils ont existé à un état développé chez un ancêtre primitif; fait qui, dans quelques cas, implique des modifications considérables chez ses descendants. Dans des classes entières, des conformations très-variées sont établies sur un même modèle, les embryons très-jeunes se ressemblant de très-près. Je ne puis donc douter que la théorie de descendance avec modification, ne doive comprendre tous les membres d'une même classe; et je crois que les animaux descendent d'au plus quatre ou cinq formes primitives, et les plantes d'un nombre égal ou même moindre.

L'analogie me conduirait à faire un pas de plus, et à croire que tous les animaux et plantes descendent d'un prototype unique ; mais l'analogie peut être un guide trompeur. Toutefois toutes les choses vivantes ont beaucoup en commun, — dans leur composition chimique, leur structure cellulaire, les lois de croissance et leur susceptibilité vis-à-vis d'influences nuisibles. C'est ce que nous voyons dans le fait, insignifiant d'ailleurs, qu'un même poison peut semblablement affecter plantes et animaux ; ou que le poison sécrété par la mouche à galle détermine sur l'églantier ou le chêne des excroissances monstrueuses. La reproduction sexuelle paraît être essentiellement semblable chez tous les êtres organisés. Chez tous, autant que nous le sachions actuellement, la vésicule germinative est la même ; de sorte que tous les organismes partent d'une origine commune. Même en considérant les deux divisions principales, — les règnes animal et végétal, — on y trouve certaines formes inférieures, assez intermédiaires par leurs caractères, pour que les naturalistes soient en désaccord quant au véritable règne auquel elles doivent être rattachées, et que, selon la remarque du professeur Asa Gray, « les spores et autres corps reproducteurs des algues inférieures puissent être considérés comme ayant d'abord une existence animale caractérisée, à laquelle en succède une qui est incontestablement végétale. » Il en résulte que, d'après le principe de la sélection naturelle avec divergence de caractères, il ne paraît pas incroyable que, tant des animaux que des plantes, aient pu se développer en partant de ces formes inférieures et intermédiaires ; et si nous admettons cela, nous devons admettre aussi que tous les êtres organisés qui ont vécu sur la terre, peuvent provenir d'une seule forme primordiale. Mais cette déduction étant surtout fondée sur l'analogie, il est indifférent qu'elle soit acceptée ou non. Il est sans doute possible, que, ainsi que le suppose M. G. H. Lewes, aux premières origines de la vie, plusieurs formes différentes aient pu surgir ; mais alors nous devons en conclure qu'il n'y en a que peu qui aient laissé des descendants modifiés. Car, ainsi que je l'ai remarqué à propos des membres de chaque grande classe, comme les Vertébrés, Articulés, etc., nous avons dans leurs conformations embryologiques, homologues et rudimentaires, les preuves évidentes que, dans chacune, ils descendent tous d'un ancêtre unique.

Lorsque les idées que j'ai avancées dans cet ouvrage,

ainsi que M. Wallace dans le journal de la *Société Linnéenne*, et que des opinions analogues sur l'origine des espèces seront généralement admises par les naturalistes, nous pouvons prévoir qu'il s'accomplira dans l'histoire naturelle une révolution importante. Les systématistes pourront continuer leurs travaux comme aujourd'hui ; mais ils ne seront plus constamment obsédés de doutes quant à la valeur spécifique de telle ou telle forme, circonstance qui, j'en parle par expérience, ne constituera pas un mince soulagement. Les disputes éternelles sur la spécificité d'une cinquantaine de ronces britanniques cesseront. Les auteurs systématistes n'auront plus qu'à décider (ce qui ne sera pas toujours aisé), si une forme donnée est assez constante et distincte des autres, pour qu'on puisse la bien définir, et dans ce cas, si ses différences sont assez importantes pour mériter un nom d'espèce. Ce dernier point deviendra bien plus important à considérer qu'il ne l'est maintenant, car des différences, si légères qu'elles soient entre deux formes, que ne relient aucuns degrés intermédiaires, sont actuellement regardées par les naturalistes comme suffisantes pour justifier leur distinction spécifique. Nous serons forcés de reconnaître que la seule distinction à établir entre les espèces et les variétés bien prononcées, est celle que ces dernières sont connues ou supposées être actuellement reliées entre elles par des gradations intermédiaires, tandis que les espèces ont dû l'être autrefois. De là, sans repousser la considération de l'existence présente de degrés intermédiaires entre deux formes données, nous serons conduits à peser avec plus de soin, et à attribuer une plus grande valeur à l'étendue réelle des différences qui les séparent. Il est fort possible que des formes, aujourd'hui admises comme étant de simples variétés, puissent plus tard être regardées comme méritant la qualification d'espèces ; et dans ce cas les langages scientifique et ordinaire se trouveront être d'accord. Bref, nous aurons à traiter l'espèce, de même que les naturalistes considèrent actuellement le genre, comme une simple combinaison artificielle, nécessaire pour la commodité. Cette perspective n'est peut-être pas consolante, mais nous serons au moins débarrassés de ces vaines recherches pour découvrir l'essence, encore non trouvée et introuvable, de la notion d'espèce.

Les autres branches plus générales de l'histoire naturelle n'en acquerront que plus d'intérêt. Les termes usités d'affinité, de parenté, de communauté, de type, paternité, morphologie, caractères d'adaptation, organes rudimentaires et atrophiés, etc., cesseront d'être métaphoriques, et auront un sens clair. Lorsque nous ne regarderons plus un être organisé de la façon dont un sauvage contemple un vaisseau, comme quelque chose de complétement au-dessus de sa compréhension ; lorsque nous verrons dans toute production naturelle une chose dont l'histoire est fort ancienne ; lorsque nous considérerons chaque conformation et instinct compliqués, comme un résumé, une addition d'une foule de combinaisons toutes avantageuses à leur possesseur, de la même manière que toute grande invention mécanique est la résultante du travail, de l'expérience, de la raison, et même des bévues d'un grand nombre d'ouvriers ; lorsque nous envisagerons l'être organisé à ce point de vue, combien, — et j'en parle par expérience, — l'étude de l'histoire naturelle ne gagnera-t-elle pas en intérêt !

Un champ immense et encore presque vierge de recherches sera ouvert sur les causes et les lois des variations, la corrélation, les effets de l'usage et du défaut d'usage, sur l'action directe des conditions extérieures, et ainsi de suite. L'étude des produits domestiques prendra une immense importance. La formation d'une nouvelle variété par l'homme sera un objet d'étude plus important et plus intéressant que l'addition d'une espèce de plus à la liste infinie de toutes celles déjà enregistrées. Nos classifications en viendront, autant que la chose sera possible, à être des généalogies, et donneront alors ce qu'on peut appeler le vrai plan de la création. Les règles de la classification se simplifieront, lorsque nous aurons un but défini en vue. Nous ne possédons ni généalogies ni armoiries, et nous avons à découvrir et à retracer les nombreuses lignes divergentes de descendance dans nos généalogies naturelles, à l'aide des caractères de toute nature qui ont été conservés et transmis par une longue hérédité. Les organes rudimentaires témoigneront d'une manière infaillible de la nature de conformations depuis longtemps perdues. Les espèces ou groupes d'espèces dites aberrantes, et qu'on peut appeler des fossiles vivants, nous aideront à reconstituer l'image des anciennes formes vivantes. L'embryologie nous révélera souvent la conformation, obscurcie et en quelque sorte dissimulée, des prototypes de chacune des grandes classes.

Lorsque nous serons parvenus à la conviction que tous les individus de la même espèce et toutes les espèces voisines d'un même genre sont, dans les limites d'une époque relativement récente, descendus d'un seul parent et ont émigré d'un unique lieu d'origine; lorsque nous connaîtrons mieux les modes de migration, nous pourrons ensuite, à l'aide des lumières que la géologie nous fournit actuellement et qu'elle continuera à jeter sur les anciens changements de climats et des niveaux des terres, arriver à retracer admirablement les migrations antérieures des habitants du globe entier. Déjà, maintenant, nous pouvons obtenir quelques notions sur l'ancienne géographie, en comparant les différences des habitants de la mer qui occupent les côtes opposées d'un continent et la nature des diverses populations de ce continent, relativement à leurs moyens apparents d'immigration.

La noble science de la géologie laisse à désirer par suite de l'extrême pauvreté de ses archives. La croûte terrestre, avec ses restes enfouis, ne doit point être considérée comme un musée bien assorti, mais comme une maigre collection faite au hasard et à de rares intervalles. On reconnaîtra que l'accumulation de chaque grande formation fossilifère a dû dépendre d'un concours exceptionnel de conditions favorables, et que les lacunes qui correspondent aux intervalles écoulés entre les dépôts des étages successifs ont eu une durée énorme. Mais nous pourrons estimer avec quelque approximation leur durée par la comparaison des formes organisées qui les ont précédées et suivies. Ce n'est qu'avec circonspection que nous devrons regarder comme strictement contemporaines, par la succession générale des formes vivantes, deux formations qui ne renfermeront pas beaucoup d'espèces identiques. Les espèces étant produites et exterminées par des causes toujours existantes et agissant lentement, et non par des actes miraculeux de création et par des catastrophes; une des causes les plus importantes du changement organique étant presque indépendante de toute modification même subite dans les conditions physiques,

se rattache aux rapports mutuels des organismes entre eux,
— l'amélioration de l'un entraînant celle ou l'extermination d'autres; — il en résulte que l'étendue des modifications
organiques appréciable entre les fossiles de formations consécutives peut probablement servir de mesure pour la durée du
temps passé. Toutefois, comme un certain nombre d'espèces
réunies en corps peuvent être restées longtemps sans changement, tandis que durant la même période, quelques-unes
d'entre elles ayant émigré vers de nouvelles régions et s'y étant
modifiées sous l'influence de la concurrence qu'elles peuvent
avoir rencontrée chez d'autres formes, nous ne devons pas trop
compter sur les changements organiques comme mesure du
temps écoulé. Lorsque dans les premières périodes de l'histoire
du globe, les formes vivantes étaient probablement moins nombreuses et plus simples, les transformations devaient être moins
rapides; et à l'aurore de la vie, alors qu'il n'existait que quelques formes d'une structure des plus élémentaires, le taux du
changement a dû être des plus lents. L'histoire du globe, bien
que d'une longueur immense, telle que nous la connaissons
actuellement, sera peut-être plus tard reconnue comme courte,
comparée aux âges qui ont dû s'écouler depuis que les premiers êtres organisés, les ancêtres de tant de descendants
éteints et vivants, ont paru sur la scène.

J'entrevois dans un avenir éloigné s'ouvrir des champs de
recherches encore bien plus importantes. La psychologie sera
basée sur de nouveaux fondements, ceux de l'acquisition nécessaire de toutes les facultés et aptitudes mentales par gradation, qui jetteront quelque lumière sur l'origine et l'histoire
de l'homme.

Certains auteurs éminents paraissent être pleinement satis-
faits de l'opinion que chaque espèce ait été créée d'une manière
indépendante. A mon avis, il me semble que ce que nous savons
des lois imposées par le Créateur à la matière, et qui lui sont
inhérentes, s'accorde mieux avec l'idée que la production et
l'extinction des habitants passés et présents du globe, sont des
résultats de causes secondaires, comme celles qui déterminent
la naissance et la mort de l'individu. Lorsque je considère tous
les êtres, non comme les objets de créations spéciales, mais
comme les descendants linéaires de quelques organismes qui

ont vécu longtemps avant que les premières couches du système Silurien aient été déposées, ils me paraissent ennoblis. A juger d'après le passé, nous pouvons sûrement conclure que pas une espèce actuellement vivante ne transmettra de descendance d'aucune sorte jusqu'à une époque future bien éloignée; car le mode de groupement de tous les êtres organisés montre que, dans chaque genre, le plus grand nombre des espèces, et toutes dans beaucoup d'entre eux, se sont totalement éteintes et n'ont laissé aucune descendance. Nous pouvons, jetant dans l'avenir un coup d'œil prophétique, prédire que ce sont les espèces les plus communes et les plus répandues, appartenant aux groupes les plus considérables, et dominant dans chaque classe, qui prévaudront en définitive et procréeront des espèces nouvelles et prépondérantes. Toutes les formes vivantes étant les descendantes linéaires de celles qui vivaient longtemps avant l'époque Silurienne, nous pouvons être certains que la succession habituelle par génération n'a jamais été interrompue, et qu'aucun cataclysme universel n'a jamais bouleversé le monde entier. Nous pouvons donc entrevoir avec confiance une époque future de sécurité également d'une durée inappréciable, et pendant laquelle la sélection naturelle n'agissant que par et pour le bien de chaque être, toutes les aptitudes et facultés corporelles et mentales doivent tendre à progresser vers une plus grande perfection.

Il est intéressant de contempler une berge enchevêtrée, tapissée de plantes de nombreuses sortes, hébergeant des oiseaux qui chantent dans les buissons, avec divers insectes voltigeant çà et là, des vers rampant dans la terre humide, en réfléchissant que ces formes élaborées, si différemment conformées, et dépendant d'une manière si complexe les unes des autres, ont toutes été produites par les lois qui agissent autour de nous. Ces lois, prises dans le sens le plus large, sont : la Croissance et la Reproduction; l'Hérédité qu'implique presque la reproduction; la Variabilité résultant de l'action directe et indirecte des conditions d'existence, de l'Usage et du Défaut d'usage; un Taux d'Accroissement assez élevé pour entraîner à une Lutte pour l'Existence, qui a pour conséquence une Sélection Naturelle, laquelle détermine la Divergence des caractères, et l'Extinction des formes moins améliorées. Le résultat direct de cette guerre de la nature, qui se traduit par la famine et la mort, est donc le fait le plus élevé que nous puissions concevoir, à savoir, la production des animaux supérieurs.

N'y a-t-il pas une véritable grandeur dans cette conception de la vie, ayant été avec ses puissances diverses insufflées primitivement par le Créateur dans un petit nombre de formes, dans une seule peut-être, et dont, tandis que notre planète, obéissant à la loi fixe de la gravitation, continuait à tourner dans son orbite, une quantité infinie de formes admirables, parties d'un commencement des plus simples, n'ont pas cessé de se développer et se développent encore?

RÉCAPITULATION

DES

ADDITIONS ET CORRECTIONS

FAITES DANS LA CINQUIÈME ÉDITION ANGLAISE.

De nombreuses petites corrections portant sur divers sujets, suivant que les preuves à l'appui ont augmenté ou diminué, ont été faites dans la cinquième édition anglaise. Nous donnons ci-après un tableau des corrections et additions les plus importantes, pour la convenance de ceux que le sujet pourrait intéresser et qui possèdent la quatrième édition. La seconde était à peu de chose près une réimpression de la première ; la troisième, et encore plus la quatrième, ont été largement corrigées et complétées par quelques additions.

Voici l'état des éditions étrangères : les deuxièmes française et allemande sont traduites d'après la troisième anglaise, avec quelques-unes des additions données dans la quatrième. Une troisième édition allemande, faite sous la direction du professeur Victor Carus, a été traduite de la quatrième anglaise, et il vient de paraître une cinquième allemande corrigée sur la sixième édition anglaise. La deuxième édition américaine a été faite sur la seconde avec quelques-unes des additions données dans la troisième anglaise, mais l'ouvrage ayant malheureusement été stéréotypé est resté fort imparfait. La traduction italienne est d'après la troisième anglaise ; la seconde a donné lieu à une édition hollandaise et à deux éditions russes.

*Additions principales et corrections apportées
à la cinquième édition anglaise.*

Pages.

<table>
<tr><td></td><td>Correction à l'exposé des vues du professeur Owen sur l'espèce (dans l'introduction).</td></tr>
<tr><td>8.</td><td>Sur les causes de la variabilité.</td></tr>
<tr><td>11.</td><td>Limites de la variabilité sous la domestication.</td></tr>
</table>

ADDITIONS

A FAIRE A LA PRÉSENTE TRADUCTION

D'APRÈS LA SIXIÈME ET DERNIÈRE ÉDITION ANGLAISE

(On prie le lecteur de reporter ces additions aux endroits indiqués.)

Page 12, ligne 23. Ajouter après les mots *généralement sourds :* « mais M. Tait vient de constater récemment que le fait est limité aux mâles. »

Page 41, ligne 16. Faire suivre le mot *inflexible* qui termine l'alinéa de « bien que, comme je l'ai décrit ailleurs, elle a cependant varié dans une légère mesure. »

Page 92. A ajouter à la fin du paragraphe, ligne 27 : « Il convient de faire ici la remarque qu'une destruction fortuite abondante peut atteindre un grand nombre d'individus en n'exerçant que très-peu ou même point d'influence sur le cours de la sélection naturelle. Ainsi un nombre considérable d'œufs et de graines qui sont annuellement dévorés, n'auraient pu être soustraits à la destruction par sélection naturelle qu'autant qu'ils auraient varié de quelque manière qui les protégeât contre leurs ennemis. Beaucoup de ces œufs ou graines non détruits auraient peut-être produit des individus mieux adaptés à leurs conditions de vie qu'aucun des survivants. Un nombre aussi très-grand d'animaux et de plantes adultes, qu'ils soient ou non adaptés au mieux à leurs conditions, doivent être chaque année détruits par des causes accidentelles qui ne pourraient être diminuées d'aucune manière par des changements de structure ou de constitution, d'ailleurs avantageux à l'espèce. Mais, si forte que soit la destruction des adultes, le nombre qui peut en exister dans une région n'est pas réduit à son minimum par de telles causes, — même en admettant que la perte des œufs et graines soit telle qu'il ne s'en développe que la centième ou millième partie, — les individus qui sont le mieux adaptés par quelque variabilité dans une direction favorable, tendront à propager leur type plus abondamment que ceux qui le sont moins. Si les nombres sont entièrement réduits au plus bas par les causes précitées, la sélection naturelle restera impuissante dans certaines directions avantageuses; mais cela n'établit pas d'objection valable contre son efficacité dans d'autres temps et d'autres circonstances. Nous n'avons en effet aucune raison pour supposer qu'un grand nombre d'espèces soient à la même époque et dans la même région le siége de modifications et de perfectionnements. »

Page 94, ligne 24. Au lieu de « *peuvent s'expliquer*, » lisez « peuvent en partie s'expliquer. »

Page 95, ligne 1. Après *utilité*, ajoutez, « et n'ont selon l'apparence pas été augmentées par la sélection de l'homme. »

Page 102, ligne 19. Remplacer la phrase, *cette opinion a été énoncée en premier par* KNIGHT, par celle-ci : « Cette opinion a été depuis longtemps suggérée comme probable par SPRENGEL, KNIGHT et KÖLREUTER. »

Page 103, ligne 1. Ajouter après le premier mot de la ligne *faits :* « et exécuté un très-grand nombre d'expériences, » *qui d'accord*, etc.

Page 104, ligne 37. Ajouter après SPRENGEL : « et plus récemment HILDEBRAND et d'autres dont je peux confirmer, etc. »

Page 105, ligne 3. Ajouter après de *la plante :* « qualifiée dans ce but du nom de dichogame, » *que si*, etc.

Page 106, ligne 15. Ajouter après *ne se confirme pas :* « mais si les arbres Australiens sont pour la plupart dichogames, il n'en doit résulter que ce qui aurait lieu s'ils portaient des fleurs de sexes séparés. »

Page 111, ligne 4, au lieu de *Il favorise également*, etc., lisez : « Il tend également à augmenter l'action directe des conditions physiques de la vie, en rapport avec la constitution de chaque organisme. »

Page 132, dernière ligne, après *poissons*, ajouter : « étant obligés de remonter continuellement à la surface de l'eau pour respirer. »

Pages 134-142, cette partie du texte de la cinquième édition anglaise, intitulée *Objections diverses*, est supprimée dans la sixième et renvoyée au chapitre VII qui est consacré spécialement à ce sujet avec des additions et modifications considérables, le tout est remanié complétement et accompagné de nouveaux renseignements. Ce chapitre constituera la partie la plus importante du supplément que nous publions afin de mettre la traduction de la cinquième édition anglaise, interrompue, à un état très-avancé d'impression, par les événements tragiques qui ont suspendu tous les travaux à Paris, au niveau de la sixième que, dans l'intervalle, l'auteur a publiée en anglais. A la place dont il s'agit, cette dernière édition est occupée par un paragraphe intitulé *Convergence des caractères*, qui commence à l'alinéa du bas de la page 142 et finit à celui du haut de la page suivante. Vu son extension et les remaniements qu'il a éprouvés, le voici tout entier, sauf ce qui reste jusqu'au *Résumé*, qui n'a pas subi de changements.

Convergence des caractères.

« M. H. C. WATSON pense que j'ai attribué trop d'importance à la divergence des caractères (à laquelle il paraît d'ailleurs croire), et que ce qu'on peut appeler leur convergence a dû également jouer un rôle. Deux espèces appartenant à deux genres distincts, quoique voisins, ayant produit un grand nombre de formes divergentes et nouvelles, il est concevable qu'elles puissent assez se rapprocher entre elles pour être classées dans le même genre; les descendants de deux genres distincts convergeant ainsi en un. Mais, dans la plupart des cas, il serait téméraire d'attribuer à la convergence une similitude étroite et générale dans les descendants modifiés de formes passablement distinctes. La forme d'un cristal est déterminée uniquement par les forces moléculaires, et il n'est pas étonnant que des substances différentes puissent parfois revêtir la même forme; mais nous devons avoir présent à l'esprit que chez les êtres organisés, la forme de chacun dépend de relations complexes; à savoir, les variations qui se sont manifestées, dues à des causes trop inextricables pour être suivies, — la nature des variations qui ont été conservées ou triées dépendant des conditions physiques ambiantes, et à un degré plus élevé des organismes environnants avec lesquels chaque individu doit entrer en concurrence, — et enfin l'hérédité (élément fluctuant en lui-même) d'innombrables ancêtres, dont les formes ont été déterminées par des relations également complexes. Il serait incroyable que les descendants de deux organismes, après avoir primitivement différé d'une manière marquante, convergent ensuite d'assez près pour que leur organisation d'ensemble approche de l'identité. Si cela était arrivé, indépendamment de toute connexion génétique, nous rencontrerions une même forme dans des dépôts géologiques fort éloignés et séparés; conséquence à l'admission de laquelle l'étude des faits observés s'oppose complétement. »

Comme il a été dit, l'alinéa suivant occupant les pages 143 et 144 est conservé tel qu'il est dans l'édition précédente, ainsi que le Résumé du chapitre qui le suit.

Page 152, ligne 20. Après *canard Aylesbury domestique*, ajouter : « dont les jeunes, d'après M. Cunningham, possèdent l'aptitude au vol, que les adultes ont perdue. »

Page 162. Ajouter à la fin de l'alinéa à la ligne 12, terminé par le mot *anormale :* « Mais M. Mivart a rencontré tant d'exceptions à cette règle, qu'elle ne peut avoir une grande valeur. »

Page 202, ligne 13. Ajouter après le mot *simultanées* le paragraphe suivant :

« Différentes sortes de modifications pourraient aussi servir à un même but général, ainsi que l'a remarqué M. Wallace : « Une lentille ayant un foyer trop court ou trop long, peut être « améliorée en altérant ou sa courbure, ou sa densité, si une « courbure irrégulière empêchait la convergence des rayons « de lumière sur un point, une augmentation de régularité de « cette courbure constituera un perfectionnement. Ainsi la « contraction de l'iris et les mouvements de l'œil n'étant pas « essentiels à la vision, ne sont que des améliorations qui « pourraient avoir été ajoutées et accomplies à tout état de « la construction de l'instrument. »

Page 206. Ajouter à la fin de la partie traitant des modes de transition, le paragraphe suivant :

« Le professeur Cope et d'autres auteurs des États-Unis viennent d'insister récemment sur un mode de transition possible, dépendant d'une accélération ou d'un retard apportés à l'époque de la reproduction. On sait actuellement que quelques animaux sont aptes à la reproduction dès un âge fort précoce, avant d'avoir acquis leurs caractères complets; or si cette faculté venait à prendre chez eux un développement suffisant, il est probable que leur état adulte tôt ou tard se perdrait; donc si les jeunes différaient beaucoup de la forme adulte, le caractère de l'espèce serait considérablement modifié et dégradé. Un assez grand nombre d'espèces encore continuent à changer de caractères après avoir atteint l'âge adulte et pendant presque la totalité de leur vie. La forme du crâne peut chez les mammifères être très-altérée par l'âge, ce dont le docteur Murie a observé des cas frappants chez les Phoques. Chacun sait combien la complication des ramifications des cornes des cerfs augmente avec l'âge, ainsi que le développement des plumes qui, dans la même circonstance, se remarque chez quelques oiseaux. Le professeur Cope constate que certains lézards avançant en âge subissent de notables changements dans la forme de leurs dents; et Fritz Muller, que les crustacés, après avoir atteint l'âge adulte, peuvent revêtir des caractères nouveaux affectant non-seulement des parties insignifiantes, mais même quelques autres qui sont importantes. Dans ces cas, — et ils sont nombreux, — si l'âge de la reproduction était retardé, les caractères, au moins à l'âge adulte de l'espèce, seraient modifiés; il est même probable que les phases antérieures et précoces du développement seraient dans certains cas précipitées et finalement perdues. Je ne puis émettre l'opinion que quelque espèce ait été modifiée par ce mode de transition relativement très-subit: mais si le cas s'est présenté, il est probable que les différences entre les jeunes et les plus âgés ont été primitivement acquises par gradations. »

Page 207, ligne 18. Introduire entre le dernier mot de la ligne et la phrase qui le suit, le passage suivant :

« On admet généralement qu'il existe une étroite analogie entre ces organes et le muscle ordinaire, tant dans la structure intime et la distribution des nerfs, que dans le mode d'action qu'exercent sur eux divers réactifs. Il faut surtout observer que les contractions musculaires sont accompagnées d'une décharge électrique, et comme l'affirme le docteur Radcliffe : « Dans son état de repos, l'appareil électrique de la torpille

« paraît être le siége d'un chargement tout pareil à celui qui
« s'effectue dans les muscles et nerfs à l'état d'inaction, et
« que le choc produit par la décharge subite de l'appareil de
« la torpille ne serait aucunement une force de nature parti-
« culière, mais simplement une autre forme de celle qui
« effectue les actions des muscles et des nerfs moteurs. » Nous
ne pouvons actuellement pousser plus loin la voie de l'explication; mais ne sachant que si peu de chose sur l'emploi de
ces organes et rien absolument des habitudes et de la conformation des ancêtres des poissons électriques existants, il serait
trop téméraire d'affirmer l'impossibilité que ces organes aient
pu se développer graduellement en vertu de transitions avantageuses. »

Page 208, ligne 29. Ajouter après la phrase se terminant
par *entre les deux* :

« Par exemple, les yeux des céphalopodes ou des seiches
paraissent avoir avec ceux de certains animaux vertébrés une
étonnante ressemblance dont aucune partie ne peut être rattachée à l'hérédité d'un ancêtre commun de groupes si fortement
éloignés les uns des autres. M. MIVART considère ce cas comme
présentant des difficultés toutes spéciales, mais je ne vois pas
la force de son argumentation. Un organe destiné à la vision
doit être composé d'un tissu transparent et renfermer une
espèce de lentille, projetant une image au fond d'une chambre
obscure. Au delà de cette ressemblance superficielle, il n'y en
a presque aucune de réelle entre les yeux des seiches et ceux
des vertébrés, comme on peut s'en assurer en consultant un
mémoire remarquable de HENSEN sur ces organes chez les
céphalopodes. Ne pouvant entrer ici dans les détails, j'indi-
querai cependant quelques points de différence. Le cristallin
se compose chez les seiches supérieures de deux parties placées
l'une après l'autre comme deux lentilles, et toutes deux différant beaucoup par leur structure et leur disposition de ce qui
existe dans l'organe de la vue chez les vertébrés. La rétine est
complétement dissemblable, présentant une inversion réelle de
ses éléments constituants, et les membranes formant les enveloppes de l'œil contiennent un gros ganglion nerveux. Les rapports des muscles sont aussi différents que possible, et il en
est de même pour d'autres points. Il en résulte une grande

difficulté d'apprécier jusqu'à quel degré il convient d'employer les mêmes termes dans la description des yeux des céphalopodes et des vertébrés. On peut, cela va sans dire, nier que dans chacun des cas l'œil ait pu se développer par la sélection naturelle de variations successives et légères; mais si on l'admet pour l'un, il est évidemment possible pour l'autre; et on peut de ce mode de formation acceptée, déduire par anticipation les différences fondamentales existant dans la structure des organes visuels des deux groupes. De même que deux hommes ont parfois, indépendamment l'un de l'autre, fait la même invention, il semble de même que dans les cas précités la sélection naturelle, agissant pour le bien de chaque être et profitant de toute variation favorable, ait produit des organes semblables, en ce qui concerne la fonction chez des êtres organiques différents et ne devant rien à l'héritage d'un ancêtre commun de l'analogie de conformation qu'on peut constater chez eux. »

Page 210. Paragraphe à ajouter après le premier alinéa se terminant à la septième ligne :

« Le professeur CLAPARÈDE, zoologiste distingué, récemment décédé, raisonnant de la même manière est arrivé au même résultat. Il montre que les Acarides parasites appartenant à des sous-familles et familles distinctes sont fournis d'organes qui leur servent à se cramponner aux poils. Ils ont dû se développer d'une manière indépendante et ne peuvent être le résultat de l'héritage d'un ancêtre commun, étant formés dans les divers groupes par une modification des pattes antérieures, — des postérieures, — des mandibules ou lèvres, — et d'appendices de la face inférieure de la partie postérieure du corps. »

Page 215, substituer à l'alinéa du bas de la page, commençant à la ligne 23 :

« En second lieu, nous pouvons facilement commettre une erreur en attribuant de l'importance à des caractères que nous croyons dus à l'action de la sélection naturelle. Il ne faut pas négliger les effets que peuvent produire un changement dans les conditions vitales, — des variations dites spontanées qui semblent dépendre à un faible degré de la nature de ces conditions, — la tendance vers un retour à des caractères

depuis longtemps perdus, — les lois complexes de la croissance, telles que la corrélation, la compensation, la pression
qu'une partie peut exercer sur une autre, etc., — et enfin
la sélection sexuelle, qui détermine souvent la formation de
caractères utiles à un des sexes, et transmis ensuite, plus ou
moins complétement, à l'autre sexe, pour lequel ils n'ont aucune utilité. Cependant les conformations ainsi produites indirectement, bien que d'abord sans avantage pour l'espèce,
peuvent dans la suite être devenues utiles à sa descendance
modifiée, se trouvant dans des conditions vitales et des habitudes nouvelles. »

Page 220, ligne 13. Ajouter à *épinards, orties*, etc. : « qui
toutes ne sont fécondées que par l'action du vent. »

Page 221, ligne 8. Après l'*époque de l'incubation :*

« Un sujet fort obscur est celui de savoir comment le sens
du beau, dans son expression la plus simple, — c'est-à-dire la
sensation de plaisir particulier qu'inspirent certaines couleurs,
conformations ou sons, — s'est primitivement développé chez
l'homme et les animaux inférieurs. La même difficulté existe
pour expliquer le plaisir que procurent certains goûts ou
odeurs et l'aversion dont d'autres sont l'objet. L'habitude
paraît avoir joué quelque rôle dans ces cas; mais il faut
admettre pour chaque espèce que quelque cause fondamentale
peut avoir agi dans la constitution de son système nerveux. »

Page 222, ligne 18. Ajouter après l'*œil humain :*

« HELMHOLTZ, dont personne ne pourra contester le jugement, après avoir décrit de la manière la plus énergique la
merveilleuse puissance de l'œil humain, ajoute ces paroles
remarquables : « Ce que nous avons découvert d'inexact et
« d'imparfait dans la machine optique et la production de
« l'image sur la rétine, n'est rien, comparé aux bizarreries que
« nous avons rencontrées dans le domaine de la sensation. Il
« semblerait que la nature a pris plaisir à accumuler des con-
« tradictions pour enlever tout fondement à la théorie d'une
« harmonie préexistante entre les mondes extérieurs et inté-
« rieurs. » *Si notre raison nous pousse*, etc.

NOUVEAU CHAPITRE

Objections diverses faites à la sélection naturelle. — Longévité. — Les modifications ne sont pas nécessairement simultanées. — Modifications ne rendant en apparence aucun service direct. — Développement progressif. — Constance plus grande des caractères ayant la moindre importance fonctionnelle. — Incompétence de la sélection naturelle pour expliquer les phases premières de conformations utiles. — Causes qui s'ingèrent dans l'acquisition de structures utiles par sélection naturelle. — Gradations de conformations avec un changement de fonctions. — Organes largement différents dans des membres d'une même classe, développés d'une seule et même source. — Raisons pour refuser de croire à des modifications considérables et subites.

Je consacrerai ce chapitre à l'examen des diverses objections qu'on a opposées à mes vues, ce qui pourra éclaircir quelques discussions antérieures; mais il serait inutile de les examiner toutes, car dans leur nombre beaucoup émanaient d'auteurs qui ne se sont pas même donné la peine de comprendre le sujet. Un naturaliste allemand distingué affirme ainsi que la partie la plus faible de ma théorie réside dans ce que je considère tous les êtres organisés comme imparfaits. Or ce que j'ai dit réellement, est, qu'ils ne sont pas tous aussi parfaits qu'ils auraient pu l'être en rapport avec leurs conditions; ce que démontre le cas où de nombreuses formes indigènes ont dans plusieurs parties du monde cédé leur place à des intrus étrangers. Les êtres organisés, même étant parfaitement adaptés, à une époque donnée, à leurs conditions vitales, n'ont pu conserver, lorsque celles-ci ont changé, les mêmes rapports sans changer eux-mêmes; aussi personne ne contestera que les conditions physiques de tous les pays, ainsi que les nombres et les formes de leurs habitants, n'aient subi des modifications et mutations considérables.

Un critique a récemment insisté avec quelque déploiement d'une exactitude mathématique, que la longévité est un grand avantage pour toutes les espèces, de sorte que celui qui veut croire à la sélection naturelle « doit disposer son arbre généalogique » de manière à ce que tous les descendants aient plus de longévité que leurs ancêtres! Notre critique ne saurait-il concevoir qu'une plante bisannuelle ou une forme animale inférieure pût subsister dans un climat froid, y périr chaque hiver; et cependant, en raison d'avantages acquis par sélection naturelle, survivre d'année en année par ses graines ou ses œufs? M. E. Ray Lankester s'étant récemment occupé de discuter ce sujet, arrive à la conclusion, qu'autant que sa complexité excessive lui permet d'en juger, la longévité est ordinairement en rapport avec le degré qu'occupe chaque espèce dans l'échelle de l'organisation, ainsi qu'avec la somme de dépense qu'occasionnent tant la reproduction que l'activité générale. Ces conditions doivent probablement avoir été largement déterminées par sélection naturelle.

On a conclu de ce qu'aucun des animaux et des plantes d'Égypte que nous connaissons, n'a éprouvé de changements dans le cours des derniers trois ou quatre milliers d'années, il en était probablement de même dans toutes les parties du globe. Mais selon la remarque de G. H. Lewes, ce mode d'argumentation prouve trop, car les anciennes races domestiques figurées sur les monuments égyptiens ou embaumées, sont très-semblables et même identiques aux races vivantes actuelles, et tous les naturalistes admettent que ces races ont été produites par modifications de leurs types primitifs. Les animaux nombreux qui sont restés sans changements depuis le commencement de la période glaciaire, présenteraient un cas incomparablement plus fort, en ce qu'ils ont été exposés à de grands changements de climat et ont émigré à de grandes distances; tandis qu'autant que nous le sachions, les conditions vitales ont dû se conserver absolument uniformes en Égypte depuis quelques milliers d'années. Le fait du peu ou point de modification effectuée depuis la période glaciaire, aurait quelque valeur contre ceux qui croient à une loi innée et nécessaire de développement; mais elle est impuissante contre la doctrine de la sélection naturelle, ou de la survivance du plus apte, celle-ci impliquant la conservation de toutes variations et différences individuelles avantageuses, qui pourraient surgir, ce qui ne peut arriver que dans des circonstances favorables.

Bronn, le célèbre paléontologiste, en terminant sa traduction allemande du présent ouvrage, demande comment d'après le principe de sélection naturelle, une variété peut vivre côte à côte avec l'espèce parente ? Cette situation pourrait s'observer lorsque les deux formes se seraient adaptées à des habitudes ou conditions peu différentes ; car, si nous excluons d'une part les espèces polymorphes chez lesquelles la variabilité paraît être d'une nature toute spéciale, et d'autre part les variations simplement temporaires, telles que la taille, l'albinisme, etc., les variétés les plus permanentes habitent généralement, à ce que j'ai pu voir, des stations distinctes, telles que des régions élevées ou basses, sèches ou humides. En outre, ce sont surtout les variétés des animaux errants à un haut degré, et se croisant librement, qui paraissent être généralement limitées dans les régions distinctes.

Bronn insiste aussi sur le fait que les espèces distinctes ne diffèrent jamais entre elles par des caractères isolés, mais par plusieurs parties ; et demande comment il arrive toujours que ces nombreux points de l'organisme aient été modifiés à la fois par la variation et la sélection naturelle. Mais rien n'oblige à supposer que les changements aient simultanément affecté toutes les parties modifiées de l'individu. Les modifications les plus frappantes, adaptées d'une manière parfaite à un usage donné, peuvent, comme nous l'avons précédemment remarqué, avoir été le résultat de variations successives, légères, paraissant dans une partie, puis dans une autre ; mais comme elles se transmettent toutes ensemble, elles nous paraissent s'être simultanément développées. Du reste, la meilleure réponse à faire à cette objection est fournie par les races domestiques qui ont principalement été modifiées dans un but spécial, par la sélection opérée par l'homme. Voyez le cheval de trait et le cheval de course, ou le lévrier et le dogue. Toute leur charpente et même leurs caractères intellectuels ont été changés ; mais si nous retraçons chaque pas fait dans le cours de leur transformation, — ce que nous pouvons faire pour ceux qui ne remontent pas trop haut dans le passé, — nous constaterons des améliorations et modifications légères, tantôt sur une partie, tantôt sur une autre, mais pas de changements considérables et simultanés. Même lorsque l'homme n'a appliqué la sélection qu'à un seul caractère, — ce dont nos plantes cultivées offrent les meilleurs exemples, — on trouvera invariablement que le point spécial en vue, que ce soit la fleur, le fruit ou le feuillage, ayant éprouvé de grands changements, presque toutes les autres parties ont aussi été le siége de modifications. On peut attribuer ces modifications en partie au principe de la corrélation de croissance, et en partie à ce qu'on a appelé la variation spontanée.

Une objection plus sérieuse faite par M. Bronn, et récemment par M. Broca, est que beaucoup de caractères paraissant ne rendre aucun service à leurs possesseurs, ne peuvent pas par conséquent avoir donné prise à la sélection naturelle. Bronn cite l'allongement des oreilles et de la queue chez les différentes espèces de lièvres et de souris, — les replis compliqués de l'émail dentaire existant chez beaucoup d'animaux, et une multitude de cas analogues. Au point de vue des végétaux, ce sujet a été discuté par Nägeli dans un admirable essai. Il admet une action importante de la sélection naturelle, mais il insiste sur le fait que les familles de plantes diffèrent surtout entre elles par leurs caractères morphologiques, qui paraissent n'avoir aucune importance pour la prospérité de l'espèce. Il admet par conséquent une tendance innée à un développement progressif et plus parfait. Il précise que l'arrangement des cellules dans les tissus, et des feuilles sur l'axe, sont des cas où la sélection naturelle n'a pu exercer aucune action. On peut y ajouter les divisions numériques des parties de la fleur, la situation des ovules, la forme de la graine, lorsqu'elle ne favorise pas sa dissémination, etc.

Cette objection est sérieuse. Néanmoins il faut d'abord être prudent à décider quels avantages peuvent avoir actuellement, ou peuvent avoir eu dans le passé, pour chaque espèce, les conformations existantes. Ensuite il faut toujours songer que lorsqu'une partie est modifiée, d'autres le seront aussi, par des causes qu'on entrevoit, telles que l'augmentation ou la diminution de l'afflux de nourriture à une partie, une pression réciproque, l'influence résultant du développement précoce d'un organe sur un autre qui ne se forme que plus tard, etc. — Il y a encore d'autres causes que nous ne comprenons pas, qui mènent aux nombreux cas mystérieux de corrélation. Pour abréger, on peut grouper ensemble ces influences sous l'expression de lois de croissance. Troisièmement, nous avons à tenir compte de l'action directe et définie de changements dans les conditions vitales, et de ce qu'on appelle les variations spontanées, auxquelles la nature des conditions ne paraît prendre qu'une part insignifiante. Les variations de bourgeons, telles que l'apparition d'une rose mousseuse sur un rosier commun, ou d'une pêche lisse sur un pêcher ordinaire, offrent de bons exemples de variations spontanées ; mais même dans ces cas, si nous réfléchissons à la puissance de la goutte infinitésimale du poison qui produit le développement de galles complexes, nous ne saurions être bien certains que les variations indiquées ne sont pas l'effet de quelque changement local dans la nature de la séve, résultant de quelque modification des conditions. Toute différence individuelle légère doit avoir une cause, aussi bien que les variations plus prononcées, qui surgissent occasionnellement ; et il est presque certain que si cette cause inconnue agissait d'une manière persistante, tous les individus de l'espèce seraient semblablement modifiés.

Dans les éditions antérieures de cet ouvrage, je n'ai pas, à ce qui semble maintenant probable, donné assez de valeur à la fréquence et à l'importance des modifications dues à la variabilité spontanée. Mais il est impossible d'attribuer à cette cause les innombrables conformations parfaitement adaptées aux habitudes vitales de chaque espèce. Je ne puis pas croire cela, ni expliquer par là, la forme si bien adaptée du cheval de course ou du lévrier, qui étonnait tellement les anciens naturalistes, alors que le principe de la sélection par l'homme n'a pas encore été bien compris.

Il vaut la peine d'examiner quelques-unes des remarques qui précèdent. En ce qui concerne l'inutilité supposée de diverses parties ou organes, il est à peine nécessaire de rappeler qu'il existe, même chez les animaux les plus élevés et les mieux connus, des conformations assez développées pour que personne ne mette en doute leur importance, sans que leur usage ait pu être reconnu ou ne l'ait été que tout récemment. Bronn donnant la longueur des oreilles et de la queue chez les espèces de souris comme des exemples, insignifiants il est vrai, de conformations sans usage spécial, je signalerai que le docteur Schöbl constate dans les oreilles externes de la souris commune, un déploiement extraordinaire de nerfs, et que servant ainsi d'organes tactiles, la longueur des oreilles n'est pas sans importance. Nous verrons tout à l'heure que chez quelques espèces la queue constitue un organe préhensible très-utile; sa longueur doit contribuer à exercer une influence sur son emploi.

A propos des plantes, je me borne, par suite de l'essai de Nägeli, aux remarques suivantes : On admettra que les fleurs des Orchidées présentent une foule de conformations curieuses que, il y a quelques années, on aurait regardées comme de simples différences morphologiques sans fonction spéciale. On sait maintenant qu'elles ont une importance immense pour la fécondation de l'espèce à l'aide des insectes, et ont probablement pu être acquises par sélection naturelle. Qui jusqu'à tout récemment se serait figuré que dans les plantes dimorphiques et trimorphiques, les longueurs différentes des étamines et des pistils, ainsi que leur arrangement, pussent avoir aucune utilité? Nous savons maintenant qu'il en est tout autrement.

Dans certains groupes entiers de plantes, les ovules sont dressés, et suspendus chez d'autres; et dans le même ovaire sur quelques plantes, un ovule occupe la première situation, et un second la deuxième. Ces positions paraissent d'abord purement morphologiques, ou sans signification physiologique; mais j'apprends du docteur Hooker, que dans le même ovaire, il y a fécondation des ovules supérieurs seuls, dans quelques cas, et des inférieurs dans d'autres; ce qui le conduit à croire que le fait dépend de la direction dans laquelle les tubes polliniques pénètrent dans l'ovaire. La position des ovules, s'il en est ainsi, lorsque l'un sera redressé et l'autre suspendu dans un même ovaire, résulterait de la sélection de toute déviation dans leur situation favorable à leur fécondation et à la production de graines.

Il y a des plantes appartenant à des ordres distincts, qui habituellement produisent des fleurs de deux sortes, — l'une ouverte, conformation ordinaire, l'autre fermée et imparfaite. Ces deux modèles de fleurs diffèrent d'une manière étonnante; ils peuvent cependant passer graduellement de l'un à l'autre sur la même plante. Les fleurs ouvertes ordinaires pouvant s'entre-croiser, sont assurées des bénéfices qui résultent certainement de cette circonstance. Les fleurs fermées et incomplètes ont toutefois une haute importance, qui se traduit par la production d'une forte quantité de graines, et une dépense de pollen excessivement minime. Comme nous venons de le dire, les deux espèces de fleurs diffèrent beaucoup dans leur conformation. Dans les fleurs imparfaites, les pétales ne consistent qu'en simples rudiments, et les graines de pollen sont réduites en diamètre. Dans l'*Ononis columnæ* cinq des étamines alternantes sont rudimentaires, état qu'on observe aussi sur trois étamines de quelques espèces de *Viola*, tandis que les deux autres, malgré leur petitesse, conservent leurs fonctions propres. Sur six, parmi trente des fleurs closes d'une Violette indienne (dont le nom m'est resté inconnu, les plantes n'ayant chez moi jamais produit de fleurs complètes), les sépales sont réduits du nombre normal de cinq à trois. Dans une section des Malpighiaceæ, les fleurs closes, d'après A. de Jussieu, sont encore plus modifiées, car les cinq étamines placées en face des sépales sont toutes avortées, une sixième étamine située devant un pétale étant seule développée. Cette étamine n'existe pas dans les fleurs ordinaires de ces espèces, où le style est rudimentaire, et les ovaires réduits de trois à deux. Maintenant, bien que la sélection naturelle puisse avoir empêché l'épanouissement de quelques fleurs, et réduit la quantité de pollen devenu ainsi superflu enfermé dans l'enveloppe florale, il est probable qu'elle n'a contribué que fort peu aux modifications spéciales précitées, lesquelles ont été un résultat des lois de croissance, comprenant l'inactivité fonctionnelle de certaines parties, pendant les progrès de la réduction du pollen et l'occlusion des fleurs.

Pour bien apprécier les effets importants des lois de croissance, je crois nécessaire de donner quelques cas d'un autre genre, concernant des différences dans la même partie ou organe qu'entraînent celles de sa situation relative sur la même plante. Dans le Châtaignier d'Espagne et dans certains Pins. d'après Schacht, les angles de divergence des feuilles diffèrent suivant que les branches qui les portent sont horizontales ou verticales. Dans la Rue commune et quelques autres plantes, une fleur, ordinairement la centrale et terminale, s'ouvre la première, et présente cinq sépales et pétales, et cinq divisions dans l'ovaire; toutes les autres fleurs de la plante étant tétramères. Dans l'*Adoxa* anglais, la fleur la plus

élevée a ordinairement deux lobes au calice et les autres
organes sont tétramères ; tandis que les fleurs qui l'entourent
ont trois lobes au calice, les autres organes étant pentamères.
Chez beaucoup de Composées et d'Ombellifères (et d'autres
plantes), les corolles des fleurs de la circonférence sont bien
plus développées que celles des fleurs du centre ; fait qui paraît
souvent être en rapport avec un avortement des organes reproducteurs. Un fait plus curieux, déjà signalé, est qu'on peut
remarquer des différences dans la forme, la couleur et autres
caractères entre les graines de la périphérie et celle du centre.
Dans les *Carthamus* et autres composées, les graines centrales
portent seules une aigrette ; dans les *Hyoseris*, la même fleur
produit trois graines de formes différentes. Les graines de
l'extérieur de certains Ombellifères sont, d'après Tausch,
orthospermes, et la centrale coelosperme ; caractère que De
Candolle considérait chez d'autres espèces comme ayant une
importance systématique des plus grandes. Le professeur
Braun mentionne un genre de Fumariacées dans lequel les
fleurs portent, sur la partie inférieure de l'épi, de petites noisettes ovales, à côtes, et contenant une graine ; et sur la portion supérieure des siliques lancéolées, bivalves, et renfermant
deux graines. Ces divers cas, en exceptant le développement
complet des fleurons de la périphérie, qui ont pour but de
rendre la plante apparente et attractive pour les insectes, ne
nous permettent pas d'apprécier la part que la sélection naturelle a pu prendre à ces différenciations, et qui certainement
n'a dû être que très-insignifiante. Toutes ces modifications
résultent de la situation relative et de l'action réciproque des
organes ; et on ne peut mettre en doute que si toutes les fleurs
et feuilles de la même plante eussent été soumises aux mêmes
conditions externes et internes, quant à leur position, toutes
auraient été modifiées de la même manière.

Nous observons, dans beaucoup d'autres cas, des modifications de structure, considérées par les botanistes comme de
la plus haute importance, n'affectant que quelques fleurs de
la plante, ou se manifestant sur des plantes distinctes, croissant ensemble dans les mêmes conditions. Ces variations
n'ayant aucune apparence d'utilité pour la plante, ne peuvent
pas avoir subi l'influence de la sélection naturelle. Leur cause

nous est entièrement inconnue; nous ne pouvons même pas les attribuer, comme celles de la dernière classe, à une action peu éloignée, telle que la position relative. En voici quelques exemples. Il est si fréquent d'observer sur une même plante, des fleurs tétramères, pentamères, etc., que je n'ai pas besoin d'en citer des cas; mais les variations numériques sont comparativement rares lorsque les organes sont eux-mêmes en petit nombre: pourtant, d'après De Candolle, les fleurs du *Papaver bracteatum*, portent ou deux sépales et quatre pétales (type commun chez le pavot), ou trois sépales et six pétales. La manière dont ces dernières sont pliées dans le bouton est un caractère morphologique très-constant dans la plupart des groupes; mais le professeur Asa Gray constate que chez quelques espèces de *Mimulus*, l'estivation est presque aussi fréquemment celle des Rhinanthidées que celle des Antirrhinidées, à la dernière desquelles le genre précité appartient. Auguste Saint-Hilaire indique les cas suivants : le genre *Zanthoxylon* appartient à une division des Rutacées à un seul ovaire, et on trouve cependant dans quelques espèces plusieurs fleurs sur la même plante, et même sur une seule panicule des fleurs ayant un ou deux ovaires. Dans l'*Helianthemum*, la capsule a été décrite comme uniloculaire ou triloculaire, et chez l'*H. mutabile*, « *une lame plus ou moins large* s'étend entre le péricarpe et le placenta. » Dans les fleurs de la *Saponaria officinalis*, le docteur Masters a observé des cas de présence de placentations libres tant marginales que centrales. Saint-Hilaire a rencontré dans la limite extrême méridionale de la région qu'occupe la *Gomphia oleæformis*, deux formes dont il ne mit pas d'abord en doute la spécifité distincte, mais les trouvant ultérieurement croissant sur le même buisson, il dut ajouter : « Voilà donc dans un même individu des loges et un style qui se rattachent tantôt à un axe vertical et tantôt à un gynobase. »

Nous voyons, d'après ce qui précède, qu'on peut attribuer indépendamment de la sélection naturelle aux lois de croissance et à l'action réciproque des parties entre elles, un grand nombre de modifications morphologiques chez les plantes. Mais relativement à la doctrine de Nägeli sur une tendance innée vers la perfection ou un développement progressif, peut-on dire que dans les cas où ces variations sont si fortement prononcées, on ait devant soi des plantes dans l'action de progression vers un état de développement plus élevé? Au contraire, du simple fait que les parties en question diffèrent et varient beaucoup chez une plante donnée, ne doit-on pas conclure qu'elles ont fort peu d'importance pour elle, bien qu'elles en aient une très-considérable pour nous en ce qui concerne nos classifications? L'acquisition d'une partie inutile ne peut guère être appréciée comme faisant monter un organisme dans l'échelle naturelle; car dans le cas des fleurs closes et imparfaites, que nous avons décrites plus haut, par rapport au principe nouveau, ce fait serait plutôt de nature rétrograde que progressive; et il en serait de même chez beaucoup d'animaux parasites et dégénérés. Nous ignorons la cause déterminant les modifications précitées, mais si cette cause inconnue devait agir uniformément pendant un temps très-long, nous en pourrions déduire que les résultats seraient à peu près uniformes; cas dans lequel tous les individus de l'espèce offriraient les mêmes modifications.

Les caractères précités étant sans importance pour la prospérité de l'espèce, la sélection naturelle n'aurait accumulé ni augmenté les variations légères pouvant se présenter. Une conformation qui s'est développée par une sélection de longue durée, devient ordinairement variable, lorsque cesse l'utilité qu'elle avait pour l'espèce. Nous en voyons les résultats dans les organes rudimentaires, la sélection naturelle cessant alors d'agir sur ces organes. Mais lorsque des modifications sans importance pour la prospérité de l'espèce ont été produites par la nature de l'organisme et des conditions où il se trouve, elles peuvent, et paraissent souvent avoir été transmises à peu près dans le même état à une nombreuse descendance, d'ailleurs autrement modifiée. Il ne peut avoir été très-important pour la plupart des mammifères, oiseaux ou reptiles, d'être couverts soit de poils, soit de plumes ou d'écailles, et cependant les poils ont été transmis à la presque totalité des mammifères, les plumes à tous les oiseaux, et les écailles à tous les vrais reptiles. Toute conformation quelle qu'elle puisse être, commune à de nombreuses formes voisines, a été considérée par nous comme ayant une importance systématique immense,

et est en conséquence estimée comme en ayant une vitale non
moins essentielle pour l'espèce. Je suis donc disposé à croire
que les différences morphologiques que nous regardons comme
importantes, — telles que l'arrangement des feuilles, les divisions de la fleur et de l'ovaire, la position des ovules, etc., —
ont apparu dans l'origine souvent comme des variations flottantes, devenues tôt ou tard constantes, suivant la nature de
l'organisme et des conditions ambiantes, ainsi que par le croisement d'individus distincts, mais pas par sélection naturelle.
L'action de la sélection ne peut pas avoir réglé ni accumulé de
légères variations dans des caractères morphologiques qui n'affectent aucunement la prospérité de l'espèce. Nous arrivons
ainsi au singulier résultat, que les caractères ayant la plus
grande importance pour le systématiste, n'en ont qu'une très-
légère au point de vue vital pour l'espèce ; mais cette proposition est loin d'être aussi paradoxale qu'elle peut le paraître
à première vue, ainsi que nous le verrons plus loin en traitant du principe génétique de la classification.

Quoique nous n'ayons point de bonnes preuves de l'existence d'une tendance innée des êtres organisés vers un développement progressif, ce dernier est un résultat nécessaire de
l'action continue de la sélection naturelle, comme j'ai cherché
à le démontrer dans le quatrième chapitre. La meilleure définition qu'on ait donnée de l'élévation à une plus grande
hauteur des types de l'organisation, repose sur le degré de
spécialisation ou différenciation que les organes ont atteint ; et
cette division du travail paraît être le but auquel conduit la
sélection naturelle, tendant à amener les parties ou organes
à accomplir d'une manière toujours plus efficace leurs diverses
fonctions.

M. Saint-George Mivart, zoologiste distingué, a récemment
réuni toutes les objections opposées par moi et par d'autres
contre la théorie de la sélection naturelle, telle qu'elle a été
avancée par M. Wallace et moi, en les présentant avec beaucoup d'art et de puissance. Ainsi groupées, elles acquièrent un
aspect formidable ; et M. Mivart n'ayant dans son plan introduit
aucun des divers faits et des considérations qui s'opposent à ses conclusions, il faudra de grands efforts de raison et
de mémoire chez le lecteur qui désirera faire la balance des

preuves pour et contre. Dans ses discussions de cas spéciaux, M. Mivart glisse sur les effets de l'accroissement ou de la diminution des parties, dont j'ai toujours soutenu l'importance, et que j'ai traité plus longuement, à ce que je crois, qu'aucun auteur, dansl'ouvrage *De la Variation sous l'action de la Domestication*. Il affirme de même souvent que je n'attribue rien à la variation, en dehors de la sélection naturelle, tandis que dans le livre précité, j'en ai recueilli un nombre de cas bien démontrés et établis, bien plus grand que celui qu'on pourrait trouver dans aucun ouvrage que je connaisse. Mon jugement peut ne pas mériter confiance, mais après avoir lu l'ouvrage de M. Mivart avec l'attention la plus grande, et comparé le contenu de chacune de ses sections avec ce que j'ai avancé sur les mêmes chefs, j'éprouvais la conviction, à un point que je n'avais jamais atteint autrefois, que je suis arrivé à la vérité générale des conclusions, mais que, comme cela est inhérent à la complication extrême du sujet, ces conclusions peuvent encore être le siége de beaucoùp d'erreurs partielles.

Toutes les objections de M. Mivart seront ou ont été examinées dans le présent volume. Le point nouveau qui paraît avoir frappé beaucoup de lecteurs est « que la sélection naturelle est insuffisante pour expliquer les phases premières ou naissantes des conformations utiles ». Ce sujet est en connexion intime avec celui de la gradation des caractères, souvent accompagné d'un changement de fonction, — la conversion d'une vessie natatoire en poumons par exemple, — faits que nous avons discutés dans le chapitre précédent sous deux points de vue différents. Je veux toutefois examiner avec quelques détails plusieurs des cas émis par M. Mivart, en choisissant les plus démonstratifs, le manque de place m'empêchant de les étudier tous.

La haute stature, l'allongement du cou, des membres antérieurs, de la tête et de la langue, sont chez la Girafe, des conditions qui adaptent admirablement sa charpente entière à l'habitude de brouter sur les branches élevées des arbres. Elle peut ainsi trouver une nourriture hors de portée pour les autres Ongulés habitant le même pays; ce qui doit, pendant les disettes, lui être très-avantageux. Le bétail Niata de l'Amérique du Sud nous montre combien il suffit d'une petite différence de conformation pour, dans les moments de besoin, en déterminer une très-importante, touchant la conservation de la vie d'un animal. Ce bétail broute l'herbe comme les autres, mais la projection qui défigure sa mâchoire inférieure, l'empêche pendant les sécheresses fréquentes, de brouter les branchilles d'arbres, roseaux, etc., auxquelles les races ordinaires de bétail et de chevaux sont dans ces périodes obligées de recourir. Les Niatas périssent alors si leurs propriétaires ne les nourrissent pas. Avant d'en venir aux objections de M. Mivart, je crois devoir expliquer encore une fois comment la sélection naturelle agit dans tous les cas ordinaires. L'homme a modifié quelques-uns de ses animaux, sans s'attacher nécessairement à des points spéciaux de conformation; il a produit le Cheval de course ou le Lévrier, en conservant simplement et faisant reproduire les animaux les plus rapides, ou le coq de combat, en consacrant à la reproduction les mâles seuls victorieux dans les luttes. De même pour la Girafe naissante dans la nature, les individus les plus élevés et capables ainsi de brouter un pouce ou deux plus haut que les autres, ont souvent pu être conservés en temps de famine; car ils ont dû parcourir tout le pays à la recherche de nourriture. On constatera dans beaucoup de livres d'histoire naturelle, donnant les relevés de mesures exactes, que les individus de même espèce diffèrent souvent légèrement par les longueurs relatives de leurs diverses parties. Ces différences proportionnellement fort légères, dues aux lois de la croissance et de la variation, n'ont ni importance ni la moindre utilité chez la plupart des espèces. Mais en considérant les habitudes probables de la Girafe naissante, les choses ont dû se passer autrement, en ce que les individus ayant une ou plusieurs parties plus allongées qu'à l'ordinaire, ont dû en général seuls survivre. Leur croisement a donné des descendants, soit héritant des mêmes particularités corporelles, soit d'une tendance à varier de la même manière; tandis que les individus moins favorisés sous les mêmes rapports, auront été plus exposés à périr.

Nous voyons donc qu'il n'est pas nécessaire de séparer des paires isolées, comme le pratique l'homme quand il améliore systématiquement une race; la sélection naturelle préserve et isole ainsi tous les individus supérieurs, leur laissant un entrecroisement libre, en détruisant tous ceux d'ordre inférieur. Par cette marche longuement continuée, qui correspond exactement à ce que j'ai appelé la sélection inconsciente que pratique l'homme, et sans doute combinée de la manière la plus importante avec les effets héréditaires de l'augmentation d'usage des parties, il me paraît presque certain qu'un quadrupède ongulé ordinaire peut être converti en Girafe.

M. Mivart oppose deux objections à cette conclusion. L'une est que l'accroissement du corps réclamant évidemment un supplément de nourriture, il considère « comme étant fort problématique que les inconvénients résultant de l'insuffisance de nourriture, dans les temps de disette, ne l'emporteraient de beaucoup sur les avantages ». Mais la Girafe existant actuellement en grand nombre dans l'Afrique méridionale, où abondent aussi quelques espèces des plus grandes Antilopes, plus grandes que le bœuf, pourquoi douterions-nous que, en ce qui regarde la taille, il n'y ait pas existé autrefois des gradations intermédiaires, exposées comme aujourd'hui à des disettes rigoureuses? Il est certain que la possibilité d'atteindre à chaque état d'accroissement, à un supplément de nourriture que les autres quadrupèdes ongulés du pays laissent intacts, a dû constituer quelque avantage pour la Girafe en voie naissante de formation. Nous ne devons pas non plus méconnaître que le développement de la taille constitue un moyen de protection contre les animaux de proie, à l'exception du Lion; et encore vis-à-vis de ce dernier, le cou allongé de la Girafe, — et le plus long étant le meilleur, — joue le rôle de guérite selon la remarque de M. Chauncey Wright. Sir S. Baker attribue à cette cause le fait qu'il n'y a pas d'animal plus difficile à chasser que la Girafe. Elle se sert aussi de son long cou comme instrument d'attaque ou de défense, en utilisant ses contractions rapides pour projeter avec violence sa tête armée de tronçons de cornes. La préservation de chaque espèce ne peut que rarement être déterminée par un avantage isolé, mais par l'ensemble de ces derniers, grands et petits.

La seconde objection de M. Mivart consiste à demander si la sélection naturelle est une puissance aussi efficace, et si réellement l'aptitude à brouter à une grande hauteur constitue un avantage aussi prononcé, pourquoi, en dehors de la Girafe, et à un moindre degré, du Chameau, du Guanaco et du Macrauchenia, aucun autre mammifère à sabots n'ait acquis un cou allongé et une taille élevée? Ou encore, pourquoi aucun membre du groupe n'a-t-il acquis de longue trompe? La réponse, en ce qui est relatif à l'Afrique du Sud, qui fut autrefois peuplée de nombreux troupeaux de Girafes, est facile à donner par un exemple qui la fera mieux comprendre. Dans toute prairie d'Angleterre contenant des arbres, nous voyons que toutes les branches inférieures sont émondées dans le plan horizontal correspondant exactement au niveau que peuvent atteindre les Chevaux ou le bétail broutant la tête levée; mais quel avantage auraient des Moutons qu'on pourrait y élever, si leur cou s'allongeait quelque peu? Dans toute région, une sorte d'animal pourra certainement brouter à une hauteur plus grande que d'autres, et il est également certain qu'elle seule pourra aussi acquérir un cou allongé dans ce but, par sélection naturelle et par les effets de l'augmentation d'usage. Dans l'Afrique du Sud, la concurrence relative à la consommation des hautes branches des acacias et autres arbres divers, ne peut exister qu'entre Girafes, et pas avec d'autres animaux ongulés.

On ne saurait répondre positivement pourquoi, dans d'autres parties du globe, divers animaux appartenant au même ordre n'ont acquis ni cou allongé ni trompe; mais attendre une réponse certaine à une question de ce genre, serait aussi déraisonnable que de demander le motif pour lequel un événement de l'histoire de l'humanité a fait défaut dans un pays, tandis qu'il a eu lieu dans un autre. Nous ignorons les conditions déterminantes du nombre et de la distribution de chaque espèce, et ne pouvons pas même conjecturer les changements de structure propres à favoriser son augmentation dans un pays nouveau. Nous pouvons cependant entrevoir d'une manière générale que des causes diverses peuvent avoir joué un rôle dans le développement d'un cou allongé ou d'une trompe. Pouvoir atteindre à un feuillage situé très-haut (sans un grimpage, que la conformation des Ongulés leur rend impossible), exige un accroissement considérable du volume du corps; or, il est des aires qui ne présentent que fort peu de mammifères un peu grands, l'Amérique du Sud par exemple, malgré l'exubérante richesse du pays, tandis qu'ils sont abondants à un degré sans égal dans l'Afrique méridionale. Nous ne savons nullement pourquoi il en est ainsi, ni pourquoi les dernières périodes tertiaires ont été beaucoup mieux appropriées à l'existence des grands mammifères que l'époque actuelle. Nous pouvons ainsi reconnaître que, par diverses causes, certaines régions et certaines périodes ont été plus favorables que d'autres au développement d'un mammifère aussi volumineux que la Girafe.

Pour qu'un animal puisse acquérir quelque conformation spéciale et bien développée, il est presque indispensable que, en coadaptation réciproque il ait d'autres parties modifiées. Bien que toute partie du corps varie légèrement, il n'en résulte pas toujours que les parties nécessaires le fassent dans la direction exacte et au degré voulu. Nous savons que les parties varient très-différemment en manière et en degré dans nos animaux domestiques, et que quelques espèces sont plus variables que d'autres. Il ne résulte pas même du fait de l'apparition de variations appropriées, que la sélection naturelle puisse agir sur elles et déterminer une conformation en apparence avantageuse pour l'espèce. Par exemple, le nombre d'individus présents dans un pays dépend essentiellement de l'étendue de destruction opérée par les animaux de proie, — les parasites externes ou internes, etc., — cas fréquents, dans lesquels la sélection naturelle ne peut intervenir que peu, ou éprouver de grands retards pour modifier une conformation spéciale pour l'acquisition d'aliments. Enfin, la sélection naturelle a une marche fort lente, et réclame pour produire des effets quelque peu prononcés, une longue durée des conditions favorables et nécessaires. Ce n'est qu'en indiquant des raisons générales et vagues de ce genre, sans pouvoir faire autrement, que nous pouvons expliquer pourquoi dans plusieurs parties du globe, les mammifères ongulés n'ont pas acquis des cous allongés ou d'autres moyens de brouter les branches d'arbres placées à une certaine hauteur.

Beaucoup d'auteurs ont émis des objections semblables à celles qui précèdent. Dans chaque cas, en dehors des causes générales que nous venons d'indiquer, il y en a diverses autres qui ont probablement gêné et entravé l'action de la sélection naturelle à l'égard de conformations qu'on considère comme avantageuses à certaines espèces. Un de ces écrivains demande pourquoi l'Autruche n'a-t-elle pas acquis le pouvoir du vol? Mais un instant de réflexion indique l'énorme approvisionnement de nourriture qui serait nécessaire pour la force que l'oiseau du désert devrait développer pour mouvoir son corps volumineux au travers de l'atmosphère. Les îles océaniques sont habitées par des Chauves-souris et des Phoques, mais point par des mammifères terrestres; quelques Chauves-souris représentant des espèces particulières, doivent avoir longtemps habité leur domicile actuel. Sir C. Lyell demande donc (tout en répondant par certaines raisons) pourquoi les Phoques et les Chauves-souris n'ont pas dans de telles îles donné naissance à des formes adaptées à la vie terrestre? Mais les Phoques seraient nécessairement convertis d'emblée en animaux carnivores terrestres, d'une grosseur considérable, et les Chauves-souris en insectivores terrestres. Il n'y aurait pas de proie pour les premiers; les Chauves-souris ne pourraient que s'abattre sur les insectes terrestres pour leur nourriture, qui est déjà fortement exploitée par les reptiles et les oiseaux, qui habitent en premier et abondent dans les îles océaniques. Les gradations de structure, utiles ou avantageuses à une espèce changeante, ne seront favorisées que dans certaines conditions particulières. Un animal strictement terrestre, chassant occasionnellement dans des eaux basses, dans des ruisseaux et des lacs, pourrait être finalement converti en un animal assez aquatique, capable de braver l'Océan ouvert. Mais ce n'est pas dans les îles océaniques que les Phoques trouveraient des conditions favorables à un retour graduel à une forme terrestre. Les Chauves-souris, comme nous l'avons déjà montré, ont probablement acquis leurs ailes en planant primitivement dans l'air d'un arbre à l'autre, comme les Écureuils volants, soit pour échapper à leurs ennemis, ou pour éviter les chutes; mais l'aptitude à un véritable vol une fois développée, elle ne serait pas réduite au moins en ce qui concerne les buts précités, et ramenée à celle moins efficace de planer dans l'air. Les Chauves-souris peuvent, il est vrai, comme beaucoup d'oiseaux, avoir des ailes fort réduites en surface, ou entièrement annulées par défaut d'usage; mais il serait dans ce cas nécessaire qu'elles eussent d'abord acquis la puissance de locomotion terrestre, et l'habitude de courir avec rapidité à l'aide de leurs membres postérieurs seulement, de manière à pouvoir lutter avec les oiseaux et autres animaux terrestres, changement auquel la Chauve-souris paraît bien mal appropriée. Nous énonçons ces remarques conjecturales simplement pour montrer qu'une transition de structure, dont chaque étape a dû constituer un bénéfice, est une affaire d'une grande complexité, et qu'il n'y a rien d'étrange dans le fait que dans un cas particulier aucune transition ne se soit effectuée.

Enfin, plus d'un auteur a demandé pourquoi chez quelques animaux le pouvoir mental a acquis plus que chez d'autres un plus haut degré de développement, qui serait avantageux pour tous. Pourquoi les Singes n'ont-ils pas acquis les aptitudes intellectuelles de l'homme? On pourrait indiquer des causes diverses, mais qu'il est inutile d'exposer, vu leur caractère conjectural, et vu que nous ne pouvons apprécier leur probabilité relative. On ne doit point attendre une réponse définie à la seconde question, en voyant que personne ne peut résoudre le problème bien plus simple pourquoi, étant donné deux races de sauvages, l'une s'est élevée à un degré beaucoup plus haut que l'autre dans l'échelle de la civilisation; fait qui paraît impliquer une augmentation des forces cérébrales.

Revenons aux autres objections de M. Mivart. En vue de leur protection, les insectes ressemblent souvent à des objets divers, tels que feuilles vertes ou sèches, branchilles mortes, fragments de lichen, fleurs, épines, excréments d'oiseaux, et même à d'autres insectes vivants; j'aurai à revenir sur ce dernier point. La ressemblance est souvent étonnamment forte, et, n'étant pas circonscrite à la couleur, s'étend à la forme et même au maintien des insectes. Les chenilles qui se maintiennent sans mouvement sur les bois, où elles se nourrissent, ont tout l'aspect de rameaux morts, et fournissent ainsi un excellent exemple d'une ressemblance de ce genre. Les cas de l'imitation d'objets tels que les excréments d'oiseaux, sont rares et exceptionnels. Sur ce point, M. Mivart remarque, « comme selon la théorie de M. Darwin, il y a une tendance constante à une variation indéfinie, les variations naissantes qui en résultent doivent aller dans *toute direction*, tendant à se neutraliser entre elles et à former des modifications si instables, qu'il est difficile, sinon impossible, de voir comment ces oscillations indéfinies de commencements infinitésimaux peuvent arriver à construire des ressemblances appréciables à des feuilles, à des bambous, ou à d'autres objets; ressemblances que la sélection naturelle tend à perpétuer ».

Dans les cas précités, les insectes ont sans doute dans leur état primitif offert quelque ressemblance grossière et accidentelle avec quelque objet commun dans les stations qu'ils habitaient. Il n'y a d'ailleurs rien d'improbable si on considère le nombre infini d'objets environnants, et la diversité dans les formes et les couleurs des multitudes d'insectes existant. La nécessité d'une ressemblance grossière pour le point de départ, nous permet de comprendre pourquoi les animaux les plus grands et les plus élevés (à l'exception, la seule que je connaisse, d'un poisson) ne ressemblent pas, en vue de leur protection, à des objets spéciaux, mais seulement à la surface de la région qu'ils habitent, et cela surtout par la couleur. En admettant qu'un insecte ait primitivement ressemblé, à quelque degré, à un ramuscule mort ou à une feuille sèche, et ait varié légèrement dans diverses directions, toute variation donnant à l'insecte l'aspect d'un objet quelconque, et favorisant sa fuite, pourrait être conservée, pendant que d'autres étant négligées, finiraient par se perdre entièrement, ou par être éliminées si elles diminuaient sa ressemblance avec l'objet imité. L'objection de M. Mivart aurait en fait de la force, si nous expliquions les ressemblances, indépendamment de la sélection naturelle, comme le résultat d'une simple variabilité flottante; ce qui n'est pas le cas.

Je ne comprends pas non plus la force de la difficulté que M. Mivart soulève relativement aux « dernières touches de perfection de l'imitation ou mimique », comme celles du cas cité par M. Wallace d'un insecte (*Ceroxylus laceratus*) ressemblant à une baguette recouverte d'une mousse rampante ou Jungermannia, au point qu'un Dyak indigène soutenait que les excroissances foliacées étaient en réalité de la mousse. Les insectes étant la proie d'oiseaux et autres ennemis, doués d'une vue probablement plus perçante que la nôtre, tout degré de ressemblance pouvant contribuer à dissimuler l'insecte, tend à assurer sa conservation, d'autant plus que cette ressemblance sera plus parfaite. En considérant la nature des différences régnant entre les espèces du groupe comprenant le *Ceroxylus*, il n'y a aucune improbabilité que cet insecte aura varié par les irrégularités de sa surface, qui ont pris une coloration plus ou moins verte ; car dans chaque groupe, les caractères qui diffèrent dans les diverses espèces sont les plus sujets à varier, tandis que ceux d'ordre générique ou communs à toutes les espèces sont les plus constants.

La Baleine du Groënland est un des animaux les plus étonnants du monde, par la particularité des fanons qui revêtent sa mâchoire. Le fanon consiste, de chaque côté de la mâchoire supérieure, en une bande d'environ trois cents plaques ou lames rapprochées, placées transversalement à l'axe le plus long de la bouche. Dans la ligne principale, il y a quelques lames subsidiaires. Les extrémités et bords internes de toutes les plaques sont éraillés en épines rigides, qui recouvrent le palais gigantesque, et servent à tamiser ou filtrer l'eau, et à recueillir ainsi la petite proie dont vivent ces gros animaux. La lame médiane, la plus longue de la Baleine groënlandaise, a dix, douze ou quinze pieds de longueur; mais il y a dans les différentes espèces de cétacés des gradations de longueur; la lame médiane étant dans l'une, d'après Scoresby, de quatre pieds, de trois dans deux autres, de dix-huit pouces dans une quatrième et d'environ neuf pouces de longueur chez la *Balænoptera rostrata*. Les qualités du fanon diffèrent aussi dans les différentes espèces.

M. Mivart fait à propos du fanon la remarque que, ayant une fois atteint un développement qui le rend utile, sa conservation et augmentation dans des limites convenables pourraient être le résultat de la sélection naturelle seule. Mais comment obtenir le commencement d'un développement si utile? On peut en réponse demander pourquoi les ancêtres primitifs des baleines à fanon ne pouvaient-ils pas avoir eu une bouche construite dans le genre du bec lamellaire d'un canard? Cet oiseau, comme les Baleines, se nourrit en filtrant l'eau et la boue, ce qui a fait donner à la famille le nom de *Criblatores*. J'espère que je ne suis pas dans l'erreur en disant que les ancêtres des Baleines

ont dû réellement être pourvus de bouches lamellaires comme
le bec du Canard. Je veux seulement faire comprendre que la supposition n'a rien d'incroyable, et que les vastes lames de fanons
de la Baleine groënlandaise ont pu se développer en pareilles
lamelles par une succession de pas très-graduels, et tous utiles
à leur possesseur.

Le bec d'un Souchet (*Spatula clypeata*) offre une conformation bien plus belle et plus complexe que la bouche d'une
Baleine. Dans l'échantillon que j'ai examiné, la mâchoire supérieure porte de chaque côté une rangée ou un peigne de lamelles
minces élastiques au nombre de cent quatre-vingt-huit, tail-
lées obliquement en biseau, terminées en pointe, et placées
transversalement sur l'axe allongé de la bouche. Elles s'élèvent
sur le palais et sont rattachées aux côtés de la mâchoire par
une membrane flexible. Les plus longues sont celles du milieu,
ayant environ un tiers de pouce et dépassant 0,14 de pouce
au-dessous du rebord. Il y a à leurs bases une raie auxiliaire
courte de lamelles transverses obliques. Sur ces divers points,
elles ressemblent aux plaques de fanons de la bouche de la
Baleine, mais elles diffèrent beaucoup vers l'extrémité, qu'elles
dirigent au dedans au lieu de descendre verticalement. La tête
entière du Souchet, bien qu'incomparablement moins volumi-
neuse, a environ une longueur d'un dix-huitième de celle
d'une *Balænoptera rostrata* de longueur modérée, espèce où les
fanons n'ont que neuf pouces; de sorte que si nous donnions
à la tête du Souchet la longueur de celle du Balænoptera, les
lamelles auraient celle de six pouces, — c'est-à-dire les deux
tiers de la longueur des fanons dans cette espèce de Baleines.
La mandibule inférieure du Canard-souchet est pourvue de
lamelles qui égalent en longueur celles de la supérieure, mais
sont plus fines, et diffèrent ainsi d'une manière très-marquée
de la mâchoire inférieure de la Baleine, qui est dépourvue de
fanons. D'autre part, les extrémités de ces lamelles inférieures
sont divisées en pointes finement hérissées, ressemblant ainsi
curieusement aux fanons. Dans le genre *Prion*, un membre de
la famille distincte des Pétrels, la mandibule supérieure est
seule pourvue de lamelles bien développées et en dépassant
les bords : le bec de l'oiseau ressemble sous ce rapport à la
bouche de la Baleine.

35

En partant de la structure hautement développée du bec du Souchet, nous pouvons passer, sans avoir de grands sauts à faire (comme je l'ai appris par les informations et échantillons que j'ai reçus de M. Salvin) en ce qui concerne son aptitude à la filtration, par le bec du *Merganetta armata*, et sous quelques rapports par celui du *Aix sponsa*, au bec du Canard commun. Dans cette dernière espèce, les lamelles sont plus grossières que chez le Souchet, et sont fermement attachées aux côtés de la mâchoire ; il n'y en a que cinquante environ de chaque côté, et elles ne dépassent point au-dessous des bords. Elles sont terminées en carrés, et sont revêtues d'un tissu résistant et translucide, paraissant destiné à l'écrasement de la nourriture. Les bords de la mandibule inférieure sont croisés par de nombreuses arêtes fines, mais peu saillantes. Bien que comme tamis ce bec soit très-inférieur à celui du Souchet, il sert, comme tout le monde le sait, constamment à cet usage. M. Salvin m'apprend qu'il y a d'autres espèces où les lamelles sont considérablement moins développées que chez le Canard commun ; mais je ne sais pas s'ils se servent de leur bec pour filtrer l'eau.

Passons à un autre groupe de la même famille.

Dans l'Oie égyptienne (*Chenalopex*), le bec ressemble de très-près à celui du Canard commun ; mais les lamelles y sont moins nombreuses et font moins saillie en dedans ; cependant, comme m'en informe M. E. Bartlett, cette Oie « emploie, comme le fait le Canard, son bec pour jeter au dehors l'eau par les coins ». Sa nourriture principale est toutefois l'herbe qu'elle broute comme l'Oie commune, oiseau chez lequel les lamelles de la mâchoire supérieure sont beaucoup plus grossières que chez le Canard commun, presque confluentes, vingt-sept en nombre de chaque côté et se terminant au-dessus en protubérances dentiformes. Le palais est aussi couvert de boutons durs et arrondis. Les bords de la mâchoire inférieure sont garnis de dents plus proéminentes, grossières et plus aiguës que chez le Canard. L'Oie commune ne filtre pas l'eau, et se sert de son bec exclusivement pour arracher ou couper l'herbage, usage auquel il est si bien adapté, que l'oiseau peut tondre l'herbe de plus près qu'aucun autre animal. Il y a d'autres espèces d'Oies, à ce que m'apprend

M. Bartlett, où les lamelles sont moins développées que chez l'Oie commune.

Nous voyons ainsi qu'un membre de la famille des Canards avec un bec construit comme celui de l'Oie commune, adapté uniquement au broutement, ou ne présentant que des lamelles peu développées, peut par de légers changements passer à une espèce semblable à l'Oie d'Égypte, — de celle-ci à une autre semblable au Canard commun, — et enfin à une forme analogue au Souchet, pourvu d'un bec presque exclusivement adapté à la filtration de l'eau, et ne pouvant être employé à saisir ou déchirer de la nourriture solide, qu'avec son extrémité en forme de crochet. Je peux ajouter que le bec d'une Oie pourrait par de légers changements être aussi transformé en un autre portant des dents recourbées, saillantes, comme celles du Merganser (de la même famille) servant au but fort différent de saisir et d'assurer la prise du poisson vivant.

Revenons aux Baleines. L'*Hyperoodon bidens* est privé de véritables dents pouvant servir efficacement, mais son palais, d'après Lacépède, est durci par la présence de petites pointes de corne inégales et dures. Il n'y a donc rien d'improbable que cette espèce provient de quelque forme cétacée primitive, dont le palais était pourvu de pointes cornées semblables, plus régulièrement situées, et qui, comme les protubérances du bec de l'Oie, lui servaient à saisir ou déchirer sa proie. Cela étant, on peut à peine nier que la variation et la sélection naturelle aient pu convertir ces pointes en lamelles aussi développées qu'elles le sont chez l'Oie égyptienne, servant alors tant pour saisir les objets que pour filtrer l'eau, puis en lamelles comme celles du Canard domestique, et progressant toujours jusqu'à ce que leur conformation ait atteint celle du Souchet, servant alors exclusivement d'appareil filtrant. De cet état où les lamelles auraient acquis les deux tiers des plaques de fanon chez le *Balæna rostrata*, des gradations observables chez des Cétacés encore vivants, nous conduisent en avançant aux énormes plateaux de fanons de la Baleine groënlandaise. Il n'y a pas non plus la moindre raison à mettre en doute que chaque pas fait dans cette échelle n'ait été aussi favorable à certains Cétacés anciens, les fonctions remplies changeant lentement pendant le progrès de leur développement, ainsi que les gradations existant entre les becs des divers membres actuels de la famille des Canards. Nous devons nous rappeler que chaque espèce de Canards étant exposée à une lutte sérieuse pour l'existence, la conformation de toutes les parties de son organisation doit être bien adaptée à ses conditions vitales.

Les Pleuronectides ou poissons plats sont remarquables par le défaut de symétrie de leur corps. Ils reposent sur un côté, — sur le gauche dans la plupart des espèces, chez quelques autres, sur le côté droit, et on rencontre occasionnellement des exemples d'individus adultes renversés. La face inférieure ou de station ressemble au premier coup d'œil à la face ventrale d'un poisson ordinaire; elle est blanche, sur plusieurs points moins développée que la supérieure, et portant des nageoires latérales plus réduites. La particularité la plus remarquable est celle des yeux, qui occupent tous deux le côté supérieur de la tête. Dans le premier âge ils sont en face l'un de l'autre, le corps étant alors symétrique, les deux côtés étant également colorés. Bientôt l'œil du côté inférieur commence à glisser autour de la tête vers le supérieur, mais ne passe pas à travers le crâne, comme on le croyait autrefois. Il est évident que si cet œil inférieur ne subissait pas ce transport, il serait sans usage pour le poisson dans sa situation habituelle, couché sur le côté, et serait par ce fait exposé à être blessé par le fond sablonneux. L'abondance extrêmement développée de plusieurs espèces de Soles, Plies, etc., montre manifestement que l'aplatissement et la conformation symétrique des Pleuronectides sont admirablement adaptés à leurs conditions vitales. Les principaux avantages qu'ils en tirent paraissent être la protection contre leurs ennemis, et une facilité de se nourrir sur le fond. Toutefois, comme le fait remarquer Schiödte, les différents membres de la famille actuelle présentent « une longue série de formes offrant une transition graduelle de l'*Hippoglossus pinguis*, qui ne change pas sensiblement la forme sous laquelle il quitte l'œuf, aux Soles qui se jettent entièrement sur un côté ».

M. Mivart, à propos de ce cas, remarque qu'une transformation spontanée et subite dans la situation des yeux est à peine concevable, point sur lequel je suis complétement de son avis. Il ajoute alors, « si le transfert de l'œil vers le côté opposé de la tête était graduel, il me paraît loin d'être clair, comment il pourrait être avantageux pour l'individu pendant une petite fraction de ce transfert. Il semble même que cette transformation naissante dût plutôt avoir été nuisible ». Mais il aurait pu trouver une réponse à cette objection dans les excellentes observations publiées en 1867 par M. Malm. Les Pleuronectes très-jeunes et encore symétriques, avec leurs yeux situés sur les côtés opposés de la tête, ne peuvent longtemps conserver une position verticale, vu la hauteur excessive de leur corps, la petitesse de leurs nageoires latérales et leur privation d'une vessie natatoire. Bientôt se fatiguant, ils tombent au fond sur un côté. Dans cette situation de repos, d'après l'observation de Malm, ils tordent l'œil inférieur vers le haut, pour voir dans cette direction, et avec une vigueur qui entraîne une forte pression de l'œil contre la partie supérieure de l'orbite. La partie du front comprise entre les yeux se contracte temporairement en largeur, comme cela est très-apparent. Malm a eu occasion de voir un jeune poisson relever et abattre l'œil inférieur sur un espace angulaire de soixante-dix degrés environ.

Il faut se rappeler qu'à ce jeune âge le crâne est cartilagineux et flexible, et cède facilement à l'action musculaire. On sait aussi que chez les animaux supérieurs même après leur première jeunesse, le crâne fléchit et est altéré dans sa forme lorsque la peau ou les muscles sont contractés d'une manière permanente par maladie ou par quelque accident. Chez les Lapins à longues oreilles, si l'une d'elles devient pendante en avant, son poids entraîne dans le même sens tous les os du crâne du même côté, fait dont j'ai donné une figure. (*De la Variation des animaux*, etc., I, 127, traduction française.) Malm a constaté que les jeunes Perches, Saumons, et autres poissons symétriques venant de naître ont l'habitude de rester occasionnellement sur un côté au fond de l'eau ; et qu'en s'efforçant de diriger leurs yeux inférieurs vers le haut, leurs crânes finissent par prendre une forme un peu tordue. Cependant ces poissons étant capables bientôt de conserver une position verticale, il n'en résulte aucun effet permanent. Chez les Pleuronectides au contraire, plus ils vieillissent, plus habituellement ils restent sur un côté, à cause de l'aplatissement croissant de leur corps, d'où la production d'un effet permanent sur la forme de la tête et la position des yeux. A juger par analogie, la tendance à la torsion serait sans aucun doute augmentée par hérédité. Schiödte croit, contrairement à quelques naturalistes, que les Pleuronectides ne sont pas même symétriques dans l'embryon, ce qui permettrait de comprendre pourquoi certaines espèces dans leur jeunesse se renversent sur le côté gauche, d'autres sur le droit. Malm ajoute en confirmation de l'opinion précédente que le *Trachypterus arcticus* adulte, qui n'appartient pas aux Pleuronectides, repose sur son côté gauche au fond de l'eau et nage diagonalement dans l'eau; et chez ce poisson, on prétend que les deux côtés de la tête sont à quelque degré dissemblables. Notre grande autorité sur les poissons, le docteur Günther, conclut son analyse du travail de Malm par la remarque que « l'auteur donne une explication fort simple de la condition anormale des Pleuronectides ».

Nous voyons ainsi que les premières phases du transport de l'œil d'un côté de la tête, que M. Mivart considère comme nuisibles, peuvent être attribuées à l'habitude, sans doute avantageuse pour l'individu et l'espèce, de regarder en haut avec les deux yeux, tout en restant couché au fond sur un côté. Nous pouvons aussi attribuer aux effets héréditaires de l'usage le fait que dans plusieurs genres de poissons plats la bouche est inclinée vers la surface inférieure, avec les os maxillaires plus forts et plus efficaces du côté de la tête privé d'yeux que dans l'autre, dans le but, comme le docteur Traquair le suppose, de se nourrir avec facilité sur le sol. D'autre part, le défaut d'usage peut expliquer l'état moins développé de toute la moitié inférieure du corps, comprenant les nageoires latérales; Yarrell pense même que la réduction des nageoires est avantageuse pour le poisson, « vu la moindre place pour leur action que pour celle des nageoires supérieures». On peut également attribuer au défaut d'usage la différence dans le nombre de dents existant aux deux mâchoires du Carrelet, dans la proportion de quatre à sept sur les moitiés supérieures, et de vingt-cinq à trente dans les inférieures. Nous pouvons raisonnablement supposer de l'état incolore de la surface ventrale de la plupart des poissons et autres animaux, que le même défaut de coloration chez les poissons plats de la surface inférieure, qu'elle soit à droite ou à gauche, peut être due à l'absence de la lumière. Mais on ne peut supposer que l'apparence truitée, particulière à la surface supérieure de la Sole, qui imite le lit sablonneux de la mer, ou le pouvoir qu'ont quelques espèces, comme l'a démontré récemment Pouchet, de modifier leur couleur en rapport avec la surface ambiante, ou la présence de tubercules osseux sur la face supérieure du Turbot, soient dus à l'action de la lumière. La sélection naturelle a probablement joué ici un rôle en adaptant la forme générale du corps et beaucoup d'autres particularités de ces poissons à leurs conditions vitales. Comme je l'ai affirmé auparavant, il faut se rappeler que les effets héréditaires d'une augmentation d'usage de parties, et peut-être de leur non-usage, peuvent être fortifiés par sélection naturelle ; car toutes les variations spontanées dans la bonne direction seront conservées, comme aussi les individus qui héritent au plus haut degré des effets de l'usage accrus et avantageux d'une partie. Il paraît impossible toutefois de décider dans chaque cas particulier ce qu'il faut attribuer aux effets de l'usage d'un côté et à la sélection naturelle de l'autre.

Je peux donner un autre exemple d'une structure qui paraît devoir son origine exclusivement à l'usage et à l'habitude. L'extrémité de la queue a été chez quelques Singes américains, convertie en un organe préhensile d'une perfection étonnante et servant de cinquième main. Un auteur qui s'accorde pour tous les détails avec M. Mivart remarque au sujet de cette structure : « Il est impossible que dans n'importe quel nombre de siècles la première tendance légère naissante à saisir pût préserver les individus qui la possédaient, ou favoriser leur chance d'avoir et d'élever des descendants. » Il n'y a rien qui nécessite une croyance pareille. L'habitude qui dérive déjà de quelque avantage, grand ou petit, suffirait dans ce cas pour expliquer l'effet obtenu. Brehm a vu les jeunes d'un Singe africain (*Cercopithecus*) se cramponnant à la surface inférieure de la mère par les mains, et en même temps accrochant leurs petites queues autour de celle de la mère. Le professeur Henslow a tenu en captivité quelques

Rats des moissons (*Mus messorius*), dont la queue, qui par sa structure ne peut pas être placée parmi les queues préhensiles, leur servait cependant souvent à monter dans les branches d'un buisson placé dans leur cage, en s'enroulant autour de ces branches. Le docteur Günther m'a transmis un récit semblable sur une Souris qu'il a observée se suspendant ainsi par la queue. Si le Rat des moissons avait été plus strictement conformé pour habiter les arbres, il aurait peut-être eu la queue munie d'une structure préhensile, comme c'est le cas de quelques membres du même ordre. Il est difficile de dire, en considérant ses habitudes pendant sa jeunesse, pourquoi le Cercopithèque n'a pas acquis ces caractères. Il est possible toutefois que la queue très-allongée de ce Singe puisse lui rendre plus de services comme organe d'équilibre dans les bonds prodigieux auxquels il se livre, que comme organe de préhension.

Les glandes mammaires sont communes à la classe entière des mammifères, et indispensables à leur existence ; elles ont donc dû se développer depuis une époque excessivement reculée; mais nous ne savons rien de positif sur leur mode de développement. M. Mivart demande : « Peut-on concevoir que le jeune d'un animal quelconque pût être sauvé en suçant accidentellement une goutte d'un liquide à peine nutritif d'une glande cutanée accidentellement hypertrophiée de sa mère? Et en fût-il même ainsi, quelle chance y aurait-il eu en faveur de la perpétuation d'une telle variation? » Mais la question n'est pas loyalement posée. La plupart des évolutionistes admettent que les mammifères dérivent d'une forme marsupiale; les glandes mammaires se seront par conséquent développées en premier dans le sac marsupial. Dans le cas du poisson *Hippocampus* les œufs sont couvés, et les jeunes nourris pendant quelque temps dans un sac de ce genre; et un naturaliste, M. Lockwood, conclut de ce qu'il a vu du développement des jeunes, qu'ils étaient nourris par une sécrétion des glandes cutanées du sac. Maintenant chez les ancêtres précoces des mammifères, avant de mériter cette qualification, n'était-il pas possible au moins que les jeunes aient pu être nourris semblablement? Dans ce cas, ce ne sont que les individus produisant un liquide plus nutritif, ayant la nature du lait, qui dans la longue période écoulée ont élevé un plus grand nombre de descendants bien nourris, que n'ont pu le faire ceux ne produisant qu'un liquide plus pauvre; les glandes cutanées qui sont les homologues des glandes mammaires, ont dû être améliorées et rendues plus actives. Le fait que, sur un certain espace du sac, les glandes se soient plus développées que sur les autres, s'accorde avec le principe si étendu de la spécialisation; et elles auront à la base de la série mammalienne constitué un sein, d'abord dépourvu de mamelon, comme nous en observons chez l'Ornithorhynque. Je ne prétends aucunement décider la part qu'ont pu prendre à la spécialisation plus élevée des glandes, soit la compensation limitée de croissance, soit les effets de l'usage, soit la sélection naturelle.

Le développement des glandes mammaires n'aurait pu rendre aucun service, ni être effectué par sélection naturelle, si les jeunes n'étaient en même temps susceptibles d'activer la sécrétion. La difficulté n'est pas plus grande à comprendre comment les jeunes mammifères ont instinctivement appris à sucer la mamelle, que comment les poussins non éclos ont appris à briser la coquille de l'œuf en frappant avec leurs becs adaptés spécialement dans ce but, ou comment quelques heures après l'éclosion, ils ont pu savoir becqueter et ramasser les grains destinés à leur nourriture. La solution la plus probable dans ces cas est que l'habitude a été acquise par pratique à un âge plus avancé, et ensuite transmise à la descendance dès l'âge le plus précoce par hérédité. Mais on dit que le jeune Kangouroo ne suce pas, et ne fait que se cramponner au mamelon de la mère, qui a l'aptitude d'injecter le lait dans la bouche de sa progéniture dénuée et à moitié formée. M. Mivart fait sur ce sujet la remarque : « Sans une disposition spéciale, le jeune serait infailliblement suffoqué par l'introduction du lait dans la trachée. Mais il *y en a une*. Le larynx est assez allongé pour remonter jusqu'à l'orifice postérieur du passage nasal, et pour pouvoir ainsi donner libre entrée à l'air destiné aux poumons; le lait passe inoffensivement de chaque côté du larynx prolongé, et se rend sans difficulté dans l'œsophage qui est derrière. » M. Mivart demande alors comment la sélection naturelle a pu enlever au Kangouroo adulte (et aux autres mammifères dans la supposition qu'ils descendent d'une forme marsupiale) cette

conformation au moins complétement innocente et inoffensive ? »
On peut répondre que la voix, dont l'importance est certainement très-grande chez beaucoup d'animaux, n'aurait pu être employée dans toute sa puissance tant que le larynx pénétrait dans le passage nasal ; et le professeur Flower m'a fait observer qu'une structure de ce genre aurait apporté de gros obstacles à l'engloutissement d'une nourriture solide par l'animal.

Passons maintenant brièvement aux divisions inférieures du règne animal. Les Échinodermes (Astéries, Oursins, etc.) sont pourvus d'organes remarquables nommés pédicellaires qui consistent, bien développés, en un forceps tridactyle, c'est-à-dire une pince composée de trois bras dentelés, bien adaptés entre eux et placés sur une tige flexible mue par des muscles. Ce forceps peut saisir avec fermeté les objets ; Alexandre Agassiz a observé un Oursin passant rapidement des parcelles d'excréments de forceps en forceps le long de certaines lignes de son corps pour ne pas salir sa coquille. Mais il n'y a pas de doute que, tout en servant à enlever les ordures, ils remplissent d'autres fonctions, dont l'une paraît avoir pour objet la défense. Comme dans plusieurs occasions précédentes, M. Mivart demande au sujet de ces organes : « Quelle pouvait être l'utilité des premiers *commencements rudimentaires* de ces structures, et comment les bourgeons naissants ont-ils pu préserver la vie d'un seul Echinus? » Il ajoute : « Même un développement *subit* de l'action happante n'aurait pu être utile sans la tige mobile, ni cette dernière efficace, sans l'adoption des mâchoires propres à happer ; des conditions de structure coordonnées d'ordre aussi complexe ne peuvent simultanément provenir de variations légères et indéterminées, ce serait affirmer un paradoxe atterrant que de le nier. » Il est cependant certain, si paradoxal que cela paraisse à M. Mivart, qu'il existe chez plusieurs Astéries des forceps tridactyles sans tige, fixés solidement à leur base, susceptibles d'exercer l'acte de happer, et qui sont, au moins en partie, des organes défensifs. Je dois à l'obligeance que M. Agassiz a mise à me transmettre une foule d'informations sur ce sujet, qu'il y a d'autres Astéries, où l'un des trois bras du forceps est réduit à constituer un support des deux autres, et encore d'autres genres, où le troisième bras manque totalement. M. Perrier décrit l'*Echinoneus* comme portant deux sortes de pédicellaires, l'un ressemblant à celles de l'Echinus, et l'autre à celles du Spatangus; cas intéressants comme fournissant des exemples de transitions subites d'apparence, résultant de l'avortement d'un des deux états d'un organe.

M. Agassiz conclut de ses propres recherches et de celles de Müller, au sujet de la marche que ces organes curieux ont dû suivre dans leur évolution, qu'il faut sans aucun doute considérer les pédicellaires tant des Astéries que des Oursins, comme des épines modifiées. On peut le déduire tant de leur mode de développement dans l'individu, que de la longue et parfaite série des degrés auxquels ils se trouvent compris dans différents genres et espèces, entre de simples granulations passant à des piquants ordinaires, et devenant des pédicellaires tridactyles parfaits. La gradation s'étend jusqu'au mode suivant lequel les épines et les pédicellaires sont articulés à la coquille par des baguettes calcaires qui les portent. On trouve dans quelques genres d'Astéries « les combinaisons les plus propres à démontrer que les pédicellaires ne sont que des modifications de piquants ramifiés. » Ainsi, nous trouvons des épines fixes sur la base desquelles sont articulées trois branches équidistantes, mobiles et dentelées, et portant sur leur partie supérieure trois autres ramifications également mobiles. Lorsque ces dernières se détachent du sommet de l'épine, elles forment de fait un pédicellaire tridactyle grossier, qu'on peut trouver sur une même épine portant les trois branches inférieures. On ne peut dans ce cas méconnaître l'identité existante entre les bras des pédicellaires et les branches mobiles d'une épine. On admet que les piquants ordinaires ont un but protecteur, et il n'y a donc aucune raison à douter qu'il n'en soit aussi de même des rameaux mobiles et dentelés, appropriés d'ailleurs à une action plus efficace lorsqu'en existant ensemble, ils se réunissent pour fonctionner en appareil préhensile ou de saisie. Chaque gradation comprise entre un piquant ordinaire fixe et un pédicellaire fixe, paraît donc avoir un usage.

Ces organes, au lieu d'être fixés ou portés sur un soutien immobile, sont chez certains genres d'Astéries placés au sommet d'un tronc flexible et musculaire, bien que court, et ont probablement quelque fonction additionnelle à celle de la défense. On peut reconnaître chez les Oursins les pas suivis depuis l'épine fixe qui finit par s'articuler avec le test, acquérant ainsi la mobilité. Je voudrais pouvoir disposer de plus de place, afin de donner un extrait plus long des observations intéressantes d'Agassiz sur le développement des pédicellaires, dont, ajoute-t-il, on peut trouver toutes les gradations possibles entre celles des Astéries et les crochets des Ophiuriens, autre groupe d'Échinodermes, ainsi qu'entre les pédicellaires des Oursins et les ancres des Holothuries, appartenant à la même grande classe.

Certains animaux composés qu'on a nommés Zoophytes, et parmi eux les Polyzoaires en particulier, sont pourvus d'organes curieux, appelés aviculaires, et différant beaucoup par leur structure dans les diverses espèces. Ils ressemblent, dans leur état le plus parfait, singulièrement à une tête ou à un bec de vautour en miniature, placés sur un cou mobile, ce qui est également le cas pour la mandibule inférieure. J'ai observé sur une espèce que tous les aviculaires de la même branche se remuaient simultanément en arrière et en avant (la mâchoire inférieure largement ouverte a un angle d'environ 90°) dans le cours de cinq secondes, et par ce mouvement provoquaient un tremblement dans tout le Polyzoaire. Quand on touche avec une aiguille les mâchoires, elles la saisissent avec une fermeté qui permet de secouer la branche elle-même.

M. Mivart cite ce cas surtout pour montrer la difficulté d'expliquer par la sélection naturelle le développement dans des divisions fort distinctes du règne animal d'organes comme les aviculaires des Polyzoaires et les pédicellaires des Échinodermes, qu'il regarde comme étant essentiellement semblables. Mais, en ce qui concerne leur structure, je ne vois aucune similarité entre les pédicellaires tridactyles et les aviculaires. Ces derniers ressemblent plus aux pinces des Crustacés, et M. Mivart aurait pu signaler cette ressemblance avec la même convenance, comme une difficulté spéciale, et même celle qu'ils ont avec une tête d'oiseau et son bec. M. Busk, D' Smitt et D' Nitsche, — naturalistes qui ont étudié ce groupe fort attentivement, — considèrent les aviculaires comme les homologues des zooïdes, et de leurs cellules composant le zoophyte, la lèvre ou cou-

vercle mobile de la cellule correspondant à la mandibule inférieure également mobile de l'aviculaire. M. Busk toutefois ne
connaît aucune gradation actuellement existante entre un zooïde
et un aviculaire. Il est donc impossible de conjecturer par
quelles gradations utiles une des formes a pu passer à l'autre,
mais il n'en résulte en aucune manière que ces degrés n'aient
pas existé.

Comme il existe quelque ressemblance entre les pinces des
Crustacés et les aviculaires des Polyzoaires, servant également
de pinces, il convient de montrer qu'il subsiste actuellement
une longue série de gradations utiles chez les premiers. Dans
la première et la plus simple phase, le segment terminal d'un
membre se meut contre le sommet carré du large pénultième
segment, soit contre un côté tout entier, pouvant ainsi saisir un
objet, le membre servant toujours d'organe locomoteur. Nous
trouvons ensuite un coin du même segment légèrement proémi-
nent, quelquefois pourvu de dents irrégulières, contre lesquelles le dernier segment vient s'appliquer. Par l'augmentation
de la grosseur de cette projection, sa forme ainsi que celle du
segment terminal, légèrement modifiée et améliorée, les pinces
deviennent de plus en plus parfaites jusqu'à former un instrument aussi efficace que les pattes-mâchoires des Homards.
Toutes ces gradations peuvent être parfaitement suivies.

Les Polyzoaires ont, outre l'aviculaire, des organes curieux
nommés *vibracula*. Ils consistent généralement en de longues
soies capables de mouvement et facilement excitables. Dans
une espèce que j'ai examinée, les vibracules étaient légèrement
courbés et dentelés le long du bord extérieur, tous ceux du même
Polyzoaire se mouvaient simultanément, agissant comme de
longues rames, de manière qu'elles balayèrent rapidement une
branche sur le porte-objet de mon microscope. En plaçant en
face des Polyzoaires une branche, les vibracules s'embrouillent
et font de violents efforts pour se libérer. On leur suppose un
usage défensif, et d'après l'observation de M. Busk, « ils balayent
lentement et doucement la surface du polypier, pour éloigner
ce qui pourrait nuire aux tentacules des habitants délicats des
cellules ». Les aviculaires présentent probablement un but
défensif, comme les vibracules, mais ils saisissent et tuent
de petits animaux qu'on croit être ensuite entraînés par

les courants à portée des tentacules des zooïdes. Quelques espèces sont pourvues d'aviculaires et de vibracules ; il en est qui n'ont que les premiers, et un petit nombre est pourvu de vibracules seuls.

Il est difficile de s'imaginer la différence immense qui existe entre l'aspect d'un vibraculum ou faisceau de soies et d'un aviculaire ressemblant à une tête d'oiseau, bien qu'ils soient homologues et proviennent d'une même source commune, un zooïde avec sa cellule. Nous pouvons donc, d'après cette origine, comprendre comment ces organes peuvent dans certains cas passer graduellement de l'un à l'autre, comme me l'a démontré M. Busk sur les aviculaires de plusieurs espèces de Lepralia. Ici la mandibule mobile est très-allongée et assez semblable à une touffe de poils, dont on ne peut déterminer la nature aviculaire que par la présence du bec fixe qui se trouve au-dessus d'elle. Le vibracule peut s'être développé de la lèvre des cellules, sans avoir passé par la phase aviculaire ; mais il semble plus probable qu'il a suivi cette dernière voie, car pendant les états précoces de la transformation, les autres parties de la cellule avec le zooïde inclus n'auraient pas pu avoir disparu subitement. Dans beaucoup de cas les vibracules ont à leur base un support cannelé qui paraît représenter le bec fixe, bien qu'il fasse défaut entièrement chez quelques espèces. Cette appréciation du développement du vibracule, si elle est digne de confiance, est intéressante ; car en supposant que toutes les espèces munies d'aviculaires eussent disparu, l'imagination la plus vive n'aurait pu croire que les vibracules aient primitivement existé comme partie d'un organe ressemblant à une tête d'oiseau ou à un capuchon irrégulier. Il est intéressant de voir deux organes si considérablement différents se développer en partant d'une origine commune, et la mobilité de la lèvre de la cellule servant de protection au zooïde, il n'y a aucune difficulté à croire que toutes les gradations par lesquelles la lèvre a été transformée en mandibule inférieure d'un aviculaire, et ensuite en une soie allongée, aient été également des dispositions protectrices dans des circonstances et directions différentes.

M. Mivart, dans sa dicussion, ne traite que deux cas tirés du règne végétal et relatifs, l'un à la structure des fleurs des

Orchidées, et l'autre aux mouvements des plantes grimpantes.
Quant aux premières, il dit : « On estime comme non satisfaisante l'explication qu'on donne de leur *origine*, —insuffisante
pour faire comprendre les commencements naissants et infinitésimaux de conformations qui n'ont d'utilité que lorsqu'elles ont
atteint un développement considérable. » Ayant traité à fond
ce sujet dans un autre ouvrage, je ne donnerai ici que quelques
détails sur une seule des plus frappantes particularités des
fleurs d'Orchidées, au sujet de leur fécondation. Un amas pollénique bien développé consiste en une quantité de grains de
pollen fixés à une tige élastique ou caudicule, et réunis par
une petite quantité d'une substance excessivement visqueuse.
Ces amas de pollen sont transportés d'une fleur au stigmate
d'une autre par les insectes. Il y a des espèces d'Orchidées où
les masses de pollen n'ont pas de caudicule, les grains étant
seulement reliés ensemble par des filaments d'une grande
finesse, mais il est inutile d'en parler ici, cette disposition
n'étant pas particulière aux Orchidées; je peux pourtant mentionner que dans le Cypripedium qui se trouve à la base de la
série de cette famille, nous pouvons entrevoir le mode probable
suivant lequel les filaments ont été développés en premier.
Dans d'autres Orchidées ces filaments se réunissant sur un
point de l'extrémité des amas de pollen, constituent la première
où naissante trace d'une caudicule. Nous trouvons une bonne
preuve de l'origine de cette conformation, même lorsqu'elle
est hautement développée et très-allongée, dans les grains de
pollen avortés qu'on découvre quelquefois enfouis dans les parties centrales et fermes de la caudicule.

En ce qui concerne la seconde particularité principale, la
petite masse de matière visqueuse portée par l'extrémité de
la caudicule, on peut signaler une longue série de gradations,
toutes ayant été manifestement utiles à la plante. Dans presque
toutes les fleurs d'autres ordres, le stigmate sécrète une substance visqueuse. Dans certaines Orchidées une matière simi-
laire est sécrétée, mais en quantité beaucoup plus grande par
l'un des trois stigmates, qui reste stérile peut-être à cause de la
sécrétion copieuse dont il est le siége. Tout insecte visitant une
fleur de ce genre enlève par frottement une partie de substance
muqueuse, et emporte en même temps quelques grains de pol-

len. De cette simple condition qui ne diffère que peu de celles qui s'observent dans une foule de fleurs communes, il est des degrés de gradation infinis, — depuis les espèces où la masse pollénique occupe l'extrémité d'une caudicule courte et libre, — jusqu'à celles où la caudicule s'attache fortement à la matière visqueuse, le stigmate stérile se modifiant lui-même beaucoup. Nous avons dans ce dernier cas un appareil pollénique dans ses conditions les plus développées et les plus parfaites. Quiconque examinera par lui-même les fleurs des Orchidées avec soin, ne niera pas l'existence de la série de gradations précitées, — d'une masse de grains polléniques réunis entre eux par des fils, avec un stigmate ne différant que fort peu de celui d'une fleur ordinaire, à un appareil pollénique d'une haute complexité, admirablement adapté au transport par les insectes; il ne niera pas non plus que toutes les gradations sont dans les diverses espèces très-bien adaptées à la conformation générale de chaque fleur afin de provoquer sa fécondation par les insectes. Dans ce cas et dans presque tous les autres, l'investigation peut être poussée plus loin, et on peut demander comment le stigmate d'une fleur ordinaire a pu devenir visqueux ; mais comme nous ne savons pas l'histoire complète d'un seul groupe d'êtres, il est inutile de poser de pareilles questions, auxquelles nous ne pouvons espérer répondre.

Venons-en aux plantes grimpantes. On peut les ranger en une longue série depuis celles qui s'enroulent simplement autour d'un support, jusqu'à celles que j'ai appelées à feuilles grimpantes, et à celles pourvues de vrilles. Dans ces deux dernières classes les tiges ont généralement, mais pas toujours, perdu l'aptitude à s'enrouler, bien qu'elles conservent celle de la rotation, que possèdent également les vrilles. Les gradations des plantes à feuilles grimpantes à celles pourvues de vrilles sont fort rapprochées et certaines plantes peuvent être indifféremment placées dans l'une ou l'autre classe. Mais en remontant la série des simples enroulantes jusqu'à celles pourvues de vrilles une qualité importante apparaît, c'est une sensibilité qui provoque dans les tiges des feuilles ou des fleurs, ou dans leurs modifications en vrilles au contact d'un objet des mouvements dans le but de l'entourer et de le saisir. Après avoir lu mon mémoire sur ces plantes, on admettra, à ce que je crois, que les nombreuses gradations dans la formation et structure existantes entre les plantes simplement enroulantes et celles à vrilles, sont avantageuses dans chaque cas à un haut degré pour l'espèce. Par exemple, il devait être tout à l'avantage d'une plante grimpante de devenir une plante à feuilles grimpantes, et il est probable que chacune d'elles, portant des feuilles à tiges longues, se serait développée en une plante à feuilles grimpantes, si les tiges des feuilles avaient présenté, même à un faible degré, la sensibilité requise pour répondre à l'action du contact.

L'enroulement constituant le mode le plus simple de s'élever sur un support, et formant la base de notre série, on peut naturellement demander comment les plantes ont pu acquérir cette aptitude naissante, qui plus tard s'est améliorée et s'est augmentée par sélection naturelle. L'enroulement dépend d'abord de la flexibilité excessive des tiges jeunes (caractère commun à beaucoup de plantes qui ne sont pas grimpantes), et ensuite de ce que ces tiges soient constamment recourbées dans toutes les directions, successivement de l'une à l'autre, dans le même ordre. Ce mouvement a pour résultat leur inclinaison de tous côtés et détermine chez elles une rotation suivie. Dès que la portion inférieure de la tige rencontre un obstacle qui l'arrête, la partie supérieure continue à se courber et à tourner, et ainsi à entourer le support en montant. Le mouvement rotatoire cesse après la croissance précoce de chaque rejeton. Cette appropriation à une rotation qui a adapté des plantes à l'enroulement, se rencontrant isolément dans des espèces et des genres distincts, qui appartiennent à des familles de plantes fort éloignées entre elles, a dû être acquise d'une manière indépendante, et non par hérédité d'un ancêtre commun. Cela me conduisit à penser qu'une légère tendance à ce genre de mouvement serait loin d'être rare chez les plantes non grimpantes, et que cela a dû donner les fondements de l'action améliorante de la sélection naturelle. Je ne connaissais, lorsque je fis cette réflexion, qu'un seul cas fort imparfait, celui des jeunes pédoncules floraux du *Maurandia*, qui tournent légèrement et irrégulièrement, comme les tiges des plantes enroulantes, mais sans faire aucun usage de cette habitude. Fritz Müller découvrit peu après que les jeunes tiges d'un *Alisma* et d'un *Linum*, — plantes non grimpantes et fort éloignées l'une de l'autre dans le système naturel.

— étaient affectées d'un mouvement de rotation bien apparent, mais irrégulier ; il ajoute qu'il a des raisons pour croire que cela a lieu chez d'autres plantes. Ces légers mouvements paraissent ne rendre aucun service à ces plantes, en tous cas ils n'ont aucun usage relatif au grimpement, qualité dont nous nous occupons. Néanmoins nous pouvons voir que si leurs tiges avaient été flexibles, et qu'il leur eût été utile, dans les conditions où elles se trouvent, de monter à une certaine hauteur, leur mouvement habituel d'une rotation lente et irrégulière aurait pu être augmenté et utilisé par sélection naturelle, ce qui les aurait transformées en espèces enroulantes bien développées.

On peut appliquer les mêmes remarques à la sensibilité des tiges, des feuilles, des fleurs et des vrilles qu'aux cas de mouvement rotatoire des plantes enroulantes. Ce genre de sensibilité se rencontrant chez un nombre considérable d'espèces qui appartiennent à des groupes les plus différents, il doit se trouver à un état naissant dans beaucoup de plantes qui ne sont pas devenues grimpantes. C'est le cas de la *Maurandia* précitée, chez laquelle j'ai observé que les pédoncules floraux jeunes se recourbaient légèrement vers le côté où elles étaient touchées. Morren a constaté sur plusieurs espèces d'*Oxalis* des mouvements dans les feuilles et dans les tiges, surtout après avoir été exposées à un chaud soleil, lorsqu'on les touchait faiblement et d'une manière répétée, ou qu'on secouait la plante. J'ai renouvelé sur d'autres espèces d'*Oxalis* les mêmes observations avec le même résultat ; dans quelques-unes le mouvement était plus distinct, mais plus visible dans les jeunes feuilles, dans d'autres espèces le mouvement n'était que très-léger. Voici un fait plus important, appuyé sur la haute autorité d'Hofmeister : après avoir été secouées, les jeunes pousses et les feuilles de toutes les plantes entrent en mouvement. Chez les plantes grimpantes, comme nous le savons, ce n'est que pendant les temps précoces de la croissance que les pétioles, pédoncules et vrilles sont sensibles.

Il est à peine possible d'admettre que les mouvements légers précités, provoqués par l'attouchement ou la secousse des organes jeunes et croissants des plantes, puissent avoir une importance fonctionnelle pour eux. Mais obéissant à divers stimulants, les plantes possèdent des pouvoirs moteurs qui ont pour eux une importance manifeste; par exemple, leur tendance à rechercher la lumière et rarement à l'éviter, leur propension à pousser dans la direction contraire à l'attraction terrestre plutôt qu'à la suivre. Les mouvements qui résultent de l'excitation des nerfs et des muscles d'un animal par le galvanisme ou par l'absorption de la strychnine peuvent être considérés comme un résultat accidentel, car ni les nerfs ni les muscles n'ont été rendus spécialement sensibles à ces stimulants. Il paraît également que les plantes ayant une aptitude à des mouvements causés par certains stimulants, peuvent accidentellement être excitées par un attouchement ou une secousse. Il n'y a donc aucune grosse difficulté à admettre que chez les plantes à feuilles grimpantes ou munies de vrilles, cette tendance ait été favorisée et augmentée par la sélection naturelle. Il est toutefois probable, par des raisons que j'ai consignées dans mon mémoire, que cela ne sera arrivé qu'aux plantes ayant déjà acquis l'aptitude à contourner, et qui sont ainsi devenues enroulantes.

J'ai déjà cherché à expliquer comment les plantes ont acquis cette particularité, à savoir, par une augmentation d'une tendance à des mouvements légers et irréguliers de rotation n'ayant d'abord aucun usage; ces mouvements, comme ceux provoqués par un attouchement ou une secousse, sont le résultat accidentel de l'aptitude au mouvement, gagnée en vue d'autres motifs avantageux. Je n'ai aucune prétention à décider si pendant le développement graduel des plantes grimpantes la sélection naturelle a reçu quelque aide des effets héréditaires de l'usage; mais nous savons que certains mouvements périodiques, tels que celui qu'on a désigné sous le nom de sommeil des plantes, sont gouvernés par l'habitude.

J'ai maintenant considéré assez, peut-être trop, des cas choisis avec soin par un habile naturaliste, pour prouver que la sélection naturelle reste incompétente à rendre compte des états naissants des conformations utiles; j'espère avoir montré que de ce chef on ne rencontre pas de grande difficulté. J'ai trouvé ainsi une excellente occasion de m'étendre un peu sur les gradations structurales souvent associées à un changement de fonctions, — sujet important qui n'a pas été assez longuement traité dans les éditions précédentes de cet ouvrage. — Je récapitule brièvement les cas que j'ai indiqués.

En ce qui concerne la Girafe, la préservation continue des individus de quelque ruminant éteint, devant à la longueur de leur cou, jambes, etc., la haute portée qui leur permettait de brouter au-dessus de la hauteur moyenne, et la destruction continue de ceux qui ne pouvaient atteindre la même hauteur, auraient suffi à produire ce quadrupède remarquable ; mais l'usage prolongé de toutes les parties ainsi que l'hérédité auront aussi contribué d'une manière importante à leur coordination. Il n'y a aucune improbabilité à croire que chez les nombreux Insectes qui imitent divers objets, une ressemblance accidentelle à un objet quelconque ait été dans chaque cas l'occasion de mettre en action la sélection naturelle, dont les effets se seraient perfectionnés plus tard par la conservation occasionnelle des variations légères qui tendaient à augmenter la ressemblance. Cela pouvait durer aussi longtemps que l'Insecte aurait continué à varier, et que sa ressemblance plus parfaite lui permettait d'échapper à ses ennemis doués d'une vue perçante. Sur le palais de quelques espèces de Baleines, il y a une tendance à la formation de petites pointes irrégulières cornées, et en vertu de l'aptitude de la sélection naturelle à conserver toutes les variations favorables, ces pointes ont été converties en nœuds lamellaires ou en dentelures, comme celles du bec d'Oie, — ensuite en lames courtes comme dans le Canard domestique, — puis en lamelles aussi parfaites que dans un Souchet, — et enfin en gigantesques fanons de Baleine, comme dans la bouche de l'espèce du Groënland. Les fanons servent dans les familles de Canards, d'abord de dents, puis partiellement à la mastication et enfin d'appareil de filtration, dernier usage auquel ils sont presque exclusivement employés.

L'habitude ou l'usage n'ont, autant que nous pouvons en juger, que peu ou point contribué au développement des conformations cornées ou en baleine comme celles dont il s'agit. D'autre part, le transfert de l'œil inférieur du Poisson plat au côté supérieur de la tête, et la formation d'une queue préhensile, chez certains Singes, peuvent être attribués presque entièrement à l'usage continu et à l'hérédité. Quant aux mamelles des animaux supérieurs, on peut conjecturer que primitivement

les glandes cutanées couvrant la surface totale d'un sac marsupial sécrétaient un liquide nutritif, et que ces glandes, améliorées par sélection naturelle et concentrées sur un espace limité,
ont fini par former la mamelle. Il n'est pas plus difficile de
comprendre comment les piquants ramifiés de quelque ancien
Échinoderme, servant à la défense, se sont développés par sélection naturelle en pédicellaires tridactyles, que de comprendre
l'accroissement des pinces des Crustacés par des modifications
utiles, quoique légères, apportées dans les derniers segments
d'un membre d'abord employé pour la locomotion. Les aviculaires et vibracules des Polyzoaires sont des organes ayant la
même origine, quoique fort différents par leur aspect; il est
facile de comprendre les services qu'ont rendus les gradations
successives qui ont produit les vibracules. Dans les amas polléniques des Orchidées, les filaments qui primitivement servaient
à rattacher ensemble les grains de pollen se changent par
leur fusion en caudicules; on peut également suivre la marche
de la substance visqueuse semblable à celle que sécrètent
les stigmates des fleurs ordinaires, et servant à peu près,
quoique pas tout à fait, au même usage, en restant attachée
aux extrémités libres des caudicules; toutes ces gradations ont
été évidemment avantageuses aux plantes en question.

On a souvent demandé : Si la sélection naturelle a tant de
puissance, pourquoi n'a-t-elle pas donné à certaines espèces
telle ou telle structure qui leur eût été avantageuse? Mais nous
n'avons aucune raison pour pouvoir obtenir une réponse précise à des questions de ce genre, si nous pensons à notre ignorance sur le passé de chaque espèce, et sur les conditions qui
aujourd'hui déterminent son abondance et sa distribution.
On ne peut fournir dans la plupart des cas que des raisons
générales, il n'y en a que quelques-uns où l'on peut en donner
de spéciales. Ainsi la nécessité de beaucoup de modifications
coordonnées étant indispensable pour adapter une espèce à de
nouvelles habitudes vitales, il a pu arriver souvent que certaines parties n'aient pas varié d'une manière convenable ou
jusqu'au degré voulu. L'accroissement numérique a dû dans
beaucoup d'espèces être limité par des agents de destruction,
qui, étrangers à tout rapport avec certaines conformations,
nous paraissent devoir être la conséquence d'une sélection

naturelle, à cause des avantages qui devraient en résulter pour l'espèce. Mais, dans ce cas, cette dernière n'a pas pu provoquer les conformations dont il s'agit, qui ne jouent aucun rôle dans la lutte pour l'existence. La présence simultanée des conditions complexes, de longue durée, de nature particulière, agissant ensemble, qui sont nécessaires au développement de certaines conformations, ne peut d'ailleurs être que fort rare. L'opinion qu'une structure donnée que nous croyons, souvent à tort, être avantageuse pour une espèce, devrait être en toute circonstance le produit de la sélection naturelle, est contraire à ce que nous pouvons comprendre d'après son mode d'action. M. Mivart ne nie pas que la sélection naturelle n'ait pu effectuer quelque chose; mais il la regarde comme insuffisante pour la démonstration des phénomènes que j'explique par son action. Ses arguments principaux ayant été pris en considération, nous examinerons les autres plus loin. Ils me paraissent peu démonstratifs et de peu de poids, comparés à ceux qui appuient la puissance de la sélection naturelle et des autres agents souvent cités. Je dois ajouter ici que quelques faits et arguments dont j'ai fait usage dans ce qui précède ont été cités dans le même but dans un excellent article récemment publié par la *Medico-Chirurgical Review*.

Actuellement, presque tous les naturalistes admettent quelque forme d'évolution. M. Mivart croit que les espèces changent en vertu « d'une force ou d'une tendance internes », sur lesquelles on affirme ne rien savoir. Tous les évolutionistes admettront que les espèces ont une aptitude à changer, mais il me semble qu'il n'y a aucun motif d'invoquer d'autre force interne que la tendance à la variabilité ordinaire, qui a permis à l'homme de produire, à l'aide de la sélection, un grand nombre de races domestiques bien adaptées à leur destination, et qui peut avoir également fait naître par la sélection naturelle à degrés graduels les races ou espèces vivant en liberté. Comme nous l'avons déjà expliqué, le résultat final constitue généralement un progrès dans l'organisation, cependant il se présente un petit nombre de cas où c'est au contraire une rétrogradation.

M. Mivart est d'ailleurs disposé à croire, avec quelques naturalistes qui partagent son opinion, que les espèces nou-

velles se produisent « subitement et par des modifications
paraissant toutes à la fois ». Il suppose, par exemple, que les
différences entre l'Hipparion tridactyle et le Cheval aient apparu
brusquement. Il pense difficile de croire que l'aile d'un Oiseau
ait pu se développer autrement que par une modification
comparativement brusque, de nature marquée et importante ;
opinion qu'il paraît attribuer de la même manière à la formation des ailes des Chauves-souris et des Ptérodactyles. Cette
conclusion, qui implique d'énormes lacunes et une discontinuité
de la série, me paraît improbable au plus haut degré.

Les partisans d'une évolution lente et graduelle doivent
admettre que des changements spécifiques aient pu être aussi
subits et aussi considérables à l'état de nature qu'une simple
variation isolée, comme cela a lieu à l'état domestique. Pourtant les espèces élevées ou cultivées étant bien plus variables
que les espèces sauvages, il est peu probable que ces dernières aient été affectées aussi souvent de modifications si
prononcées et si subites que celles qui surgissent accidentellement à l'état domestique. On peut attribuer au retour plusieurs des variations de ce genre, et cette réapparition de
caractères rend probable qu'ils ont été acquis graduellement
dans le principe. On peut qualifier un plus grand nombre
du nom de monstruosités, telles que les Hommes à six doigts,
ceux Porcs-épics, les Moutons Ancons, le bétail Niata, etc., qui
n'éclairent que très-peu notre sujet, vu que ces caractères
diffèrent considérablement de ce qu'ils sont dans les espèces
naturelles. En excluant de pareils cas de variations brusques,
le petit nombre de ceux qui restent pourraient, trouvés à l'état
naturel, représenter au plus des espèces douteuses, plus rapprochées du type de leurs ancêtres.

Voici les raisons qui motivent mes doutes sur le fait que les
espèces naturelles aient éprouvé des changements aussi
prompts que ceux qu'on observe occasionnellement chez les
races domestiques, et qui m'empêchent complétement de
croire au procédé bizarre auquel M. Mivart attribue leur formation. L'expérience nous apprend que des variations subites
et fortement prononcées s'observent isolément et à intervalles
de temps assez éloignés dans nos produits domestiques.
Comme nous l'avons déjà expliqué, des variations de ce genre

se manifestant dans l'état de nature, seraient sujettes à disparaître par des causes accidentelles de destruction, et surtout par les croisements subséquents. Nous savons par expérience qu'à l'état domestique, il en est de même lorsque l'homme ne s'attache pas à conserver et à isoler avec les plus grands soins les individus pourvus de ces variations subites. Il faudrait donc croire nécessairement, d'après la théorie de M. Mivart, et contrairement à toute analogie, que pour provoquer l'apparition subite d'une nouvelle espèce, il y ait simultanément paru dans un même district beaucoup individus étonnamment changés. Comme dans les cas où l'homme se livre inconsciemment à la sélection, la théorie de l'évolution graduelle élude la difficulté en question, en contribuant à la conservation d'un grand nombre d'individus, variant plus ou moins dans une direction favorable, et par la destruction de ceux qui, peut-être aussi nombreux, varient d'une manière contraire.

Il n'y a aucun doute que beaucoup d'espèces se sont développées d'une manière excessivement graduelle. Les espèces et même les genres de nombreuses grandes familles naturelles sont si rapprochés, qu'il est souvent difficile de les distinguer entre eux. Dans chaque continent, en allant du nord au midi, des terres basses aux régions élevées, etc., nous trouvons une foule d'espèces analogues ou très-voisines, comme cela nous arrive également sur certains continents séparés, mais que nous avons toute raison de croire avoir été autrefois réunis. Les remarques qui précèdent et les suivantes m'obligent à faire allusion à des sujets que nous aurons à discuter plus loin. Une quantité de formes provenant des îles entourant un continent ne peuvent être élevées qu'au rang d'espèces douteuses. Il en est de même si nous regardons dans le passé et comparons les espèces qui viennent de disparaître avec celles vivant actuellement dans les mêmes contrées, ou si nous faisons la même comparaison entre les espèces fossiles enfouies dans les étages successifs d'une même formation géologique. Il est manifeste, d'ailleurs, qu'une foule d'espèces éteintes se rattachent de la manière la plus étroite à d'autres encore vivantes, ou ayant encore existé récemment, et on ne peut guère soutenir que ces espèces se soient développées d'une façon brusque et soudaine. Il ne faut pas non plus oublier, lorsque nous examinons les parties spéciales d'espèces voisines, mais non distinctes, que nous trouvons des gradations nombreuses d'une finesse étonnante, reliant des structures totalement différentes.

Un grand nombre de groupes de faits ne sont compréhensibles qu'en admettant que les espèces se sont produites à très-petits pas ; par exemple, le fait que les espèces comprises dans les grands genres sont plus rapprochées entre elles, et présentent un nombre de variétés beaucoup plus considérable que celles des genres plus petits. Les premières sont ainsi réunies en petits groupes, comme le sont les variétés autour des espèces avec lesquelles elles offrent d'autres analogies, ainsi que nous l'avons vu au deuxième chapitre. Le même principe nous fait comprendre pourquoi les caractères spécifiques sont plus variables que les génériques, et pourquoi les organes développés à un degré extraordinaire varient davantage que les autres de la même espèce. On pourrait ajouter bien des faits analogues, tous tendant à la même direction.

Bien qu'un grand nombre d'espèces se soient formées à pas aussi petits que ceux séparant les moindres variétés, on pourrait cependant soutenir qu'il y en a eu qui se sont développées d'une manière brusque et différente, mais alors il faudrait apporter des preuves évidentes à l'appui. Les analogies vagues et sous quelques rapports fausses, comme M. Chauncey Wright l'a démontré, qui ont été avancées à l'appui de cette idée, telles que la cristallisation brusque de substances inorganiques, ou le passage d'un polyèdre à un autre par des changements de facettes, ne méritent aucune considération. Il est cependant une classe de faits qui, à première vue, appuient la possibilité d'un développement subit, c'est l'apparition soudaine d'êtres nouveaux et distincts dans nos formations géologiques. Mais la valeur de ces preuves dépend entièrement de la perfection des documents géologiques relatifs à des périodes très-reculées de l'histoire du globe. Or, si ces annales sont aussi fragmentaires que beaucoup de géologues l'affirment, il n'y a rien d'étrange à ce que de nouvelles formes nous apparaissent comme si elles venaient de se développer subitement.

Aucune lumière ne résulte en faveur des brusques modifi-

cations motivées sur l'absence de chaînons comblant les lacunes
de nos formations géologiques, à moins d'admettre les **transformations prodigieuses** de M. Mivart, du développement subit
des ailes d'Oiseaux et de Chauves-souris, la brusque conversion
de l'Hipparion en Cheval. Mais l'embryologie nous conduit à
protester nettement contre ces changements subits. Il est
notoire que les ailes des Oiseaux et des Chauves-souris, les
membres des Chevaux ou autres quadrupèdes sont indistin-
guables à une période embryonnaire précoce, pour ensuite se
différencier par une marche infiniment graduelle. Comme nous
le verrons plus tard, les ressemblances embryologiques de **tout**
genre s'expliquent par le fait que les ancêtres de nos espèces
existantes, ayant varié après leur première jeunesse, ont transmis leurs caractères nouvellement acquis à leurs descendants **à**
l'âge correspondant. L'embryon n'étant donc pas affecté par
ces variations, reste comme document de l'état passé de l'espèce. C'est ce qui explique la ressemblance si fréquente **des**
phases précoces du développement des espèces existantes, **avec**
des formes anciennes et éteintes appartenant à la même classe.
Qu'on accepte cette opinion sur la signification des ressemblances embryologiques, ou toute autre manière de l'envisager, il n'est pas croyable qu'un animal ayant subi des transformations aussi importantes et aussi brusques que celles précitées, n'offre pas la moindre trace d'une modification subite
pendant son état embryonnaire ; or, chaque détail de conformation se développe par des phases insensibles.

Qui croira que quelque forme ancienne a été subitement
transformée par une force interne ou une tendance en une
autre, pourvue d'ailes par exemple, sera presque forcé d'admettre, contrairement à toute analogie, que beaucoup d'individus ont dû varier simultanément. Il ne peut nier que des
modifications aussi subites et considérables diffèrent complétement de celles que la plupart des espèces paraissent avoir
éprouvées. Il sera de plus forcé de croire à la production
subite de nombreuses conformations admirablement adaptées
aux autres parties du corps de l'individu et aux conditions
ambiantes, sans pouvoir présenter l'ombre d'une explication
de ces coadaptations si compliquées et si merveilleuses. Il sera
obligé d'admettre que ces grandes et brusques transformations

n'ont laissé sur l'embryon aucune trace de leur action. Il me semble qu'accorder tout ce qui précède, c'est entrer dans le domaine du miracle, en abandonnant le champ de la science.

Page 240, ligne 2. Ajouter après « *sélection naturelle* », le paragraphe suivant :

« Dans le genre Molothrus, genre très-distinct d'oiseaux américains, voisin de nos Étourneaux, quelques espèces ont des habitudes parasites, semblables à celles du Coucou, présentant des gradations intéressantes dans la perfection de leurs instincts. M. Hudson, excellent observateur, a constaté que les sexes du *Molothrus badius* vivent en troupeaux, où quelquefois ils apparient. tandis qu'en d'autres cas ils restent en promiscuité. Tantôt ils se construisent un nid particulier, tantôt s'approprient celui d'un autre oiseau, en jetant dehors la couvée qu'il contient, et y pondent leurs œufs, ou construisent bizarrement à son sommet un nid à leur usage. Ils couvent ordinairement leurs œufs et élèvent leurs jeunes ; mais M. Hudson dit qu'il est probable qu'à l'occasion ils sont parasites, car il a observé les jeunes de cette espèce suivant des oiseaux âgés d'une autre espèce et criant pour être nourris par eux. Les habitudes parasites sont loin d'être parfaites, quoique beaucoup plus développées dans une autre espèce, le *Molothrus bonariensis*, qui, autant qu'on peut le savoir, pond invariablement dans des nids étrangers. Il est curieux d'en voir quelquefois plusieurs se réunir pour commencer la construction d'un nid irrégulier et mal conditionné, placé dans des situations singulièrement mal choisies, comme sur les feuilles d'un grand chardon. Toutefois, autant que M. Hudson a pu le vérifier, ils ne complètent jamais un nid pour eux. Ils pondent souvent des œufs si nombreux, — de quinze à vingt, — dans le même nid étranger. qu'il n'en peut éclore que peu ou point du tout. Ils ont de plus l'habitude extraordinaire de piqueter du bec dans les nids étrangers les œufs qu'ils y trouvent, même ceux de leur propre espèce. Les femelles pondent aussi beaucoup d'œufs sur le sol, qui sont ainsi perdus. Une troisième espèce, le *M. pecoris* de l'Amérique du Nord, a acquis des instincts

aussi parfaits que le Coucou, en ce qu'il ne pond pas plus d'un
œuf dans un nid alimentaire, ce qui assure l'élevage certain
du jeune oiseau. M. Hudson, qui est un puissant adversaire
de l'évolution, paraît cependant avoir été si frappé de l'imperfection des instincts du *M. bonariensis*, qu'il cite mes paroles : .
« Faut-il considérer ces habitudes, non comme des instincts
héréditaires ou créés, mais comme de faibles conséquences
d'une loi générale, à savoir, la transition? »

Page 272, ligne 10. Après le mot « *cas* » ajouter : « M. de Qua-
trefages constate qu'on a pu observer à Paris la fertilité *inter se*
pendant *huit* générations, des hybrides provenant de deux
Phalènes (*Bombyx cynthia* et *arrindia*). »

Page 289, ligne 26. Ajouter après la phrase terminée par le
mot « *illusoire* », le passage suivant : « Qui pourra expliquer
pourquoi l'éléphant et une foule d'autres animaux sont incapables de reproduction lorsqu'ils sont soumis à une captivité
partielle dans leur pays natal, sera en état de se rendre compte
de la cause première de la stérilité si habituelle des hybrides.
Il sera en même temps capable d'expliquer pourquoi les races
de quelques-uns de nos animaux domestiques, souvent soumises à des conditions nouvelles et pas uniformes, sont fécondes
entre elles, quoique descendantes d'espèces distinctes, qui
croisées entre elles se seraient probablement montrées tout à
fait stériles. » Les deux séries, etc.

Page 305. Terminer le chapitre en ajoutant au dernier mot,
« fondamentale, et à croire que les secondes ont primitivement
existé à l'état des premières. »

Page 314, ligne 4-13. Passage supprimé dans la nouvelle
édition, et remplacé par : « mais nous aurons à revenir sur le
sujet du temps. »

Page 337, ligne 5. Ajouter à la fin de la ligne, « au fond
duquel M. Hicks a trouvé dans les Galles du Sud des couches
peuplées de Trilobites et contenant divers mollusques et annélides. » La présence de nodules, etc.

Page 338, ligne 16. Ajouter après l'Amérique du Nord :
« Cette opinion a été admise depuis par Agassiz et d'autres. »

Page 356, ligne 7 d'en bas, après « *chameau* » : — « Les
Ongulés ou mammifères à sabots sont maintenant groupés en
divisions à doigts égaux et à doigts inégaux, mais le Macrau-

chenia de l'Amérique du Sud, jusqu'à un certain point, rattache ces deux grandes divisions. Personne ne niera que l'Hipparion ne soit intermédiaire entre le Cheval existant et quelques formes ongulées plus anciennes. »

Page 357, ligne 2. Après « *existants* » : — « Les Sirènes constituent un groupe très-distinct des mammifères, présentant la particularité fort remarquable d'une absence complète, chez le Dugong et le Lamantin, des membres postérieurs, dont on n'aperçoit pas la moindre trace. Mais le Halithérium éteint, avait, suivant le professeur Flower, un fémur ossifié « articulé dans une cavité cotyloïde bien définie du bassin », et par ce fait se rapprochait des quadrupèdes ordinaires à sabot, auxquels les Sirènes se rattachent par d'autres rapports. Les Cétacés sont fort différents des autres mammifères, mais les Zeuglodon et Squalodon tertiaires, que quelques naturalistes ont placés dans un ordre à part, sont considérés par le professeur Huxley comme étant sans aucun doute des Cétacés, constituant des chaînons en connexion avec les Carnivores aquatiques. »

Le même naturaliste a montré que même, etc.

Page 400, ligne 10. Après « *dans ses vallées*, » lisez : « Le même observateur a récemment trouvé de grandes Moraines à un niveau inférieur de la partie de l'Atlas qui occupe le nord de l'Afrique. » On trouve des marques de l'ancienne existence de glaciers le long de l'Himalaya, etc.

Page 410, ligne 21. Au lieu de : *voyons quelque cas*, etc., lire : « Nous ne pouvons ici considérer que quelques cas, dont les plus difficiles à expliquer s'observent chez les Poissons. On croyait autrefois que les mêmes espèces d'eau douce n'existaient jamais sur deux continents éloignés l'un de l'autre. Mais le Dr Günther a récemment montré que le *Galaxias attenuatus* habite la Tasmanie, la Nouvelle-Zélande, les îles Falkland et le continent de l'Amérique du Sud. Il y a là un cas remarquable qui indique probablement une dispersion, pendant une période antérieure chaude, émanant d'un centre antarctique ; mais le cas devient un peu moins étonnant lorsqu'on sait que les espèces de ce genre ont la faculté de franchir, par des moyens inconnus, des étendues considérables en plein Océan, de manière qu'une espèce est devenue commune à la Nouvelle-Zélande et aux îles Auckland, séparées par une distance de 230 milles environ (380 kil.) »

Page 411, ligne 22. Après « *grandes migrations* » : — « Le Dr Günther a été récemment conduit par diverses considérations à conclure à une durée considérable des mêmes formes chez les Poissons. » D'autre part avec des soins, etc.

Page 419, ligne 7 du paragraphe *Absence de Batraciens*, après *îles Salomon*, ajouter « et Seychelles. »

Page 428, ligne 20. Ajouter à la fin de l'alinéa : « Il en est de même, d'après M. Bates, des Papillons et autres animaux de la grande vallée ouverte et continue des Amazones. »

Page 448, ligne 30. Après « *analogiques* » ajouter : « Il en est de même de la ressemblance entre la Souris et la Musaraigne (*Sorex*), appartenant à des ordres différents, et de celle, encore beaucoup plus grande, existant entre la Souris et un petit animal marsupial (*Antechinus*) d'Australie. On peut, à ce qu'il me semble, attribuer les ressemblances dont il est question à une adaptation à des mouvements également actifs au milieu de buissons et d'herbages, leur permettant plus facilement d'échapper à leurs ennemis. »

Page 448, ligne 6 de bas en haut, après « *domestiques* » ajouter : « telles que la similitude frappante des formes des races améliorées du Porc commun et du Porc chinois, provenant d'espèces différentes ; et comme dans les tiges, etc. »

Page 449, ajouter entre l'alinéa de la 24e et de la 25e ligne, les trois suivants :

« On pourrait citer chez des êtres tout à fait distincts de nombreux cas de ressemblance entre des organes isolés, qui ont été adaptés aux mêmes fonctions. Un bon exemple s'en trouve dans l'étroite ressemblance des mâchoires du Chien avec celle du Loup tasmanien (*Thylacinus*), — animaux fort éloignés l'un de l'autre dans le système naturel. — Cette ressemblance est bornée à l'application générale, telle que la saillie des canines et la forme incisive des dents molaires. Mais les dents diffèrent réellement beaucoup : ainsi le Chien porte de chaque côté de la mâchoire supérieure quatre prémolaires et seulement deux molaires, tandis que le Thylacinus a trois prémolaires et quatre molaires. Les molaires diffèrent aussi beaucoup dans les deux animaux par leur conformation et leur grandeur relative. La dentition adulte est précédée d'une dentition de lactation tout à fait différente. On peut donc nier que dans les deux cas les dents ont été bien adaptées à déchirer la chair, par sélection naturelle et par des variations successives ; mais il m'est impossible de comprendre qu'on puisse l'admettre dans un cas et le nier dans l'autre. Je suis content de trouver qu'une autorité aussi élevée que le professeur Flower soit arrivée à cette même conclusion.

Les cas extraordinaires présentés dans un chapitre antérieur de Poissons fort différents, pourvus d'appareils électriques, — d'Insectes les plus divers possédant des organes lumineux, — et d'Orchidées et d'Asclépiades à masses de pollen avec disques visqueux, doivent rentrer aussi sous la rubrique des ressemblances analogiques. Mais ces cas sont si étonnants qu'on les a introduits à titre de difficultés ou d'objections à notre théorie. Dans tous ces cas on peut signaler quelque différence fondamentale dans la croissance ou le développement des organes, et généralement dans leur conformation adulte. Le but obtenu est le même, les moyens étant essentiellement différents, bien que paraissant superficiellement les mêmes. Le principe auquel nous avons fait allusion précédemment sous le nom de *variation analogique* a probablement joué souvent un rôle dans ce genre de cas. Les membres de la même classe, quoique alliés de fort loin, ont hérité dans leur constitution tant de traits en commun, qu'ils sont aptes à varier d'une façon semblable, sous l'influence de causes de même nature, ce qui aiderait évidemment l'acquisition par la sélection naturelle d'organes ou de parties se ressemblant étonnamment, en dehors de ce qui a pu dépendre de l'hérédité directe d'un ancêtre commun.

Comme des espèces appartenant à des classes distinctes ont souvent été adaptées par de légères modifications successives à vivre dans des conditions presque semblables, — par exemple, à habiter la terre, l'air et l'eau, — nous pouvons comprendre comment on a pu quelquefois observer un parallélisme numérique entre les subdivisions de classes distinctes. Frappé d'un parallélisme de ce genre, un naturaliste pourrait aisément l'étendre considérablement, en élevant ou rabaissant dans plusieurs classes, d'une manière arbitraire, l'évaluation des groupes (qui d'après toute notre expérience offre déjà ce caractère). C'est probablement ce qui a fait naître les classifications septénaires, quinaires, quarternaires et ternaires. »

Page 451. Lire en commençant l'alinéa du bas de la page en remontant : « MM. Wallace et Trimen ont également décrit plusieurs cas, etc. »

Page 452. L'alinéa comprenant les lignes 10-22 est dans cette nouvelle édition transféré à la fin de l'addition donnée ci-dessus, relative à la page 449, vu la rédaction un peu différente qu'elle a dans la sixième édition de l'original, et qui à ce titre a été reproduite ici.

Page 457, ligne 14 du paragraphe *Morphologie*, après le premier mot : « *relatives?* » ajouter : « Quel exemple plus frappant, quoique d'un ordre moins important, que le suivant? Les membres postérieurs du Kangouroo, si bien appropriés pour l'exécution des bonds énormes auxquels il se livre dans les plaines ouvertes, — ceux du Koala grimpeur et mangeur de feuilles, également bien conformés pour saisir les branches, — ceux des Péramèles vivant dans des galeries souterraines qu'ils se construisent en mangeant des racines ou des insectes, — enfin ceux de quelques autres Marsupiaux australiens, — tous ces membres sont construits sur le même type extraordinaire, ayant les os des deuxième et troisième doigts très-minces et enveloppés dans la même peau, et constituant ainsi en apparence un doigt unique pourvu de deux griffes! Malgré cette ressemblance de modèle, les pattes postérieures servent évidemment chez ces divers animaux aux usages les plus différents qu'on puisse imaginer. Le cas est encore plus frappant chez les Opossums américains, qui, avec les habitudes de vie de leurs parents australiens, ont les pieds construits sur le plan ordinaire. Le professeur Flower, à qui ces renseignements sont empruntés, conclut ainsi : « Nous pouvons, sans approcher beaucoup plus de l'explication du phénomène, appeler conformité au type les faits de ce genre » ; et il ajoute : « Mais n'impliquent-ils pas avec assez de certitude l'existence d'une véritable parenté et d'une hérédité d'un ancêtre commun? »

Geoffroy-Saint-Hilaire a beaucoup insisté, etc.

Page 460. Modification du contenu de l'alinéa renfermant les lignes 12 à 30 de la cinquième édition.

Nous pouvons jusqu'à un certain point trouver les réponses à ces questions dans la théorie de la sélection naturelle. Nous n'avons pas ici à considérer comment les corps de quelques animaux se sont primitivement divisés en séries de segments, ou en côtés droit et gauche, avec des organes correspondants, car ces questions dépassent la limite de toute investigation possible. Il est cependant probable que quelques conformations sériales sont le résultat d'une multiplication par division de cellules, entraînant celle des organes qui se développent par elles. Il suffit à notre but de nous rappeler la remarque faite par Owen, qu'une répétition indéfinie de parties ou d'organes constitue le trait caractéristique de toutes les formes inférieures et peu spécialisées, et que, par conséquent, l'ancêtre inconnu des Vertébrés devait avoir beaucoup de vertèbres, celui des Articulés beaucoup de segments, et celui des végétaux à fleurs, de nombreuses feuilles disposées en une ou plusieurs spires verticillées. Nous avons aussi vu précédemment que les organes souvent répétés sont essentiellement aptes à varier, non-seulement par le nombre, mais aussi par la forme. Par conséquent, leur présence en quantité considérable, et leur grande variabilité, ont naturellement fourni les matériaux à leur adaptation aux buts les plus divers, tout en conservant en général, par suite de la force héréditaire, des traces distinctes de leur ressemblance originelle ou fondamentale. Ils conserveraient cette ressemblance, d'autant plus que les variations fournissant la base de leur modification subséquente par sélection naturelle tendraient dès l'abord à être semblables, les parties l'étant tout à fait dans leur état précoce et soumis presque aux mêmes conditions. Ces parties plus ou moins modifiées seraient sérialement homologues, à moins que leur origine commune ne fût entièrement obscurcie. »

Page 461. Ajouter après la première ligne le paragraphe suivant :

« La morphologie est un sujet bien plus compliqué qu'il ne le paraît d'abord, ainsi que M. E. Ray Lankester l'a récemment montré dans un travail remarquable, en traçant une importante distinction entre certaines classes de cas que tous les naturalistes ont rangés comme également homologues. Il propose d'appeler les structures qui se ressemblent chez des animaux distincts, par suite de leur descendance avec des modifications subséquentes d'un ancêtre commun, *homogéniques*, et les ressemblances qu'on ne peut expliquer ainsi, *homoplastiques*. Par exemple, il croit que le cœur des oiseaux et des mammifères est homogééique comme ensemble, — c'est-à-dire s'est développé d'un ancêtre commun, mais que les quatre cavités du cœur sont, dans les deux classes, homoplastiques, — c'est-à-dire se sont indépendamment développées. M. Lankester allègue la ressemblance rapprochée des parties du côté droit et du côté gauche du corps, ainsi que des segments successifs du même individu, qui constituent des parties ordinairement appelées homologues, et ne se rattachent nullement à la descendance d'espèces diverses d'un commun ancêtre. Les conformations homoplastiques sont celles que j'avais classées, d'une manière imparfaite il est vrai, comme des modifications ou des ressemblances analogues. On peut attribuer leur formation à des variations ayant affecté d'une manière semblable des organismes distincts, ou à des modifications analogues, conservées dans un but général ou pour une fonction. — On en connaît beaucoup d'exemples. »

Page 462. Ajouter à la fin de l'alinéa, 15ᵉ ligne, après « *larves semblables à elle-même* » « lesquelles se développent en mâles et femelles réels, propageant leur espèce de la façon habituelle par des œufs.

Je dois mentionner que lorsqu'on annonça la remarquable découverte de Wagner, on me demanda comment il était possible de concevoir que la larve du Diptère précité ait pu acquérir l'aptitude à une reproduction sexuelle. Aucune réponse ne put être faite tant que le cas resta unique. Mais Grimm a montré qu'un autre diptère, le Chironome, se reproduit d'une manière presque identique, et croit que cela se présente fréquemment dans cet ordre. C'est la chrysalide et non la larve du Chironome qui a cette aptitude, et Grimm montre que ce cas, jusqu'à un certain point, « unit celui de la Cecidomye avec la parthénogénèse des Coccidés », — ce terme impliquant que les femelles mûres des Coccidés sont capables de produire des œufs féconds sans le concours du mâle. On sait actuellement que certains animaux appartenant à plusieurs classes ont l'aptitude à la reproduction ordinaire dès un âge extraordinairement précoce, et nous n'avons qu'à accélérer la reproduction parthénogénétique par pas graduels à un âge toujours de plus en plus précoce, — le Chironome nous en offre une phase presque exactement intermédiaire, celle de la chrysalide, — ce qui nous permet de nous rendre compte du merveilleux cas de la *Cecidomya*. »

Page 477, ligne 2. Insérer après, « *dans les vertébrés supérieurs* » : « mais le docteur Günther a soutenu récemment l'idée que ce sont probablement des restes persistant en l'axe d'une nageoire, dont les branches ou les rayons qui en partaient ont disparu. »

Page 479, ligne 11. Après « *brusques changements* », ajouter : « Mais l'étude de nos productions domestiques nous apprend que les parties devenues sans usage entraînent leur réduction, et cela d'une manière héréditaire. »

Page 480, remplacer les lignes 3 à 19 par : « Si, par exemple, le doigt d'un animal adulte devait, pendant de nombreuses générations, servir de moins en moins, ou que par suite de quelque changement d'habitudes, une diminution fût apportée à l'exercice d'un organe ou d'une glande destinée à quelques fonctions, nous pouvons en inférer qu'ils se réduiraient de grosseur dans les descendants de l'animal, mais conserveraient à peu près le type originel de leur développement dans l'embryon.

Il subsiste toutefois la difficulté suivante. Après qu'un organe a cessé de servir, et s'est en conséquence fortement réduit, comment peut-il encore subir une réduction ultérieure jusqu'à ne laisser que des traces imperceptibles, et finir par disparaître complétement ? Il n'est guère possible que le défaut d'usage puisse continuer à produire aucun effet ultérieur sur un organe lorsque ce dernier a perdu ses fonctions. Il serait bon de pouvoir donner ici quelques explications additionnelles, mais que je ne puis fournir. Si on pouvait, par exemple, prouver que toute partie de l'organisation tend à varier davantage vers la diminution que vers l'augmentation de volume, nous pourrions comprendre comment un organe devenu inutile, indépendamment des effets du défaut d'usage, serait rendu rudimentaire et ensuite complétement supprimé, toute variation du côté de la diminution de grandeur cessant d'être combattue par la sélection naturelle. Le principe de l'économie de croissance expliqué dans un chapitre précédent agit peut-être en rendant rudimentaire une partie inutile du corps, pour réserver autant que possible les matériaux qui la composent, et qui n'ont plus aucune utilité pour le possesseur. Ce principe sera cependant nécessairement limité aux premières phases de la marche de la réduction ; car nous ne pouvons admettre qu'une petite pupille représentant, par exemple, dans une fleur mâle le pistil de la fleur femelle, et formée uniquement de tissu cellulaire, puisse être réduite davantage ou résorbée pour économiser quelque nourriture.

Finalement, quelles que soient les phases qu'ils aient parcourues pour atteindre l'état actuel de rétrogradation qui les rend inutiles, les organes rudimentaires ont été conservés par l'hérédité seulement, et restent des documents de l'état primitif des choses. Nous pouvons donc comprendre pourquoi, au point de vue généalogique de la classification, les systématistes, en disposant les organismes à leur vraie place dans le système naturel, ont souvent trouvé les parties rudimentaires aussi utiles et quelquefois beaucoup plus utiles à leur classification que d'autres parties d'une haute importance physiologique. On peut comparer, etc. »

Page 484. L'alinéa commençant à la cinquième ligne d'en bas est remplacé par ce qui suit :

« Bien que beaucoup d'auteurs aient affirmé l'universalité de la fécondite des variétés, ainsi que celle de leurs descendants métis, des faits dus à des autorités comme Gärtner et Kölreuter, s'opposent à ce que cette assertion soit considérée comme complétement exacte et fondée.

La plupart des variétés sur lesquelles on a fait des expériences ayant été le produit de la domestication, et celle-ci (je n'entends pas la simple captivité) tendant très-certainement à éliminer la stérilité qui, à en juger par analogie, aurait affecté l'entre-croisement des espèces parentes, nous ne devons pas nous attendre à ce que la domestication provoque également une stérilité chez leurs descendants modifiés, que l'on croise. Cette élimination de stérilité paraît résulter de la même cause qui permet à nos animaux domestiques de s'apparier librement dans diverses circonstances ; ce qui paraît encore être la conséquence d'avoir été habitués peu à peu à de fréquents changements dans les conditions de la vie.

Une série double et parallèle de faits semble jeter du jour sur la stérilité, tant des espèces croisées pour la première fois que sur celle de leur descendance hybride. D'un côté, il y a de fortes raisons pour croire que de légers changements dans les conditions vitales donnent à tous les êtres organisés un surcroît de vigueur et de fécondité. Nous savons aussi qu'un croisement entre les individus distincts de la même variété, et entre les variétés différentes, augmente le nombre de leurs descendants, et augmente certainement leur taille ainsi que leur force. Ceci résulte principalement du fait que les formes qu'on croise ont été exposées à des conditions de vie quelque peu différentes; car j'ai pu m'assurer par une série d'expériences laborieuses que si tous les individus d'une même variété ont été pendant plusieurs générations soumis aux mêmes conditions, le bien résultant du croisement est souvent très-diminué ou disparaît tout à fait. C'est un des côtés de la question. D'autre part, nous savons que les espèces depuis long-temps exposées à des conditions presque uniformes, si elles sont soumises à des conditions nouvelles et très-différentes à l'état de captivité, périssent, ou, si elles survivent, deviennent stériles bien que conservant une parfaite santé. Cela n'arrive pas, ou seulement à un très-faible degré, à nos produits domestiques, qui ont été depuis longtemps soumis à des conditions variables. Par conséquent, lorsque nous constatons que les hybrides produits par le croisement de deux espèces distinctes sont peu nombreux à cause de leur mortalité dès la conception ou à un âge très-précoce, ou bien à cause de l'état plus ou moins stérile des survivants, il semble probable que ce résultat dépend du fait, qu'étant composés de deux organismes différents, ils ont subi de grands changements dans les conditions de la vie. Qui pourra expliquer d'une manière définie pourquoi, par exemple, l'Éléphant ou le Renard ne reproduisent jamais en captivité dans leur pays natal, ou pourquoi le Porc et le Chien domestiques donnent de nombreux produits dans les situations les plus diverses, sera en même temps apte à donner une réponse définie à la question : pourquoi deux espèces distinctes croisées, ainsi que leurs hybrides, sont généralement plus ou moins stériles, tandis que la fertilité est complète dans le croisement de deux variétés domestiques, ainsi que dans l'union de leurs descendants métis. »

Page 489. Remplacer les trois premières lignes de l'alinéa commençant à la vingt-quatrième ligne de la page par le paragraphe suivant :

« En ce qui concerne l'absence de riches couches fossilifères au-dessous de la formation Cambrienne, je ne puis recourir qu'à l'hypothèse que j'ai proposée dans le neuvième chapitre : à savoir, que bien que nos continents et océans aient occupé pendant une énorme période leurs positions relatives actuelles, nous n'avons aucune raison d'affirmer qu'il en ait toujours été ainsi; et que, par conséquent, il peut se trouver enterrés au fond des grands océans des gisements contenant des formations bien plus anciennes que celles actuellement connues. Quant à l'objection soulevée par Sir William Thompson, une des plus graves de toutes, que depuis la consolidation de notre planète, le laps de temps écoulé a été insuffisant pour permettre la somme des changements organiques qu'on admet, je puis répondre que, d'abord, nous ne pouvons nullement préciser, mesurée en années, la rapidité des modifications de l'espèce, et secondement, que beaucoup de savants sont disposés à admettre que nous ne connaissons pas assez la constitution de l'univers et de l'intérieur du globe pour raisonner avec sûreté sur son âge. »

Page 496. Ajouter à la fin de l'alinéa, ligne 6 : « Nous ne savons pas mieux comment quelques couleurs, sons et formes ont pu plaire à l'homme et aux animaux, — c'est-à-dire comment la première acquisition du sens de la beauté sous son état le plus simple a pu se faire, — que nous ne savons ce qui a primitivement pu donner du charme à certains goûts et à certaines odeurs. »

Page 504. Ajouter à la suite de la ligne 15 : « *sélection naturelle de nombreuses variations successives* : «légères et favorables, aidée d'une manière très-sérieuse par les effets héréditaires de l'usage et du défaut d'usage d'organes, et à un degré moins important par les effets à des structures adaptives, passées ou présentes, dus à l'action directe des conditions externes, et par des variations qui dans notre ignorance nous paraissent apparaître spontanément. J'avoue que j'ai précédemment déprécié la fréquence et la valeur de ces dernières formes de variations conduisant à des modifications permanentes de structure indépendantes de la sélection naturelle. Mais puisque mes conclusions ont été récemment fortement dénaturées, et qu'on a affirmé que j'attribue exclusivement à la sélection naturelle les modifications des espèces, je dois me permettre de faire remarquer que dans la première édition, aussi bien que dans les suivantes, j'ai reproduit dans la position la plus évidente,— à la fin de l'introduction, — la phrase suivante : « Je suis convaincu que la sélection naturelle a été le moyen de modification le plus important, *quoique non exclusivement le seul.* Mais cela a été en vain; car grande est la puissance d'une constante et fausse démonstration; l'histoire de la science montre heureusement qu'elle ne dure pas longtemps. »

Page 504, ligne 19. Ajouter, après « *occupés* » : « On a récemment objecté que cette méthode de raisonnement est incertaine, mais c'est celle employée pour apprécier les événements ordinaires de la vie, et sur laquelle les naturalistes philosophes de premier ordre se sont souvent appuyés. C'est ainsi qu'on est arrivé à la théorie ondulatoire de la lumière: et la croyance à la rotation de la terre sur son propre axe n'a que tout récemment trouvé l'appui affirmatif de preuves directes. »

Page 507. Intercaler l'alinéa que voici entre les lignes 15 et 16 :

« Comme document d'un état antérieur des faits, j'ai conservé dans les paragraphes précédents et ailleurs plusieurs expressions qui impliquaient la croyance chez les naturalistes à la création séparée de chaque espèce. J'ai été fort blâmé de m'être exprimé ainsi, quoique ce fût l'opinion générale lors de l'apparition de la première édition de l'ouvrage actuel. J'ai parlé autrefois à beaucoup de naturalistes concernant l'évolution, sans rencontrer le moindre témoignage sympathique. Il est probable pourtant que quelques-uns croyaient alors à l'évolution, mais restaient ou silencieux, ou s'exprimaient d'une manière tellement ambiguë, qu'il ne fût pas facile de comprendre leur opinion. Aujourd'hui tout a changé, et presque tout naturaliste admet le grand principe de l'évolution. Il y en a cependant qui croient encore que des espèces ont subitement donné naissance, par des moyens encore inexpliqués, à des formes nouvelles totalement différentes ; mais comme j'ai cherché à le démontrer, il y a des preuves puissantes qui s'opposent à toute admission de ces modifications brusques et considérables. Au point de vue scientifique, et comme conduisant à des recherches ultérieures, il n'y a que peu de différence entre la croyance que de nouvelles formes ont surgi subitement d'une manière inexplicable de vieilles formes très-différentes, et la vieille croyance sur la création des espèces aux dépens de la poussière terrestre. »

Page 512, ligne 25. « La psychologie sera solidement basée sur la fondation, déjà bien établie par M. Herbert Spencer, de la nécessité d'une acquisition par gradation de chaque faculté et aptitude mentale ; ce qui jettera une vive lumière sur l'origine de l'Homme et sur son histoire. »

GLOSSAIRE

DES PRINCIPAUX TERMES SCIENTIFIQUES

EMPLOYÉS DANS LE PRÉSENT VOLUME [1].

ABERRANT. — Se dit des formes ou groupes d'animaux ou de plantes qui s'écartent par des caractères importants de leurs alliés les plus rapprochés, de manière à ne pas être aisément compris dans le même groupe.

ABERRATION (en Optique). — Dans la réfraction de la lumière par une lentille convexe, les rayons passant à travers les différentes parties de la lentille convergent vers des foyers à des distances très-rapprochées : c'est ce qu'on appelle *Aberration sphérique :* d'autre part, les rayons colorés sont séparés par l'action prismatique de la lentille et convergent également vers des foyers à des distances différentes : c'est l'*Aberration chromatique.*

AIRE. — L'étendue de pays sur lequel une plante ou un animal s'étend naturellement. — *Par rapport au temps,* ce mot exprime la distribution d'une espèce ou d'un groupe parmi les couches fossilifères de l'écorce de la terre.

ALBINISME, ALBINOS. — Les Albinos sont des animaux chez lesquels les matières colorantes, habituellement caractéristiques de l'espèce, n'ont pas été produites dans la peau et ses appendices. — ALBINISME, état d'albinos.

ALGUES. — Une classe de plantes comprenant les plantes marines ordinaires et les plantes filamenteuses d'eau douce.

ALTERNANTES (GÉNÉRATIONS). — Voyez GÉNÉRATIONS.

AMMONITES. — Un groupe de coquilles fossiles, spirales et à chambres, ressemblant au genre *Nautilus,* mais ayant les séparations entre les chambres ondulées en spirales combinées à leur jonction avec le mur extérieur de la coquille.

ANALOGIE. — La ressemblance de structures qui dépend de fonctions semblables, comme, par exemple, les ailes des insectes et des oiseaux. On dit que de telles structures sont *analogues* les unes aux autres.

ANIMALCULE. — Petit animal : terme généralement appliqué à ceux qui ne sont visibles qu'au microscope.

ANNÉLIDES. — Une classe de vers chez lesquels la surface du corps présente une division plus ou moins distincte en anneaux ou segments, généralement pourvus d'appendices, pour la locomotion ainsi que de branchies. Elle comprend les vers marins ordinaires, les vers de terre et les sangsues.

ANORMAL. — Contraire à la règle générale.

ANTENNES (vulgairement *Cornes*). — Organes articulés placés à la tête chez les insectes, les crustacés et les centipèdes, n'appartenant pourtant pas à la bouche.

---

1. Ce Glossaire a été rédigé par M. Dallas sur la demande de M. Ch. Darwin. L'explication des termes y est donnée sous une forme aussi simple et aussi claire que possible.

Anthères. — Sommités des étamines des fleurs qui produisent le pollen ou la poussière fertilisante.

Aplacentaires (Aplacentalia, Aplacentata). — Mammifères aplacentaires. — Voyez Mammifères.

Apophyses. — Éminences naturelles des os qui se projettent généralement pour servir d'attaches aux muscles, aux ligaments, etc.

Archétype. — Forme idéale primitive d'après laquelle tous les êtres d'un groupe semblent être organisés.

Articulés. — Une grande division du règne animal, caractérisée généralement en ce qu'elle a la surface du corps divisé en anneaux appelés segments, dont un nombre plus ou moins grand est pourvu de pattes composées, tels que les insectes, les crustacés et les centipèdes.

Asymétrique. — Ayant les deux côtés dissemblables.

Atrophié. — Arrêt dans le développement survenu dans le premier âge.

Avorté. — On dit qu'un organe est avorté, quand de bonne heure il a subi un arrêt dans son développement.

Balanes *(Bernacles).* — Cirripèdes sessiles à test composé de plusieurs pièces, qui vivent en abondance sur les rochers du rivage de la mer.

Bassin (*Pelvis*). — L'arc osseux auquel sont articulés les membres postérieurs des animaux vertébrés.

Batraciens. — Une classe d'animaux parents des reptiles, mais subissant une métamorphose particulière et chez lesquels le jeune animal est généralement aquatique et respire par des branchies. (*Exemples :* les grenouilles, les crapauds et les salamandres.

Blocs erratiques. — Énormes blocs de pierre transportés, généralement encaissés dans de la terre argileuse ou du gravier.

Brachiopodes. — Une classe de mollusques marins ou animaux à corps mous pourvus d'une coquille bivalve attachée à des matières sous-marines par une tige qui passe par une ouverture dans l'une des valvules. Ils sont pourvus de bras à franges par l'action desquelles la nourriture est portée à la bouche.

Branchies. — Organes pour respirer dans l'eau.

Branchiales. — Appartenant aux branchies.

Cambrien (Système). — Une série de roches paléozoïques entre le Laurentien et le Silurien, et qui, tout récemment, étaient encore considérés comme les plus anciennes roches fossilifères.

Canidae. — La famille des chiens comprenant le chien, le loup, le renard, le chacal, etc.

Carapace. — La coquille enveloppant généralement la partie antérieure du corps chez les crustacés. Ce terme est aussi appliqué aux parties dures et aux coquilles des cirripèdes.

Carbonifère. — Ce terme est appliqué à la grande formation qui comprend, parmi d'autres roches, celles à charbon. Cette formation appartient au plus ancien système, ou système paléozoïque.

Caudale. — De la queue ou appartenant à la queue.

Célosperme. — Terme appliqué aux fruits des ombellifères, qui ont la semence creuse à la face interne.

Céphalopodes. — La classe la plus élevée des mollusques ou animaux à corps mou, caractérisée par une bouche entourée d'un nombre plus ou moins grand de bras charnus ou de tentacules, qui, chez la plupart des espèces vivantes, sont pourvus de coupes à sucer. *Exemples :* la sèche, le nautile.)

Cétacé. — Un ordre de mammifères comprenant les baleines, les dauphins, etc., ayant la forme de poissons, la peau nue et dont seulement les membres antérieurs sont développés.

Champignons (*Fungi*). — Une classe de plantes cryptogames cellulaires.

Chéloniens. — Un ordre de reptiles comprenant les tortues de mer, les tortues de terre, etc.

Cirripèdes. — Un ordre de crustacés comprenant les bernacles, les anatifes, etc. Leurs jeunes ressemblent à ceux de beaucoup d'autres crustacés par la forme, mais arrivés à l'âge mûr ils sont toujours attachés à d'autres substances, soit directement soit au moyen d'une tige. Ils sont enfermés dans une coquille calcaire composée de plusieurs parties, dont deux peuvent s'ouvrir pour donner issue à un faisceau de tentacules entortillées et articulées qui représentent les membres.

Coccus. — Genre d'insectes comprenant la *cochenille,* chez lesquels le mâle est une petite mouche ailée et la femelle généralement une masse sans mouvement et à forme de graine.

Cocon. — Une enveloppe en général soyeuse dans laquelle les insectes sont fréquemment renfermés pendant la seconde période, ou la période de repos de leur existence. Le terme « période de cocon » est employé comme équivalent de « période de chrysalide ».

Coléoptères. — Ordre d'insectes, ayant des organes buccaux masticateurs et la première paire d'ailes (élytres) plus ou moins cornée, formant une gaine pour la seconde paire, et divisée généralement en droite ligne au milieu du dos.

Colonne. — Un organe particulier chez les fleurs de la famille des orchidées, dans lequel les étamines, le style et le stigmate (ou parties reproductives) sont réunis.

Composées ou Plantes composées. — Des plantes chez lesquelles l'inflorescence consiste en petites fleurs nombreuses (fleurons) réunies en une tête épaisse, dont la base est renfermée dans une enveloppe commune. (*Exemples :* la marguerite, la dent-de-lion, etc.)

Conferves. — Les plantes filamenteuses d'eau douce.

Conglomérat. — Une roche faite de fragments de rocher ou de cailloux cimentés par d'autres matériaux.

Corolle. — La seconde enveloppe d'une fleur, généralement composée d'organes colorés semblables à des feuilles (pétales) qui peuvent être unies entièrement, ou seulement à leurs extrémités, ou à la base.

Corrélation. — La coïncidence normale d'un phénomène, des caractères, etc., avec d'autres phénomènes ou d'autres caractères.

Corymbe. — Mode d'inflorescence multiple, par lequel les fleurs qui partent de la partie inférieure de la tige sont soutenues sur des tiges plus longues, de manière à être de niveau avec les fleurs supérieures.

Cotylédons. — Les premières feuilles, ou feuilles à semence des plantes.

Crustacés. — Une classe d'animaux articulés ayant la peau du corps généralement plus ou moins durcie par dépôt de la matière calcaire et qui respirent au moyen de branchies. (*Exemples :* le crabe, le homard, la crevette.)

Curculion. — L'ancien terme générique pour les coléoptères connus sous le nom de charançons, caractérisés par leurs tarses à quatre articles, et par une tête qui se termine en une espèce de bec, sur les côtés duquel sont fixées les antennes.

Cutané. — De la peau ou appartenant à la peau.

Cycles. — Les cercles ou lignes spirales dans lesquels les parties des plantes sont disposées sur l'axe de croissance.

Dégradation. — Détérioration du sol par l'action de la mer ou par des influences météoriques.

Dentelures. — Dents disposées comme celles d'une scie.

Dénudation. — L'usure par lavage de la surface de la terre par l'eau.

Dévonien (Système), ou formation dévonienne. — Série de roches paléozoïques comprenant le vieux grès rouge.

Dicotylédonées ou plantes Dycotylédones. — Une classe de plantes caractérisées par deux feuilles à semences (cotylédons), et par la formation d'un nouveau bois entre l'écorce et l'ancien bois (croissance exogène), ainsi que par l'organisation rétiforme des nervures des feuilles. Les fleurs sont généralement divisées en multiples de cinq.

Différenciation. — Séparation ou distinction des parties ou des organes qui se trouvent plus ou moins unis dans les formes élémentaires vivantes.

Dimorphiques. — Ayant deux formes distinctes. Le dimorphisme est l'existence de la même espèce sous deux formes distinctes.

Dioïque. — Ayant les organes des sexes sur des individus distincts.

Diorite. — Une forme particulière de pierre verte. (Greenstone.)

Dorsal. — Du dos, ou appartenant au dos.

Échassiers (Grallatores). — Oiseaux généralement pourvus de longs becs, privés de plumes au-dessus du tarse, et sans membranes entre les doigts des pieds. (*Exemples* : les cigognes, les grues, les bécasses, etc.)

Édentés. — Ordre particulier de quadrupèdes caractérisés par l'absence au moins des incisives médianes (de devant) dans les deux mâchoires. (*Exemples* : les paresseux et les armadilles.)

Élytres. — Les ailes antérieures durcies des coléoptères, qui recouvrent et protégent les ailes membraneuses postérieures servant seules au vol.

Embryon. — Le jeune animal en développement dans l'œuf ou le sein de la mère.

Embryologie. — L'étude du développement de l'embryon.

Endémique. — Ce qui est particulier à une localité donnée.

Entomostracés. — Une division de la classe des crustacés, ayant généralement tous les segments du corps distincts, munie de branchies aux pattes ou aux organes de la bouche, et les pattes garnies de poils fins. Ils sont généralement de petite grosseur.

Éocène. — La première couche des trois divisions de l'époque tertiaire. Les roches de cet âge contiennent en petite proportion des coquilles identiques à des espèces actuellement existantes.

Éphémères (insectes). — Insectes ne vivant qu'un jour ou très-peu de temps.

Étamines. — Les organes mâles des plantes en fleur, formant un cercle dans les pétales. Ils se composent généralement d'un filament et d'une anthère : l'anthère étant la partie essentielle dans laquelle est formé le pollen ou la poussière fécondante.

Faune. — La totalité des animaux habitant spontanément une certaine contrée ou région, ou qui y ont vécu pendant une période géologique donnée.

Félins ou Félidés. — Mammifères de la famille des chats.

Féral, plur. Féraux. — Animaux ou plantes qui de l'état de culture ou de domesticité ont repassé à l'état sauvage.

Fleurons. — Fleurs imparfaitement développées sous quelques rapports et rassemblées en épi épais ou tête épaisse, comme dans les graminés, la dent-de-lion, etc.

Fleurs polyandriques. — Voy. Polyandriques.

Flore. — La totalité des plantes croissant naturellement dans un pays, ou pendant une période géologique donnée.

Fœtal. — Du fœtus ou appartenant au fœtus (embryon) en cours de développement.

Foraminifères. — Une classe d'animaux d'organisation très-inférieure et généralement de petite grosseur, ayant un corps mou, semblable à de la gélatine, de la surface duquel des filaments délicats se détachent et se retirent pour saisir les objets extérieurs; ils habitent une coquille calcaire généralement divisée en chambres, et perforée de petites ouvertures.

Formation sédimentaire. — Voyez Sédimentaires.

Forme Nauplius. — Voyez Nauplius.

Fossilifères. — Contenant des fossiles.

Fossoyeurs. — Insectes ayant la faculté de creuser. Les hyménoptères fossoyeurs sont un groupe d'insectes semblables aux guêpes, qui creusent dans le sol sablonneux pour y faire des nids pour leur progéniture.

Fourchette ou Furcula. — L'os fourchu formé par l'union des clavicules chez beaucoup d'oiseaux, comme, par exemple, chez la poule commune.

Frenum (pl. Frena). — Une petite bande ou pli de la peau.

Gallinacés. — Ordre d'oiseaux qui comprend entre autres la poule commune, le dindon, le faisan, etc.

Gallus. — Le genre d'oiseaux qui comprend la poule commune.

Ganglion. — Une grosseur ou un nœud d'où partent les nerfs comme d'un centre.

Ganoïdes. — Poissons couverts d'écailles osseuses et émaillées d'une manière toute particulière, dont la plupart ne se trouve plus qu'à l'état fossile.

Génération alternante. — On applique ce terme à un mode particulier de reproduction, qu'on rencontre chez un grand nombre d'animaux inférieurs, chez lesquels l'œuf produit une forme vivante tout à fait différente de la forme parente, laquelle est reproduite à son tour par un procédé de bourgeonnement ou par la division des substances du premier produit de l'œuf.

Germinative (Vésicule). — Voyez Vésicule.

Glaciaire (Période). — Voyez Période.

Glande. — Organe qui sécrète ou filtre quelque produit particulier du sang ou de la sève des animaux ou des plantes.

Glotte. — L'entrée de la trachée-artère dans l'œsophage ou le gosier.

Gneiss. — Roches qui se rapprochent du granit par leur composition, mais plus ou moins lamellées, provenant de l'altération d'un dépôt sédimentaire après sa consolidation.

Granit. — Roche consistant essentiellement de cristaux de feldspath et de mica, réunis dans une masse de quartz.

Habitat. — La localité dans laquelle un animal ou une plante vit naturellement.

Hémiptères. — Un ordre ou sous-ordre d'insectes, caractérisés par la possession d'un bec à articulations ou rostre; ils ont les ailes de devant cornées à la base et membraneuses à l'extrémité où se croisent les ailes. Ce groupe comprend les différentes espèces de punaises.

Hermaphrodite. — Possédant les organes des deux sexes.

Homologie. — La relation entre les parties qui résulte de leur développement embryonique correspondant, soit chez des êtres différents, comme dans le cas du bras de l'homme, la jambe de devant du quadrupède et l'aile d'un oiseau; ou dans le même individu, comme dans le cas des jambes de devant et de derrière chez les quadrupèdes, et les segments ou anneaux et leurs appendices dont se compose le corps d'un ver ou d'un centipède. Cette dernière homologie est appelée *homologie sériale*. Les parties qui sont en telle relation l'une avec l'autre sont dites *homologues*, et une telle partie ou un tel organe est appelé l'homologue de l'autre. Dans différentes plantes, les parties de la fleur sont homologues, et en général ces parties sont regardées comme homologues avec les feuilles.

Homoptères. — Sous-ordre des hémiptères, chez lequel les ailes de devant sont ou entièrement membraneuses ou ressemblent entièrement à du cuir. Les cigales, les pucerons en sont des exemples connus.

Hybride. — Le produit de l'union de deux espèces distinctes.

Hyménoptères. — Ordre d'insectes possédant des mandibules mordantes et généralement quatre ailes membraneuses dans lesquelles il y a quelques nervures. Les abeilles et les guêpes sont des exemples familiers de ce groupe.

Hypertrophié. — Excessivement développé.

Ichneumonides. — Famille d'insectes hyménoptères qui pondent leurs œufs dans les corps ou les œufs des autres insectes.

Image. — L'état reproductif parfait (généralement à ailes) d'un insecte.

Indigènes. — Les premiers êtres animaux ou végétaux aborigènes d'un pays ou d'une région.

Inflorescence. — Le mode d'arrangement des fleurs des plantes.

Infusoires. — Classe d'animalcules microcospiques appelés ainsi parce qu'ils ont été observés à l'origine dans des infusions de matières végétales. Ils consistent en une matière gélatineuse renfermée dans une membrane délicate, dont la totalité ou une partie est pourvue de poils courts et vibrants appelés cils, au moyen desquels ces animalcules nagent dans l'eau ou transportent les particules menues de leur nourriture à l'orifice de la bouche.

Insectes éphémères. — Voyez Éphémères.

Insectivores. — Se nourrissant d'insectes.

Invertébrés ou animaux invertébrés. — Les animaux qui ne possèdent pas d'épine dorsale ou de colonne vertébrale.

Lacunes. — Espaces laissés parmi les tissus chez quelques-uns des animaux inférieurs, et servant de voies pour la circulation des fluides du corps.

Lamellé. — Pourvu de lames ou de petites plaques.

Larves. — La première phase de la vie d'un insecte au sortir de l'œuf, quand il est généralement sous la forme de ver ou de chenille.

Larynx. — La partie supérieure de la trachée-artère qui s'ouvre dans le gosier.

Laurentien. — Système de roches très-anciennes et très-altérées, très-développé le long du cours du Saint-Laurent, d'où il tire son nom. C'est dans ces roches qu'on a trouvé les traces des corps organiques les plus anciens.

Légumineuses. — Ordre de plantes, représenté par les pois communs et les fèves, ayant une fleur irrégulière, chez lesquelles un pétale se relève comme une aile, et les étamines et le pistil sont renfermés dans un fourreau formé par deux autres pétales. Le fruit est en forme de gousse (légume).

Lémurides. — Un groupe d'animaux à quatre mains, distinct des singes et se rapprochant des quadrupèdes insectivores par quelques caractères et par leurs habitudes. Les Lémurides ont les narines recourbées ou tordues, et une griffe au lieu d'ongle sur l'index des mains de derrière.

Lépidoptères. — Ordre d'insectes caractérisés par la possession d'une trompe spirale et de quatre grosses ailes plus ou moins écailleuses. Cet ordre comprend les papillons.

Littoral. — Habitant le rivage de la mer.

Loess (*Lehm*). — Un dépôt marneux de formation récente (post-tertiaire) qui occupe une grande partie de la vallée du Rhin.

Malacostracés. — L'ordre supérieur de crustacés comprenant les crabes ordinaires, les homards, les crevettes, etc., ainsi que les cloportes et les salicoques.

Mammifères. — La première classe des animaux, comprenant les quadrupèdes velus ordinaires, les baleines, et l'homme, caractérisée par la production de jeunes vivants, nourris après leur naissance par le lait des mamelles (glandes mammaires) de la mère. Une différence frappante dans le développement embryonaire a conduit à la division de cette classe en deux grands groupes : dans l'un, quand l'embryon a atteint une certaine période, une connexion vasculaire, appelée *placenta*, se forme entre l'embryon et la mère; dans l'autre groupe cette connexion manque, et les jeunes naissent dans un état très-incomplet. Les premiers, comprenant la plus grande partie de la classe, sont appelés *Mammifères placentaires;* les derniers, *Mammifères aplacentaires,* comprennent les marsupiaux et les monotrèmes (*Ornithorhynque*).

Mandibules, chez les insectes. — La première paire, ou paire supérieure de mâchoires, qui sont généralement des organes solides, cornés et mordants. Chez les oiseaux ce terme est appliqué aux deux mâchoires avec leurs enveloppes cornées. Chez les quadrupèdes les mandibules sont représentées par la mâchoire inférieure.

Marsupiaux. — Un ordre de mammifères chez lesquels les petits naissent dans un état très-incomplet de développement et sont portés par la mère, pendant l'allaitement, dans une poche ventrale (*marsupium*), tels que chez les kangourous, les sarigues, etc. (Voyez *Mammifères.*)

Maxillaires, chez les insectes. — La seconde paire ou paire inférieure de mâchoires, qui sont composées de plusieurs articulations et pourvues d'appendices particuliers, appelés palpes ou antennes.

Mélanisme. — L'opposé de l'albinisme, développement anormal de matière colorante foncée dans la peau et ses appendices.

Membrane nictitante. — Voyez **Nictitante.**

Métamorphiques (Roches). — Voyez **Roches.**

Moelle épinière. — La portion centrale du système nerveux chez les vertébrés, qui descend du cerveau à travers les arcs des vertèbres et distribue presque tous les nerfs aux divers organes du corps.

Mollusques. — Une des grandes divisions du règne animal, comprenant les animaux à corps mou, généralement pourvus d'une coquille, et chez lesquels les ganglions ou centres nerveux ne présentent pas d'arrangement général défini. Ils sont généralement connus sous la dénomination de moules et de coquillages; la sèche, les escargots et colimaçons communs, les coquilles, les huîtres, les moules et les peignes en sont des exemples.

Monocotylédonées ou plantes monocotylédones. — Plantes chez lesquelles la semence ne produit qu'une seule feuille à semence (ou cotylédon) caractérisées par l'absence des couches consécutives de bois dans la tige (croissance endogène). On les reconnaît par les nervures des feuilles qui sont généralement droites et par la composition des fleurs qui sont généralement des multiples de trois. (*Exemples :* les graminés, les lis, les orchidées, les palmiers, etc.)

Moraines. — Les accumulations des fragments de rochers entraînées dans les vallées par les glaciers.

Morphologie. — La loi de la forme ou de la structure indépendante de la fonction.

Mysis (Forme). — Période du développement de certains crustacés (langoustes) durant laquelle ils ressemblent beaucoup aux adultes d'un genre (mysis) appartenant à un groupe un peu inférieur.

Naissant. — Commençant à se développer.

Natatoires. — Adaptés pour la natation.

Nauplius (Forme Nauplius). — La première période dans le développement de beaucoup de crustacés, appartenant surtout aux groupes inférieurs. Pendant cette période l'animal a le corps court, avec des indications confuses d'une division en segments et est pourvu de trois paires de membres à franges. Cette forme du *cyclope commun* d'eau douce avait été décrite comme un genre distinct sous le nom de *Nauplius.*

Neutres. — Femelles de certains insectes imparfaitement développées et vivant en société (tels que les fourmis et les abeilles). Les neutres font tous les travaux de la communauté, d'où ils sont aussi appelés *Travailleurs*.

Nervation — L'arrangement des veines ou nervures dans les ailes des insectes.

Nictitante (Membrane). — Membrane semi-transparente, qui peut recouvrir l'œil chez les oiseaux et les reptiles, pour modérer les effets d'une forte lumière ou pour chasser des particules de poussière, etc., de la surface de l'œil.

Ocelles (Stemmates). — Les yeux simples des insectes, généralement situés sur le sommet de la tête entre les grands yeux composés à facettes.

Œsophage. — Le gosier.

Ombellifères. — Un ordre de plantes chez lesquelles les fleurs, qui contiennent cinq étamines et un pistil avec deux styles, sont soutenues par des supports qui sortent du sommet de la tige florale et s'étendent comme les baleines d'un parapluie, de manière à amener toutes les fleurs à la même hauteur (ombelle) presque au même niveau. (*Exemples :* le persil et la carotte.)

Ongulés. — Quadrupèdes à sabot.

Oolitiques. — Grande série de roches secondaires appelées ainsi à cause du tissu de quelques-unes d'entre elles, qui semblent faites d'une masse de petits corps calcaires semblables à des œufs.

Opercule. — Plaque calcaire qui sert à beaucoup de mollusques pour fermer l'ouverture de leur coquille. Les *valvules operculaires* des cirripèdes sont celles qui ferment l'ouverture de la coquille.

Orbite. — La cavité osseuse dans laquelle se place l'œil.

Organisme. — Un être organisé, soit plante ou animal.

Orthosperme. Terme appliqué aux fruits des ombellifères qui ont la semence droite.

Osculant. — Se dit des formes ou des groupes apparemment intermédiaires entre d'autres groupes et les reliant.

Ova. — Œufs.

Ovarium ou Ovaire (chez les plantes). — La partie inférieure du pistil ou de l'organe femelle de la plante, contenant les ovules ou jeunes semences; par la croissance et après que les autres organes de la fleur sont tombés, l'ovaire se transforme généralement en fruit.

Ovigère. — Portant l'œuf.

Ovules (des plantes). — Les semences dans leur première évolution.

Pachydermes. — Un groupe de mammifères, ainsi appelés à cause de leur peau épaisse, comprenant l'éléphant, le rhinocéros, l'hippopotame, etc.

Paléozoïque. — Le plus ancien système de roches fossilifères.

Palpes. — Appendices à articulations à quelques organes de la bouche chez les insectes et les crustacés.

Papilionacées. — Ordre de plantes. (Voyez *Légumineuses.*) Les fleurs de ces plantes sont appelées papilionacées ou semblables à des papillons, à cause de la ressemblance imaginaire des pétales supérieurs développés avec les ailes d'un papillon.

Parasite. — Animal ou plante vivant sur, dans, ou aux dépens d'un autre organisme.

Parthénogénésie. — La production d'organismes vivants par des œufs ou par des semences non fécondées.

Pédonculé. — Supporté sur une tige ou support. Le chêne pédonculé a ses glands supportés sur une tige.

Péloria, ou Pélorisme. — Apparence de régularité de structure chez les fleurs ou les plantes qui portent normalement des fleurs irrégulières.

Période glaciaire. — Période de grand froid et d'extension énorme de glaciers sur la surface de la terre. On croit que des périodes glaciaires sont survenues successivement pendant l'histoire géologique de la terre; mais ce terme est généralement appliqué à la fin de l'époque tertiaire, lorsque presque toute l'Europe était soumise à un climat arctique.

Période pleistocène. — Voyez Pleistocène.

Pétales. — Les feuilles de la corolle ou second cercle d'organes dans une fleur. Elles sont généralement d'un tissu délicat et brillamment colorées.

Phyllodineux. — Ayant des branches aplaties, semblables à des feuilles ou tiges à feuilles au lieu de feuilles véritables.

Pigment. — La matière colorante produite généralement dans les parties superficielles des animaux. Les cellules qui la sécrètent sont appelées cellules *pigmentaires*.

Pinné ou Penné. — Portant des petites feuilles de chaque côté d'une tige centrale.

Pistils. — Les organes femelles d'une fleur qui occupent le centre des autres organes floraux. Le pistil peut généralement être divisé en ovaire ou germe, en style et en stigmate.

Placentalies ou Mamelles placentaires. — Voyez Mammifères.

Plantes composées. — Voyez Composées.

    —   **monocotylédones.** — Voyez Monocotylédones.

    —   **polygames.** — Voyez Polygames.

Plantigrades. — Quadrupèdes qui marchent sur toute la plante du pied, tels que les ours.

Plastique. — Facilement susceptible de changement.

Pleistocène (Période). — La dernière période de l'époque tertiaire.

Plumule (chez les plantes). — Le petit bouton entre les feuilles à semence des plantes nouvellement germées.

Plutoniennes (Roches). — Roches supposées produites par l'action du feu dans les profondeurs de la terre.

Poissons ganoïdes. — Voyez Poissons.

Poissons téléostéens. — Voyez Téléostéens.

Pollen. — L'élément mâle chez les plantes qui fleurissent; généralement une poussière fine produite par les anthères qui effectue, par le contact avec le stigmate, la fécondation des semences. Cette fécondation est amenée par le moyen de tubes (*tubes à pollen*) qui sortent des graines à pollen adhérant au stigmate et pénètrent à travers les tissus jusqu'à l'ovaire.

Polyandriques (Fleurs). — Fleurs ayant beaucoup d'étamines.

Polygames (Plantes). — Plantes chez lesquelles quelques fleurs sont d'un seul sexe et d'autres hermaphrodites. Les fleurs d'un seul sexe (mâles et femelles) peuvent être sur la même ou sur différentes plantes.

Polymorphique. — Présentant beaucoup de formes.

Polyzoaires. — La structure commune formée par les cellules des polypes, telles que les coraux.

Préhensile. — Capable de saisir.

Prépotent. — Ayant une supériorité de force ou de puissance.

Primaires. — Les plumes formant le bout de l'aile d'un oiseau et insérées sur la partie qui représente la main de l'homme.

Propolis. — Matière résineuse recueillie par les abeilles sur les boutons entr'ouverts de différents arbres.

Protéen. — Excessivement variable.

Protozoaires. — La division la plus inférieure du règne animal. Ces animaux sont composés d'une matière gélatineuse et montrent à peine de trace d'organes distincts. Les infusoires, les foraminifères et les éponges, avec quelques autres espèces, appartiennent à cette division.

Pupe. — La seconde période du développement d'un insecte après laquelle il apparaît sous une forme reproductive parfaite (ailée). Chez la plupart des insectes, la période pupale se passe dans un repos parfait. La chrysalide est l'état pupal des papillons.

Radicule. — Petite racine d'une plante à l'état d'embryon.

Rétine. — La membrane interne délicate de l'œil, formée de filaments nerveux provenant du nerf optique, et servant à la perception des impressions produites par la lumière.

Rétrogression. — Développement rétrograde. Quand un animal, en approchant de la maturité, devient moins parfait qu'on aurait pu s'y attendre d'après les premières phases de son existence et sa parenté connue, on dit qu'il subit alors un *développement* ou une métamorphose *rétrograde*.

Rhizopodes. — Classe d'animaux inférieurement organisés (protozoaires) ayant un corps gélatineux, dont la surface peut proéminer en forme d'appendices semblables à des racines ou à des filaments, qui servent à la locomotion et à la préhension de la nourriture. L'ordre le plus important est celui des foraminifères.

Roches métamorphiques. — Roches sédimentaires qui ont subi une altération généralement par l'action de la chaleur, après leur dépôt et leur consolidation.

Roches plutoniennes. — Voyez Plutoniennes.

Rongeurs. — Mammifères rongeurs tels que les rats, les lapins et les écureuils. Ils sont surtout caractérisés par la possession d'une seule paire de dents incisives en forme de ciseau dans chaque mâchoire, entre lesquelles et les dents molaires il existe une lacune très-prononcée.

Rubus. — Le genre des Ronces.

Rudimentaire. — Très-imparfaitement développé.

Ruminants. — Groupe de quadrupèdes qui ruminent ou remâchent leur nourriture, tels que les bœufs, les moutons et les cerfs. Ils ont le sabot fendu, et sont privés des dents de devant à la mâchoire supérieure.

Sacral. — Appartenant à l'os sacrum, os composé habituellement de deux ou plusieurs vertèbres auxquelles, chez les animaux vertébrés, sont attachés les côtés du bassin.

Sarcode. — La matière gélatineuse dont sont composés les corps des animaux inférieurs (protozoaires).

Scutelles. — Les plaques cornées dont les pattes des oiseaux sont généralement plus ou moins couvertes, surtout dans la partie antérieure.

Sédimentaires (Formations). — Roches déposées comme sédiment par l'eau.

Segments. — Les anneaux transversaux qui forment le corps d'un animal articulé ou Annélide.

Sépale. — Les feuilles ou segments du calice, ou enveloppe extérieure d'une fleur ordinaire. Elles sont généralement vertes, mais quelquefois aussi brillamment colorées.

Sessiles. — Qui n'est pas porté par une tige ou un support.

Silurien (Système). Très-ancien système de roches fossilifères appartenant à la première partie de la série paléozoïque.

Souscutané. — Situé sous la peau.

Spécialisation. — L'usage particulier d'un organe pour l'accomplissement d'une fonction déterminée.

Sternum. — Os de la poitrine.

Stigmate. — La portion terminale du pistil chez les plantes en fleur.

Stipules. — Petits organes foliacés, placés à la base des tiges des feuilles chez beaucoup de plantes.

Style. — La partie du milieu du pistil parfait qui s'élève de l'ovaire comme une colonne et porte le stigmate à son sommet.

Suctorial. — Adapté pour l'action de sucer.

Sutures (dans le crâne). Les lignes de jonction des os dont le crâne est composé.

Système Cambrien. — Voyez Cambrien.

Système Dévonien. — Voyez Dévonien.

Système Laurentien. — Voyez Laurentien.

Système Silurien. — Voyez Silurien.

Tarse. — Les derniers articles des pattes d'animaux articulés, tels que les insectes.

Téléostéens (Poissons). — Poissons ayant le squelette généralement complétement ossifié et les écailles cornées, comme les espèces les plus communes d'aujourd'hui.

Tentacules. — Organes charnus délicats de préhension ou du toucher possédés par beaucoup d'animaux inférieurs.

Tertiaire. — La dernière époque géologique, précédant immédiatement la période actuelle.

Trachée. — La trachée-artère ou passage pour l'entrée de l'air dans les poumons.

Travailleurs. — Voyez Neutres.

Tridactyle. — A trois doigts, ou composé de trois parties mobiles attachées à une base commune.

Trilobites. — Groupe particulier de crustacés éteints, ressemblant quelque peu à un cloporte par la forme extérieure, et, comme quelques-uns d'entre eux, capables de se rouler en boule. Leurs restes ne se trouvent que dans les roches paléozoïques, et le plus abondamment dans celles de l'âge silurien.

Trimorphiques. — Présentant trois formes distinctes.

Unicellulaire. — Consistant en une seule cellule.

Vasculaire. — Contenant des vaisseaux sanguins.

Vermiforme. — Pareil à un ver.

Vertébrés ou animaux vertébrés. — L'embranchement le plus élevé du règne animal, ainsi appelé à cause de la présence dans la plupart des cas d'une épine dorsale composée de nombreuses articulations ou vertèbres, qui constitue le centre du squelette et qui en même temps soutient et protége les parties centrales du système nerveux.

Vésicule germinative. — Une petite vésicule de l'œuf des animaux dont procède le développement de l'embryon.

Zoéa (Forme). — La première période du développement de beaucoup de crustacés de l'ordre supérieur, ainsi appelés du nom de *Zoéa* appliqué autrefois à ces jeunes animaux, supposés de constituer un genre particulier.

Zooïdes. — Chez beaucoup d'animaux inférieurs (tels que coraux, méduses, etc.) la reproduction se fait de deux manières, c'est-à-dire au moyen d'œufs et par un procédé de bourgeons avec ou sans la séparation du parent de son produit, qui est très-souvent différent de l'œuf. L'individualité de l'espèce est représentée par la totalité des formes produites entre deux reproductions sexuelles, et ces formes, qui sont apparemment des animaux individuels, on été appelées *Zooïdes*.

INDEX.

A

Abeille, aiguillon, 222.
—— rivalité des reines, 223.
—— australienne, son extermination, 81.
Abeilles, fertilisation des fleurs par les, 78.
—— ne pouvant sucer les fleurs du trèfle rouge, 101.
—— italiennes, 101.
—— leur instinct dans la construction de leurs cellules, 245.
—— mâles tués par les autres, 223.
—— variation d'habitudes, 231.
—— parasites, 240.
Aberrants, groupes, 453.
Abyssinie, plantes, 406.
Acclimatation, 157.
Accroissement, taux d', 68.
Açores, flore des, 392.
Adoxa, 139.
Affinités des espèces éteintes, 356.
—— des êtres organisés, 452.
Agassiz, sur l'amblyopsis, 157.
—— sur l'apparition subite de groupes d'espèces, 340.
—— succession embryologique, 366.
—— période glaciaire, 394.
—— caractères embryologiques, 442.
—— formes tertiaires récentes, 325.
—— formes prophétiques, 572.
—— parallélisme entre le développement embryologique et la succession géologique, 474.
Agassiz, Alex., sur les organes pédicellaires, 554.
Aiguillon de l'abeille, 222.
Ailes, réduction des, 153.
—— des insectes homologues aux branchies, 205.

Ailes rudimentaires chez les insectes, 474.
Ajonc, 463.
Algues de la Nouvelle-Zélande, 403.
Alligators, lutte des mâles, 92.
Alternantes, générations, 462.
Amblyopsis, poisson aveugle, 157.
Amérique du Nord, productions voisines de celles de l'Europe, 398.
—— glaciers et blocs erratiques, 400.
—— *du Sud*, absence de formations modernes sur la côte occidentale, 317.
Ammonites, extinction subite, 350.
Anagallis, stérilité de l', 267.
Analogie de variations, 175.
Ancylus, 412.
Andaman (îles), habitées par un crapaud, 419.
Anes, rayés, 178-179.
—— amélioré par sélection, 41.
Animaux non domestiques, parce qu'ils sont variables, 17.
—— domestiques, descendant de plusieurs souches, 19.
—— leur acclimatation, 157.
—— d'Australie, 120.
—— épaisseur de leur fourrure dans les climats froids, 151.
—— aveugles des cavernes, 154.
—— éteints d'Australie, 367.
Anomma, 261.
Antarctiques (îles), leur flore ancienne. 424-425.
Antechinus, 574.
Aphidiens, servis par les fourmis, 230.
Aphis, leur développement, 466.
Aptéryx, 195.
Arabes, chevaux, 34.
Araignées, leur développement, 466.
Aralo-Caspienne (mer), 368.

C

PARIS. — J. CLAYE, IMPRIMEUR, 7, RUE SAINT-BENOIT [260].